Die Steuerungen der Dampfmaschinen

Von

Prof. **Heinrich Dubbel**
Ingenieur

Dritte
umgearbeitete und erweiterte Auflage

Mit 515 Textabbildungen

Berlin
Verlag von Julius Springer
1923

ISBN 978-3-642-51305-3 ISBN 978-3-642-51424-1 (eBook)
DOI 10.1007/978-3-642-51424-1

Softcover reprint of the hardcover 3rd edition 1923

Vorwort zur dritten Auflage.

Die Vereinheitlichung der Ausführungsformen hat im Kolbendampfmaschinenbau unter dem Drucke des starken Wettbewerbes von Dampfturbine und Gasmaschine große Fortschritte gemacht. Diese vereinfachende Entwicklung macht sich besonders im Entwurf der Steuerungen geltend. Die Anwendung hochgespannten Heißdampfes und hoher Umlaufzahlen hat zunächst die Anzahl der verwendbaren Steuerungsorgane sehr beschränkt, als welche fast ausschließlich Kolbenschieber und Ventile — diese in Verbindung mit Flachregler und Schwingdaumen — in Betracht kommen. Dieser Sachlage entsprechend sind die beiden genannten Steuerungsarten in der vorliegenden Auflage besonders eingehend behandelt worden.

Eine weitere Beschränkung der schon in den früheren Auflagen nur in geringer Anzahl dargestellten älteren Steuerungen erschien hingegen nicht angebracht, da diese noch zahlreich in Betrieben zu finden sind. Neben der Verbreitung war für die Auswahl dieser Steuerungen die leichte Erkennung ihrer Wirkungsweise maßgebend. Ausländische Bauarten, wie die Steuerung mit mehrfach geteiltem Flachschieber und die auslösenden Corliß-Steuerungen, sind nur soweit behandelt, als zur Erklärung ihrer Eigenart und Wirkungsweise nötig ist.

Der Abschnitt „Umsteuerungen" ist ebenfalls erheblich erweitert worden, auf dem hiermit in Verbindung stehenden Gebiet — Bau von Lokomotiven, Walzenzugs- und Fördermaschinen, Schiffsmaschinen — hat die Dampfmaschine am wenigsten von ihrer Stellung verloren, wenngleich diese auch hier stark bestritten wird.

Die Einstellung der Steuerungen und namentlich die Mittel zum Füllungsausgleich sind bei den einzelnen Gruppen angegeben.

Für die Überlassung von Unterlagen dankt Unterzeichneter den im Buche überall angegebenen Firmen und Ingenieuren, für die Ausstattung des Buches der Verlagsbuchhandlung.

Berlin, im Juni 1923.

H. Dubbel.

Inhaltsverzeichnis.

I. Dampfverteilung und Bemessung der Kanäle.

Die durch die Steuerung bewirkte Dampfverteilung ist in dem Diagramm nach Abb. 1 dargestellt. Es bedeuten die Strecken: *f a* Voreinströmung, *a b* Füllung, *b c* Expansion, *c d* Vorausströmung, *d e* Auslaß, *e f* Kompression. Die Linien der Expansion und Kompression werden vom Nullpunkt *O* aus als gleichseitige Hyperbeln oder als Polytropen — je nachdem gesättigter oder überhitzter Dampf zur Anwendung gelangt — gezeichnet.

Die Strecke s_0 gibt die Größe des schädlichen Raumes in v. H. des Hubraumes (Kolbenquerschnitt mal Hub) an. Als schädlichen Raum bezeichnet man den Inhalt desjenigen Raumes, der in der Totlage des Kolbens von diesem und den Steuerungsorganen eingeschlossen wird. Hierzu gehören also der Spielraum zwischen Kolben und Zylinderdeckel, sowie der Inhalt der Kanäle, durch die der Dampf ein- und ausströmt, und mitunter auch Räume in den Schiebern selbst, wenn diese während der Expansion mit dem Hubraum des Kolbens in Verbindung stehen.

Der Inhalt des schädlichen Raumes leistet nur Expansionsarbeit, keine Volldruckarbeit; es tritt dies im Diagramm dadurch in die Erscheinung, daß bei größerer Strecke s_0 die aus dem Nullpunkt *O* gezeichnete Expansionslinie eine höhere Lage einnimmt, die Diagrammfläche sonach vergrößert wird, während die Volldruckarbeit, im Diagramm durch das unter *a b* liegende Rechteck wiedergegeben, bei gleichbleibender Füllung unverändert bleibt.

Wichtiger als der Inhalt des schädlichen Raumes sind die ihn begrenzenden „schädlichen Flächen". Der aus dem Diagramm berechnete Dampfverbrauch wird von der wirklich gebrauchten Dampfmenge um 15 bis 30 v. H. übertroffen, was hauptsächlich auf die „Eintrittskondensation", d. h. auf den Niederschlag des einströmenden Dampfes an den kühleren Wandungen des schädlichen Raumes zurückzuführen ist. Die bekannten Versuche von Callendar und Nicholson ergaben z. B., daß 90 v. H. der gesamten Eintrittskondensation der Wirkung der „schädlichen Flächen" zuzuschreiben war [1]).

[1]) Bantlin, Z. Ver. deutsch. Ing. 1899, S. 774 u. f.

Die Wirkung der schädlichen Flächen ist ungünstiger bei feuchtem Dampf und bei mehrfachen Richtungsänderungen des Dampfstromes in den Kanälen. In dieser Hinsicht sind Schiebersteuerungen mit zusammengeführten Kanälen im Nachteil. Überhitzung vermindert die Wirkung der schädlichen Flächen, beseitigt sie aber nicht vollständig.

Die Wahl der Füllung wird durch die wirtschaftliche Forderung des geringsten Kostenaufwandes für die PS-Stunde bestimmt. Bezüglich des Dampfverbrauches wäre in einer verlustlosen Maschine die Expansion des Dampfes bis auf den Gegendruck die vorteilhafteste Arbeitsweise. Die Vergrößerung des Hubraumes von v_1 auf v_2 bedingt jedoch höhere Anlagekosten, größere Eigenreibung und verstärkte Kondensation des einströmenden Dampfes an den ausgedehnteren Wandungsflächen, Nachteile, die den Gewinn, in Abb. 1 durch die schraffierte Fläche dargestellt, wesentlich übersteigen.

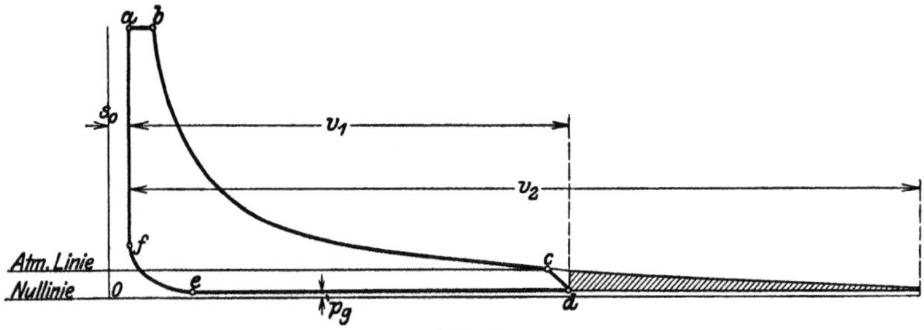

Abb. 1.

Was die Größe der Füllung betrifft, so ist im allgemeinen die Höhe der Expansions-Endspannung am besten geeignet, ein Urteil über die zu verwendenden Expansionsgrade zu gewähren. Wo wirtschaftlicher Betrieb angestrebt wird, sind Enddrücke von 0,6 bis 1,0 at Überdruck bei Auspuff, bzw. 0,6 bis 1,0 at absolut bei Kondensation normale Grenzwerte, im letzteren Fall ebenso für Einzylindermaschinen wie für Verbundmaschinen. Als „Expansionsendspannung" ist nicht die Spannung im Vorausströmungspunkt *c*, sondern die durch den Schnitt der verlängerten Expansionslinie mit der durch *d* gelegten Senkrechten gegebene Spannung zu verstehen.

Bei den Zweizylinder-Auspuffmaschinen geht die Expansion bis auf eine absolute Endspannung von 1,7 bis 1,25 at, bei den Dreifachexpansionsmaschinen, die stets mit Kondensation arbeiten, auf 0,6 bis 0,4 at herunter.

Die Werte gelten für normale Betriebsmaschinen. Als Höchstfüllung, auf wirkliche Absperrung bezogen, sollten für Einzylindermaschinen etwa 50 v. H., für die Hochdruckzylinder der Verbundmaschinen etwa 60 v. H. gewählt werden, damit die Maschinen leicht anspringen und die bei Einrückung schwerer Arbeitsmaschinen vorübergehend erforderliche Beschleunigungsarbeit ohne zu starke Geschwindigkeitsschwankungen geleistet werden kann, doch kommen auch kleinere Grenzwerte vor, namentlich bei Gleichstromdampfmaschinen (30 bis 35 v. H. Höchstfüllung).

Für Dauerbetrieb sind derart große Füllungen wegen ihrer Unwirtschaftlichkeit nicht geeignet.

Die kleinste Füllung schwankt zwischen 0 und 5 v. H., je nach Bauart der Maschine und Art des Antriebes. Kann das Getriebe vollständig von der Maschine abgekuppelt werden, so ist die kleinste Füllung so zu wählen, daß die Maschine im Leerlauf, wobei sie nur ihre Eigenreibung zu überwinden hat, nicht „durchgeht". Diese Gefahr liegt namentlich bei Kondensationsmaschinen mit beträchtlichem schädlichen Raum vor, dessen Inhalt eine die Leerlaufarbeit bedeutend übersteigende Expansionsarbeit zu leisten vermag. In diesem Falle ist es zweckmäßig, mit abnehmender Füllung die Voreinströmung zu verringern, so daß der schädliche Raum nur noch mit stark gedrosseltem Dampf oder gar nicht mehr aufgefüllt wird. Letzterer Fall, in dem überhaupt kein Dampf mehr in den Zylinder gelangt, wird als „00-Füllung" oder absolute Nullfüllung bezeichnet.

Besonders scharfe Anforderungen werden an die Antriebmaschinen von Wechselstrommaschinen gestellt, da die zuzuschaltende Maschine im Leerlauf genau dieselbe Umlaufzahl wie die Strom liefernden Maschinen haben muß. Den hier gestellten Betriebsbedingungen soll die Steuerung genügen, ohne daß der Regulator in seinen höheren Lagen außer der Steuerung noch Drosselvorrichtungen verstellt, die durch Verminderung des Dampfdruckes Zuschaltung bei größeren Füllungen erleichtern.

Bei Verbundmaschinen wird sowohl die Verstellung der Niederdruckfüllung innerhalb enger Grenzen von Hand als auch die Kupplung der Niederdrucksteuerung mit dem Regulator der Hochdruckseite ausgeführt, letztere in der Art, daß die Füllungen beider Zylinder in gleichem Sinne geändert werden. Soll ein Spannungsabfall im Hochdruckzylinder vermieden werden, d. h. soll der Expansionsenddruck im Hochdruckzylinder bis auf die Aufnehmerspannung hinuntergehen, das Hochdruckdiagramm in eine Spitze auslaufen, so muß bei großem Aufnehmerinhalt die Niederdruckfüllung ungefähr gleich dem Volumenverhältnis beider Zylinder sein.

Ein Spannungsabfall hat jedoch den Vorteil, daß der Hochdruckzylinder kleiner, seine Füllung für eine gegebene Arbeit also größer wird. Eigenreibung und Gangwerkskräfte nehmen ab, während der Entfall an Diagrammfläche durch die günstigeren Strömungsverhältnisse und Vermeidung von Drosselverlusten ausgeglichen wird.

An bestehenden Maschinen kann der Spannungsabfall durch Vergrößerung der Niederdruckfüllung herbeigeführt werden.

Abb. 2 stellt die Verteilung der Arbeiten (A) und der Höchstkolbendrucke (P) einer Tandemmaschine für eine gleichbleibende Niederdruckfüllung von 58 v. H. bei verschiedenen Belastungen dar. Nimmt die Beanspruchung zu, so wächst anfänglich die Hochdruckarbeit, um bei weiterer Erhöhung der Leistung infolge des wachsenden Verbinderdruckes wieder abzunehmen.

Gleichmäßigere Verteilung von Arbeit und Kolbendruck ergibt sich nach Abb. 3 bei Verstellung auch der Niederdruckfüllung durch den Regulator, wodurch der Aufnehmerdruck in engeren Grenzen schwankt, was aber zur Folge hat, daß das Hochdruckdiagramm bei kleineren Füllungen in eine arbeitverzehrende Schleife ausläuft, während bei großen Füllungen der Spannungsabfall sehr beträchtlich ist. Die Regulierung greift schneller ein; trotzdem wird meist die Verstellung der Niederdruckfüllung von Hand wegen der größeren Einfachheit vorgezogen, wobei der der Regulierung entgegenwirkende Aufnehmerinhalt zweckmäßig klein gewählt wird.

Werden beide Zylinder vom Regulator beeinflußt, so kann im Falle einer Störung am Hochdruckzylinder der Betrieb mit gedrosseltem Dampf im Niederdruckzylinder weitergeführt werden.

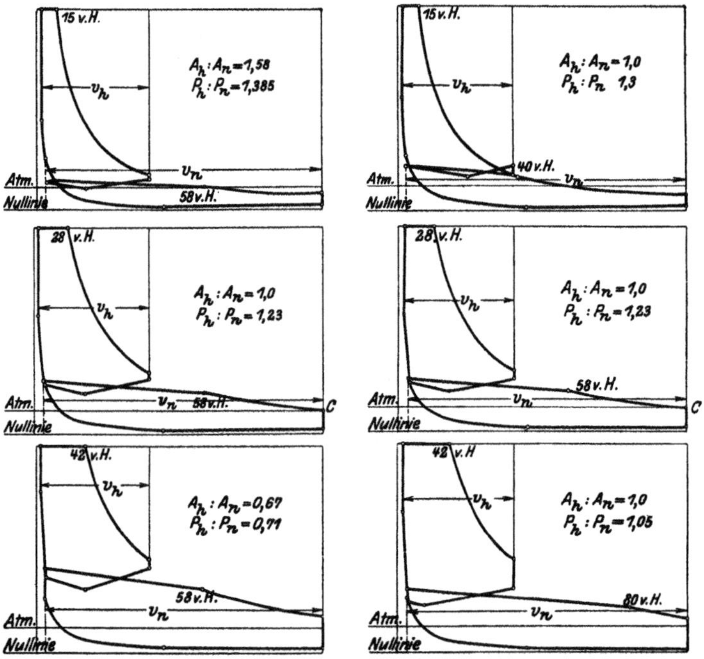

Abb. 2 und 3.

Veränderung der Niederdruckfüllung wird zur unbedingten Notwendigkeit bei Verbundmaschinen mit Zwischendampfentnahme.

Der in den Koch- oder Heizvorrichtungen mit einem Druck von 2 bis 3 at abs. zu verwendende Dampf expandiert im Hochdruckzylinder bis auf den Kochdampfdruck, während der übrig bleibende Teil des Hochdruckdampfes im Niederdruckzylinder weitere Arbeit leistet. Sowohl bei veränderlichem Kochdampfbedarf als auch bei Belastungsschwankungen muß der dem Kochdampfdruck entsprechende Verbinderdruck unveränderlich bleiben. Zu diesem Zweck kann die Ausführung in der Weise getroffen werden, daß die Niederdruckfüllung durch einen vom Aufnehmerdruck beeinflußten Druckregler, die Hochdruckfüllung wie üblich durch einen Geschwindigkeitsregler oder umgekehrt der Niederdruckzylinder durch einen Geschwindigkeitsregler, der Hochdruckzylinder durch den Druckregler beeinflußt wird. In beiden Fällen bewirkt abnehmender Aufnehmerdruck Verringerung der Niederdruckfüllung [1]). Diese soll nicht unter etwa 3 v. H. sinken, damit die Leerlaufarbeit des Niederdruckzylinders stets gedeckt und Trockenlaufen des Kolbens vermieden wird.

Für die Bestimmung der Füllungsgrenzen und namentlich der Füllung, die der Zylinderbemessung zugrunde gelegt wird, sind grundsätzlich andere Erwägungen maßgebend bei den Umkehrmaschinen.

Hier wird die Bedingung gestellt, daß die Maschine auch aus der ungünstigsten Kurbelstellung unter Ausübung eines gewissen Drehmomentes anspringt. Die ungünstigste Stellung ist bei unter 90° versetzten Kurbeln dann vorhanden, wenn die eine Kurbel in derjenigen Lage ist, die größter Füllung entspricht, so daß der Kolben ohne Dampf bleibt. Die zweite Kurbel, deren Kolben vollen Dampfdruck erhält, ist um einen spitzen Winkel gegen die Wagerechte geneigt, so daß der wirksame Hebelarm, an dem die Kolbenkraft wirkt, wesentlich kleiner als der Kurbelradius ist [2]).

Die zur Erzielung eines bestimmten Drehmomentes erforderliche Größe der Füllungen ist abhängig von der Bauart der Maschine: ob Zwillings-, Drillings- oder Zwillingstandemmaschine. Für letztere gelten die „reduzierten“ Füllungen, d. h. die auf den Niederdruckzylinder bezogenen Hochdruckfüllungen.

Als Füllungen, die gleichstarke Walzenzugmaschinen für gleiche Anhubmomente benötigen, gibt Kießelbach an für die

Zwillingsmaschine	Drillingsmaschine	Zwillingstandemmaschine
65 v. H.	48 v. H.	27 bis 30 v. H.
72 „ „	65 „ „	30 „ 33 „ „
80 „ „	72 „ „	32 „ 35,5 „ „
85 „ „	80 „ „	34 „ 38 „ „

Die gewöhnliche Zwillingsmaschine erfordert sonach 65 v. H. Füllung, um bei gegebener Leistung sicher anzuspringen. Die Drillingsmaschine (mit drei unter 120° versetzten Kurbeln) von gleichem Hubvolumen kommt mit 48 v. H. aus, während die Zwillingstandemmaschine infolge ihrer großen Einzelfüllungen je nach Bauart nur 27 bis 30 v. H. Füllung braucht.

Fördermaschinen werden neuerdings vielfach derart bemessen, daß während des Anfahrens die Nutzlast mit 0,8 bis 1 m/sek² Beschleunigung bei vier- bis sechsfacher Expansion gefördert wird. Mit dieser reichlichen Bemessung wird dann ohne weiteres die fernere Bedingung erfüllt, daß der Korb bei jeder Kurbelstellung angehoben, bzw. überhoben werden kann.

---

[1]) Eberle, Z. Ver. deutsch. Ing. 1907, S. 2005 u. ff. Doederlein, Z. Ver. deutsch. Ing. 1911, S. 1683 u. ff. Dubbel, Kolbendampfmaschinen und Dampfturbinen. 6. Aufl. S. 462. Verlag von Julius Springer.

[2]) In Z. Ver. deutsch. Ing. 1897, S. 974, berichten Grögler und Ulbrich über einen interessanten Fall, in dem eine Fördermaschine, die mit 30 v. H. Füllung die verlangte Arbeit leistete, infolge starker Drosselung des einströmenden Dampfes durch den kurz vor Abschluß stehenden Schieber mit 70 v. H. Höchstfüllung nicht aus allen Stellungen anzog.

Für Schiffsmaschinen sind die folgenden Expansionsgrade gebräuchlich:

bei Verbundmaschinen von Frachtschiffen: eine 7 bis 8fache Expansion,
bei Dreifachexpansionsmaschinen von Frachtschiffen: eine 9 bis 10fache Expansion.

Zwillingslokomotiven erfordern zum sicheren Anfahren eine größte Füllung von 75 v. H. Zur Erzielung des gleichen Drehmomentes genügt bei Drillingslokomotiven eine Füllung von 66 bis 68 v. H., wobei jedoch zu beachten ist, daß der Zylinder der Drillingslokomotive nur $^2/_3$ der Kolbenfläche der gleichstarken Zwillingslokomotive aufweist. Bei gleicher Füllung zeigt der Drilling eine Vergrößerung des Anzugsmomentes um 15 v. H.

Die bei Umkehrmaschinen üblichen Steuerungen — die Umsteuerungen — zeigen wie alle Einschiebersteuerungen die Eigenart, daß mit abnehmender Füllung die Voröffnung, Kompression, Vorausströmung und infolge der geringeren Kanaleröffnung auch die Eintrittsdrosselung zunehmen. Diese das Diagramm in nachteiliger Weise beeinflussende Veränderlichkeit tritt bei Begrenzung der Höchstfüllung für eine bestimmte kleinere Füllung weniger in die Erscheinung. Dementsprechend ist möglichst kleine Höchstfüllung anzustreben, wenn — wie bei Schiffsmaschinen — mit verhältnismäßig großen Füllungen gefahren wird, für die dann unter Umständen auf Kosten der Höchstfüllung die günstigsten Verhältnisse auszuwählen sind.

Was den Verlauf der Füllungslinie betrifft, so wird hierauf weiter unten bei der „Bemessung der Kanäle“ eingegangen.

Hier sei noch als wichtige Forderung guten Betriebes die Füllungsgleichheit für beide Zylinderseiten erwähnt. Sind die Füllungen ungleich, so wird infolge der verschiedenen bei Hingang und Rückgang des Kolbens geleisteten Arbeiten die Drehgeschwindigkeit weniger gleichförmig. Bei starker Abweichung beider Füllungen voneinander kann auch der Dampfverbrauch verschlechtert werden, da jede Maschine am vorteilhaftesten mit der „günstigsten Füllung“ arbeitet und die ungleichen Füllungen von der günstigsten Füllung nach oben und nach unten hin stark verschieden sein können.

Über die durch die endliche Pleuelstangenlänge verursachte Verschiedenheit der Füllungen s. S. 30.

Bei stehenden Maschinen wird die Gleichförmigkeit der Drehgeschwindigkeit durch die Gestängegewichte ungünstig beeinflußt. Hier wird aus diesem Grunde die Füllung auf der Kurbelseite häufig größer gewählt als auf der Deckelseite, so daß auf dieser eine dem Abwärtsgang des Gestänges entsprechend kleinere Arbeit geleistet und der Einfluß des Gestänges auf die Drehgeschwindigkeit ausgeschaltet wird.

Die Expansionslinie weist bei gesättigtem Dampf und normalem Verlauf annähernde Übereinstimmung mit der gleichseitigen, vom absoluten Nullpunkt O, Abb. 1, aus entworfenen Hyperbel auf. In geheizten Zylindern und bei Verwendung trockenen Dampfes ist der Exponenten der Gleichung $pv^n = \text{konst.}$ in der ersten Hälfte der Expansionslinie häufig größer als 1, im Niederdruckzylinder kleiner als 1.

Ebenso ist bei überhitztem Dampf ein Unterschied in der Größe des Exponenten während der Expansion festzustellen. Im Mittel ist n = 1,05 für schwachüberhitzten Dampf und n = 1,25 für hochüberhitzten Dampf.

Der stärkere Abfall der Expansionslinie bei größerem Exponenten bedingt für überhitzten Dampf bei gleichen Zylinderabmessungen größere Füllungen für gleiche Leistungen.

Eine Beeinflussung des Verlaufes der Expansionslinie durch die Steuerung findet nur insofern statt, als die Größe des schädlichen Raumes von der Wahl der Steuerungsart abhängt.

Die Vorausströmung bezweckt die Erzielung niedrigsten Gegendruckes schon im Hubwechsel. Je höher die Umlaufzahl, je größer die in den Dampfkanälen zugelassene Dampfgeschwindigkeit ist, um so reichlicher soll die Dauer der Vorausströmung sein, damit schon vor der Kolbentotlage größere Dampfmengen mit einer dem Druckunterschied zwischen Zylinderinnerem und dem Kondensator bzw. der Atmosphäre entsprechenden Geschwindigkeit abströmen können. Mit der Größe dieses Druckunterschiedes muß die Vorausströmung zunehmen, damit dadurch die starke Ausdehnung des auspuffenden Dampfes berücksichtigt wird.

Bei kleinen Füllungen von Auspuffmaschinen geht die Expansionslinie bis unter die atmosphärische Linie. Große Vorausströmung hat hier den Vorteil, daß die Entstehung einer Schleife verhindert wird, da im Augenblick der Eröffnung des Auslasses Luft in den Zylinder strömt und das Auftreten einer Luftleere hindert. Als Höchstwert der Vorausströmung ist bei raschlaufenden Maschinen etwa 15 bis 20 v. H. zu wählen, bei langsamlaufenden Maschinen soll sie mindestens 5 bis 7 v. H. betragen. Schleifenbildung tritt besonders bei den Gegendruckmaschinen für Heizdampfentnahme auf. Zur Vermeidung der Schleife führt die Görlitzer Maschinenbauanstalt ihre Gegendruckmaschine so aus, daß bei Abnahme der Füllung entweder das Auslaßventil dann öffnet, wenn die Expansionslinie die Gegendrucklinie schneidet, oder es bleibt das Auslaßventil noch bei Rückkehr des Kolbens geschlossen, bis die hierdurch bedingte Kompression den Gegendruck erreicht hat (s. Dubbel, Kolbendampfmaschinen und Dampfturbinen. 6. Aufl. S. 470).

Der Verlauf der Gegendrucklinie hängt ebenso wie der der Eintrittslinie in hohem Maße von der Wahl der in den Kanälen auftretenden Dampfgeschwindigkeiten ab. Bei normalen Auspuffmaschinen beträgt der Gegendruck 0,1 bis 0,15 at, bei Kondensationsmaschinen etwa 0,15 bis 0,2 at abs.

Die Kompressionslinie weist größere Abweichung von der gleichseitigen Hyperbel auf, als die Expansionslinie. Für erstere ist meist $n < 1$, so daß auch der Arbeitsaufwand für die Kompression größer wird als sich nach dem aufgezeichneten Diagramm mit n = 1 ergibt.

Die Ansichten über die mechanischen und thermodynamischen Vorteile mehr oder weniger hoher Kompression sind geteilt.

Radinger[1]) empfahl den Eintritt des Druckwechsels im Gestänge

[1]) Radinger, Dampfmaschinen mit hoher Kolbengeschwindigkeit. 3. Aufl. 1892.

genau im Totpunkt, wobei die Kompression so eingestellt werden muß, daß ihr Enddruck gleich dem auf der anderen Kolbenseite bei der Totlage herrschenden Dampfdruck plus Massendruck wird. Eine geringe Erhöhung der Kompression über diesen Betrag hinaus ist nach Radinger unschädlich, da in diesem Falle der Druckwechsel vor der Totlage eintritt, was ebenfalls vorteilhaft sein soll.

Hingegen hat Stribeck nachgewiesen, daß die infolge des Druckwechsels auftretenden Stöße am gefährlichsten in der Totlage oder in dessen Nähe sind. Sie werden ungefährlich, wenn der Druckwechsel in größerer Entfernung von den Totlagen vor sich geht. In bestimmten Fällen genügt der Rücksicht auf ruhigen Gang eine mäßige Kompression ebenso wie eine große.

Die Richtigkeit der Stribeckschen Ansicht wird praktisch bestätigt durch den ruhigen Gang der Einzylinder-Kondensationsmaschinen und der Niederdruckseiten von Verbundmaschinen, trotz zu geringer Kompression und bei letzteren auch bei niedrigen Aufnehmerdrucken infolge schwacher Belastung.

Dr. Ing. Polster kommt zu dem Ergebnis, daß die „Lage des Druckwechsels" nicht als Kriterium für Härte und Gefährlichkeit des Stoßes gelten kann.

Als mechanischer Vorteil der Kompression ist die Entlastung der Steuerungsorgane im Augenblick der Eröffnung hervorzuheben, die namentlich bei Schieber- und Corliß-Steuerungen von Wert ist.

In thermodynamischer Beziehung wird vielfach für die Kompression bis zur Eintrittspannung als Vorteil geltend gemacht, daß in diesem Falle der schädliche Raum nicht aufgefüllt zu werden braucht und die Maschine sich so verhält, als ob — abgesehen von dem Einfluß der schädlichen Flächen — ein schädlicher Raum nicht vorhanden sei.

Die Einführung derart hoher Kompressionsgrade bedingt jedoch für gleiche Zylinderabmessungen und gleiche Leistung eine größere Füllung, um gegenüber dem Diagramm mit kleinerer Füllung und ohne Kompression den Entfall durch die Kompressionsarbeit zu decken. Diese „zusätzliche Füllung" hebt zum Teil den Vorteil der Auffüllung des schädlichen Raumes durch den Kompressionsdampf auf. Dieser Vorteil erfährt eine weitere Verringerung dadurch, daß die Kompressionsarbeit unter doppeltem Reibungsverlust vom Schwungrad geleistet werden muß. Auch die Annahme einer günstig wirkenden Heizung der Wandungen durch die Kompressionswärme kann nicht als berechtigt anerkannt werden. Diese Wärme wird dem Schwungrad als Arbeit entnommen, die ihrerseits wieder von der der Maschine zugeführten Wärme herrührt, so daß die großen Verluste der Umsetzung von Wärme in Arbeit doppelt auftreten. Richtiger ist jedenfalls die Verwertung dieser Wärmemenge für unmittelbare Heizung der Deckel und Zylinderenden.

In Zusammenhang hiermit sei darauf hingewiesen, daß die Van den Kerchove-Dampfmaschinen, die äußerst günstigen Dampfverbrauch ergeben, mit sehr kleiner Kompression arbeiten. Kurz nach dem späten Schluß des Auslaßventils wird durch das Einlaßorgan mehr oder weniger gedrosselter Dampf zum Auffüllen des schädlichen Raumes in den Zylinder eingelassen.

Versuche von E. Heinrich ergaben, daß die vom Kompressionsgrad unabhängige Eintrittskondensation der Größe der schädlichen Flächen proportional war. In Bestätigung früherer Versuche von Klemperer wurde festgestellt, daß Kompressionen mit einer Endtemperatur gleich Wandtemperatur die günstigsten sind.

Werden Kondensationsmaschinen, die mit langem Kompressionsweg arbeiten, auf Auspuff in die Atmosphäre umgestellt, so kann infolge des größeren Anfangsdruckes die Kompression sehr hoch ansteigen, so daß Vorrichtungen zur Verkürzung des Kompressionsweges oder zur Vergrößerung des schädlichen Raumes nötig sind. Im ersteren Fall muß die Auslaßsteuerung entsprechend eingestellt werden können, während im zweiten Fall ein Raum im Zylinderdeckel mit dem Zylinderinneren durch ein Ventil in Verbindung gebracht wird. Kompression über die Anfangsspannung hinaus beansprucht übermäßig das Gestänge und verursacht überdies leicht „Abklappen" der Flach- und Corliß-Schieber. Bei Verbundmaschinen kann der Neigung zum Spannungsabfall und zur Schleifenbildung durch Veränderung der Kompression begegnet werden. Schleifenbildung tritt bei kleinen Hochdruckfüllungen infolge zu hohen Aufnehmerdruckes auf. Wird mit abnehmender Füllung die Kompression vergrößert, wie dies bei den Steuerungen mit verstellbarem Exzenter oder bei gleichzeitiger Verstellung der Einlaß- und Auslaßexzenter durch den Flachregler nach Doerfel zutrifft, so wird die Durchgangdampfmenge — und damit der Aufnehmerdruck — verringert.

Die Voreinströmung hat den Zweck, schon in der Kolbentotlage das Auftreten des vollen Arbeitsdruckes im Zylinder zu sichern. Ehe der Kolben in seine Totlage gelangt, öffnet das Einlaßorgan um einen Betrag, der als „lineares Voreilen" bei Schiebern, als „Voröffnen" bei Ventilen bezeichnet wird. Die Bezeichnung „Voreinströmung" bezieht sich hingegen meist auf das im Kurbelwinkel oder in v. H. des Kolbenweges gemessene Voröffnen.

Zu großes Voröffnen kann stoßenden Gang des Gestänges, Nachöffnen Diagrammverlust verursachen, der auch bei zu großem Voröffnen eintritt. Zu große Voreinströmung hat ferner den Nachteil, daß die Zeit des Wärmeaustausches zwischen dem eintretenden Dampf und den schädlichen Flächen unnötig vergrößert wird. Das Voröffnen gibt im übrigen ein Mittel an die Hand, um auch bei kleineren Füllungen günstige Kanaleröffnungen zu erhalten.

Vielfach herrscht das Bestreben vor, die Größe des linearen Voreilens oder der Voreinströmung für die verschiedenen Füllungen unveränderlich zu halten. In manchen Fällen empfiehlt sich jedoch eine Abweichung von dieser Regel mit Rücksicht auf die vorhin erwähnten günstigeren Kanaleröffnungen bei normalen Füllungen, vorausgesetzt, daß die kleinste Füllung nicht vergrößert zu werden braucht.

Nachöffnen wird hin und wieder mit Absicht bei den Antriebmaschinen von Pumpen und Gebläsen vorgesehen, wenn deren Kolben mit dem Dampfkolben auf derselben Stange sitzen. Ohne Nachöffnen ist bei dieser Anordnung das ganze Gestänge für die Summe der Kolbenkräfte von Pumpe und Dampfmaschine zu berechnen, was jedoch vorzugsweise geschieht.

Das lineare Voreilen beträgt etwa $^1/_{10}$ bis $^1/_6$ der Kanalweite, die Voreinströmung 8 bis 15°, wobei die kleineren Werte für langsamlaufende, die größeren für raschlaufende Maschinen gelten. Öffnen Ventile mit sehr schleichendem Anhub, so wird ruhiger Gang selbst bei weit früherem Beginn des Voröffnens erhalten. Größeres Voröffnen wird nötig, wenn die Kompression im Verhältnis zum Eintrittsdruck nur mäßigen Enddruck erreicht. Für weitgetriebene Kompression ist auch bei schnellgehenden Maschinen früher Eintritt ungünstig und verursacht „Haken" und Stoß.

Die Bemessung der Kanäle.

Im folgenden bedeuten: O = Kolbenfläche in cm²
n = Umlaufzahl i. d. Min.
s = Hub in m

$c = \frac{n \cdot s}{30}$ = mittlerer Kolbengeschwindigkeit in m/sek,
u = mittlerer Dampfgeschwindigkeit in m/sek,
F = Kanalquerschnitt in cm²,
a = Kanalbreite in cm,
h = Kanalhöhe in cm.

Es besteht die Beziehung: $F \cdot u = O \cdot c$.

$$F = a \cdot h = \frac{O \cdot c}{u}.$$

Die Gleichung setzt also ganz freigelegten Kanal bei mittlerer Kolbengeschwindigkeit voraus.

Die höchste Kolbengeschwindigkeit steigt auf das ungefähr 1,6fache (für $L = \infty$ auf das $\frac{\pi}{2}$fache) der mittleren, so daß sich u in demselben Maße vergrößert.

Ist D = Zylinderdurchmesser, so beträgt die Kanalhöhe
h = 0,65 D bis 0,8 D für Flachschieber,
h = 0,9 D bis 1,1 D für Corliß-Schieber.

Werte von u.

Bei Flachschiebern wird u = 40 m/sek und darüber gewählt, um kleinere Schieberabmessungen und geringere Reibungsarbeit zu erhalten.

Bei Kolbenschiebern ist u = 30 bis 35 m/sek, bei Corliß-Schiebern u = 40 m/sek. Für Schiffsmaschinen, Fördermaschinen und Lokomotiven sind die folgenden Werte gebräuchlich.

Schiffsmaschinen:	Hochdruckzylinder	u = 25 bis 30 m/sek
	Mitteldruckzylinder	u = 30 bis 36 ,,
	Niederdruckzylinder	u = 36 bis 42 ,,
Fördermaschinen:	Hochdruck-Einlaß	u = 50 bis 60 ,,
	,, Auslaß	u = 40 bis 45 ,,
	Niederdruck-Einlaß	u = 55 bis 65 ,,
	,, Auslaß	u = 45 bis 50 ,,

In den Ausdruck $F = \frac{O \cdot c}{u}$ ist bei der Berechnung der Kanäle von Fördermaschinen die Kolbengeschwindigkeit der nur kurze Zeit dauernden Beharrungsperiode bei größter Seilgeschwindigkeit einzusetzen.

Die Kolbenschieber der Lokomotiven werden für u = 40 bis 50 m/sek bemessen; bei Anwendung überhitzten Dampfes können die Werte für u um 30 bis 40 v. H. größer genommen werden.

Schüle[1]) hat auf theoretischem Wege die Abhängigkeit der Größe u von den Eintrittsdrucken ermittelt. Wird angenommen, daß bei einem Eintrittsdruck p nach Zurücklegung eines Kolbenweges von 25 bis 40 v. H. des Hubes die Einströmlinie bei voll geöffnetem Kanal nur um Δ p fallen darf, so wird:

$$u = 294 \cdot \frac{\sqrt{\Delta p}}{p}.$$

Für die zulässige Drosselung $\Delta p = 0{,}1$ at folgt: $u = \frac{93}{\sqrt{p}}$.

Sonach wird für	p = 5	8	11	at Eintrittsdruck
	u = 42	33	28	m/sek.

Schüle hat auch zuerst darauf hingewiesen, daß in der Gleichung $F = \frac{O \cdot c}{u}$ den Zahlenwerten von u lediglich die Bedeutung von Koeffizienten zukommt. Die Größen der in den Kanälen tatsächlich auftretenden Dampfgeschwindigkeiten weichen von den vorstehend angegebenen Werten für u ganz erheblich ab.

Der Einlaßquerschnitt wird gegen Ende der Füllung mehr und mehr verengt, so daß die Dampfgeschwindigkeiten hierdurch und infolge der gleichzeitigen Steigerung der Kolbengeschwindigkeit (vorausgesetzt, daß die Füllungen wie üblich kleiner als 50 v. H. sind) anwachsen und zum Schluß sehr groß werden.

Der in den Zylindern einströmende Dampf hat nicht nur den vom Kolben freigelegten Raum auszufüllen, sondern auch die Verluste durch Abkühlung, die 15 bis 30 v. H. der gesamten eintretenden Dampfmenge ausmachen, zu ersetzen.

Ein Rückschluß auf die durch die Strömung in Kanal und Schieber verursachten Drosselungsverluste läßt sich nur dann ziehen, wenn gleichzeitig mit dem Arbeitsdiagramm ein Diagramm am Schieberkasten oder Einlaßventilgehäuse aufgenommen wird. Abb. 4[2]).

Der Linienzug *a a* zeigt die Druckänderungen im Schieberkasten während der Füllung; diese Druckunterschiede dienen zur Beschleunigung der in der Dampfzuleitung befindlichen Dampfmasse. Die zu der Geschwindigkeitserzeugung in den vom Einlaßorgan freigelegten Kanalquerschnitten erforderlichen Spannungen werden durch die senkrechten Abstände zwischen den Kurven *a a* und *b c d* wiedergegeben. Die Drosselung beginnt bei *b*.

---

[1]) Schüle, Z. Ver. deutsch. Ing. 1906, S. 1900 u. ff.

[2]) Gutermuth, Z. Ver. deutsch. Ing. 1905, S. 271.

Bei Anordnung größerer als Dampfspeicher wirkender Wasserabscheider in der Nähe des Zylinders lassen sich die durch Kurve *a a* gekennzeichneten Verluste zum großen Teil vermeiden.

Im übrigen zeigt Abb. 4, daß wagerechter Verlauf der Eintrittslinie nicht immer Vermeidung von Druckverlusten bedeutet.

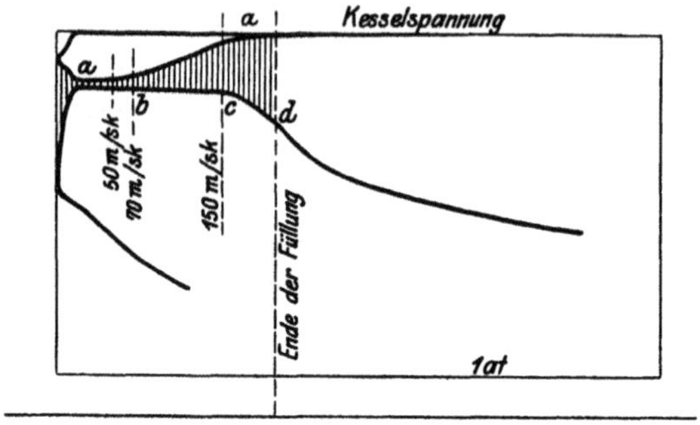

Abb. 4.

Das Ende der Füllung bei *d* ist durch Feststellung an der Steuerung ermittelt worden, während dem Anschein nach der Füllungsschluß zwischen den Punkten *c* und *d* liegt. Der Verlust durch Drosselung gegen Ende der Füllung wird durch die Trocknung des Dampfes wenigstens teilweise ausgeglichen.

Für den Verlauf der Ausströmung ist das „kritische Druckverhältnis" von Bedeutung. Strömt Dampf vom Druck p_g aus einem Gefäß durch eine einfache Öffnung in einen zweiten Raum, in dem der Druck p_c herrscht, so wird die Überströmgeschwindigkeit ihren

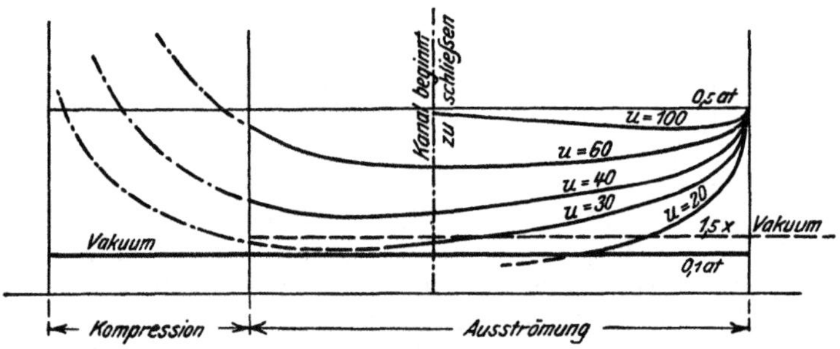

Abb. 5.

größten Wert von etwa 400 bis 450 m/sek bei Sattdampf erhalten, wenn $p_g \geqq 1{,}7\, p_c$ ist. Eine weitere Verringerung von p_c bei gleichem p_g führt keine Erhöhung der Dampfgeschwindigkeit herbei [1]).

Ist p_g der Gegendruck im Zylinder, p_c der Kondensatordruck und $p_g > 1{,}7\, p_c$, so stellt sich in den Auslaßquerschnitten zwischen Zylinder

[1]) Schüle, Z. Ver. deutsch. Ing. 1906, S. 1900.

und Kondensator theoretisch eine Geschwindigkeit von rd. 400 bis 450 m/sek ein.

In Abb. 5 ist angenommen, daß in der Totlage ein Enddruck von 0,5 at erreicht sei. Für verschiedene Querschnitte, mit u = 20, 30, 40, 60 und 100 m/sek berechnet, sind die Ausströmlinien eingetragen. Nur die Kurven für u = 20 und u = 30 m/sek unterschreiten die Linie des 1,5fachen Vakuums. Bei u = 100 m/sek beginnt die scheinbare Kompression schon in unmittelbarer Nähe der Kolbentotlage. Ein rascher Druckausgleich wird nur bei u = 20 m/sek erreicht, so daß in diesem Falle die mit u = 30 berechneten Kanäle schon als knapp bemessen gelten müssen. Bei dieser Berechnung der Ausströmlinien ist angenommen, daß der Auslaßkanal bei der Kolbentotlage ganz geöffnet ist und erst kurz vor Beginn der Kompression geschlossen wird.

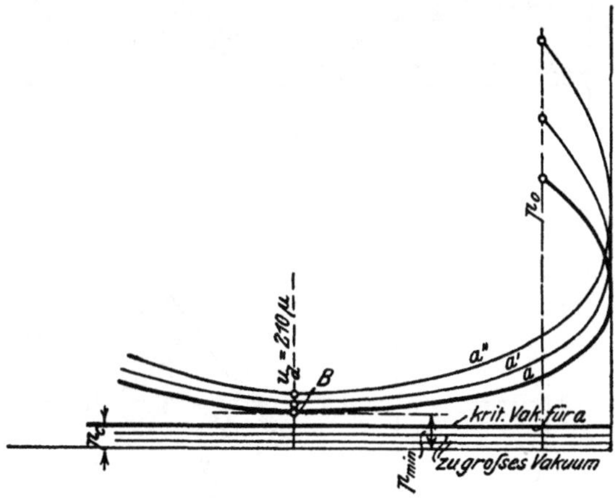

Abb. 6.

Die Ausströmlinie verläuft so lange unabhängig vom Kondensatordruck p_c, als der tiefste Punkt B, Abb. 6, eine Spannung $> 1{,}5\, p_c$ [1]) anzeigt, da der Außendruck p_c im Hochdruckgebiet $\left(\frac{p_g}{p_c} > 1{,}5\right)$ ohne Einfluß auf die sekundlich ausströmende Dampfmenge bleibt. In Abb. 6 stellt p_0 den Enddruck bei normaler Expansion dar. Wird angenommen, der Kondensatordruck habe die Größe $p_c = \frac{p_{min}}{1{,}5} = {}^2/_3\, p_{min}$, so würde eine Vergrößerung der Luftleere ohne jeden Einfluß auf das Dampfdiagramm bleiben. Nehmen die Füllung und damit die Expansionsendspannung zu, so stellen die Linien a' und a'' in Abb. 6 den Verlauf der Ausströmung dar.

Abb. 6 zeigt weiterhin, daß der Mindestdruck bei B stets in derselben Kolbenlage eintritt. Bei Auspuffmaschinen rückt hingegen die

[1]) Die Berechnung nach Schüle ist praktisch zulässig bis 1,4 p_c.

Stelle B in um so größere Nähe des Totpunktes, bei dem der Auspuff beginnt, je tiefer die Austrittslinie verläuft.

Die Bedeutung reichlicher Vorausströmung für den Verlauf der Auspufflinie ergibt sich aus Abb. 7, in die für die gleiche Expansions-

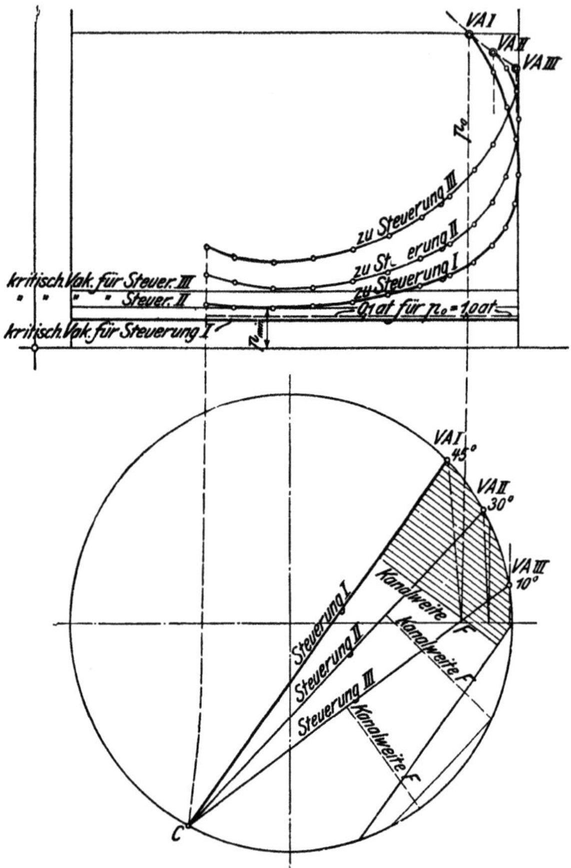

Abb. 7.

endspannung drei Gegendrucklinien eingetragen sind, je nachdem die Vorausströmung sich auf einen Kurbelwinkel von 45⁰, 30⁰ oder 10⁰ erstreckt. Nur bei der Steuerung *I*, bei welcher der Auslaßkanal schon im Totpunkt ganz geöffnet ist, wird noch eine Luftleere von 0,1 at verwertet.

II. Die Steuerungen.

Da der Überschuß des wirklichen durch Messung festgestellten Dampfverbrauches über den aus dem Diagramm berechneten Dampfverbrauch hauptsächlich auf Abkühlungsverluste und Undichtheit zurückzuführen ist, so sind Wahl und Anordnung der Steuerungsorgane wenigstens bei Maschinen, an die als erste Forderung nicht die der einfachen Ausführung zu stellen ist, so zu treffen, daß die erwähnten Verluste möglichst klein werden.

Eine Verringerung der Abkühlungsverluste ist vor allem durch Kleinhalten der „schädlichen Flächen" anzustreben, eine Bedingung, der meist — aber durchaus nicht immer — kleine schädliche Räume entsprechen. Die Größe letzterer ist abhängig von der Art und Lage der Steuerungsorgane, der mehr oder weniger reichlichen Bemessung der Kanäle, der Kolbengeschwindigkeit und dem Hubverhältnis. Je größer die Kolbengeschwindigkeit, um so größer der Inhalt der Dampfkanäle, während bei gleicher Kolbengeschwindigkeit diejenige Maschine den kleineren schädlichen Raum hat, deren Hubverhältnis (Verhältnis zwischen Zylinderdurchmesser und Hub) das kleinere ist. In diesem Fall macht infolge des größeren Hubes bei gleicher Kolbengeschwindigkeit der schädliche Raum einen geringeren Bruchteil des Hubraumes aus. Für Maschinen mit einem Hubverhältnis von ungefähr 1 : 2 und einer mittleren Kolbengeschwindigkeit von 2 bis 3 m/sek kann der schädliche Raum für die verschiedenen Steuerungen wie folgt in v. H. des Hubraumes geschätzt werden.

3 bis 6 v. H.	bei Anwendung von	Rundschiebern.	
4 „ 7 v. H.	„ „ „	Ventilen.	
4 „ 8 v. H.	„ „ „	Flachschiebern	Grundschieberinhalt eingerechnet.
6 „ 12 v. H.	„ „ „	Kolbenschiebern	

Die niedrigen Werte für Flach- und Kolbenschieber lassen sich erreichen, wenn diese dicht am Zylinder liegen.

Die angegebenen Werte für Corliß-Schieber, Kolbenschieber und Ventile ermäßigen sich um rund 30 v. H., wenn diese Steuerungsorgane im Deckel untergebracht werden.

Für die Ventil- und Corliß-Steuerungen mit vierfachen Dampfwegen, bei denen im Gegensatz zu den gewöhnlichen Flach- und Kolbenschiebern besondere Kanäle für den ein- und austretenden Dampf angeordnet sind, wird als Vorzug eine kleinere Eintrittskondensation geltend gemacht. Dieser Umstand wird darauf zurückgeführt, daß bei den Steuerungen mit zweifachen Dampfwegen derselbe Kanal, durch den der Auspuffdampf abströmt, kurz nachher für den Eintritt des Frischdampfes dient, nachdem er während des Auspuffs vom Abdampf stark ausgekühlt worden ist.

Dieser Vorteil wird zweifelsohne überschätzt. Auch bei den Steuerungen mit vierfachen Dampfwegen macht die im Einlaßkanal befindliche Dampfmenge alle Temperaturschwankungen mit. Der namentlich im Beginn äußerst stürmische Verlauf der Ausströmung drängt fortwährend neue Dampfschichten an die schädlichen Flächen, und die diesen entnommenen Wärmemengen werden wenigstens zum größten Teil durch den Auspuff entweichen.

Was die zweite Verlustquelle, die Undichtheiten betrifft, so sind grundsätzlich die Steuerungsorgane so zu lagern, daß sie vom Dampfdruck gegen ihre Lauf- oder Sitzfläche gepreßt werden. Die Auslaßorgane der Ventil- und Corliß-Steuerungen werden deshalb derart angeordnet, daß sie von dem im Zylinder arbeitenden Dampf gegen die nach dem Auspuff hin öffnende Mündung gepreßt werden.

C a l l e n d a r und N i c h o l s o n fanden bei ihren schon erwähnten Versuchen, daß stillstehende Schieber geringere Durchlässigkeitsverluste zeigen als bewegte Schieber, und B a n t l i n führt dies darauf zurück, daß hauptsächlich die zwischen Schieber und Spiegel vorhandene Ölschicht die Dichtung bewirkt, diese Ölschicht aber während der Bewegung fortwährend zerrissen wird, wobei der Dampf an den freigelegten Spiegelflächen kondensiert.

Schieber mit eriodischer Bewegung müßten sonach dichter sein als Schieber mit stetiger Bewegung.

Weitere Versuche zeigten, daß die Durchlässigkeit in Form von Wasser größer ist als in Form von Dampf, so daß sich auch in dieser Beziehung die Anwendung überhitzten Dampfes empfiehlt. Allerdings ist die größere Dichtheit von Kolbenschiebern bei Anwendung überhitzten Dampfes meist darauf zurückzuführen, daß die Steuerungsorgane mit entsprechendem Spielraum für höhere Temperatur eingeschliffen waren und nun bei Verwendung von Sattdampf die Buchsen ihren Durchmesser weniger verringern als die Steuerungsorgane, so daß die Verluste durch Undichtheit zunehmen.

Aus diesem Grunde sind Kolbenschieber mit Schleifringen unbedingt vorzuziehen, da sie bei jeder Dampftemperatur dichten und gegen Verreibung fast unempfindlich sind. Auch Ventile sind gegen Temperaturänderungen empfindlich und müssen sich bei gegebener Arbeitsweise erst dicht klopfen.

In bezug auf die Durchlässigkeitsverluste verhalten sich Maschinen mit vierfachen Steuerungsorganen insofern günstiger, als bei diesen eine Hintereinanderschaltung der Abdichtungen vorhanden ist und ein ununterbrochener Abgang des Dampfes vom Frischdampfraum zum Auspuff bei Undichtheit nur eines der beiden Organe einer Zylinderseite nicht stattfinden kann.

Bei Verbundmaschinen wird der durch Undichtheiten des Hochdruckzylinders nach dem Aufnehmer abströmende Dampf im Niederdruckzylinder noch teilweise ausgenutzt.

Im übrigen ist dauernde Dichtheit vor allem von der Sorgfalt der Herstellung und von der Wartung während des Betriebes abhängig.

Weitere an den Betrieb der Steuerungen zu stellende Anforderungen sind: geringe Eigenreibung und Ermöglichung leichter Regulierung.

Die Größe der Eigenreibung wird bei den Schiebern durch die von Dampfdruck und Abmessung der Schieberfläche abhängige, andrückende Kraft und durch den Reibungskoeffizienten bestimmt, der vom Zustand der Gleitflächen und der Güte der Schmierung abhängt. Der Druck auf den Schieber ändert sich fortwährend mit der Größe der bei der Schieberbewegung freigelegten Kanalquerschnitte, und es wird zur Bestimmung des mittleren Druckes am zweckmäßigsten die Mittellage des Schiebers gewählt. Unter Annahme eines bestimmten Dampfdiagramms sind dann von dem auf dem ganzen Schieber ruhenden Frischdampfdruck die in den Kanälen herrschenden Drucke, multipliziert mit den Kanalquerschnitten, abzuziehen. Mit einem Reibungskoeffizient von 0,1 bis 0,15 kann dann die ungefähre Arbeit zur Bewegung des Schiebers auf Grund der gegebenen Schiebergeschwindigkeit berechnet werden.

Günstiger verhalten sich die entlasteten Schieber und die Ventile. Sind erstere eingeschliffene Kolbenschieber oder vollständig entlastete Flachschieber, so ist als Kraft nur die Massenbeschleunigung einzusetzen. Bei Kolbenschiebern mit Dichtungsringen ist außerdem der von den Ringen ausgeübte Flächendruck zu berücksichtigen.

Die nur periodisch bewegten Ventile sind infolge der Anordnung von Doppelsitzen ebenfalls weitgehend entlastet. Für die Bewegung kommen Überwindung der anfänglichen Belastung, Strömungsdruck, Federspannung und Beschleunigungskräfte in Betracht, die jedoch zum Teil auch bei der Schließung des Ventils wirken und hierbei an das Steuerungsgestänge einen Teil der beim Öffnen aufgewandten Arbeit zurückgeben.

Die Kräftewirkungen in der Steuerung sind weiterhin für die Regelung von Bedeutung.

Als „Gesamtungleichförmigkeitsgrad" des Regulators wird das Verhältnis des Unterschiedes zwischen den Umlaufzahlen bei höchster und tiefster Muffenlage und der mittleren Umlaufzahl bezeichnet. Der Gesamtungleichförmigkeitsgrad ist die Summe aus dem theoretischen Ungleichförmigkeitsgrad, der dasselbe Verhältnis der Umlaufzahlen, wie vorstehend angegeben, für den freischwingenden Regulator ohne Stellzeug bezeichnet, und dem Unempfindlichkeitsgrad.

Ist die Maschine im Beharrungszustand, der Regler im Gleichgewicht, so wird bei Störung des Beharrungszustandes die Umlaufzahl zunächst um einen bestimmten Betrag Δn zu- oder abnehmen müssen, ehe die in gleicher Weise veränderte Zentrifugalkraft die Eigenreibung des Reglergestänges und den Widerstand der Steuerung überwinden kann. Das Verhältnis $\frac{(n+\Delta n)-(n-\Delta n)}{n}=\frac{2\,\Delta n}{n}$ wird als Unempfindlichkeitsgrad bezeichnet. Dieser gibt also das Verhältnis derjenigen Umlaufzahlen, in deren Grenzen der Regler unempfindlich bleibt, zu der von der augenblicklichen Muffenlage abhängigen Umlaufzahl an.

Der Unempfindlichkeitsgrad ist, soweit er von der Steuerung abhängt, für einen gegebenen Regler keine feststehende Größe. Je größer die zur Einstellung der Steuerung auszuübende Kraft ist, um so stärkere Änderungen der Umlaufzahl müssen für eine bestimmte Regulatorgröße zugelassen werden. Muß sich z. B. für eine „Verstellkraft" von 6 kg die Umlaufzahl um 2 v. H. ändern, so ist für eine Verstellkraft von 12 kg eine Änderung um 4 v. H. nötig.

Durch Wahl eines Regulators von genügender Stärke kann sonach eine Maschine mit schwer verstellbarer Steuerung den gleichen Gesamtungleichförmigkeitsgrad erhalten wie eine Maschine mit leicht verstellbarer Steuerung und kleinem Regulator.

Aus vorstehendem geht hervor, daß der Unempfindlichkeitsgrad von der Art der Schmierung, der Beschaffenheit der Schiebergleitflächen und außerdem von den Schwankungen der Winkelgeschwindigkeit während einer Umdrehung beeinflußt wird. Ist die Winkelgeschwindigkeit, die auch bei schweren Schwungrädern veränderlich ist, größer als die mittlere, so wird dem Regulator während der Zeit des Geschwindigkeitsüberschusses der Eingriff bei einer Entlastung erleichtert. Weiterhin stellt die Verstellkraft, die zur Einstellung der Steuerung erforderlich ist, insofern keine konstante Kraft dar, als die Steuerung je nach den durch sie veranlaßten Lagen der Steuerungsorgane und des äußeren Gestänges veränderlichen Widerstand bietet. Von Bedeutung für die Regulierung ist die Größe des Rückdruckes, worunter man eine von der Steuerung ihrerseits ausgehende Kraft versteht, die bestrebt ist, den Regulator aus seiner Beharrungslage zu verdrängen. Mitunter wird mit Absicht ein gewisser Rückdruck zugelassen; dieser wechselt periodisch und erleichtert ebenso wie die erwähnten Schwankungen in der Winkelgeschwindigkeit das Eingreifen des Regulators, da bei der Verstellung infolge der fortwährenden Schwingungen der Muffe die kleinere Reibung der Bewegung statt der Ruhe zu überwinden ist. Ein ausgezeichnetes Mittel zur Vermeidung übermäßiger Rückwirkung gibt die Duffingsche Stellhemmung an Hand [1]).

Im übrigen ist darauf hinzuweisen, daß das Verhalten einer Schiebersteuerung dem Eingreifen des Regulators gegenüber grundsätzlich anders ist wie das Verhalten der Ventilsteuerungen. Erstere setzen zu jedem Zeitpunkt einer Umdrehung der Verstellung durch den Regulator einen gewissen Widerstand entgegen, während bei den letzteren dies nur während der Ventilerhebung der Fall, wobei die schon erwähnten Rückdruckimpulse auftreten. Während der übrigen Zeit einer Umdrehung schwingt der Regulator nahezu frei und kann ohne bedeutende Verstellkraft die dem neuen Beharrungszustand entsprechende Steuerungslage einstellen.

Die Regler, namentlich der zwangläufigen Ventilsteuerungen, sollen deshalb neben dem erforderlichen „Arbeitsvermögen" auch ein gewisses

---

[1]) Dubbel, Kolbendampfmaschinen und Dampfturbinen. 6. Auflage. S. 277.

„Widerstandsvermögen" haben, damit sie durch die Rückdruckimpulse möglichst wenig aus ihrer Gleichgewichtlage herausgebracht werden [1]). Während die Reibung das Arbeitsvermögen verringert, vergrößert sie das Widerstandsvermögen und kann bei nicht zu großem Betrage nützlich sein, wenn sie zeitweilig und nicht ständig wirkt.

Je nach der Ausbildung des zur Bewegung der Steuerungsorgane dienenden Triebwerkes werden freifallende, auslösende oder kraftschlüssige, zwangläufige und kettenschlüssige Steuerung unterschieden. Diese namentlich bei den Ventilsteuerungen angewandte Bezeichnungsweise hat sich im technischen Sprachgebrauch eingebürgert, ohne wissenschaftlich berechtigt zu sein.

Bei den kraftschlüssigen Steuerungen wird — bei veränderlicher Füllung unter Einfluß des Reglers — die Verbindung zwischen dem steuernden Exzenter und dem Steuerungsorgan plötzlich aufgehoben, und dieses wird durch eine besondere Schlußkraft, die von einer Feder ausgeübt wird, in die Abschlußlage zurückgebracht. Die Schließgeschwindigkeit wird kurz vor dem Aufsetzen des Steuerungsorgans durch Puffervorrichtungen verringert, die Stoßwirkungen an den den Hub begrenzenden Teilen verhüten sollen. Die Schließgeschwindigkeit ist von der Einstellung dieser Puffer und der Reibung der Spindel in der Buchse abhängig und sonach ihrer Größe nach veränderlich.

Bei den zwangläufigen Steuerungen wird ebenfalls das Steuerungsorgan durch eine besondere Schlußkraft geschlossen, aber eine Trennung von Exzenter und Organ tritt nicht ein. Dieses kann nur so schnell schließen, wie das mit dem Exzenter verbundene äußere Gestänge zuläßt. Die Bewegungsverhältnisse des Getriebes und damit die Schließgeschwindigkeit sind je nach Füllung und Muffenlage des Reglers zwar veränderlich, aber genau bestimmbar. Während bei den kraftschlüssigen Steuerungen die Schließgeschwindigkeit durch den B e t r i e b bestimmt wird, hat bei den zwangläufigen Steuerungen der Konstrukteur die Möglichkeit, schon im E n t w u r f die Schließgeschwindigkeit zu bestimmen.

Bei den paar- oder kettenschlüssigen Steuerungen wird das Steuerungsorgan vom antreibenden Exzenter sowohl geöffnet als auch geschlossen, so daß hier besondere Schlußkräfte entbehrlich, diese vielmehr vom Gestänge aufgebracht werden. Die einfachen Schieber- und Doppelschieber-Steuerungen werden sämtlich mit paarschlüssigem Antrieb ausgeführt, ebenso die meisten Corliß-Steuerungen an Niederdruckzylindern. Die auslösenden und zwangläufigen Triebwerke sind hauptsächlich bei den Ventilsteuerungen zu finden.

---

[1]) Dr. R. Proell, Z. Ver. deutsch. Ing. 1913, S. 1287. Dubbel, Kolbendampfmaschinen und Dampfturbinen. 6. Aufl. S. 260.

I. Die Schiebersteuerungen.

A. Die Steuerungen mit einem Schieber.

1. Der Muschelschieber.

In Abb. 8 ist der Muschelschieber in seiner Mittellage dargestellt, wobei er den für den Einlaß sowohl wie für den Auslaß dienenden Kanal von der Weite *a* um die „äußere Überdeckung" *e* und die „innere Überdeckung" *i* überdeckt. Der Schieber muß sich sonach um die Überdeckungen *e* und *i* aus der Mittellage hinaus bewegen, ehe die Kanäle nach der einen oder anderen Richtung hin freigelegt werden.

Abb. 9 gibt die Mittelpunktbahn des den Schieber steuernden Exzenters wieder. Der Schieberhub beträgt 2 r, wenn r = Exzentrizität,

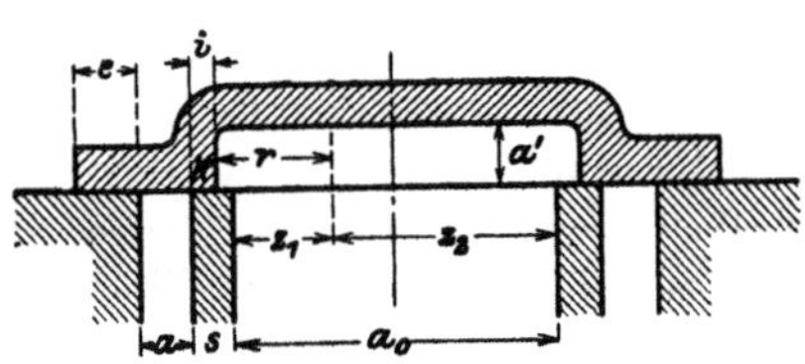

Abb. 8.

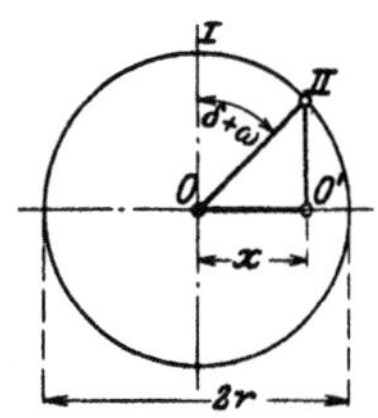

Abb. 9.

und der wagerechte Durchmesser des Exzenterkreises stellt den Schieberweg dar. Bei der Schiebermittellage nach Abb. 8 steht das Exzenter in einer zur Schieberbewegungsrichtung senkrechten Lage *O I*, der Schieber in *O*. Bewegt sich das Exzenter von *I* nach *II*, so gelangt der Schieber von *O* nach *O'* und legt aus seiner Mittellage den Weg $x = r \cdot \sin (\delta + \omega)$ zurück. Allgemein gilt nun: Zu jeder Exzenterstellung wird die zugehörige Schieberlage ermittelt, indem der Exzentermittelpunkt auf den den Schieberweg wiedergebenden, wagerechten Durchmesser des Exzenterkreises gelotet wird. Umgekehrt wird zu jeder Schieberlage die zugehörige Exzenterstellung gefunden.

Die Diagramme von Müller-Seemann und Müller-Reuleaux. Hierauf beruht der Entwurf des in Abb. 10 dargestellten Müller-Seemannschen Schieberdiagramms, das unmittelbare Verfolgung der Schieberbewegung im Zusammenhang mit der Exzenterdrehung gestattet.

Der Kreisdurchmesser wird meist zu 100 mm angenommen, um ein bequemes Abgreifen der v. H. zu gestatten. Im Abstand e und i vom senkrechten Durchmesser werden die „Deckungslinien" gezogen. Die wagerecht schraffierten Flächen geben dann, wie sich aus folgendem ergeben wird, die Kanalöffnungen während der Dauer der Dampfeinströmung und der Ausströmung an.

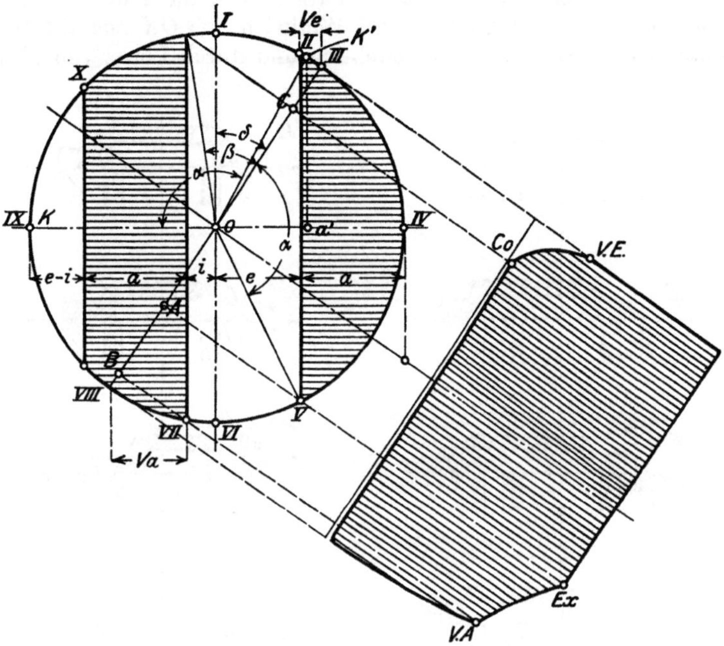

Abb. 10.

In Abb. 11 sind die einzelnen Schieberstellungen während einer Exzenterdrehung um 360° angegeben. Sie sind mit denselben römischen Ziffern wie die zugehörigen Exzenterstellungen in Abb. 10 bezeichnet.

Stellung I. Das Exzenter steht senkrecht zur Schieberbewegungsrichtung in $O\,I$, der Schieber nimmt seine Mittellage in O ein und überdeckt die Kanäle um e und i.

Stellung II. Das Exzenter steht in der Lage $O\,II$; der Schieber ist um die äußere Überdeckung aus der Mittellage hinausgegangen, und die Eröffnung des Kanals beginnt.

Stellung III. Exzenter in $O\,III$. Der Schieber hat den Kanal um das „lineare Voreilen" V_e freigelegt. Die Kurbel steht hierbei in der Totlage OK, so daß ihr das Exzenter um den Winkel $90^0 + \delta$ voreilt. Winkel δ wird als „Voreilwinkel" bezeichnet.

Stellung IV. Schieber und Exzenter stehen in der rechten Totlage und der Kanal ist um seine ganze Weite geöffnet. Von der Mittellage in O ist der Schieber um die Exzentrizität r = e + a entfernt und geht nun wieder zurück.

Stellung V. Schieber und Exzenter nehmen dieselbe Lage wie unter II ein. Der Kanal ist beim Linksgang des Schiebers geschlossen worden, und die dadurch beendete Füllung, die von der der Kolbentotlage *OK* entsprechenden Exzenterlage *O III* an gerechnet wird (also mit Ausschluß der Voreinströmung), hat während des Exzenterdrehwinkels α gedauert. Denselben Winkel hat natürlich auch die Kurbel von ihrer Totlage *OK* aus zurückgelegt. Wird Winkel α von *OK* aus abgetragen, so erhält man in *OK'* die Kurbelstellung und durch Loten von *K'* in a'

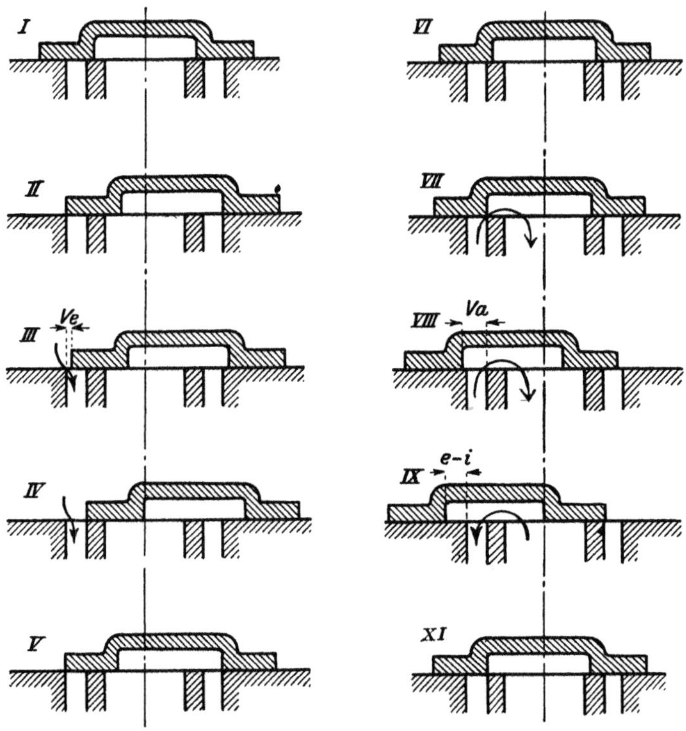

Abb. 11.

die Kolbenstellung, bis zu der die Füllung gedauert hat. In einfacherer Weise wird der Kolbenweg während der Füllung ermittelt, wenn Punkt *V* unmittelbar auf den Durchmesser *III O VIII* gelotet wird. Es ist IIIA = Ka'. Hat z. B. *III A* eine Länge von 70 mm (bei dem angenommenen Exzenterkreisdurchmesser von 100 mm), so würde die Füllung 70 v. H. betragen. Linie *III O VIII* wird die „Kolbenweglinie" genannt.

Stellung VI. Wie unter I. Exzenter in *O VI*, der Schieber in der Mittellage, aus der er sich nach links entfernt, dabei auf derselben Kolbenseite nun den Auspuff steuernd.

Stellung VII. Der Schieber ist aus der Mittellage um die innere Überdeckung i herausgegangen und beginnt den jetzt für die Ausströmung dienenden Kanal freizulegen.

Stellung VIII. Zu der Exzenterstellung *O VIII* gehört die rechte Kurbeltotlage, da von *O III* und *OK* aus Exzenter und Kurbel sich um 180⁰ gedreht haben. Der Schieber ist von der Mittellage um $(i + V_a)$ entfernt und hat den Kanal um das lineare Vorausströmen V_a geöffnet. Entsprechend der vorhin angegebenen Bestimmung des Füllungsweges

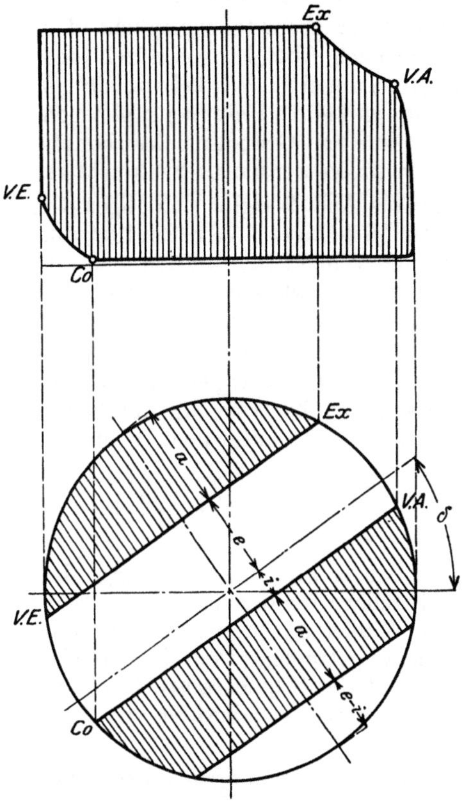

Abb. 12.

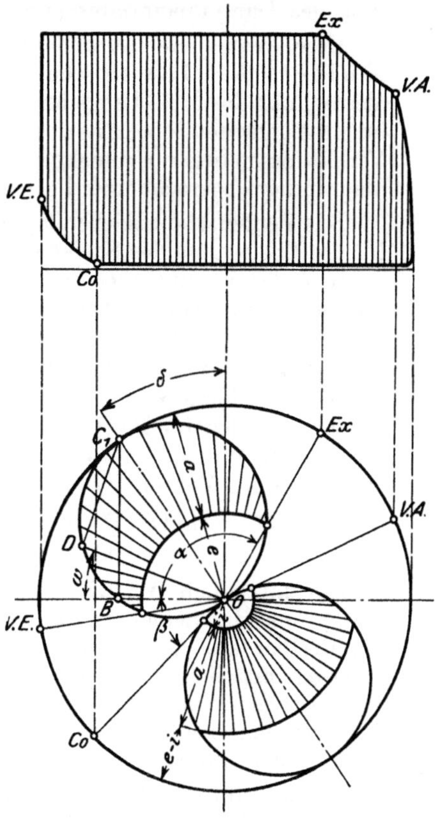

Abb. 13.

muß hier von Punkt *VII* aus ein Lot auf die Kolbenweglinie *III O VIII* gefällt werden, um den Kolbenweg *B VIII* während der Vorausströmung zu finden.

Stellung IX. Schieber und Exzenter stehen in der linken Totlage. Der Schieber überschleift den Kanal um den Betrag (e — i).

Stellung X. Die Zudeckung des Kanals beginnt.

Stellung XI. Wie unter VII. Der Kanal ist geschlossen, und es beginnt die Kompression, die bis zu der der Totlage *OK* entsprechenden

Exzenterlage *O III*, also während des Kurbel- und Exzenterwinkels β andauert. Hier wird also die Voreinströmung eingerechnet. Die Projektion von *XI* auf *III O VIII* ergibt in *III C* den zum Kurbelwinkel β gehörigen Kolbenweg während der Kompression.

Um die Zweckmäßigkeit der durch die Wahl der Überdeckungen *e* und *i* erhaltenen Dampfverteilung zu prüfen, ist in Abb. 10 das Dampfdiagramm in der Art eingezeichnet, daß die von den Punkten *III*, *V*, *VII* und *XI* auf die Kolbenweglinie gefällten Senkrechten bis zu den Punkten *VE*, *Ex*, *VA* und *Co* durchgezogen sind. Hierbei muß die Grundlinie des Dampfdiagramms parallel zur Kolbenweglinie liegen.

Eine bequemere Aufzeichnung beider Diagramme ermöglicht das Müller-Reuleauxsche Diagramm nach Abb. 12, das durch eine Verdrehung des Müllerschen Diagramms um einen Winkel von $90^0 + \delta$ im entgegengesetzten Sinne des Uhrzeigers entsteht. Unter sonst gleichen Verhältnissen liegen nunmehr Kolbenweglinie und Grundlinie des Dampfdiagramms wagerecht und die Projektionslinien werden zu Senkrechten.

Das Zeunersche Schieberdiagramm. Aus Abb. 9 ergibt sich allgemein für die Entfernung des Schiebers von der Mittellage: $x = r \cdot \sin(\delta \pm \omega)$, worin δ der Voreilwinkel und ω derjenige Winkel ist, um den sich die Kurbel aus der Totlage herausgedreht hat. Es läßt sich sonach zu jeder Kurbellage und entsprechend zu jeder Kolbenstellung mit genannter Gleichung der zugehörige Schieber-Ausschlag rechnerisch ermitteln.

Die Beziehung $x = r \cdot \sin(\delta \pm \omega)$ ist aber die Polargleichung zweier Kreise, die sich im Pol *O* berühren und deren Zentrale mit der Senkrechten den Winkel δ einschließt. Wird in Abb. 13 unter dem beliebigen Winkel ω ein Vektor OD gezogen, so wird:

$$OD = OC_1 \cdot \sin OC_1D; \text{ Winkel } OC_1D = OC_1B + BC_1D = \delta + \omega.$$
$$OD = r \cdot \sin(\delta + \omega).$$

Ein unter dem Winkel ω gezogener Vektor gibt in seiner Länge die Entfernung des Schiebers aus seiner Mittellage für den Kurbelwinkel ω unmittelbar an. Wie ersichtlich, wird Winkel δ von der Senkrechten entgegen der Kurbelbewegungsrichtung aufgetragen. Der obere Kreis, als positiver Schieberkreis bezeichnet, zeigt die Schieberausschläge von der Mittellage nach rechts, der untere, negative Schieberkreis die Ausschläge nach links an.

Werden um den Pol *O* Kreise mit den Überdeckungen *e* und *i* als Radien geschlagen, so geben die zwischen diesen und den Schieberkreisen gelegenen Abschnitte der Vektoren die Kanaleröffnungen während der Ein- und Ausströmung — in Abb. 13 durch die radial schraffierten Flächen dargestellt — wieder. Radien, durch die Schnittpunkte der Überdeckungskreise mit den Schieberkreisen gelegt, bezeichnen die Kurbellagen, in denen Voreinströmung (*VE*), Expansion (*Ex*), Vorausströmung (*VA*) und Kompression (*Co*) beginnen. In Abb. 13 sind noch wie in Abb. 10 die Kurbelwinkel α und β eingetragen, bei deren Zurücklegung Füllung und Kompression gegeben werden.

Das Zeunersche Diagramm bringt die Abhängigkeit der Schieberbewegung von der Exzenterdrehung nicht in so unmittelbarem und klarem Zusammenhang wie das Müllersche Diagramm, hat aber vor diesem bei manchen Steuerungen den Vorzug größerer Übersichtlichkeit.

In den Diagrammen Abb. 10, 12 und 13 war r = e + a vorausgesetzt, mitunter wird r > e + a gewählt, so daß auch der Einlaßkanal überschleift wird und infolgedessen längere Zeit vollständig geöffnet ist.

Die Schieberellipse. Wird im Müllerschen Diagramm ein die Exzenterkurbel darstellender Radius gezogen, so gibt die wagerechte Entfernung des Endpunktes dieses Radius von der Deckungslinie *e* oder *i* die bei der betreffenden Kurbellage freigelegte Kanalweite wieder. (Z. B. *Ve* in der Exzenterlage *O III*; *Va* in der Exzenterlage *O VIII*). Im Zeunerschen Diagramm gibt die zwischen Schieberkreis und Überdeckungskreis liegende Strecke des Kurbelradius die Kanaleröffnung an, so daß beide Diagramme die zu den verschiedenen Kurbelstellungen gehörigen Kanaleröffnungen leicht erkennen lassen. Zur Beurteilung der Strömungsverhältnisse des Dampfes ist es hingegen von größerer Bedeutung, die Schieberausschläge bzw. Kanaleröffnungen für die verschiedenen Kolbenstellungen zu kennen.

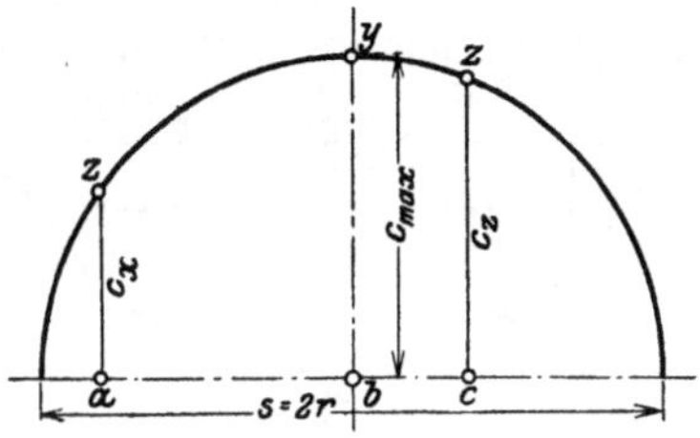

Abb. 14.

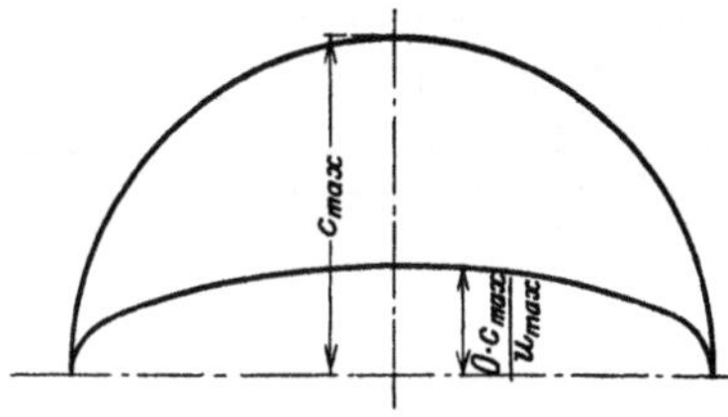

Abb. 15.

Wird die Pleuelstangenlänge = ∞ angenommen, so können in Abb. 14 die zu den Kolbenstellungen *a*, *b*, *c* gehörigen Kolbengeschwindigkeiten durch die Ordinaten c_x, c_{max}, c_z eines Halbkreises dargestellt werden. Der Maßstab wird dadurch festgelegt, daß die größte Ordinate, der Radius by = r, die größte Kolbengeschwindigkeit, die für L = ∞ gleich der Umfangsgeschwindigkeit $c_{max} = \frac{s\pi \cdot n}{60}$ des Kurbelzapfens ist, darstellt. Es sind also die Strecken c_x und c_z nur in Beziehung zur Ordinate *by* zu bringen, um die in den Kolbenstellungen *a* und *c* vorhandenen Geschwindigkeiten zu ermitteln.

In Abb. 15 sind die Ordinaten des Halbkreises mit der Konstanten $\frac{0}{h \cdot u_{max}}$ multipliziert, wenn 0 die Kolbenfläche, u_{max} diejenige Dampfgeschwindigkeit bedeutet, bei der nach S. 10 der einströmende Dampf eine merkliche Drosselung noch nicht erfährt. h = Kanalhöhe. Die Ordinaten $\frac{O \cdot c}{h \cdot u_{max}}$ der Ellipse in Abb. 15 geben dann die Kanalweiten an, die bei den jeweiligen Kolbengeschwindigkeiten mit Rücksicht auf die Drosselung mindestens freigelegt sein müssen. Diese Ordinaten werden gefunden, indem die Halbkreisordinaten in demselben Verhältnis wie die Ordinate c_{max} verkleinert werden. Gewöhnlich wählt man u_{max} = 70 bis 80 m/sek.

In Abb. 16 ist das Müllersche Schieberdiagramm um 90° gedreht und sein Umfang, vom Beginn *O* der Kolbenweglinie *O* 6 an, in eine Anzahl gleicher Teile geteilt, ebenso wie der Umfang eines zweiten Kreises vom Durchmesser der Länge des Dampfdiagramms. Die Teilung beginnt hier im linken Endpunkt des wagerechten Durchmessers, der Kurbeltotlage entsprechend.

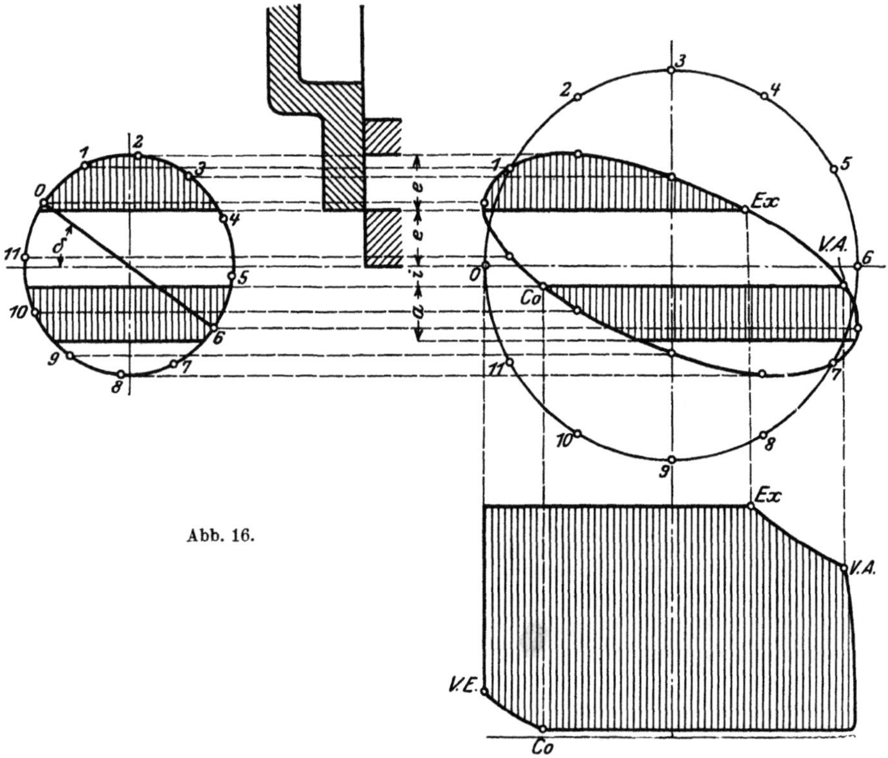

Abb. 16.

Werden durch die Teilpunkte des Exzenterkreises wagerechte Linien gezogen, so geben diese in ihrer senkrechten Entfernung von der wagerechten Mittellinie beider Kreise die Schieberausschläge aus der Mittellage an, während die durch die Teilpunkte des Kurbelkreises gelegten Senkrechten Kolbenlagen darstellen. Die durch die Exzenterkreis-Teilpunkte gelegten Wagerechten schneiden sich mit den durch die gleichbezifferten Kurbelkreis-Teilpunkte gezogenen Senkrechten in Punkten der Ellipse.

Werden noch im Abstande *e* und *i* von der wagerechten Mittellinie die Deckungslinien gezogen, so geben die schraffierten Flächen die Kanaleröffnungen während der Füllung und der Ausströmung an.

Die Schieberellipse, Abb. 16, stellt also die freigelegten Kanalweiten in unmittelbarer Beziehung zu den Kolbenstellungen dar. Würde über die um e von dem wagerechten Diagrammkreis-Durchmesser entfernte Grundlinie der Kanaleröffnungen die Ellipse nach Abb. 15 eingezeichnet, so ergäbe ihr Schnittpunkt mit der Schieberellipse den Beginn der Drosselung.

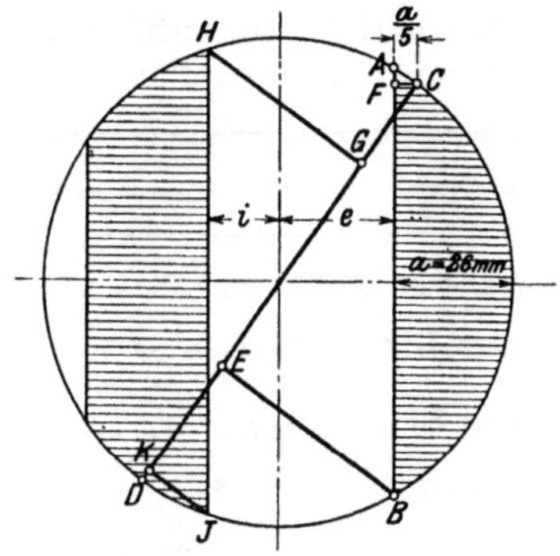

Abb. 17.

Die Bestimmung der Schieber-Abmessungen. Die Diagramme von Müller und Zeuner geben für eine bestimmte Dampfverteilung nur das Verhältnis der einzelnen Größen: Kanalweite a, äußeren und inneren Überdeckung e und i und Exzentrizität r zueinander an. Erst wenn eine dieser Abmessungen bekannt ist, lassen sich die übrigen Werte auf Grund des durch die bekannte Größe gewonnenen Maßstabes des aufgezeichneten Diagramms ermitteln.

Die Kanalweite a läßt sich nun immer bei gewählter Kanalhöhe h aus der Beziehung $F = a \cdot h = \frac{O \cdot c}{u}$ (s. S. 10) für eine gegebene Maschine berechnen, wodurch der Maßstab bestimmt wird.

Beispiel. Für eine Maschine von 500 mm Zylinderdurchm., 800 mm Hub, n = 90 Uml/Min ist ein Muschelschieber zu entwerfen, der 70 v. H. Füllung und 20 v. H. Kompression geben soll. Das lineare Voreilen betrage $Ve = \frac{a}{6}$, Kanalhöhe $h = 0{,}7\,D$. (D = Zylinderdurchm.) Dampfgeschwindigkeit $u = 40$ m/sek.

Dann ist:
$$\frac{Oc}{40} = F = a \cdot h.$$

$$O = \frac{D^2\pi}{4} \cong 1960\ \text{cm}^2;\quad c = \frac{n \cdot s}{30} = \frac{90 \cdot 0{,}8}{30} = 2{,}4\ \text{m/sek.}$$

Hieraus folgt: $F = 118\ \text{cm}^2$ und mit $h = 0{,}7 \cdot 50 = 35$ cm:
$$a = \frac{118}{35} = 34\ \text{mm}.$$

Das Müller-Seemannsche Diagramm, dessen Durchmesser 100 mm betragen soll, muß nun so lange probeweise aufgezeichnet werden, bis die Linien AB und CD, Abb. 17 [1]), so liegen, daß Strecke $CE = 70$ mm (Füllung = 70 v. H.) und $CF = \frac{a}{6}$ $\left(Ve = \frac{a}{6}\right)$ ist. Hierauf ist in G, 20 mm von C entfernt (Kompression = 20 v. H.) eine Senkrechte zu errichten, die den Umfang des Exzenterkreises in H trifft. Eine Senkrechte durch H bestimmt die innere Überdeckung i und ihr unterer Endpunkt J legt die Größe der Vorausströmung KD fest, wenn J auf CD gelotet wird.

[1]) Abb. 17 ist im Verhältnis 1:2,5 gegenüber dem Original verkleinert.

Die im Diagramm gezeichnete Kanalweite beträgt 20 mm, die vorstehend berechnete Kanalweite 34 mm, so daß ein Diagrammaßstab von $\frac{34}{26}$ folgt. Mit diesem Betrage sind die Strecken *e* und *i* im Diagramm zu multiplizieren.

Die wirklich auszuführenden Abmessungen sind in folgender Zahlentafel zusammengestellt:

	Gezeichnet	Berechnet für u = 40 m/sek
Kanalweite a	26	34
Äußere Überdeckung	24	$24 \cdot \frac{34}{26} = 32$
Innere Überdeckung i	15	$15 \cdot \frac{34}{26} = 26$
Exzentrizität r = e + a	50	$32 + 34 = 66$

Mit u = 30 m/sek würde a = 45, e = 42, r = 87.

Für eine kleinere Füllung von 50 v. H. wäre noch eine Dampfgeschwindigkeit u = 50 m/sek zulässig gewesen, für Füllungen unter 50 v. H. wäre der Trick-Schieber mit halber Exzentrizität zu verwenden und zwar infolge des gewundeneren Dampfweges mit u = 40 m/sek.

Die probeweise wiederholte Aufzeichnung des Diagramms wird bei Benutzung des Müller-Reuleauxschen Diagramms erspart, wenn statt des linearen Voreilens das Winkelvoröffnen zugrunde gelegt wird, womit der Füllungswinkel gegeben ist. Für L = ∞ entspricht einem prozentualen Voröffnen von $^1/_2$ v. H., 1 v. H., $1^1/_2$ v. H., 2 v. H., ein Kurbelwinkel von 8^0, 12^0, 14^0, 16^0.

Für L = 5 r entspricht auf der Kurbelseite einem Voröffnen von $8^1/_2{}^0$, $12^1/_2{}^0$, $15^1/_2{}^0$, 18^0, 20^0 eine Strecke auf dem Umfange eines Kreises von 50 mm Radius von 7,5, 11, 13,5, 16, 17,5 mm.

Diagramm von Graßmann. Graßmann[1]) bestimmt den Diagramm-Maßstab in folgender Weise. Für L = ∞ und den Kurbelwinkel $\alpha = 90^0$ ist die größte Kolbengeschwindigkeit c_{max} gleich der Kurbelzapfengeschwindigkeit. Ist u_{max} (= 70 bis 80 m/sek) diejenige Dampfgeschwindigkeit, bei der Drosselung stattfindet, so muß zur Vermeidung dieser der Kanal bei $\alpha = 90^0$ um $a_x = \frac{O \cdot c_{max}}{u_{max} \cdot h}$ geöffnet sein. Mit α nimmt auch a_x ab, so daß z. B. für den eingetragenen Winkel α', Abb. 18, der Kanal nur um m n $(= a_x \cdot \sin \alpha')$ geöffnet sein muß.

Ist nun s_a die Füllung, welche die Steuerung geben soll, und wird ein Drosselweg von 50 v. H., also $s_d = 0{,}5\, s_a$, für zulässig gehalten, so ist der Diagramm-Maßstab durch Vergleich der Kanal-Eröffnung a′ mit der Strecke m n gegeben. m n ist durch Bezug auf den zu berechnenden Wert a_x ohne weiteres bestimmbar.

[1]) Anleitung zur Berechnung einer Dampfmaschine. Verlag Julius Springer.

Als Drosselweg sind 40 bis 50 v. H. des Füllungsweges, bei kleineren Füllungen mehr, zuzulassen.

Die Weite a_0 des Auspuffkanals wird mit Rücksicht darauf bestimmt, daß in der Schiebertotlage unzulässige Verengung dieses Kanals und dadurch verursachte Drosselung des abziehenden Dampfes vermieden werden. In Abb. 8 ist der Schieber in der Mittellage gezeichnet. Geht z. B. die linke Innenkante K um die Exzentrizität r nach rechts, so muß die Strecke $z_2 = a + \sigma$ sein, worin $\sigma \cong a$ eine Sicherheitszugabe bedeutet. Ist s die Stegstärke, die etwa das 0,8fache der Zylinderwandstärke ist, so folgt: $z_1 = r - (s - i)$. Sonach wird:

$$a_0 = z_1 + z_2 = r + a + \sigma + i - s.$$

Mitunter wird a_0 beträchtlich größer genommen, um die Dampfkanäle zu verkürzen und den schädlichen Raum zu verringern.

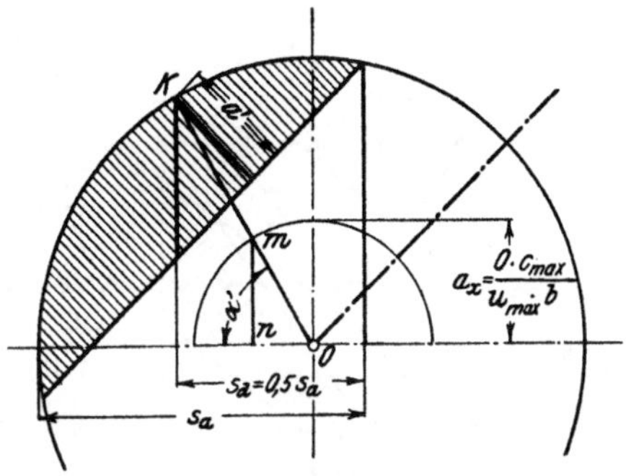

Abb. 18.

Wie die Aufzeichnung des Diagramms nach Abb. 17 zeigte, kann die Vorausströmung nicht mehr frei gewählt werden, wenn die übrige Dampfverteilung vorgeschrieben ist.

Die Abhängigkeit der einzelnen Abschnitte der Dampfverteilung ist in Abb. 19 für gleichbleibendes Voreinströmen — das überhaupt nur in sehr engen Grenzen geändert werden kann — und Vorausströmen dargestellt. Mit abnehmender Füllung nehmen Voreilwinkel, äußere und innere Überdeckung, sowie die Kompression zu. Die auszuführenden Überdeckungen erfahren eine weitere Vergrößerung durch die Änderung des Diagrammaßstabes. Für die kleinere Füllung ist die im Diagramm angegebene Kanalweite a_I bedeutend kleiner als die zur größeren Füllung gehörige Kanalweite a_{II}, ergibt daher eine um $\frac{a_{II}}{a_I}$ größere Exzentrizität.

Daraus folgt, daß sich der Muschelschieber — wie auch die übrigen im nachfolgenden behandelten Einzelschieber — für kleinere Füllungen nicht eignet. Die großen Überdeckungen und Exzentrizitäten verursachen sehr große Reibungsarbeit.

In Abb. 19 hat die innere Überdeckung für den Fall der größeren Füllung die Größe Null. Ein größerer Wert von i wäre bei der gegebenen Füllung nur durch Verringerung der Vorausströmung möglich gewesen. Die Forderung reichlicher Vorausströmung oder niedriger Kompression bei großen Füllungen führt mitunter sogar zu negativen Werten von i, so daß in der Mittellage des Schiebers — bei der die Kurbel um δ vor der Totlage steht — beide Zylinderseiten mit dem Auspuff in Verbindung stehen.

2. Füllungsausgleich.

Der Einfluß der endlichen Pleuelstangenlänge. In den bisherigen Ausführungen wurde unendliche Pleuelstangenlänge vorausgesetzt, so daß gleichen Kurbelwinkeln auch gleiche Wege bei Vor- und Rückwärtsgang des Kolbens entsprachen. Diese Darstellung ist nur dann berechtigt, wenn der Kolben eine Kurbelschleife, in dem sich der in einem Gleitstein gelagerte Kurbelzapfen bewegt, verschiebt. In diesem Fall wird die einer bestimmten Lage des Kurbelzapfens entsprechende Kolbenstellung durch geradlinige Projektion ermittelt.

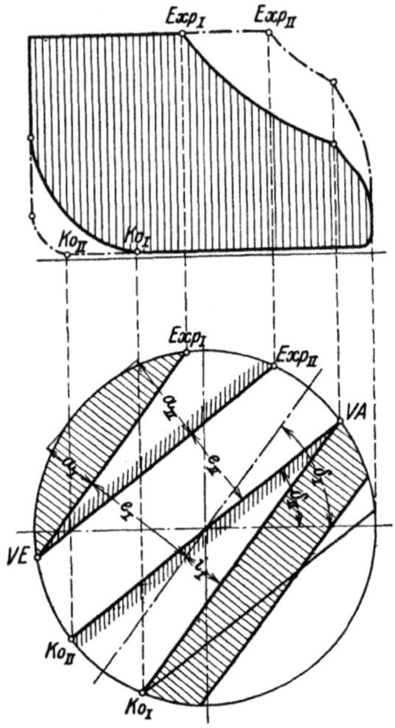

Abb. 19.

Abb. 20 zeigt die Wirkung der endlichen Pleuelstangenlänge. Schlägt man von den gleichen Kurbeldrehwinkeln ω entsprechenden Kurbelzapfenlagen Kreisbögen mit der Pleuelstangenlänge L als Radius, so schneiden diese auf dem Kolbenwege s die Strecken s_1 und s_2, von den Totpunkten an gerechnet, ein. Es ist $s_1 > s_2$; wird also während des Winkels ω Füllung gegeben, so ist diese gegenüber unendlicher Pleuelstangenlänge auf der Deckelseite um den Teil m des Kolbenweges größer, auf der Kurbelseite um annähernd dieselbe Strecke kleiner. m wird das „Fehlerglied" genannt.

Besonders übersichtlich gestaltet sich die Berücksichtigung der endlichen Pleuelstangenlänge im bizentrischen Diagramm von B r i x [1]).

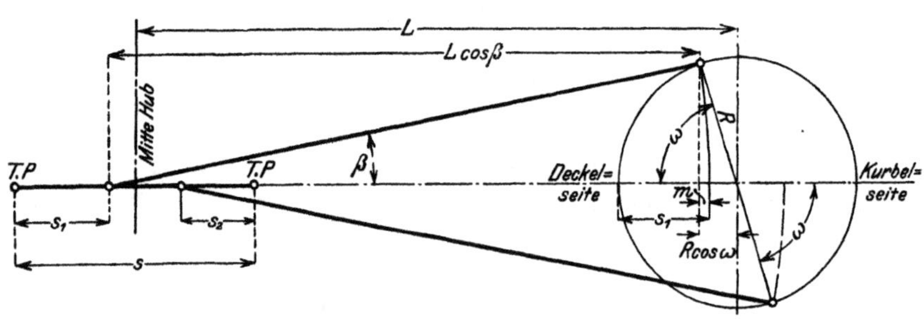

Abb. 20.

In diesem wird als Scheitel der Kurbelwinkel nicht der Mittelpunkt m des Kurbelkreises, sondern der Mittelpunkt O eines Kreises gewählt,

[1]) Z. Ver. deutsch. Ing. 1897, S. 431.

der im Sinne der Bewegungsrichtung um das Fehlerglied $m = \frac{R^2}{2L}$ von m entfernt ist[1]).

Dem beliebigen Kurbelwinkel ω entspricht in Abb. 21 der Kolbenweg:

$$x = R - R \cdot (\cos a\, m\, D) = R\,(1 - \cos\,[\omega + \gamma]).$$

Aus Abb. 20 findet sich der genaue Wert des zum Drehwinkel ω gehörigen Kolbenweges:

$$x_0 = R\,(1 - \cos\omega) + L\,(1 - \cos\beta).$$

Der Fehlerwert hat die Größe:

$$x - x_0 = R\,(\cos\,(\omega + \gamma) - \cos\omega) + L\,(1 - \cos\beta);$$

er verschwindet für die Winkel $\omega = 0^0$, 90^0, 180^0 und 270^0. Für $\frac{R}{L} = \frac{1}{5}$ erreicht der Fehler seinen größten Wert mit $x - x_0 = \pm\,0{,}0019\,R$, eine Größe, die ohne weiteres vernachlässigt werden kann.

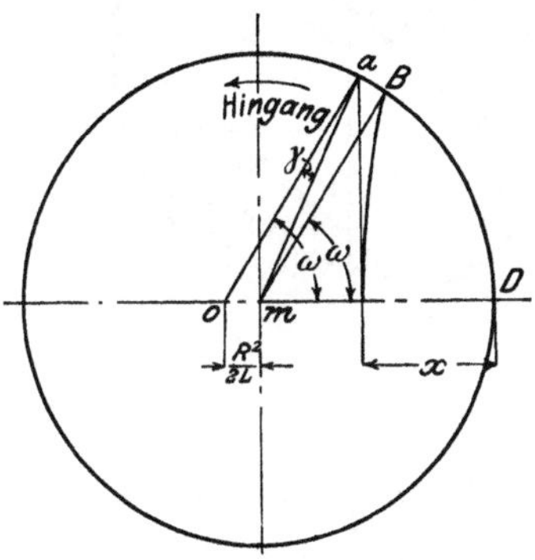

Abb. 21.

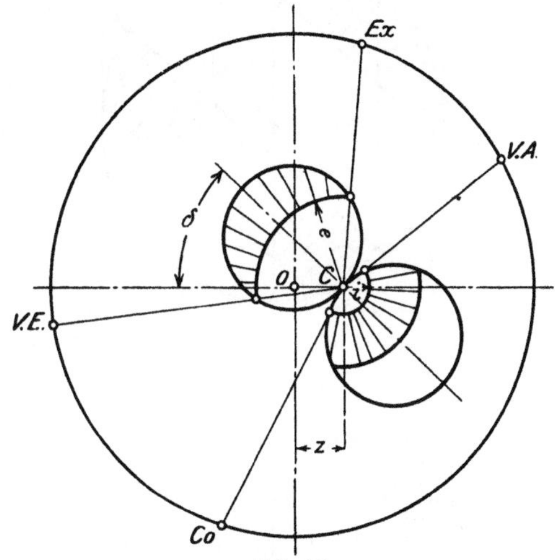

Abb. 22.

Abb. 22 zeigt die Anwendung des Brix schen Verfahrens auf ein Zeuner sches Diagramm. Der Pol C der Schieberkreise ist um $z = \frac{R^2}{2L}$ vom Mittelpunkt O des Kurbelkreises im Sinne des Kolbenhinganges

[1]) Es ist, Abb. 20, $L \cdot \sin\beta = R \cdot \sin\omega$, sonach $\sin\beta = \frac{R}{L} \cdot \sin\omega = \lambda \cdot \sin\omega$.

$$\cos\beta = \sqrt{1 - \lambda^2 \cdot \sin^2\omega}.$$

Durch Reihenentwicklung folgt: $\cos\beta = 1 - \frac{1}{2}\lambda \cdot \sin^2\omega$. Nach Einsetzung dieses Wertes wird:

$$x = R\left(1 - \cos\omega \pm \frac{1\,R}{2\,L} \cdot \sin^2\omega\right)$$

$$m = \frac{1}{2}\frac{(R \cdot \sin\omega)^2}{L}.$$

Für $a = 90^0$ wird $m = \frac{R^2}{2L}$.

verschoben. Geradlinige Projektionen von den Punkten *VE*, *Ex*, *VA* und *Co* ergeben die Dampfverteilungs-Abschnitte in v. H. des Kolbenhubes.

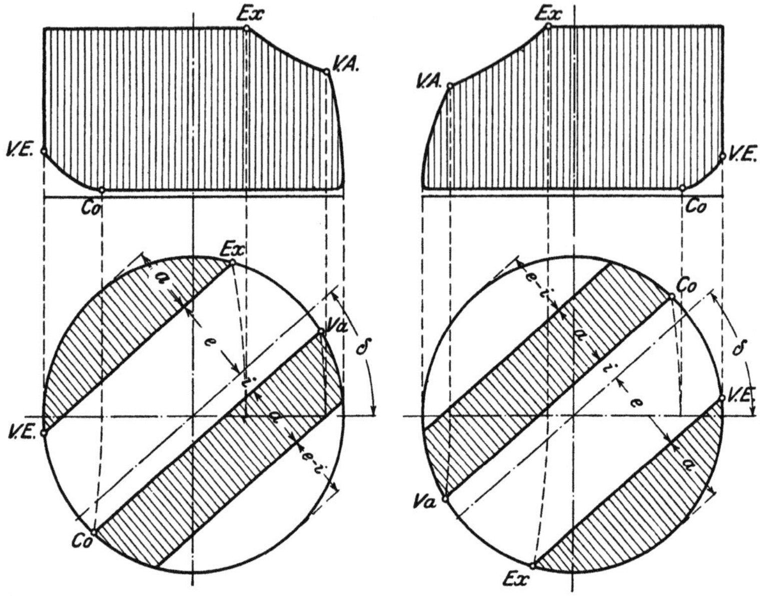

Abb. 23.

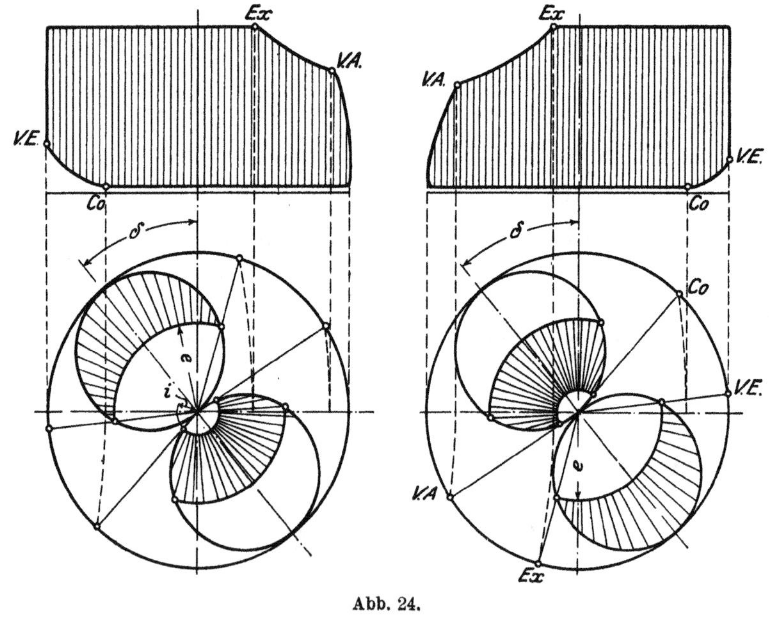

Abb. 24.

In Abb. 23 und 24 sind die Überdeckungen gleich ausgeführt, und es ist symmetrische Einstellung angenommen. Mit Hilfe der Bogenprojektionen sind die tatsächlich sich einstellenden Abschnitte der Dampfverteilung ermittelt und in den stark voneinander abweichenden Dampfdiagrammen wiedergegeben. Die größte Verschiedenheit tritt

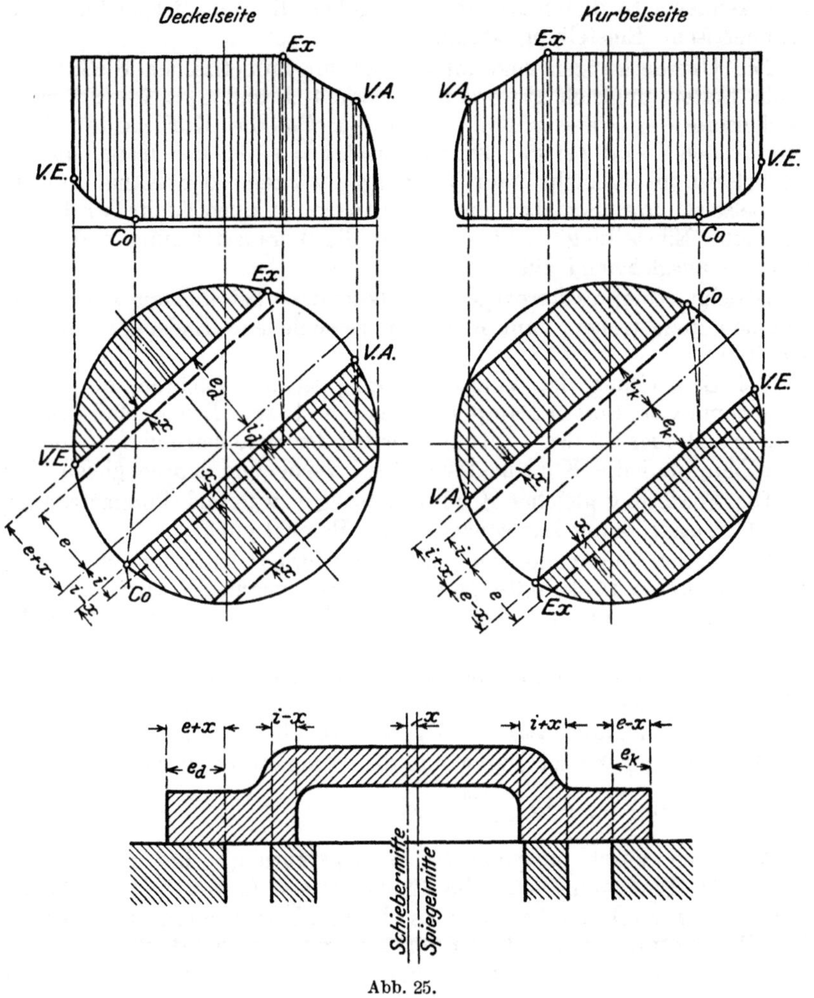

Abb. 25.

bezüglich der Füllungen auf, da bei diesen die Bogenprojektionen die größte Abweichung von den geradlinigen Projektionen zeigen.

Unsymmetrische Einstellung des Schiebers. Annähernde Gleichheit der Füllungen kann nun beim fertigen Schieber durch besondere Einstellung, beim zu entwerfenden Schieber schon im Entwurf angestrebt werden.

Abb. 25 zeigt die Art der Einstellung. Der Schieber deckt den Kanal auf der Deckelseite beim Linksgang zu. Soll also früher auf dieser Seite geschlossen werden, so muß der Schieber um einen bestimmten Betrag x nach der Deckelseite hin verschoben werden. Die Wirkung dieser Maßregel ist aus den Müller-Reuleauxschen Schieberdiagrammen, die nunmehr getrennt für Kurbel- und Deckelseite aufzuzeichnen sind, zu erkennen. In diesen Diagrammen geben die punktierten Linien die symmetrische Einstellung wieder.

Die Überdeckungen sind infolge der unsymmetrischen Stellung für beide Seiten ungleich geworden: $e_k = e + x$ und $i_d = i - x$ für die Deckelseite, $e_k = e - x$ und $i_k = i + x$ für die Kurbelseite. Dementsprechend wird bei der Exzentrizität $r = e + a$ der Kanal auf der Deckelseite nicht mehr ganz freigelegt, während der Kanal auf der Kurbelseite vom Schieber um die Strecke x überschleift wird. Die ungleiche Einstellung wirkt auch auf die Vorausströmung und Kompression ausgleichend ein.

Gleiche Kompressionswege sind besonders bei kleinen schädlichen Räumen anzustreben, um nicht zu verschiedene Endspannungen zu erhalten.

Bei Beurteilung der Vorausströmung ist zu beachten, daß durch diese dem expandierten Dampfvolumen Zeit zum Druckabfall gegeben werden soll, hier ist also — ebenso wie bei der Voreinströmung — darauf zu sehen, daß die Kurbelwinkel vorne und hinten gleich sind.

Die Forderung gleicher Kolbenwege während Voreinströmung und Vorausströmung hat sonach keine Berechtigung.

Das Verhalten der linearen Voreilung erfordert besondere Beachtung, da dieses auf der Deckelseite um die Strecke x verringert wird, also leicht einen unzulässig kleinen Wert erhält und zu einem Verzicht auf den vollständigen Füllungs-Ausgleich nötigt.

Weiterhin ergibt sich unvollständige Kanaleröffnung auf der Deckelseite, die infolgedessen mit starker Drosselung arbeitet, während, wie in Abb. 25, der Kanal auf der Kurbelseite überschleift wird.

Das Maß der Verschiebung aus der symmetrischen Stellung findet sich sonach zu $\frac{e_d - e_k}{2} = \frac{i_k - i_d}{2} = x$.

Ausgleich durch unsymmetrische Ausführung. Bei der unsymmetrischen Einstellung sind die Lappenlängen $(e + a + i)$ auf beiden Seiten gleich groß und die ebenfalls gleichen Überdeckungen werden um denselben Betrag verlängert oder verkürzt, während bei Berücksichtigung der Wirkung der endlichen Stangenlänge im Entwurf die Lappenlängen ungleich, die Überdeckungen vollständig unabhängig voneinander gemacht werden können.

Beim Entwurf der Steuerung bzw. bei Ermittlung der Schieberverstellung wird zweckmäßig von der Deckelseite ausgegangen, auf der man geringst zulässige Voreinströmung wählt, um nicht zu großen Voreinströmungswinkel auf der Kurbelseite zu erhalten. (In Abb. 25 mit vollständigem Füllungsausgleich zeigt die Voreinströmung der Deckelseite einen unzulässig geringen Betrag.) Wird volle Freilegung des

Kanals der Deckelseite gefordert, so ist $r = e_d + a$ und der Kanal der Kurbelseite wird um $e_d - e_k$ überschleift. Mit dem ermittelten Voreilwinkel δ wird das Schieberdiagramm für die Kurbelseite entworfen, auf der möglichst großes Voreilen gewählt wird, um weitgehenden Füllungsausgleich zu erzielen.

Zum Ausgleich der Höchstfüllungen bis auf 5 v. H. ist ein Winkelunterschied von etwa 6° nötig, d. h. soll z. B. bei ungleichen Überdeckungen die Füllung auf der Kurbelseite 47,5 v. H., auf der Deckelseite 52,5 v. H. betragen, so schließen die nach den Endpunkten der parallelen Deckungslinien im Müller-Reuleaux-Diagramm gezogenen Radien einen Winkel von 6° miteinander ein. Um denselben Winkel weichen die nach den Anfangspunkten der Deckungslinien gezogenen Radien voneinander ab, so daß z. B. das Voröffnen auf der Kurbelseite 12°, auf der Deckelseite 6° beträgt.

In der Zahlentafel auf S. 36 und 37[1]) sind für je 1 v. H. des Kolbenweges die zugehörigen Kurbelwinkel für Vor- und Rückgang des Kolbens angegeben. Die Winkel für unendliche Pleuelstangenlänge sind annähernd das arithmetische Mittel aus den zugeordneten Werten der Winkel für endliche Länge.

Wirkung der endlichen Exzenterstangenlänge. Für Exzenterstangen, deren Länge im Verhältnis zur Exzentrizität kurz ist, empfiehlt sich ebenfalls die Beachtung der hierdurch hervorgerufenen Änderungen des Dampfdiagramms. Die Berücksichtigung der endlichen Exzenterstangenlänge läßt sich in einfacher Weise nur mit dem Müller-Seemannschen Diagramm durchführen, da bei dem Zeunerschen Diagramm an Stelle der Schieberkreise punktweise zu ermittelnde Kurven treten müssen.

Die Abb. 26 und 28 zeigen die entstehenden Diagramme; die bisheran geraden Deckungslinien sind durch Kreisbögen ersetzt, die mit der Exzenterstangenlänge als Radius geschlagen werden. (Wäre die Exzenterstange zehnmal so lang wie die Exzentrizität und betrüge in Abb. 26 der Kreishalbmesser 50 mm, so wäre der Radius der Deckungslinie gleich $10 \cdot 50 = 500$ mm.) Abb. 26 bezieht sich auf den Fall der bis jetzt ausschließlich behandelten „äußeren Einströmung". Wie ersichtlich, wirkt die endliche Exzenterstangenlänge auf eine Vergrößerung der durch die endliche Pleuelstangenlänge verursachten Fehler hin, so daß hier die einzelnen Abschnitte der Dampfverteilung noch größere Abweichungen voneinander aufweisen als in Abb. 23 und 24.

Ein günstiger Einfluß der endlichen Exzenterstangenlänge kann hingegen dann herbeigeführt werden, wenn entweder durch Einschaltung eines doppelarmigen Hebels in das äußere Gestänge oder durch Ausführung des Schiebers mit „innerer Einströmung" die Richtung der Schieberbewegung umgekehrt wird. In diesem Falle tritt der Dampf durch den in den vorhergehenden Ausführungen als Auspuffkanal bezeichneten Raum ein, während der Abdampf in den Schieberkasten ausströmt. Die Anordnung, die in ihrer Verschiedenheit von der äußeren

---

[1]) Nach Ingenieur C. Wadas, Wien.

Tafel der Kurbelwinkel

Vorne

Kolbenweg v. H.	Kurbelwinkel		Kolbenweg v. H.	Kurbelwinkel	
0,5	9° 3′ 44″	9,06	51	96° 52′ 1″	96,87
1	12° 49′ 10″	12,82	52	97° 59′ 34″	97,99
1,5	15° 42′ 18″	15,71	53	99° 7′ 3″	99,12
2	18° 8′ 25″	18,14	54	100° 14′ 29″	100,24
2,5	20° 17′ 16″	20,29	55	101° 21′ 54″	101,36
3	22° 13′ 52″	22,23	56	102° 29′ 20″	102,49
4	25° 41′ 13″	25,69	57	103° 36′ 48″	103,61
5	28° 44′ 16″	28,74	58	104° 44′ 21″	104,74
6	31° 30′ 7″	31,50	59	105° 52′ 0″	105,87
7	34° 2′ 59″	34,05	60	106° 59′ 46″	107,00
8	36° 25′ 37″	36,43	61	108° 7′ 43″	108,13
9	38° 39′ 54″	38,67	62	109° 15′ 51″	109,26
10	40° 47′ 13″	40,79	63	110° 24′ 13″	110,40
11	42° 48′ 39″	42,81	64	111° 32′ 51″	111,55
12	44° 44′ 59″	44,75	65	112° 41′ 47″	112,70
13	46° 36′ 53″	46,61	66	113° 51′ 4″	113,85
14	48° 24′ 52″	48,41	67	115° 0′ 43″	115,01
15	50° 9′ 22″	50,16	68	116° 10′ 48″	116,18
16	51° 50′ 45″	51,85	69	117° 21′ 21″	117,36
17	53° 29′ 20″	53,49	70	118° 32′ 25″	118,54
18	55° 5′ 23″	55,09	71	119° 44′ 3″	119,73
19	56° 39′ 6″	56,65	72	120° 56′ 19″	120,94
20	58° 10′ 43″	58,18	73	122° 9′ 15″	122,15
21	59° 40′ 23″	59,67	74	123° 22′ 55″	123,38
22	61° 8′ 17″	61,14	75	124° 37′ 25″	124,62
23	62° 34′ 31″	62,58	76	125° 52′ 47″	125,88
24	63° 59′ 14″	63,99	77	127° 9′ 8″	127,15
25	65° 22′ 32″	65,38	78	128° 26′ 32″	128,44
26	66° 44′ 32″	66,74	79	129° 45′ 6″	129,75
27	68° 5′ 19″	68,09	80	131° 4′ 56″	131,08
28	69° 24′ 58″	69,42	81	132° 26′ 10″	132,44
29	70° 43′ 33″	70,73	82	133° 48′ 56″	133,82
30	72° 1′ 10″	72,02	83	135° 13′ 24″	135,22
31	73° 17′ 51″	73,30	84	136° 39′ 45″	136,66
32	74° 33′ 41″	74,56	85	138° 8′ 11″	138,14
33	75° 48′ 43″	75,81	86	139° 38′ 58″	139,65
34	77° 3′ 0″	77,15	87	141° 12′ 23″	141,21
35	78° 16′ 35″	78,28	88	142° 48′ 47″	142,81
36	79° 29′ 31″	79,49	89	144° 28′ 35″	144,48
37	80° 41′ 51″	80,70	90	146° 12′ 19″	146,21
38	81° 53′ 38″	81,99	91	148° 0′ 37″	148,01
39	83° 4′ 53″	83,08	92	149° 54′ 22″	149,91
40	84° 15′ 39″	84,26	93	151° 54′ 40″	151,91
41	85° 25′ 58″	85,43	94	154° 3′ 3″	154,05
42	86° 35′ 53″	86,60	95	156° 21′ 46″	156,36
43	87° 45′ 26″	87,76	96	158° 54′ 11″	158,90
44	88° 54′ 37″	88,91	97	161° 46′ 5″	161,77
45	90° 3′ 30″	90,06	98	165° 8′ 42″	165,14
46	91° 12′ 7″	91,20	99	169° 31′ 4″	169,52
47	92° 20′ 28″	92,34	100	180°	180,00
48	93° 28′ 37″	93,48			
49	94° 36′ 34″	94,61			
50	95° 44′ 21″	95,74			

für $\lambda = 1:5$.

Hinten

Kolbenweg v. H.	Kurbelwinkel		Kolbenweg v. H.	Kurbelwinkel	
0,5	7° 24′ 16″	7,40	51	85° 23′ 26″	85,39
1	10° 28′ 56″	10,48	52	86° 31′ 23″	86,52
1,5	12° 51′ 5″	12,85	53	87° 39′ 32″	87,66
2	14° 51′ 18″	14,86	54	88° 47′ 53″	88,80
2,5	16° 37′ 33″	16,63	55	89° 56′ 30″	89,94
3	18° 13′ 55″	18,23	56	91° 5′ 23″	91,09
4	21° 5′ 49″	21,10	57	92° 14′ 34″	92,24
5	23° 38′ 14″	23,64	58	93° 24′ 7″	93,40
6	25° 56′ 57″	25,95	59	94° 34′ 2″	94,57
7	28° 5′ 20″	28,09	60	95° 44′ 21″	95,74
8	30° 5′ 38″	30,09	61	96° 55′ 7″	96,92
9	31° 59′ 23″	31,99	62	98° 6′ 22″	98,11
10	33° 47′ 41″	33,79	63	99° 18′ 9″	99,30
11	35° 31′ 25″	35,52	64	100° 30′ 29″	100,51
12	37° 11′ 13″	37,19	65	101° 43′ 25″	101,72
13	38° 47′ 37″	38,79	66	102° 57′ 0″	102,95
14	40° 21′ 2″	40,35	67	104° 11′ 17″	104,19
15	41° 51′ 49″	41,86	68	105° 26′ 19″	105,44
16	43° 20′ 15″	43,34	69	106° 42′ 9″	106,70
17	44° 46′ 36″	44,78	70	107° 58′ 50″	107,98
18	46° 11′ 4″	46,18	71	109° 16′ 27″	109,27
19	47° 33′ 50″	47,56	72	110° 35′ 2″	110,58
20	48° 55′ 4″	48,92	73	111° 54′ 41″	111,91
21	50° 14′ 54″	50,25	74	113° 15′ 28″	113,26
22	51° 33′ 28″	51,56	75	114° 37′ 28″	114,62
23	52° 50′ 52″	52,85	76	116° 0′ 46″	116,01
24	54° 7′ 13″	54,12	77	117° 25′ 29″	117,42
25	55° 22′ 35″	55,38	78	118° 51′ 43″	118,86
26	56° 37′ 5″	56,62	79	120° 19′ 37″	120,33
27	57° 50′ 45″	57,85	80	121° 49′ 17″	121,32
28	59° 3′ 41″	59,06	81	123° 20′ 54″	123,35
29	60° 15′ 57″	60,27	82	124° 54′ 37″	124,91
30	61° 27′ 35″	61,46	83	126° 30′ 40″	126,51
31	62° 38′ 39″	62,64	84	128° 9′ 15″	128,15
32	63° 49′ 12″	63,82	85	129° 50′ 38″	129,84
33	64° 59′ 17″	64,99	86	131° 35′ 8″	131,59
34	66° 8′ 56″	66,15	87	133° 23′ 7″	133,39
35	67° 18′ 13″	67,30	88	135° 15′ 1″	135,25
36	68° 27′ 9″	68,45	89	137° 11′ 21″	137,19
37	69° 35′ 47″	69,60	90	139° 12′ 47″	139,21
38	70° 44′ 9″	70,74	91	141° 20′ 6″	141,33
39	71° 52′ 17″	71,87	92	143° 34′ 23″	143,57
40	73° 0′ 14″	73,00	93	145° 57′ 1″	145,95
41	74° 8′ 0″	74,13	94	148° 29′ 53″	148,50
42	75° 15′ 39″	75,26	95	151° 15′ 44″	151,26
43	76° 23′ 12″	76,39	96	154° 18′ 47″	154,31
44	77° 30′ 40″	77,51	97	157° 46′ 8″	157,77
45	78° 38′ 6″	78,64	98	161° 51′ 35″	161,86
46	79° 45′ 31″	79,76	99	167° 10′ 50″	167,18
47	80° 52′ 57″	80,88	100	180°	180,00
48	82° 0′ 26″	82,01			
49	83° 7′ 59″	83,13			
50	84° 15′ 39″	84,26			

Einströmung in Abb. 27 dargestellt ist, läßt sich nur bei solchen Schiebern anwenden, bei denen — im Gegensatz zu dem Muschelschieber in Abb. 27 — ein Abheben durch den unter dem Schieber zuströmenden Frischdampf ausgeschlossen ist. Sie kann deshalb nur bei Kolbenschiebern ausgeführt werden.

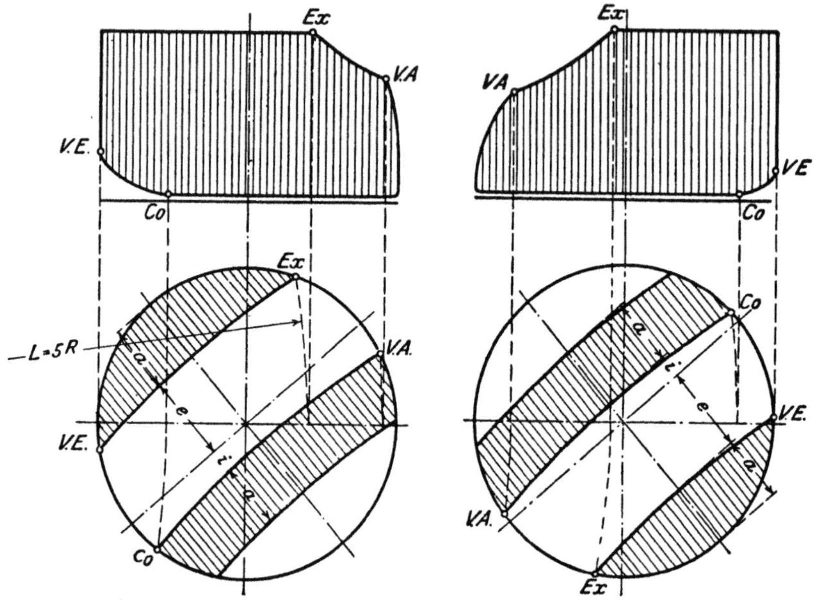

Deckelseite. Abb. 26. Kurbelseite.

Die Umkehrung der Schieberbewegungsrichtung hat zunächst zur Folge, daß das Exzenter entgegengesetzt aufgekeilt werden muß, der Kurbel also um den Winkel $90^0 - \delta$ nacheilt. Die Deckungslinien

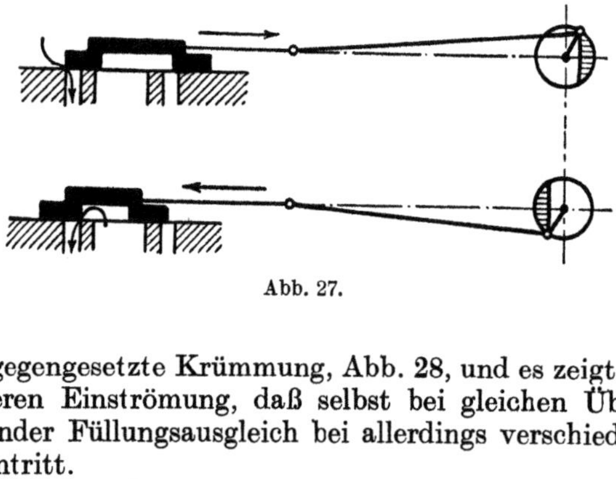

Abb. 27.

erhalten entgegengesetzte Krümmung, Abb. 28, und es zeigt sich als Vorteil der inneren Einströmung, daß selbst bei gleichen Überdeckungen ein weitgehender Füllungsausgleich bei allerdings verschiedener Voreinströmung eintritt.

Die gleichen Überdeckungen bewirken weiterhin, daß der Kanal auf der Deckelseite ebenso wie auf der Kurbelseite vollständig freigelegt wird. Die auf der Deckelseite unzulässig kleine Voreinströmung ließe sich durch Verkleinerung der äußeren Überdeckung vergrößern, womit gleichzeitig eine Vergrößerung der Füllung auf dieser Seite verbunden ist.

Für die Ermittlung der Exzenterstangenlänge wird zweckmäßig das Diagramm nach Abb. 25 mit $L = 5\,R$ und $l = \infty$ für vollständigen Füllungsausgleich aufgezeichnet. Gleiche Kanaleröffnung auf beiden Kolbenseiten wird erhalten, wenn die Pfeilhöhe des mit l gezogenen Kreisbogens, soweit er in den Diagrammkreis hineinfällt, die Größe $f = \frac{e_d - e_k}{2} = x$ hat (s. Abb. 25 und 28).

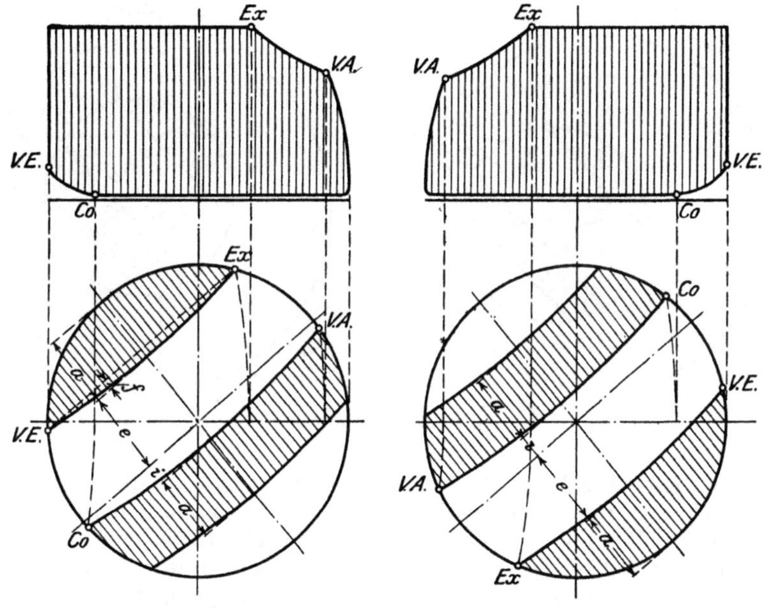

Deckelseite. Abb. 28. Kurbelseite.

Einen schnellen Überblick über diese Verhältnisse ermöglicht wieder das bizentrische Diagramm von B r i x nach Abb. 29 und 30. Die endliche Exzenterstangenlänge wird berücksichtigt, indem der Mittelpunkt O_1 des Schieberkreises im Sinne der Schieberbewegungsrichtung um die Strecke $CO_1 = \frac{r^2}{2l}$ gegen den Punkt C verschoben ist. (r = Exzenterradius, l = Exzenterstangenlänge.)

Für den Diagrammwinkel OCO_1 gilt allgemein $OCO_1 = (90^0 \pm \delta)$. Eilt das Exzenter nach, so gelangt der Mittelpunkt O_1 des Schieberkreises ü b e r den Pol C. Je kleiner die Gesamtexzentrizität OO_1 wird, um so gleichmäßiger wird die Dampfverteilung für beide Kolbenseiten, und Abb. 30 läßt unmittelbar den günstigen Einfluß nacheilender Exzenter auf die Ausgleichung der Dampfverteilung erkennen.

Für das nacheilende Exzenter liegen die besten Verhältnisse dann vor, wenn OO_1 senkrecht zu CO steht.

Es wird: $CO_1 = OC \cdot \cos(OCO_1) = CO \cdot \sin\delta$ oder:

$$\frac{r^2}{2l} = \frac{R^2}{2L} \cdot \sin\delta.$$

Hieraus folgt als vorteilhaftes Längenverhältnis für nacheilende Exzenter:

$$\frac{r}{l} = \frac{R}{r} \cdot \frac{R}{L} \cdot \sin\delta.$$

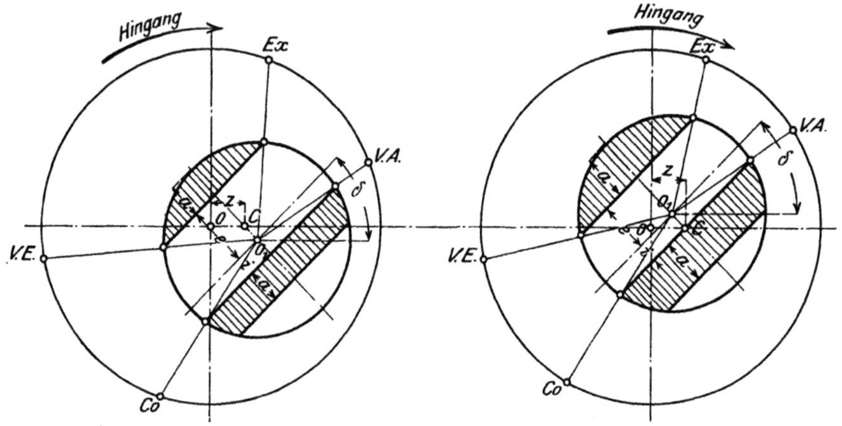

Abb. 29—30.

Auch dieser Ausgleich ist jedoch, wie schon bemerkt und aus Abb. 28 ersichtlich ist, mit dem Nachteil ungleicher Voreinströmungswinkel behaftet. Füllungsausgleich bei beiderseits gleicher Voreinströmung läßt sich bei Schiebern mit innerer Einströmung durch Führung des Endpunktes der kurzen Exzenterstange auf einer schrägen Bahn, deren Verlängerung am Exzenterdrehpunkt vorbeigeht, erzielen. Diese Anordnung ist zuerst von Doerfel ausgeführt worden.

Schräge Führung des Exzenterstangen-Endpunktes. In Abb. 31 sind Oa und Ob die Exzenterstellungen bei Beginn der Voreinströmung, $a'Od$ und $b'Oc$ die gleichen Füllungswegen auf Deckel- und Kurbelseite entsprechenden Kurbelwinkel. Senkrechte, in den Mitten der Sehnen $a\,d$ und $b\,c$ errichtet, stellen die Schieberbahnen xx und yy dar, auf denen sich der geteilt gedachte Muschelschieber bewegen müßte. Statt von den Punkten h und f, e und g Kreisbögen mit dem Radius l = Exzenterstangenlänge zu schlagen, sind solche mit den in Abb. 31 eingetragenen Radien von O aus gezogen. Dadurch werden die Schieberstellungen z_1, z_3', z_2, z_4' im Augenblick der Kanaleröffnung und bei größtem Ausschlag (Totlagen z_3', z_4') erhalten.

Gleiche Wirkung wird bei beiderseits gleicher Überdeckung e erzielt, wenn der Endpunkt der Exzenterstange auf der schrägen Bahn z_3z_4

geführt wird, deren Lage durch die Schnittpunkte z_1 und z_2 der Bahnen xx, yy mit den aus O mit (l + e) und (l — e) geschlagenen Kreisbögen bestimmt ist. Der mit dem schräggeführten Exzenterstangen-Endpunkt durch die Schieberstange verbundene Schieber bewegt sich auf der Wagerechten, und seine Ausschläge werden durch senkrechte Projektionen erhalten.

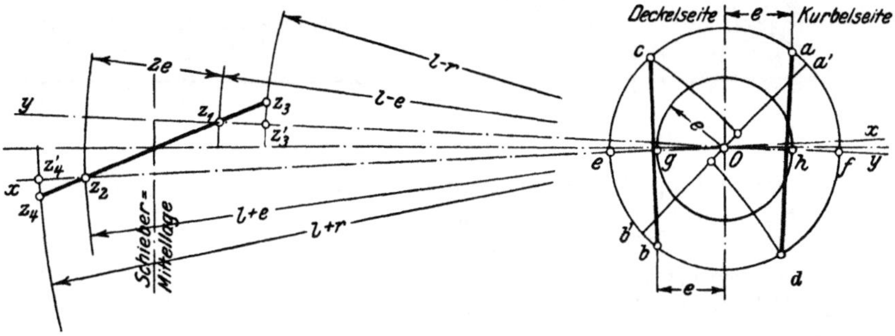

Abb. 31.

Zweckmäßig wird die Exzenterstangenlänge so gewählt, daß die größten Kanaleröffnungen auf beiden Seiten gleich sind, d. h. die mit l aus z_1 und z_2 durch c, b und a, d gelegten Kreisbögen sollen durch die Punkte g und h gehen, so daß die Kanaleröffnung gleich e g = h f wird.

3. Die Abarten des Muschelschiebers.

Eine Betrachtung der Schieberdiagramme zeigt, daß der Muschelschieber erhebliche Drosselung des Frischdampfes infolge schleichenden Kanalabschlusses verursacht. Der Kanal ist ganz geöffnet in der Totlage von Schieber und Exzenter. Da dieses um $90^0 + \delta$ voreilt, so steht hierbei die Kurbel um den Winkel δ vor der Mittellage. In dieser wird annähernd die größte Kolbengeschwindigkeit erreicht; das Exzenter ist bei Kolbenmittellage aus seiner Totlage um δ herausgegangen und der Kanal ist schon teilweise verdeckt. Den schleichenden Abschluß zeigt die Schieber-Ellipse.

Die Abarten des Muschelschiebers bezwecken deshalb in der Hauptsache eine Verbesserung der Einströmung und der ähnlich liegenden Verhältnisse bei der Ausströmung, indem durch besondere Gestaltung der Schieber mehrfache Eröffnung herbeigeführt wird.

Ein Nachteil dieser Bauarten ist, daß die Umfänge, an denen Undichtheiten auftreten können, zunehmen.

a) Der Trick-Schieber.

Ausführung und Wirkungsweise dieses auch „Kanalschieber" genannten Schiebers sind aus den Abb. 32—33 und 42 zu ersehen.

In die äußere Überdeckung mündet ein Überströmkanal, dessen steuernde Kante bei Beginn der Eröffnung des Dampfkanals über einer

Aussparung im Schieberspiegel steht, so daß bei weiterer Bewegung des Schiebers der Dampf sowohl an der äußeren Schieberkante als auch durch den Überströmkanal dem Zylinderraum zuströmt.

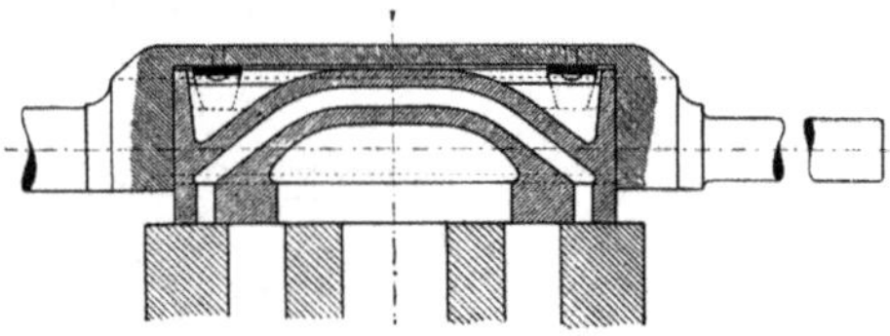

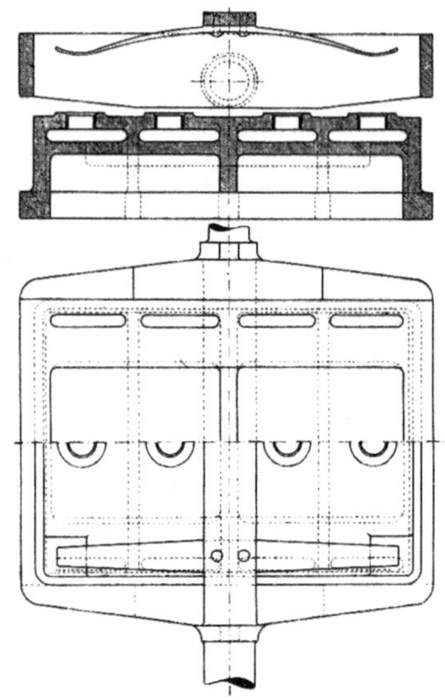

Abb. 32.

Mit dieser doppelten Einströmung kann beschleunigte Steuerungswirkung oder auch Verminderung des Schieberhubes erreicht werden.

In Abb. 33 a ist der Schieber in seiner Mittellage dargestellt; die steuernde Kante ist um die äußere Überdeckung *e* von der Aussparung im Schieberspiegel, die mindestens $\frac{a}{2}$ betragen muß, entfernt. Ist *s* die Stärke der äußeren Wand an der Mündung des Kanals, so muß der Dampfkanal die Mindestweite $a + s$ (wobei *a* der Einlaßöffnung $\frac{0 \cdot c}{u}$ entsprechen soll) an der Mündung haben, damit in der Schieberstellung

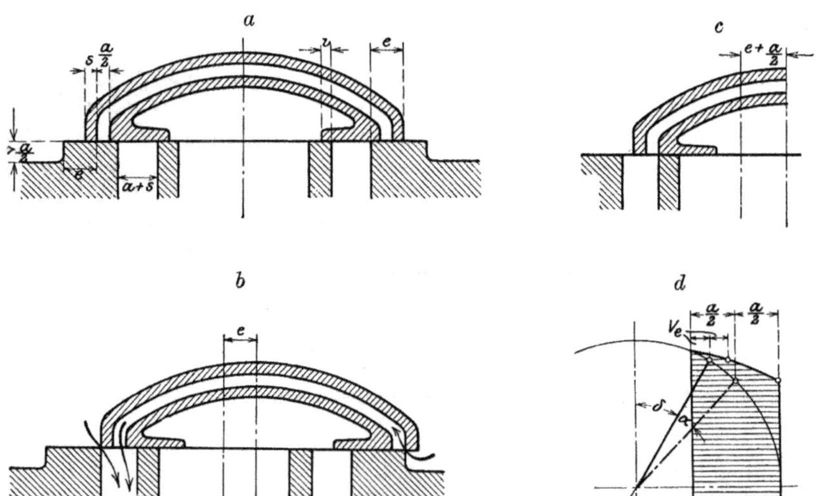

Abb. 33 a—d.

nach Abb. 33 b der Steg den Dampfkanal nicht verengt. Abb. 33 b zeigt den Beginn der Einströmung nach einem Schieberausschlag gleich der äußeren Überdeckung *e*. In Abb. 33 c ist — nach einem Schieberausschlag gleich $e + \frac{a}{2}$ — der Einlaßkanal vollständig geöffnet. Der Exzentrizität $r = e + a$ entsprechend, wird sich der Schieber um $\frac{a}{2}$ weiter nach rechts bewegen, ohne daß eine Änderung der Steuerwirkung eintritt, wie das Müllersche Diagramm nach Abb. 33 d zeigt. In diesem werden die Kanalweiten auf den doppelten Betrag vergrößert; volle Eröffnung ist schon vorhanden, wenn sich das Exzenter um den Winkel α aus der Voreilstellung weitergedreht hat.

Bei der Verwendung des Trick-Schiebers zum Zwecke der Verringerung der Exzentrizität auf die Hälfte des beim gleichartigen Muschelschieber erforderlichen Betrages tritt doppelte Einströmung auf, ohne daß jedoch der Dampfkanal schneller als durch den Muschelschieber geöffnet wird. Es ist dies darauf zurückzuführen, daß sich der Trick-Schieber in diesem Fall nur halb so schnell bewegt wie der Muschelschieber. Legt also der Trick-Schieber mit halber Exzentrizität 10 mm vom Beginn der Kanaleröffnung an zurück, so öffnet er zwar den Kanal um 20 mm, aber in derselben Zeit, in der der Muschelschieber mit ganzer Exzentrizität um 20 mm vorgegangen ist. Abb. 33 c ist die Totlage des Schiebers mit halber Exzentrizität.

Für diesen Fall werden die Schieberdiagramme in üblicher Weise aufgezeichnet, die aus den Diagrammen zu entnehmenden Überdeckungen sind aber nur in halber Größe auszuführen, dem veränderten Diagrammmaßstab infolge der nur zur Hälfte freizulegenden Kanalweite entsprechend. Zu beachten ist hierbei, daß die sich ergebende Exzentrizität mindestens die Größe $r = a + i$ hat, damit in der Totlage nach Abb. 33 c der Auspuffkanal um die erforderliche Weite a zur Vermeidung von Abdampfdrosselung geöffnet bleibt.

Es liegt nun beim Trick-Schieber weiterhin die Möglichkeit vor, die Abmessungen so zu wählen, daß sowohl eine beschleunigte Steuerungswirkung — wobei die Eröffnung aber keine doppelte sein kann — als auch eine Verringerung der Exzentrizität — aber nicht bis auf die Hälfte — erreicht wird.

Ist die äußere Überdeckung verhältnismäßig klein, so kann der Fall eintreten, daß bei der Schiebermittellage die Mündungen des Überströmkanals zum Teil über den Mündungen der Dampfkanäle stehen. Ist also $\left(s + \frac{a}{2}\right) > e$, so werden beide Zylinderseiten durch den Überströmkanal vorübergehend miteinander verbunden, wobei die Kurbel um den Winkel δ vor der Totlage steht.

Die mitunter erwünschten Folgen dieser Überströmung sind aus den Diagrammen Abb. 34 ersichtlich, in denen die punktierten Linien den Verlauf ohne Überströmung darstellen. Bei größerem Eintrittsdruck wird der Kompressionsenddruck erhöht und gleichzeitig der Auspuff durch die Überströmung des Dampfes von der Expansionsseite auf die Kompressionsseite infolge des eintretenden Spannungsabfalles erleichtert. Bei kleinem Eintrittsdruck wird umgekehrt die Kompression verringert und das Abklappen des Schiebers verhütet, während andrerseits der Expansionsdruck erhöht wird und das Diagramm nicht in

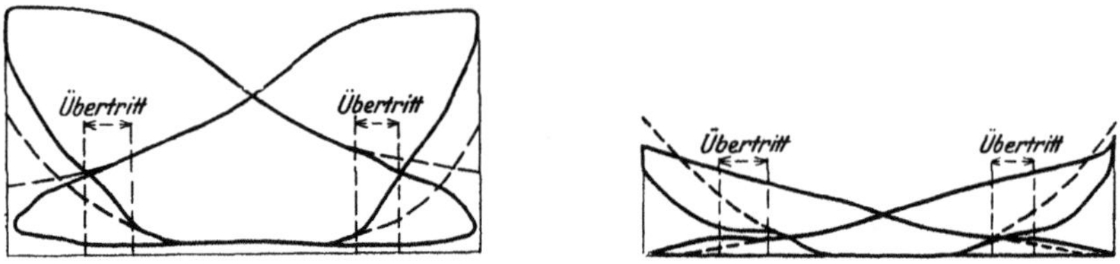

Abb. 34.

eine arbeitverzehrende Schleife ausläuft. Die unreine Form der Kompressionslinie wird mitunter beanstandet und für Folge von Undichtheit gehalten.

Derartige Schieber eignen sich für kleinere durch Drosselung regulierte Maschinen.

b) Der Pennsche Schieber.

Dieser in Abb. 35 dargestellte Schieber ist besonders an den Niederdruckzylindern von Schiffsmaschinen in Anwendung und arbeitet sowohl mit doppelter Einströmung als auch Ausströmung. Die Dampfkanäle sind an der Mündung in den Schieberspiegel gegabelt und hier nur halb

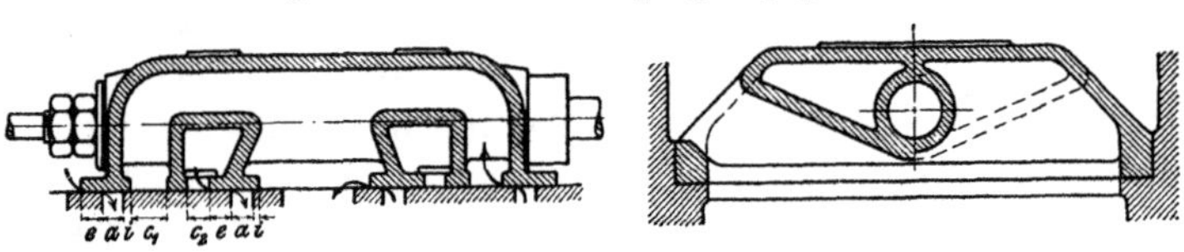

Abb. 35.

so weit wie der Dampfkanal, zu dem sie sich vereinigen. Der Schieber wird von zwei Querkanälen durchsetzt, die sich seitlich nach dem Frischdampfraum des Schieberkastens öffnen. Durch diese Querkanäle und an den Außenkanten strömt der Dampf ein, während der Abdampf in den Innenraum des Schiebers, der mit dem Auspuffkanal in stetiger Verbindung steht, ausströmt.

Geht in Abb. 35 der Schieber um $r = e + a$ nach links, so muß die äußere linke Kante des linken Durchlaßkanals um einen gewissen Sicherheitsbetrag $\sigma = 10$ bis 15 mm vom Einlaßkanal entfernt bleiben, damit dieser nicht teilweise überdeckt und der abströmende Dampf gedrosselt wird. Dementsprechend muß $c_1 = r + \sigma - i$ werden. Um Drosselung des eintretenden Dampfes zu vermeiden, soll $c_2 > a$ sein.

Ebenso wie der Trick sche Schieber kann auch der Penn sche Schieber zur Beschleunigung der Steuerwirkung oder zur Halbierung der Exzentrizität — in welchem Falle bezüglich der Ausströmung die gleichen Verhältnisse wie beim Muschelschieber mit voller Exzentrizität vorliegen — als auch zur Vereinigung beider Eigenschaften angewandt werden.

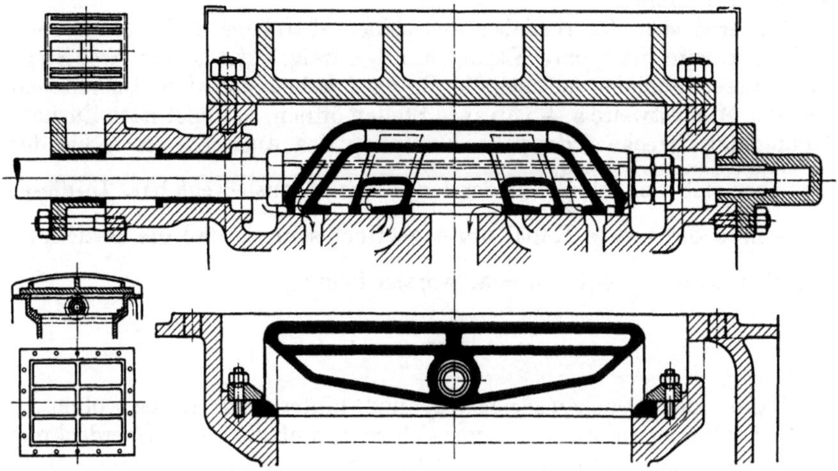

Abb. 36 [1]).

Bei Halbierung der Exzentrizität wird der P e n n sche Schieber häufig noch mit einem T r i c k - Kanal versehen, wodurch dreifache Einströmung, bzw. im Vergleich mit dem gewöhnlichen Muschelschieber anderthalbfache Einströmung und einfache Ausströmung erhalten werden (Abb. 36).

c) Der Überströmschieber von W e i ß.

Wie schon auf S. 14 bemerkt, ist infolge der starken Ausdehnung des abziehenden Dampfes bei Kondensationsmaschinen eine reichliche Vorausströmung von besonderem Wert. Der W e i ß sche Schieber ermöglicht nun volle Eröffnung des Austrittes schon vor der Totlage, so daß die Luftleere von Hubbeginn an im Zylinder vorhanden ist. Der Schieber ist in Abb. 37 in seiner Mittellage gezeichnet. Wie beim T r i c k schen Schieber mit kleiner Überdeckung werden in der Schiebermittellage beide Zylinderseiten miteinander verbunden, so daß auf der einen Seite die Expansionsspannung fällt und gute Ausströmung vorbereitet wird, während auf der anderen Seite der Kompressionsenddruck erhöht wird.

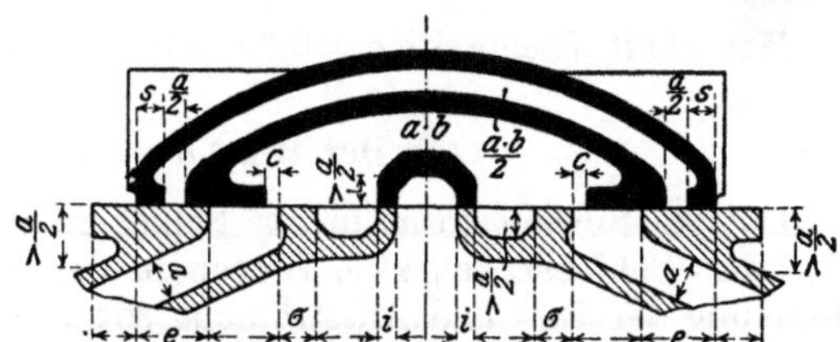

Abb. 37.

[1]) Niederdruckschieber der Sundwiger Eisenhütte. Maßstab 1:6.

Der Schieber ist mit einer, der Schieberspiegel mit zwei Muscheln ausgeführt, von denen jede die Weite a + i hat. Nach außen hin überdeckt der Schieber wie üblich um *e*, während er nach innen Überströmspalten *c* freiläßt.

Entfernt sich der Schieber aus seiner Mittellage z. B. um *i* nach rechts, so wird der rechte Kanal um i + c freigelegt. Da die zwei Stege der inneren Schiebermuschel die Breite *i* haben und den Auslaßkanal von der Mindestweite a + i an zwei Stellen öffnen, so findet nach Zurücklegung der Strecke *i* doppelte Eröffnung des Auslasses statt, bis der Schieber sich um $i + \frac{a}{2}$ aus der Mittellage herausbewegt hat. In dieser Lage muß der rechte Kanal um *a* geöffnet sein, so daß die Beziehung bestehen muß: $\frac{a}{2} + i + c = a$, woraus folgt:

$$c = \frac{a}{2} - i.$$

Damit der Druckausgleich vor und hinter dem Kolben ohne zu frühe Eröffnung des Austrittes vor sich geht, muß die innere Überdeckung *i* um einen Sicherheitsbetrag $\sigma_s \cong 0{,}1\,a$ größer als die Überströmspalte *c* sein.

$$i = c + \sigma_s.$$

Dann folgt weiterhin: $c = \frac{a}{2} - \sigma_s - c.$

$$c = \frac{a}{4} - \frac{\sigma_s}{2}.$$

Bei raschlaufenden Maschinen wird *c* zweckmäßig um ein Drittel größer gewählt. Hiermit und mit $\sigma = 0{,}1\,a$ folgt:

$$c = \frac{4}{3}\left(\frac{a}{4} - \frac{a}{20}\right) = \frac{4}{15} \cdot a.$$

Man wählt: Stegbreite $\sigma = 0{,}3\,a + 10\,mm$; die Voreröffnung $V_e = 0{,}20\,a$.

d) Der Hochwald-Schieber.

Die Ausführungsform dieses Schiebers nach Abb. 38 stellt einen Trick-Schieber mit zwei Stegen in der Muschel dar, der mit Verdopplung der Ein- und Ausströmung sowie mit Überströmung arbeitet.

Der Hochwald-Schieber stimmt grundsätzlich mit dem Weiß-Schieber überein; von Vorteil gegenüber letzterem ist die einfachere Gestaltung des Schieberspiegels und die geringere Länge L des Schiebers. Es ist $L = 3\,(a + r) + 2\,i_k + i_d + e_k + e_d$.

Mit $(s + i) \cong \frac{2}{5}\,a$ wird gute Dampfverteilung bei kleinster Exzentrizität und Schieberlänge erreicht. Bei mittleren Umlaufzahlen (n = 100 bis 150) wird s = i gewählt, bei kleineren Umlaufzahlen ist s um 1 bis 3 mm kleiner, bei größeren Umlaufzahlen um denselben Betrag größer. Im letzteren Fall beginnt der Druckausgleich früher und dauert länger, so daß der Schieber auch für höhere Umlaufzahlen vollkommen wirkt. Verbessernd wirkt hierbei weiter der Umstand, daß kurz vor

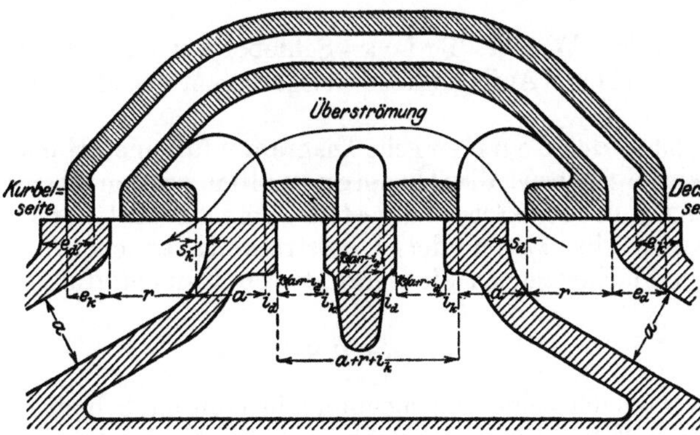

Abb. 38.

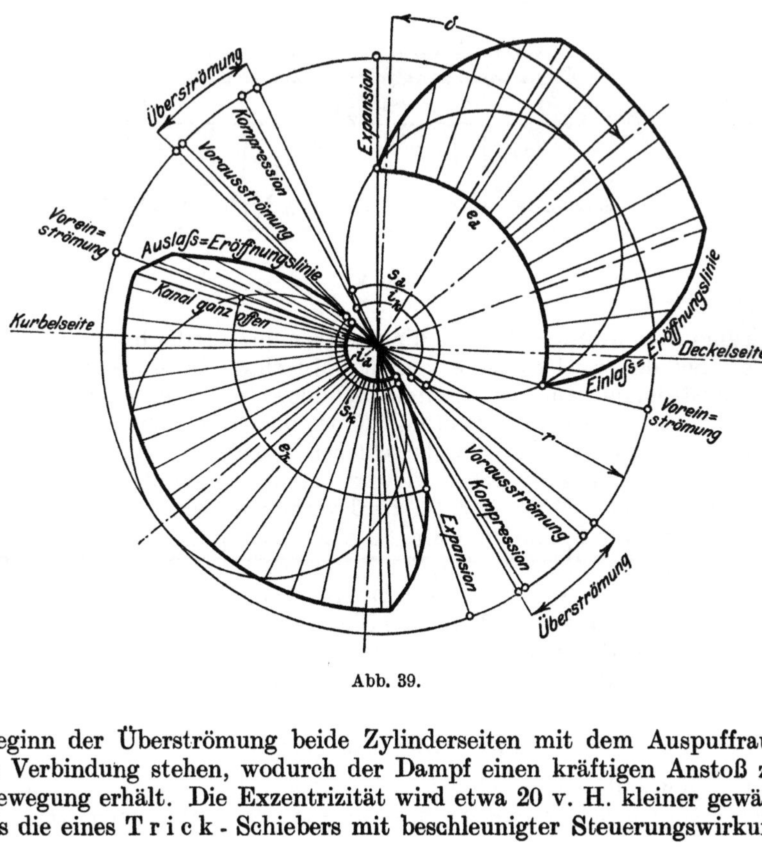

Abb. 39.

Beginn der Überströmung beide Zylinderseiten mit dem Auspuffraum in Verbindung stehen, wodurch der Dampf einen kräftigen Anstoß zur Bewegung erhält. Die Exzentrizität wird etwa 20 v. H. kleiner gewählt als die eines T r i c k - Schiebers mit beschleunigter Steuerungswirkung, wodurch Schieberspiegellänge und Reibungsarbeit verringert werden. Auf diese wirkt günstig ein, daß der überströmende Dampf in der Nähe der Schiebermittellage, also bei größter Schiebergeschwindigkeit, die Schiebermuschel auffüllt und den Überdruck auf die Schieberfläche verringert.

Gegenüber dem Weiß-Trick-Schieber weist der Hochwald-Schieber eine größere Auflagefläche bei geringem spezifischem Flächendruck auf.

In Abb. 39 ist das Zeunersche Diagramm für einen Hochwald-Schieber wiedergegeben; die Überströmspalten werden ebenso wie die Überdeckungen durch Kreise dargestellt, deren Schnittpunkte mit den Schieberkreisen die Dauer der Überströmung angeben. Die radial schraffierten Flächen geben die vergrößerten Kanaleröffnungen wieder.

e) Der E-Schieber.

Bei diesem nach seiner Formgebung benannten Schieber, Abb. 40, stehen in der Mittellage die Kanäle mit Muschelhohlräumen in Verbindung, während der Abdampfkanal von dem mittleren Schiebersteg überdeckt wird. Bewegt sich der Schieber aus der gezeichneten Mittel-

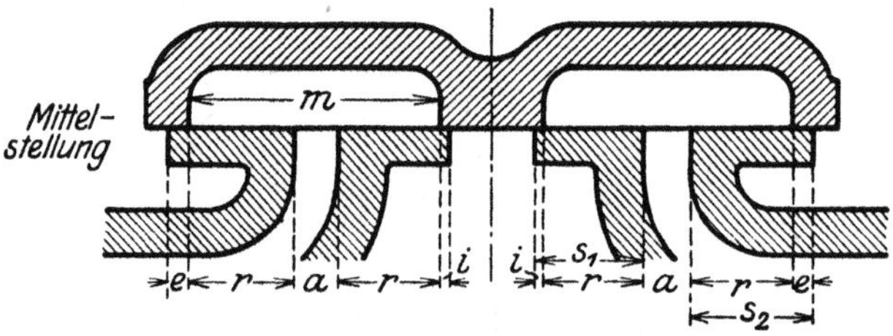

Abb. 40.

lage um i nach rechts, so beginnt die Ausströmung auf der linken Zylinderseite. Bei der Entfernung e von der Mittellage nach rechts beginnt die Einströmung auf der rechten Zylinderseite. Bei entgegengesetzter Bewegungsrichtung führt der E-Schieber die gleiche Dampfverteilung wie der Muschelschieber herbei.

Was die Bemessung des Schiebers betrifft, so muß Auspuffkanalweite $a_0 \geqq a$ sein. Mit $s_1 \geqq r + i$ wird verhindert, daß in der Schiebertotlage der zum Zylinderinneren führende Dampfkanal verengt wird. Aus dem gleichen Grunde ist $s_2 \geqq r + e$, so daß $m \geqq 2r + a$ folgt. Die Muschelhohlräume stehen sonach dauernd mit dem Hubraum in Verbindung, vergrößern sonach beträchtlich den schädlichen Raum.

In neuerer Zeit hat der E-Schieber, als Kolbenschieber ausgeführt, s. Abb. 55, wieder Beachtung im Lokomotivbau gefunden.

4. Die entlasteten Schieber.

Die gewöhnlichen Flachschieber werden betriebssicher nur bis zu einem Dampfdruck von etwa 8 at angewandt; bei höheren Drucken wird die Ölschicht zwischen Schieber und Spiegel fortgepreßt, Metall gleitet auf Metall und der Schieber „brummt". Wird diesem gefährlichen Betriebszustand nicht durch vermehrte Zufuhr von Schmieröl und Abdrosselung des Frischdampfes abgeholfen, so „frißt" der Schieber: die Gleitflächen werden zerstört. Bei sorgfältiger Schmierung und gutem Zustand der Gleitflächen kann zwischen Schieber und Spiegel ein spezifischer Auflagerdruck von 10 bis 12 kg/cm² zugelassen werden. Dieser Druck wird durch Vergrößerung der tragenden Schieberfläche verringert, doch nehmen mit dieser der auf dem Schieber lastende Gesamtdruck und die Reibungsarbeit zu; auch wachsen mit der Größe der Schieberflächen die Betriebsschwierigkeiten, da leicht ein Verwerfen von Schieber und Spiegel eintritt.

In vielen Fällen hat nun die Maschine weniger der Forderung günstigsten Dampfverbrauches als größter Einfachheit zu genügen, in welchem Falle stets die Schieber als Steuerungsorgan sowohl wegen der Einfachheit ihrer Anordnung als auch ihres Antriebes zu bevorzugen sind. Soll der Schieber auch bei höheren Dampfdrucken angewandt werden, so ist er ganz oder teilweise von dem auf ihm ruhenden Dampfdruck zu entlasten, was baulich in verschiedener Weise erreicht werden kann. Bei niedrigeren Dampfdrucken werden nur die großen Schieber von Mittel- und Niederdruckzylindern häufig mit Entlastung ausgeführt.

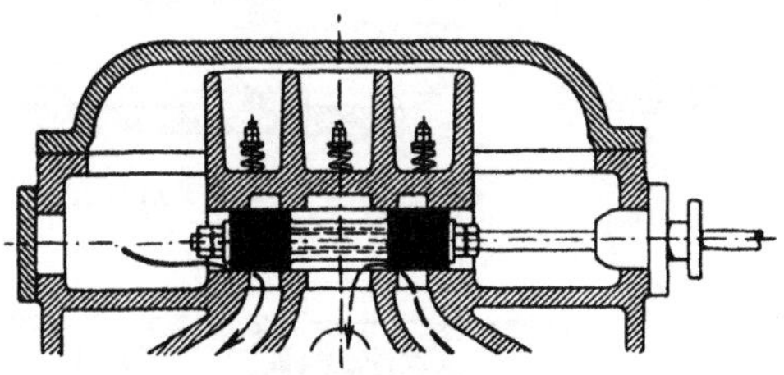
Abb. 41.

Von Bedeutung ist ferner die Ableitung der Reibungswärme gleitender Teile an den Dampf. Damit diese Wärme in dem erzeugten Betrage ständig abfließt, muß die Temperatur der reibenden Teile größer als die Dampftemperatur sein. Je feuchter der Dampf, je größer also seine spezifische Wärme ist, um so mehr wird die Wärmeabgabe erleichtert. Bei Anwendung überhitzten Dampfes wird die Temperatur der gleitenden Teile schon an sich höher, überdies aber noch wegen der geringeren Wärmeleitungsfähigkeit des überhitzten Dampfes gesteigert.

a) Schieber mit Gegenplatte. Diese in Amerika ausgeführte Bauart löst die Aufgabe der Entlastung in einfachster Weise, indem der Schieber mit seiner dem Spiegel abgekehrten Seite auf einem Rahmen gleitet, der mit den gleichen Aussparungen wie der Schieberspiegel versehen ist. Die zur Verhütung des Verziehens mit starken Rippen ausgeführte Gegenplatte ruht auf Leisten im Schieberkasten, gegen die sie vom Dampfdruck und durch Federn angepreßt wird. Es verursacht besondere Schwierigkeiten, den Schieber gegen die Gegenplatte abzudichten, ohne daß das hierzu erforderliche, genaue Einpassen zum Klemmen führt (Abb. 41).

Stehen die Aussparungen im Rahmen nicht ständig, sondern nur bei öffnendem Schieber mit den Dampfkanälen in Verbindung, so wird beim Abschluß der Füllung der Druck in der Aussparung größer als der des im Zylinder expandierenden Dampfes sein und den Schieber andrücken, während dieser bei der Kompression auf ähnliche Weise einseitig abgepreßt wird, wodurch der Schieber kippt.

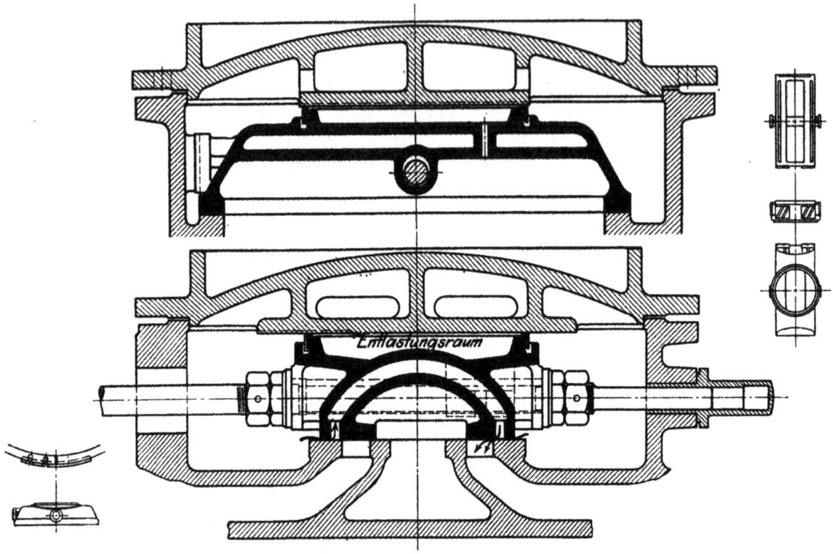

Abb. 42 [1]).

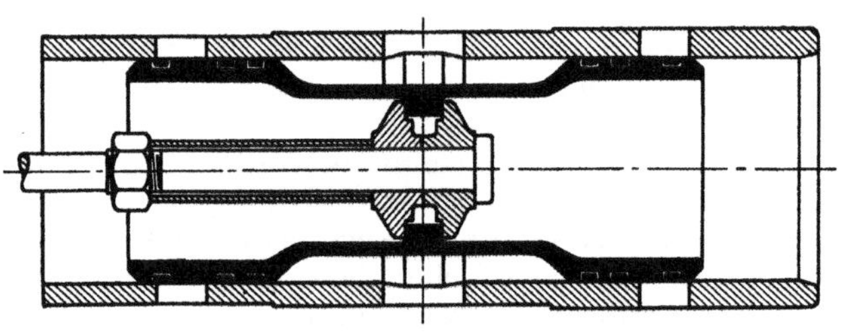

Abb. 43 [2]).

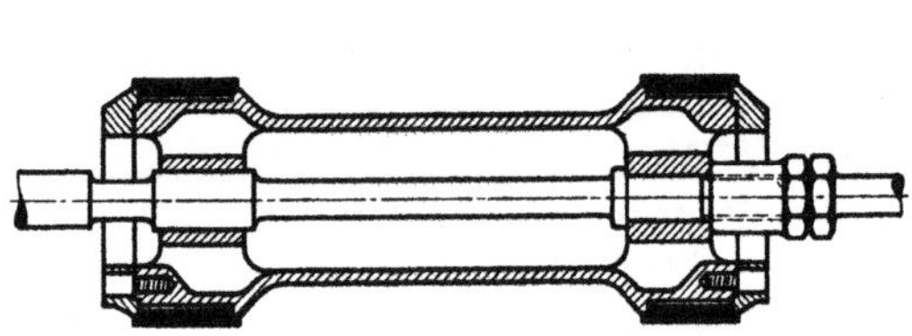

Abb. 44 [3]). (Ausführung mit ungeteiltem „Kaliber"-Ring.)

---

[1]) Niederdruckschieber der Maschinenfabrik J. A. Maffei-München. Maßstab 1:10,5.

[2]) Heißdampfschieber von J. E. Christoph in Niesky, O.-L. Maßstab 1:6.

[3]) Ausführung der M.-A.-N., Nürnberg. Maßstab 1:8.

b) Schieber mit Entlastungsraum. Ein Beispiel dieser auch in Deutschland in den verschiedensten Ausführungsformen verbreiteten Entlastung zeigt Abb. 42. Mit dem Schieber ist ein kegelförmiger Aufsatz verbunden, der von einem nach innen spannenden Ring umfaßt wird, so daß dieser sowohl gegen den Kegel als auch gegen die Gleitfläche am Schieberkastendeckel fest anliegt und derart gegen beide abdichtet.

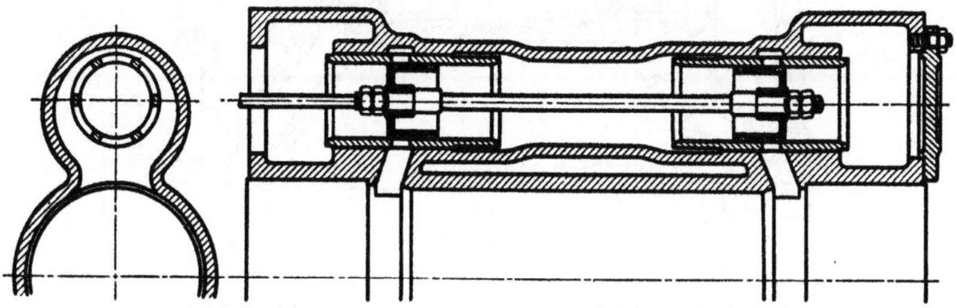

Abb. 45 [1]).

Der durch diesen Ring vom Frischdampfraum des Schieberkastens getrennte Entlastungsraum steht mit der äußeren Atmosphäre oder dem Kondensator in Verbindung. Die einfachste Ausführung ergibt sich nach Abb. 42 durch eine den Trick-Kanal durchsetzende Öffnung, die Entlastungsraum und Schiebermuschel miteinander verbindet; die Möglichkeit, die Abdichtung durch den Dichtungsring zu untersuchen, wird hierdurch jedoch ausgeschlossen.

Bei Wasserschlägen kann der Schieber — im Gegensatz zu der Bauart mit Gegenplatte — „abklappen", wobei der Dichtungsring auseinandergedrückt wird.

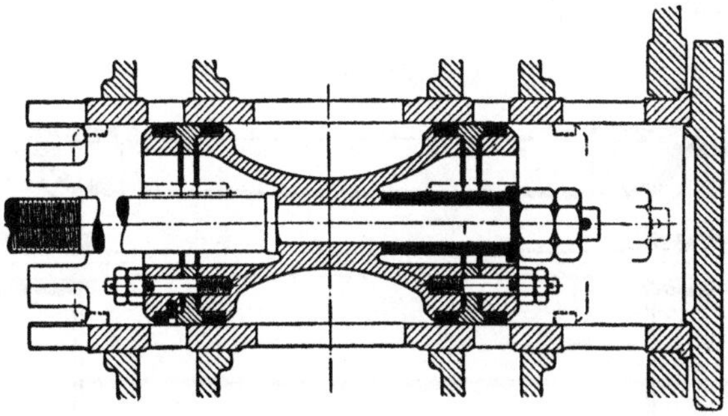

Abb. 46.

c) Kolbenschieber. Diese Ausführung stellt die verbreitetste und vollkommenste Bauart der entlasteten Schieber dar. Die Grundform des Kolbenschiebers entsteht, wenn der Querschnitt eines Muschel- oder T r i c k - Schiebers als erzeugende Fläche eines Drehkörpers dient. Ebenso müssen der Auspuffraum und die ins Zylinderinnere führenden

[1]) Ausführung R. Wolf, Magdeburg-Buckau.

Dampfkanäle im Schieberspiegel rundgeführt werden, also den Schieberkörper allseitig umfassen, damit die auf den Schieber wirkenden Dampf-

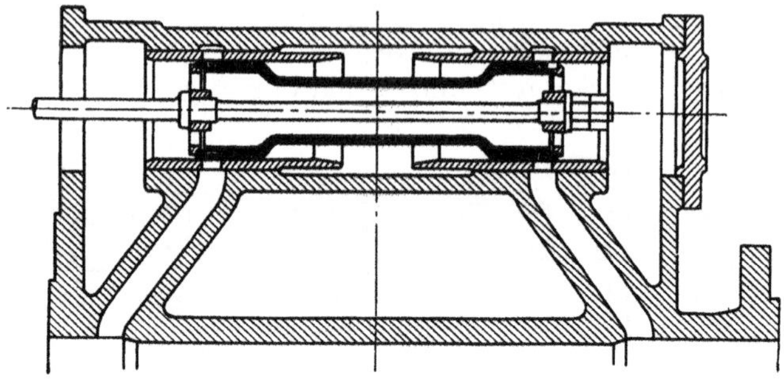

Abb. 47.

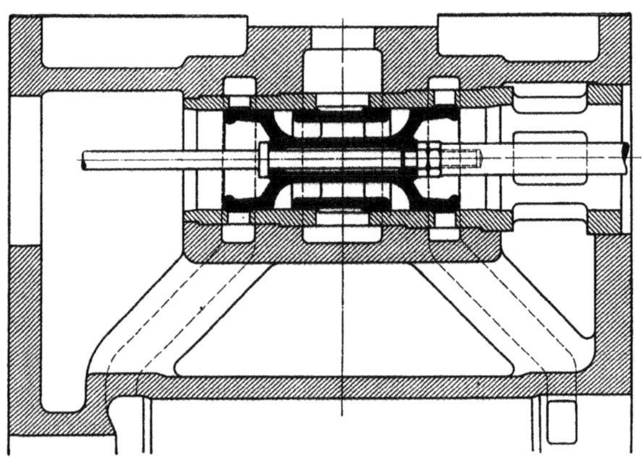

Abb. 48 [1]).

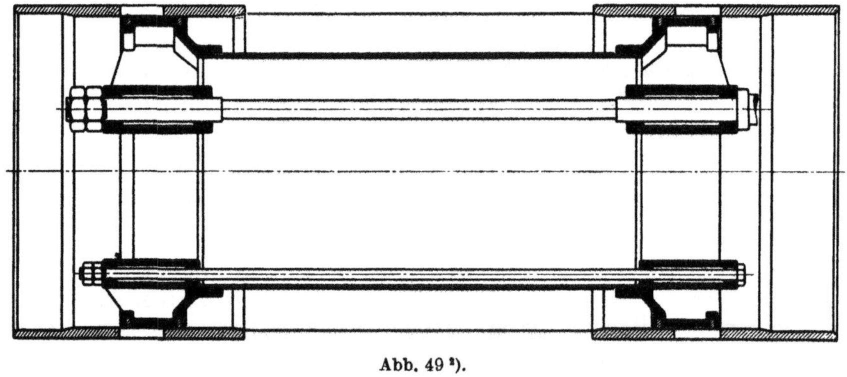

Abb. 49 [2]).

[1]) Entwurf von Prof. Doerfel, Prag. Maßstab 1:8.

[2]) Kolbenschieber der Maschinenbau-A.-G. vorm. Gebr. Klein, Dahlbruch i. W. Maßstab 1:20.

drucke sich aufheben. Als Nachteil des Kolbenschiebers stellt sich gegenüber dem Flachschieber ein erheblich größerer schädlicher Raum ein, falls der Entwurf nicht sehr sorgfältig durchgeführt wird.

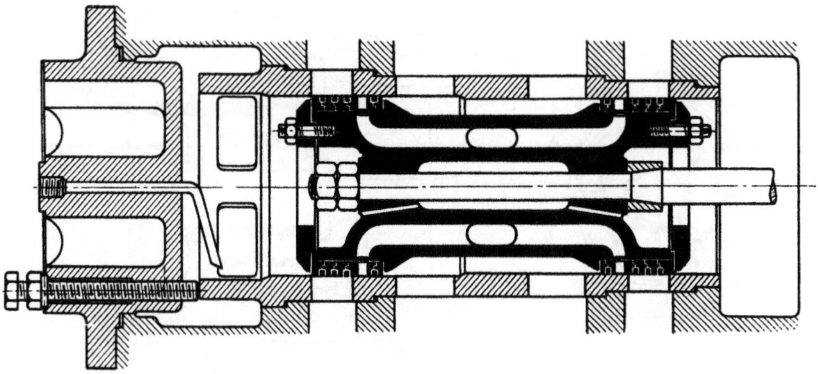

Abb. 50 [1]).

Abb. 43—49 zeigen Kolbenschieber, die aus dem einfachen Muschelschieber entstanden sind, während die Schieber nach Abb. 50 und 51 mit Trick-Kanal arbeiten.

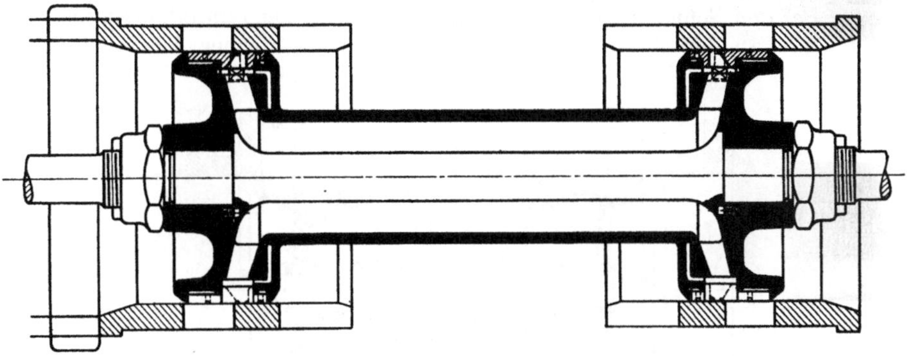

Abb. 51 [2]).

Die Anordnung des Auspuffraumes nach Abb. 48 gelangt zur Anwendung, wenn der Innenkanten-Schieber weit genug vom Zylinder absteht, d. h. direkt vom Exzenter gezogen wird. Zur Erzielung besserer Dichtheit wird der Dampfeinlaß in den Schieberraum besonders gesteuert. Die Auspuffräume an jeder Seite des geschlossenen Schiebers sind durch Unterbrechungen der Kanalwandungen miteinander verbunden.

---

[1]) Heißdampfschieber der Ascherslebener Maschinenbau-A.-G. Maßstab 1:8.
[2]) Heißdampf-Lokomotivschieber der Schmidtschen Heißdampf-Ges., Kassel-Wilhelmhöhe. Maßstab 1:6.

Abb. 49 zeigt eine für die Ausführung sehr großer Schieber empfehlenswerte Bauart. Verringerung des Gewichtes, Erleichterung von Guß und Bearbeitung werden durch die Verbindung der beiden Kopfstücke

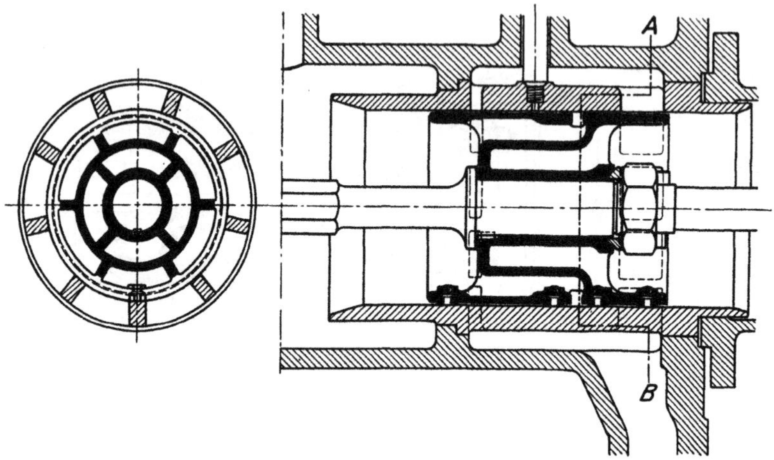

Abb. 52 [1]).

mittels eines flußeisernen Rohres erzielt. Dieses wird dampfdicht eingepaßt, unter Umständen leicht aufgeschrumpft.

Bei den Schiebern nach Abb. 52 und 53 sind die Dampfkanäle nach Penn an der Mündung gegabelt, so daß bei einfacher Ausströmung

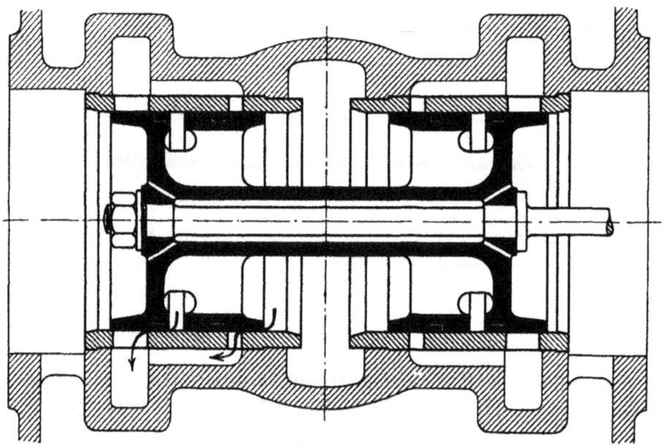

Abb. 53 [2]).

die Einströmung verdoppelt wird. Die beiden Kanäle der Büchse stehen mit einer durchgehenden Aussparung im Schiebergehäuse in Verbindung, so daß eine Gabelung der Kanäle im Zylindergußstück unnötig wird.

[1]) Lokomotivschieber Maßstab 1:8.

[2]) Maßstab 1:8.

Eine Verdoppelung sowohl der Einströmung als auch der Ausströmung wird durch den Pennschen Schieber nach Abb. 54 erhalten. Die Kanäle, die den Dampf an den Schieberumfang leiten, sind achsial gelegt, so daß die Hilfsströmung nur an einem Teil des Schieberumfanges stattfinden kann.

Im übrigen ist zu beachten, daß Kolbenschieber mit mehrfacher Einströmung den schädlichen Raum vergrößern, wenn nicht ihr Durchmesser verkleinert wird, was zulässig ist. Die Schieber nach Abb. 52 bis 54 vergrößern die Oberfläche des schädlichen Raumes an einer Stelle, wo der auspuffende Dampf energisch anprallt, also stark abkühlend wirkt.

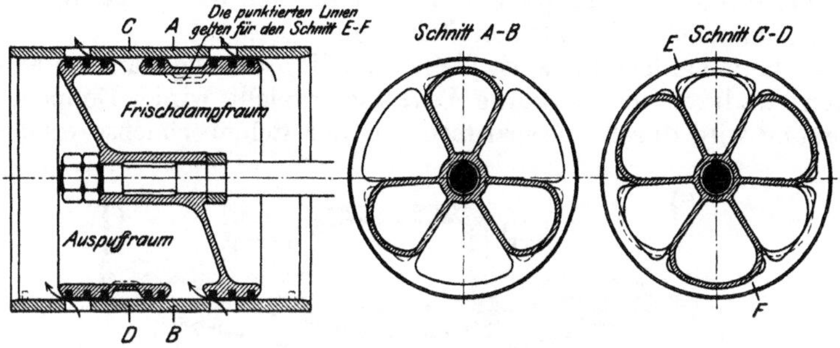

Abb. 54 [1])

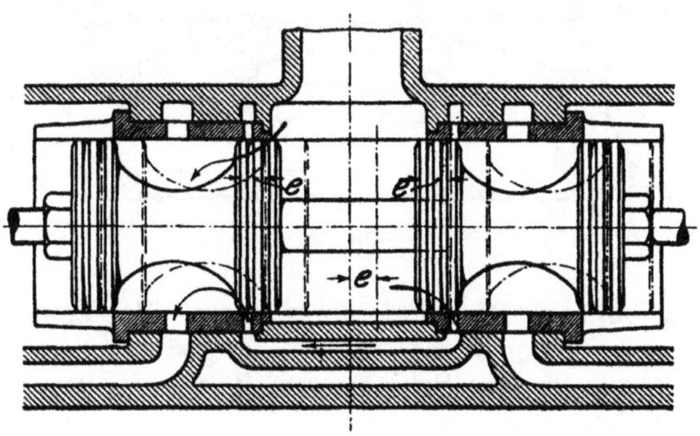

Abb. 55.

Abb. 55 zeigt die Ausführung des auf S. 48 behandelten E-Schiebers als Kolbenschieber mit innerer, verdoppelter Einströmung. Geht in Abb. 55 der Schieber um e nach rechts, so strömt der Dampf der linken Kolbenseite an der Steuerkante des linken inneren Kolbens und an der des rechten inneren Kolbens durch den Umführkanal zu.

Die innere Einströmung erfordert gegenüber der Außenkanten Steuerung nach Abb. 40 eine letzterer entgegengesetzte Bewegungsrichtung. Der Schieber nach Abb. 55 wird sonach trotz der inneren Einströmung durch ein der Kurbel um $90^0 + \delta$ voreilendes Exzenter ge-

[1]) Niederdruckschieber der Maschinenfabrik J. A. Maffei, München. Maßstab 1:20.

steuert. Diese Eigenschaft ist dann von Wert, wenn — wie bei dem Umbau von Naßdampf-Flachschieber-Lokomotiven in Heißdampf-Kolbenschieber-Maschinen — ohne Änderung der äußeren Steuerung die Vorteile der inneren Einströmung erreicht werden sollen [1]).

Der in Abb. 56 dargestellte Hochwaldsche Kammerschieber enthält einen von den Schieberköpfen b und der Muschel d begrenzten Kammerraum k, der während der Kompression mit dem Zylinderkanal verbunden ist und derart einen zusätzlichen Verdichtungsraum bildet. Dieser Zusatzraum gleicht bei Füllungsänderungen der Flachregler- und Umsteuerungen die großen Kompressionsunterschiede aus. Bei großen Füllungen und kleinen Kompressionen enthält die Kammer bei der Wiedereröffnung hochgespannten Dampf, der den Kompressionsenddruck erhöht, umgekehrt bei kleinen Füllungen.

Die Kammerdeckung e_1 ist kleiner als die Deckung e an den Muschelstegen, wodurch die erwähnte Wirkung erreicht wird. Doppelte Einströmung wird durch Aussparungen in der Schieberbuchse ermöglicht,

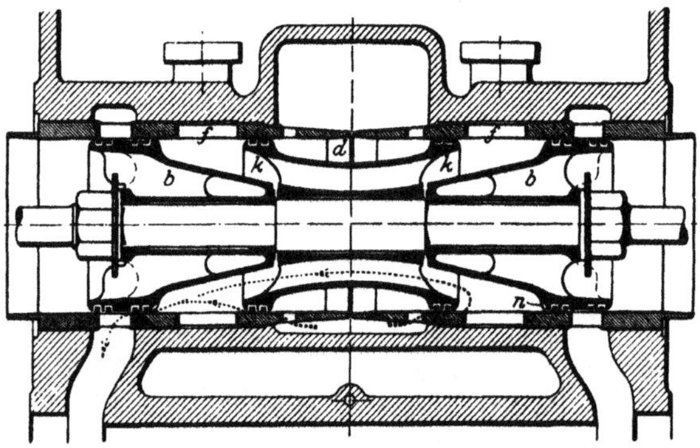

Abb. 56.

wie die eingezeichneten Pfeile erkennen lassen. Bei Beginn der Voreinströmung ist sonach der Kanal um $e - e_1$ geöffnet, und die doppelte Eröffnung hält an, bis der Schieber um $2\,(e - e_1)$ aus der Mittellage herausgegangen ist.

Der Hochwald-Schieber arbeitet sonach ähnlich wie der Trick-Schieber. Durch die Vereinigung der Dampfwege schon in der Kammer und nicht — wie bei Trick — erst im Zylinderkanal läßt sich die Kammerdeckung in weiten Grenzen verändern und der Zeitpunkt für die Kammereröffnung so wählen, daß der gewollte Einfluß auf die Kompression erzielt wird.

Änderung der Kompression und Ausströmung unabhängig von der Einströmung wird erreicht, indem die Schiebermuschel in der Regel gesondert von den beiden Schieberköpfen auf der Schieberstange angeordnet wird.

---

[1]) Werle, Z. Ver. deutsch. Ing. 1914, S. 693. Der Verf. schlägt vor, Wasserschläge durch Ausführung der inneren Schieberkolben mit abgefederter, achsialer Bewegung ungefährlich zu machen, was aber zu starken Schlägen führen dürfte.

Bei größeren Füllungen ist im Zeitpunkt der Kammereröffnung der Dampfdruck in der Kammer größer als im Zylinder. Um nun bei z. B. 40 v. H. Füllung ein sprunghaftes Ansteigen des Kompressionsdruckes

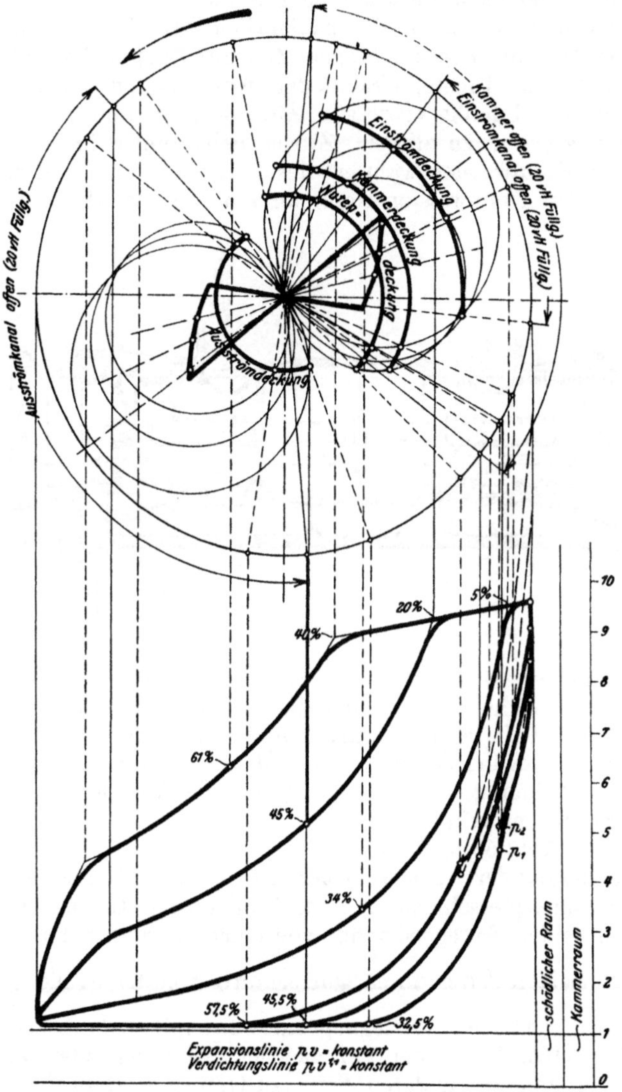

Abb. 57.

von p_1 auf p_2 zu vermeiden, Abb. 57, wird die Kammer schleichend durch Nuten n in der Kammerdeckung eröffnet.

Bei Betrieb mit Kondensation ist die Kammerspannung für alle Füllungen im Zeitpunkt der Kammeröffnung höher als die Zylinderspannung, wodurch die Kompression erhöht wird. Bei Anwendung des Hochwald-Schiebers kann ohne sonstige Maßnahmen an der Steuerung von Kondensation auf Auspuff umgestellt werden.

Der Schieber wird auch für doppelte Ausströmung gebaut und hat im Lokomotivbau vielfach Verwendung gefunden.

Bei Verbundmaschinen, die namentlich bei Verwendung des Abdampfes zu Heizungszwecken längere Zeit mit Auspuff betrieben werden müssen, hat sich Einstellbarkeit der Kompression im Niederdruckzylinder als zweckmäßig erwiesen. Abb. 58 zeigt den von R. Wolf, Magdeburg-Buckau, zu diesem Zweck gebauten Schieber, der Einstellung der Kompression während des Betriebes von Hand ermöglicht. Die Größe der Kompression kann an einer Skala abgelesen werden.

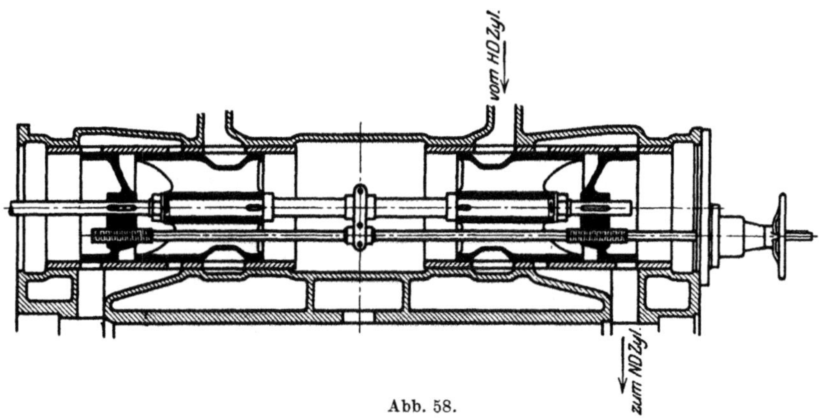

Abb. 58.

Der Schieber arbeitet mit innerer Einströmung; für den Dampfeintritt stehen beide in der Schieberbuchse befindliche Kanäle zur Verfügung, während der äußere Kanal nur der Ausströmung dient. Durch Verdrehen der Gewindestange werden Überdeckung i, Kompression und auch Vorausströmung, sowie der Zeitpunkt des Frischdampfdurchtritts am äußeren Kanal geändert.

Bezüglich Abb. 59 s. S. 71.

d) Berechnung der Kolbenschieber. Für die Berechnung der erforderlichen Strömungsquerschnitte ist maßgebend, ob der Dampf dem Schieberkasten von beiden Seiten oder nur von einer Seite zuströmt. Wird der Dampf von beiden Seiten durch Querschnitte von der Größe $\frac{F}{2} = \frac{O \cdot c}{2u}$ zugeführt, so erhält bei Freilegung eines Dampfkanals dieser zunächst unmittelbar Dampf von der auf gleicher Seite liegenden Zuführung, während der von der anderen Seite zuströmende Dampf dem Kanal durch das Innere des Schiebers zufließt, dessen Querschnitt also ebenfalls mindestens $\frac{F}{2}$ betragen muß.

Die zweiseitige Zu- oder Abführung des Dampfes durch Querschnitte von der Größe F ermöglicht die Ausführung des Schiebers in der Form von zwei einfachen, kurzen Kolben (Abb. 45). Die Durchmesser nehmen hierbei den kleinsten Betrag an, was für die Abdichtung vorteilhaft ist.

Bei Zuführung des Dampfes nur von einer Seite strömt die ganze Dampfmenge durch den Schieberquerschnitt von der Größe $F = \frac{O\,c}{u}$ zu dem auf der anderen Seite liegenden Dampfkanal.

Bei der einfachen Ausführung nach Abb. 60 strömt der Dampf nur von einer Seite durch eine Öffnung im Schieberkastendeckel zu, eine Bauart, die wegen der dadurch erschwerten Zugänglichkeit des Schiebers nur selten ausgeführt wird. Bei dieser Anordnung muß also die Beziehung bestehen:

$$\frac{(d_1^2 - d^2)\,\pi}{4} = F = \frac{O \cdot c}{u}.$$

Nach Wahl der Wandstärke *s* wird $D = d_1 + 2\,s$; die Höhe *a'* bzw. der äußere Schieberdurchmesser D_1 wird so bestimmt, daß dem Abdampf genügend Querschnitt für die Ausströmung geboten wird. *a'* wird aus der Gleichung:

$$\frac{(D_1^2 - D^2) \cdot \pi}{4} = \frac{O\,c}{u_a}$$

berechnet, worin u_a die Geschwindigkeit des Auspuffdampfes bedeutet.

Würde der Dampf durch die beiden punktiert eingezeichneten Öffnungen zuströmen, so wäre

$$\frac{(d_1 - d^2) \cdot \pi}{4} = \frac{F}{2} = \frac{O \cdot c}{2\,u}$$

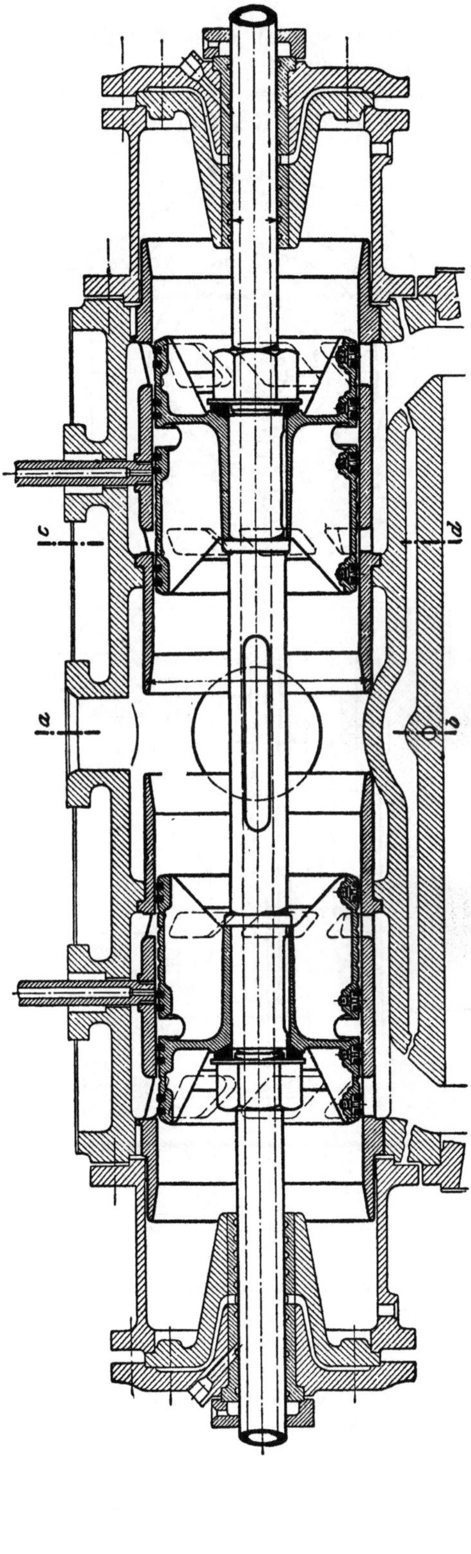

Abb. 59

einzusetzen, so daß diese Anordnung bedeutend geringeren Schieberdurchmesser ergibt.

Die Weite a_1 des Kanals in der Büchse folgt aus: $D_1 \pi \cdot a_1 \cdot \varphi = F$, worin durch den Koeffizienten φ die Verengung der Mündung durch die in der Büchse angebrachten Stege berücksichtigt wird. Je nach Ausführung wird $\varphi = 0{,}65$ bis $0{,}75$. Kanalweite a_2 wird zweckmäßig $> a_1$ genommen. Es wird $a_2 \cdot h = F$, wie üblich.

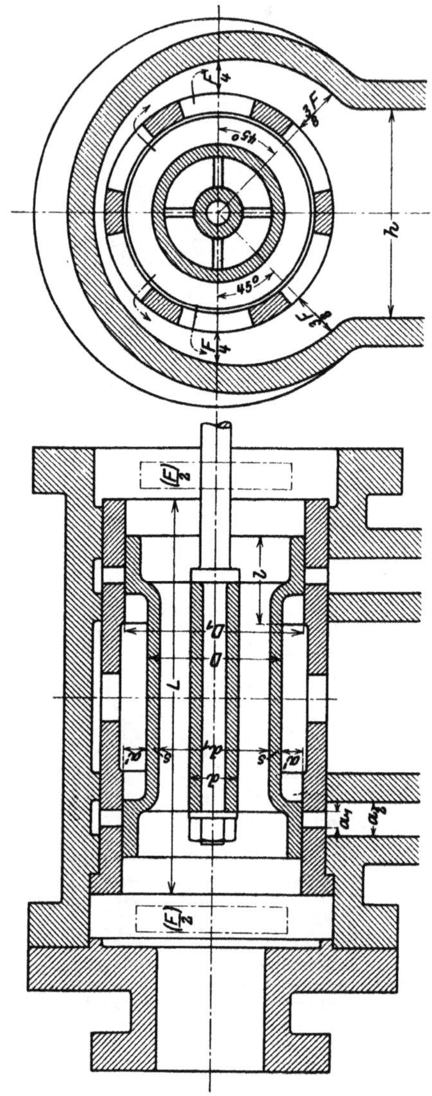

Abb. 60.

In dem Querschnitt ist die Art der Dampfeinströmung in den Zylinder durch Pfeile angedeutet. An der dem Zylinder abgewandten Hälfte des Umfanges der Schieberbuchse strömt die Hälfte der Dampfmenge zu, so daß der Querschnitt zwischen Buchse und Schieberkastenwand an der Stelle des wagerechten Schnittes im ganzen $\frac{F}{2}$, an jeder Seite $\frac{F}{4}$ betragen muß, woraus bei konstanter Kanalweite a_2 der Abstand zwischen Wand und Buchse zu berechnen ist. Der an einem dem Winkel von 270^0 entsprechenden Teile des Umfanges ausströmende Dampf muß in gleicher Weise an den bezeichneten Stellen einen Querschnitt von insgesamt $\frac{3}{4}$ F finden.

Die an diesen Stellen erforderliche Zunahme der Querschnitte wird häufig auch in der Weise erreicht, daß der Kanal nicht in radialer, sondern in achsialer Richtung erweitert und so a_2 veränderlich wird.

Dieselben Erwägungen sind anzustellen, wenn der Schieber mit innerer Einströmung arbeitet, wobei der Auspuffdampf nur durch eine oder durch zwei an jedem Ende des Schieberkastens gelegene Öffnungen abströmen kann.

5. Die Ausführung der Zylinder und Schieber.

Bei dem Entwurf des Zylinders ist in erster Linie Verringerung des schädlichen Raumes und namentlich der schädlichen Flächen anzustreben. Weiterhin wird der Entwurf im hohen Maße durch die Betriebsweise — mit Sattdampf oder Heißdampf — beeinflußt. Im letzteren Fall erfordert die Ausbildung des Gußstückes mit Rücksicht auf die starken Wärmedehnungen besondere Sorgfalt. Das Gußstück ist in möglichst einfachen Formen zu halten, um Gußspannungen zu vermeiden und Ausdehnungen durch die Erwärmung zu ermöglichen.

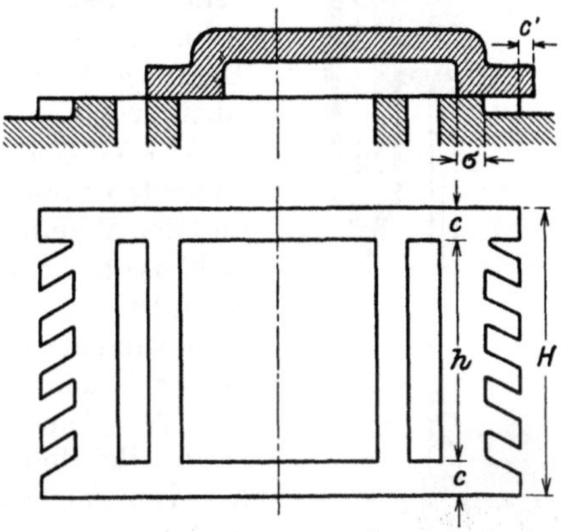

Abb. 61.

Der Schieberspiegel ist mit Nuten zu versehen, Abb. 61, durch die der Frischdampf unter den Schieber treten kann, der demgemäß entlastet wird. In den Schiebertotlagen muß eine genügende Dichtungsfläche von der Breite σ bleiben, damit ein Entweichen des Dampfes in den Auspuffraum vermieden wird. Die Nuten werden schräggelegt, damit an der Gleitfläche des Schiebers keine Riefen entstehen. Die Schieberspiegelhöhe ($H = h + 2c$) wird durch die Kanalhöhe und die Breite der seitlichen Dichtungsflächen (c = 12 bis 25 mm) bestimmt; die Länge des Schieberspiegels ist so zu bemessen, daß zur Verhütung der Gratbildung der Schieber in den äußersten Lagen über den Spiegel um einen Betrag c' hinausgeht. Mitunter wird der Schieberspiegel als besondere, leicht auswechselbare Platte angeschraubt.

Schieber und Spiegel sind mit Schmiernuten zu versehen. Bei größeren Schiebern ist die Anordnung eines Ölkastens zweckmäßig, dessen drei Wände mit dem Schieber aus einem Stück bestehen, während die vierte Seite nach dem Spiegel hin offen ist.

Der Schieber ist durch Leisten, die am Schieberkasten angegossen sind, zu führen. Bei stehenden Maschinen wird der Schieber auf beiden Seiten geführt, bei liegenden Maschinen ist einseitige Führung ausreichend, da die obere Leiste durch die Abnutzung der unteren bald unwirksam wird.

Um den Guß der Lauffläche rein zu halten, sollen die Kanäle in die Verbohrung münden, wobei die Anordnung häufig so getroffen wird, daß die Kanäle den Vorbohrungskreis im unteren Scheitel tangieren und sich ansammelnde Wassermengen selbsttätig abfließen können. In diesem Falle liegt Schieberstangenmitte unter Kolbenstangenmitte, so daß die Exzenterstange schräge Richtung erhält, was bei der Aufkeilung des Exzenters zu berücksichtigen ist. Mitunter werden die Kanäle an ihrer Mündung in den Schieberspiegel mit Arbeitsleisten versehen, damit die Maße der Kanalkanten durch Bearbeitung genau eingehalten werden können. Infolge der Erweiterung des Kanals hinter den Arbeitsleisten verursacht diese Maßregel eine geringe Vergrößerung des schädlichen Raumes. Amerikanische Maschinen zeigen häufig die nicht zu empfehlende Ausführung, die Schieberstange ohne besondere Geradführung nur durch die Grundbuchse der Stopfbuchse zu führen.

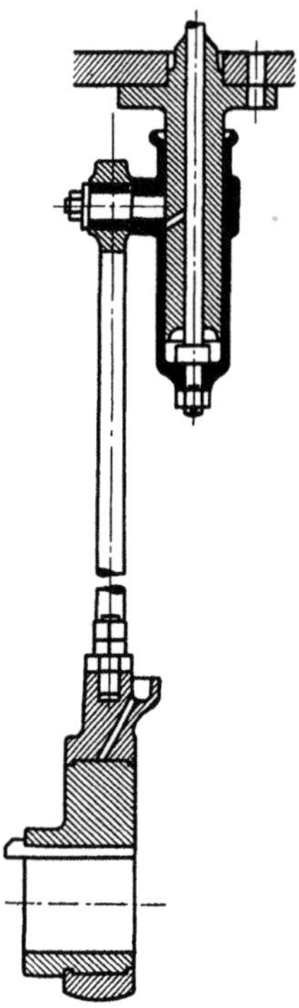
Abb. 62.

Die Entfernung des Schieberspiegels von Zylindermitte ist von der Art des äußeren Antriebes abhängig. Durch Anordnung einer Schwinge oder durch seitliche Verbindung der Exzenterstange mit dem Gleitstück der Schieberstangen-Geradführung, Abb. 62, kann die Kanallänge verkürzt werden. Derartige Übersetzungen erfordern äußerst kräftige Ausführung.

Der Schieberkasten ist so zu bemessen, daß in den äußersten Stellungen des Schiebers zwischen diesem und den Wandungen reichlich Spielraum bleibt. Die Gehäuse der Kolbenschieber bestehen meist mit den Zylindern aus einem Stück, während sich bei Flachschiebersteuerungen häufig angeschraubte Schieberkasten finden, damit die Gußstücke kleiner werden und der Schieberspiegel besser bearbeitet werden kann. Bei dem Entwurf des Kastens sind die Art des Einbringens des Schiebers und die Schieberbefestigung auf der Stange zu beachten. Mitunter wird der Schieberkastendeckel mit einem Teile der seitlichen Wandungen in einem Stück gegossen, wobei die Trennungsfläche schräg gelegt ist. Die geschlossenen Gehäuse der Kolbenschieber sind mit verschließbaren Schaulöchern zu versehen, durch welche die Eröffnung und Schließung der Dampfkanäle durch den Schieber bei dessen Einstellung beobachtet werden kann. Abb. 63 zeigt einen Lokomotivzylinder, Abb. 64 den Zylinder einer normalen Betriebsmaschine. An der tiefsten Stelle des Frischdampfeinlasses ist Entwässerung vorgesehen. Die Kanäle tangieren den unteren Zylinderscheitel.

Für die Berechnung des Antriebgestänges ist die Reibungsarbeit zu ermitteln und ein Auflagerdruck von 15 bis 20 kg/cm² für die Zapfen anzunehmen. Die bei dem Hubwechsel des Schiebers erforderliche Beschleunigungskraft P ist ebenfalls in Rechnung zu ziehen. Ist m die Masse des Schiebers, r die Exzentrizität, n = Uml/min, $v = \frac{2 r \pi n}{60}$ die Geschwindigkeit des Exzentermittelpunktes, so wird unter Annahme unendlicher Stangenlänge $P = \frac{m v^2}{r}$.

Bei stehenden Maschinen soll das Gestänge vom Gewicht des Schiebers durch Kolben, die einseitig unter dem Frischdampfdruck stehen und mit der Schieberstange verbunden sind, entlastet werden. Dem gleichen Zweck bzw. der Entlastung bei Flachreglern dient bei Kolbenschiebern die Maßnahme, den oberen Schieberdurchmesser größer als den unteren zu nehmen.

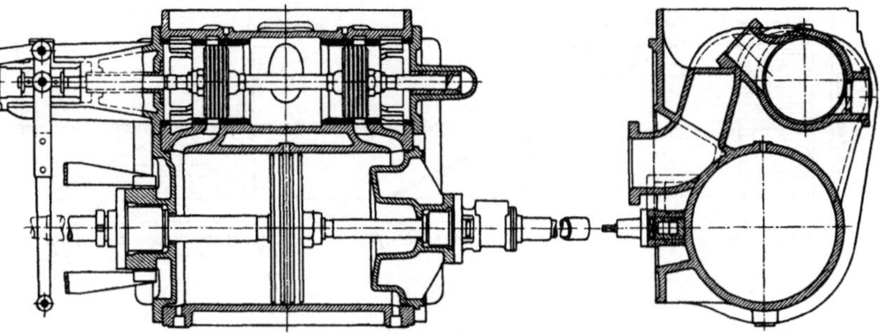

Abb. 63.

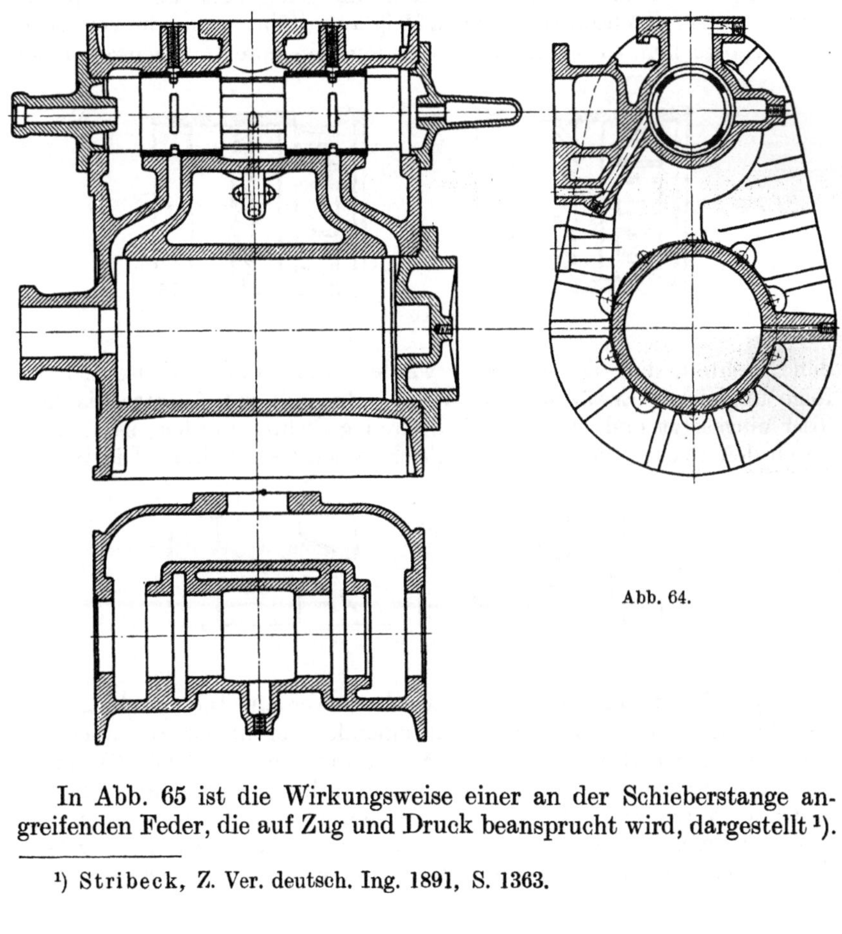

Abb. 64.

In Abb. 65 ist die Wirkungsweise einer an der Schieberstange angreifenden Feder, die auf Zug und Druck beansprucht wird, dargestellt [1]).

[1]) Stribeck, Z. Ver. deutsch. Ing. 1891, S. 1363.

Mittelst dieser Anordnung kann sowohl der Einfluß des konstant wirkenden Schiebergewichtes als auch der veränderlichen Massendrucke auf den Flachregulator vollständig ausgeschaltet werden. Durch die wechselnde Beanspruchung werden diese Federn allerdings rasch lahm.

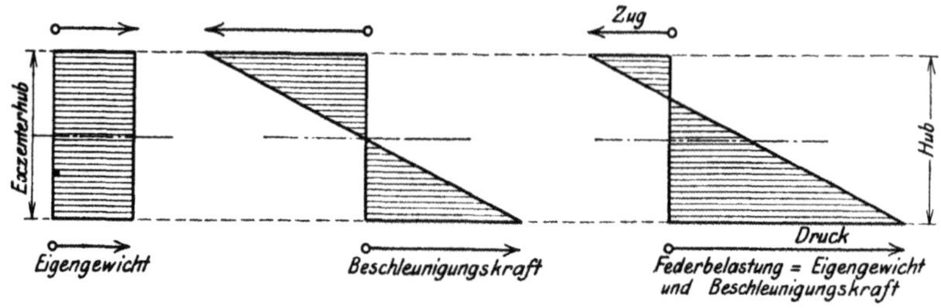

Abb. 65.

Die Kolbenschieber laufen meist in auswechselbaren Buchsen, die eine bequeme Bearbeitung der Kanalöffnungen gestatten. Die Wandstärken dieser Buchsen sind sehr kräftig auszuführen, um ein Verwerfen oder Verdrücken zu verhindern. Stramm eingepreßte Buchsen haben

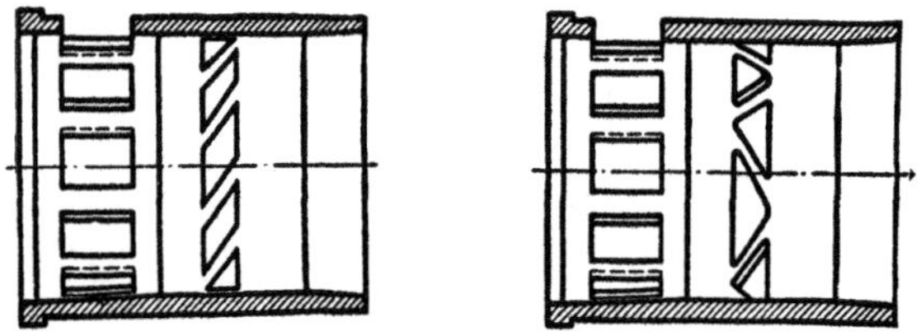

Abb. 66—67.

den Nachteil, daß sie verdrückt werden, wenn das Gehäuse sich infolge ungleicher Erwärmung ausdehnt. Buchsen mit Ansätzen können loser eingesetzt und mit Asbestschnüren gedichtet werden; sie werden durch den Deckel oder durch Druckschrauben festgehalten. Die Buchse

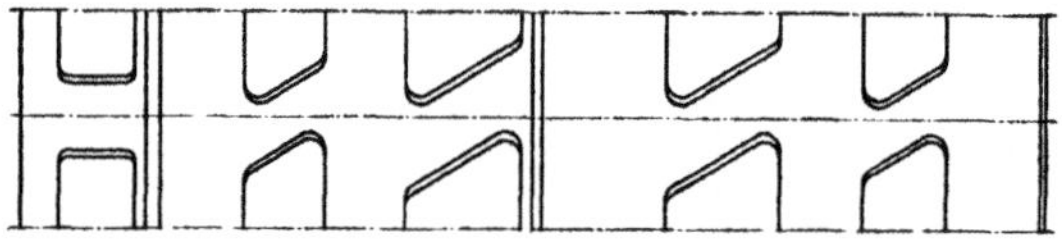

Abb. 68

bleibt gerade und kann leicht ausgewechselt werden. Die einzelnen Teile der Buchse werden durch Stege miteinander verbunden, die auch das Einspringen der Ringe in die Kanäle verhindern. Abb. 66—68 zeigen Ausführungsbeispiele. Die Stege liegen schräg, damit achsial verlaufende Nuten am Schieber oder an den Dichtungsringen nicht entstehen können. Vielfach läßt man den unten liegenden Steg gerade durchgehen und auf ihm die Stoßstellen der Ringe laufen. Die parallelogrammförmigen Kanalöffnungen in der Büchse, Abb. 66, haben nach Metzeltin eine derart starke Drehung der Dichtungsringe durch den Dampfstrom zur Folge gehabt, daß die zur Verhinderung der Drehung eingesetzten Stifte brachen. Günstiger verhielten sich die dreieckigen Öffnungen nach Abb. 67.

Zweckmäßig ist die Teilung der Buchse, wie z. B. in Abb. 51 ausgeführt.

Die Kolbenschieber werden meist aus Gußeisen hergestellt. Schieber mit Dichtungsringen, bei denen der Schieberkörper nicht mit der Buchse in Berührung kommt, werden auch aus Stahlguß und — falls es auf kleines Gewicht wie bei den Kolbenmaschinen der Kriegsmarine ankommt — aus Aluminium angefertigt. Zur Vermeidung innerer Spannungen empfiehlt sich namentlich bei Heißdampfbetrieb, die Gußspannungen durch Ausglühen des Schiebers und der Buchse nach der Bearbeitung zu beseitigen, wodurch Verziehen auch bei höchster Temperatur nicht mehr eintritt.

Bei Anwendung überhitzten Dampfes sind lange Schieber wegen des sich krümmenden Schiebergehäuses zu vermeiden. Am günstigsten verhalten sich kurze Kolben nach Abb. 45. Allerdings neigen zu kurze Scheiben mitunter zum Kippen.

Die Verbindungsstange beider Scheiben hat eine bedeutende achsiale Kraft infolge der Belastung der Scheibenflächen durch den Druckunterschied zwischen Frischdampf und Abdampf aufzuehmen und muß weiterhin an den Befestigungsstellen gegen denselben Druckunterschied abdichten.

Die Rippen sind an nicht dichtende Flächen zu legen, damit die dichtenden Flächen sich nicht unrund verziehen können. Besonders zweckmäßige Verbindungen der Schieber mit den Stangen zeigen die Abb. 43 und 47. Diese Schieber sind als einfache Drehkörper ohne jede Rippe ausgeführt.

Kolbenschieber mit innerer Einströmung haben den Vorteil, daß der volle Querschnitt des Gehäuses ohne bedeutende Verengung für den Austritt verfügbar ist. Die Stopfbuchse wird von Druck und Temperatur entlastet, der Ausstrahlungsverlust wird verringert, und das Gehäuse neigt weniger zum Krummziehen. Da bei Heißdampf die Schmierung infolge der hohen Temperatur und des Fehlens von Niederschlagwasser erschwert ist, so wirkt die Abkühlung der gleitenden Flächen durch den Abdampf günstig.

Das Einlaufen der Schieber ist nur unter langsamer Steigerung der Überhitzungstemperatur vorzunehmen. Es empfiehlt sich, schon bei der Werkstattmontage eine Untersuchung auf Dichthalten und leichte Beweglichkeit bei 300 bis 350° Überhitzung und hohem Dampfdruck vorzunehmen.

Die Kolbenschieber werden entweder in die Laufbuchse eingeschliffen oder durch besondere Ringe abgedichtet. Eingeschliffene Schieber, die mit der Buchse aus demselben Material bestehen sollen, müssen im kalten Zustand leicht passend gehen, damit sie im heißen Betriebszustand richtig anliegen und nicht klemmen. Es ist darauf zu achten, daß beim Anlassen der Maschine die Buchse stärker erwärmt wird als der Schieber. W. Schmidt dichtete seine Lokomotiv-Kolbenschieber durch einen nicht aufgeschnittenen und deshalb auch nicht federnden Ring ab. Da bei den eingeschliffenen Schiebern wie auch bei den Schmidtschen Ringen der Unterschied in der Wärmeausdehnung zwischen Buchse und Schieber eine bedeutende Rolle spielt, so ist bei diesen Bauarten eine Verkleinerung der Schieberdurchmesser durch Dampfzuführung von zwei Seiten besonders angebracht. Schmidt führte überdies Heizung der Schieberbuchse mittelst Frischdampf aus, so daß sie gleichmäßige Temperaturen erhält. Die Schmidtschen Schieber mit ungefederten Ringen und geheizten Buchsen befriedigten bei sorgfältiger Pflege bzw. rechtzeitiger Erneuerung. Bei den neueren Schiebern nach Abb. 69 a wurde ein breiter, federnder Ring angewendet; um die starke Anpressung und das Zusammendrücken des Ringes während der Kompression zu vermeiden, sind hinter dem Ring mehrere dampfdichte Räume angeordnet, die durch radiale Löcher im Ring mit dem äußeren Dampfkanal in Verbindung stehen, so daß Druckausgleich erhalten und der Ring nur durch seine Federspannung angepreßt wird.

Es kann die Anordnung getroffen werden, daß nur ein breiter Ring von der Lappenlänge $e + a + i$ — s. Abb. 44 und 69 a — vorgesehen wird, oder es werden schmale Ringe gewählt, die an jeder steuernden Kante anzubringen sind. Lokomotivschieber werden vielfach mit paarweiser Anordnung der Ringe für jede dichtende Kante ausgeführt, Abb. 56 und 59. Schmale Ringe müssen hohe Elastizität und geringe Härte haben und sind aus bestem, dichtem Gußeisen mit großer Sorgfalt herzustellen.

Die federnden Dichtungsringe können sowohl eingesprengt, als auch bei Anordnung besonderer Deckel eingelegt werden. Diese werden namentlich bei kleinen Schiebern mit Ringen gleich Lappenlänge erforderlich (Abb. 69 a), die sonst nicht einzubringen sind. In der Ausführung nach Abb. 46 sind zwei Ringe mit dazwischen liegendem Steg eingebracht (s. auch Abb. 50), während die meisten dargestellten Bauarten eingesprengte Ringe zeigen. Die Ringe sind so einzupassen, daß sie sich in den Nuten leicht drehen lassen; sie sollen an den Seiten reichliche Auflagerflächen haben, damit sie sich infolge der Massenwirkung beim Schieberhubwechsel nicht ausschlagen. Der Schieberdeckel der Schmidtschen Schieber ist schwach federnd ausgeführt und nur mit dem inneren Rand gegen den Schieberkörper festgeschraubt, während der äußere Rand nur durch den Dampfdruck angepreßt wird. Bei Erzielung dampfdichten Abschlusses zwischen Deckel und Ring und zwischen Ring und Schieberkörper wird dadurch das Festklemmen des Ringes zwischen Deckel und Schieberkörper verhindert.

Schmale Ringe haben erfahrungsgemäß den Nachteil, daß sie die Stege in der Buchse stärker abnutzen als den übrigen Teil der Lauffläche.

Da zu stark nach außen federnde Ringe bei hoher Temperatur leicht die Laufbüchse zerstören, so werden bei einigen Bauarten die aufgeschnittenen Kolbenringe so am Schieberkörper befestigt, daß eine bestimmte Federung nicht überschritten wird.

Breite, federnde Ringe zeigen mitunter den Übelstand, daß sie bei hoher Kompression abklappen, so daß Einström- und Auspuffraum miteinander verbunden werden und beträchtliche Dampfverluste entstehen.

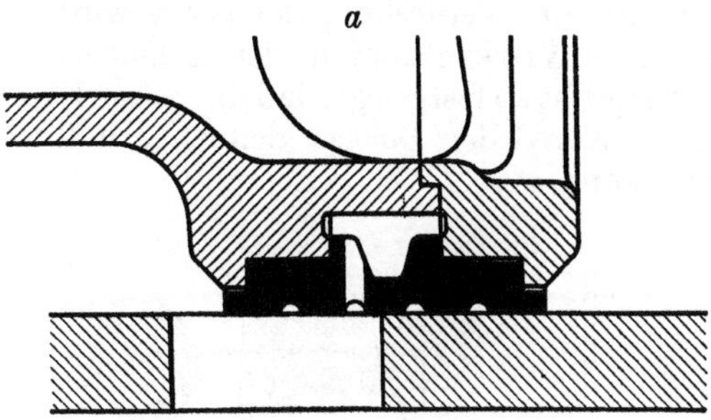

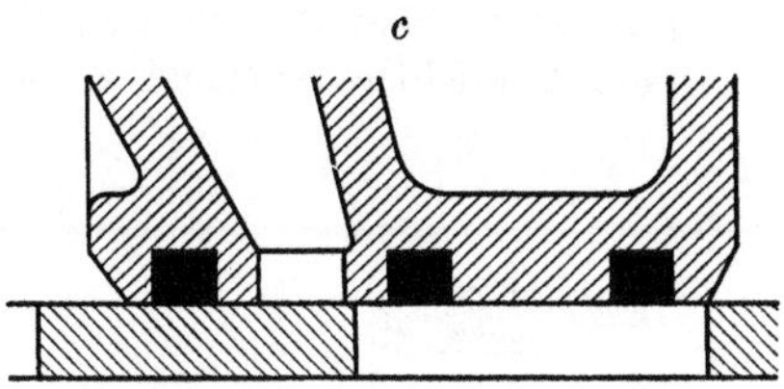

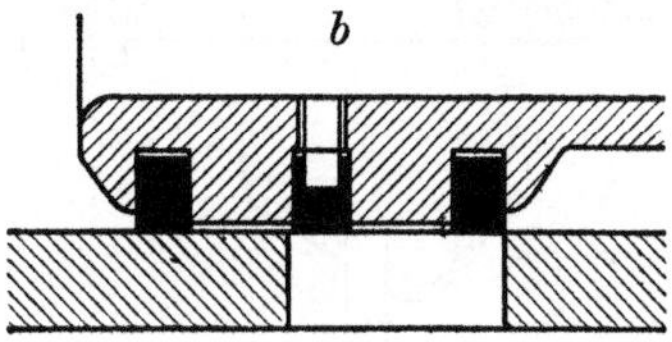

Abb. a: Ausführung von W. Schmidt. Maßstab 1:2.
Abb. b: Ausführung von J. A. Maffei. Maßstab 1:4.
Abb. c: Ausführung v. Sack & Kießelbach. Maßstab 1:4.

Abb. 69 a–c.

In der Ausführung nach Abb. 69 a hat der Dichtungsring die Länge e + a + i; damit der Strömungsquerschnitt durch die Stirnseiten des Kolbenschiebers nicht verengt wird, muß die Wandstärke möglichst klein sein und stark zurücktreten, die Auflagerflächen des Ringes werden ebenso wie in Abb. 69 b schmal. Vielfach läßt man deshalb die steuernde Kante nach Abb. 69 c am eingepaßten Schieber.

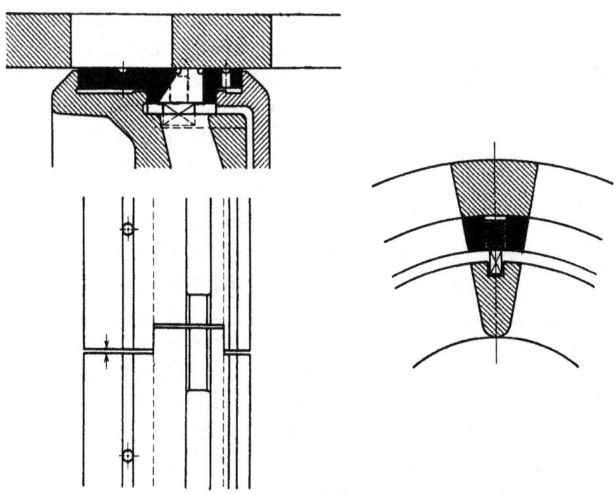

Abb. 70.

In den Abb. 70—72 sind Einzelheiten von Kolbenschiebern wiedergegeben.

Bei dem Schmidtschen Schieber, Abb. 51 und 70, gelangt nur ein einziger, breiter Ring für jede Schieberseite zur Anwendung, der die Öffnungen für den Trick-Kanal enthält. Verdrehung der Ringe wird durch Stiftschrauben verhindert, deren Vierkantkopf in den Schieberkörper eingelegt ist. Die Lage der Ringe ist so festgelegt, daß die Schnittfuge stets über den breiten Steg im Kanal der Buchse gleitet, so daß kein Undichtheitsverlust entstehen kann.

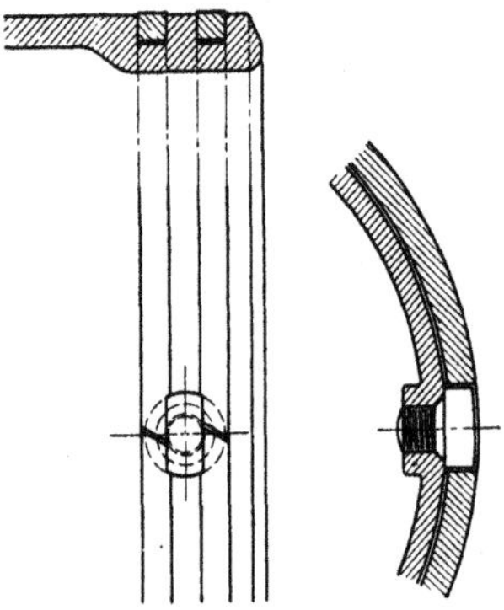

Abb. 71.

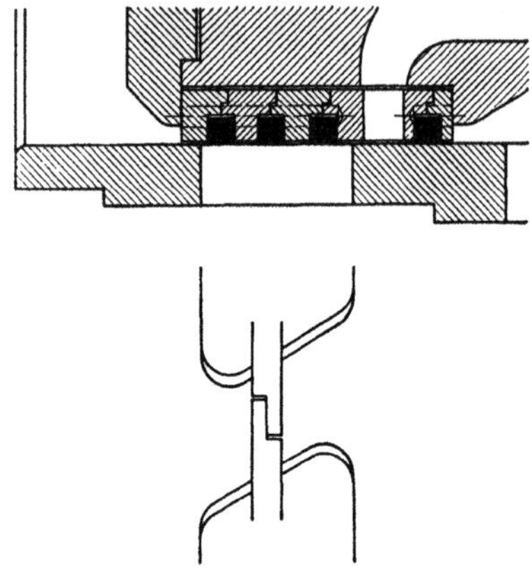

Abb. 72.

Abb. 71 gibt die Sicherung gegen Drehung bei dem Wolfschen Schieber wieder. Die Kolbenringe der Aschersleben Bauart sind in Kammerringen gelagert. Die Überlappungen der Ringe laufen auf den Stegen, um Undichtheiten an dieser Stelle weniger schädlich zu machen (Abb. 72).

In der Zeitschr. d. Ver. deutsch. Ing. 1913 [1]) hat Friedr. Becher die Frage der Abdichtung und Entlastung der Kolbenschieber eingehend behandelt. Die Mantellinie *c*, Abb. 73, in der ein mit Spiel eingesetzter Zylinder *b* die innere Zylinderfläche *a* berührt, wird sich infolge des Verschleißes durch das Eigengewicht zu einer Fläche *f* erweitern, die um so eher die Höchstgrenze von 180° erreicht, je geringer das ursprüngliche Spiel zwischen Kolben und Zylinder war. Diese Abnutzung wird dadurch vergrößert, daß der Kolben durch einen Druck gleich spezifischem Druck mal Schleiffläche angepreßt wird. Ein einfacher Versuch beweist, daß auch der Kolbenschieber gleichen Verhältnissen unterworfen ist. Ein eingeschliffener, nicht mit Liderungsringen versehener Schieber, der sich bei geschlossenem Absperrventil leicht von Hand hin und her bewegen läßt, setzt der Bewegung einen bedeutenden Widerstand entgegen, sobald die Dampfspannung etwa 3 bis 4 at erreicht.

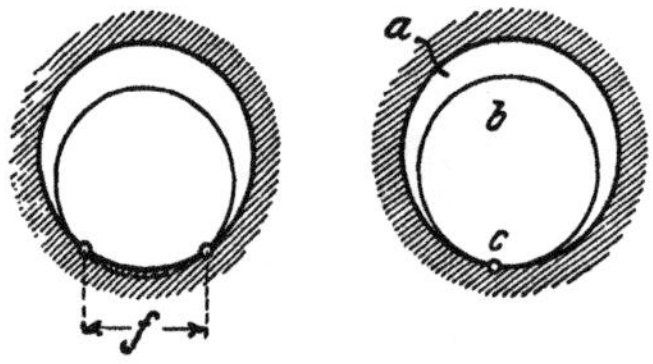

Abb. 73.

---

[1]) Entlastung für Kolbenschieber. Z. d. Ver. deutsch. Ing. 1913, S. 184.

Der Schieber A, Abb. 74—77, der auch bei genauestem Einschleifen zur Ermöglichung leichter Beweglichkeit etwas kleineren Durchmesser als die Bohrung aufweisen muß, ist bestrebt, sich an der Fläche p anzusaugen, so daß hier kein Dampf zwischen die Gleitflächen gelangen kann.

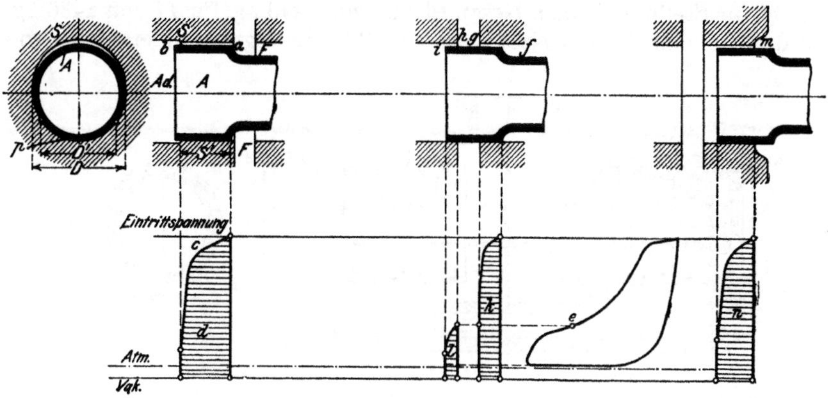

Abb. 74—77

In der linken Totlage des mit innerer Einströmung steuernden Schiebers strömt der Dampf aus dem Frischdampfraum F über $a\,b$ in den Abdampfraum $A\,d$, wobei der Dampfdruck nach der Kurve c des bis zur absoluten Nullinie sich erstreckenden Diagramms d abnimmt. Für die rechte Schiebertotlage, Abb. 77, zeigt Diagramm n den gleichartigen Dampfdruckverlauf. Für die Schiebermittellage, Abb. 76, ist der Druck im Zylinder durch den Punkt e des Dampfdiagramms angegeben. Von f her strömt Frischdampf über g in den Zylinder nach, während Zylinderdampf über h, i in den Abdampfraum entweicht. Die Druckverhältnisse sind durch die Flächen k und l dargestellt. Werden die mittleren Drucke der schraffierten Flächen d, l, k und n mit der Belastungsfläche $S' \cdot D'$ multipliziert, so erhält man für die gezeichneten Schieberlagen den Gesamtdruck auf eine Schieberhälfte.

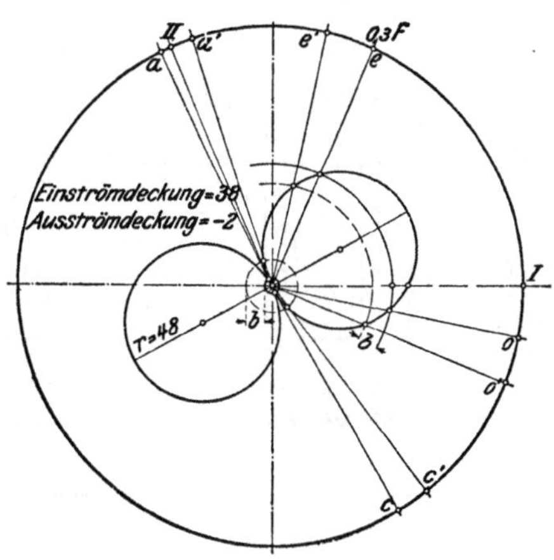

Abb. 78.

Abb. 78—81 zeigen die Untersuchung eines mit doppelter Einströmung arbeitenden Heißdampfschiebers einer Hochdruckdampfmaschine. Der Ring zwischen a und b wird auf seiner ganzen Länge vom Frischdampf belastet, dem Rechteck B entsprechend. Von b nach d strömt Frischdampf zum Abdampfraum, wie Fläche A angibt. Auf der rechten Seite findet Vorausströmung statt. Der Frischdampf strömt von zwei Seiten her in den Zylinder nach, Diagramme *C* und *D*, und entweicht überdies nach dem Auspuffraum, Diagramm *E*.

Der Kolbenstellung *II*, Abb. 78 und 81 c, entsprechen die Schieberstellung Abb. 81 a und b und die Druckdiagramme *F* bis *M*. Die Rechnung ergibt für Stellung *I* einen Gesamtdruck von 5440 kg, für *II* von 4430 kg, so daß für eine Reibungszahl von nur 0,05 Bewegungswiderstände von

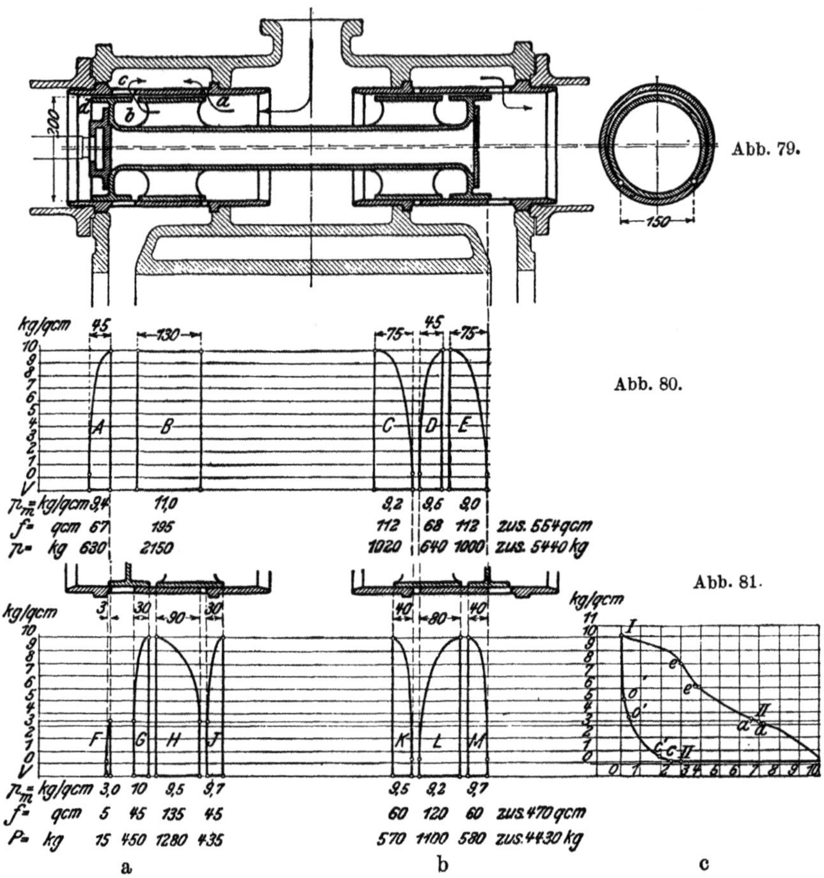

Abb. 79—81.

272 bzw. 221 kg folgen. Becher schlägt vor, zur Behebung dieses Mißstandes den Schieberkörper am Anliegen an der Büchse dadurch zu verhindern, daß die das Spiel zwischen Schieber und Büchse sichernden Führungen im Auspuffraum angeordnet werden, Abb. 82. Die reichlich bemessenen Führungsflächen *f* der unter Umständen hohl auszuführenden Schieberstange *f* liegen im Abdampfraum *A* und halten das Spiel *q* zwischen freischwebendem Schieberkörper und Büchse aufrecht. Ein schmaler Liderungsring *r* übernimmt die Abdichtung.

Abb. 59 zeigt einen nach diesen Grundsätzen ausgeführten Schieber für $^4/_4$ gekuppelte Heißdampf-Güterzuglokomotiven. Die mit Rücksicht auf Abnutzung und Reibung möglichst kleine Ringbreite und das geringe Spiel zwischen Schieberkörper und Büchse machen es nötig, die steuernden Kanten an den abstehenden Schieberkörper zu verlegen. Die Stange ist hohl ausgeführt, die Tragflächen liegen in einem besonders eingesetzten Deckel und werden durch eine Luftschicht gegen Wärmestrahlungen geschützt. Ringquerschnitt = 6 × 8 mm.

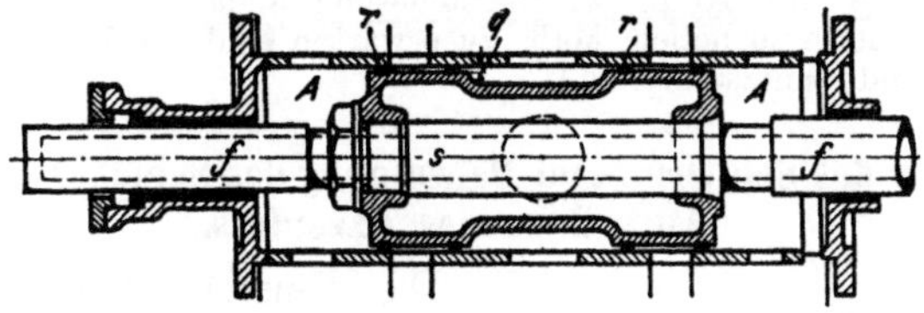

Abb. 82.

Das Indikatordiagramm, Abb. 81c, und Zeunerdiagramm, Abb. 78, zeigen die späteren Abschlüsse e' und c', sowie die früheren Eröffnungen a' und o' neben den durch die Schieberkanten gesteuerten Dampfverteilungspunkten e, c, a und o. Die Dauer der nicht vollkommen dichten Abschlüsse dürfte bei den üblichen Arbeitsgeschwindigkeiten ohne Bedeutung sein.

Bei Lokomotiven sind an den Laufflächen der Heißdampf-Kolbenschieber häufig durch das Rücksaugen von Rauchgasen während des Leerlaufes Anfressungen entstanden. Die Anordnung von Druckausgleich- oder Umlaufvorrichtungen zur Vermeidung von Unterdruck im Zylinder ist deshalb vorzusehen [1]).

Vergleichversuche [2]), an sechs D.-H.-G.-Lokomotiven im Jahre 1913 vom Königl. Eisenbahn-Zentralamt angestellt, hatten zusammengefaßt folgendes Ergebnis. Die Lokomotiven waren mit Kolbenschieber-, Lentz- und Stumpf-Steuerung ausgerüstet.

Die Betriebsversuche haben gezeigt, daß die Unterhaltung der Lokomotiven mit Kolbenschiebern billiger und einfacher ist als diejenige der Lokomotiven mit Lentzventilsteuerung oder mit Stumpfzylindern. Während zum richtigen Einstellen der Ventile eine gewisse Sachkenntnis gehört, ist diese beim Aus- und Einbauen der Schieber nicht in gleichem Maße erforderlich. Die Kolbenschiebersteuerungen erfordern nur eine richtige Einstellung des Schiebers in der Längsrichtung, die ohnedies durch das jeder Lokomotive beigegebene Stichmaß jederzeit einwandfrei vorgenommen und leicht nachgeprüft werden kann. Der Aus- und Einbau der Kolbenschieber beansprucht gegenüber dem Aus- und Einbau der Ventile nur einen Bruchteil an Zeit und Kosten. Wenn auch die Untersuchung und Reinigung der Kolbenschieber, selbst bei Verwendung besten Heißdampfzylinderöles, öfter vorgenommen werden muß als die Untersuchung der Ventile bei den Steuerungen nach Lentz und Stumpf, so kann dieses immer in einer Betriebspause der Lokomotive geschehen und verursacht nur geringe Kosten und beansprucht wenig Zeit. Zur Untersuchung der Ventile sind jedoch größere Zeiträume und, falls beim Ausbau der Teile Beschädigungen vorkommen, was infolge der sehr festgebrannten Teile leicht geschehen kann, sogar mehrere Tage erforderlich und die Lokomotive muß vom Dienst zurückgezogen werden. Auch hinsichtlich der Unterhaltung der Teile in den Hauptwerkstätten ist den Lokomotiven mit Kolbenschiebersteuerung der

[1]) Meineke, Z. Ver. deutsch. Ing. 1920, S. 784.

[2]) Versuche mit Dampflokomotiven. Verlag F. C. Glaser, Berlin.

Vorzug zu geben, da bei Verwendung guten Heißdampfzylinderöles auch hier voraussichtlich keine Nacharbeiten an den Schiebern und deren Büchsen erforderlich sein werden.

Bei den Lokomotiven mit Stumpfzylindern entsteht im Augenblick der Öffnung der Schlitze durch den Kolben bei 30 v. H. übersteigenden Füllungen ein ungewöhnlich scharfer Dampfschlag, der höchst nachteilig auf das Feuer wirkt und starken Funkenflug verursacht, ohne daß die mittlere Luftverdünnung höher wäre als bei gewöhnlichen Lokomotiven. Auch die Unterhaltungskosten der Lokomotiven mit Lentz- und Stumpfsteuerung sind höher als die der Lokomotiven mit Kolbenschiebersteuerung. Aus dem Befund der Untersuchung der Steuerungen nach einjähriger Betriebszeit der Lokomotiven kann der Schluß gezogen werden, daß bei den Lokomotiven mit Kolbenschiebersteuerung auch für spätere Zeiten Ausbesserungen nicht in so hohem Maße zu erwarten sind wie bei den Lokomotiven mit Stumpf- und Lentzsteuerung [1]).

6. Einstellung des Schiebers und Befestigung des Schiebers auf der Stange. Aufkeilung des Exzenters.

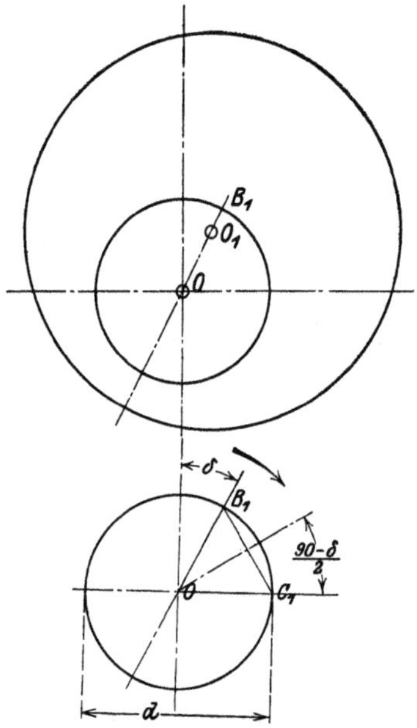

Abb. 83.

Die Einstellung des symmetrisch ausgeführten Schiebers zur Beseitigung der durch die endliche Pleuelstangenlänge verursachten Verschiedenheiten in der Dampfverteilung ist in Abb. 25 dargestellt und auf S. 33 behandelt.

Um den richtigen Voreilwinkel zu erhalten, geht man in der Weise vor, daß auf dem Exzenterkörper der Riß B_1 als Schnittpunkt der Exzenterrichtung mit dem Bohrungskreise angezeichnet wird. Auf der Welle vom Durchmesser d wird eine der Kurbel um 180° gegenüber liegende Mantellinie C_1 angerissen und auf der Stirnfläche die Linie OB_1 gesucht, die bei bekannter Länge der Sehne C_1B_1 gegeben ist. Diese Sehnenlänge folgt aus:

$$\frac{B_1C_1}{2} = \frac{d}{2} \cdot \sin \frac{90^0 - \delta}{2},$$

$$\text{also: } B_1C_1 = d \cdot \sin \frac{90^0 - \delta}{2}$$

(Abb. 83). Zweckmäßig wird bei probeweiser Einstellung der Steuerung das Exzenter zunächst mittels Hohlkeils oder Zahnkeils auf der Welle befestigt, um eine Drehung des Exzenters bei nicht passenden Steuerungsverhältnissen zu ermöglichen.

[1]) Richtig entworfene Kolbenschieber mit geraden, kurzen Kanälen nach dem Zylinderinneren hin zeigen bezüglich schädlichen Raum und schädlichen Flächen Eigenschaften, die denen guter Ventilsteuerungen durchaus nicht nachstehen. Bemerkenswert sind vor allem die von der Lokomobilfabrik R. Wolf mit einfachen Kolbenschiebern erreichten Erfolge. Der Hinweis auf die unmittelbare Verbindung der Maschine mit dem Kessel ist für die erzielten Ergebnisse, soweit sie sich auf den hervorragend günstigen Dampfverbrauch beziehen, belanglos; diese Verbindung übt lediglich auf den Kohlenverbrauch einen Einfluß aus.

Ist die Exzenterlage, wie vorstehend angegeben, festgestellt, so wird die Kurbel in die beiden Totlagen gebracht und die Größe des linearen Voreilens für beide Zylinderseiten ermittelt. Ist das Voreilen auf beiden Seiten zu groß oder zu klein, so muß das Exzenter verdreht und dadurch der Voreilwinkel geändert werden.

Auf S. 38 ist schon erwähnt worden, daß bei innerer Einströmung das Exzenter entgegengesetzt aufgekeilt werden muß, d. h. der Kurbel

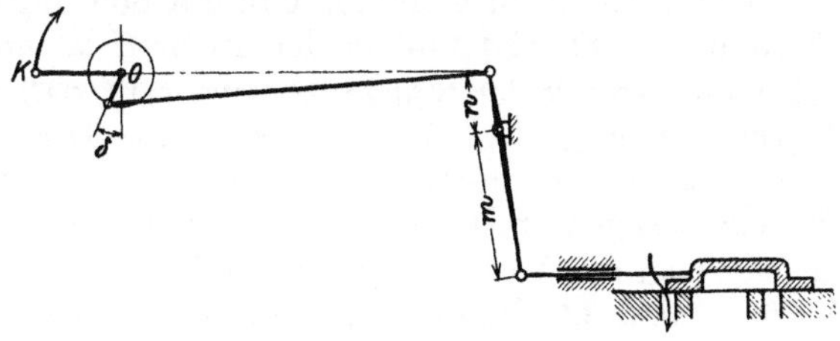

Abb. 84.

um $90^0 - \delta$ nacheilt. Diese Aufkeilung wird auch dann nötig, wenn durch einen Hebel die Bewegungsrichtung des Schiebers umgekehrt wird, wobei gleichzeitig das Übersetzungsverhältnis für die Bestimmung der Exzentrizität zu berücksichtigen ist. In Abb. 84 muß die auszuführende Exzentrizität den Wert $r = \frac{n}{m} \cdot (e + a)$ haben. Würde bei dem Antrieb nach Abb. 84 ein Kolbenschieber mit innerer Einströmung angewandt,

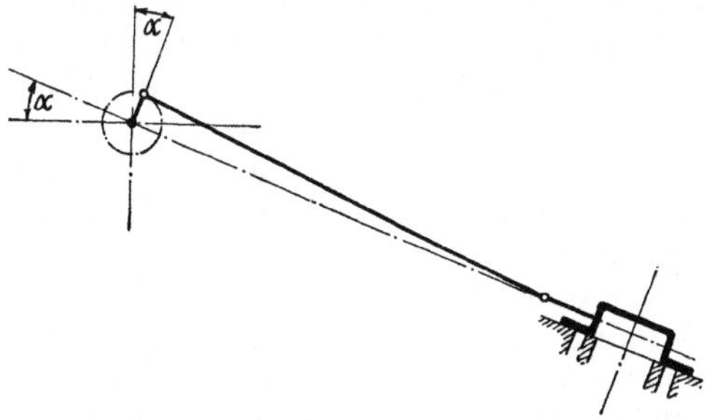

Abb. 85.

so würden sich die Wirkungen dieser und der Bewegungsumkehr aufheben: das Exzenter müßte wie üblich um $90^0 + \delta$ voreilen.

Ist nach Abb. 85 die Schieberbahn um einen Winkel α gegen die Horizontale geneigt, so muß sich für eine Exzenterstellung senkrecht zur Schieberbahn der Schieber in seiner Mittellage (oder um einen bestimmten Betrag x, s. S. 34, von dieser entfernt) befinden, wobei die Kurbel um den Winkel δ vor der Totlage steht. Das Exzenter muß sonach um $90^0 + \delta + \alpha$ voreilen, bzw. um $90^0 + \delta - \alpha$, wenn die Schieberbahn nach oben hin um Winkel α von der Horizontalen abweicht.

Sollen an einer im Betrieb befindlichen Maschine die von den Massendrucken hervorgerufenen Stöße im Gestänge durch Änderung der Kompression beseitigt werden, so kann zur Abhilfe das Exzenter auf der

Welle gedreht werden, wodurch aber die ganze Dampfverteilung geändert wird. Reinhardt schlägt für diesen Fall schräge Bohrungen in der äußeren Überdeckung vor, Abb. 86, so daß die Voreinströmung sehr früh beginnt und die Kompression bis zu einem gewissen Grade ersetzt werden kann. (Ausgeführt bei den Van den Kerchove-Maschinen.) Nach Schluß der Füllung strömt also noch Frischdampf nach. Es ist zu beachten, daß die Bohrungen nicht den Steg überschreiten und Frischdampf in den Auspuff lassen.

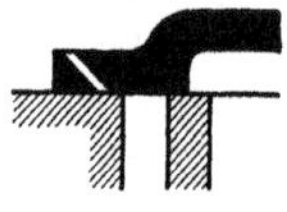

Abb. 86.

Der Schieber muß so mit der Stange befestigt sein, daß er senkrecht zu seiner Gleitbahn eine gewisse Beweglichkeit hat. Der Schieber wird dadurch unabhängig von der durch die Stopfbuchse in ihrer Lage festgehaltenen Schieberstange vom Dampfdruck gegen die Lauffläche gepreßt.

Ausführungsformen der Verbindung von Schieber mit Stange zeigen die Abb. 95, 36, 42 und 32. In Abb. 95 wird der Schieber durch einen sog. Hammerkopf, der genau einzupassen ist, mitgenommen, wobei zur Vermeidung des Einschlagens die Auflagerflächen möglichst reichlich zu bemessen sind. Mitunter wird der Hammerkopf aus Rotguß gesondert hergestellt und mit dem Schieberstangenende verschraubt.

Abb. 36 und 42 zeigen die Befestigung mit Abstandshülse, die in eine am Schieber angegossene Hülse eingebracht wird und auf deren Enden ein Bund und Unterlegscheiben sitzen, die den Schieber fassen. Bei kleineren Schiebern ist die Verengerung der Strömungsquerschnitte durch die eingegossene Hülse zu berücksichtigen.

Eine sehr zweckmäßige, aber in der Herstellung teuere Verbindung ist die mittelst Rahmen nach Abb. 32. Damit der Schieber auch bei Stillstand der Maschine anliegt und bei hohen Kompressionen nicht abklappt, sind Blattfedern unter den Querbrücken angebracht.

In allen Fällen muß für die genauere Einstellung des Schiebers dieser auf der Schieberstange oder auch mit dieser verschoben werden können. In Abb. 95 und 32 muß dementsprechend die Schieberstange in dem Gleitstück verschraubt sein, an dem die Exzenterstange angreift. Zu beachten ist, daß gegenüber der Verbindung nach Abb. 36 und 42, die genaue Einstellung gestattet, bei den Ausführungen nach Abb. 95 und 32 die Schieberstange nur um Winkel von 180^0 verdreht werden kann. Es empfiehlt sich deshalb, feine Gewinde mit kleiner Steigung anzuwenden.

7. Die Einschieber-Expansionssteuerungen.

In den Abb. 87 a—d ist die Beeinflussung der Steuerung für den Einlaß bei Veränderung von Hub und Voreilwinkel des Exzenters dargestellt. In der Entfernung e vom Drehpunkt der Exzenterkurbel ist die Linie der äußeren Überdeckung gezogen. Voreinströmung und Füllung werden gegeben, sobald der Schieber um einen größeren Betrag als e aus der Mittellage in O hinausgeht. Wird die Größe der Exzentrizität nach Abb. 87 a allein geändert, so folgen zunächst stark veränderliche Voreinströmungen. Solange $OE < \frac{e}{\sin \delta}$, ist die Voreinströmung negativ, es findet Nacheinströmung statt, während bei den größeren Exzentern die Voreinströmung unzulässig groß wird. Ähnlich liegen die Verhältnisse nach Abb. 87 b bei Änderung des Voreilwinkels allein.

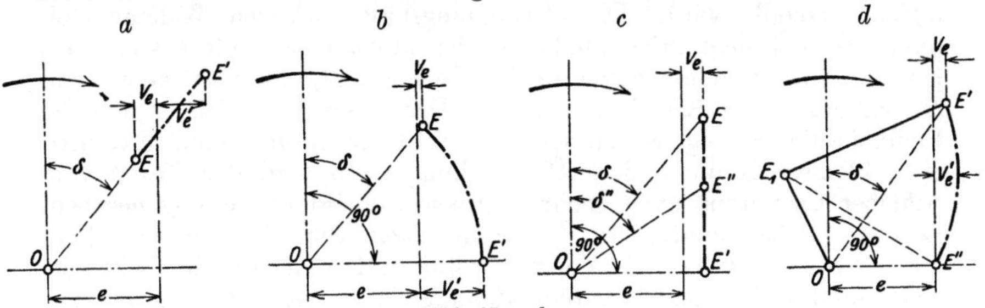

Abb. 87 a – d

Eine brauchbare Dampfverteilung läßt sich nach Abb. 87 c und d nur dann ermöglichen, wenn die Größe der Exzentrizität gleichzeitig mit dem Voreilwinkel geändert wird, wobei die „Scheitelkurve", der

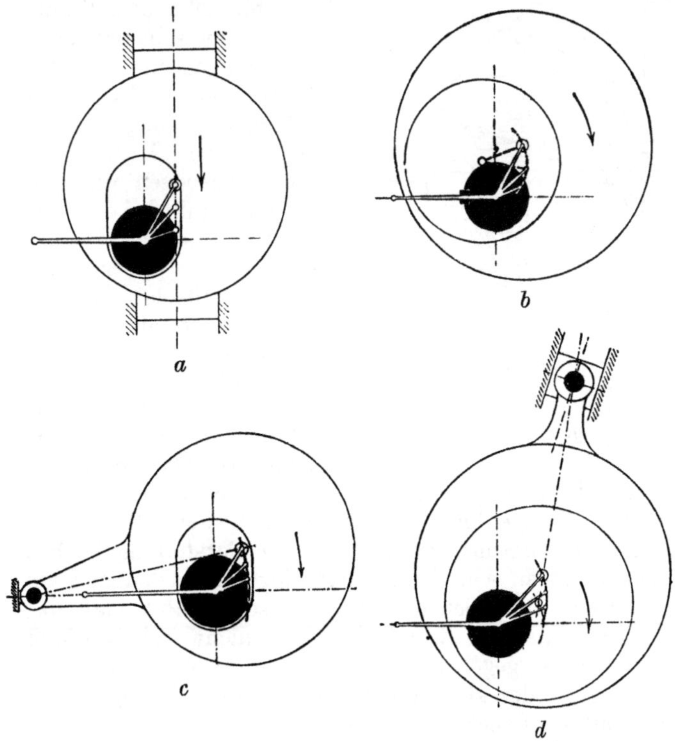

Abb. 88 a – d.

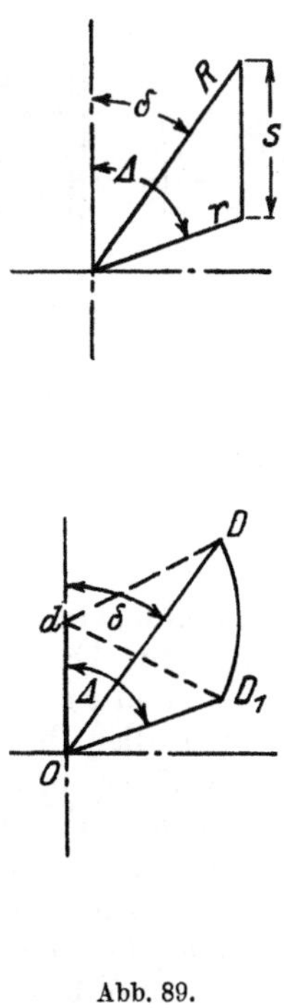

Abb. 89.

geometrische Ort für die Endpunkte der wirksamen Exzenter, nach Abb. 87 c eine Gerade oder nach Abb. 87 d eine Kurve — in diesem Falle ein Kreisbogen — sein kann.

Abb. 87 c läßt erkennen, daß bei geradliniger Verstellung des Exzenters das lineare Voreilen konstant bleibt. Dieses ist veränderlich bei der Ausführung nach Doerfel, Abb. 87 d. Ein inneres Exzenter OE_1, das auf der Welle aufgekeilt ist, wird von einem zweiten „Drehexzenter" E_1E' umfaßt, das von den Schwunggewichten eines Flachreglers verstellt wird. Die Verbindungslinie zwischen Wellenmittelpunkt O und dem Mittelpunkt E' des äußeren Exzenters stellt das jeweilige, resultierende Exzenter dar, dessen Endpunkte auf einem von E_1 aus gezogenen Kreisbogen liegen. Das lineare Voreilen ist um die Pfeilhöhe dieses Bogens veränderlich. Wird die resultierende Exzentrizität kleiner als die äußere Überdeckung e, so wird der Kanal vom Schieber überhaupt nicht mehr geöffnet, es wird 00-Füllung gegeben. Letztere ist bei geradliniger Verstellung nach Abb. 87 c nicht möglich. Das Drehexzenter hat den Vorzug, daß die Rückwirkung des Schieberwiderstandes (Massendruck plus Reibung) auf den Regler gering ist, da die Exzenterreibung die Rückwirkung zum großen Teil aufnimmt.

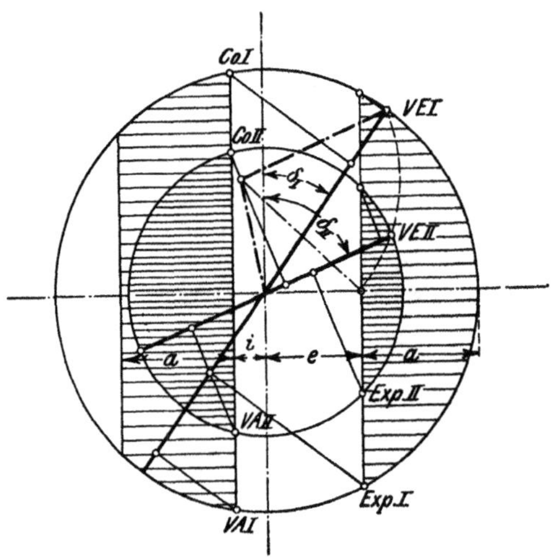

Abb. 90.

In den Abb. 88 a—d sind Ausführungsformen der Exzenterverstellung gegeben. Die Abb. 88 a und b entsprechen den schematischen Darstellungen in Abb. 89. Die Abb. 88 c und d zeigen Aufhängung eines Exzenters, dessen Mittelpunkt einen Kreisbogen um den Aufhängepunkt bei der Verstellung beschreibt, und Führung eines äußeren Exzenters mittels Lenkers bei Verdrehung des inneren Exzenters.

Nullfüllung wäre nach Abb. 90 bei geradliniger Verstellung nur dann zu erreichen, wenn bei sämtlichen Füllungen das lineare Voreilen gleich Null wäre. (S. S. 79 unten.)

In Abb. 90 ist die bogenförmige Scheitelkurve dem Müller-Seemann-Diagramm zugrunde gelegt. Bei der Darstellung bleiben natürlich die Überdeckungen e und i als festgelegte Abmessungen am Schieber unveränderlich. Die Scheitelkurve ist so gewählt, daß das kleinste Exzenter r = e, also der Kanal überhaupt nicht mehr geöffnet und „absolute" Nullfüllung gegeben wird. Das lineare Voreilen nimmt anfänglich zu, nachher wieder ab, während der Voreinströmungswinkel mit abnehmender Füllung dauernd wächst.

In Abb. 91 und 92 ist die geradlinige Scheitelkurve mittels des Müller-Reuleauxschen und Zeunerschen Diagramms behandelt.

In Abb. 91 sind die auf den Umfängen der zwei kleineren Kreise liegenden Punkte der Dampfverteilung durch radial gezogene Strahlen auf den äußeren Kreis übertragen, so daß die Dampfdiagramme bequemer aufgezeichnet werden können. Bei der kleinsten Füllung wird der Kanal nur um den enger schraffierten Teil geöffnet, das entsprechende Dampfdiagramm zeigt rein theoretische Gestaltung ohne Berück-

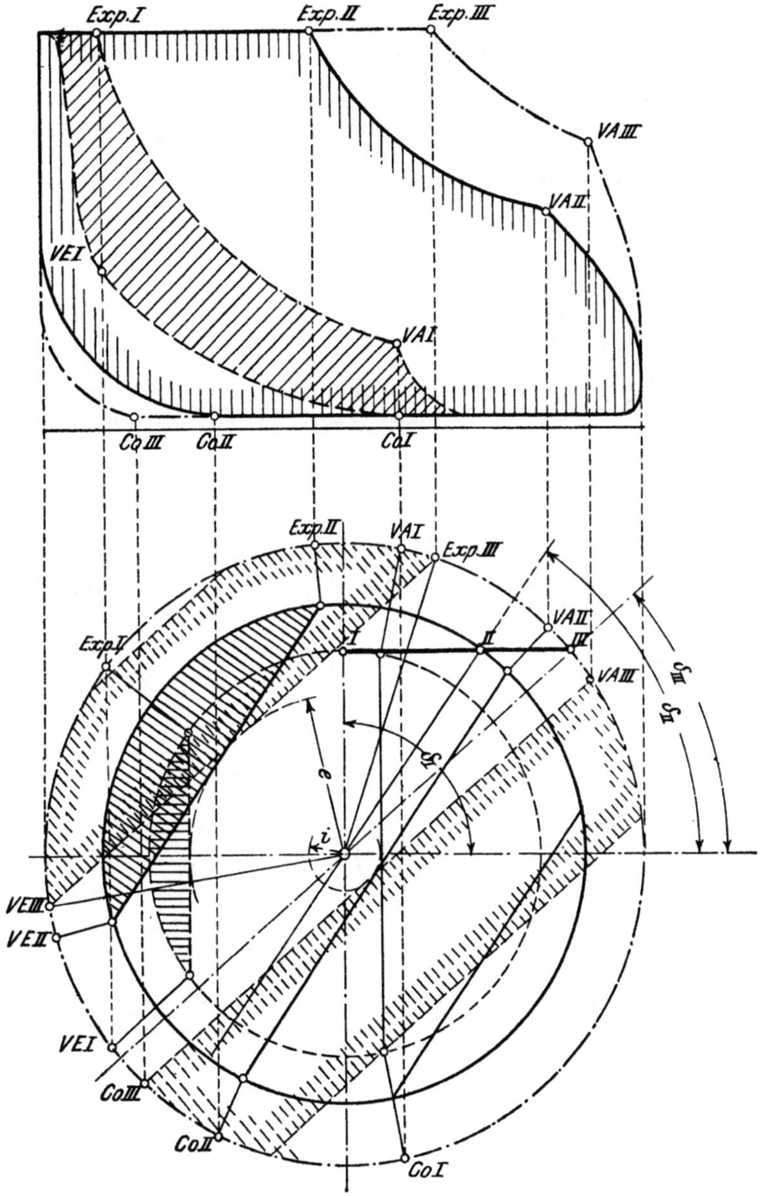

Abb. 91.

sichtigung der durch die geringe Kanaleröffnung bedingten starken Drosselung. Aus den Diagrammen Abb. 91 und 92 ergibt sich, daß bei der gewählten Lage der Scheitelkurve die kleinste Füllung gleich der Voreinströmung ist, während sich Kompression und Vorausströmung zu 100 v. H. ergänzen.

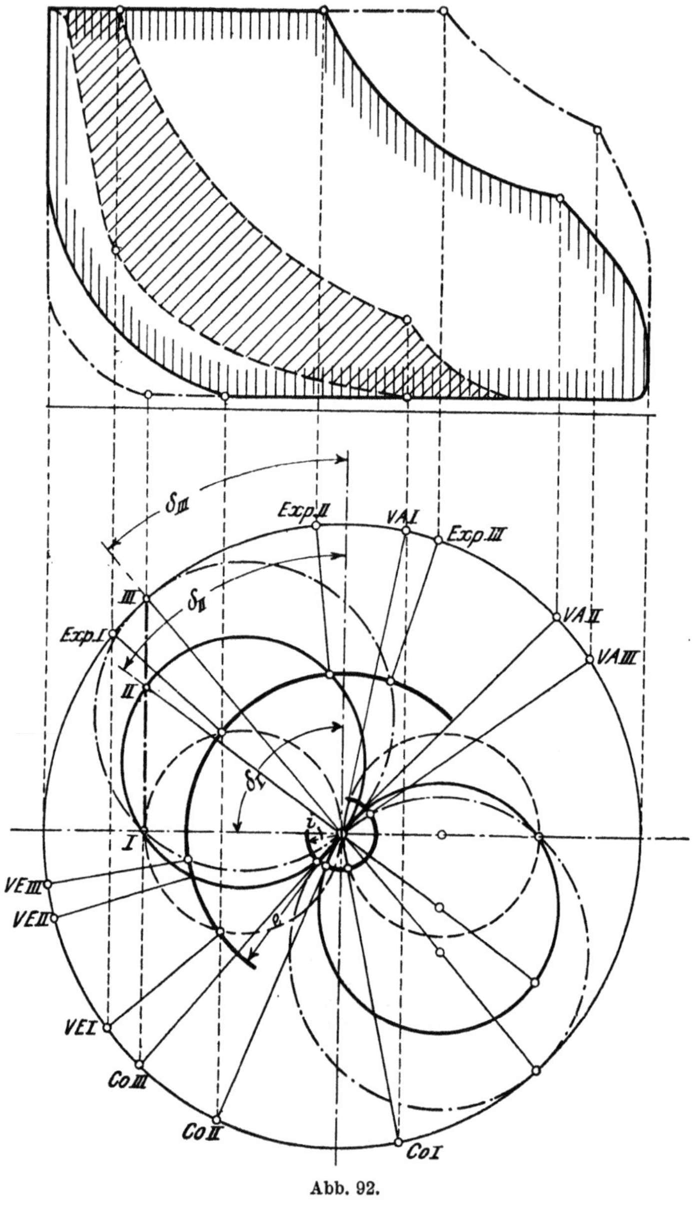

Abb. 92.

Was die starke Veränderlichkeit von Vorausströmung und Kompression betrifft, so ist es bezüglich ersterer von Nachteil, daß die Vorausströmung mit zunehmender Füllung abnimmt, also dann am kleinsten wird, wenn die dem Zylinder entströmenden Dampfmengen am größten sind, doch wird dieser Nachteil durch den größeren Schieberhub verringert, wie die Diagramme nach Abb. 93 zeigen. Die Zunahme der Kompression mit abnehmender Füllung macht den Regulatoreingriff insofern wirksamer, als bei sinkender Belastung das Dampfdiagramm von zwei Seiten her verkleinert wird. Da gerade bei den großen Kompressionsgraden die Voreinströmung früher beginnt, so kann eine Übersteigung des Frischdampfdruckes durch den Kompressionsdruck verhindert werden, indem der komprimierte Dampf durch den geöffneten Kanal in den Frischdampfraum überströmt.

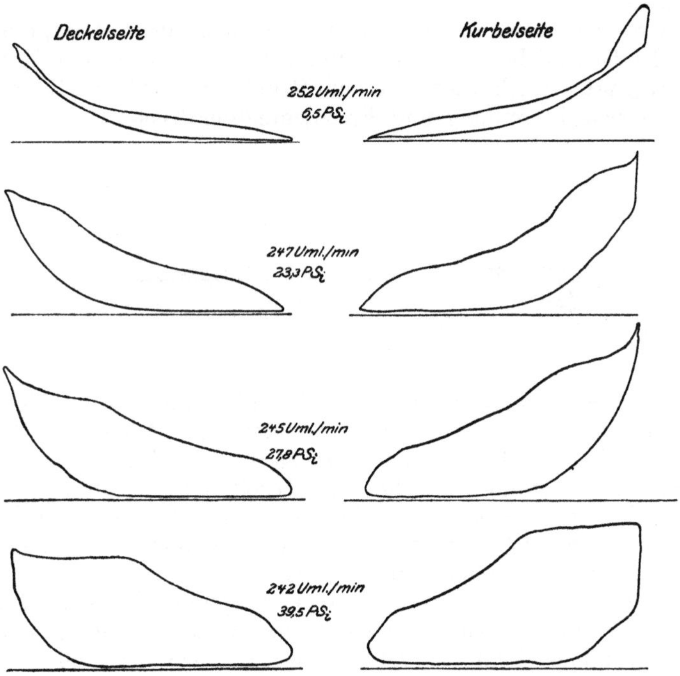

Abb. 93.

Bei Hochdruckzylindern von Verbundmaschinen ist zunehmende Kompression bei abnehmender Füllung ganz erwünscht, da mit letzterer die Aufnehmerspannung sinkt.

Aus den Abb. 91 und 92 ist ohne weiteres erkennbar, daß sich bei konstantem linearen Voreilen Nullfüllung nicht erreichen läßt, wie schon oben bemerkt wurde. Hingegen ist Nullfüllung auch bei geradliniger Scheitelkurve möglich bei konstanter Voreinströmung, wie in Abb. 94 dargestellt, wenn hierbei der zur kleinsten Exzentrizität $r \sim e$ gehörige Voreilwinkel etwas größer als 90^0 gewählt wird.

Die Abb. 93 zeigt wirklich aufgenommene Diagramme einer mit Einschieber-Steuerung arbeitenden Maschine[1]). Wie ersichtlich, zeigen die Diagramme normaleren Verlauf, als nach den Verschiedenheiten in der Dampfverteilung anzunehmen ist. Wird die Forderung gestellt, daß der Kanal stets bei der gleichen Kurbellage eröffnet werden soll, also nicht das lineare Voreilen, sondern die in Graden gemessene Voreinströmung konstant sein soll, so muß der Schieber um die äußere Überdeckung e aus der Mittellage herausgegangen sein, wenn die Kurbel um den Voreinströmungswinkel vor der Totlage steht. Die dadurch bedingte Lage der Scheitelkurve, die natürlich eine Gerade sein muß, ergibt sich aus der Darstellung in Abb. 94 a für die erwähnte Stellung der Kurbel vor der Totlage, für die Totlage selbst in Abb. 94 b. Wegen des zunehmenden Voröffnens folgt bei großen Füllungen leicht hämmernder Gang.

Als Steuerungsorgan kommen für die behandelte Dampfverteilung meist Kolbenschieber zur Anwendung, da sie infolge ihrer Entlastung den geringsten Rückdruck auf den Regulator ausüben. Rückwirkend sind nur Schieberreibung und Beschleunigungsdrücke.

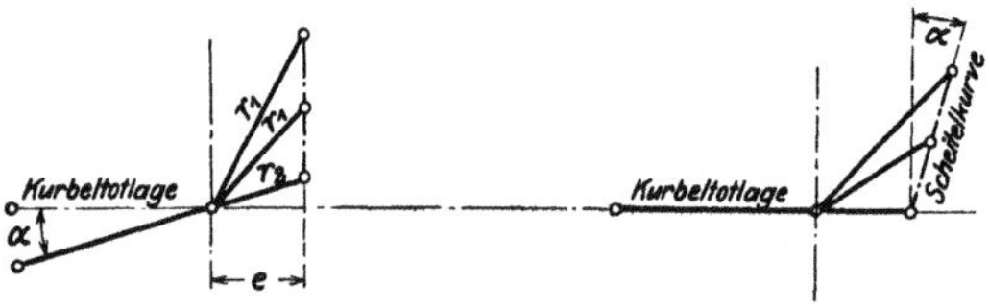

Abb. 94 a und b.

Da die Einschieber-Steuerungen bei kleineren und mittleren Füllungen die Kanäle nur zum Teil und zudem in schleichender Bewegung öffnen, so sind die Schieber zur Verringerung der Dampfdrosselung mit mehrfacher Eröffnung auszuführen. Arbeiten die Kolbenschieber mit innerer Einströmung, so müssen bei sämtlichen Füllungen die Exzenter der Kurbel um 90^0, vermindert um die veränderlichen Voreilwinkel, nacheilen, woraus die Lage der Scheitelkurve folgt.

Bei dem Entwurf wird am zweckmäßigsten von dem Diagramm bei größter Füllung ausgegangen, wobei Vorausströmung und Kompression tunlichst klein zu wählen sind, um nicht zu große Werte bei den kleineren Füllungen zu erhalten. Wird der Schieber nicht mit mehrfacher Eröffnung versehen, so ist $r > e + a$ zu wählen, so daß bei größter Füllung der Einlaßkanal in der Schiebertotlage überschleift und so genügende Eröffnung mit den kleineren Exzentern erhalten wird.

Besonderer Wert ist naturgemäß auf die Gestaltung des normalen Diagramms zu legen, mit dem die Maschine voraussichtlich vorzugsweise arbeiten wird.

Füllungsausgleich. Zur Erzielung gleicher Füllungen bei normaler Belastung sind die gleichen Mittel, wie auf S. 33 u. f. angegeben, anzuwenden. Verschieden große Überdeckungen haben aber den Nachteil, daß mit $r_{min} = e_d$ die Nullfüllung auf der Deckelseite zuerst eintritt,

[1]) Der flache Verlauf der Expansionslinien läßt auf Undichtheit schließen.

während der Kanal auf der Kurbelseite noch um den Betrag $e_d - e_k$ geöffnet wird und beträchtliche Dampfmengen einströmen läßt. Erst bei $r_{min} = e_k$ wird auch dieser Kanal nicht mehr geöffnet. Diese Verhältnisse sind namentlich bei Kondensationsmaschinen zu beachten, bei denen der Inhalt des schädlichen Raumes eine bedeutende Arbeit leisten kann. Bei Füllungen in der Nähe der Leerlauffüllung folgt eine starke Verschiedenheit der auf beiden Kolbenseiten geleisteten Arbeiten.

Mit kurzer Exzenterstange läßt sich bei beiderseits gleichen Überdeckungen und gerader Führungsrichtung absolute Nullfüllung gleichzeitig erreichen, wobei mit Verkleinerung der Füllung die Verschiedenheit der Voreinströmungswinkel abnimmt, die bei der normalen Füllung vorhanden ist. Bei größeren Füllungen werden die Voreinströmungswinkel sehr verschieden.

Günstigere Verhältnisse werden auch hier durch Anwendung kurzer, schräg geführter Exzenterstangen, s. Abb. 31, erhalten. Der Voreinströmungswinkel, der für die ausgeglichene Füllung auf beiden Seiten gleich, ist bei größeren Füllungen als die Normalfüllung auf der Deckelseite kleiner, bei kleineren Füllungen größer als auf der Kurbelseite.

B. Die Expansions-Steuerungen mit zwei Schiebern.

Höheren an die Dampfverteilung zu stellenden Anforderungen genügen die Einschieber-Steuerungen infolge der Veränderlichkeit von Kompression und Vorausströmung nicht. Zudem lassen sich die Flachregler nur für große Umlaufzahlen anwenden, da ihre Bauart für kleinere Umlaufgeschwindigkeiten zu schwerfällig wird.

In beiden Fällen werden die Zweischieber-Expansions-Steuerungen vorgezogen, die aus einem Grundschieber und einem Expansionsschieber bestehen. Der unveränderlich gesteuerte Grundschieber arbeitet in gleicher Weise wie ein Muschelschieber: er hält Voreinströmung, Vorausströmung und Kompression konstant. Die von ihm gegebene Füllung wird je nach der Belastung der Maschine verringert, indem der vom Regulator verstellte Expansionsschieber die Durchlaßkanäle im Grundschieber am oberen Spiegel schon schließt, wenn sie mit den Dampfkanälen des Zylinders am Schieberspiegel noch in Verbindung stehen. Ihrer Wirkungsweise entsprechend werden die Überdeckungen des Grundschiebers in derselben Weise wie beim gewöhnlichen Muschelschieber mittels der Diagramme von Zeuner oder Müller festgestellt. Da die Füllung vom Expansionsschieber bestimmt wird, so sind Vorausströmung und Kompression für den Entwurf des Diagramms maßgebend; die Füllung des Grundschiebers ist nur soweit zu beachten, als sie mindestens so groß wie die von der Steuerung verlangte Höchstfüllung sein muß.

1. Steuerungen mit veränderlicher Entfernung der steuernden Kanten.

Die Meyer-Steuerung. Grundform dieser Steuerungsart ist die Meyersche Steuerung nach Abb. 95. Auf dem Grundschieberspiegel bewegen sich zwei Expansionsschieber-Platten, die vom Expansions-

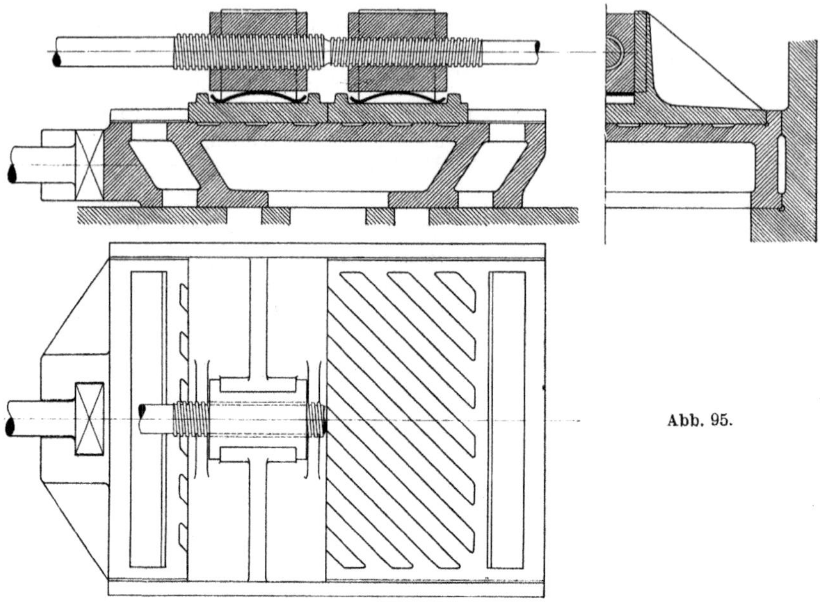

Abb. 95.

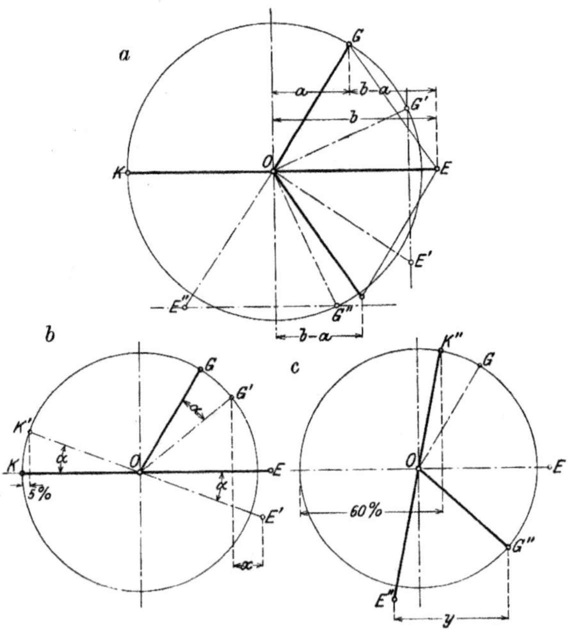

Abb. 96.

exzenter unveränderlich gesteuert werden und deren Schieberstange rechtes und linkes Gewinde hat. Muttern auf diesen Gewinden nehmen die Platten mit, deren Entfernung voneinander durch Verdrehen der Schieberstange mittels Handrades geändert werden kann. Bei Einstellung größerer Füllung wird die Schieberstange so gedreht, daß sich die Platten einander nähern, wodurch der Abstand der steuernden Plattenkanten von den Außenkanten der Durchlaßkanäle vergrößert wird.

Zur Bestimmung der Plattenlänge l und der Kanalausladung L ist die Kenntnis der Abstände nötig, um welche die Mitten von Grund- und Expansionsschieber beim Abschluß der kleinsten und größten Füllung voneinander entfernt sind.

Abb. 96 a zeigt die meist übliche Exzenteraufkeilung. Die Stellung des Grundexzenters OG ist aus dem für den Grundschieber entworfenen Schieberdiagramm bekannt. Das die Expansionsplatten steuernde Expansionsexzenter OE eilt meist der Kurbel um 180° vor und wird etwas größer als OG gewählt. OG und OE sind also die Exzenterstellungen bei der Kurbeltotlage OK. Der Grundschieber ist um die Strecke a, der Expansionsschieber um b von der Spiegelmitte am Zylinder entfernt. Beide Schiebermitten haben sonach bei Kurbeltotlage den Abstand $(b - a)$ gegeneinander. Bewegen sich die beiden Exzenter im Sinne des Uhrzeigers weiter, so nimmt der Schiebermittelabstand ab und ist gleich Null, wenn die Exzenterpunkte G' und E' in einer Senkrechten liegen. Bei jeder Umdrehung der Kurbel werden sich sonach die beiden Schiebermittel zweimal decken. Bei weiterer Drehung nimmt der Schieberabstand wieder zu und erhält seinen größten Wert GE, wenn G'' und E'' in einer Wagerechten liegen.

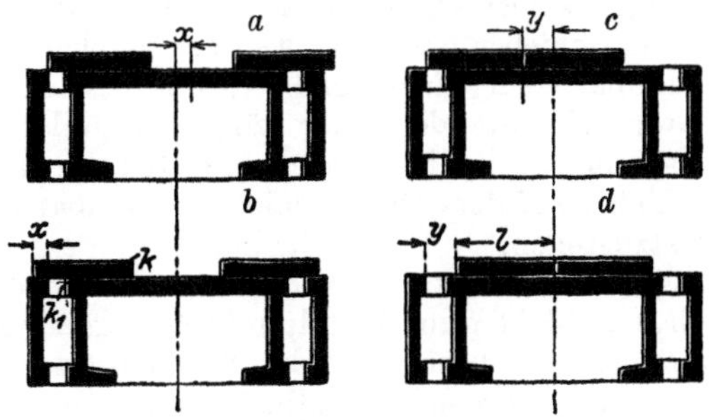

Abb. 97.

In den Abb. 96 b und c sind die zur Bestimmung der Abmessungen l und L nötigen Schiebermittelabstände für eine kleinste Füllung von beispielsweise 5 v. H. und eine größte Füllung von 60 v. H. ermittelt.

Während der Füllung von 5 v. H. dreht sich die Kurbel um den Winkel α aus der Totlage OK heraus und gelangt nach OK'. Um denselben Winkel entfernen sich die Exzenter aus ihren Voreilstellungen OG und OE und gehen in die Lagen OG' und OE', wobei der Schieberabstand die Größe x hat. Die Schieberstellung, die der Kurbellage OK' im Augenblick des Füllungsabschlusses entspricht, ist in Abb. 97 a wiedergegeben. In Abb. 97 b sind die Expansionsplatten um x nach links geschoben und die Schiebermittel liegen übereinander, den Exzenterstellungen OG' und OE' in Abb. 96 a entsprechend.

Die größte Abweichung beider Schiebermittel beträgt nach Abb. 96 a

EG (E'' und G'' in derselben Wagerechten liegend). Werden in Abb. 97 b die Expansionsplatten um EG nach rechts geschoben, so wird der linke Durchlaßkanal ordnungsgemäß geöffnet und Füllung gegeben. Bewegen sich hingegen die Platten um EG nach links, so darf die rechte Plattenkante k die rechte Durchlaßkanalkante k_1 nicht überschleifen, damit nicht Frischdampf durch den unten noch nach dem Zylinder hin öffnenden Grundschieber nachströmt und sog. Nachfüllung verursacht.

Um dieses Nachöffnen zu vermeiden, müssen die Expansionsplatten eine Länge $l = x + a + EG + \sigma$ haben, worin $\sigma = 10$ bis 15 mm eine Sicherheitsdeckung bedeutet.

Zur Ermittlung der Kanalausladung L dient Abb. 96 c. Durch Auftragung von 60 v. H. Kolbenweg sind wie vorhin die Kurbellage OK'', sowie die Exzenterstellungen OG'' und OE'' bei Abschluß der Füllung festgestellt worden, Abb. 96 c. Die Schiebermittelentfernung beträgt y, und die Schieber sind in Abb. 97 c für den Augenblick des Füllungsschlusses dargestellt. Werden die zusammengeschraubten Platten um y nach rechts geschoben, so decken sich die Mittellinien, während die steuernden Kanten um y voneinander abstehen. Aus Abb. 97 d ergibt sich ohne weiteres die Kanalausladung $L = l + y$.

Die hier wiedergegebene Feststellung der Abmessungen l und L wird sehr vereinfacht, wenn die Bewegungen beider Exzenter durch die eines Ersatzexzenters, des „Relativexzenters", ersetzt werden.

Stellt man sich vor, daß man die Bewegungen des Grundschiebers mitmache, und zwar so, daß die Bewegung des letzteren gegenüber dem Schieberspiegel am Zylinder nicht beobachtet werden kann, so ist man in bezug auf den Grundschieber in relativer Ruhelage, und es wird der Eindruck hervorgerufen, als ob der Expansionsschieber auf dem ruhenden Grundschieber gesteuert werde. Die bei jeder Umdrehung der Kurbel zweimal sich einstellende, größte Schiebermittelentfernung hat die Größe EG, die gleich der Länge des Relativexzenters sein muß. Es ist also nur noch die Lage dieses Relativexzenters, das den Expansionsschieber auf dem Grundschieber scheinbar bewegt, bei der Kurbeltotlage festzustellen.

Im Schieberkreis, Abb. 96, sei die Stellung des ruhend gedachten Grundschiebers im Mittelpunkt O angenommen. Die Lage des Relativexzenters in bezug auf die Kurbeltotlage muß nun so sein, daß das vom Relativexzenter-Endpunkt auf den wagerechten Kreisdurchmesser gefällte Lot von Punkt O den wagerechten Abstand $(b - a)$ hat. Daraus ergibt sich die Regel:

Das Relativexzenter ist die Seite eines Parallelogramms, dessen andere Seite das Grundexzenter und dessen Diagonale das Expansionsexzenter ist.

Durch diese Regel sind Lage und Größe des Relativexzenters bestimmt.

Werden in Abb. 96 a die drei Exzenter (Grund-, Expansions- und Relativexzenter) gedreht, so hat der wagerechte Abstand der durch den Endpunkt des Relativexzenters gezogenen Senkrechten vom Mittelpunkt O stets dieselbe Größe wie der wagerechte Abstand der durch G und E gelegten Senkrechten.

In Abb. 98 sind l und L mittels des Relativexzenters für 3 und 60 v. H. Füllung bestimmt. Das Expansionsexzenter OE ist nach Größe und Lage angenommen, so daß durch Aufzeichnung des Parallelogramms das Relativexzenter OR folgt. Statt die Füllungswinkel einzuzeichnen, werden von R aus 3 v. H. und 60 v. H. auf OR abgetragen, wodurch die Relativexzenterlagen für diese Füllungen beim Abschluß gefunden werden. Die wagerechten Abstände der Endpunkte des Relativexzenters von der durch O gelegten Senkrechten ergeben die Schiebermittelentfernungen x und y.

In M wird der Durchlaßkanal bei größter Füllung geschlossen und — bei stillstehend gedachtem Grundschieber — in N von dem durch das Relativexzenter gesteuerten Expansionsschieber wieder geöffnet. Damit durch diesen Vorgang keine Nachfüllung gegeben wird, muß bei der Wiedereröffnung in N der Durchlaßkanal gegen das Zylinderinnere abgeschlossen haben. Dieser Bedingung wird genügt, wenn Winkel RON größer ist als der Winkel, währenddem vom Grundschieber Füllung gegeben wird.

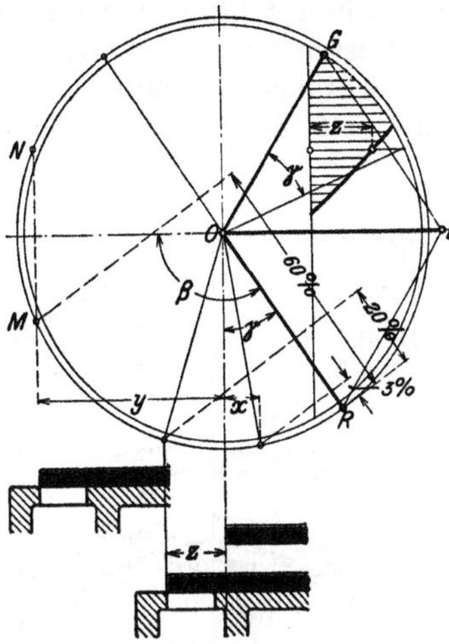

Abb. 98.

In das Diagramm ist weiterhin für eine Füllung von 20 v. H. die Abschlußlinie eingetragen, welche die Schnelligkeit, mit der der Expansionsschieber den Durchlaßkanal zuschiebt, erkennen läßt. Zur Füllung von 20 v. H. gehört die unter Diagrammitte eingezeichnete Schieberstellung. Die freigelegte Durchlaßkanalweite wird z. B. für eine Drehung der Exzenter um den Winkel γ, von den Voreilstellungen OG und OR aus, ermittelt, indem für den Grundschieber die dann vorhandene Öffnung des zum Zylinder führenden Dampfkanals, für den Expansionsschieber die Kantenentfernung z festgestellt wird. Um diese Strecke z ist der Durchlaßkanal nach Zurücklegung des Winkels γ noch geöffnet. Die Eintragung mehrerer Werte für die Kanaleröffnungen bei verschiedenen Winkeln ergibt die Abschlußkurve.

In Abb. 99 ist die M e y e r - Steuerung im Z e u n e r schen Diagramm behandelt. Das Relativexzenter wird wie vorhin aus Grund- und Expansionsexzenter OG und OE ermittelt, wodurch der negative Relativexzenterkreis S_2, der die Ausschläge des Expansionsschiebers gegen Grundschiebermitte nach links, und der positive Kreis S_1, der die Ausschläge nach rechts angibt, erhalten werden. Von O aus gezogene Strahlen, welche die Kurbelstellungen wiedergeben, zeigen durch die innerhalb der Kreise S_1 und S_2 fallenden Sehnen die Schiebermittelentfernungen für die entsprechenden Kurbellagen an. Durch die Schnittpunkte der Kurbelstellungen für größte und kleinste Füllung mit den Relativkreisen werden die Kreise mit x und y als Radius gezogen, die dadurch gegeben sind.

Der durch den Schnittpunkt des Grundschieberkreises vom Durchmesser *OG* mit dem Kreis der äußeren Überdeckung *e* gezogene Strahl *ON'* gibt die Kurbelstellung an, bei der die vom Grundschieber gegebene Füllung beendigt ist. In *N* wird der Durchlaßkanal im Grundschieber durch den Expansionsschieber wieder geöffnet. Da Kurbellage *ON* hinter *ON'* liegt, so ist diese Wiedereröffnung ungefährlich.

Mit der Strecke *y* nimmt die Füllung zu, die Wiederöffnung kommt leichter zur Unzeit vor. Wird y = OR, so werden die Durchlaßkanäle bei größter Füllung nur auf einen Augenblick — in Kurbellage *ON'* — geschlossen, um gleich danach wieder freigelegt zu werden. Eröffnungs- und Schlußgeschwindigkeit sind klein, und der Dampf wird sehr stark gedrosselt. Bei diesem Vorgang wird die Größe der Füllung vom Grund-

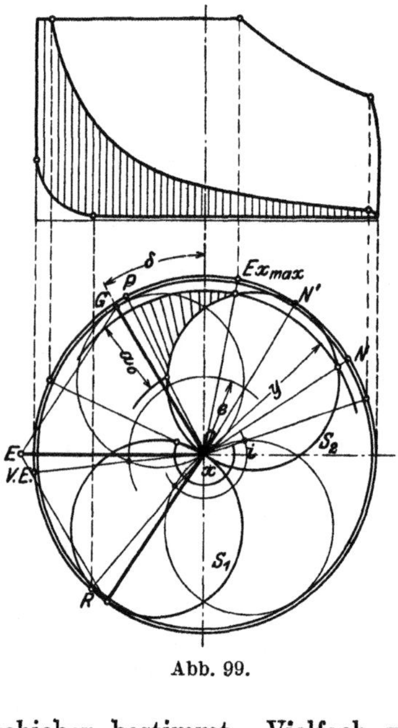

Abb. 99.

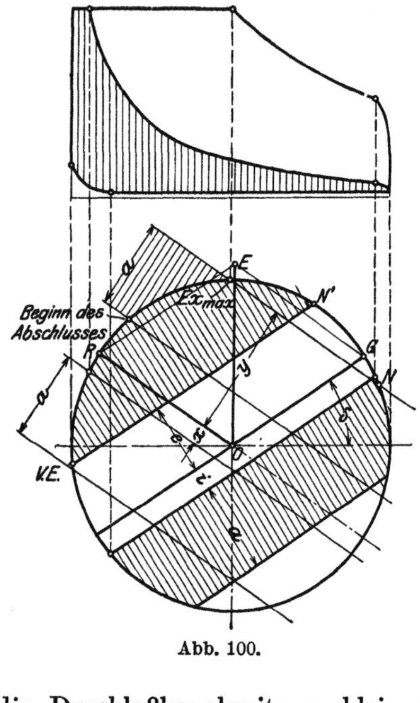

Abb. 100.

schieber bestimmt. Vielfach wird die Durchlaßkanalweite a_0 kleiner als die Dampfkanalweite *a* genommen, da bei den gebräuchlichen kleinen und mittleren Füllungen der Durchlaßkanal doch nicht ganz freigelegt wird. Dieser Fall ist in Abb. 99 dargestellt; die Schließung des Kanals beginnt in der Kurbellage *OP*, und die schraffierte Fläche gibt ein Bild von der Geschwindigkeit, mit welcher der Kanal zugeschoben wird.

Abb. 100 gibt das Müller-Reuleauxsche Diagramm für eine Meyer-Steuerung wieder; der wagerechte Kreisdurchmesser stellt die Kolbenweglinie dar, wodurch wie im Zeuner-Diagramm die Ermittlung der Dampfverteilungsabschnitte durch Ziehen von Senkrechten erleichtert wird. Durch die Punkte, welche die Kurbellage bei größter und kleinster Füllung bezeichnen, werden Parallele zum Relativexzenter *OR* gezogen, deren senkrechter Abstand von *OR* die Strecken *x* und *y* darstellt. In N' ist Schluß der vom Grundschieber gegebenen Füllung, in N wird der Durchlaßkanal vom Expansionsschieber wieder geöffnet. Die Einzeichnung der Durchlaßkanalöffnungen vom Beginn des Abschlusses an bis zum vollendeten Schluß in Ex_{max} läßt auch hier die Raschheit des Zuschiebens erkennen. Letzteres geht um so langsamer vor sich, je weiter der Beginn des Abschlusses vom Füllungsschluß entfernt ist, je mehr sich das Relativexzenter der Wagerechten nähert.

Um Verluste durch Drosselung zu vermeiden, muß die Geschwindigkeit beider Schieber kurz vor dem Schluß des Durchlaßkanals möglichst groß sein.

Die Größe des Grund- und des Expansions-Exzenters sind nun durch die Verhältnisse gegeben. (Vgl. bezüglich Größe des Expansions-Exzenters Bemerkung auf S. 83.) Ebenso — durch das Grundschieberdiagramm — die Lage des Grundexzenters, während die des Expansionsexzenters noch zu bestimmen ist.

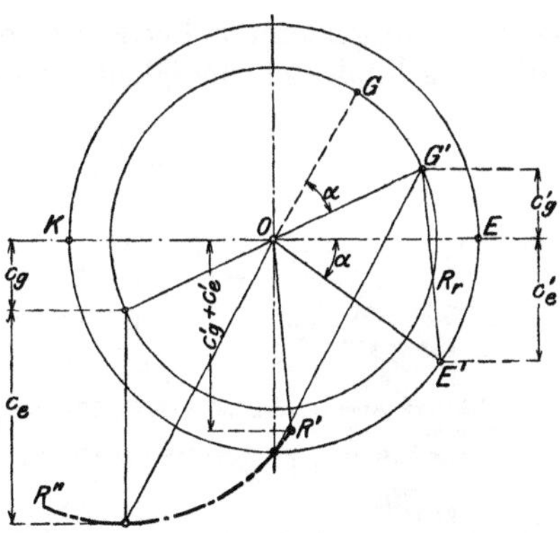

Abb. 101.

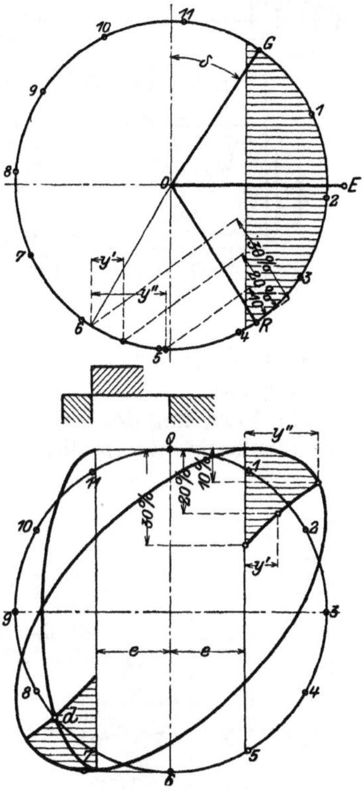

Abb. 102.

In Abb. 101 ist das günstigste Relativexzenter für eine während des Kurbelwinkels α andauernde Füllung ermittelt[1]). Den Stellungen OG' und OE' von Grund- und Expansionsexzenter beim Füllungsschluß entspricht die Lage des Relativexzenters OR', das in dieser nahezu seine größte Geschwindigkeit hat, die durch den senkrechten Abstand des Punktes R' vom wagerechten Kreisdurchmesser gemessen wird und gleich der Summe der in gleicher Weise zu messenden Geschwindigkeiten c_e' und c_g' von Grund- und Expansionsexzenter ist. Wird der Voreilwinkel von OE' vergrößert, wird also unter Beibehaltung der Grundexzenterstellung das Expansionsexzenter OE' im Sinne des Uhr-

[1]) Watzinger, Z. Ver. deutsch. Ing. 1906, S. 115.

zeigers weiter gedreht, so nimmt infolge des wachsenden Abstandes der Punkte G' und E' das Relativexzenter zu, für dessen Endpunkte Kreisbogen R' R'' der geometrische Ort ist. Die größte Geschwindigkeit $c_e + c_g$ wird dann erreicht, wenn das Expansionsexzenter senkrecht steht, also der Kurbel um $270^0 - \alpha$ voreilt, wobei das Relativexzenter

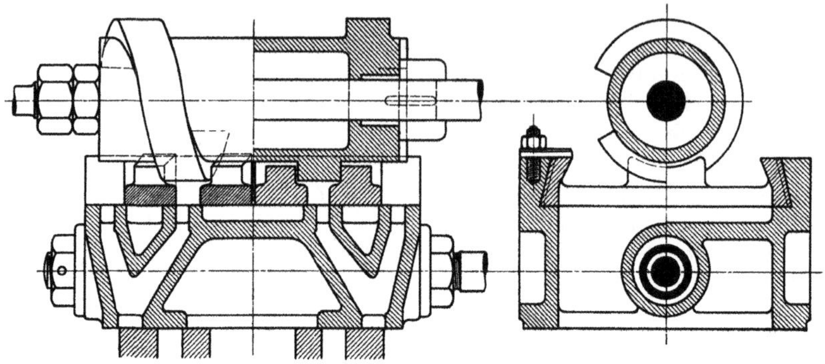

Abb. 103.

schon die Lage seiner größten Geschwindigkeit (senkrecht zu O) überschritten hat.

Eine Voreilung des Expansionsexzenters im genannten Betrage wäre nun unzulässig, da in diesem Fall die Abschlußgeschwindigkeit leicht

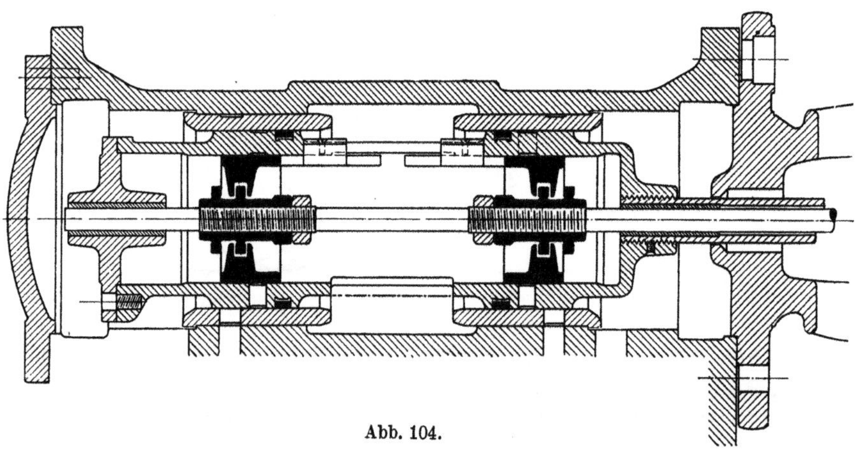

Abb. 104.

negativ wird. Dies tritt ein, wenn der Winkel zwischen Kolbentotlage und Relativexzenter kleiner als der Drehwinkel der Höchstfüllung wird. Außerdem nehmen mit wachsender Relativexzentrizität die Plattenlänge l, die Kanalausladung L, also auch der obere Grundschieberspiegel und damit die Reibungsarbeit zu. Die zweckmäßigsten Abmessungen sind für die jeweilige Füllung besonders zu suchen; meist eilt das Expansionsexzenter um 180^0 vor.

Die Anwendung der Schieberellipse auf Expansionssteuerungen behandelt Abb. 102. Zunächst wird nach der auf S. 26 gegebenen Anweisung die Grundschieberellipse entworfen. In Abb. 102 ist die Schlußlinie für eine Füllung von 30 v. H. eingetragen. Die Strecken y', y'', um die nach 10 und 20 v. H. Kolbenweg die Plattenkante von der Durchlaßkanalkante entfernt ist, werden im Müllerschen Schieberdiagramm gefunden und in ersichtlicher Weise auf den betreffenden Kolbenstellungen der Schieberellipse aufgetragen.

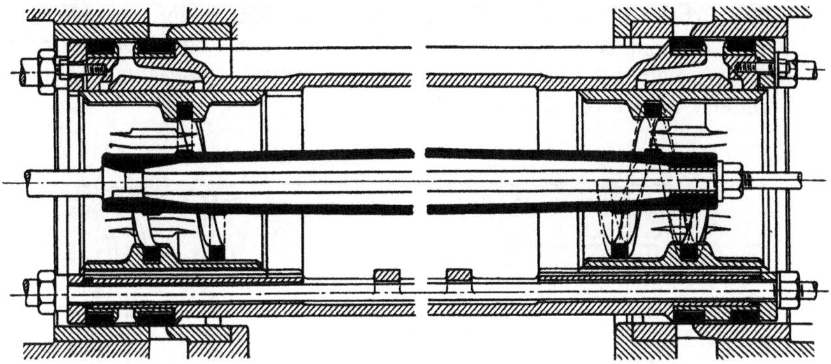

Abb. 105 [1]).

In Abb. 102 ist die Ellipse der Dampfgeschwindigkeiten nach Abb. 15 eingezeichnet. Ihr Schnittpunkt d mit der Schlußlinie gibt für 30 v. H. Füllung die Kolbenstellung an, bei der die Drosselung beginnt.

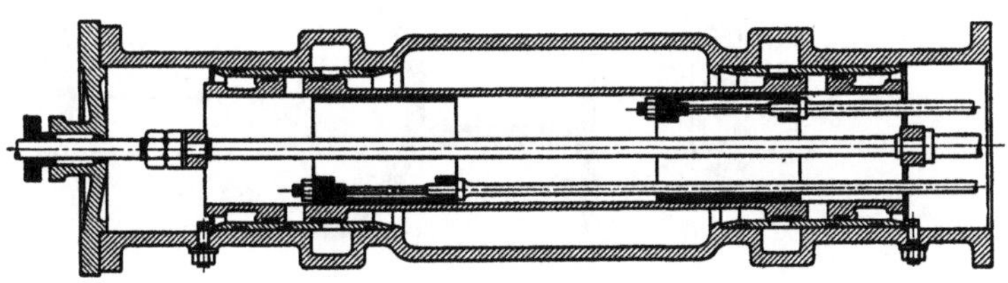

Abb. 106 [2]).

Da bei dem kleinen Gewindedurchmesser der Schieberstange eine große Anzahl von Umdrehungen für die Einstellung verschiedener Füllungen nötig ist, so kann die Meyer-Steuerung nicht unmittelbar vom Regulator verstellt werden. Hierzu geeignete Ausführungsformen sind in Abb. 103—106 dargestellt.

Der Umfang der Schraube ist vergrößert. Der Winkel, um den die Schieberstange vom Regulator zu verdrehen ist, wird um so kleiner, je größer der Gewindedurchmesser und je steilgängiger die Schraube

[1]) Hochdrucksteuerung der Maschinenfabrik G. Kuhn, Stuttgart-Berg. Maßstab 1:12.

[2]) Walzenzugmaschinen-Steuerung von Sack & Kießelbach, Düsseldorf-Rath. Maßstab 1:25.

ist. Um durch Selbstsperrung die Rückwirkung der Steuerung auf den Regulator auszuschließen, muß die Schraubensteigung $\frac{h}{d\pi} < 1:7$ sein. Für eine Verschiebung $l = x + y$ muß die Schieberstange um einen Winkel $\alpha = \frac{x + y}{h} \cdot 360$ verdreht werden.

Abb. 106 zeigt eine Ausbildung der Meyer-Steuerung, bei der die Anwendung einer Verschraubung vermieden wird. Jeder der beiden Expansionsschieber wird von einer besonderen Schieberstange gefaßt, die nach Abb. 107 an den Enden eines vom Expansionsexzenter gesteuerten Kreuzhebels angreifen. Wird dieser vom Regulator verdreht, so bewegen sich die Expansionsschieber in entgegengesetzter Richtung und ändern derart die Kantenentfernung.

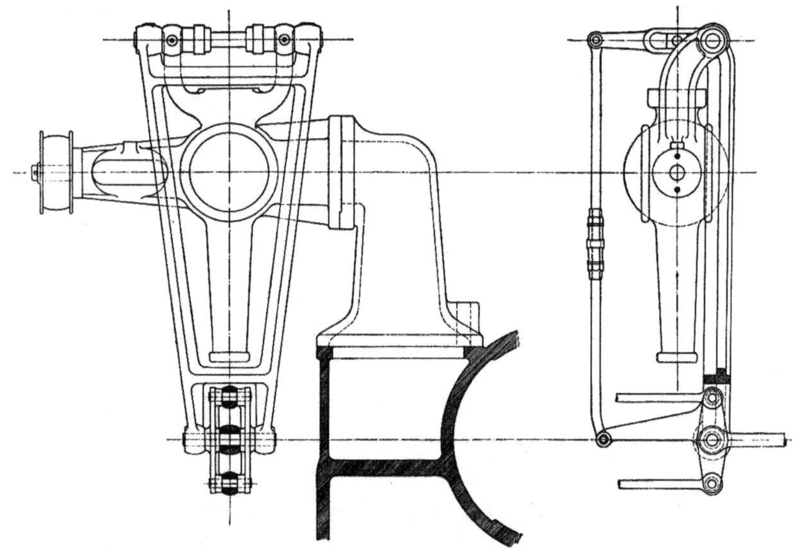

Abb. 107.

Die Schieber nach Abb. 103—105 werden vielfach mit mehrfacher Einströmung am oberen Grundschieberspiegel ausgeführt, so daß bei gleichen Strömungsquerschnitten die Kanalweite infolge der größeren Gesamtkanallänge verringert werden kann. Wegen des mit der Kanalweite sich verkleinernden Maßstabes des Relativkreises nehmen die Verstellung, die Strecken x und y und die Relativexzentrizität ab. Ist die Eröffnung n-fach, also $a_0 = \frac{a}{n}$, so wird die Expansionsplattenlänge $l = \frac{x + a + R}{n} + \sigma$, die Kanalausladung $L = l + \frac{y}{n}$. Der Expansionsschieber steuert bei doppelter Einströmung mit zwei Kanten, der äußeren und einer zweiten, welche die Begrenzung einer Lücke von der Weite s

bildet. Durch diese Lücke darf der Durchlaßkanal nicht unzulässig verengt werden, ein Fall, der am ersten bei größter Füllung eintritt. In Abb. 108 sind die Schieber in ihrer Mittellage bei Einstellung auf Höchstfüllung wiedergegeben.

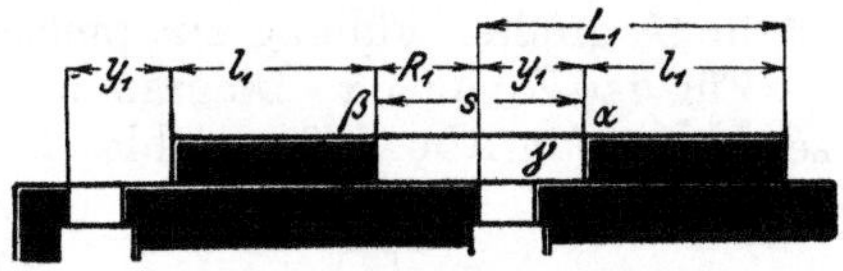

Abb. 108.

Beim Linksgang des Expansionsschiebers wird der rechte Zweig des Durchlaßkanals von der Kante α am Ende der Füllung ordnungsgemäß geschlossen. Soll beim Rechtsgang die Kante β den Durchlaßkanal nicht verengen, so muß die Lücke die gezeichnete Weite $s = R_1 + y_1$ haben. Da die Erfüllung dieser Bedingung zu übermäßigen Schieberlängen führt, so läßt man den der Schiebermitte nächstliegenden Durchlaßkanal erst dann freilegen, wenn die Kolbengeschwindigkeit größer als $\frac{c_{max}}{n}$ wird. Erst bei dieser Geschwindigkeit treten im äußeren Durchlaßkanal von der Weite $\frac{a}{n}$ Dampfgeschwindigkeiten auf, die größer als

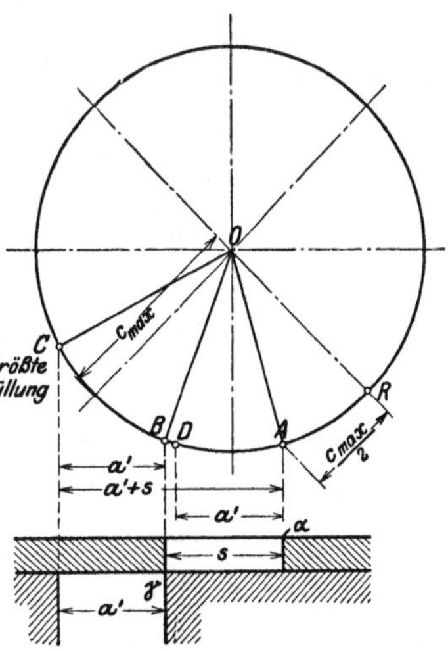

Abb. 109.

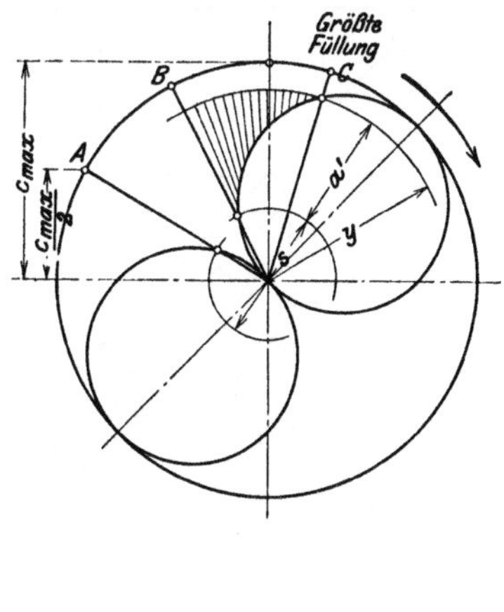

Abb. 110.

die rechnungsmäßig vorgesehenen sind und stärkere Dampfdrosselung verursachen.

Bei der Linksbewegung des Expansionsschiebers wird der innere Durchlaßkanal geöffnet, wenn die Expansionsschieberkante β über der rechten Kanalkante γ steht, und geschlossen, wenn Kante α die linke Durchlaßkanalkante deckt. Die Eröffnung dauert also während des Schieberweges $s + a'$ an, wenn a' = Weite des Durchlaßkanals.

In den Abb. 109—110 ist die Abmessung der verkleinerten Lückenweite an Hand der Diagramme von Müller und Zeuner festgestellt.

In A beträgt die Kolbengeschwindigkeit $\frac{c_{max}}{2}$, und es muß die Freilegung des Kanals beginnen. In der Lage OD des Relativexzenters ist der Durchlaßkanal vollständig geöffnet, wird von B ab wieder verengt und ist in C, größter Füllung entsprechend, wieder geschlossen.

Für das Zeuner-Diagramm in Abb. 110 sind die gleichen Bezugzeichen wie in Abb. 109 gewählt. Durch die Schnittpunkte der Strahlen OA und OB, die Eröffnung und beginnende Verengung des Durchlaßkanals bezeichnen, mit dem Relativexzenterkreis werden von O aus Kreise gelegt, welche die Abmessung s unmittelbar angeben.

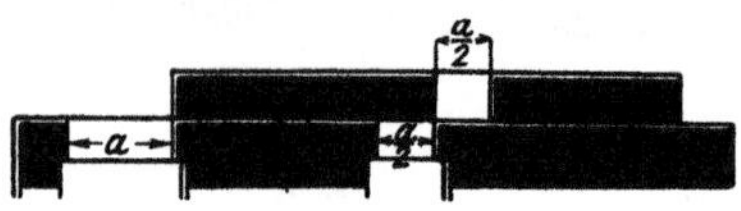

Abb. 111.

Die Lückenweite s wächst mit der Anzahl n der Kanäle. Je größer n, um so mehr nähert sich der Punkt A dem Punkte R, Abb. 109. Überdies wird a' kleiner, so daß infolge der unveränderten Exzenterstellung OC die Strecke s aus beiden Gründen zunehmen wird. Die Lückenweite kann nach Abb. 111 verkleinert werden, und zwar auf $\frac{a}{n}$, wenn der äußere Kanal mit der vollen Weite a ausgeführt wird. In der gezeichneten Lage

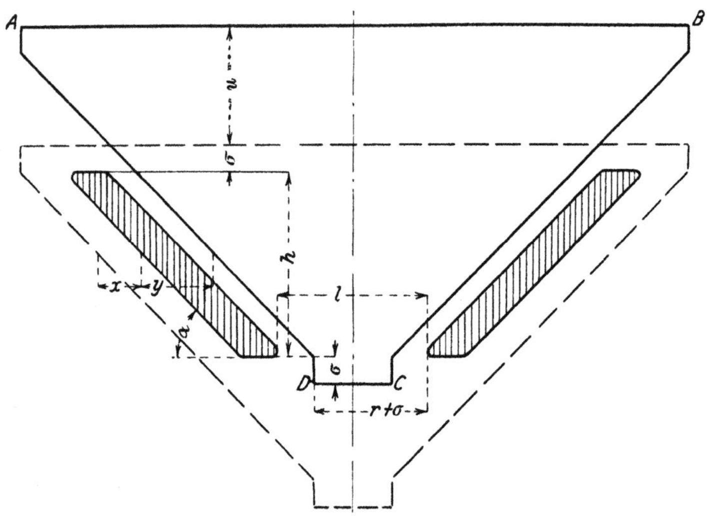

Abb. 112.

beider Schieber beginnt die Schließung des äußeren Kanals und die Freilegung des inneren Kanals. Dieser wird während des Schieberweges $\frac{a}{2}$ stets um so viel geöffnet, als ersterer zugeschoben wird. Nach Zurücklegung des Weges $\frac{a}{2}$ wird der Durchlaßkanal ebenso schnell wie bei der Ausführung nach Abb. 108 geschlossen.

Die Rider-Steuerungen. Auch diese stellen eine Abart der Meyer-Steuerung dar, indem die verstellende Schraube eine weitere Vergrößerung des Durchmessers dadurch erfahren hat, daß die Schraubengänge an die Kanten des Expansionsschiebers verlegt sind. Der Winkel, um den der Regulator die Schieberstange verdrehen muß, wird also kleiner als bei den vorbesprochenen Ausführungen.

Abb. 112 zeigt die einfachste Ausführungsform. Die Durchlaßkanäle laufen an der oberen Mündung schräg aus, und die Kanten des drei-

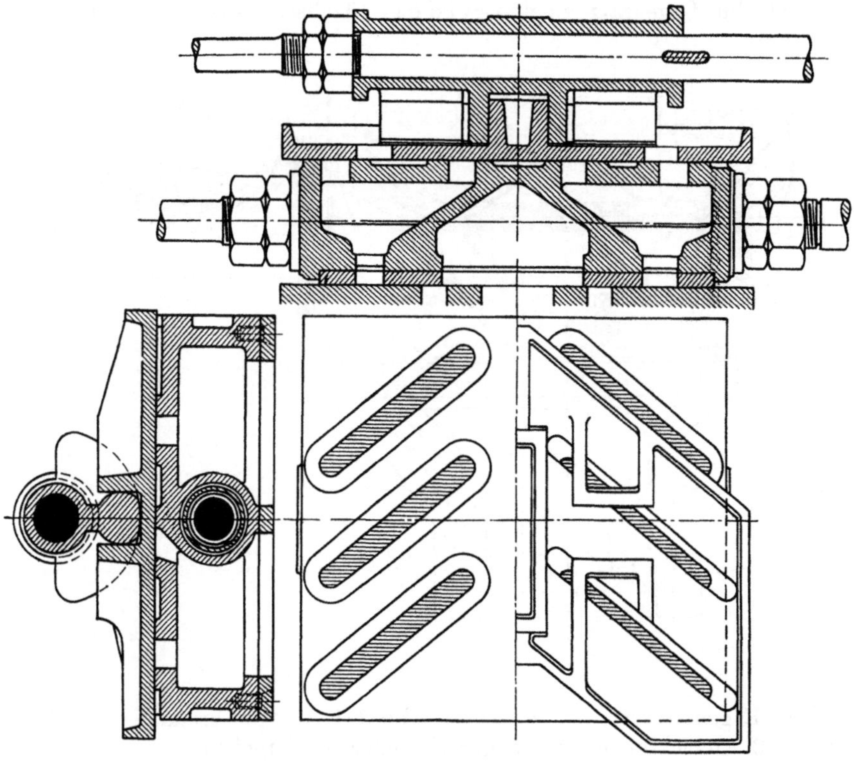

Abb. 113.

eckigen oder trapezförmigen Expansionsschiebers sind diesen schrägen Mündungen parallel. Wird der Expansionsschieber senkrecht zu der ihm vom Expansionsexzenter erteilten, hin- und hergehenden Bewegung um die Strecke *u* verschoben, so ändert sich wie beim Meyer-Schieber die Kantenentfernung um insgesamt (x + y).

Der in Abb. 112 schematisch dargestellte Flach-Rider-Schieber wird vielfach mit geteiltem Durchlaßkanal, also mehrfacher Kanaleröffnung, ausgeführt, Abb. 113. Auf der Expansionsschieberstange sitzen zwei halbkreisförmige Mitnehmer, die den Expansionsschieber in der Richtung der Schieberstange bewegen, während er senkrecht hierzu durch den Regulator mittels zweier Nocken, die an den Mitnehmern außen angesetzt und zwischen wagerechten Ansätzen am Expansionsschieber gelagert sind, verstellt wird.

Die Expansionsschieber der R i d e r - Steuerungen werden entweder halbzylindrisch oder als ganz entlastete Kolbenschieber bei entsprechender Gestaltung des Grundschieberspiegels ausgeführt. Für die halbzylindrische Bauart nach Abb. 114 stellt dann Abb. 112 eine Abwicklung des Expansionsschiebers und der Durchlaßkanäle in die Ebene dar. Weitere Ausführungsformen dieser R i d e r - Rundschiebersteuerungen, wie sie im Gegensatz zu den R i d e r - Flachschiebersteuerungen nach

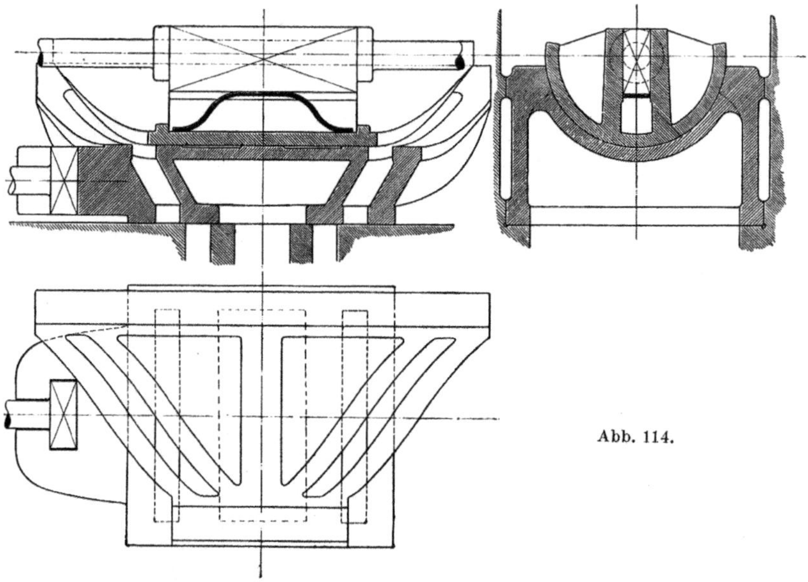

Abb. 114.

Abb. 113 genannt werden, zeigen die Abb. 115—119, während die Abb. 120 bis 122 Abwicklungen derartiger Schieber wiedergeben.

Abb. 115 zeigt eine seltenere Bauart, bei der nur der Expansionsschieber als Kolbenschieber ausgebildet ist. In der Abwicklung des Expansionsschiebers zeigt sich dieser aus einer trapezförmigen Fläche, die den steuernden Schieber darstellt, und einer schmäleren rechteckigen Fläche, die nur zur Entlastung dient, zusammengesetzt. Da der in den Durchlaßkanälen des Grundschiebers herrschende Dampfdruck vor Abschluß der Grundschieberfüllung veränderlich ist und am Expansionsschieber nicht ausgeglichen wird, so ist die Entlastung keine vollständige.

In Abb. 115 arbeitet der Grundschieber mit doppelter Ein- und Ausströmung. Zu diesem Zweck ist der Dampfkanal des Zylinders an der Mündung wie beim P e n n schen Schieber gegabelt. Im Grundschieber selbst sind die zwischen den Durchlaßkanälen gelegenen Auspuffräume *A* mit der Schiebermuschel durch seitliche Kanäle verbunden.

Die Ausführungen nach Abb. 116—119 weisen vollständige Entlastung auf. Die schrägen Durchlaßkanäle des ebenfalls als Kolbenschieber

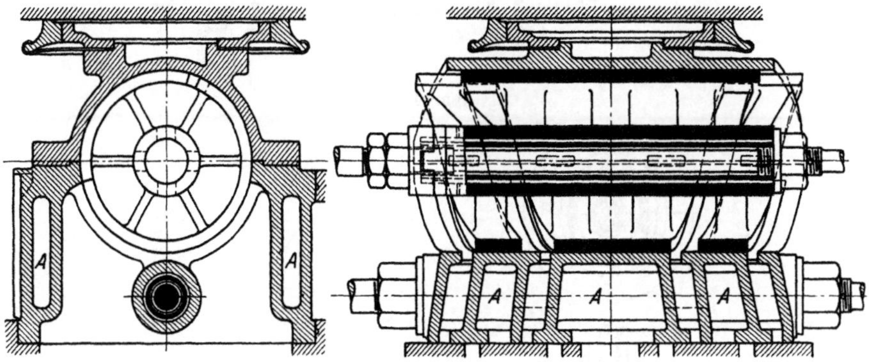

Abb. 115[1]).

ausgeführten Grundschiebers umfassen den Expansionsschieber, so daß die in den Durchlaßkanälen auftretenden Dampfdrucke sich in ihrer Wirkung auf den Expansionsschieber gegenseitig aufheben.

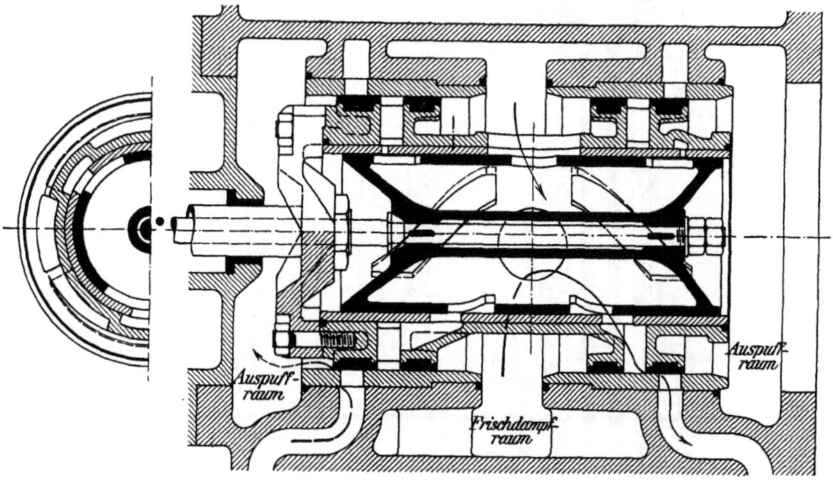

Abb. 116.

Die Bauart nach Abb. 116 zeigt innere, Abb. 117 äußere Einströmung an beiden Schiebern. Bei der Rider-Steuerung nach Stein, Abb. 118, strömt der Frischdampf durch rechteckige Schlitze in Buchse

[1]) Ausführung der Maschinenfabrik K. & Th. Möller, Brackwede. Maßstab 1:10.

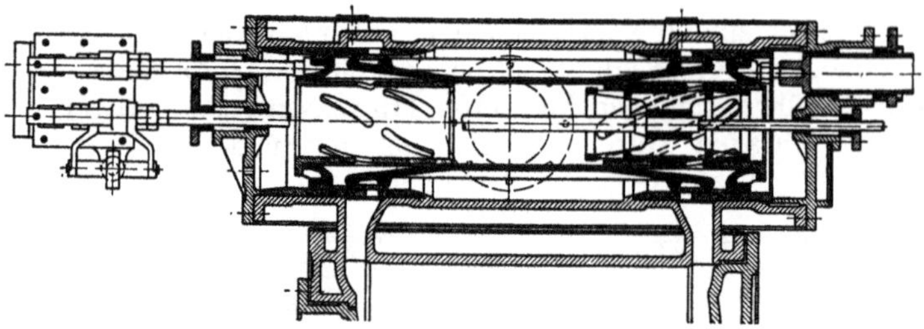

Abb. 117 [1]).

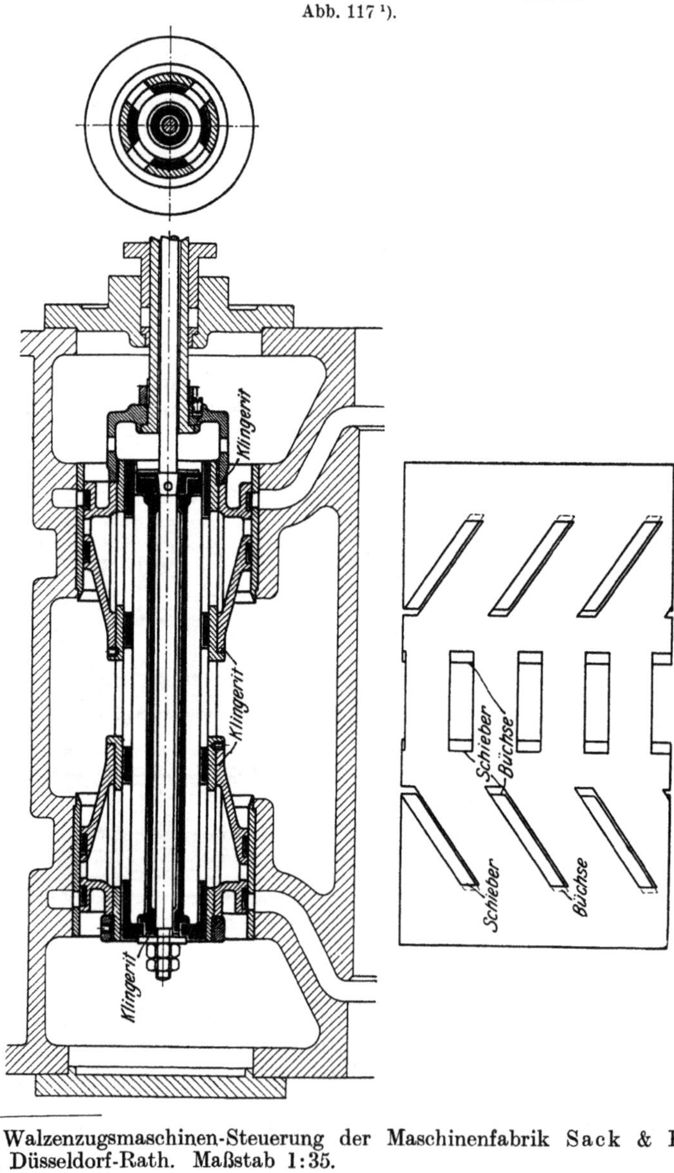

Abb. 118.

[1]) Walzenzugsmaschinen-Steuerung der Maschinenfabrik Sack & Kießelbach, Düsseldorf-Rath. Maßstab 1:35.

und Expansionsschieberumfang zu. Die Weite dieser Schlitze ist so bemessen, daß sie bei kleineren Füllungen infolge der Verdrehung durch den Regulator verengt werden, so daß der zuströmende Dampf stark gedrosselt und der Leerlauf verbessert wird. Um eine Verengung durch die hin- und hergehende Bewegung zu vermeiden, müssen die Schlitze im Expansionsschieber um die doppelte Relativexzentrizität größer sein als die in der Buchse.

Bei der von D o e r f e l eingeführten „Zweikammer-Bauart" nach Abb. 119 ist der Expansionsschieber in einem besonderen Gehäuse untergebracht und gleitet in einer mit schrägen Schlitzen versehenen, feststehenden Buchse. Die Schieber erhalten bei guter Zugänglichkeit einfache Formen und kleinsten Durchmesser, auch werden die Angriffe der Stangen sehr einfach. (Abb. 119 zeigt ebenso wie Abb. 118 den in

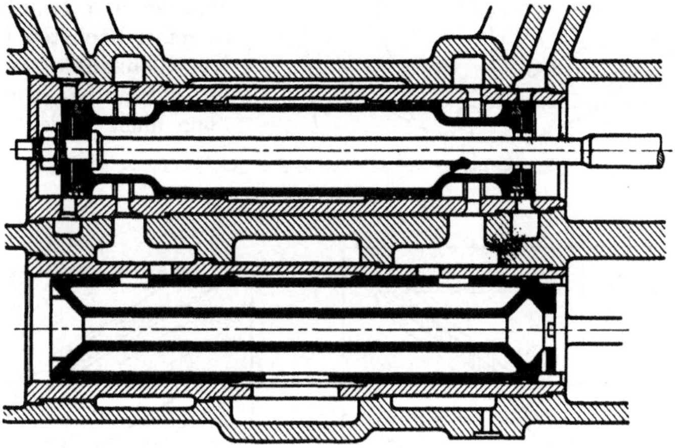

Abb. 119 [1]).

der Praxis üblichen Ersatz der schraubenförmigen Kantenlinien durch einen über die achsiale Länge der Kanäle sich erstreckenden Schnitt durch den Expansionsschieber.) Diagramm dieser Steuerung s. Abb. 120.

Das Expansionsexzenter wird nach Lage und Größe wie das Relativexzenter in Abb. 98 gewählt. Das Diagramm bezieht sich auf eine stehende Maschine, so daß die Zeiger *o* oben, *u* unten bedeuten. Die Steuerung nach Abb. 119 ist ebenfalls mit Drosselschlitzen nach S t e i n ausgeführt. Bei Zweikammersteuerungen nach Abb. 119 werden häufig die Schieber nach den Zylinderseiten getrennt ausgeführt, um kürzere Einzelschieber zu erhalten.

Das Schieberdiagramm der R i d e r - Steuerung ist in derselben Weise wie das der M e y e r - Steuerung, Abb. 98, aufzuzeichnen; aus dem Diagramm sind die Schiebermittelabstände x und y für kleinste und größte Füllung zu entnehmen. Die oberen, schrägen Durchlaßkanäle

---

[1]) Ausführung der Maschinenfabrik H a n i e l & L u e g, Düsseldorf-Grafenberg, Maßstab 1:10.

müssen den Querschnitt F = a · h aufweisen, wobei die Kanalweite *a* in der Schieberbewegungsrichtung, *h* also senkrecht zu dieser gemessen wird. Der Steigungswinkel *α* beträgt 50 bis 60°. Die vom Regulator zu bewirkende Verstellung hat die Größe u = (x + y) · tg *α*. Für kleinere Werte von *α* wird sonach der Verstellungsweg kleiner, anderseits nehmen die Schieberlänge und damit die Abmessungen des Schieberkastens zu. Die Länge des Schiebers ergibt sich aus der Zeichnung zu H = h + u + 2 *σ*, Abb. 112. Die Sicherheitsdeckungen *σ* sind vorzusehen, damit der Schieber in seiner höchsten Lage die Durchlaßkanäle unten, in der tiefsten Lage die Kanäle oben nicht freilegt.

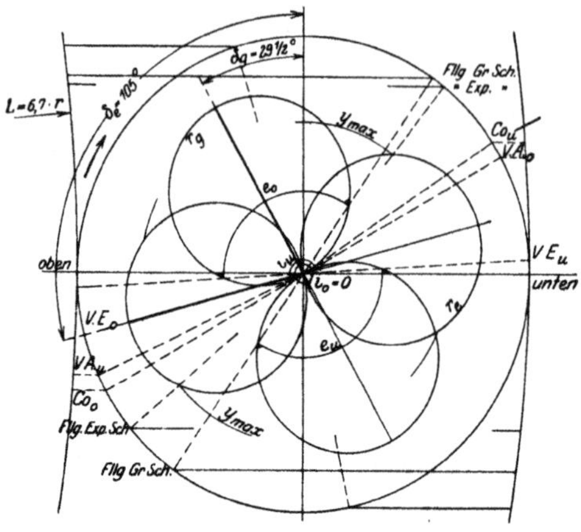

Abb. 120.

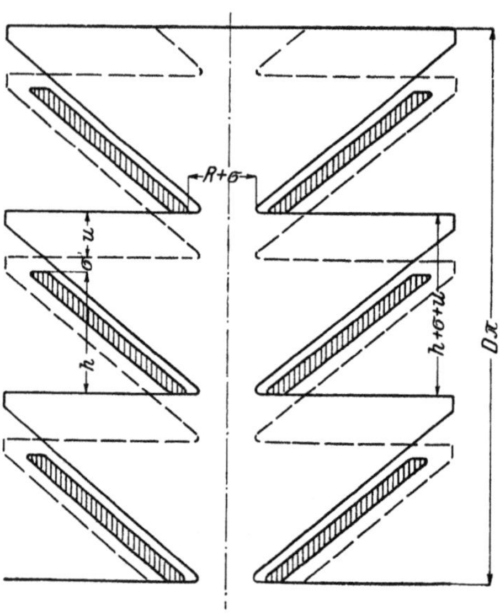

Abb. 121.

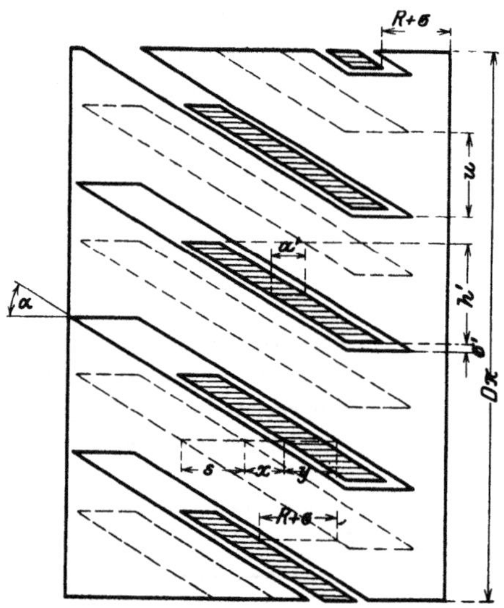

Abb. 122.

In Abb. 112 sind beide Schieber mit zusammenfallenden Mittellinien gezeichnet. Aus dieser Mittellage geht der Expansionsschieber gegenüber dem stillstehend gedachten Grundschieber um die Relativexzentrizität *r* nach jeder Seite heraus, wobei z. B. die linke Kante *D* den rechten Durchlaßkanal nicht eröffnen darf, ein Fall, der am leichtesten bei Einstellung auf größte Füllung eintritt. Aus diesem Grunde müssen in Abb. 112 die bezeichneten Kanalkanten um $r + \sigma$ voneinander entfernt sein. Daraus folgt der notwendige Abstand der Durchlaßkanäle unten zu $l = r + \sigma + y - a$.

Bei der Aufrollung der in Abb. 112 dargestellten Abwicklung sollen sich die Durchlaßkanäle über einen Winkel erstrecken, der kleiner als 180^0 ist, da sonst an den Kanalenden der erforderliche Dichtungsdruck fehlt. Zweckmäßig wählt man für die Durchlaßkanäle einen Teil des Umfanges, der einem Winkel von $180^0 - 2 \cdot 15^0 = 150^0$ entspricht. Ist d = Durchmesser des Expansionsschiebers, H = Durchlaßkanallänge, so folgt

$$\frac{150}{360} \cdot d\pi = H; \qquad d = \frac{360\,H}{150 \cdot \pi} \cong 0{,}75\ H.$$

Die Expansionsschieberstange muß um den Winkel $\gamma = \frac{u \cdot 360}{d\pi}$ gedreht werden. Mit wachsendem Schieberdurchmesser nimmt der Drehwinkel ab.

In den Abb. 121—123 sind Abwicklungen von Rider-Kolbenschiebern wiedergegeben. Abb. 121 zeigt den mehrfach dreieckförmigen Schieber, dessen Durchmesser *D* dadurch bestimmt wird, daß der Schieberquerschnitt genügend Fläche für den Durchtritt des Dampfes aufweist. Es muß sein: $\frac{D^2\pi}{4} - \left[\frac{d^2\pi}{4} + n \cdot b \cdot (D - d)\right] = F$, wenn d = Nabendurchmesser, n = Anzahl der Rippen, b = Breite der Rippen, F = Kanalquerschnitt. Für Dampfzufluß von beiden Seiten ist nur die Hälfte des Querschnittes erforderlich. Die Kanallänge *h* wird zunächst geschätzt, woraus die gesamte Länge $h' = n \cdot h$ und die Kanalweite $a = \frac{F}{h'}$ folgen. Durch *a* wird der Diagrammaßstab und damit *u* festgelegt und durch Eintragung von *u* und der Sicherheitsdeckung σ werden die Abmessungen des Expansionsschiebers bestimmt.

Wie aus Abb. 121 ersichtlich, muß zwischen den einzelnen Kanälen eine Strecke $u + \sigma$ bleiben, die nicht ausgenutzt werden kann und bei gegebenem Schieberquerschnitt die Gesamtlänge *h'* der Kanäle verkleinert, die Kanalweite *a* vergrößert.

Günstigere Verhältnisse schafft der Rider-Schieber mit Spalten nach Abb. 122 und Abb. 123. Die steuernden Kanten befinden sich an der Innenseite von Schlitzen. Die Entfernung $u + \sigma$ zwischen den Kanälen ist nicht mehr erforderlich, und es wird infolge bedeutend größerer Gesamtkanallänge eine wesentliche Verringerung von *a* erzielt. In Abb. 122 sind die Expansionsschieberstellungen für größte und kleinste Füllung eingetragen. In der tiefsten Lage für kleinste Füllung ist zu beachten, daß die nicht steuernden Kanten der Spalten die Durchlaßkanäle bei der Verschiebung um die Relativexzentrizität *R* nicht mehr eröffnen. Der wagerechte Abstand genannter Kanten muß also $R + \sigma$, wie eingezeichnet, betragen. Dieselbe Entfernung muß bei getrennten Expansionsschiebern zwischen der inneren Begrenzungskante des Schiebers und den unteren Begrenzungen der Durchlaßkanäle vorhanden sein.

In Abb. 123 sind die Abmessungen so gewählt, daß bei der punktierten Lage des Expansionsschiebers die Durchlaßkanäle in ihrer senkrechten Erstreckung nur noch zum Teil freigelegt werden. Wie bei dem erwähnten Steinschen Schieber kann durch die bei kleineren Füllungen entstehende Drosselung der Leerlauf erleichtert werden. Wesentlicher ist die bessere Ausnutzung des Schieberumfanges gegenüber Abb. 122, in der die Kanäle auch bei kleinster Füllung noch auf ihrer Gesamtlänge freigelegt werden.

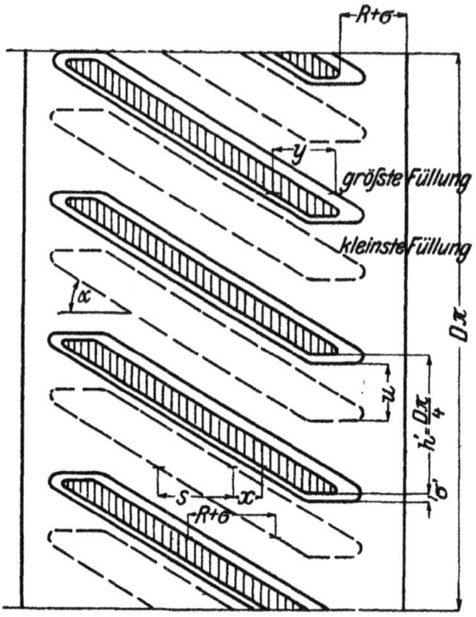

Abb. 123.

In den Diagrammen nach Abb. 124 und 125 ist die Lückenweite *s* bestimmt. Die nicht steuernde Kante des Spaltes legt den Durchlaßkanal frei, und diese Eröffnung muß spätestens bei der Kolbenlage für Voreinströmung beginnen, damit die durch den Grundschieber gegebene Voreinströmung rechtzeitig stattfinden kann. Ist in Abb. 124 *VE* die Relativexzenterlage, bei der die

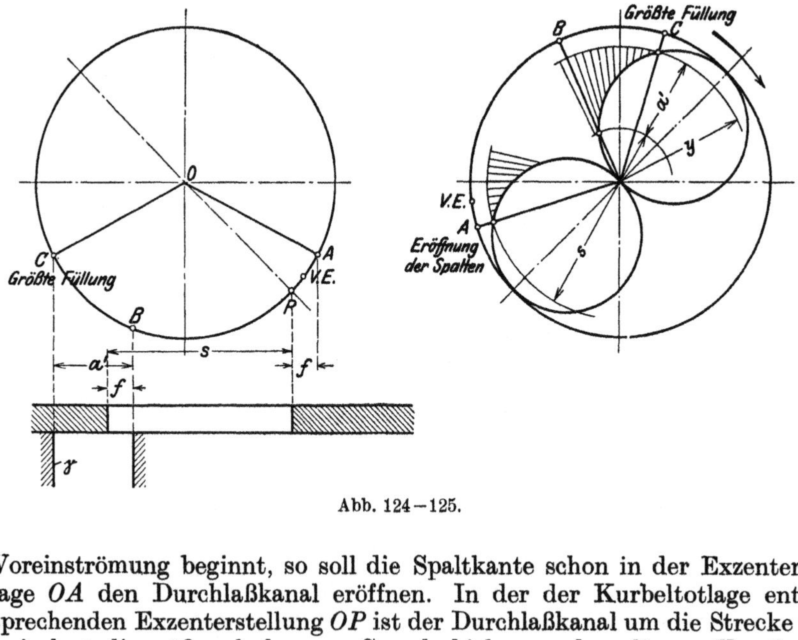

Abb. 124–125.

Voreinströmung beginnt, so soll die Spaltkante schon in der Exzenterlage *OA* den Durchlaßkanal eröffnen. In der der Kurbeltotlage entsprechenden Exzenterstellung *OP* ist der Durchlaßkanal um die Strecke *f* freigelegt, die größer als das vom Grundschieber gegebene lineare Voreilen sein soll. Von Beginn der Eröffnung des Durchlaßkanals an bis zur Schließung des letzteren wird der Schieberweg $a' + s$ zurückgelegt. Dieser Schieberweg wird als wagerechter Abstand der Punkte A und C (OC = Exzenterlage für größte Füllung) gefunden und ergibt nach Abzug der bekannten Kanalweite a' die Lückenweite s.

Abb. 125 zeigt dieselbe Feststellung mit dem Zeunerschen Diagramm. In Abb. 124—125 beginnt die Zuschiebung des Durchlaßkanals in der Exzenterlage OB.

2. Füllungsausgleich.

In Abb. 126 ist die Steigung der Kanäle ermittelt für den Fall, daß die durch die endliche Pleuelstangenlänge bedingte Ungleichheit der Füllungen beseitigt werden soll[1]).

Statt der geradlinigen Projektionen sind Bogenprojektionen mit dem Radius L = 5 R, dem üblichen Pleuelstangenverhältnis entsprechend, eingetragen. OR ist die Relativexzentrizität und die Schnittpunkte der Bogenprojektionen mit dem Relativexzenterkreis geben in ihren wagerechten Entfernungen vom senkrechten Diagrammdurchmesser die Schiebermittelentfernungen x und y auf der Kurbel- und Deckelseite für die verschiedenen Kolbenstellungen von 5 bis 90 v. H. an. Als Neigungswinkel der trapezförmigen Begrenzung des Expansionsschiebers ist für die Deckelseite 55° angenommen.

Die für die Deckelfüllungen geltenden Punkte 0,5 bis 9 des Relativexzenterkreises werden auf die unter 55° gegen die Wagerechte gezogene Schräge hinaufgelotet und durch die Schnittpunkte 0,5 bis 9 dieser Lote mit der Schrägen wagerechte Linien gelegt, auf welche die entsprechenden Punkte 0,5′ bis 9′ der Kurbelfüllungen gelotet werden. Die sich ergebenden Schnittpunkte stellen in ihrer Verbindung eine Kurve dar, die durch eine Gerade so zu ersetzen ist, daß in der Nähe der meist gebräuchlichen Füllungen Kurve und Gerade sich möglichst decken.

Der Ersatz der Kurve durch die Gerade darf nun zunächst nicht zur Folge haben daß die kleinste Füllung größer als die zum Leerlauf erforderliche Füllung wird. Andernfalls sind beide Geraden nach oben hin zu verlängern, wobei der Regulatorhub stark zunimmt.

Unten darf der neue Abstand y_k nicht größer als die Relativexzentrizität sein, da sonst der Durchlaßkanal dauernd geöffnet bleibt. In Abb. 126 ist y_k zu groß, so daß unter Verringerung des Regulatorhubes von u' auf u die Maximalfüllung von 60 v. H. auf 50 v. H. verkleinert worden ist. Für diese letztere Füllung wird in N der Durchlaßkanal wieder geöffnet, so daß dieser am Grundschieberspiegel geschlossen haben muß, wenn Nachfüllung vermieden werden soll. Es muß also der Winkel α größer sein als der aus dem Grundschieberdiagramm festzustellende Winkel, währenddem der Grundschieber Füllung gibt.

In Abb. 126 ist nun weiterhin eine einfache Aufzeichnung der Schlußkurven für verschiedene Füllungen angegeben. Werden die durch die Teilpunkte auf dem Grundschieberkreis vom Radius OG gelegten Wage-

[1]) Nach K. Reinhardt. Steuerungstabellen. (Berlin, Julius Springer.)

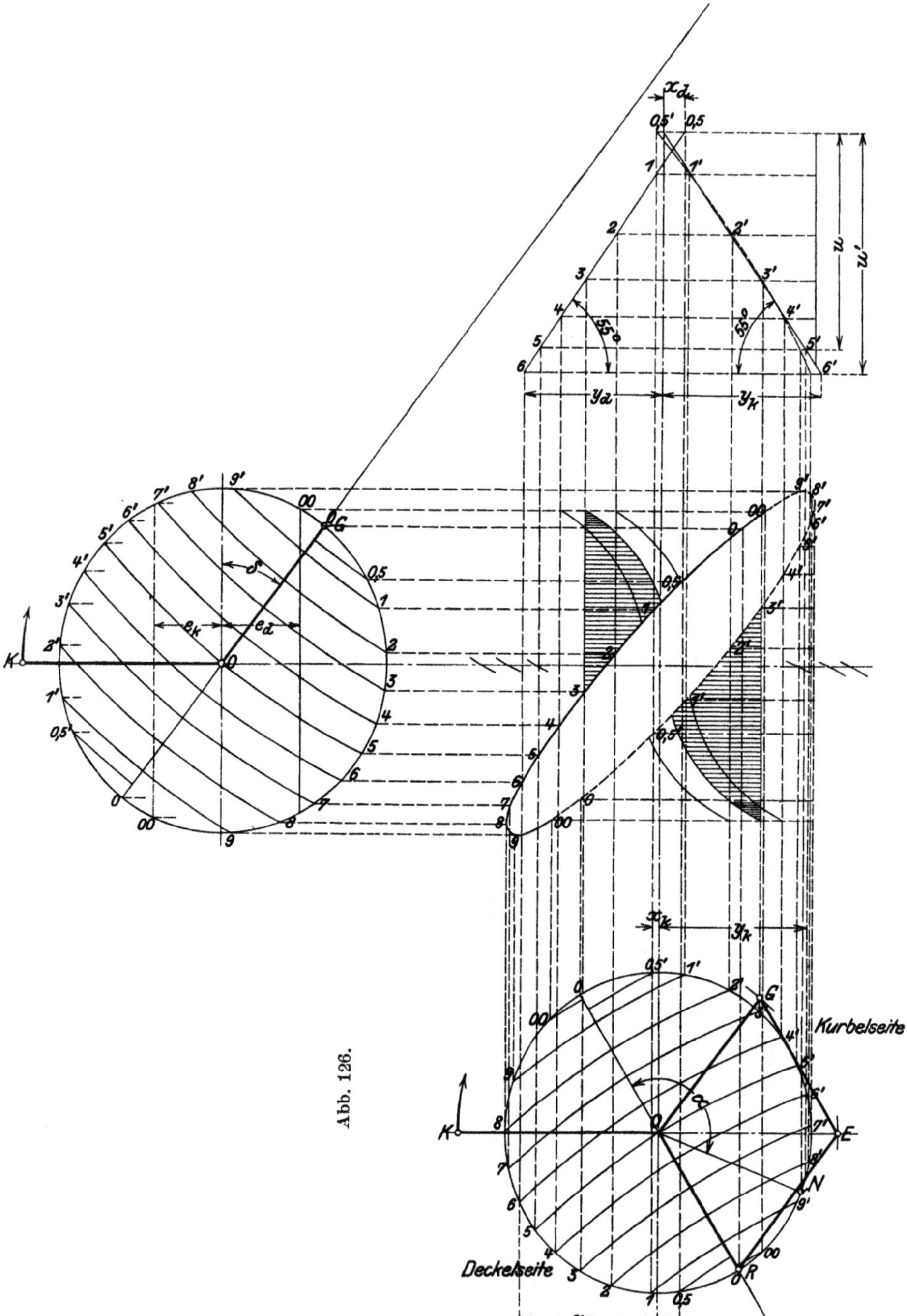
Kurbelseite
Deckelseite
K
O
G
E
N
R
e_k
e_d
δ
α
y_d
y_k
x_d
x_k
u
u'
55°
55°

Abb. 126.

rechten zum Schnitt mit den durch die gleichbezeichneten Punkte auf dem Relativexzenterkreis gelegten Senkrechten gebracht, so erhält man in der Verbindungslinie dieser Schnittpunkte eine ellipsenähnliche Kurve, deren obere ausgezogene Hälfte auf die Deckelseite (Kolbenhingang), deren untere, gestrichelte Hälfte auf die Kurbelseite (Kolbenrückgang) sich bezieht. Die Entfernungen der auf dem Umfang der Ellipse liegenden Punkte von der durch Mittelpunkt O des Relativexzenterkreises gehenden Senkrechten geben die Schiebermittelabstände für die verschiedenen Füllungen an, woraus sich eine der Ermittlung in Abb. 98 ähnliche Aufzeichnung der Schlußlinie ergibt.

In Abb. 126 sind die Schlußlinien für 40, 30 und 20 v. H. Füllung eingezeichnet; für die Füllung von 30 v. H. sind die Kanaleröffnungen in wagerechter Schraffur angegeben; die der Voreinströmung entsprechenden Kanaleröffnungen sind durch doppelte Schraffur hervorgehoben.

Um diese Schlußlinie für 30 v. H. Füllung zu erhalten, ist durch den Ellipsenpunkt 3 eine Senkrechte zu legen. Durch den Schnittpunkt dieser Senkrechten mit der durch oo gehenden Wagerechten wird ein Kreisbogen vom Radius OG gezogen. Diese kreisbogenförmige Begrenzung der schraffierten Fläche gibt die Eröffnung des Kanals durch den Grundschieber, die untere, ellipsenförmige Begrenzung die Schließung des Kanals durch den Expansionsschieber wieder.

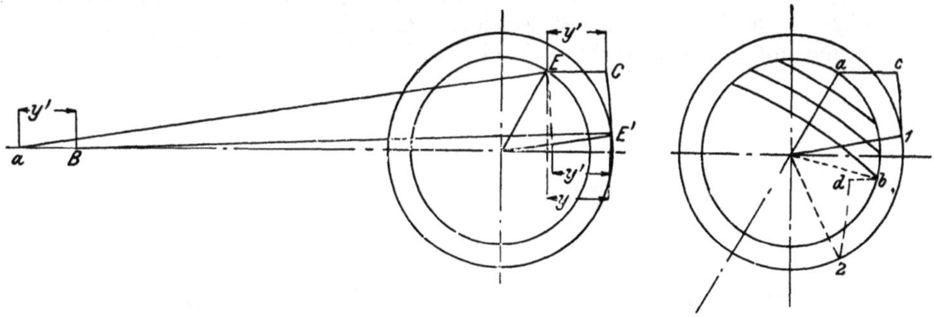

Abb. 127.

Bei Berücksichtigung auch der endlichen Exzenterstangenlängen sind diese einander gleich anzunehmen, um eine einfache Aufzeichnung zu ermöglichen (Abb. 127).

Die Schiebermittelentfernung y' für die Lagen E des Grundexzenters und E' des Expansionsexzenters wird erhalten, indem mit den Stangenlängen Kreisbögen von E und E' geschlagen werden, welche die Schieberhublinie in a und B schneiden. y gibt die Entfernung im gleichen Fall für $l = \infty$ an. Wird durch E' ein Kreisbogen vom Radius l, durch E eine Wagerechte gezogen, und beide in C zum Schnitt gebracht, so ist $EC = y'$. Hieraus folgt eine einfache Konstruktion. Die zu den Stellungen a, b des Grundexzenters gehörigen Expansionsexzenterlagen werden in den Schnittpunkten *1*, *2* des Expansionsexzenterkreises mit den aus a und b mit dem Radius EE' geschlagenen Kreisbögen gefunden. Legt man durch a, b Wagerechte und durch *1*, *2* Kreisbögen vom Radius l, so erhält man die Schnittpunkte *c*, *b*, und die Strecken *a c*, *b d* geben die relativen Kantenentfernungen an.

In Abb. 128 sind die Abschlußkurven dargestellt. Die mit römischen Ziffern bezeichneten Expansionsexzenterstellungen sind in vorstehend

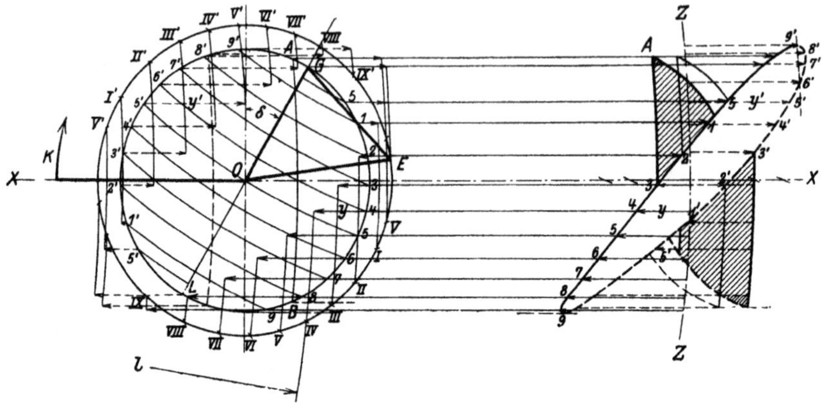

Abb. 128.

angegebener Weise ermittelt und durch die betreffenden Punkte Kreisbögen vom Radius *l* gelegt worden. Die Schnittpunkte dieser Kreisbögen mit den Wagerechten durch die Grundexzenterlagen *1* bis *9* und

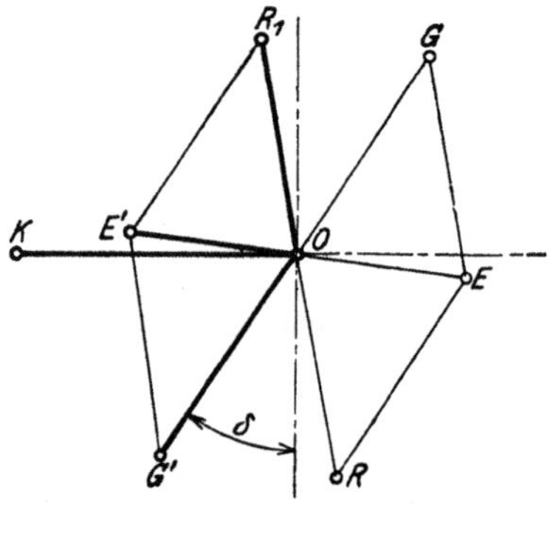

Abb. 129.

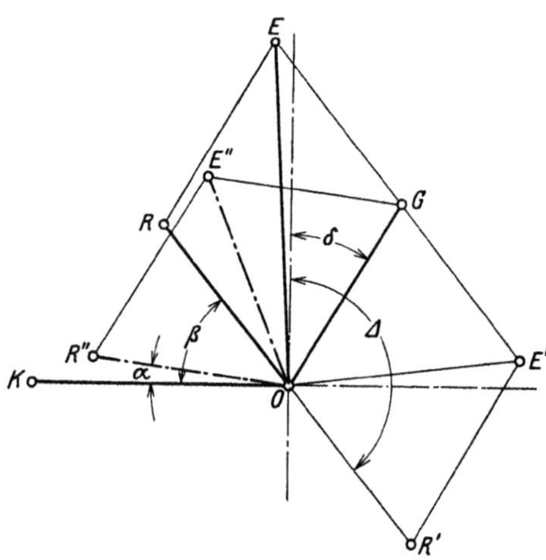

Abb. 130.

1' bis *9'* geben in ihren Abständen von den letzteren die Schiebermittelentfernungen an.

Von einem Punkt auf der wagerechten Mittellinie *xx* wird ein Kreisbogen *zz* vom Radius *l* geschlagen. Von diesem aus werden die relativen Kantenentfernungen aufgetragen, und zwar nach der durch die Pfeilstriche im Schieberkreise angegebenen Richtung hin. Die Endpunkte liegen auf einer der Ellipse in Abb. 126 ähnlichen Kurve.

Soll z. B. die Schlußkurve für 30 v. H. Füllung angegeben werden, so wird durch Punkt 3 der Kurve ein Kreisbogen vom Radius l und durch Endpunkt A ein Kreisbogen vom Radius OG gelegt.

Die Kanalsteigung wird wie in Abb. 126 ermittelt, nur daß hier die durch Bogenprojektionen (vom Radius l) festgestellten Kantenabstände einzusetzen sind, und zwar unabhängig vom Grundschieberdiagramm, da die Abstände von einem Kreisbogen zz abgetragen werden.

In Abb. 129 und 130 ist die Exzenteraufkeilung behandelt. In Abb. 129 stellen die Linien OG, OE und OR die in Betracht kommenden Exzenter für äußere Einströmung an beiden Schiebern dar. Arbeiten beide Schieber mit innerer Einströmung, so sind die Exzenter nach dem stärker ausgezogenen Diagramm aufzukeilen, also sämtlich um 180° zu drehen. Innere Einströmung an beiden Schiebern braucht sonach im Schieberdiagramm nicht berücksichtigt zu werden, dieses ist in derselben Weise wie bei äußerer Einströmung aufzuzeichnen.

Bei innerer Einströmung am Expansionsschieber allein eilt das Grundexzenter um $90^0 + \delta$ vor, während das Relativexzenter eine der Relativexzenterstellung OR' bei äußerer Einströmung diametral entgegengesetzte Lage OR einnehmen muß. Wird für einen bestimmten Fall gleiche Größe und Lage des Relativexzenters sowohl für innere wie für äußere Einströmung angenommen, so würde nach Abb. 130 das Relativexzenter der Kurbel um den Winkel β voreilen und das Expansionsexzenter müßte die Größe OE erhalten. Zur Verringerung der Expansionsexzentrizität führt man der Kurbel um einen kleineren Winkel (α) voreilende Relativexzenter (OR'') oder auch der Kurbel nacheilende Relativexzenter aus. Innere Einströmung am Expansionsschieber allein wird sehr selten ausgeführt.

3. Zweischiebersteuerungen mit Veränderung von Hub und Voreilwinkel des Expansionsschiebers.

Bei diesen Steuerungen ist das Grundexzenter OG meist fest aufgekeilt, während Hub und Voreilwinkel des Expansionsschiebers durch eine vom Flachregler bewirkte Verdrehung oder Verschiebung des Expansionsexzenters geändert werden. Die je nach Art der Exzenterverstellung hervorgerufene Änderung der Relativexzentrizität ist in den Abb. 131—134 dargestellt.

In Abb. 131 dreht sich das Expansionsexzenter um das Grundexzenter, und die Scheitelkurve der Relativexzenter ist ein Kreisbogen um den Wellenmittelpunkt O, während bei der Verdrehung des Expansionsexzenters um einen beliebigen Punkt O, Abb. 132, die Relativexzenter sich um O_1 drehen.

In den Abb. 131 und 132 wie auch bei der geradlinigen Verschiebung in Abb. 133 zeigt sich, daß die Scheitelkurven von Expansions- und Relativexzenter übereinstimmen. Der Mittelpunkt der Relativexzenter-Scheitelkurve liegt auf einer Parallelen zum Grundexzenter und ist um dessen Länge vom Mittelpunkt der Expansionsexzenterkurve entfernt.

Abb. 134 behandelt innere Einströmung am Expansionsschieber allein. Während in Abb. 131—133 das Expansionsexzenter die Diagonale des aus Grund- und Relativexzenter gebildeten Parallelogramms ist, wird in Abb. 134 das Grundexzenter zur Diagonalen. Infolgedessen sind durch G Parallele zu den verschiedenen Expansionsexzentrizitäten zu ziehen,

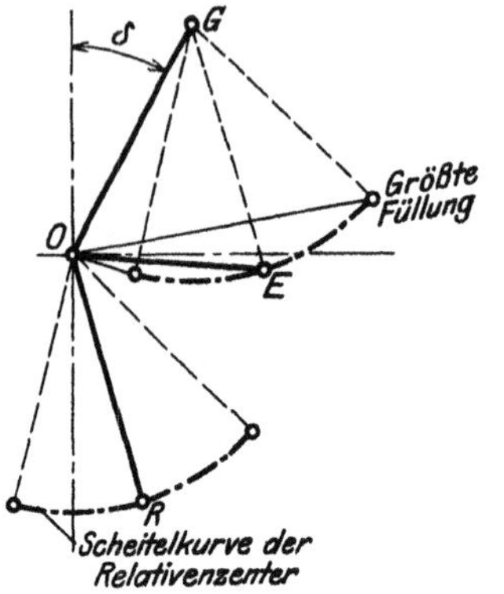

Abb. 131.

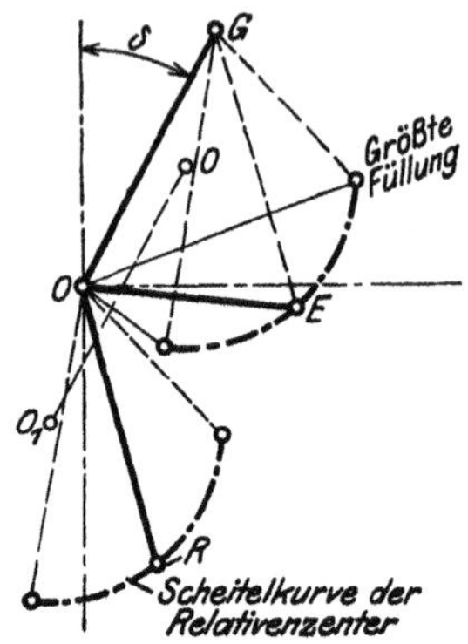

Abb. 132.

die gleiche Länge wie diese haben. Die Endpunkte dieser Parallelen liegen auf der gesuchten Relativexzenterscheitelkurve. Je kleiner die Voreilwinkel der Relativexzenter gewählt werden, um so kleiner wird das Expansionsexzenter.

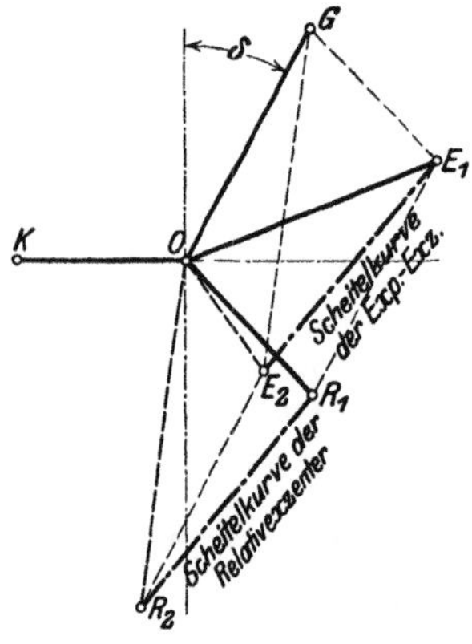

Abb. 133.

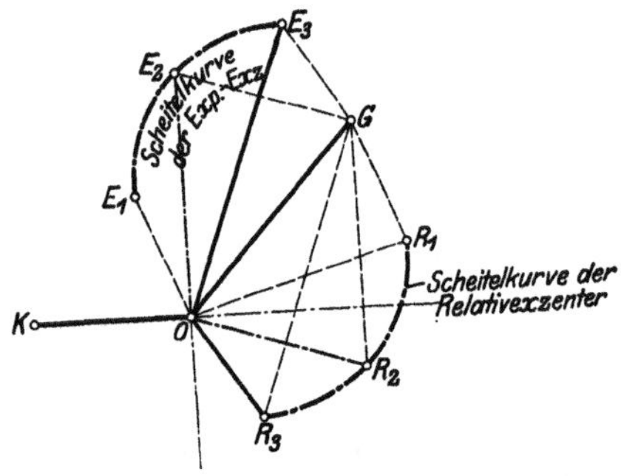

Abb. 134.

Eine hierhin gehörige Steuerung zeigt Abb. 135. Der Grundschieber ist als Flachschieber, der Expansionsschieber als entlasteter Kolbenschieber ausgeführt. In der gezeichneten Mittellage sind die Durchlaßkanäle um die Strecke y geöffnet. In den entsprechenden Schieberdiagrammen nach Abb. 136 und Abb. 137 dreht sich bei der Verstellung des Expansionsexzenters das Relativexzenter um O'. Befindet sich das Relativexzenter in OR, so muß der Expansionsschieber einen Weg $a + y$ zurücklegen, ehe der Durchlaßkanal geschlossen wird. Durch Loten des Punktes O auf die Verlängerung von RO wird in $R\,m$ der Kolbenweg während der Füllung gefunden.

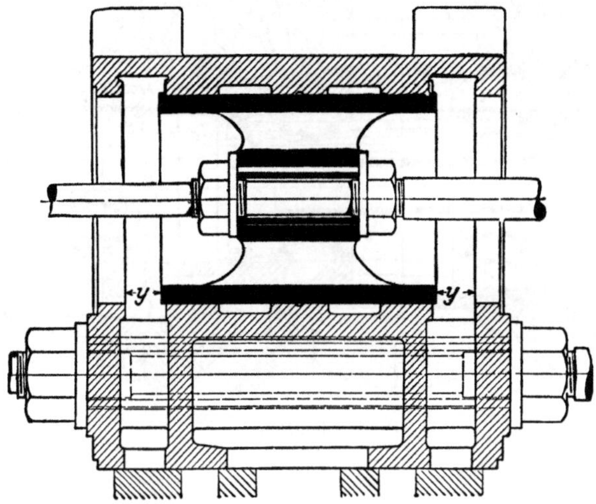

Abb. 135.

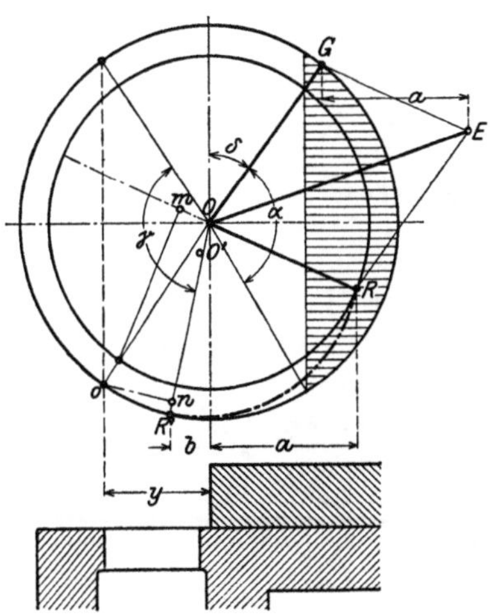

Abb. 136.

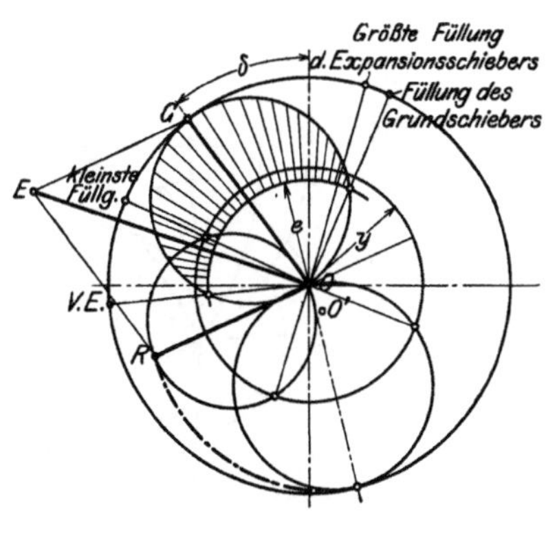

Abb. 137.

Die kleinste Füllung $R'n$ wird erhalten, wenn der Flachregler das Expansionsexzenter so eingestellt hat, daß bei Kurbeltotlage das Relativexzenter die Lage OR' einnimmt. Hierbei ist der Kanal um die Strecke b verdeckt und bis zum Füllungsschluß braucht nur der Expansionsschieberweg $(y - b)$ zurückgelegt zu werden. Unzeitige Wiedereröffnung des Durchlaßkanals ist am meisten bei kleinster Füllung zu befürchten. Dementsprechend muß der Winkel γ, nach dessen Zurücklegung der Durchlaßkanal wieder freigelegt wird, größer als Winkel α sein, währenddem der Grundschieber Füllung gibt.

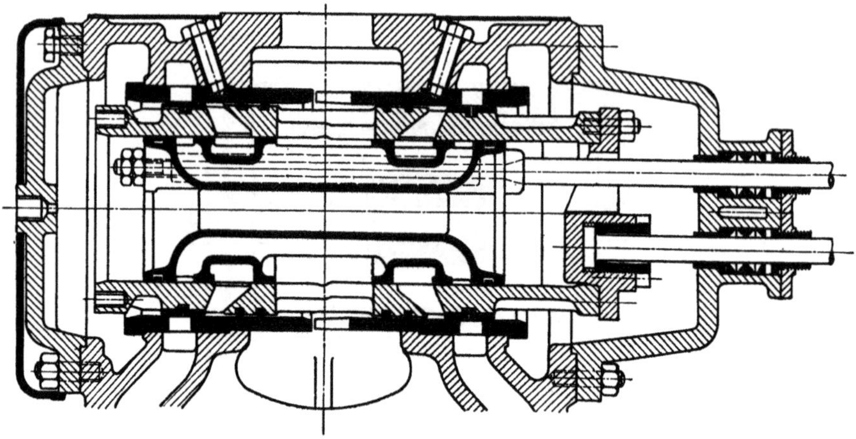

Abb. 138.

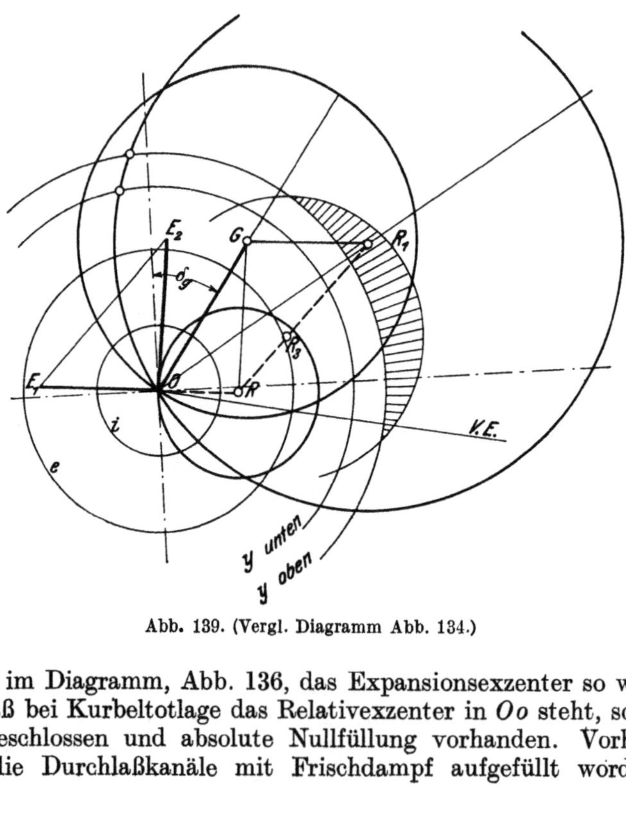

Abb. 139. (Vergl. Diagramm Abb. 134.)

Wird im Diagramm, Abb. 136, das Expansionsexzenter so weit verstellt, daß bei Kurbeltotlage das Relativexzenter in Oo steht, so ist der Kanal geschlossen und absolute Nullfüllung vorhanden. Vorher sind jedoch die Durchlaßkanäle mit Frischdampf aufgefüllt worden, der bei Beginn der durch den Grundschieber gegebenen Voreinströmung in den Zylinder strömt und die Maschine, falls Kondensation vorhanden, trotz höchster Regulatorstellung zum Durchgehen bringen kann. Absolute Nullfüllung erfordert sehr großen Muffenhub des Reglers. Dieser Nachteil wird bei der in Abb. 138 dargestellten Steuerung von Stein vermieden, deren Expansionsschieber in der relativen Mittellage die Durchlaßkanäle überdeckt. Beide Schieber arbeiten mit innerer Einströmung; der Expansionsschieber gibt doppelte Eröffnung.

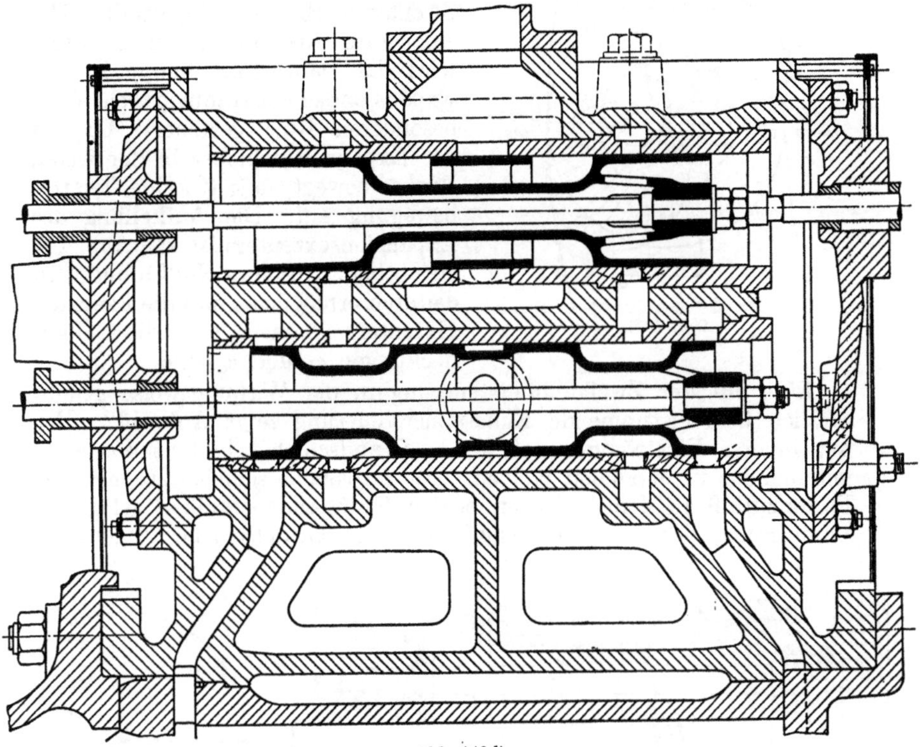

Abb. 140 [1]).

Abb. 139 zeigt das Zeunersche Diagramm einer Steinschen Steuerung mit äußerer Einströmung am Grundschieber, wobei das Grundexzenter OG in üblicher Weise aufgekeilt ist. Der Flachregler verstellt das nacheilende Expansionsexzenter auf einer Geraden E_1E_2 so, daß es bei der größten Füllung die kleinste Länge OE_1 hat und mit der Kurbel ungefähr gleichgerichtet ist. Bei der kleinsten Füllung eilt das Expansionsexzenter OE_2 um 90^0 vor. Die entsprechenden Relativexzenter sind OR und OR_1. Die Strahlen, deren Länge bei zweifacher Einströmung zu verdoppeln ist, geben die freigelegten Kanalweiten für eine Zwischenlage des Relativexzenters an. In Abb. 139 liegt der

[1]) Ausführung der Dinglerschen Maschinenfabrik, Zweibrücken.

kleinste Relativexzenterkreis vom Radius OR innerhalb der y-Kreise, die für den Ausgleich der Füllungen verschieden sind. Der Grundschieberkanal wird also überhaupt nicht mehr geöffnet und seine Auffüllung vermieden.

Im Gegensatz zu der Steuerung nach Abb. 135 gehören bei der Steinschen Steuerung die kleinen Exzenter zu den kleinen Füllungen, so daß durch die entstehende Dampfdrosselung der Leerlauf gesichert wird.

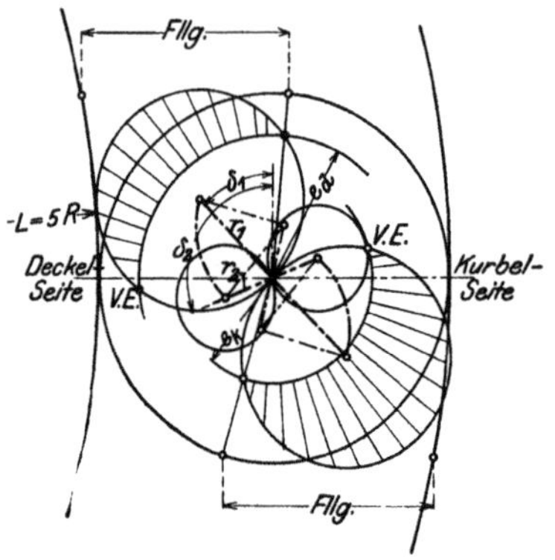

Abb. 141.

In Abb. 140 ist die Doerfelsche Zweikammerbauart eingestellt. Um eine gute Abdichtung zu erhalten, wird die Dampfeinströmung in den Expansionsschieberraum durch einen besonderen Ring gesteuert. Da sich der Expansionsschieber in der festen Buchse bewegt, so tritt keine Relativbewegung auf. Die Aufkeilung des Expansionsexzenters ist aus Abb. 141 ersichtlich. Absolute Nullfüllung wird dadurch ermöglicht, daß die kleinsten Exzenter kleiner als die Überdeckungen e_k und e_d sind.

Eine mit der Zweikammersteuerung in der Wirkungsweise grundsätzlich übereinstimmende Einkammersteuerung zeigt Abb. 142. Der mit innerer Einströmung arbeitende Grundschieber besteht aus zwei miteinander verbundenen Kolben. Der Expansionsschieber steuert den Dampfzufluß zu dem zwischen beiden Grundschieberkolben gelegenen Dampfraum, der bis zum Schluß der vom Grundschieber gegebenen

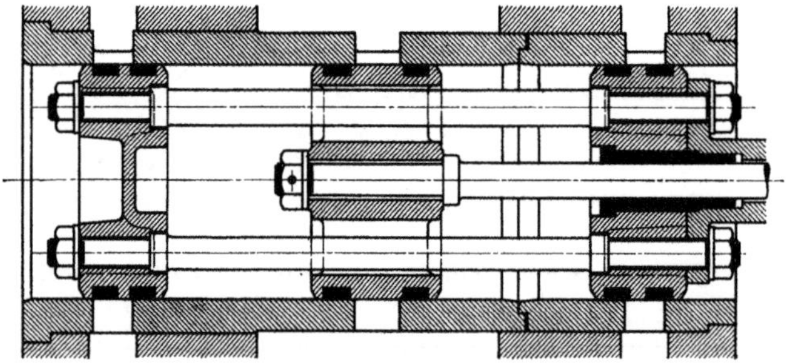
Abb. 142 [1]).

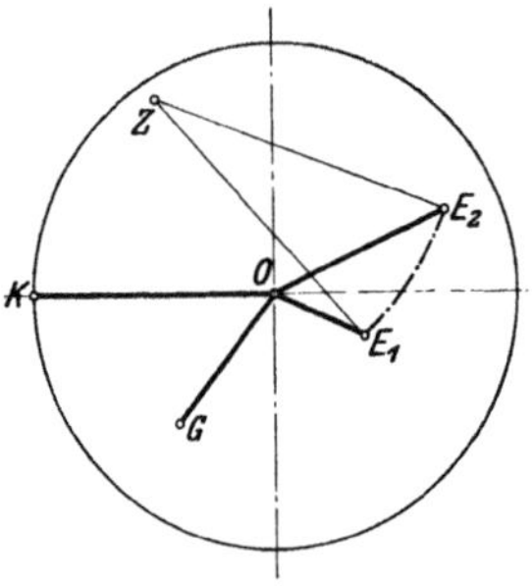

Abb. 143.

Füllung einen Teil des schädlichen Raumes bildet. Diese Ausführungsform hat den Nachteil, daß die beiden Flächen der Schieber ungleichen und plötzlich wechselnden Drücken ausgesetzt sind, was auf den Steuerungsantrieb und auf den Flachregler rückwirkt.

[1]) Maßstab 1:5.

Abb. 143 zeigt die zu diesem Schieber gehörige Exzenteraufkeilung. Grundexzenter OG eilt der Kurbel OK um $90^0 - \delta$ nach; das Expansionsexzenter wird vom Flachregler um den Aufhängepunkt Z gedreht.

4. Die Ausführung und Einstellung der Doppelschiebersteuerungen.

Bei den verhältnismäßig schmalen Expansionsplatten der Meyer-Steuerung ist besonders darauf zu achten, daß das durch die Schieberreibung verursachte Kippmoment zur Vermeidung ungleicher Abnutzung durch kleinen Abstand der Schieberstange von der Gleitfläche möglichst verringert wird. Die Mitnehmermuttern sollen so mit den Platten verbunden sein, daß diese vom Dampfdruck gegen den Grundschieberspiegel gepreßt werden. Um die Mitnehmermuttern auf die entgegengesetzt geschnittenen Gewinde bringen zu können, werden sie entweder zweiteilig ausgeführt und die beiden Hälften miteinander verschraubt, oder es wird die Schieberstange zwischen den Gewinden geteilt. Mitunter werden die Gewinde mit verschiedenem Durchmesser, also ungleicher Steigung hergestellt, so daß die Mutter mit größerem Gewinde über das kleinere gestreift werden kann. In diesem Fall wird das hintere Ende der Schieberstange außerordentlich dünn, wenn die Stange vorne nicht mit übermäßig großem Durchmesser ausgeführt wird.

Besonders empfehlenswert ist die Anordnung nach Regnier, der zwei besondere Buchsen (aus Bronze) mit Gewinde durch Keile mit der glatten Schieberstange verbindet.

Auf dem oberen Grundschieberspiegel sind Leisten zur Führung der Expansionsschieber anzuordnen. Die Spiegellänge ist so zu bemessen, daß bei größter Füllung die auseinandergeschraubten Platten in den Totlagen nicht zu weit überstehen. Das Handrad, mit dem die Expansionsschieberstange verdreht wird, ist entweder auf dieser fest aufgekeilt, macht also die Stangenbewegung mit, oder ist nur auf Drehung, nicht auf Verschiebung mit der Stange gekuppelt. Ein mit dem Handrad verbundener Zeiger gibt auf einer Skala die eingestellte Füllung an.

Bei den Meyer-Schiebern mit großer Schraube, Abb. 103, wird häufig ein Spielraum von etwa 1 mm zwischen Schraube und Mutter vorgesehen. Infolgedessen gelangen diese in den Schiebertotlagen für kurze Zeit außer Eingriff, wobei der Regulator leichter verstellen kann.

Die einfachen Rider-Expansionsschieber werden von den Schieberstangen meist durch ein Blatt nach Abb. 114 gefaßt.

Um den Expansionsschieber vom Dampfdruck zu entlasten, sind die Grundschieberspiegel nach Abb. 95 mit Aussparungen zu versehen. Die Kanäle sind von zusammenhängenden Leisten zu umgeben. Die Schieberstangen sind am hinteren Ende durch Stopfbuchsen oder besondere Führungsbuchsen zu führen. Blattfedern zwischen Stange und Expansionsschieber pressen diesen auch bei Stillstand der Maschine gegen die Lauffläche.

Die einfachste Verbindung der Kolbengrundschieber mit ihrer Stange ergibt sich nach Abb. 117, wenn die Stange exzentrisch faßt. Die durch die Massendrucke auftretenden Kippmomente sind trotz der großen Führungslänge der Schieber nicht ohne Bedeutung. Zentrische Kräftewirkung wird durch Anordnung zweier Stangen, die außerhalb des Schieberkastens durch ein Querstück, an dem die Exzenterstange angreift, verbunden sind, oder durch Ausführungen nach Abb. 116 erreicht. Die Expansionsschieberstange wird durch die hohle Grundschieberstange hindurchgeführt und am Austritt gegen diese durch eine Stopfbuchse abgedichtet.

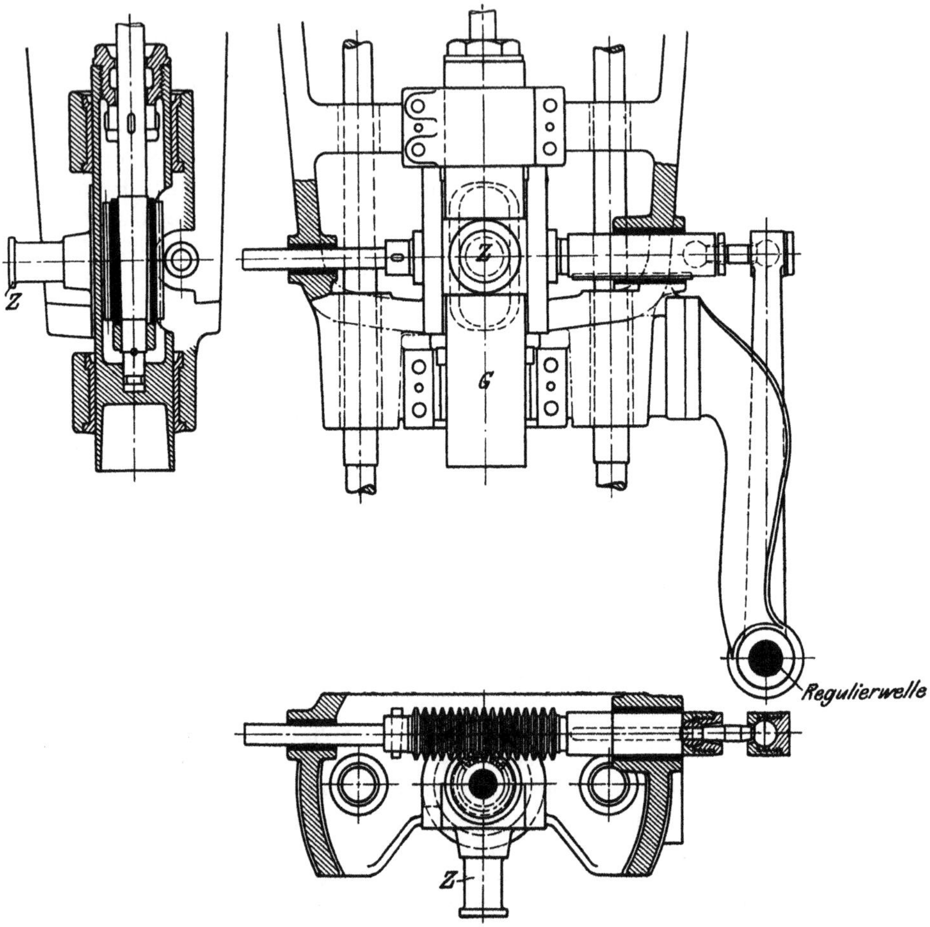

Abb. 144 [1]).

Was die Vorzüge der einzelnen besprochenen Schieberarten betrifft, so werden die entlasteten Rider-Schieber mit Zacken, deren Abwicklung in Abb. 121 wiedergegeben ist, wegen der ungenügenden Ausnutzung ihres Umfanges bezüglich der Kanallänge und wegen des Zurückkrümmens der Zacken bei höheren Temperaturen nur noch selten angewandt. Vor den Kolbenschiebern nach Rider haben die nach Meyer,

[1]) Regulator-Angriff von G. Kuhn, Stuttgart-Berg. Maßstab 1:10.

Abb. 104—106, den Vorzug geradliniger Kanäle auch im Expansionsschieber, so daß diese leichter hergestellt und zudem mit Dichtungsringen versehen werden können. Als Nachteile der Rider-Kolbenschieber überhaupt sind zu erwähnen: Der Expansionsschieber muß ziemlich leicht gehend eingeschliffen werden und hat dabei sehr viel undichten Umfang. Die gewundenen Stege verwerfen sich bei hohem

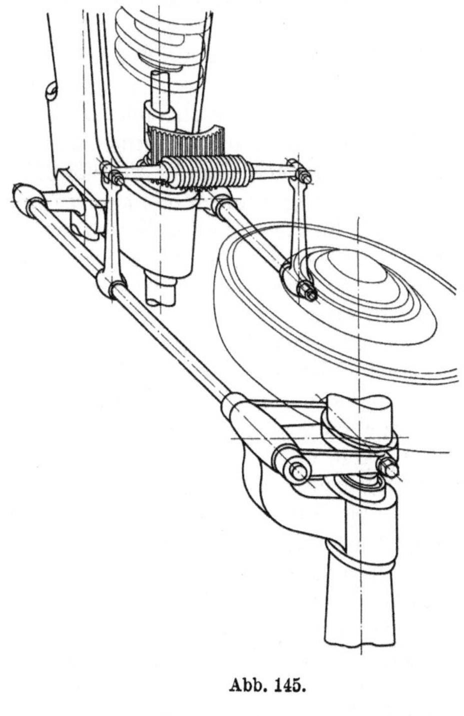

Abb. 145.

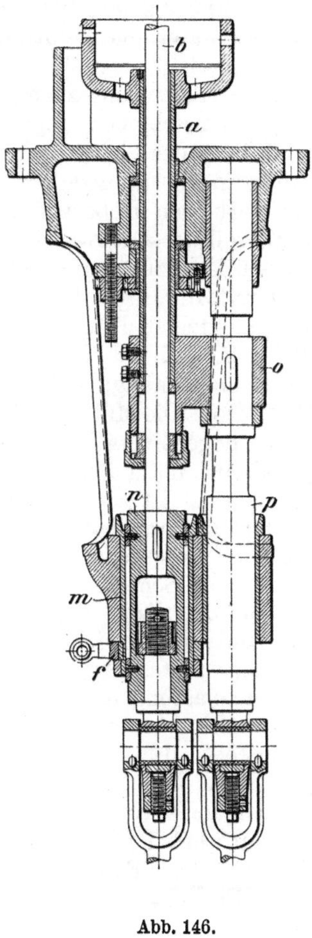

Abb. 146.

Druck und besonders bei Überhitzung. Der Grundschieber erhält stets übergroßen Durchmesser, folglich großes Gewicht und bei Ausführung von Schleifringen sehr komplizierte Ausarbeitung. Infolge des großen Grundschiebers wird auch der Kanal zum Zylinder sehr hoch und vergrößert die schädlichen Flächen; der Angriff des Regulators wird sehr teuer in der Ausführung. Von den Nachteilen, die ineinanderlaufende Schieber überhaupt haben, sind die Zweikammerbauarten frei, bei denen außerdem die Hintereinanderschaltung zweier Schieber die Undichtheitsverluste beschränkt. Die Schieberdurchmesser werden verkleinert, der Regulatorangriff einfacher. Ineinander gleitende Schieber kommen heute kaum noch zur Verwendung.

Zur Verringerung der Abnutzung wagerecht arbeitender Kolbengrundschieber können diese mit besonderen Tragflächen versehen werden.

Verschiedene Arten des Regulatorangriffes sind in den Abb. 144—146 dargestellt. Da bei den Meyer-Steuerungen die Expansionsschieberstange um ungefähr 180° verdreht werden muß, so verstellt bei diesen der Regulator eine Zahnstange, die in ein auf der Stange sitzendes Zahnrad eingreift. In Abb. 144 wird der Zapfen *Z* des Führungsstückes *G* von der Expansionsexzenterstange gefaßt. In dem Führungsstück ist die Expansionsschieberstange mit aufgekeiltem Zahnrad drehbar gelagert.

Infolge des kleineren Drehwinkels kann der Regler auf die Rider-Steuerungen unmittelbar einwirken. Damit in den äußersten Lagen der wirksame Hebelarm, an dem der Regler angreift, nicht zu klein wird, soll der Drehwinkel nicht mehr als etwa 60° betragen, so daß die Hebelübersetzung entsprechend einzurichten ist.

Greift die Regulatorzugstange unmittelbar an einem auf der Schieberstange sitzenden und mit dieser pendelnden Hebel an, so entsteht dadurch, daß das Ende der Stange einen Bogen beschreibt, während die Schieberstange sich geradlinig bewegt, eine Rückwirkung auf den Regulator. Die Muffe des Regulators wird sich entweder um die Pfeilhöhe dieses Bogens verschieben, was für die Regelung insofern nicht ungünstig ist, als bei nötig werdendem Eingriff nur die Reibung der Bewegung zu überwinden ist, oder die Muffe verharrt bei reichlicher Energie des Reglers in ihrer Stellung und der Schieber führt kleine Schwingungen um seine Längsachse aus. Bei den Ausführungen nach Abb. 113 und 114 ist die vom Schiebergewicht ausgeübte, einseitige Wirkung zu beachten, die auf den Regulator im Sinne einer Erhöhung oder Verkleinerung der Umlaufzahl wirkt. Diese Wirkung kann durch Anbringung eines Gegengewichtes auf der Schieberstange oder durch Veränderung der Muffenbelastung des Reglers beseitigt werden.

In Abb. 146 ist die Schieberstangenführung einer Rider-Steuerung dargestellt, durch die eine Rückwirkung auf den Regler vermieden wird. Die hohle Grundschieberstange *a* ist durch das Querstück *o* mit der Stange *p* verbunden, die vom Grundexzenter gesteuert wird. Der Regulatorhebel *f* verdreht eine Rotgußbuchse *m*, die durch Feder und Nut mit dem Führungsstück *n* auf Drehung gekuppelt ist. Das bei dieser Führung angewandte Querstück *o* ermöglicht bei entsprechender Entfernung zwischen Grundschiebermitte und Grundexzentermitte Verkürzung der Dampfkanäle und damit Verringerung des schädlichen Raumes.

Die Grundschieber der Expansionssteuerungen sind ohne Rücksicht auf die Füllung so einzustellen, daß bei möglichst gleicher Kompression und Vorausströmung genügende bzw. nicht zu große Voreinströmung auf beiden Kolbenseiten gegeben wird.

Ist der Expansionsschieber ohne Berücksichtigung der endlichen Pleuelstangenlänge entworfen worden, so ist er in der Weise einzustellen, daß bei der Belastung, mit der die Maschine normal arbeitet, die Füllungen auf beiden Seiten gleich sind. Hierauf ist der Betrag der kleinsten und der größten Füllung festzustellen.

Zum Anfahren der Maschine geeignete, große Füllungen können ohne übermäßigen Reglerhub dadurch erhalten werden, daß der Expansionsschieber bei tiefster Regulatorlage die unteren Kanalkanten nicht mehr überdeckt und die vom Grundschieber abhängige Füllung wirkt.

Bei Verwendung derselben Exzenterscheibenmodelle für Grund- und Expansionsexzenter wird größerer Radius des letzteren durch Versetzung der Kernmarke auf der Scheibe erhalten.

C. Die Steuerungen mit mehrfach geteilten Schiebern.

Die Vorteile, die sich aus der Zerlegung eines einzigen Steuerungsorgans in mehrere Einzelorgane ergeben, sind auf S. 135 erwähnt. Neben den mehrfach geteilten Flach- und Kolbenschiebern kommen hauptsächlich die Steuerungen mit Rund- oder Corliß-Schiebern in Betracht, die mit zylindrischer Gleitfläche ausgeführt werden und eine schwingende Bewegung erhalten. Derartige Schieber wurden zuerst von Corliß in der Anordnung nach den Abb. 151—152 angewandt: vier Schieber, zwei für Einlaß, zwei für Auslaß, liegen im oberen und unteren Scheitel des Zylinders senkrecht zu dessen Achse. Auch die Anordnungen nach Abb. 160 mit zweifach geteiltem Drehmuschelschieber und nach Abb. 154 mit unten liegenden Schiebern (eine Bauart, die Wheelock nachgebildet ist), werden vielfach als Corliß-Steuerungen bezeichnet.

1. Die Rundschiebersteuerungen.

Ausführung von Schieber und Zylinder. Gebräuchliche Ausführungen von Rundschiebern sind in den Abb. 147—149 dargestellt. In Abb. 147 ist die Kurbel, an der die steuernde Stange angreift, auf dem als Zapfen ausgestalteten Hahngehäuse gelagert und mit dem auf der Schieberspindel sitzenden Steuerungshebel verschraubt. In Abb. 148 ist der Hebel zwischen Spindel und Gehäuse gelagert. Bei diesen Anordnungen wird die Schieberspindel nur auf Verdrehung beansprucht und von verbiegenden Kräften, die auf den Gehäusedeckel übertragen werden, entlastet. Die Stopfbuchse wird ersetzt oder auch in ihrer Wirkung unterstützt durch einen Bund an der Spindel, der sich gegen die aufgeschliffene Fläche einer die Spindel umfassenden Buchse legt. Der zur Dichtung erforderliche Druck wird durch den auf den Bundquerschnitt wirkenden Dampfdruck und durch eine in axialer Richtung anpressende Spiralfeder erhalten. Diese ist bei den Schiebern von Kondensationsmaschinen besonders stark auszuführen, da bei diesen während der Auspuffzeit der vom Dampf herrührende Dichtungsdruck fehlt.

Die Schiebergehäuse werden selten ausgebuchst. Die Buchsen, deren Vorteil in ihrer leichten Auswechselbarkeit besteht, verziehen sich wegen ihrer großen Länge und geben Veranlassung zu Undichtheiten.

Wie bei dem Rider-Expansionsschieber ist auch bei dem Rundschieber die Spindel so mit dem Schieber zu kuppeln, daß dieser senkrecht sur Gleitfläche beweglich ist. Verschiedene Ausführungsarten der Spindel sind aus den Abb. 147—149 ersichtlich. Die Schieber werden an jedem

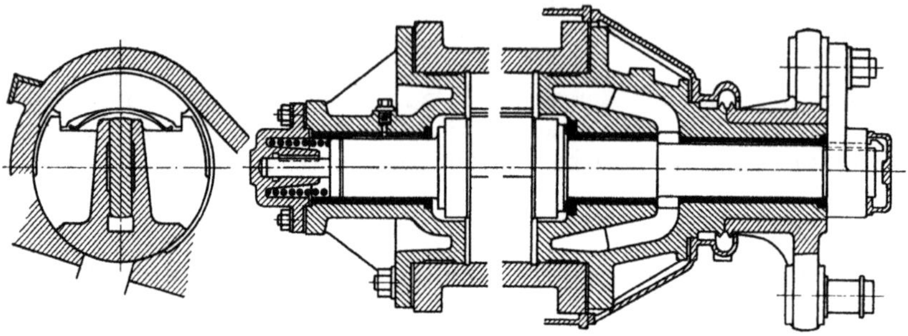

Abb. 147 [1]).

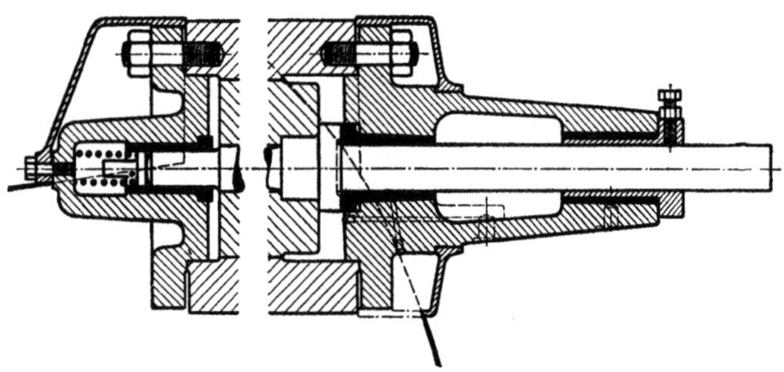

Abb. 148 [2]).

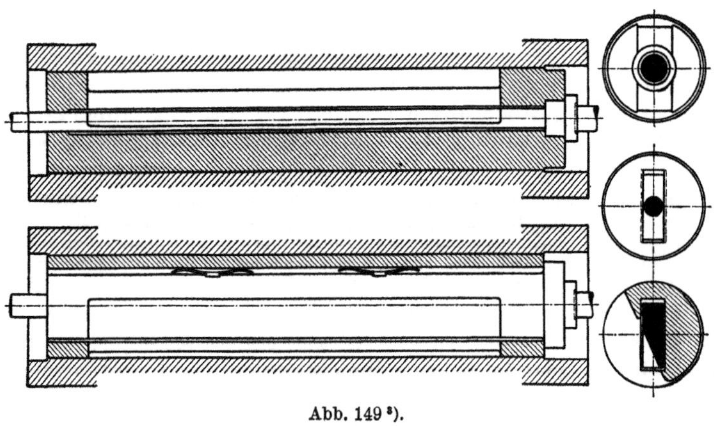

Abb. 149 [3]).

[1]) Ausführung der Maschinenfabrik G. Kuhn, Stuttgart-Berg. Maßstab 1:15.
[2]) Ausführung der Prager Maschinenbau-A.-G. Maßstab 1:10.
[3]) Ausführung der Prager Maschinenbau-A.-G. Maßstab 1:15.

Ende mit einer Scheibe ausgeführt, die zur Führung und Vergrößerung der Auflagerfläche dient. Damit sich die Schieber bei starken Wasserschlägen abheben können, läßt man diese Führungsscheiben häufig über einen Umfang von weniger als 180° sich erstrecken.

In Abb. 151 werden zwei Blätter, die durch die runde Spindel miteinander verbunden sind, in die Führungsscheiben eingelegt, während bei den Auslaßschiebern derselben Figur das Blatt durch den ganzen Schieber geht, so daß durch diese Ausfüllung der schädliche Raum verringert wird. Denselben Zweck verfolgt die Abschrägung der Spindel bei dem Auslaßschieber in Abb. 149. In Abb. 147 und 152 sind die Führungsscheiben mit einer Kappe versehen, die das Einlegen der Blätter in radialer Richtung gestattet. Diese Ausführungsform ist besonders zweckmäßig, da sie den Schieber zuverlässig zentriert, das Abheben und „Brummen“ verhindert. Der Schieber stemmt sich oft mit der in der Bewegungsrichtung liegenden Vorderkante ein und hebt sich mit der Hinterkante auf, die Spindel federt und es stellt sich leicht eine absetzende Bewegung ein, bei der das ganze Gestänge sehr schwer arbeitet. Leichterer Gang läßt sich dann nur durch sehr starke Ölzufuhr erreichen Mitunter faßt das Blatt auch nur die vorne liegende Führungsscheibe

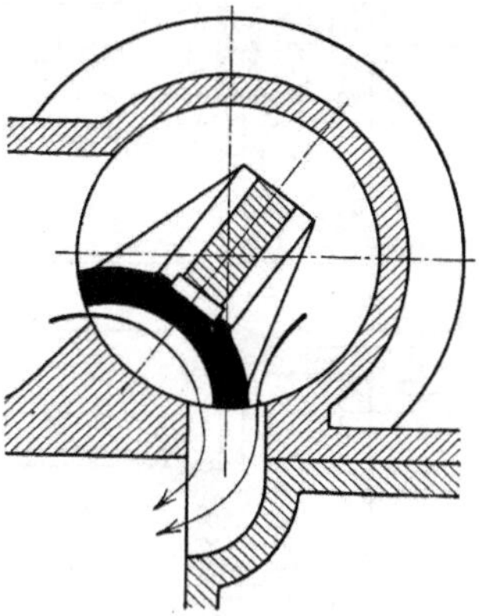

Abb. 150.

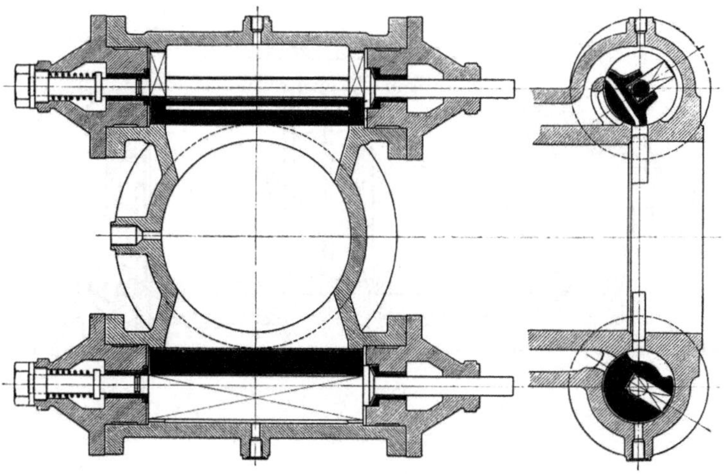

Abb. 151 [1]).

wobei die Spindel nicht durchzugehen braucht. In diesem Fall wird es möglich, die Blatthöhe annähernd gleich Scheibendurchmesser zu

[1]) Ausführung der Maschinenfabrik Kalff & Dubbel, Aachen. Maßstab 1:10.

nehmen. Die Kraftverhältnisse werden günstiger, da die Spindel mittels Kräftepaares den Schieber bewegt und mit der Blatthöhe auch der Hebelarm dieses Kräftepaares wächst.

Besonders leichter Gang wird erzielt, wenn nach Doerfel der Mitnehmer bis unter den gleitenden Umfang des Schiebers herab-

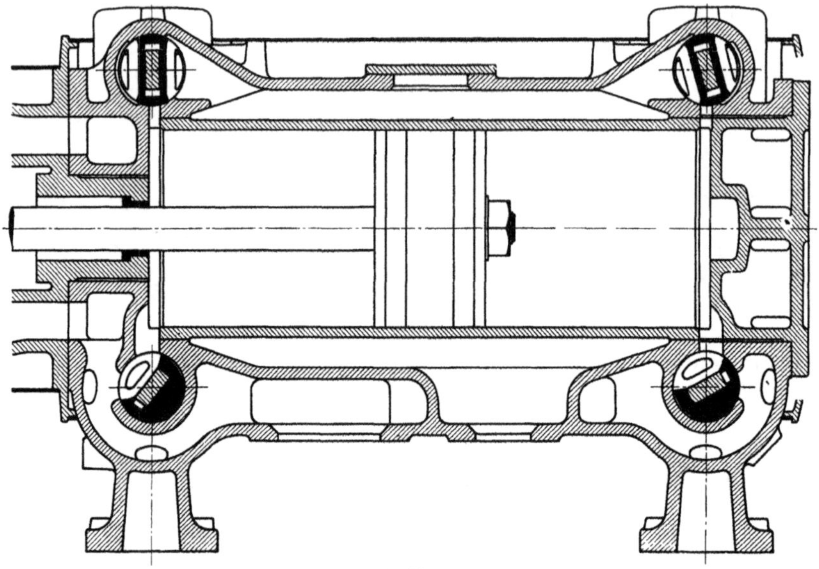

Abb. 152 [1]).

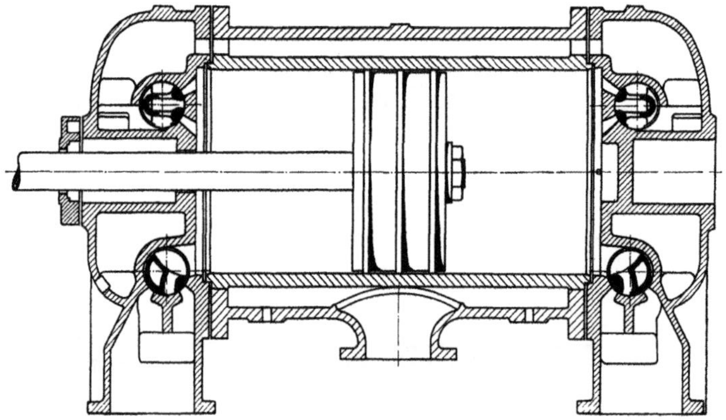

Abb. 153.

geführt wird. Die Scheiben, in welche die Mitnehmer eingelegt werden, liegen exzentrisch zur Gehäusebohrung. Diese Angriffsweise wirkt dem Einstemmen der vorangehenden Kante direkt entgegen. Für die Heraus-

[1]) Hochdruckzylinder der Elsässischen Maschinenbau-Ges., Mülhausen. Maßstab 1:20.

nahme des Schiebers müssen bei dieser Bauart beide Deckel gelöst werden.

Blattfedern zwischen Spindel und Schieber werden vielfach ausgeführt, damit auch bei Stillstand der Maschine der Schieber gegen seine Gleitfläche gepreßt und richtiges Anliegen bei der Inbetriebsetzung gewährleistet wird. Blattfedern werden nötig, wenn, wie mitunter bei dem oberen Einlaßschieber stehender Zylinder, das Schiebergewicht nicht im Sinne des Dichtungsdruckes wirkt.

Die Spindel muß in der Weise in den Schieber eingelegt werden, daß ihre Mittellinie mit der Linie, die vom Schwingungsmittelpunkt des Schiebers nach Mitte Gleitfläche zu ziehen ist, zusammenfällt, Abb. 170. Bei erheblicher Abweichung beider Linien voneinander ergibt sich eine Komponente, die den Schieber gegen das Blatt der Spindel drückt, diese auf Biegung beansprucht und durch die Reibung zwischen Blatt und Schieber des letzteren Beweglichkeit verringert.

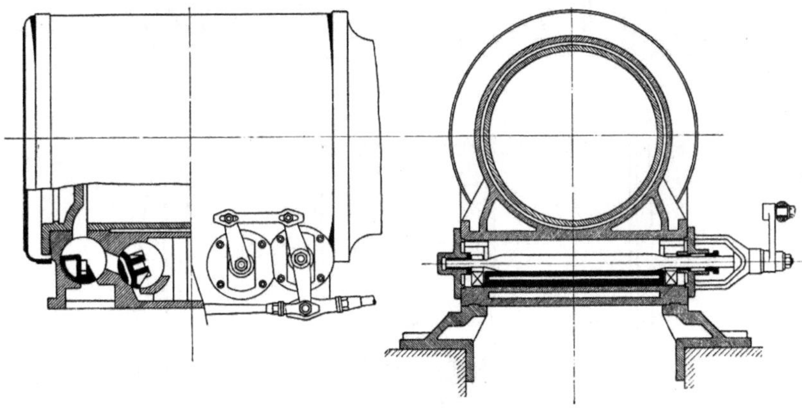

Abb. 154 [1]).

Der Schieberquerschnitt wird in der Hauptsache von der Kupplung mit der Spindel bestimmt, ist aber stets durch Rippen zu verstärken, die den Schieber genügend widerstandsfähig gegen Verziehen machen. Bei größeren Schiebern empfiehlt sich die Anordnung von Querrippen, die senkrecht zur Schieberachse stehen und auf Stegen, die den Dampfkanal durchsetzen, laufen. Die Auflagerfläche wird dadurch wirksam vergrößert.

Um nicht durch den im Zylinder herrschenden Dampfdruck von der Gleitfläche abgedrückt zu werden, sind die Auslaßschieber in der Weise anzuordnen, daß sie vom Druck des arbeitenden Dampfes gegen die Mündung des Auspuffraumes gepreßt werden. Gegenüber der Anordnung des Einlaßschiebers bedingt diese Lagerung des Auslaßschiebers eine wesentliche Vergrößerung des schädlichen Raumes und der schädlichen Flächen.

---

[1]) Ausführung der Sundwiger Eisenhütte.

Sowohl Ein- als Auslaßschieber können mit mehrfacher Eröffnung nach Trick oder Penn ausgeführt werden. Mehrfache Eröffnung nach Trick zeigen die Abb. 150 und 151.

In Abb. 150 fehlt die untere Begrenzung des Trick-Kanals, so daß der schädliche Raum um den Inhalt des entstehenden Muschelraumes

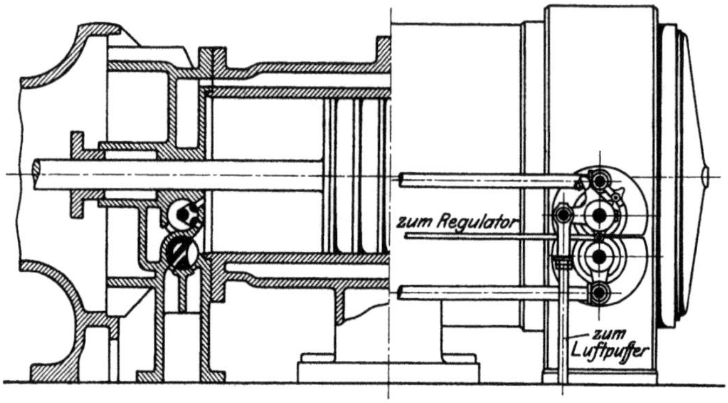

Abb. 155 [1]).

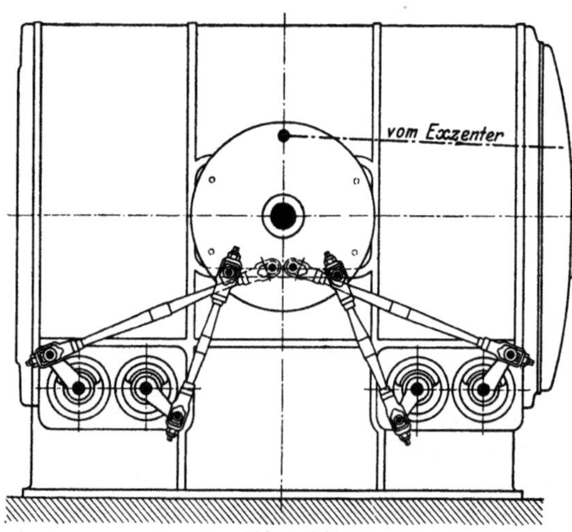

Abb. 156 [2]).

vergrößert wird. Auch durch die mehrfache Eröffnung nach Penn in den Abb. 153 und 155 wird der schädliche Raum namentlich des Auslaßschiebers vergrößert.

Auch bei den Rundschiebern ist Durchführung vollständiger Entlastung, die aber stets zu Mißerfolgen geführt hat, versucht worden.

[1]) Hochdruckzylinder der Ateliers du Thiriau, La Croyère (Belgien). Maßstab 1:30.

[2]) Mitteldruckzylinder der Prager Maschinenbau-A.-G.

Entlastete Rundschieber klemmen entweder oder sind bei leichtem Gang undicht. Ebensowenig bewähren sich konische, in axialer Richtung nachstellbare Schieber, da die infolge der verschiedenen Durchmesser voneinander abweichenden Umfangsgeschwindigkeiten ungleiche Abnutzung verursachen. Auf ausreichende Schmierung der Rundschieber ist besonders zu achten und bei höheren Dampfdrucken ist für jeden Einlaßschieber besondere Preßschmierung vorzusehen. Die Gleitflächen sind mit Ölnuten auszuführen. Auch dem sich gegen die Spindelbuchse legenden Bund ist Öl zuzuführen. Dampfwasser, das durch diese Dichtung fließt, wird im Schiebergehäuse gesammelt und durch besondere Röhrchen abgeleitet.

Beispiele liegender Corliß-Zylinder zeigen die Abb. 151—155. Die Auslaßschieber sind stets unten angeordnet, um einfache und

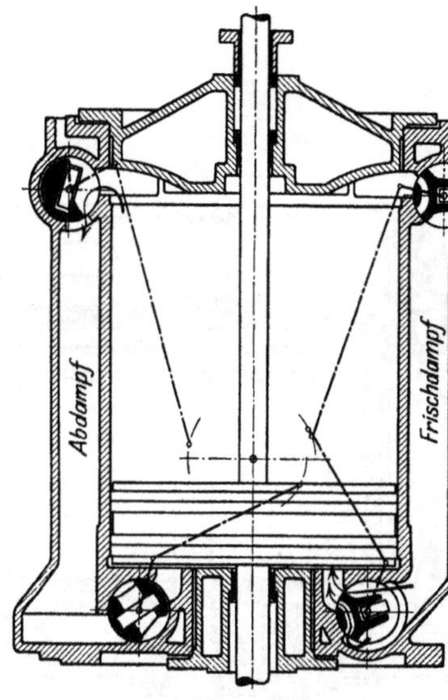

Abb. 157 [1]).

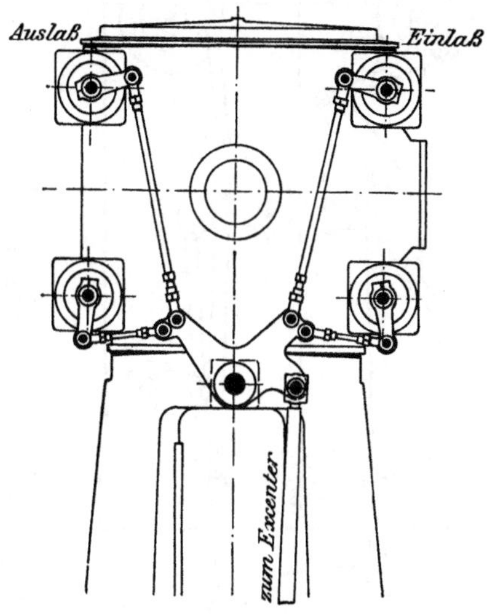

Abb. 158 [2]).

selbsttätige Entwässerung des Zylinders zu ermöglichen. In Abb. 151 wird der angegossene Dampfmantel unten vom Auspuffraum unterbrochen. Die Bauart ist jedoch nur für Niederdruckzylinder zu empfehlen, richtiger ist getrennte Abströmung nach unten. Eingesetzte Laufzylinder vergrößern den schädlichen Raum in geringem Maße durch die erforderlich werdende Verlängerung der Dampfkanäle.

Besonders kleine schädliche Räume werden durch Lagerung der Schieber in den Deckeln erhalten. Das Zylindergußstück wird dadurch sehr vereinfacht, da der Zylinder selbst nur aus einem beide Deckel miteinander verbindenden Laufrohr besteht. Der schädliche Raum kann weiterhin dadurch verkleinert werden, daß durch besondere Lagerung

[1]) Mitteldruckzylinder der Prager Maschinenbau-A.-G. Maßstab 1:30.
[2]) Niederdrucksteuerung der Elsässischen Maschinenbau-Ges., Mülhausen.

der Auslaßschieber diese während der Auspuffperiode in den Zylinderraum hineinragen. Die Anordnung ist so zu treffen, daß bei einem Bruch im äußeren Gestänge der stehenbleibende Schieber vom Kolben geschlossen werden kann.

Bei der Bauart mit unten liegenden Schiebern, Abb. 154—156, die das Aussehen der Steuerung vereinfacht, ist besonders auf Vermeidung von Gußanhäufungen an den zu je zweien nebeneinanderliegenden Hahngehäusen zu achten. Abb. 155 zeigt die Unterbringung der Schieber in den Deckeln.

In Abb. 157 ist eine Schieberanordnung für stehende Maschinen dargestellt. Bei dieser von Doerfel herrührenden Ausführung sind

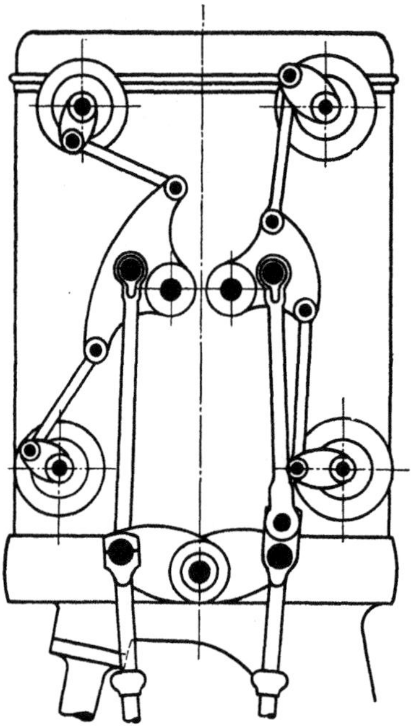

Abb. 159 [1]).

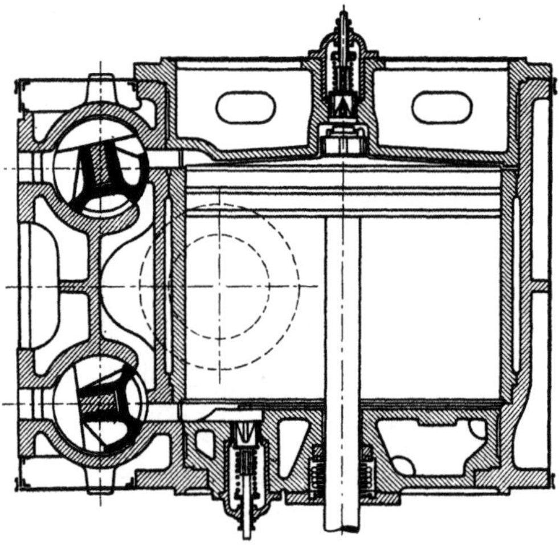

Abb. 160 [2]).

die beiden unteren Schieber im Deckel gelagert, die oberen Schieber in Hahngehäusen am Zylinder untergebracht. Die Bauart gibt günstig liegende Laufflächen, bequeme Anordnung der die unteren Schieber mit den oberen verbindenden Kanäle und freie Zugänglichkeit des Kolbens.

Die Schieberhebel werden entweder unmittelbar oder unter Vermittlung einer Schwingscheibe vom Exzenter angetrieben. Die verschiedenen Anordnungen der äußeren Steuerung für Schieberlagen nach

[1]) Mitteldrucksteuerung der Maschinenfabrik Augsburg-Nürnberg, Werk Nürnberg. Maßstab 1:40.

[2]) Niederdruckzylinder von 800 mm Durchmesser der Maschinenfabrik Haniel & Lueg, Düsseldorf.

Corliß und Wheelock sind in den Abb. 154—156 und 158—159 für liegende und stehende Maschinen dargestellt. In Abb. 155 haben Einlaß- und Auslaßschieber getrennten Antrieb, womit aus noch zu erörternden Gründen eine Erweiterung der Füllungsgrenzen bei Ausklinkung verbunden ist. Das Gestänge, das die Exzenterbewegung

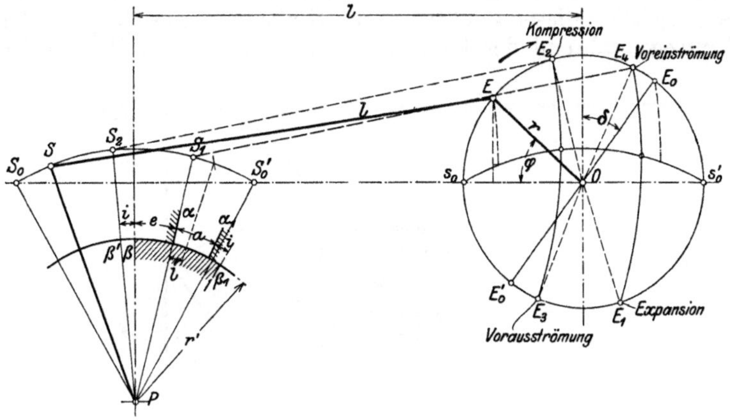

Abb. 161.

auf die Schieberhebel der Kurbelseite und von diesen auf die Hebel der Deckelseite überträgt, soll womöglich in einer Ebene liegen, um eckende Bewegungen zu vermeiden.

In Abb. 156 kreuzen sich die Triebstangen, so daß die Antriebzapfen der Auslaßschieberstangen hinter der Schwingscheibe unterzubringen sind.

Abb. 159 zeigt getrennten Antrieb für Ein- und Auslaß; die Voreilwinkel beider Bewegungen sind verschieden, wodurch größere Unabhängigkeit in der Dampfverteilung gegeben ist. Um bei großen Maschinen Erzitterungen der langen Exzenterstangen zu vermeiden, werden diese durch Anordnung von Schwingen verkürzt. In Abb. 158 wird derselbe Zweck durch tiefliegende Lagerung des Schwinghebels erreicht.

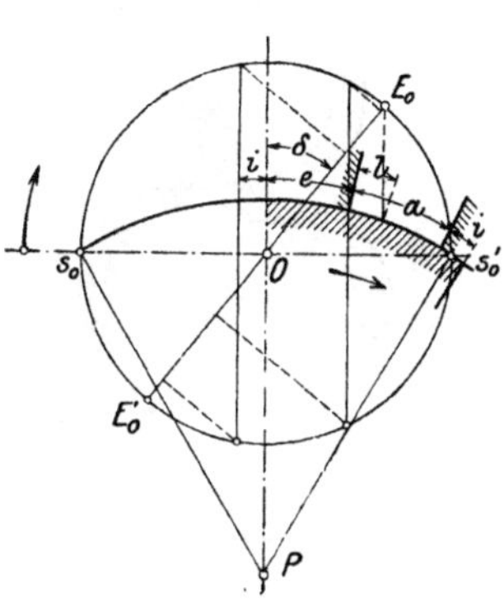

Fig. 162.

Darstellung im Diagramm. In den Abb. 161—165 ist die Anwendung des Müller-Seemannschen Schieberdiagramms auf beide Antriebsarten dargestellt[1]). In Abb. 161 ist die endliche Länge sowohl der Schub- als auch der Exzenterstange berücksichtigt, wobei angenommen ist, daß die Verbindungslinie der Endpunkte S_0 und S_0' durch den Mittelpunkt O der Exzenterbewegung geht. Werden auf dem mit dem Radius r' des Rundschiebers vom Punkt P aus geschlagenen Kreis die Kanalbreite a

[1]) Seemann, Z. Ver. deutsch. Ing. 1898, S. 669.

und die Überdeckungen e und i im Bogen gemessen aufgetragen, so geben die Strahlen OS_1 und OS_2 den Beginn der Voreinströmung und der Expansion, bzw. der Vorausströmung und der Kompression an. Die Dauer dieser Dampfverteilungsperioden wird gefunden, indem von S_1 und S_2 Kreisbogen mit dem Radius l geschlagen werden, die auf dem Umfang des Exzenterkreises die Punkte E_1 bis E_4 festlegen. Durch Bogenprojektion dieser Punkte auf die Kolbenweglinie E_0E_0' werden die Kolbenwege während der Expansion usw. in bekannter Weise erhalten.

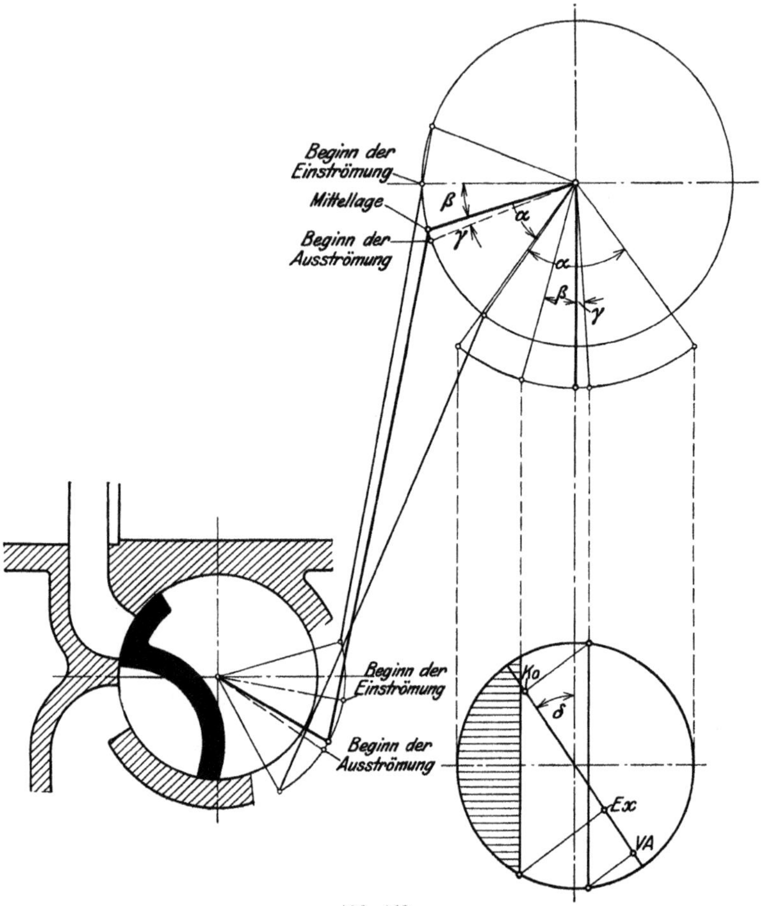

Abb. 163.

In der überwiegenden Mehrzahl der Fälle kann die endliche Exzenterstangenlänge vernachlässigt werden. Wird dann das Müllersche Diagramm über den von einem Punkt des Schieberumfanges beschriebenen Bogen aufgetragen, so ergibt sich das vereinfachte Diagramm nach Abb. 162. Dies unterscheidet sich von den früheren Darstellungen, Abb. 10, nur dadurch, daß Kanalbreite und Überdeckungen auf dem Schieberumfang, und nicht auf der Wagerechten, aufgetragen sind.

In Abb. 163 ist die Dampfverteilung für eine Steuerung mit zwei Drehmuschelschiebern ermittelt. Doerfel führte diese Steuerungen so aus, daß Ein- und Auslaß jeder Zylinderseite von nur einem Schieber gesteuert und beide Schieber von einer Schwingscheibe angetrieben werden. Mit dem geschränkten Antrieb wird erreicht, daß der Ausschlagwinkel für den Einlaß einem Schieberwege (e + a), für den Auslaß (i + a) entspricht. Die Muschelweite braucht nur gleich der doppelten Kanalbreite plus Stegstärke zu sein. (In der Ausführung nach Abb. 162 ist die Muschelweite größer, da die Kanten den Kanal überschleifen; die Schieberwege sind größer als (e + a) bzw. (i + a). Der für eine Seite wiedergegebene Schieber ist in seiner Mittellage gezeichnet, so daß er den Kanal um die Strecken *e* und *i* überdeckt. Die stärker ausgezogenen Linien des Gestänges beziehen sich auf diese Mittellage. Die Voreinströmung beginnt, wenn die Schwingscheibe um den Winkel β aus der Mittelstellung herausgeht, wobei am Schieberumfang der Weg *e* zurückgelegt wird. Der Überdeckung *i* entspricht der Winkel γ. Das Müller-Seemannsche Diagramm wird über den vom Endpunkt der Exzenterstange beschriebenen Kreisbogen gezeichnet, woraus die Dampfverteilung in der ersichtlichen Weise folgt. Die Vorteile des geschränkten Antriebes gegenüber der einfachen Exzenterbewegung gehen aus dem für einen anderen Fall entworfenen Eröffnungsdiagramm nach Abb. 164 hervor, dessen Abszissen die Kolbenwege, dessen Ordinaten die Schieberwege darstellen. Um die verhältnismäßig kleine Niederdruckfüllung ohne allzugroße Kompression zu erreichen, wird häufig die innere Überdeckung i = 0 oder wie in Abb. 164 sogar negativ gewählt. Die durch die Steuerscheibe erzielten Eröffnungen während der Füllung sind fast doppelt so groß wie beim einfachen Exzenterantrieb, wie die für diesen eingezeichnete Schieberellipse erkennen läßt. Die Anordnung der Steuerscheibe ist auch der Anwendung eines Trick-Schiebers vorzuziehen, da dieser für ähnlich günstige Einlaßbewegung größer ausfällt.

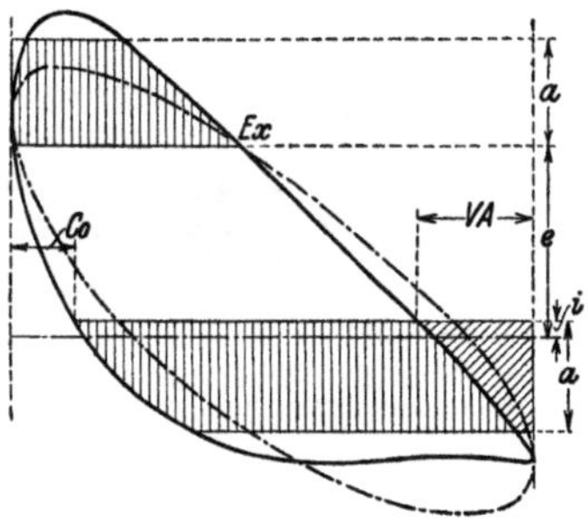

Abb. 164 [1]).

In Abb. 165 ist der Antrieb von vier Schiebern durch eine Schwingscheibe dargestellt. Die beiden Schieber einer Zylinderseite sind für den Augenblick der Eröffnung bzw. des Schlusses wiedergegeben; zu diesen Schieberstellungen gehören die Gestängelagen *22'* und *II II'*. Bei den äußersten Lagen der Schieber befindet sich das Gestänge in den Strecklagen *44'* und *IV IV'*; die Gestängemittellage ist stark ausgezogen. Aus dieser geht die Schwingscheibe nach jeder Seite um den Winkel $a = \beta$ heraus. Schlägt man aus den Punkten *3* und *4* bzw. *III* und *IV* mit den Stangenlängen 22' und *II II'* Kreise, so schneiden diese auf

[1]) Maßstab 1:4.

dem vom Endpunkte des Schieberhebels beschriebenen Bogen die Punkte $4'$ und $3'$ bzw. IV' und III' ein. Die Ausschläge der Schieberhebel, von der Mittellage aus gemessen, weichen also stark voneinander ab, trotz der gleichen Ausschläge der Schwingscheibe.

Der Winkel γ_1 wird während der Füllung hin und zurück beschrieben, ebenso Winkel γ während der Ausströmung. Der äußeren Überdeckung e entspricht der Weg $\overline{12}$, der inneren Überdeckung i Weg $I\ II$.

Auslösende und paarschlüssige Steuerungen. Eine auslösende Steuerung ist in Abb. 166 dargestellt. Die Regulierstangen r werden mittels

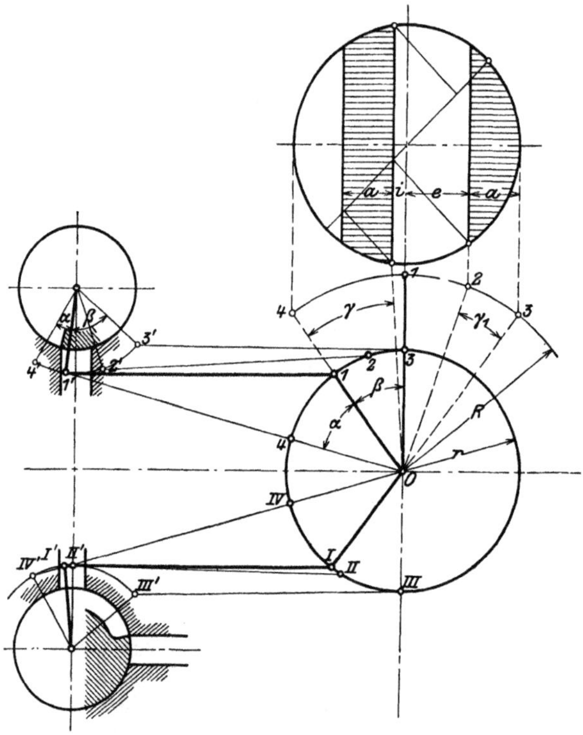

Abb. 165.

Handrad, das durch einen Regulator ersetzt werden kann, um den Zapfen z gedreht. Die Klinke k faßt den Anschlag k_1 des Schieberhebels und nimmt diesen mit, bis der mit Klinke k verbundene Hebel s gegen die von den Regulierstangen r eingestellte Nase a trifft.

Treibt die Exzenterstange auch die Auslaßschieber an, was in Abb. 166 nicht der Fall ist, so muß das Exzenter OE der Kurbel um den Winkel δ voreilen, Abb. 167a. Da die Klinke nur beim Hingang des Exzenters ausgelöst werden kann, so muß sie spätestens bei der Exzentertotlage ausgelöst sein, und die Füllung dauert nur während des Kolbenweges s an. Dieser Füllungsweg wird praktisch vergrößert um die Strecke, die der Kolben während der Schließzeit des Rundschiebers zurücklegt. Durch entsprechende Einstellung des den Schieber nach der Auslösung in die Schlußlage zurückbringenden Luftpuffers läßt sich die Füllung, wenn auch bei starker Drosselung gegen Füllungsende, vergrößern.

Zweckmäßiger ist die Anordnung zweier Exzenter, von denen das für den Auslaß nach Abb. 167 a, das für den Einlaß nach Abb. 167 b aufgekeilt wird. *c* stellt diejenige Strecke dar, um die sich das Exzenter bis zum Aufsetzen der Klinke aus der Totlage herausbewegt. Nach

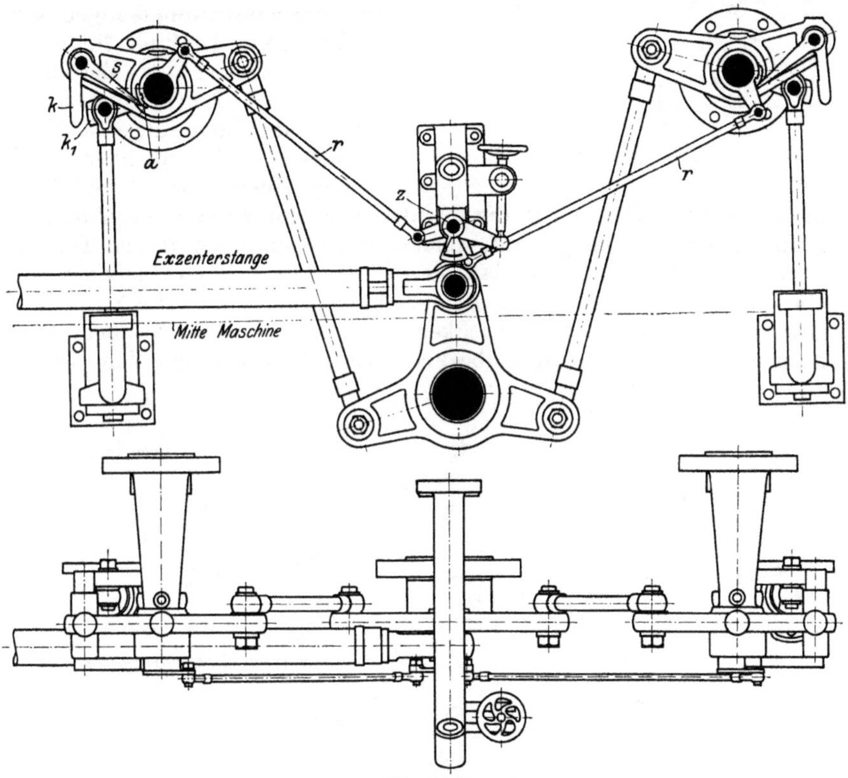

Abb. 166 [1]).

Aufsetzen der Klinke wird sodann die Überdeckung *e* zurückgelegt. Wie Abb. 167 b zeigt, ist der Füllungsweg *s* gegenüber Abb. 167 a bedeutend verlängert. Abb. 167 a läßt auch die Notwendigkeit der Schwingscheibe für auslösende Corliß-Steuerungen erkennen. Da die Massen der Schieber große Beschleunigungskräfte erfordern, auch der Reibungswiderstand bedeutend ist, so muß zur Vermeidung harter Stöße und unzulässiger Kräftewirkungen die Anschlagplatte von der Klinke bei kleiner Geschwindigkeit gefaßt werden. Um dies ohne Schwing-

[1]) Ausklinksteuerung mit Handregulierung der Siegener Maschinenbau-A.-G. Maßstab 1:25.

scheibe zu erreichen, müßte die Klinke kurz nach Totlage des Exzenters auftreffen und der Schieber mit einer dem Exzenterweg (2r — s — c) entsprechenden Überdeckung versehen werden. Die Ausführung einer Überdeckung von derartiger Länge ist natürlich unstatthaft.

Bei der Aufkeilung nach Abb. 167 b kann hingegen die Überdeckung so lang gewählt werden, als die Rücksicht auf die Abdichtung bedingt. Der negative Voreilwinkel ist durch die Strecke (e + c) bestimmt, und die Ausführung einer Schwingscheibe erübrigt sich. Die Art der Aufkeilung ist weiterhin auf die Anordnung eines zwangläufigen Notschlusses von Einfluß. Beim Anlaufen der Corliß-Maschinen bleiben die Einlaßschieber der auslösenden Steuerungen häufiger hängen. Der Dampf bläst durch den geöffneten Kanal und beim zweitfolgenden Hub trifft die Klinke nicht im annähernd hintersten Punkt des Schieberweges auf, sondern hat schon einen großen Teil des letzteren zurückgelegt, so daß sie bei größerer Geschwindigkeit mit starkem Stoß aufsetzt. Bei positivem Voreilwinkel kann die Maßnahme getroffen werden, daß das rückkehrende Gestänge den Schieber (also noch während des Füllungshubes) schließt. Bei negativem Voreilwinkel

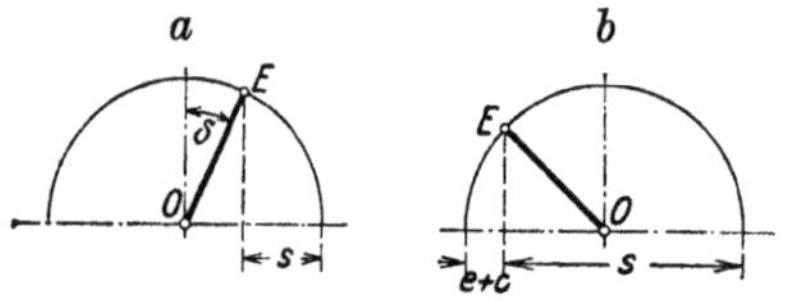

Abb. 167.

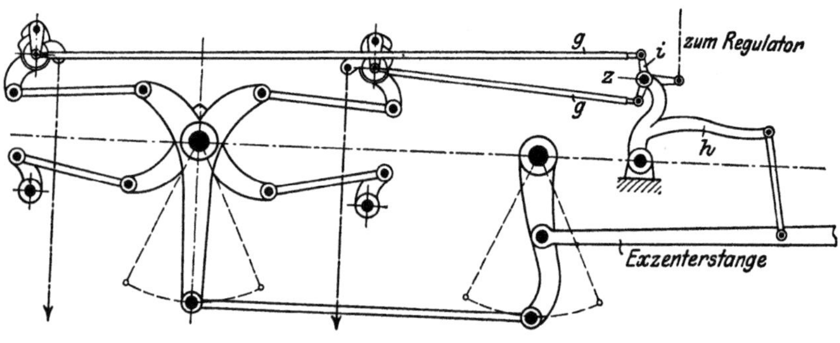

Abb. 168[1]).

ist dieser Notschluß infolge der während des nahezu ganzen Füllungshubes gleichbleibenden Bewegungsrichtung des Gestänges nicht ausführbar.

Dieser Notschluß wird im wesentlichen durch dieselben Mittel, wie in Abb. 328 und 330 für Ventilsteuerungen angegeben, herbeigeführt.

Eine Steuerung, die durch besondere Einrichtungen große Füllungen bei Anwendung nur eines nach Abb. 167 a aufgekeilten Exzenters ermöglicht, zeigt Abb. 168—169.

---

[1]) Entwurf von Frikart. Maßstab 1:25.

Bei dieser Steuerung von F r i k a r t erhält die Klinke eine selbständige Bewegung. Die geschlossene Kurve, in der sich die Klinke bewegt, wird je nach Belastung der Maschine vom Regulator geändert und gleichzeitig verlegt. Abb. 168 zeigt die Zusammenstellung der Steuerung. Die Exzenterstange versetzt den Hebel *h* in eine schwingende

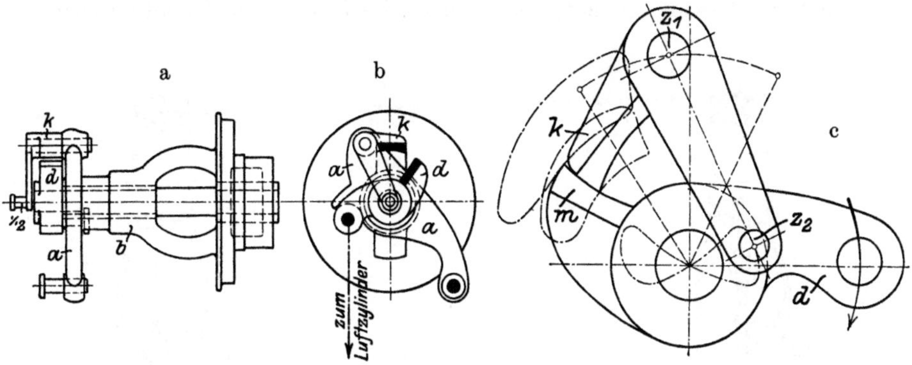

Abb. 169 a—c [1]).

Bewegung. Im Zapfen *z* der Schwinge *h* ist der dreiarmige Hebel *i* gelagert, dessen Bewegung durch die Stangen *g*, *g* auf die Klinken *k*, an deren Zapfen z_2 sie angreifen, übertragen wird (Abb. 169). An dem dritten Arm des Hebels *i* greift der Regulator an. Zapfen z_1 schwingt um die Schieberspindel, z_2 beschreibt eine Kurve von ∞-Form. Je nach Stellung des Regulators setzt die derart zwangläufig bewegte Klinke mehr oder weniger tief über Anschlag *m* auf und nimmt den Schieber längere oder kürzere Zeit mit. In Abb. 169 c sind die Kurven für kleinste und größte Füllung eingezeichnet. Die Kurve für erstere geht an Anschlag *m* vorbei; der Schieber wird also überhaupt nicht bewegt. Für kleinere Füllungen hat sich die F r i k a r t-Steuerung nicht bewährt, da die Klinkenbahn wegen der Federungen und Ausbiegungen des dünnen Gestänges zu unsicher war.

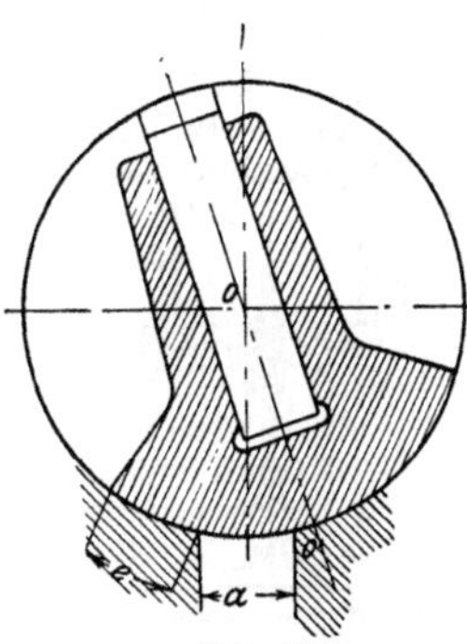

Abb. 170.

Hier sei noch erwähnt, daß C o r l i ß-Steuerungen auch für veränderliche Füllung mit paarschlüssigem Antrieb gebaut worden sind, wobei dieselben Grundsätze, wie sie für die Ausbildung der zwangläufigen Ventilsteuerungen maßgebend sind, zur Anwendung gelangten. Ein Erfolg ist diesen Bauarten wegen der durch die großen Bewegungswiderstände der Schieber erschwerten Regelung nicht beschieden gewesen. Einige Verbreitung haben nur raschlaufende C o r l i ß-Maschinen mit entsprechend schweren Achsenreglern erlangt [2]).

[1]) Entwurf von Frikart. a—b Maßstab 1:12. c Maßstab 3:10.
[2]) S. des Verfs. Aufsätze in „Z. Ver. deutsch. Ing.“ 1899, S. 686 u. 1901, S. 1713.

Abmessungen. Die Berechnung der Kanalweite ist auf S. 10 angegeben. In Abb. 170 ist ein vom Exzenter unmittelbar gesteuerter Schieber in seiner Mittellage dargestellt, aus der er sich nach jeder Seite um die Strecke $r = e + a$ herausbewegt. Damit der Kanal rechts nicht bei der äußersten Schieberstellung eröffnet wird, muß die arbeitende Fläche im Querschnitt eine Länge $l = 2r + \sigma$ erhalten, worin σ eine Sicherheitsdeckung bedeutet, um welche die Kante vom Kanal entfernt

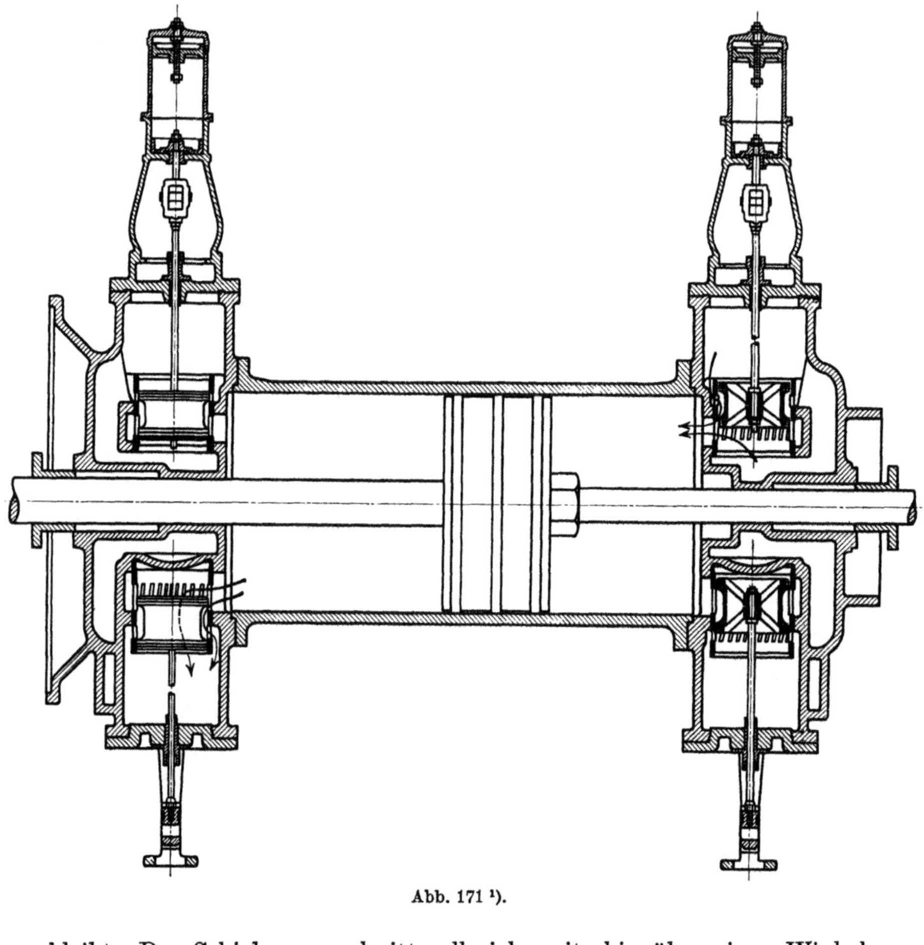

Abb. 171 [1]).

bleibt. Der Schieberquerschnitt soll sich weiterhin über einen Winkel von höchstens 120° erstrecken, da bei größeren Winkeln der wie bei einem Zapfen sich verteilende Anpressungsdruck an den Enden des Querschnittes nicht mehr die für die Abdichtung erforderliche Größe hat. Aus vorstehendem folgt:

[1]) Hochdruckzylinder der Sächsischen Maschinenfabrik vorm. Rich. Hartmann, Chemnitz. Maßstab 1:20.

$$l = \pi d \cdot \frac{100}{360} \text{ bis } \pi \cdot d \frac{120}{360},$$

woraus der Schieberdurchmesser *d* berechnet werden kann.

Für den Antrieb durch die Schwingscheibe liegen die Verhältnisse insofern anders, als bei dieser die Ausschläge des Schiebers von der Lage, die der Mittelstellung der Schwingscheibe entspricht, verschieden groß sind. Die Länge *l* des Schieberquerschnittes wird kleiner. Ab-

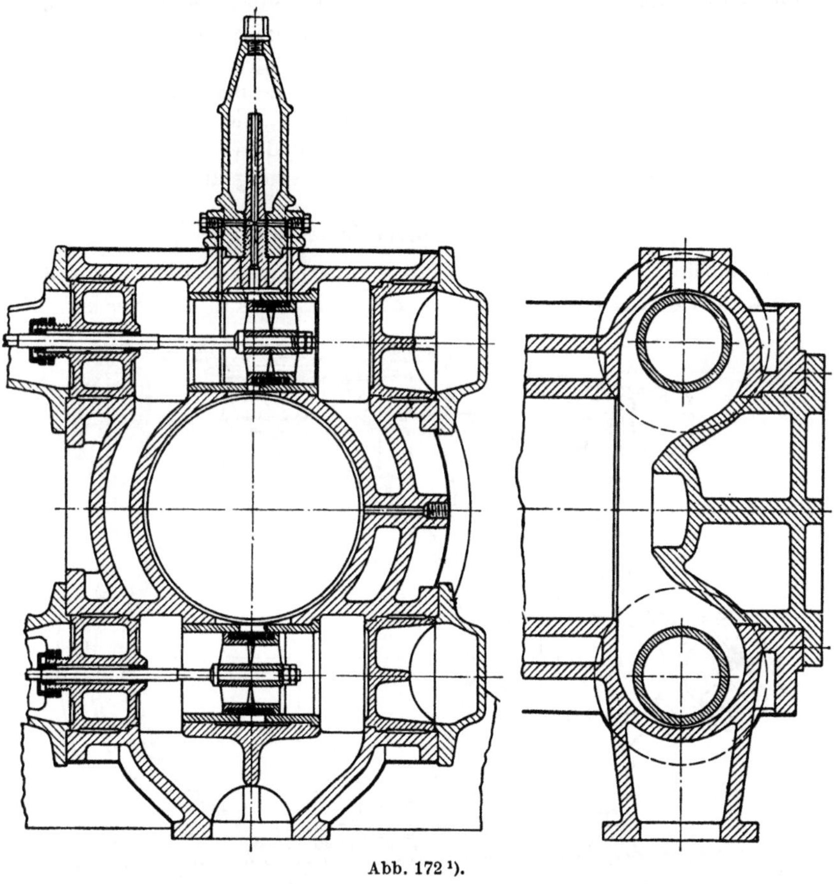

Abb. 172 [1]).

nutzung und Reibungsarbeit werden durch die „C o r l i ß - Schränkung", d. h. durch die in der Nähe der Strecklage des Gestänges stattfindende Kniehebelwirkung, verringert.

Als Verhältnis des Schieberdurchmessers *d* zur Kanalweite *a* gibt D o e r f e l an:

[1]) Ausführung der Elsässischen Maschinenbau-Ges., Mülhausen.

Konstante Füllung (Niederdruckzylinder), Schwingscheibe mit Corliß-Schränkung 3,5 bis 4.

Konstante Füllung (Niederdruckzylinder), Wheelock-Antrieb mit Corliß-Schränkung 4 bis 4,2.

Die Zahlen setzen Einlaßschieber mit doppelter Eröffnung durch Trick-Spalte voraus.

Kanalweite *a* entspricht $u = 40$ m/sek.

Nach Wahl der Schieberanordnung werden durch den Entwurf des Zylinders die geometrischen Verhältnisse der Steuerung, wie in der Abb. 165 dargestellt, festgelegt. Die Bewegungsverhältnisse werden zunächst probeweise angenommen, wobei zweckmäßig von den äußersten Schieberlagen und den dazu gehörigen Strecklagen des Gestänges ausgegangen wird. Mitunter läßt man das Gestänge noch über die Strecklage hinausgehen, um durch das entstehende „Nicken" des Schiebers dessen Umfang weiter zu verkleinern, doch ist dies nicht zu empfehlen, weil Schwierigkeiten in bezug auf die Schmierung auftreten.

2. Die Kolbenventilsteuerungen.

Diese sind besonders durch die günstigen mit den Van den Kerchove-Maschinen erzielten Ergebnisse bekannt geworden. Die

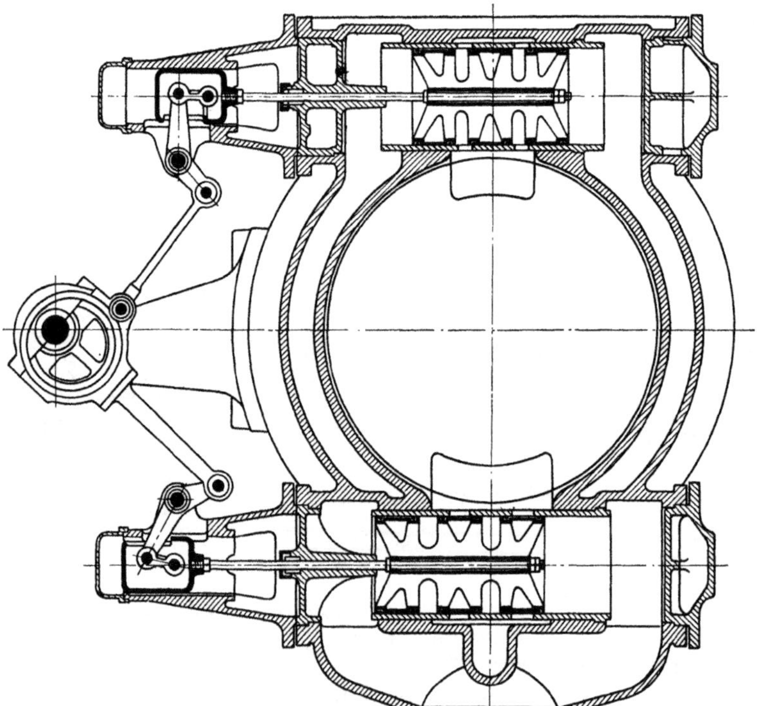

Abb. 173 [1]).

[1]) Niederdrucksteuerung der Elsässischen Maschinenbau-Ges., Mülhausen. Maßstab 1:25.

Steuerungsanordnung dieser Maschinen ist aus Abb. 171 ersichtlich. Die Kolbenventile sind im Deckel untergebracht, so daß einfache Dampfwege, kleine schädliche Räume und Flächen und bequeme Zu- und Abführung des Dampfes folgen. Die Zugänglichkeit des Kolbens wird dadurch erleichtert, daß der hintere Deckel in einer Grundplatte geführt und auf dieser mittels Zahnrad und Zahnstange verschoben wird.

Abb. 172—173 zeigen die von der Elsässischen Maschinenbau-Gesellschaft ausgeführte Bauart von Frikart, bei der die Kolbenventile nach Art der Corliß-Steuerung gelagert sind.

Die van den Kerchove-Schieber werden aus drei Teilen hergestellt, zwischen welche die Ringe eingelegt und die durch die Spindel zusammengehalten werden. Die Laufbuchse wird mit geradlinig verlaufenden Schlitzen versehen. In der Ruhelage der Schieber tritt durch Einkerbungen in den Kolbenringen gedrosselter Dampf hinter die Ringe, so daß diese gegen die Lauffläche gepreßt werden und zuverlässig abdichten. Bei geöffnetem Kanal bläst der Dampf aus, und es gleichen sich die Drucke über und unter den Ringen aus.

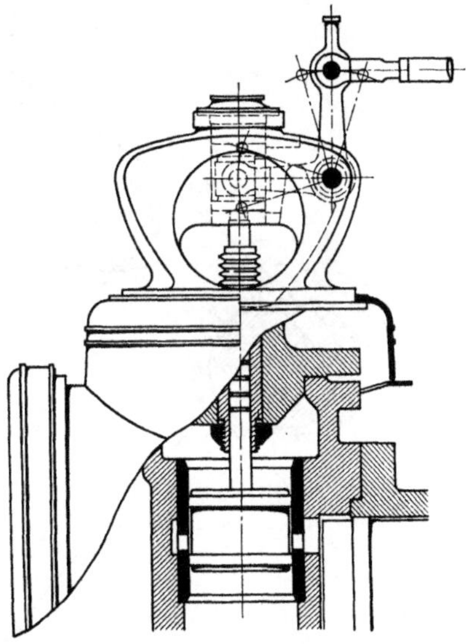

Abb. 174 [1]).

Die Kolbenventile können durch jede der auf S. 19 genannten Antriebsarten gesteuert werden. Die freifallende van den Kerchove-Steuerung, in Abb. 350 dargestellt, stimmt im wesentlichen mit der Collmann-Steuerung, Abb. 328, überein. Bei freifallender Steuerung der Kolbenventile wird deren Hub durch den Pufferkolben in der Ventilhaube begrenzt. Der Dampfabschluß geht sehr schnell vor sich, da das niederfallende Ventil während der Zurücklegung der Überdeckung abgebremst wird. Die Überdeckung macht überdies gegen toten Gang unempfindlich.

Ganz besonders ist das Kolbenventil für paarschlüssigen Antrieb geeignet. Abb. 174 stellt eine diesbezügliche Bauart dar, der Schieber wird mittels Winkelhebels von einem Flachregler angetrieben. Um den Schieberweg auch bei sehr hohen Kolbengeschwindigkeiten unterbringen zu können, muß mehrfache Eröffnung oder (was natürlich auch in Verbindung mit dieser von Vorteil ist) Antrieb mit starker Corliß-Schränkung oder durch Schubkurven nach Abb. 222—239 vorgesehen werden.

Besonderes Interesse bietet die in Abb. 175 dargestellte Frikart-Steuerung für Anordnungen nach Abb. 173. Die Bewegung des Einlaß-

[1]) Steuerung einer Gleichstrommaschine der Maschinenfabrik „Jaffa“ in Utrecht (Holland).

schiebers wird vom Auslaßexzenter abgeleitet. Da die Steuerwelle von der Kurbelwelle mit einem Übersetzungsverhältnis 1 : 2 angetrieben wird, so entspricht die Drehung von a nach b um 180° einer ganzen

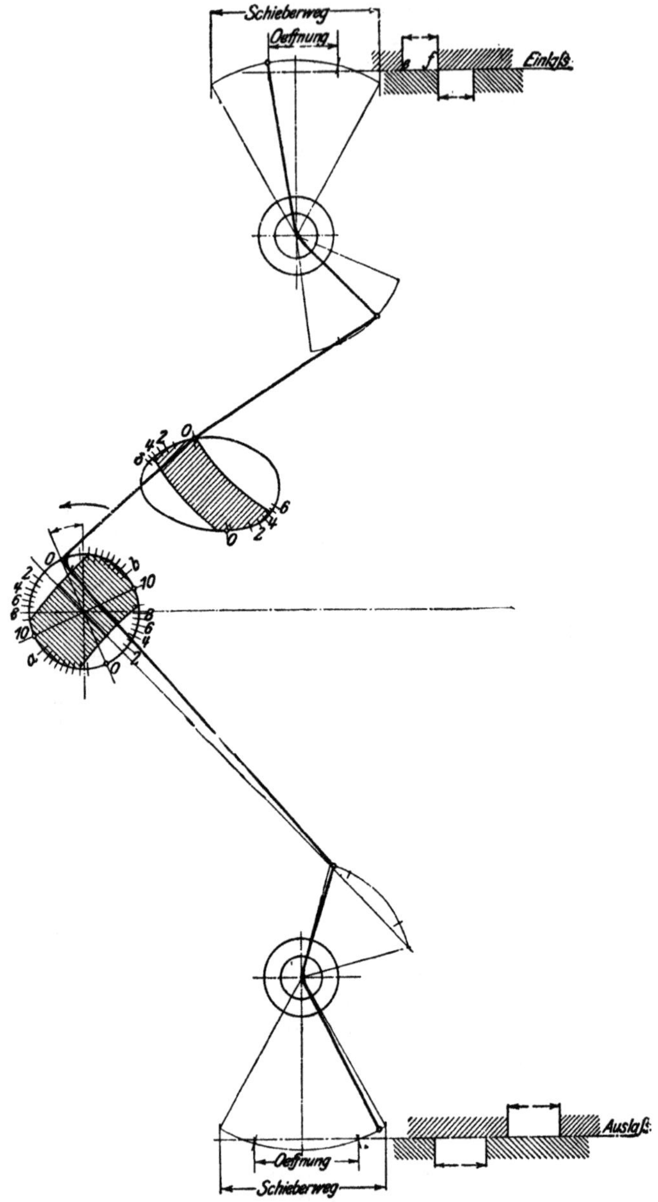

Abb. 175 [1]).

---

[1]) Schema der Frikart-Steuerung für Kolbenschieber.

Kurbeldrehung. Im Schema ist der Einlaßschieber im Augenblick der Eröffnung dargestellt; die Exzenterkurbel steht im Punkte *o*. Bewegt sich das Exzenter in der Pfeilrichtung, so öffnet Kante *f*. Volle Kanaleröffnung ist vorhanden, wenn beide Kanten *e* und *f* über den Dampfkanalkanten stehen. Bei der Weiterbewegung des Schiebers in derselben Richtung wird der Kanal durch Kante *e* geschlossen. Langt der Exzentermittelpunkt in *a* an, so wird die Schieberbewegungsrichtung umgekehrt. Es öffnet Kante *e* und später schließt Kante *f*. In gleicher Weise wird der Auslaß gesteuert.

Da der Schieber beim Öffnen und Schließen seine Bewegungsrichtung beibehält, so kommt für die Eröffnung derjenige Teil des Umfanges in Betracht, der auf dem Exzenterkreise zwischen Öffnungspunkt und Schließpunkt liegt, nicht die Pfeilhöhe dieses Bogens, so daß reichliche Eröffnungen folgen.

Die Steuerung ist besonders für sehr hohe Umlaufzahlen geeignet.

3. Die Flachschiebersteuerungen.

Auch der Flachschieber ist vereinzelt als mehrfach geteilter Schieber zur Ausführung gelangt. Abb. 176 zeigt eine amerikanische Bauart, bei der die Schieber durch einen Flachregler gesteuert werden. Die vier Schieber sind entlastet; die Entlastungsplatte ist so gestaltet, daß mehrfache Eröffnung erreicht wird, Abb. 177.

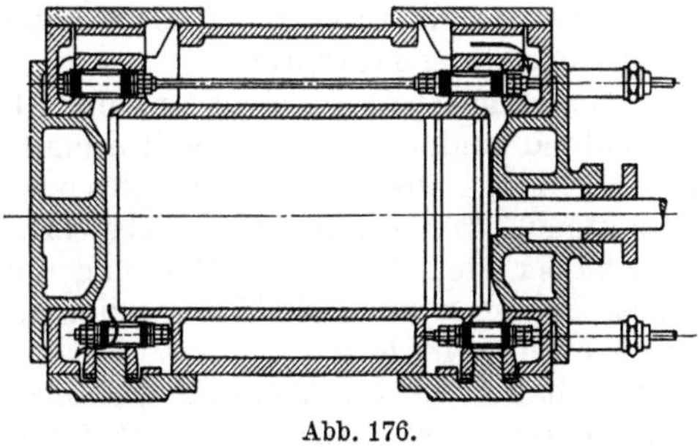

Abb. 176.

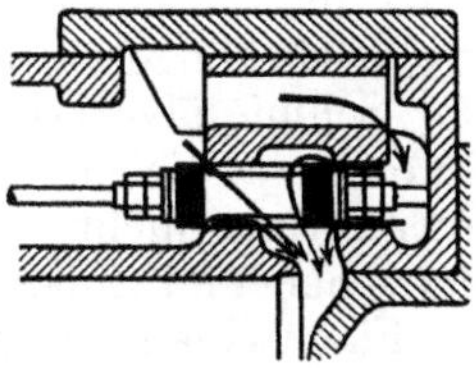

Abb. 177.

Anwendungsgebiet. Die einfachen Schieber, d. h. der Muschelschieber und verwandte Bauarten, erhalten bei großen Zylindern so bedeutende Abmessungen, daß selbst bei den mit niedrigen Temperaturen arbeitenden Niederdruckzylindern Betriebsschwierigkeiten durch Werfen der Gleitflächen und in bezug auf Schmierung entstehen.

Diese Schwierigkeiten treten bei mehrfach geteilten Schiebern naturgemäß in geringerem Maße auf; mehrfache Teilung erleichtert überdies die Einstellung, da jedes Organ für sich eingestellt werden kann. Der schädliche Raum wird geringer und auch die Trennung der Kanäle beeinflußt den Dampfverbrauch in günstiger, wenn auch in nicht zu überschätzender Weise (vgl. S. 16).

Von den hier behandelten Steuerungen ist auch heute noch die Corliß-Steuerung in Amerika, England, Frankreich und Belgien vielfach in Gebrauch, wenngleich auch in diesen Ländern die zunehmende Anwendung der Dampfüberhitzung die Ventilsteuerungen immer mehr an Verbreitung gewinnen läßt. In Deutschland sind aus dem genannten Grunde Corliß-Steuerungen sehr selten. Der Corliß-Schieber findet sich hier meist an Niederdruckzylindern der Zwillingsverbundmaschinen. Besondere Verbreitung hat früher die von Doerfel eingeführte Niederdrucksteuerung mit unten liegenden Schiebern, sowie der ebenfalls von Doerfel herrührende Drehmuschelschieberantrieb mit Corliß-Schränkung gefunden. Mit der verringerten Anwendung der Zwillingsverbundmaschinen infolge der Bevorzugung der Tandemmaschine, die bei durchgehender Steuerwelle an beiden Zylindern mit Ventilsteuerung ausgeführt wird, wird der Corliß-Schieber ebenfalls seltener. Häufiger ist seine Anordnung bei stehenden Maschinen, deren nebeneinanderliegende Zylinder meist vollständig unabhängig voneinander gesteuert werden. Als Hochdrucksteuerung kommt der Corliß-Schieber in Deutschland nicht mehr zur Verwendung.

Als Vorteile der Corliß-Schieber sind ihre bequeme, konstruktive Anordnung und die zuverlässige Dichtheit bei niedrigen Spannungen anzuführen, die im Betriebe noch zunimmt, da sich der Schieber selbst einschleift. Die Größe der schädlichen Räume ist bei den im Deckel gelagerten Schiebern klein, wird aber für die normale Anordnung am Zylinder mitunter unterschätzt. Häufig werden für den schädlichen Raum Zahlen angegeben, die noch aus der mit niedrigen Umlaufzahlen arbeitenden Zeit der allgemeinen Anwendung herrühren.

Bei höheren Drucken ist die Reibungsarbeit beträchtlich, und da auch die Massen der Schieber bedeutend sind, so treten verhältnismäßig große Gestängekräfte auf. Bei Anwendung überhitzten Dampfes wird der Schmierölverbrauch sehr bedeutend. Für Temperaturen über etwa 230° eignet sich der Corliß-Schieber auch bei bester Wartung und Ausführung nicht, da sich hierbei Schieber und Gleitfläche zu stark verziehen und außerordentliche Ölzufuhr erfordern.

Flachschieber zeigen ähnliches Verhalten wie die Corliß-Schieber. Ist die äußere Steuerung so eingerichtet — wie bei der Bauart Leavitt[1]) —, daß die Schieber nur geringe Überdeckung haben, so kann durch hohe, infolge der kleinen schädlichen Räume leicht zu erreichende Kompression der Schieber während der Eröffnungsbewegung wirksam entlastet werden.

Die günstigsten Eigenschaften zeigt das auch dem Rohrventil überlegene Kolbenventil: Eignung für Heißdampf und hohe Umlaufzahlen, zuverlässige Dichtheit bei senkrechter Anordnung, einfache Herstellung.

---

[1]) Z. Ver. deutsch. Ing. 1893, S. 650.

II. Die Ventilsteuerungen.

1. Ventil und Zylinder.

Als Steuerungsorgan dient fast ausschließlich das aus Gußeisen hergestellte, doppelsitzige „Rohrventil", das Abb. 178 in seiner ein-

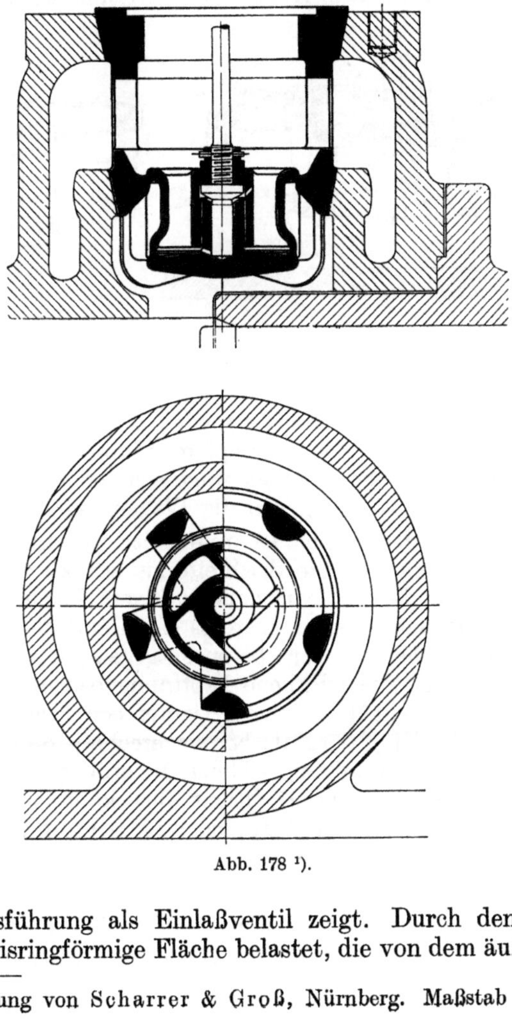

Abb. 178 [1]).

fachsten Ausführung als Einlaßventil zeigt. Durch den Dampfdruck wird eine kreisringförmige Fläche belastet, die von dem äußersten oberen

[1]) Ausführung von Scharrer & Groß, Nürnberg. Maßstab 1:5.

und dem innersten unteren Sitzdurchmesser begrenzt wird. Um diese Belastung gering zu halten, werden die Sitzbreite und der zum zwanglosen Einbringen des Ventils nötige Unterschied zwischen äußerem oberen und innerem unteren Sitzdurchmesser möglichst klein gewählt. Der Dampfdruck wirkt im Sinne dichten Ventilschlusses, wenn — wie üblich — das Innere des Ventilrohres mit Dampf von der höheren Spannung ausgefüllt ist, während der Dampf von niedrigerer Spannung das Rohr umgibt. (Eine Ausnahme macht die Bauart nach Abb. 179.) Die Sitzbreite schwankt zwischen 2 und 4 mm. Die Wandstärke beträgt je nach Ventilgröße 3 bis 8 mm. Breitere wagerechte Sitze können am Ventilkorb als vorstehende Arbeitsleisten ausgebildet werden, während sehr schmale Sitze entweder in den Ring des Ventilkorbes mit etwa 1 mm Tiefe eingedreht oder durch eine eingedrehte Rinne von der übrigen Fläche des Korbringes getrennt werden. Zur Vermeidung scharfer leicht zu beschädigender Kanten sollen die Ventilquerschnitte mit rechtem oder stumpfem Winkel an die Sitzflächen anschließen. Die Sitzflächen werden wagerecht oder schräg ausgeführt mit einer Neigung bis zu 60° gegen die Wagerechte.

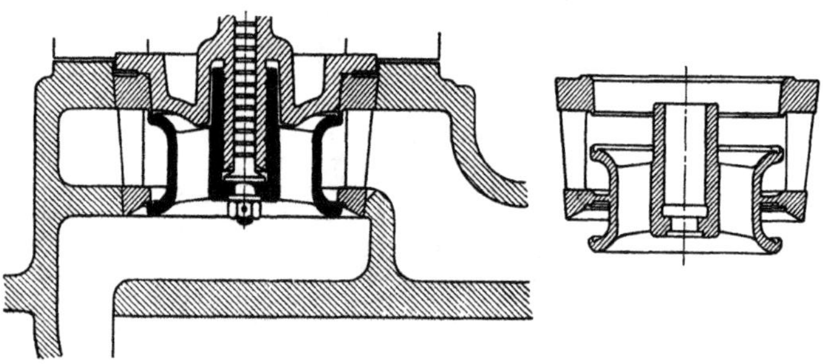

Abb. 179 [1]).

Mit der Neigung der Sitzfläche nimmt bei gleichbleibender wagerechter Projektion derselben die Sitzbreite zu, so daß der beim Ventilschluß stets auftretende Stoß von einer größeren Fläche aufgenommen wird. Geneigte Flächen ergeben überdies einen einfacheren Dampfweg, wenn die untere Fläche eine der oberen entgegengesetzte Neigung aufweist. Andererseits ist die wirkliche Eröffnung bedeutend geringer als dem Ventilhub entspricht [2]). Der vom Dampf beim Durchströmen ausgeübte „Saugdruck“ ist größer als bei wagerechten Sitzen, so daß bei kleinen Füllungen der Bewegungswiderstand größer wird. Aus diesen Gründen und wegen besserer Dichtheit (bei konischen Sitzen trägt Unrundwerden zur Undichtheit bei) sind wagerechte Sitze vorzuziehen.

---

[1]) Maßstab 1:10.

[2]) Bei einer Neigung der Ventilsitzfläche von 45° wird beispielsweise die Durchtrittsfläche $f = \pi \cdot \frac{d}{\sqrt{2}} \cdot h$ gegenüber $f = \pi \cdot d \cdot h$ bei wagerechter Sitzfläche. h = Ventilhub.

Collmann legt die Sitze auf Mäntel von Kegeln mit gemeinsamer Spitze, Abb. 182. Da Kegel sich bei der Ausdehnung durch die Wärme ähnlich bleiben, so soll mit dieser Ausführungsform erreicht werden, daß sich die Sitze auf den Mantelflächen verschieben, aber nicht von diesen abheben.

Da die Ventilsitze in verschiedenen Ebenen liegen, so müssen sie äußerst sorgfältig bearbeitet werden, falls zufriedenstellende Dichtheit, die sich bei wechselnden Temperaturen und lautlosem Ventilschluß schwer erhalten läßt, erzielt werden soll. Aus diesem Grunde werden die Ventile vielfach mittels besonderer Vorrichtungen unter Dampf eingeschliffen, da sich kalt bearbeitete Ventile in der Temperatur des Arbeitsdampfes verziehen und undicht werden. Besondere Formgebung zeigt das Jacobische Einlaßventil in Abb. 188; zwecks Erzielung gleichmäßiger Ausdehnung von Ventil und Korb ist dieser so gestaltet, daß er ebenso wie das Ventil auf der einen Seite der Frischdampftemperatur, auf der anderen Seite der wechselnden Arbeitstemperatur ausgesetzt ist. Gleicher Zweck wird durch die Anordnung nach Abb. 190 verfolgt; die hohlen Stege des Korbes werden durch Frischdampf geheizt.

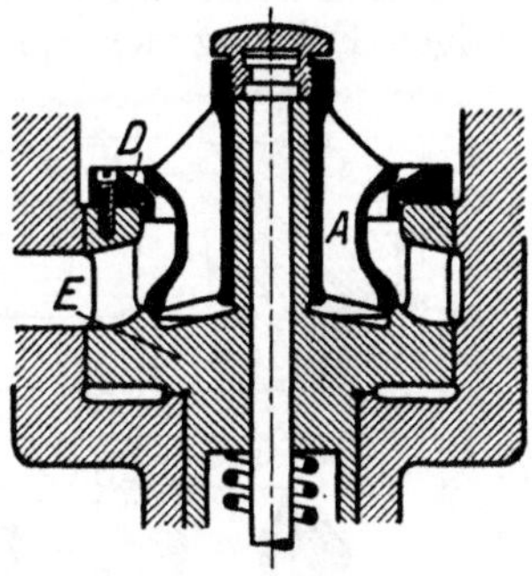

Abb. 180.

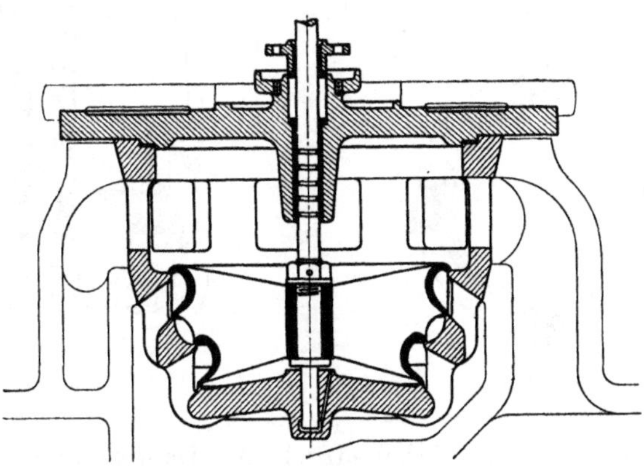
Abb. 181 [1]).

Hohe Ventile, wie sie z. B. durch den Überhub der Wälzhebel bedingt werden, erschweren das Dichthalten, vergrößern den schädlichen Raum und die schädlichen Flächen und vermehren die Massen.

Das Ventil wird mit der Spindel meist durch Bund und gesicherte Mutter verbunden. Verschiedenartige Ventilführungen sind in den Abb. 178—187 dargestellt. In Abb. 184 wird das Ventil durch Außen-

[1]) Niederdruckventil von J. A. Maffei, München. Maßstab 1:15.

rippen geführt, die auf den Stegen des Korbes gleiten. Das Ventil muß bei dieser Führungsart stets seine Lage beibehalten und gegen Drehung gesichert sein. Zuverlässiger ist die in Abb. 178 dargestellte Führung, bei der die Ventilnabe einen mit dem Korb aus einem Stück gegossenen Stift umfaßt. Ventildurchmesser und schädlicher Raum werden bei dieser Ausführung in geringem Maße vergrößert. Durch die Bohrung, Abb. 178, wird die Ansammlung von Wasser, die das Ventil nicht schließen lassen würde, in der Führung verhindert. Abb. 181 und 183 zeigen Führung der Spindel durch Bohrungen im Ventilkorbteller. Es empfiehlt sich bei Ventilführungen nach Abb. 178, zwischen Spindel und Ventil einen gewissen Spielraum zuzulassen, so daß dieses unabhängig von der Spindel dicht aufsetzen kann. Im übrigen ergibt diese Bauart gute Führung gegen seitlich durchtretenden Dampfstrom. Das Auslaßventil, Abb. 185, ist derart anzuordnen, daß es — wie der C o r l i ß - Schieber — vom Arbeitsdruck im Dampfzylinder gegen seine Sitzfläche gepreßt wird. Es kann nur mit dem Ventilkorb zusammen aus dem Zylinder herausgenommen werden.

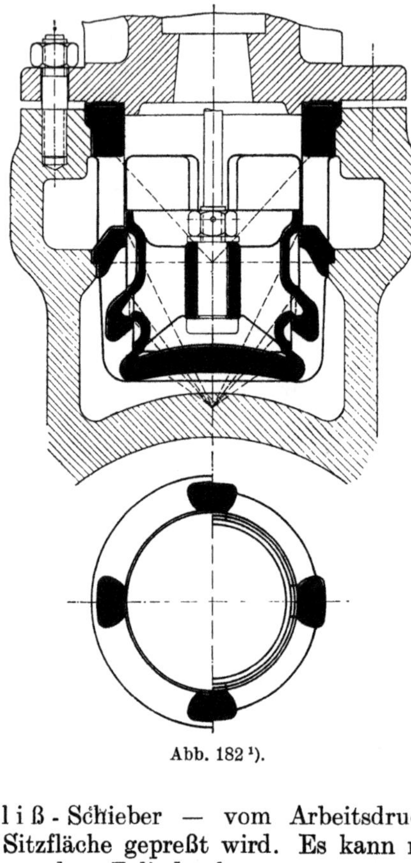

Abb. 182[1]).

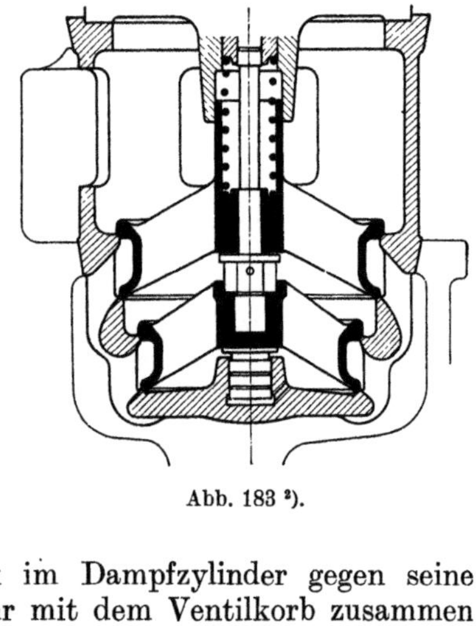

Abb. 183[2]).

Der Ventilkorb ist mit starken Stegen auszuführen, um Verziehen zu verhindern. Der Korb wird durch die Gehäusedeckel angepreßt. Die Ausführung mit wagerechten Sitzflächen nach Abb. 184 hat gegenüber der mit geneigten Flächen den Vorzug, daß der Ventilkorb leichter herausgenommen werden kann und vor allem mehr gegen seitliche

[1]) Ventil der Maschinenfabrik Rheydt. O. Recke. Maßstab 1:5.
[2]) Ausführung der Görlitzer Maschinenbau-Anstalt. Maßstab 1:10.

Verdrückung durch die sich verziehenden Zylinderwandungen gesichert ist. Die wagerechten Auflagerflächen werden durch Asbest oder Klingerit gedichtet; die Bohrungen haben geringen Spielraum. Um ein Kippen des Ventils und biegende Beanspruchung der Ventilspindel zu vermeiden, werden häufig nach Abb. 178 die mittleren Sitze des Korbes hochgezogen, so daß der Dampf in axialer Richtung zutreten muß.

Bei den heute allgemein ausgeführten Heißdampfzylindern mit getrennten Frischdampfleitungen für jedes Ventil ist der Abstand zwischen den beiden durch Stege miteinander verbundenen Ringen des Korbes reichlich zu wählen, um das Frischdampfrohr ohne allzu starke Veränderung seiner Querschnittform anschließen zu können.

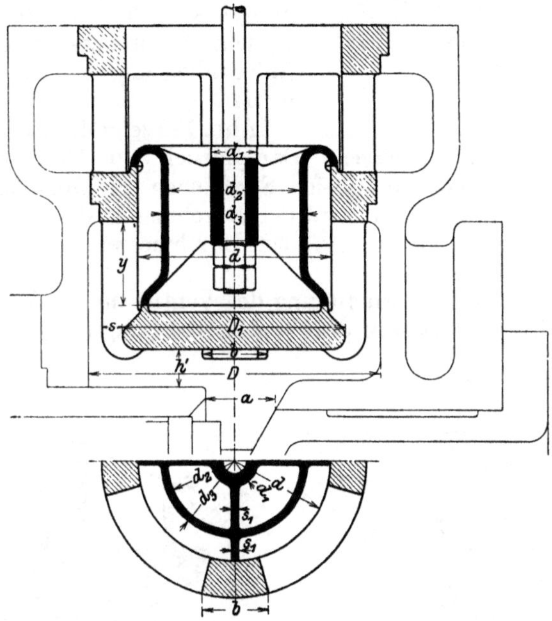

Abb. 184.

Vollständige Entlastung und damit geringere Kräftewirkungen beim Anhub und leichtere Einwirkung des Regulators werden durch die Ventile von Radovanovic, Abb. 179, und Lentz, Abb. 180, erreicht. In Abb. 179 werden Ventilkorb und Sitz in einem Stück gegossen. Nach erfolgter Bearbeitung wird die Verbindung durch Abstechen gelöst. Beim Lentz-Ventil wird Ring *A* mit Ventil *D* zusammengegossen, so daß nachher — wie dargestellt — *D* durch Schrauben mit dem Korb verbunden werden muß.

Das Einlaßventil in Abb. 179 wird nach unten hin bewegt, das Ventilgewicht wird durch die Schlußfeder aufgenommen, die auch den zur Abdichtung erforderlichen Druck aufzubringen hat.

Bei größeren Maschinen werden zur Verringerung des Ventilhubes die Ventile häufig viersitzig ausgeführt, Abb. 181—183. Mit dem Ventilhub nehmen die Beschleunigungskräfte ab. Die Ausführung stellt an die Bearbeitung besonders hohe Anforderungen. Bezüglich Abdichtung und Herstellung bietet das in Abb. 183 dargestellte Ventil besondere Vorteile. Es besteht aus zwei getrennten, doppelsitzigen Ventilen, die nacheinander gehoben werden. Jedes der beiden Ventile wird unabhängig von dem anderen aufgeschliffen.

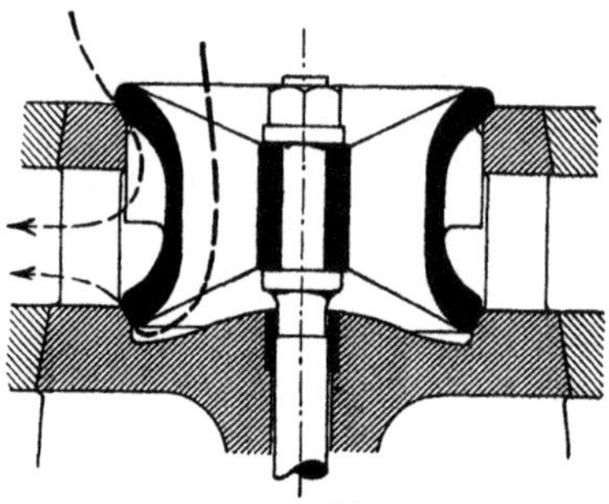

Abb. 185.

Die Ventile üblicher Bauart öffnen bei genügend hohem Unterdruck, wenn die äußere Steuerung so eingerichtet ist, daß die Spindel unabhängig vom Gestänge mit geringer Beschleunigungskraft gehoben werden kann und jegliche Stopfbuchsenreibung infolge Spindeldichtung mittels Labyrinthe fortfällt[1]).

Abb. 186 zeigt das elastische Ventil von Stumpf; um genügend Dampfdruck zur Unterstützung der Federkraft und einen auf beide Sitzflächen gleichmäßig verteilten Dichtungsdruck zu erhalten, wird der Durchmesser des unteren starren Sitzes entsprechend kleiner als der Durchmesser des oberen nachgiebigen Sitzes ausgeführt.

Abb. 186, welche die Anordnung des Ventils im Deckel wiedergibt, läßt gleichzeitig den Ersatz des Ventilkorbes durch eine „Tasse“ er-

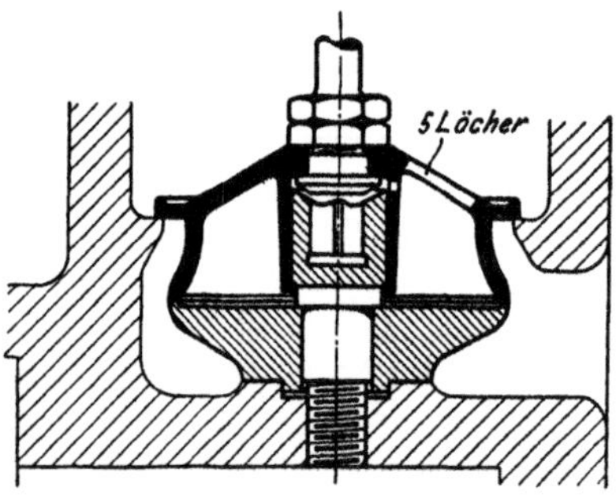

Abb. 186.

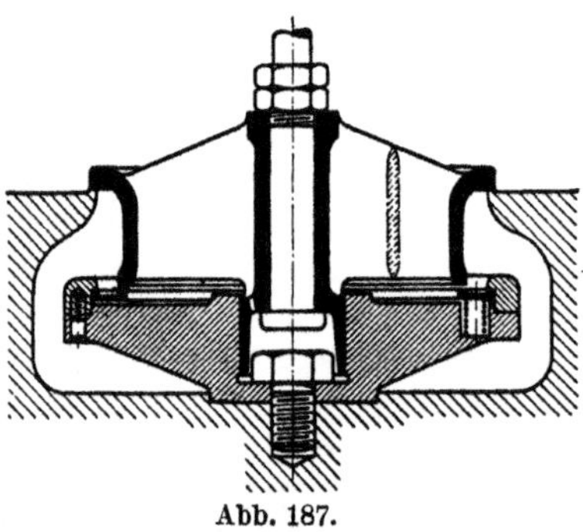

Abb. 187.

kennen; die obere Sitzfläche ist am Deckelkörper selbst ausgearbeitet. Durch diese Bauart wird eine beträchtliche Verringerung des schädlichen Raumes und der schädlichen Flächen erzielt.

Abb. 187 zeigt eine elastische Abdichtung durch Kolben mit Liderungsringen, der durch Federn gegen die untere Ventilsitzfläche angepreßt wird.

Der Frischdampfdruck wirkt auf die ganze untere Kolbenfläche, auf die obere nur soweit, als sie innerhalb des Ventilsitzes liegt. Die auf den äußeren unteren Sitzdurchmesser folgende Ringfläche des Kolbens

[1]) ter Meer, Z. deutsch. Ver. Ing. 1905, S. 79.

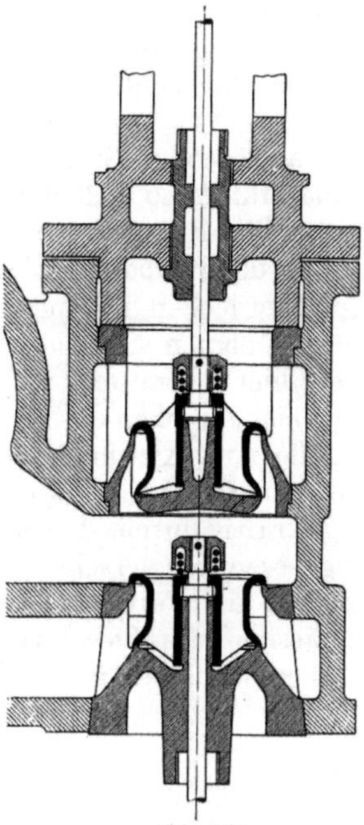
Abb. 188.

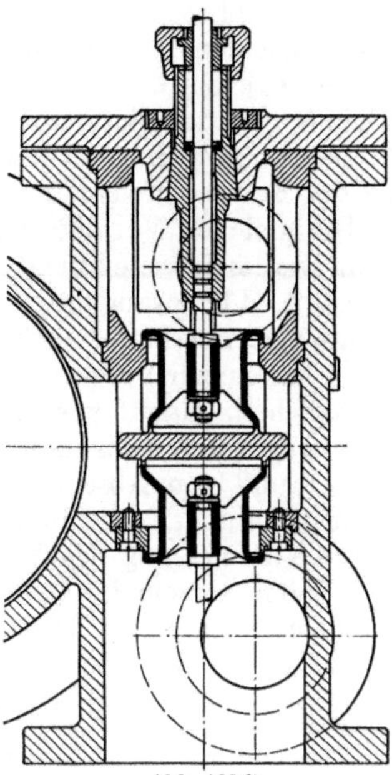
Abb. 189 [1]).

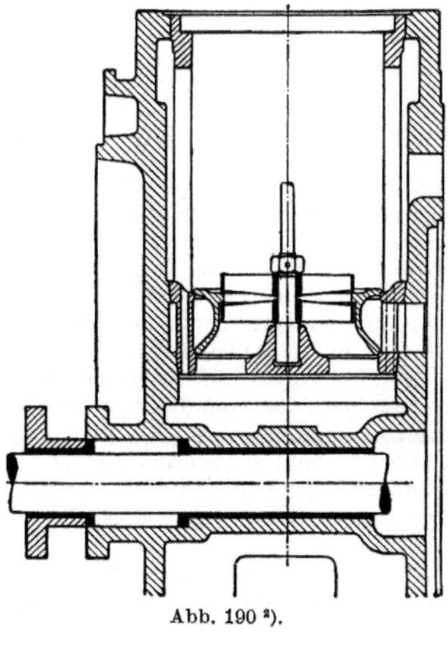
Abb. 190 [2]).

[1]) Maßstab 1:8. Ausführung der Maschinenfabrik Gardier Frères, Verviers, Belgien.
[2]) Ausführung der Maschinenfabrik vorm. Riedinger, Augsburg.

wird durch den Arbeitsdampf belastet. Neben den Federn wirkt sonach auch der Dampfdruck auf Abdichtung hin; der untere Ventilsitz muß demnach erheblich kleiner als der obere sein. Steigt der Druck im Zylinder über den Frischdampfdruck, so hebt sich das Ventil und wirkt als Sicherheitsventil.

Mitunter wurden die Ventile namentlich der auslösenden Steuerungen mit „Überdeckungsringen" nach Abb. 178 ausgeführt, so daß der Abschluß der Füllung nicht mit dem Auftreffen der Sitzflächen zusammenfällt. Die gleichen Vorteile, wie auf S. 133 für die Kolbenventile angegeben, werden indessen nicht erreicht, da der überdeckende Rand nicht dicht bleibt. Für zwangläufige Ventilsteuerungen eignen sich die Überdeckungsringe überhaupt nicht, sie gelangten hier mitunter auch bei Schwingdaumen zur Verwendung, um ein langsames Anheben des Ventils zu ermöglichen. Damit wird gerade die Zeit, die vom Abschneiden der Überdeckungskanten bis zum Erreichen des Ventilsitzes verstreicht, verlängert, und beim Abschluß bläst der Dampf kräftig durch. Besonders bei kleinen Füllungen wird die Dampfverteilung wesentlich verschlechtert.

Für die **Bemessung des Ventils,** Abb. 184, ist die Forderung maßgebend, daß in keinem der Querschnitte die zulässige Dampfgeschwindigkeit überschritten wird. Durchmesser d kann zunächst in überschläglicher Weise aus der Beziehung:

$$\varphi \cdot \frac{\pi\, d^2}{4} = \frac{O \cdot c}{u} = F$$

berechnet werden, worin durch den Koeffizienten φ die Verengung durch Nabe, Rippen und Kreisring berücksichtigt wird. Es ist $\varphi = 0{,}65 \div 0{,}85$ je nach Größe des Ventils[1]). Bei der genaueren Festlegung der Abmessungen muß sein:

$$(d^2 - d_3^2 \cdot \frac{\pi}{4} - n \cdot s_1 \cdot \left(\frac{d-d_3}{2}\right) = (d_2^2 - d_1^2) \cdot \frac{\pi}{4} - n \cdot s_1 \left(\frac{d_2-d_1}{2}\right) = \frac{F}{2},$$

worin n = Anzahl der Rippen, s_1 = Rippenstärke innen und außen.

[1]) Im Ingenieurlaboratorium der Techn. Hochschule Stuttgart hat E. Heinrich Versuche zur Ermittlung des Strömungskoeffizienten an einer Maschine mit Ventilen von rund 100 mm Durchm. bei Verwendung von Sattdampf von rund 7,2 at Überdruck angestellt (Zeitschr. Ver. deutsch. Ing. 1912, S. 1191). Die zu ermittelnde Erfahrungszahl war das Verhältnis der tatsächlich durch das Ventil tretenden durch den Versuch bestimmten Dampfmenge zu derjenigen Dampfmenge, die bei Abwesenheit von Einschnürung und Widerständen durch das Ventil strömen würde. Je nachdem nun die beiden Größen auf einen bestimmten Zeitpunkt während des Strömungsvorgangs bezogen oder vom Beginn desselben bis zum betrachteten Zeitpunkt gerechnet werden, können zwei Koeffizienten unterschieden werden, nämlich der Augenblickswert φ_m und der Summenwert φ. Auf das Ende der Füllung oder der Ausströmung bezogen, faßt φ den Einfluß von Einschnürung und Verlusten während des Gesamtvorganges zusammen und stellt somit einen Durchschnittswert für die Strömungszeit dar.

Bei den Versuchen zeigte sich, daß φ_m mit steigendem Druckgefälle größer wurde. Für das Einlaßventil schwankt φ_m zwischen 0,45 und 0,75; φ_m fällt von rund 0,7 in der Totpunktnähe auf 0,45 in der Mitte der Einströmperiode und steigt gegen das Ende der letzteren wieder auf rund 0,75. Für das Auslaßventil fällt φ_m von rund 0,8 zu Beginn der Ausströmperiode auf rund 0,4 in der Hubmitte,

Der Summenwert φ darf für das Einlaßventil als ungefähr unveränderlich zu 0,55 angenommen werden. Für das Auslaßventil fällt φ von rund 0,8 zu Beginn auf rund 0,62 zu Ende der Ausstömung.

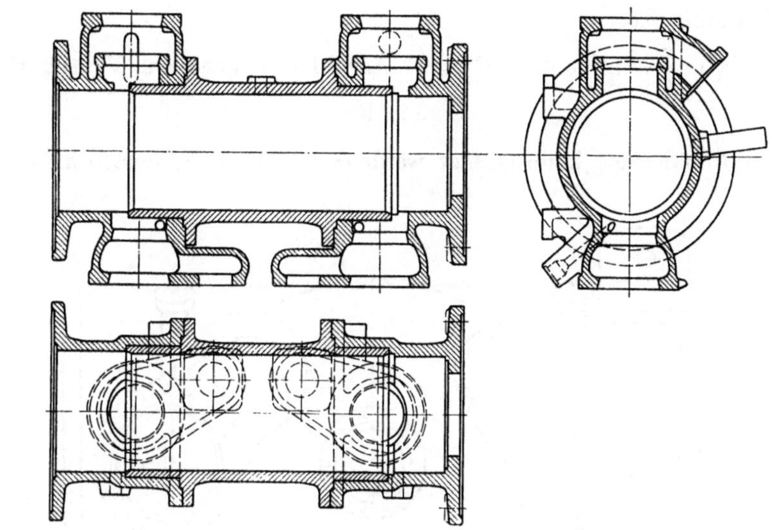

Abb. 191 [1]).

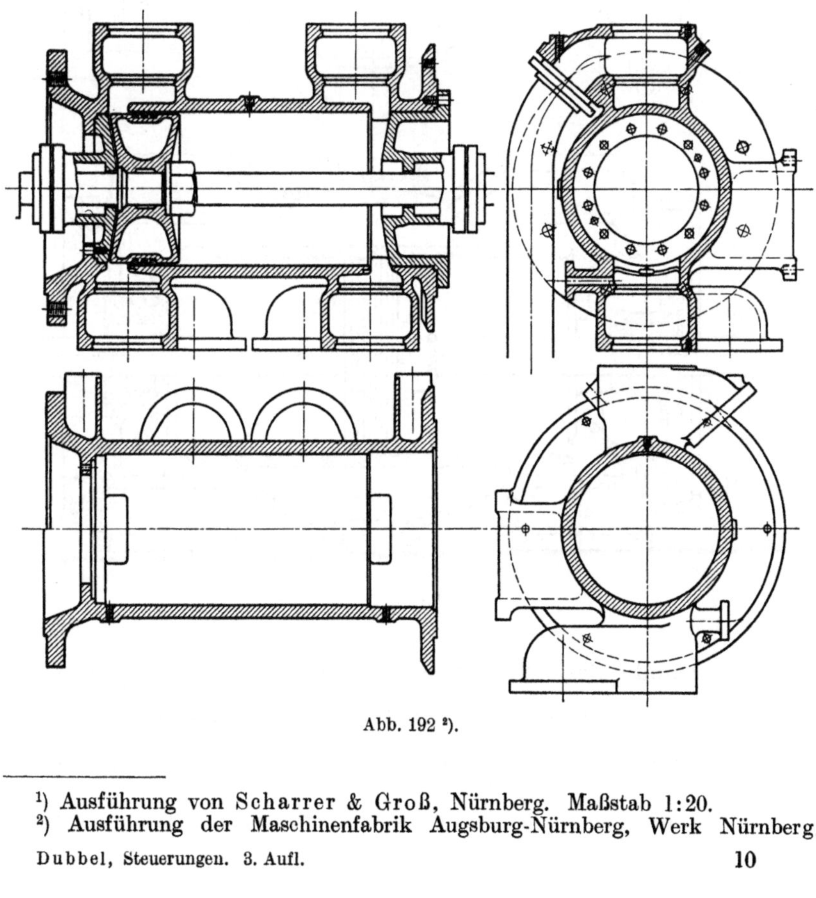

Abb. 192 [2]).

[1]) Ausführung von Scharrer & Groß, Nürnberg. Maßstab 1:20.
[2]) Ausführung der Maschinenfabrik Augsburg-Nürnberg, Werk Nürnberg.

Weiterhin ist:

$$(D^2 - D_1^2) \cdot \frac{\pi}{4} - n' \cdot b \cdot s = F; \; n' = \text{Anzahl der Stege am Ventilkorb.}$$

$$D \cdot a = F.$$

Mit Annäherung kann gesetzt werden: $2\,D \cdot h' \sim F$, sonach $h' \sim \frac{a}{2}$.

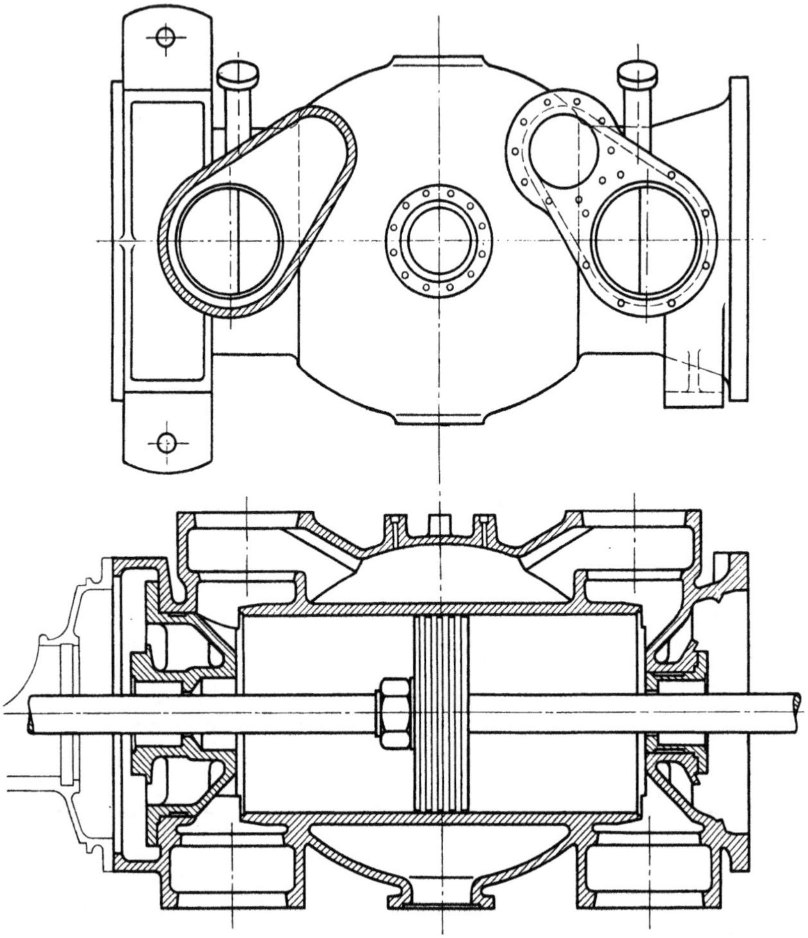

Abb. 193 [1]).

Die bekannte Beziehung, wonach $2 d\pi \cdot h = \frac{d^2\pi}{4}$, $h = \frac{d}{8}$ sein soll, nimmt nicht darauf Rücksicht, daß das Ventil tatsächlich nur den Durchgangsquerschnitt $\varphi \frac{\pi \cdot d^2}{4}$ hat. Doch empfiehlt sich immer, die

[1]) Heißdampfzylinder von K. & Th. Möller, Brackwede. Maßstab 1:20.

Höhe y so zu bemessen, daß bei ganz gehobenem Ventil ein Spielraum $\frac{d}{8}$ zwischen unterer Ventilkante und Korbsitz bleibt. Der Austritts-

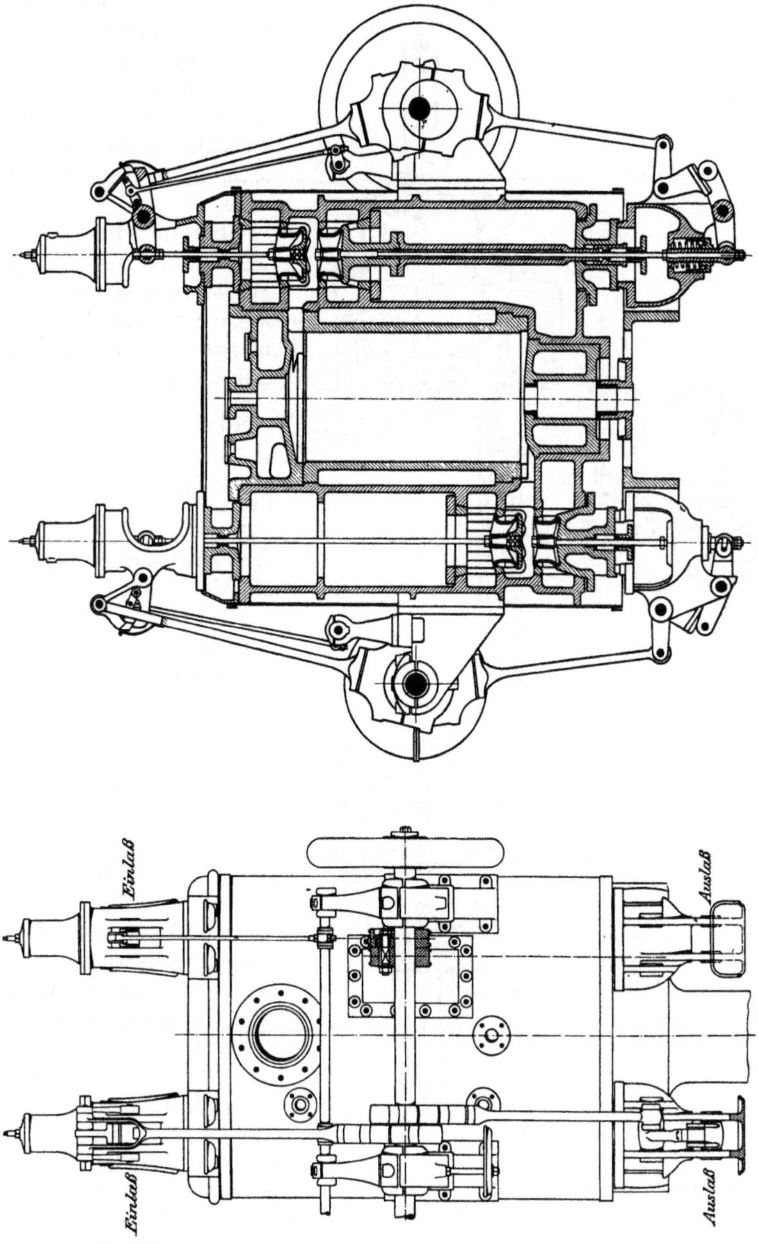

Abb. 194 [1]).

[1]) Hochdruckzylinder der Maschinenfabrik Augsburg-Nürnberg, Werk Nürnberg. Maßstab 1:30.

querschnitt wird durch die Korbstege verengt und hat die Größe $2\,(d\pi \cdot h - n' b \cdot h)$. Eine weitere Verengung wird durch die Abschrägung der Ventilsitze verursacht. Ist α der Neigungswinkel, so wird der wirksame zur Dampfströmung senkrechte Durchflußquerschnitt nur die Weite $h' = h \cdot \cos\alpha$ aufweisen. Für geneigte Sitzflächen wird sonach: $2\,(h \cdot \cos\alpha \cdot d\pi - n' b \cdot h) = F$.

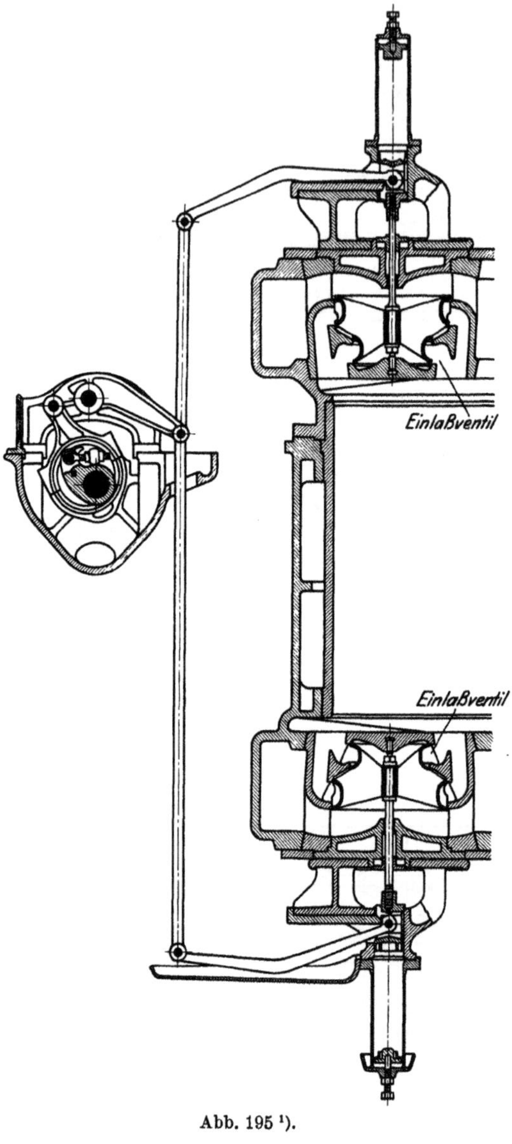

Abb. 195 [1]).

Bei der Berechnung wird zweckmäßig in der Weise vorgegangen, daß zunächst Spindeldurchmesser und Nabendurchmesser d_1 gewählt werden. Aus $\frac{d_1^2\pi}{4} + \frac{F}{2}$ folgt d_2, ebenso d aus $\frac{d_3^2\pi}{4} + \frac{F}{2}$. Die Rippen sind hierbei nicht berücksichtigt.

In gleicher Weise sind die Abmessungen der Auslaßventile zu bestimmen. Die Querschnitte hinter diesen sind stets sehr reichlich und unter Beachtung der Dampfströmung zu bemessen.

Häufig werden jedoch die Abmessungen in anderer als vorstehend angegebener Weise festgesetzt, indem auf bestimmte für mehrere Maschinengrößen brauchbare Steuerungsmodelle Rücksicht genommen wird. Der Ventildurchmesser wird namentlich bei hohen Kolbengeschwindigkeiten vielfach größer als nach obigen Beziehungen gewählt, um mit kleinerem Ventilhub auszukommen und dadurch die Massenwirkungen zu verringern.

[1]) Niederdrucksteuerung von Gebr. Sulzer, Winterthur. Maßstab 1:35.

Die gebräuchlichste Anordnung der Ventile am Zylinder ist aus den Abb. 191—193 zu entnehmen. Die Einlaßventile liegen im oberen, die Auslaßventile für die bequemere Ableitung des Dampfwassers im unteren Zylinderscheitel. In Abb. 184 liegt das Ventil über Kanalmitte, wodurch sich günstige Dampfströmung, aber eine nicht unerhebliche Verlängerung des Zylinders ergibt. Vielfach wird der Kanal nicht rechteckig, wie in Abb. 184 angenommen, sondern etwa halbkreisförmig ausgeführt, wobei der Deckel eine kugelige Aussparung erhält. Da Ein- und Auslaßventile fast stets von verschiedenen Exzentern angetrieben werden, so sind, wenn zentrische Kräftewirkung im Gestänge erreicht werden soll, Ein- und Auslaßventil gegeneinander zu versetzen. (Abb. 192).

Bei seitlicher Anordnung der Ventile nach Abb. 188 und 189 werden diese leichter zugänglich und das Fundament kann ohne Ausschnitte für die Auslaßventile ununterbrochen durchgeführt werden. Der bei der Doerfelschen Anordnung, Abb. 188, für beide Ventile gemeinsame Kanal schließt für die selbsttätige Entwässerung des Zylinders tangential an den unteren Zylinderscheitel an.

Abb. 189 zeigt die Bauart des Verfassers. Die Querschnitte in den wagerechten Ebenen sind derart bemessen, daß dem ein- und ausströmenden Dampf die ganze Kanalhöhe zur Verfügung steht. Die Kanalweite und die Querschnitte zwischen Ventilkorb und Zylinderwand werden für jedes Ventil nur halb so groß wie bei der gewöhnlichen Anordnung.

Abb. 190 zeigt die Lagerung der Ventile im Deckel. Kleine schädliche Räume und einfache Zylinderform sind Vorteile dieser Bauart.

Formen liegender Zylinder sind in den Abb. 191—193 dargestellt. Die Bauart mit angegossenem Mantel ist nur noch bei Niederdruckzylindern zu finden, da bei höheren Temperaturen Wärmespannungen zwischen Laufbuchse und Mantel auftreten, die zu Rissen führen können. Eine Ausnahme bildet die Ausführung nach Abb. 193 mit gewölbtem Mantel. Zur Vermeidung von Spannungen werden Heißdampfzylinder möglichst rohrförmig ohne jeden Ansatz ausgeführt.

Ventilanordnungen für stehende Maschinen sind in den Abb. 194 und 195, sowie in Abb. 289 bis 292 dargestellt.

Ein der Steuerung liegender Maschinen ähnlicher Ventilantrieb mit Steuerwelle wird nach Abb. 194 durch Anordnung zweier Einlaßventilhauben oben, zweier Auslaßventilhauben unten erhalten, wobei die verlängerten Spindeln in ersichtlicher Weise abzudichten sind. Eine rohrförmige Fortsetzung des Ventilkorbes dichtet die Spindel gegen den Abdampfraum bzw. gegen den Frischdampfraum ab.

Auch bei stehenden Maschinen werden mitunter die Ventile im Deckel untergebracht, Abb. 195. Damit das Auslaßventil vom Arbeitsdruck gegen seine Sitzfläche gepreßt wird, muß es unten größeren Sitz erhalten oder „hängend“ angeordnet werden. Das Ventil wird im letzteren Fall entgegen seiner Gewichtswirkung von der Feder geschlossen.

2. Ventilantrieb.

Meist arbeiten die Ventilmaschinen mit Steuerwelle. Diese wird in Einzelfällen durch Exzenterantrieb ersetzt und zwar häufiger bei stehenden als bei liegenden Maschinen. Exzenterantrieb vermeidet die Zahnräder mit ihrem häufig lärmenden Gang. Da bei den stehenden Maschinen die Steuerwelle senkrecht zur Maschinenachse liegt, so werden zweifache Zahnradübertragungen nötig; die Übertragungswelle hat hierbei eine größere Umlaufzahl als die Steuerwelle. Damit die Wärmedehnung der Maschine sich nicht auf die Steuerwelle überträgt, werden besonders bei Tandemmaschinen nachgiebige Kupplungen in die Steuerwelle eingeschaltet, die überdies eine leichte Abnahme der Steuerung gestatten. Schwungräder, ebenfalls auf der Steuerwelle angeordnet, sollen die beim Ventilhub entstehenden Kräftewirkungen von den antreibenden Zahnrädern fernhalten. Die Steuerwelle soll reichlich stark bemessen werden, da häufig Resonanzschwingungen auftreten, die be-

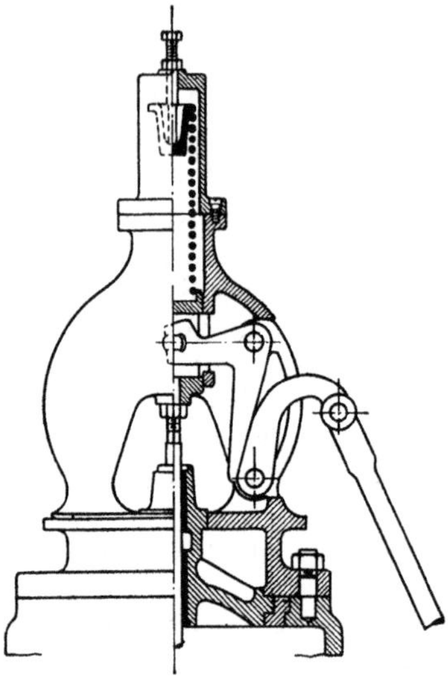

Abb. 196 [1]).

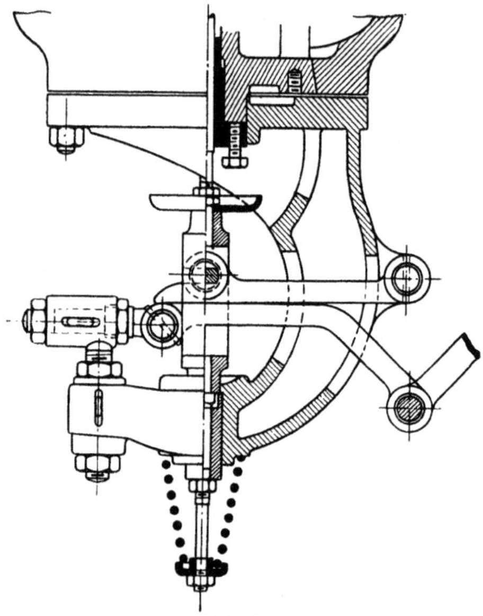

Abb. 197 [2]).

sonders unruhigen Gang und Abnutzung der Zähne an bestimmten Stellen hervorrufen.

Beim Ventilanhub wird das Gestänge durch den Dampfdruck auf den Sitzflächen, den Beschleunigungswiderstand, die Stopfbuchsenreibung und das Ventilgewicht belastet. Im Sinne des Anhubes wirkt nur der auf dem Spindelquerschnitt lastende Dampfdruck. Im Beginn der Erhebung tritt außerdem noch die Saugwirkung des das Ventil durchströmenden Dampfes auf. Den größten Teil der Belastung macht bei höheren Umlaufzahlen der Beschleunigungswiderstand aus, so daß die Masse des Ventils und der mit dieser zu beschleunigenden Teile möglichst zu beschränken sind. S. S. 163.

[1]) Bauart König der Ascherslebener Maschinenbau-A.-G.
[2]) Auslaßsteuerung von Schüchtermann & Kremer, Dortmund.

Als Ventilantrieb kommen hauptsächlich Wälzhebel, unrunde Scheiben und Schubkurven in Betracht.

a) **Wälzhebel**[1]). Der Drehpunkt des Wälzhebels wandert auf einer Wälzplatte, und das steuernde Exzenter greift zuerst an einem langen Hebelarm an, der mit fortschreitender Ventilerhebung ständig verkürzt wird (Abb. 196—197). Dadurch werden die Kräftewirkungen beim Anheben verringert und die Bolzen des Steuerungsgestänges geschont. Das Ventil wird anfänglich langsam, dann schneller angehoben. Beim Schluß setzt es sanft und ohne Stoß auf. Die durch das langsame Anheben bewirkte Dampfdrosselung kann durch reichliches Voröffnen verringert werden. Die Dampfdrosselung beim Ventilschluß führt zu einem langsamen Übergang der Füllungslinie in die Expansionslinie. Je nachdem die Wälzplatte festliegt oder beweglich ist, sind Wälzhebel mit beweglichem und festem Drehpunkt zu unterscheiden (Abb. 196—197 und

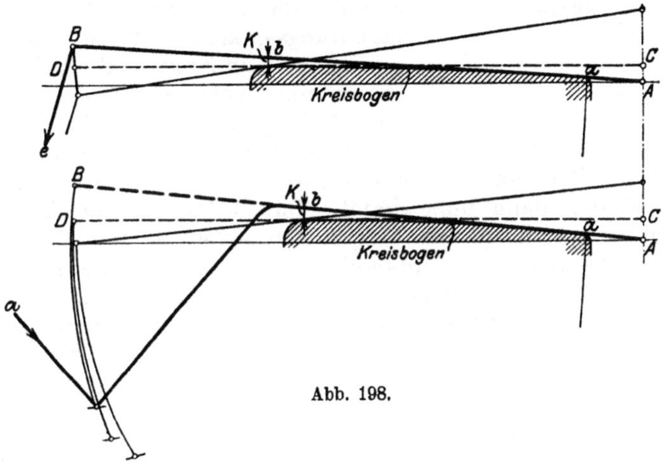

Abb. 198.

Abb. 211). Formgebung und Wirkungsweise werden in hohem Maße durch den Betrag des „Klaffens", in Abb. 198 durch die Strecke k gemessen, beeinflußt. Ist $k = 0$, so wird das Ventil sofort mit der größten Geschwindigkeit angehoben. Je kleiner k gewählt wird, um so größer werden Übersetzung, Beschleunigung und Kräftewirkung. Meist wird k in den Grenzen von 3 bis 8 mm ausgeführt. Wird die Endkurve bei b mit großem Radius gekrümmt, so wird noch gegen Ende der Ventilbewegung die Übersetzung erheblich geändert, während bei stark gekrümmter Kurve die Abnutzung größer wird.

Gleitfreies Abrollen des Wälzhebels auf der Wälzplatte und eine Anfangsübersetzung von der Größe Null sind die Forderungen, denen Wälzhebel möglichst entsprechen sollen. Wird das Ventil mit endlicher Geschwindigkeit angehoben —, was bei praktischen Ausführungen ausschließlich der Fall ist — so ist theoretisch die Beschleunigung unendlich

[1]) Holzer, Z. Ver. deutsch. Ing. 1908, S. 2043 u. f.

groß, so daß Brüche nur durch die Elastizität des übertragenden Gestänges verhindert werden.

In Abb. 199 entspricht einer unendlich kleinen Verschiebung aa' des „Hubpunktes“ a eine Senkung bb' des „Treibpunktes“ b. Ist p der augenblickliche Pol der Bewegung, so wird das augenblickliche Übersetzungsverhältnis $aa' : bb' = ap : bp$. Das Übersetzungsverhältnis wird nur dann gleich Null, wenn $ap = 0$ wird, wenn also die Berührungssenkrechte durch den Hubpunkt a geht.

Soll das Abrollen gleitfrei sein, so muß der augenblickliche Berührungspunkt q mit dem augenblicklichen Pol p der Bewegung zusammenfallen. Gleitfreies Wälzen mit der Anfangsübersetzung Null erfordert also, daß der Anfangsberührungspunkt der Wälzbahnen auf der in der Anfangslage a des Hubpunktes zur Geradführung errichteten Senkrechten liegt und daß die Anfangsberührungssenkrechte durch a geht.

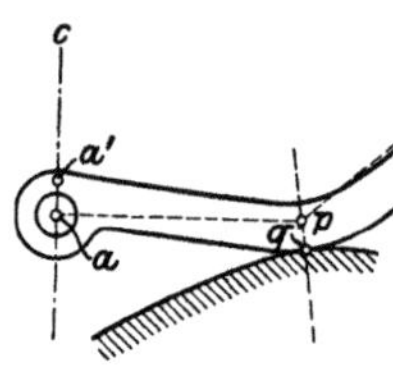

Abb. 199.

Fallen Hubpunkt und Anfangsberührungspunkt nicht zusammen, so müßte das Anfangselement der Wälzbahnkurve parallel zur Spindel verlaufen, so daß auch Anfangsberührungssenkrechte und Bahnnormale zusammenfallen. Die Schnittpunkte dieser Linien werden dann unbestimmt. Die Bedingung der Anfangsübersetzung Null verlangt auch für diesen unbestimmten Fall, daß der Schnittpunkt mit dem Hubpunkt zusammenfällt. Dann muß aber der Anfangsberührungspunkt gleiten. Soll kein Gleiten auftreten, so muß auf die Anfangsübersetzung Null verzichtet werden. In diesem Falle ist der Berührungspunkt der Schnittpunkt der oben genannten, zusammenfallenden Linien.

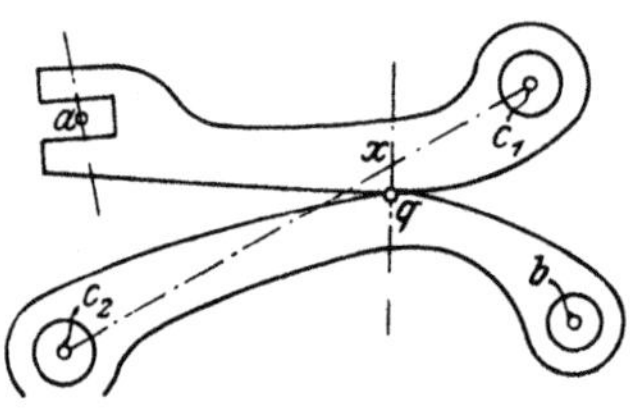

Abb. 200.

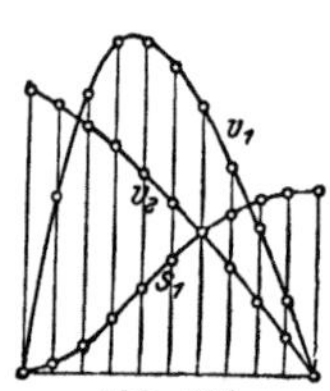

Abb. 201.

Gleitfreier Anhub mit Anfangsübersetzung Null ist sonach bei nichtzusammenfallendem Hub- und Treibpunkt unmöglich.

Fallen Hubpunkt und Anfangsberührungspunkt zusammen, so hat die Anfangsübersetzung von selbst die Größe Null und für die gleitfreie Bewegung müssen die Wälzkurven, die also bis zum Hubpunkt durchzuführen sind, senkrecht zur Spindel auslaufen. Da aber hierbei die Wälzkurven dauernd in Berührung bleiben müssen, ein Spielraum nicht vorhanden sein darf, so ist ein sicherer Schluß des Ventils nicht gewährleistet; auch dieser Fall ist also praktisch nicht ausführbar.

Abb. 200 stellt einen Wälzhebel mit festem Drehpunkt dar. c_2 ist der feste Drehpunkt des Treibhebels, c_1 der des Ventilhebels. Für diese Wälzhebel gilt der aus der Verzahnungstheorie bekannte Satz, daß die Normale im jeweiligen Berührungspunkt q die Zentrale c_1c_2 im umgekehrten Verhältnis der Winkelgeschwindigkeiten teilt. Sonach muß sein:

$$\frac{\omega_1}{\omega_2} = \frac{c_2x}{c_1x}.$$

Daraus folgt, daß das Übersetzungsverhältnis nur dann den Wert Null annehmen kann, wenn die Normale durch den Drehpunkt c_2 des Treibhebels geht.

Gleitfreies Abwälzen beider Kurven ist nur dann vorhanden, wenn für eine unendlich kleine Bewegung der augenblickliche, beiden Hebeln angehörende Drehpunkt in der Zentrale liegt, da nur hier beide Punkte gleichgerichtete, zur Zentrale senkrechte Bewegungsrichtung haben.

Fallen Anfangsberührungspunkt und Drehpunkt nicht zusammen so ist ein gleitfreies Anheben mit der Übersetzung Null nicht möglich, da die Normale mit der Zentralen zusammenfällt. Es liegen dann dieselben Verhältnisse wie bei den Wälzhebeln mit beweglichem Drehpunkt vor.

Beim Zusammenfallen von Anfangsberührungspunkt und Drehpunkt ist zwar die Anfangsübersetzung gleich Null, aber nach Obigem müßten die Wälzkurven im Drehpunkt tangential zur Zentrale laufen. Die Endkanten der Wälzhebel bleiben auch bei geschlossenem Ventil in Berührung, so daß der Ventilschluß nicht gesichert ist. Da die Normale durch den Drehpunkt geht, aber nicht mit der Zentrale zusammenfällt, so ist die Bewegung nicht gleitfrei.

Gleitfreies Anheben mit der Anfangsübersetzung Null läßt sich sonach nicht erreichen. Wenn Drehpunkt und Anfangsberührungspunkt nicht zusammenfallen, so kann zwar gleitfreies Wälzen stattfinden, aber es wird mit endlicher Geschwindigkeit angehoben.

Bei dem Entwurf gleitfrei arbeitender Wälzhebel werden Länge des Wälzhebels und Größe des Exzenters gewählt. Diese ungefähr so, daß die Pfeilhöhe des benutzten Exzenterbogens dem Ventilhube gleich ist. Damit wird die Geschwindigkeitskurve v_2 des Treibpunktes, die in die Eröffnungszeit fällt, bekannt (Abb. 201). Die v_1-Kurve der Ventilhubgeschwindigkeit wird zunächst beliebig gewählt, doch so, daß mit fortschreitender Ventilerhebung das Verhältnis $\frac{v_1}{v_2}$ zunimmt. Aus der v_1-Kurve wird durch Integration die Wegkurve s_1 bestimmt und hieraus rückwärts der Ordinatenmaßstab der v_1-Kurve ermittelt. Dadurch ist für jede Exzenterstellung die Hubpunktlage bekannt.

In Abb. 202 ist a_0 die Anfangslage des Angriffspunktes am Ventilhebel, b_0 diejenige des Treibpunktes, während a und b die Endlagen darstellen. c_1 und c_2 sind die festen Drehpunkte. Wird nun die Zentrale c_1c_2 durch Punkt q' im umgekehrten Verhältnis der bekannten Winkelgeschwindigkeiten der Punkte a_0 und b_0 geteilt, so ergeben sich die zwei, den Wälzhebeln angehörigen in q' zusammentreffenden Punkte q_1 und q_2, indem von c_1 aus mit c_1q', von c_2 aus mit c_2q' ein Kreisbogen geschlagen und Winkel $q'c_1q_1 = a\,c_1a_0$, und $q'\,c_2q_2 = b\,c_2\,b_0$ gemacht wird. Diese

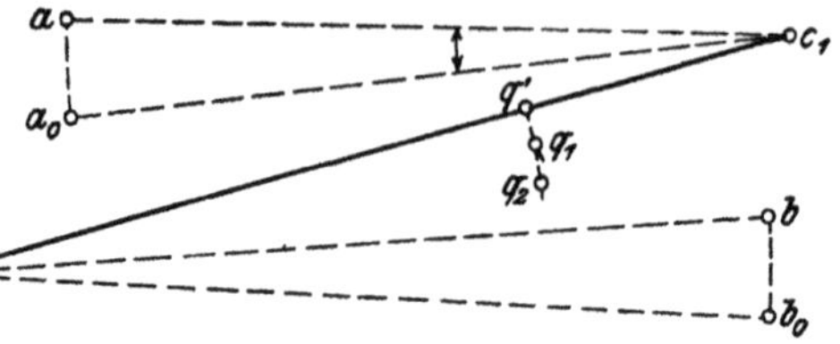

Abb. 202.

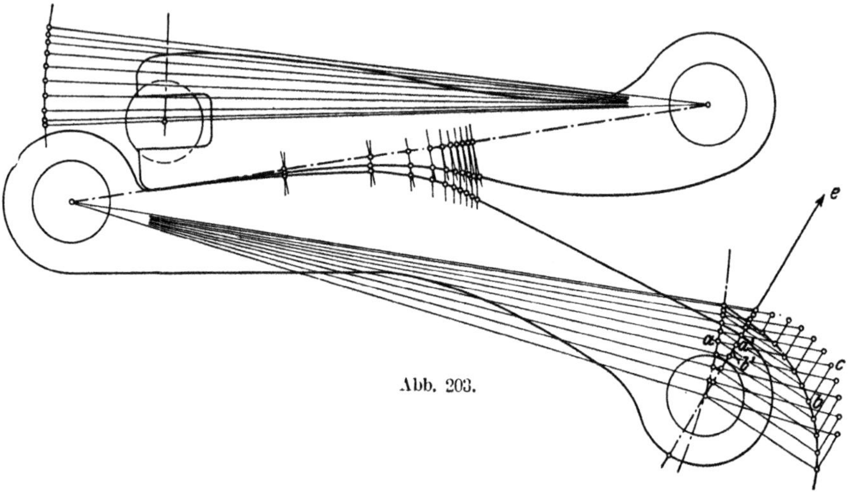

Abb. 203.

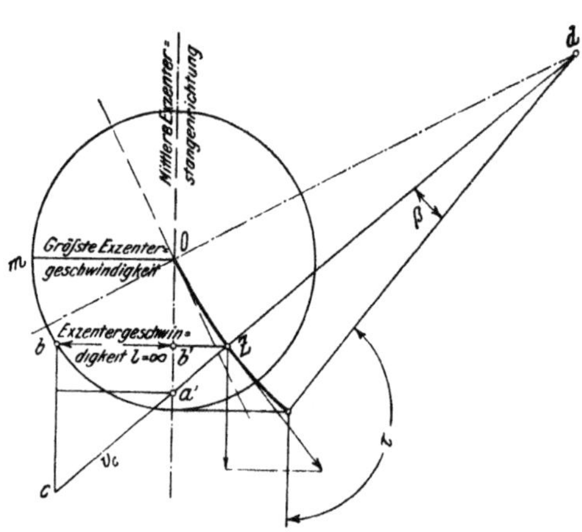

Abb. 204.

Konstruktion ist in Abb. 203 durchgeführt, die auch die Ermittlung der Treibpunktgeschwindigkeit zeigt. Unter Voraussetzung sehr großer Exzenterstangenlänge im Verhältnis zur Exzentrizität ergibt sich der Treibpunktweg durch Herüberloten des Exzenterkreispunktes b senkrecht zur Stangenrichtung $b'e$ auf den Kreis der Treibpunktbahn. Die Strecke bb' stellt dabei für die Winkelgeschwindigkeit 1 des Exzentermittelpunktes zugleich die Geschwindigkeit des Punktes b' längs der Stangenrichtung der Größe nach dar.

Die Geschwindigkeit von a auf dem Treibpunktkreis ergibt sich, indem durch b eine Parallele zur Stangenrichtung $b'e$ gezogen wird bis zum Schnittpunkt c mit der Richtung ac des Treibhebelarmes.

Die Strecke $a'c$ gibt dann die Größe der augenblicklichen Geschwindigkeit des Treibpunktes a (für $\omega = 1$) wieder. In Abb. 204 ist diese Ermittlung nochmals dargestellt. $v_c = a'c$ gibt die Geschwindigkeit des Treibpunktes.

Wird im Interesse einfacherer Herstellung die Ventilhebelkurve als Gerade ausgeführt (Abb. 206) und sind infolge der Wahl von Drehpunktlage, Ventilhub usw. die Winkelausschläge beider Hebel zwischen Anhub und Endlage gegeben, so wählt man den Anfangsberührungspunkt q_0

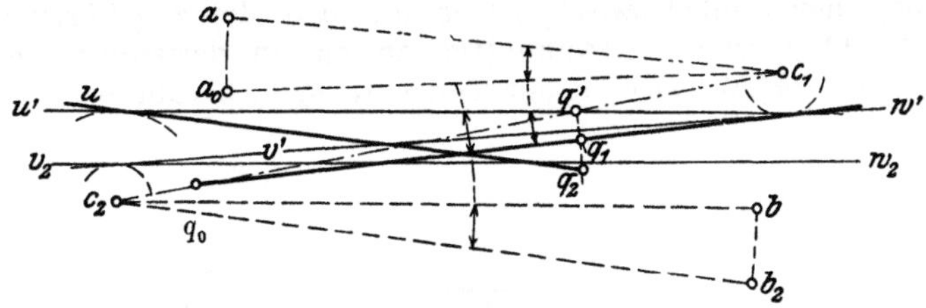

Abb. 205.

auf der Zentralen möglichst nahe am Treibhebeldrehpunkt c_2. Der Endberührungspunkt q', Abb. 205, wird dem Endübersetzungsverhältnis und der Endbeschleunigung entsprechend gewählt, woraus die Punkte q_1 und q_2 wie früher bestimmt werden. Die Gerade $q'\,u'$, die den von c_1 aus an die Verlängerung von q_0q_1 geschlagenen Kreis tangiert, gibt die Endlage des Hebels an. Diese Endlage $q'u'$ muß aber gleichzeitig die

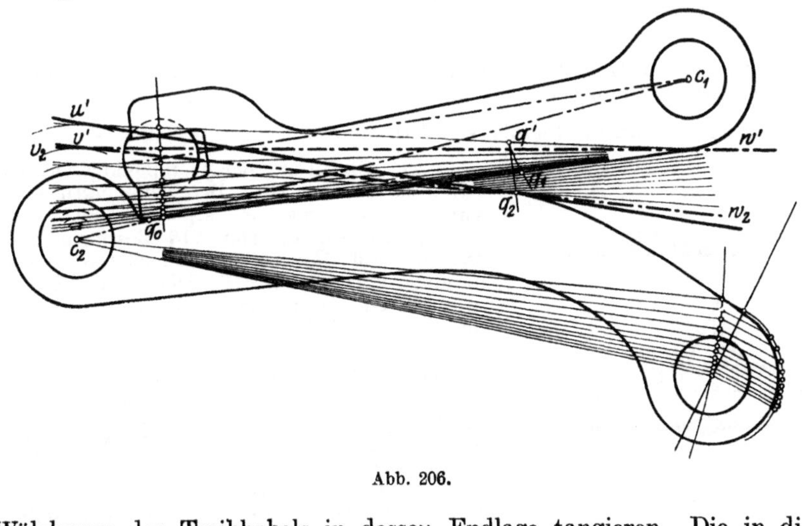

Abb. 206.

Wälzkurve des Treibhebels in dessen Endlage tangieren. Die in die Anfangslage zurückgedrehte Endtangente der Treibhebelkurve findet sich als Tangente durch q_2 an den von c_2 aus an $q'\,u'$ geschlagenen Kreis. Für die Anhublage ist q_1q_0 die Anfangstangente.

Die Winkelabweichung zwischen Anfangs- und Endtangente ist gleich der Summe der gegebenen Winkelausschläge beider Hebel.

Durch die Anfangs- und Endtangente und die darauf liegenden

Berührungspunkte ist die Treibhebelkurve nahezu bestimmt. Für diese wird eine von innen nach außen in der Krümmung zunehmende Kurve gewählt. Abb. 206 zeigt eine Parabel. Hierbei läßt sich das Ventilerhebungsdiagramm besonders leicht feststellen.

Ist in Abb. 205 $v_2 w_2$ eine Zwischentangente und schlägt man an diese einen Abstandskreis von c_2 aus und zieht die Linie $v' w'$, die sowohl diesen Abstandskreis als auch den von c_1 an $q_0 q_1$ geschlagenen Kreis tangiert, so gibt der Winkel zwischen $v' w'$ und $v_2 w_2$ den Treibhebelausschlag, der Winkel zwischen $v' w'$ und $q_1 q_0$ den zugehörigen Ventilhebelausschlag, von der Anhublage an bis zu derjenigen Hebellage, bei der beide Hebel sich in der Tangente $v_2 w_2$ berühren.

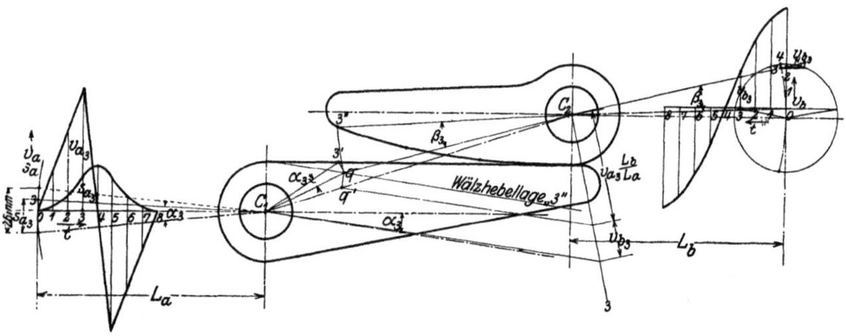

Abb. 207.

Beispiel. Wälzhebel für Ventilhub h = 26 mm. Wirksamer Exzenterhub = Ventilhub. Eröffnungswinkel $\alpha = 160^0$ ist wie in Abb. 216 ermittelt. Für n = 180 Uml/min wird die für die Ventilerhebung beanspruchte Zeit $t = \frac{60}{180} \cdot \frac{160}{360} =$ 0,147 sek. Ermittlung der Treibpunktgeschwindigkeiten nach Abb. 204. Der Hubpunktbewegung wurde eine quadratische Parabel zugrunde gelegt, so daß sich wie in Abb. 215 Geschwindigkeitsdreiecke und Beschleunigungsrechtecke ergeben. Anhubgeschwindigkeit = 0. Die untere Wälzbahn ist als Gerade angenommen. Zum Zweck bequemer Aufzeichnung sind Hub- und Treibhebel wagerecht gelegt.

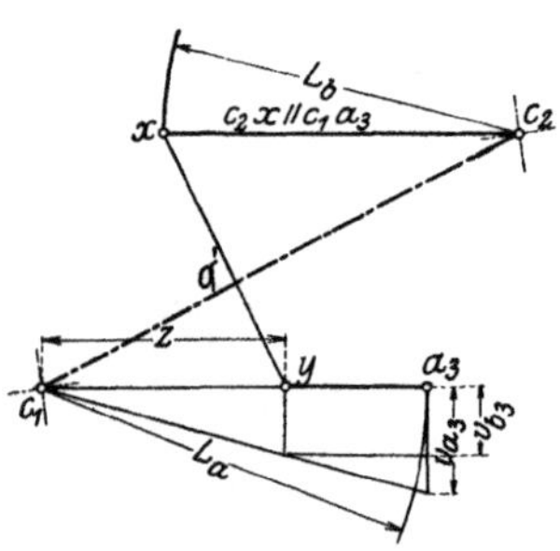

Abb. 208.

Die Ermittlung der Wälzkurve ist in Abb. 207 für den Punkt 3 dargestellt. Die Teilung der Zentrale $c_1 c_2$ im umgekehrten Verhältnis der Winkelgeschwindigkeiten kann in folgender Weise durchgeführt werden[1]) (Abb. 207 und 208).

Im Hubpunkt a_3, Abb. 208, ist senkrecht zu $c_1 a_3$ die zu 3 gehörige und aus dem Geschwindigkeitsdiagramm zu entnehmende Geschwindigkeit v_{a_3} abgetragen. Die Geschwindigkeit v_{b_3} wird ebenfalls senkrecht zu $c_1 a_3$ so abgetragen, daß der Endpunkt von v_{b_3} auf der Hypothenuse liegt. Dadurch ist Punkt y bestimmt. $c_2 x = L_b$ wird parallel zu $c_1 a_3$ gezogen. Die Verbindungslinie xy schneidet die Zentrale $c_1 c_2$ im Punkte q', dem Verhältnis der Winkelgeschwindigkeiten entsprechend.

[1]) Magg, Die Steuerungen der Verbrennungskraftmaschinen. Berlin 1914. Julius Springer.

Es ist nämlich, Abb. 208:

$$\omega_a = \frac{v_a}{L_a} = \operatorname{tg} \alpha = \frac{v_b}{z}; \ \omega_b = \frac{v_b}{L_b}$$

$$\frac{c_2 q'}{c_1 q'} = \frac{L_b}{z} = \frac{\frac{L_b}{v_b}}{\frac{z}{v_b}} = \frac{\frac{1}{\omega_b}}{\frac{1}{\omega_a}} = \frac{\omega_a}{\omega_b}$$

Diese Ermittlung setzt Lage des Hubpunktes zwischen den Drehpunkten c_1, c_2 voraus.

In Abb. 207 ist ein einfacherer Weg eingeschlagen. An Punkt c_1 sind unter beliebigem Winkel die Strecke $v_a \cdot \frac{L_a}{L_b}$ und daran anschließend Strecke v_b angetragen. Durch den Endpunkt der ersteren Strecke ist eine Parallele gezogen zu der Verbindungslinie von c_1 und dem Endpunkt der beiden Strecken. Diese Parallele teilt die Zentrale im umgekehrten Verhältnis der Winkelgeschwindigkeiten.

Da die jeweilige Berührungsnormale die Zentrale im Verhältnis der Winkelgeschwindigkeiten teilen muß, so ist von q' die Senkrechte qq' auf die Wälzhebellage für 3 zu fällen. Winkel $qc_2 3'' = \beta_3$ ergibt den Punkt 3'' der gesuchten Wälzkurve, Winkel $qc_1 3' = \alpha_3$ den Punkt 3', der mit 3'' in q zum Anliegen kommt.

Brauchbare Punkte lassen sich nur bis zur Lage 3 erhalten, da über 3 hinaus das Übersetzungsverhältnis wieder zunimmt. Die Fortsetzung der Wälzhebelkurve über 3 hinaus ergibt nahezu unveränderliches Übersetzungsverhältnis bei einem gegenüber dem ursprünglich angenommenen vergrößerten Ventilhub. Ist dieser sich ergebende Ventilhub h' nicht zulässig, so sind die Ordinaten der Weg- und Geschwindigkeitskurven im Verhältnis $\frac{h}{h'}$ zu verkleinern und der Entwurf ist nochmals durchzuführen.

Die hier angegebene Bestimmung der Wälzkurven wird in der Praxis meist durch einfachere Aufzeichnung ersetzt, die bei nicht zu großen Umlaufzahlen günstige Ergebnisse erzielen läßt. Gebräuchliche Ausführungsformen für Wälzhebel mit beweglichem Drehpunkt sind in Abb. 198 dargestellt. Die Kreisbögen der Abwälzungsbahnen tangieren

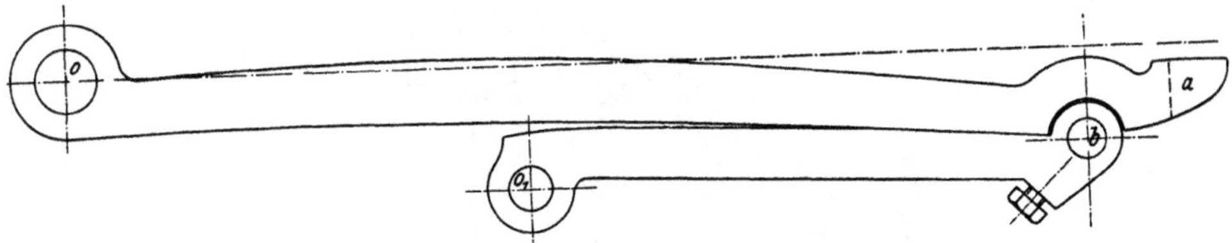

Abb. 209.

bei *a* den geradlinigen Ventilhebel in der Lage *AB* beim Ventilanhub und bei *b* den Hebel in der wagerechten Lage *CD*. Nach Erreichen der letzteren Lage ändert sich infolge der starken Krümmung am Ende der Wälzplatte das Übersetzungsverhältnis nicht mehr.

Bei den Wälzhebeln mit festem Drehpunkt kann man sich deren Bewegung auch in der Weise hervorgebracht denken (Abb. 209), daß der Hebel $o_1 b$ zunächst auf der oberen kreisförmig begrenzten Wälzplatte abgerollt wird, wobei der jetzt beweglich gedachte Drehpunkt *b* bei der Senkung eine Zykloide beschreibt. Um die richtige Schlußlage beider Hebel zu erhalten, sind diese zusammen um Punkt *o* nach oben zu drehen, wobei Punkt *b* sich nunmehr auf einem Kreisbogen um *o* dreht. Das

Gleiten wird möglichst vermieden, wenn dieser Kreisbogen mit der erwähnten Zykloide annähernd übereinstimmt.

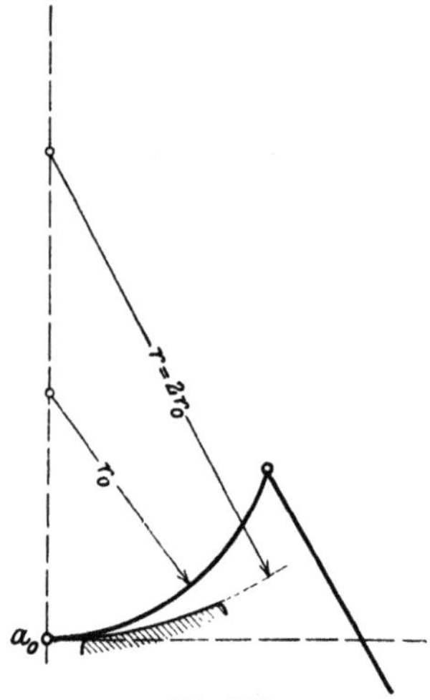

Abb. 210.

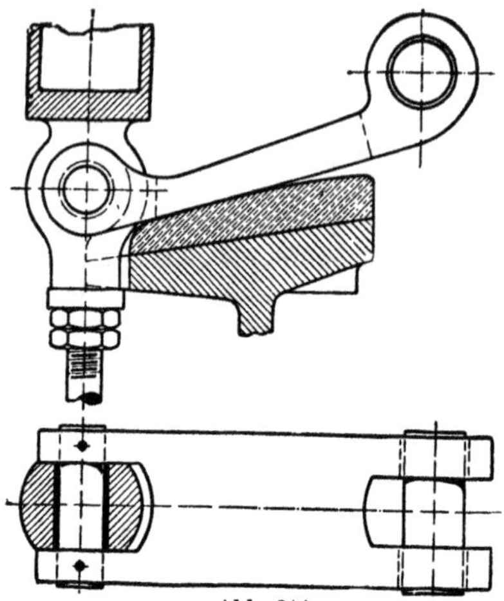

Abb. 211.

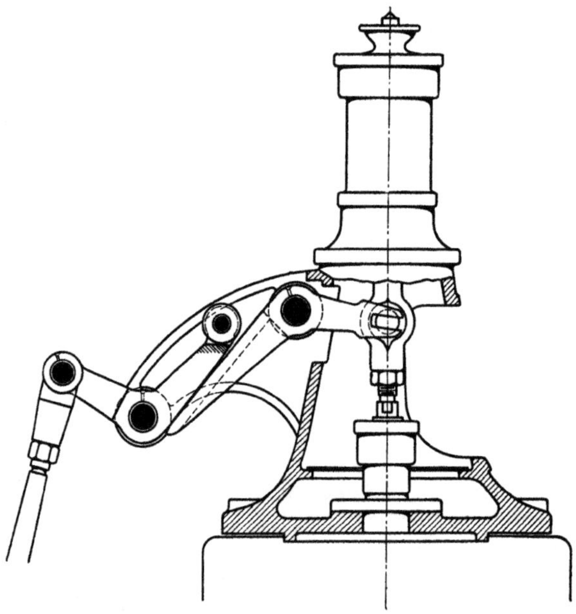

Abb. 212 [1]).

Gleitfreie Bewegung der Wälzhebel mit beweglichem Drehpunkt würde erhalten, wenn nach Abb. 210 die Wälzbahn nach einem Kreise

---

[1]) Bauart Radovanovic.

gekrümmt würde, dessen Radius $r = 2\,r_0$ wäre und dessen Mittelpunkt auf der Geradführung liegen müßte. In diesem Falle würde die vom Endpunkt a_0 des mit Radius r_0 gekrümmten Wälzhebels beschriebene Zykloide eine Gerade sein.

Ausführungen von Wälzhebeln zeigen die Abb. 196 und 197, sowie 211 und 212. In Abb. 197 ist der feste Drehpunkt des Treibhebels in senkrechter und wagerechter Richtung verstellbar. In sämtlichen Ausführungen wird die Anfangsübersetzung Null angestrebt, da in den Abb. 196 und 197, sowie 212 der Drehpunkt zugleich Anfangsberührungspunkt ist. Zu demselben Zweck wird bei dem Wälzhebel mit beweglichem Drehpunkt nach Abb. 211 die Wälzplatte bis zur Spindelmitte durchgeführt, indem sie die Spindel gabelförmig umfaßt. Es wäre die Anfangsübersetzung Null erreichbar, wenn bei geschlossenem Ventil und weiter bewegtem Treibpunkt der Hubpunkt an der Wälzbahn anliegen würde. In Wirklichkeit muß zwischen beiden ein Spielraum vorhanden sein, damit das Ventil sicher schließt. Anfangsübersetzung Null läßt sich bei Kolbenschiebern, die mit Überdeckungen arbeiten, verwirklichen.

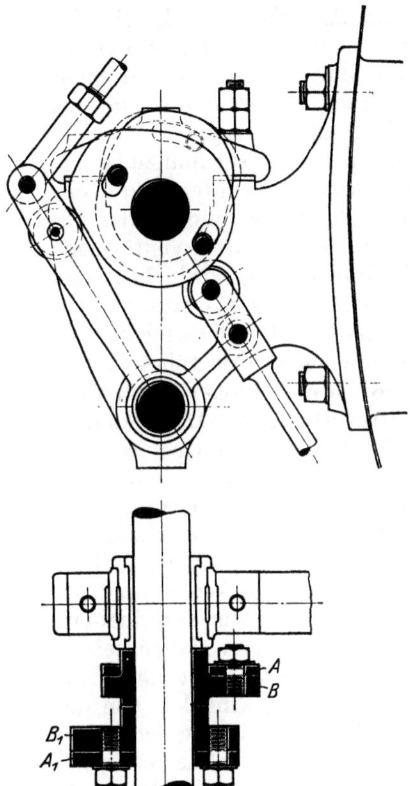

Abb. 213 [1]).

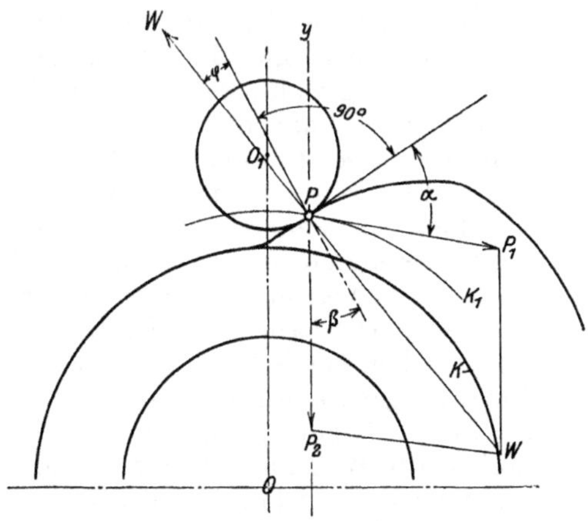

Abb. 214.

Bei der Ausführung nach Abb. 212 ist die Anordnung einer Rolle am Treibhebel, auf die sich der Ventilhebel nach dem Abwälzen stützt, bemerkenswert. Dadurch wird ein Gleiten des angehobenen Ventilhebels am Ende der Wälzbahn vermieden.

[1]) Niederdrucksteuerung von Gebr. Sulzer, Winterthur. Maßstab 1:8.

Für Maschinen mit hoher Umlaufzahl verdienen die Wälzhebel mit festem Drehpunkt den Vorzug gegenüber denen mit beweglichem Drehpunkt. Bei letzteren muß die Schlußfeder bei der Abwärtsbewegung des Ventils den Wälzhebel mit dem Gestänge beschleunigen, während bei den Wälzhebeln mit festem Drehpunkt das Gestänge durch den Antriebmechanismus beschleunigt wird; die Schlußfeder kann also schwächer ausgeführt werden und belastet das Gestänge weniger stark.

b) Unrunde Scheiben. Abb. 213 stellt eine Ausführungsform dieser Steuerungsart dar. Das Ventil wird gehoben, sobald die Rolle von der „Anlaufkurve" berührt wird. An die Anlaufkurve schließt sich die „Rast", ein zum Wellendurchmesser konzentrischer Kreis, der die Rolle in unveränderter Lage hält, so daß das geöffnete Ventil nicht weiter bewegt wird. Die „Ablaufkurve" bestimmt durch ihre Gestaltung die von der Schlußfeder hervorgerufene Schlußbewegung.

Zwischen Nabe und Rolle ist ein Spielraum von etwa 1 mm zu lassen, damit das Ventil mit Sicherheit schließen kann. Mitunter sind Rolle und Nabe in ständiger Berührung und der Bund der Spindel, der das Ventil anhebt, hat Spiel gegenüber diesem, so daß das Ventil nach Zurücklegung des Spielraumes vom Bund mitgenommen wird. In beiden Fällen wird das Ventil, im ersten Fall auch noch das Gestänge, mit endlicher Geschwindigkeit angehoben, so daß die Anfangsbeschleunigung theoretisch unendlich groß ist und zu merklichen Stößen führen kann.

Je steiler die Anlaufkurve gewählt wird, um so größer werden die Beschleunigung und die statischen Kräftewirkungen. Diese sind in Abb. 214 dargestellt, wobei Verschiebung der Rolle geradlinig in radialer Richtung OO_1 angenommen ist. Der Berührungspunkt P wird sich dementsprechend in der zu OO_1 parallelen Geraden xy bewegen und die in Richtung von xy auftretende Kraft P_2 stellt — unter Vernachlässigung der durch die weitere Lage des Punktes P vom Drehpunkt des Rollenhebels bedingten Vergrößerung des Hebelarmes — den Widerstand der Ventilbewegung und der Schlußfeder dar. P_1 ist die zur Verschiebung der Rolle erforderliche Kraft, die tangential an den zum Nabenkreis K durch P konzentrisch gezogenen Kreis K_1 gerichtet ist. W ist die auf die Rolle ausgeübte Rückwirkung, die um den Reibungswinkel φ von der im Punkt P zur Anlaufkurve errichteten Senkrechten abweicht. Die drei Kräfte W, P_1 und P_2 müssen sich in einem Punkte schneiden, wenn sie im Gleichgewicht sein sollen. Ist α der Steigungswinkel im Punkte P, so tritt Selbstsperrung ein, wenn $\alpha + \varphi = 90^0$ ist; aber auch schon bei Annäherung an diesen Wert werden die auftretenden Kräfte unzulässig hoch. α muß wesentlich unter $90^0 - \varphi$ bleiben. Als Höchstwert dürfte für praktische Ausführungen $\alpha = 45^0$ anzugeben sein, ein Wert, der aber nur für geringe Geschwindigkeiten und für radiale Rollenführung anwendbar ist.

Wird die Anlaufkurve nach einer logarithmischen Spirale gekrümmt, so bleibt der Winkel α für jeden Punkt der Kurve konstant.

a) Ermittlung des Nockenprofils aus dem gewählten Beschleunigungsdiagramm. In Abb. 215—217 ist der Entwurf einer unrunden Scheibe für bestimmte Verhältnisse wiedergegeben. Nach Wahl der Vorausströmung (0,1 s, wenn $s = 2r =$ Hub) und der Kompression (0,2 s) ist der Winkel $(\alpha + \beta)$ bestimmt, während dessen Zurücklegung das Auslaßventil geöffnet sein soll. In den Schenkeln dieses Winkels müssen An- und Ablaufkurve den Nabenkreis um das Rollenspiel überragen. Bei

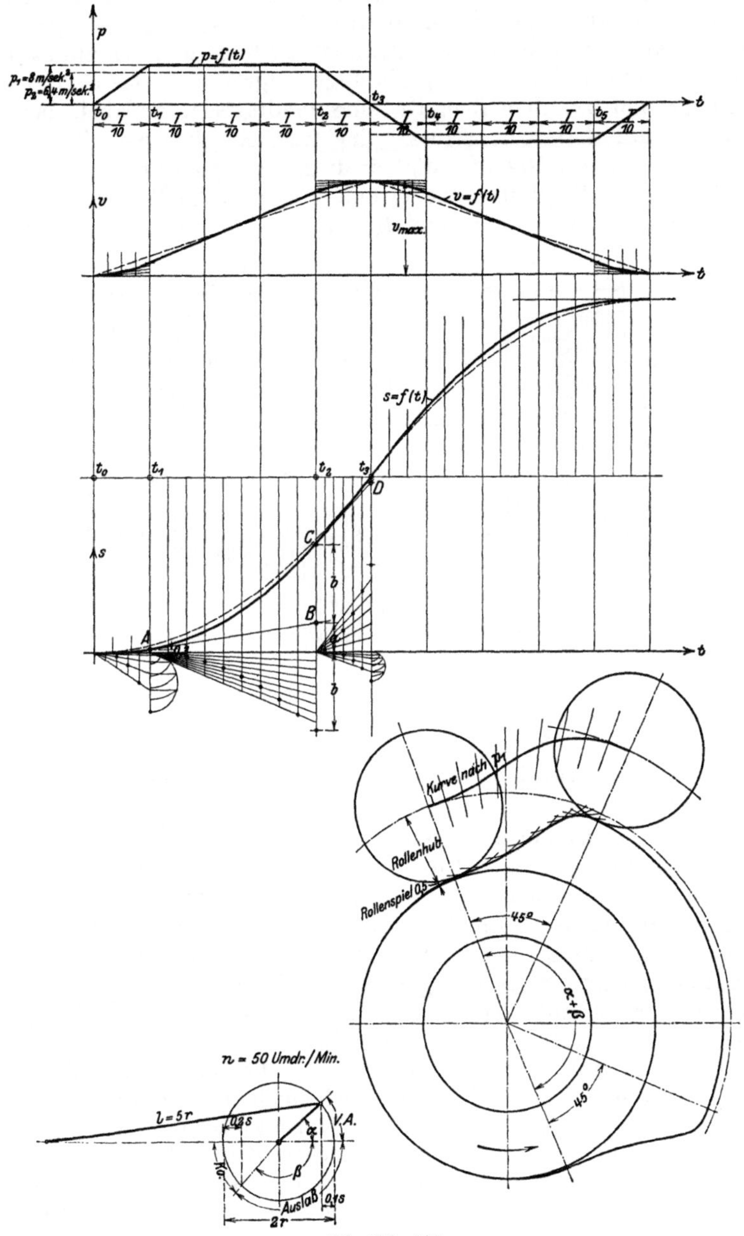

Abb. 215–217.

der Formgebung dieser Kurven wird vielfach von dem zu wählenden Beschleunigungsdiagramm ausgegangen, dem meistens die Form eines Trapezes oder eines Rechteckes gegeben wird. Beide Formen sind in Abb. 215 dargestellt. Die für das rechteckige Diagramm geltenden Geschwindigkeits- und Wegkurven sind punktiert, die für das trapezförmige Diagramm geltenden Kurven ausgezogen eingetragen. Im ersteren Fall setzt sich das Geschwindigkeitsdiagramm aus zwei geraden Linien zusammen. Für das trapezförmige Diagramm ist das Geschwindigkeitsdiagramm zwischen t_0 und t_1 eine quadratische Parabel, das Wegdiagramm auf derselben Strecke eine kubische Parabel. Zwischen t_1 und t_2 verläuft das Geschwindigkeitsdiagramm geradlinig, während die Strecke AC der Wegkurve wieder eine quadratische Parabel ist. Beide Kurven zeigen zwischen t_2 und t_3 denselben Verlauf wie zwischen t_0

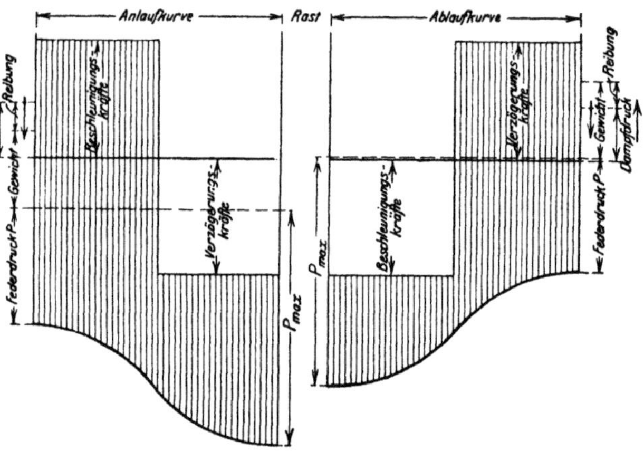

Abb. 218.

und t_1. Die Konstruktion der parabelförmigen Wegkurve ist in Abb. 215 angegeben.

In Abb. 217 ist angenommen, daß sich die Anlaufkurve über einen Winkel von 45° erstreckt. Die Zeit, in der dieser Winkel zurückgelegt wird, ist aus der Umlaufzahl der Maschine bekannt, woraus sich der Maßstab für die als Ordinaten aufzutragenden Zeiten ergibt. Von t_3 ab findet eine Verzögerung der Massen statt. Das Verzögerungsdiagramm kann andere Form, muß aber gleichen Flächeninhalt wie das Beschleunigungsdiagramm aufweisen. Die Daumenform wird aus der Wegkurve in der Weise ermittelt, daß der Anlaufwinkel (von 45° in Abb. 217) in die gleiche Anzahl Teile wie die Basis des Beschleunigungsdiagramms zerlegt wird und auf den radialen Schenkeln der entstehenden Teilwinkel die Wegstrecken von dem vom Nabenkreis um den Rollenradius plus Rollenspiel entfernten, konzentrischen Kreis abgetragen werden. Die Endpunkte dieser abgetragenen Strecken ergeben die Mittelpunktlagen der Rollen, von denen aus mit dem Rollenhalbmesser Abstandskreise zu schlagen sind, deren Umhüllende die Daumenform ist.

Das Diagramm der Kräftewirkungen ist für den Fall des rechteckigen Beschleunigungsdiagramms in Abb. 218 wiedergegeben. Im ersten Teile der Anlaufkurve hat die unrunde Scheibe die Beschleunigungskraft aufzubringen, die Feder zusammenzudrücken, das Ventilgewicht zu heben und die Spindelreibung zu überwinden. Bei den Nockensteuerungen wird Ventil- und Spindel-Gewicht meist annähernd durch das äußere Gestänge ausgeglichen, anders bei den später zu besprechenden Schubkurvensteuerungen. Im Sinne des Anhubes wirkt beim Einlaßventil nur der Dampfdruck auf die Ventilspindel. Als zu beschleunigende Masse kommen Ventil und Spindel, sowie die auf die Spindel zu reduzierenden Gestängemassen in Betracht, falls diese infolge einer Übersetzung am Ventilhebel eine andere Geschwindigkeit als das Ventil haben. Dem Wachsen der Federspannung entsprechend nehmen die von der unrunden Scheibe auszuübenden Kräfte zu, bis v_{max}, Abb. 215, erreicht ist und die Geschwindigkeitsabnahme beginnt. Die bis dahin gleichmäßig beschleunigten Massen müssen nunmehr von der Schlußfeder verzögert werden, und die Wirkung des Federdruckes auf die Rolle wird um den zur Verzögerung der Massen notwendigen Betrag verringert. Ist die Schlußfeder für die Verzögerung zu schwach, d. h. nähern sich die Ordinaten der senkrecht schraffierten Fläche zu sehr der Null, so werden sich die beschleunigten Massen weiter bewegen, Rolle und Daumen trennen sich, um später mit Stoß aufeinander zu treffen. Der Sicherheit halber muß der Rollendruck stets größer als Null sein.

Nach Durchlaufen der Rast müssen die Massen im entgegengesetzten Sinne wie beim Beginn ihrer Bewegung beschleunigt werden, und zwar von der Schlußfeder. Die Kräftewirkung wird insofern eine andere, als die Reibung der Spindel in der Labyrinthdichtung (auf 3 bis 5 kg zu schätzen) jetzt im entgegengesetzten Sinne wirkt. Im zweiten Teile der Ablaufkurve muß die unrunde Scheibe die Massen verzögern. Um nicht auf zu hohe Federspannungen zu kommen, wird der Übergang von der Rast zur Ablaufkurve fast immer mit größerem Krümmungsradius als am Übergang von der Anlaufkurve zur Rast angesetzt.

In dieser Darstellung ist wegen der unsicheren Schätzung der „Saugdruck" vernachlässigt, d. h. die Wirkung der Strömung auf das Ventil, wenn dieses nur um einen geringen Betrag geöffnet hat. Dieser Saugdruck besteht in der Hauptsache aus dem Spannungsunterschied über und unter dem Ventil infolge der durch dieses verursachten Drosselung.

Bei Eröffnung des Ventils bedingt neben der Trägheitskraft der Dampfdruck auf die Dichtungsflächen den stärksten Widerstand, der ebenfalls nur schätzungsweise in Rechnung gestellt werden kann.

Wie Abb. 218 zeigt, liegt die schraffierte Fläche der Ablaufkurve um den doppelten Reibungsbetrag höher als die der Anlaufkurve, so daß die notwendige Federkraft beim Ventilniedergang am leichtesten fehlt, wie aus den kleineren Ordinaten der schraffierten Fläche o. w. zu folgern ist. Die Vernachlässigung des oben erwähnten Saugdruckes ist nun zulässig, weil dieser die Gefahr des „Abspringens“, d. h. der Trennung von Rolle und Scheibe, nicht vergrößert.

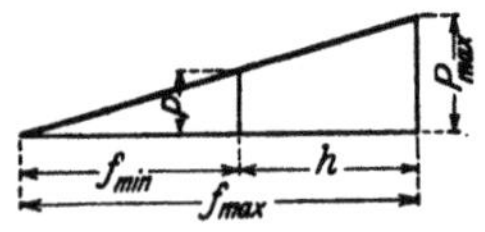

Abb. 219.

Die Federkräfte $P = f$.konst. ändern sich im Verhältnis der in Abb. 215 dargestellten Ventilwege. Zu der Vorspannung P der Feder bei geschlossenem Ventil gehört eine bestimmte Verkürzung f_{min}; der größte Ventilhub h entspricht der Federzusammendrückung $f_{max}-f_{min}$ Abb. 219. Die Wegkurve in Abb. 215 stellt hiernach zugleich die Federkraftkurve im Maßstab $\frac{P_{max}-P}{h}$ dar. Ist z. B. $P_{max} = 120$ kg, $P = 60$ kg, $h = 30$ mm, so sind die Ordinaten der Wegkurve mit 0,5 multipliziert als Federkraftkurve einzutragen.

Es empfiehlt sich, das Verhältnis der größten Federkraft zur Vorspannung groß zu wählen, etwa 1,8 bis 2, da stark wachsende Federkraft vorteilhaft ist. In der zweiten Hälfte der Ventileröffnung und der ersten Hälfte des Ventilniederganges ist das Gestänge vom Federdruck größtenteils entlastet, da dieser dazu dient, die Massen zu verzögern, bzw. zu beschleunigen. In der Nähe der Ventilschlußlage wirkt hingegen der Federdruck als Gestängebelastung, so daß hier möglichst kleine Federdrucke erwünscht sind.

Bei dem Entwurf der unrunden Scheibe nach Abb. 217 kann der Fall vorkommen, daß die von den Rollen-Mittelpunkten der Wegkurve aus mit dem Rollenhalbmesser geschlagenen Kreisbögen (deren Umhüllende die Nockenform darstellt) sich in einem Punkte schneiden. Dies tritt ein, wenn der Krümmungshalbmesser der Wegkurve gleich dem Rollenhalbmesser ist.

Ist der Rollenhalbmesser größer als der Krümmungshalbmesser der Wegkurve, so fallen die von den Rollenmittelpunkten geschlagenen Kreisbögen aus der Umhüllenden heraus. In beiden Fällen ist eine kleinere Rolle zu wählen; ist dies mit Rücksicht auf die Festigkeit des die Rolle tragenden Bolzens nicht möglich, so ist die Wegkurve zu ändern.

b) Ermittlung der Beschleunigung bei gegebenem Nockenprofil. Praktisch werden meist die An- und Ablaufkurven zur Erleichterung der Herstellung aus Kreisbögen und Geraden zusammengesetzt.

Wie die rechnerische Ermittlung zeigt, führen selbst geringe Abweichungen von der theoretischen Form zu starken Änderungen der Beschleunigungskräfte, so daß namentlich bei der Bemessung der Schlußfeder Vorsicht geboten ist. Es empfiehlt sich, zunächst an Hand eines gewählten Beschleunigungsdiagramms eine bestimmte Form festzustellen und diese durch Kreisbögen und Geraden möglichst genau zu ersetzen. Diese neue Nockenform ist dann zu untersuchen. Hierbei wird angenommen, daß sich der Rollenmittelpunkt auf der Wegkurve — der Äquidistanten zur Nockenform — bewegt.

Nach der Verzahnungslehre ist $v_n = r_n \cdot \omega$, Abb. 220, wenn ω = Winkelgeschwindigkeit der Steuerwelle. Wird $\omega = 1$, also $r_n = v_n$ gesetzt, so wird unter Berücksichtigung der Ähnlichkeit der Dreiecke

ODA und R_0EB bzw. OAR_0 und R_0BC: Umfangsgeschwindigkeit des berührenden Nockenpunktes $v_u = R$, Rollengeschwindigkeit $v_r = r_r$.

Für irgend einen Punkt N der Äquidistante, Abb. 221, wird die Rollenlage R_0' durch Ziehen von Kreisbögen mit ON um O und mit O_1R_0 um O_1 ermittelt.

Die Berührungsnormale $R_0'x$, als Tangente an den die Berührungsnormale Ny tangierenden Berührungskreis gezogen, schneidet auf der durch O zu O_1R_0' gezogenen Parallelen (oder auf der zur Richtung von v_r gezogenen Senkrechten) die Geschwindigkeit $v_r = OA$ ab.

Aus der Geschwindigkeitskurve können durch Tangenten an die Kurve die Beschleunigungen festgestellt werden.

Ist der Nockenpunkt nach R_0' gelangt, so ist AR_0' die augenblickliche Berührungsnormale, welche die Verbindungslinie der festen Drehpunkte O und O_1 im umgekehrten Verhältnis der jeweiligen Winkelgeschwindigkeiten teilt.

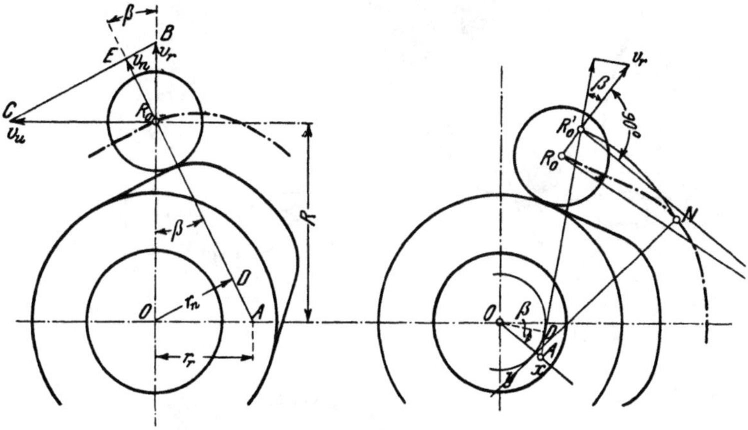

Abb. 220–221.

Unrunde Scheiben gestatten in einfachster Weise Füllungsausgleich, indem nach Abb. 216 die Winkel, über die sich die Kurven und die Rast erstrecken, für die Kurbel- und Deckelseite verschiedene Größe erhalten. Veränderung dieser Winkel wird durch die Bauart nach Abb. 213 ermöglicht. Jede der unrunden Scheiben besteht aus zwei Teilen, deren Umfänge vollständig gleich gestaltet sind und sich in normalem Betrieb decken. Die Scheiben A und A' sind durch Klemmschrauben, die in Schlitzen verstellbar sind, mit den auf der Welle aufgekeilten Scheiben B und B' verbunden. Soll die Dampfverteilung geändert werden, so sind die Scheiben A gegen B zu verdrehen, wobei z. B. für die Eröffnung die Anlaufkurven von B und B' maßgebend bleiben, während der Ventilschluß durch die neue Lage der Ablaufkurven von A und A' bestimmt wird. Nach dieser Verstellung laufen sonach die Rollen während des An- und Ablaufes nur auf einer Scheibe exzentrisch auf, so daß breite Lagerung der Rollenhebel vorzusehen ist.

Zentrische Wirkung wird durch die Anordnung von drei Scheiben erreicht, von denen die mittlere aufgekeilt ist, die beiden seitlichen verstellbar sind.

Die Massen, die bei Anwendung der unrunden Scheiben durch die Schlußfeder beschleunigt werden müssen, sind bedeutend, so daß bei höheren Umlaufzahlen starke Federspannungen erforderlich werden.

Berechnung der Schlußfeder. Die Reduktion der Massen wird in der Weise vorgenommen, daß bei Hebeln mit unveränderlichem Querschnitt die Masse mit $\frac{1}{3}$

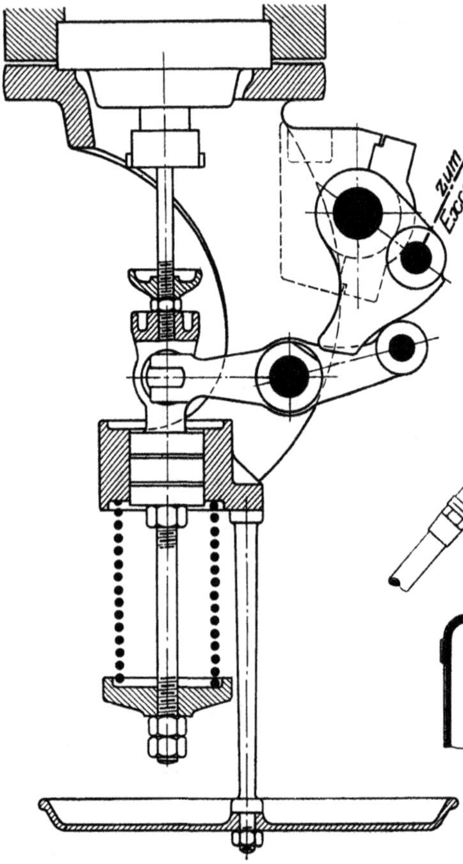

Abb. 222 [1]).

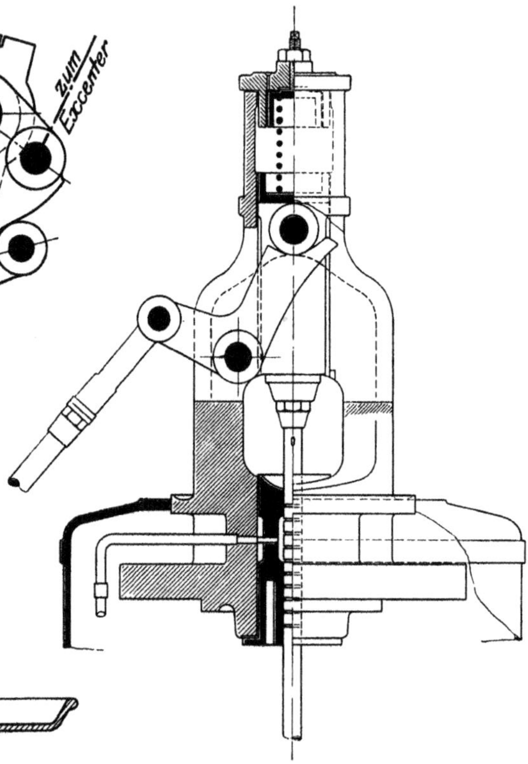

Abb. 223.

multipliziert wird, um sie auf das freie Ende zu beziehen. Verstärkungen, wie beim Rollenhebel nach Abb. 213, sind schätzungsweise durch einen Faktor $> \frac{1}{3}$ zu berücksichtigen. In dieser Weise ist das äußere Gestänge (Rollenhebel, Zugstange und äußerer Arm des Ventilhebels) auf den Treibpunkt, Ventil nebst Spindel und innerer Arm des Ventilhebels auf den Hubpunkt zu reduzieren. Ist nun beispielsweise der äußere Arm 0,8mal so lang als der innere, so ist die Masse des äußeren Gestänges mit $0{,}8^2$ bei der Reduktion auf den Hubpunkt zu multiplizieren,

[1]) Ausführung von R. Raupach, Görlitz. Maßstab 1:4.

da einmal die Beschleunigung des Treibpunktes nur 0,8mal so groß wie die des Hubpunktes ist, überdies die an der Ventilspindel angreifend gedachte Kraft zur Erzeugung der 0,8fachen Beschleunigung infolge des längeren Hebelarmes nur das 0,8fache zu betragen braucht.

Ist n = Anzahl der wirksamen Windungen,
d = Drahtdurchmesser in cm,
r = Windungshalbmesser in cm,
$\varphi = \frac{f_{max}}{n}$ = Einsenkung einer Federwindung in cm unter der Kraft P_{max},
$k_d \leqq 3600\ kg/cm^2$ = zulässiger Beanspruchung des Federmaterials in kg/cm^2,
G = 850000 (für Stahl) = Schubmodul in kg/cm^2,

so wird:

$$P = \frac{\pi \cdot d^3}{16 \cdot r} k_d \leqq 0{,}2 \frac{d^3}{r} \cdot k_d$$

$$\varphi = \frac{f_{max}}{n} = \frac{64 r^3}{d^4} \cdot \frac{P}{G} = \frac{4 \pi r^2}{d} \cdot \frac{k_d}{G}.$$

Nach Wahl von *r* wird *d* berechnet.

Die Anzahl *n* der Windungen findet sich aus den folgenden Beziehungen: Nach Abb. 221 ist:

$$P_{max} : P = f_{max} : f_{min} = (f_{min} + h) : f_{min}.$$

Daraus folgt:

$$f_{max} = \frac{h}{\frac{P_{max}}{P} - 1} = h \cdot \frac{P}{P_{max} - P}$$

$$n = \frac{f_{min} + h}{\varphi}.$$

c) Schwingdaumen. Diese stellen im wesentlichen unrunde Scheiben dar, die statt der Drehbewegung eine Schwingbewegung durch Exzenter erhalten. Die Anlaufkurve ist zugleich Ablaufkurve. Abb. 222 gibt die von Collmann herrührende erste Bauart wieder, die für zahlreiche, neuere Konstruktionen, von denen einige in den Abb. 223—233 dargestellt sind, vorbildlich gewesen ist. Als Vorteil gegenüber der unrunden Scheibe ist die Verringerung der zu beschleunigenden Massen anzuführen, während gegenüber den Wälzhebeln übermäßige Ventilhübe vermieden werden. Das Ventil baut sich infolgedessen kürzer, so daß die zu beschleunigende Ventilmasse ebenso wie der schädliche Raum kleiner werden. Auch halten kurze Ventile besser dicht. Wesentlich ist weiterhin, daß während des Auflaufens der Rolle auf der oberen Rast der Regulator entlastet ist.

Die einfachste Ausführung ergibt sich nach Lentz (Abb. 223). Der Schwingdaumen wird möglichst an die Ventilspindel herangedrückt und gleitet auf einer in der gegabelten Spindel gelagerten Rolle. Die Spindel wird — ebenso wie in den Ausführungen nach Abb. 227—230 — durch seitliche Kräfte beansprucht. Eine Umkehrung der Lentzschen Bauart zeigen die Abb. 228—230.

Neben dem Lentzschen Schwingdaumen haben die von Proell und Paul H. Müller größere Verbreitung gefunden. Bei der Proellschen Bauart nach Abb. 224 und 225 ist der „kritische Winkel", d. h. der Winkel zwischen den Bewegungsrichtungen der Rolle und der Schubkurve im Rollenmittelpunkt, stumpf, wodurch sich eine Kniehebelwirkung ergibt (s. S. 178). Die Abänderung nach Abb. 225 ist insofern vorteilhaft, als durch die Wahl des Anlenkungspunktes der Exzenterstange das Übersetzungsverhältnis leichter geändert werden kann als bei der Ausführung nach Abb. 224, bei der man aus konstruktiven Rücksichten annähernd an das Hebelverhältnis 1 : 1 für den zweiarmigen Ventilhebel gebunden ist. Auch die Abnutzungsverhältnisse der Bolzen gestatten sich etwas günstiger.

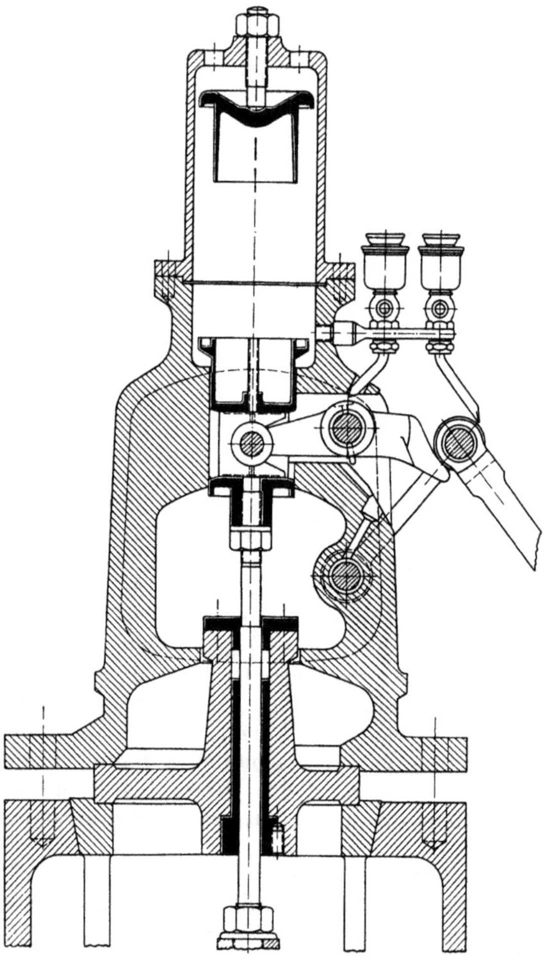

Abb. 224.

Der Antrieb von Paul H. Müller, Abb. 226, sieht eine doppelte Schubkurve vor; die Krümmung des Zwischenhebels beginnt an der Stelle, an der bei Ruhelage des Ventils die Rolle in der Gleitbuchse den Zwischenhebel berührt. Infolge der dadurch bedingten Verteilung des Ventilweges auf zwei Kurven können diese sehr flach ausgeführt werden und die für die unrunde Scheibe in Abb. 214 dargestellten und auf die Schwingdaumen entsprechend zu übertragenden statischen Kräftewirkungen werden verringert. Ebenfalls Verteilung des Ventilhubes auf zwei Schubkurven, von denen die eine festliegt, die andere mit der Ventilspindel verbunden ist, zeigt die Bauart Hunger, Abb. 227. Anordnung der Schubkurve an der Spindel zeigen die Abb. 228 bis 230. Auf der Welle *a* des Reckeschen Antriebes, Abb. 231—232, ist ein Wälzdaumen *d* angebracht. Die Ventilspindel umgeht hakenförmig diese Welle und endigt in einem Gleitstück, an dem in *o* die Stelze d_1 aufgehängt ist. Das Ventil kann bei geeigneter Profilierung der Rollflächen mit sehr kleiner Geschwindigkeit angehoben werden; für den weiteren Ventilhub sind Winkelbeschleunigung und Winkelbewegung der Stelze d_1 sehr gering. Der Führungsdruck wechselt seine Richtung nicht.

Stein führt die Rückenfläche der Schubkurvenstange mit einer ebenen, zur Bewegungsrichtung der Steuerstange parallelen Bahn aus, Abb. 233. Im übrigen zeigen die gebrachten Beispiele, daß der Erfindungsgeist auf dem Gebiet der Schubkurvensteuerungen reichlich tätig gewesen ist, ohne daß sich immer ein entsprechender Erfolg eingestellt hat. Die älteste Ausführung des Schwingdaumens nach Collmann, Abb. 222, gehört auch jetzt noch zu den besten Anordnungen: die Schieberspindel wird durch seitliche Kräfte nicht beansprucht, so daß Gleitbuchsen, welche die mit dem Ventil zu bewegenden Massen nicht unbeträchtlich vermehren, unnötig werden. Der Rollenhebel läßt Übersetzung zu.

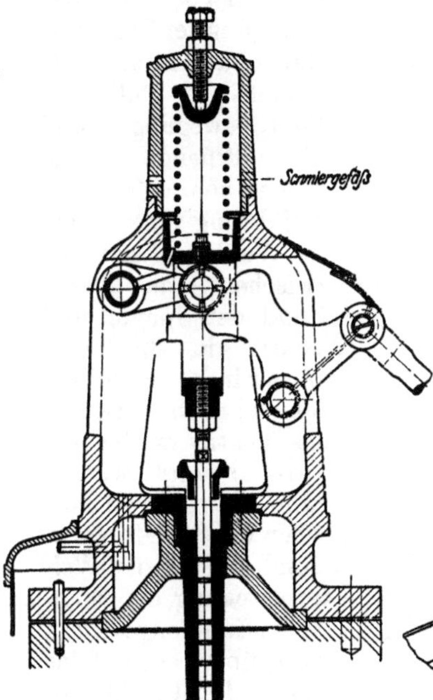

Abb. 225.

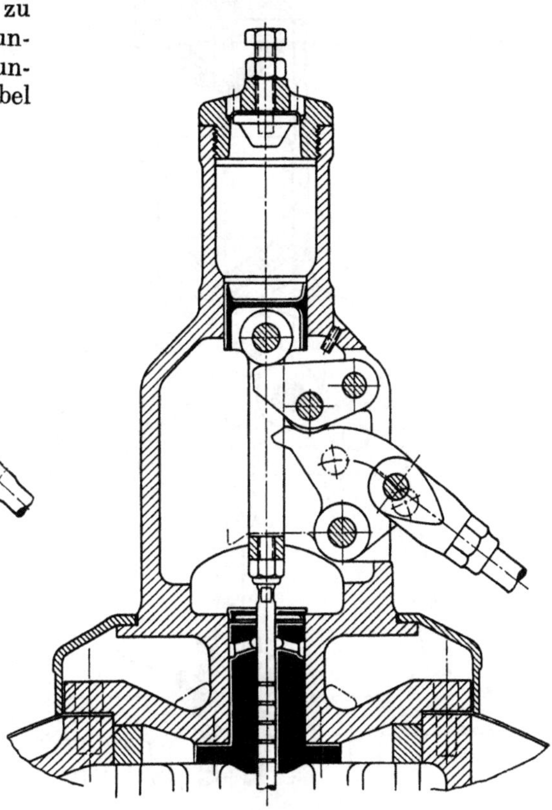
Abb. 226.

Abb. 234 zeigt den Antrieb von Kuchenbecker. Der vom Exzenter bewegte Wälzhebel mit festem Drehpunkt greift nach Art einer Verzahnung in eine entsprechend gestaltete Lücke des Ventilhebels ein. Unmittelbar vor dem Aufsetzen des Ventils tritt der Zahn aus der Lücke heraus. Hängenbleiben s. S. 171 der Ventilspindel wird dadurch verhindert. (Vergl. auch Abb. 228). Diese Bauart mit Wälzhebeln leitet in gewisser Beziehung zu den paarschlüssigen Antrieben über.

In Abb. 235—239 sind paarschlüssige Antriebe dargestellt, die das Ventil nicht nur öffnen, sondern auch beim Schließen abwärts bewegen. Es müssen bei diesen Bauarten besondere Vorkehrungen getroffen werden, damit einerseits das Ventil stets sicher schließt, andererseits Brüche im äußeren Gestänge vermieden werden.

Weitere Verbreitung hat der Doerfelsche Doppeldaumen nach Abb. 235 bzw. 236 gefunden. Bei der Aufwärtsbewegung der Exzenterstange hebt die der Spindel zunächst liegende „öffnende Rolle“ das Ventil, während die schliessende Rolle, in steter Berührung mit der zweiten Schubkurve nach abwärts bewegt wird. Bei der Abwärtsbewegung der Exzenterstange übernimmt die schließende Rolle die Ventilbewegung, und die öffnende Rolle weicht aus. Zur Herbeiführung eines sicheren Ventilschlusses ist zwischen dem oberen Bund der Spindel und Ventil ein Spielraum angeordnet, so daß die Spindel nach Aufsetzen des Ventils weiter abwärts bewegt werden kann. Eine Feder zwischen Ventil und oberem Bund, die bei der Weiterbewegung der Spindel zusammengedrückt wird, überträgt auf das Ventil die Beschleunigungskraft beim Schliessen. Abb. 236 zeigt eine zweite Ausführungsform des Doerfelschen Doppeldaumens. Der Ventilhebel kann sich in Richtung des Vierkantes verschieben und wird durch eine Feder so gehalten, daß die Rollen gegen die Schubkurven gedrückt werden und stets anliegen. Die Feder, durch die der Spindel ein Niedergehen noch nach Ventilschluß ermöglicht wird, ist im Spindelkopf untergebracht.

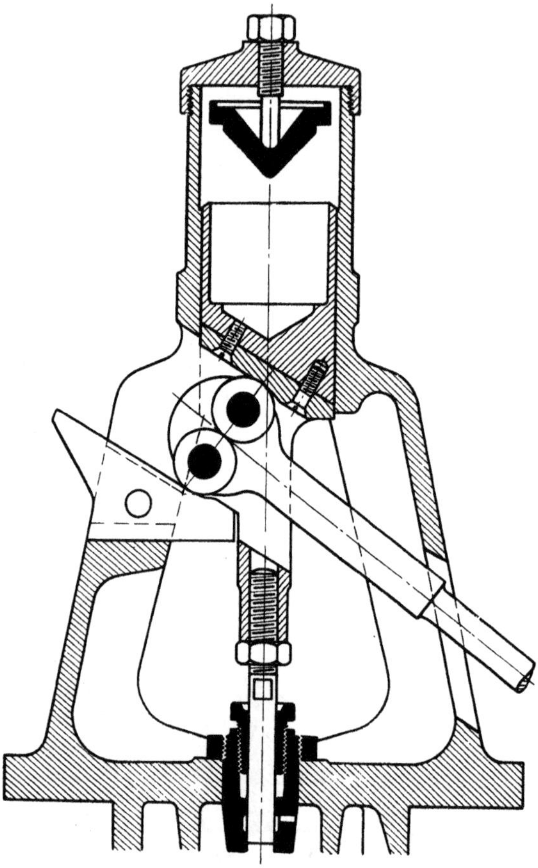

Abb. 227 [1]).

In Abb. 237—238 tragen Ventilhebel und Ventilspindel je eine Rolle und eine Schubkurve. Auch bei dieser Bauart ist eine Feder vorgesehen, die in derselben Weise wie beim Doerfelschen Schwingdaumen wirkt.

[1]) Bauart Hunger der Maschinenfabrik J. E. Christoph, Niesky, O.-L. Maßstab 1:5.

Bei dem Ventilantrieb nach Abb. 239 ist die Schubkurve zu einer Kulisse kinematisch erweitert. Nach Aufsetzen des Ventils tritt die Rolle aus der Kulisse heraus.

Der Hebel wird in der Weise hergestellt, daß die untere Rollenbahn nach Angabe in Gußeisen gefräst wird und auf einer Kopiermaschine als Vorlage dient. Hier werden dann beide Rollenbahnen durch einen einzigen Fräser vom Rollendurchmesser gleichzeitig hergestellt.

Die Rolle selbst wird um $^1/_{10}$ mm kleiner gedreht als der Fräser.

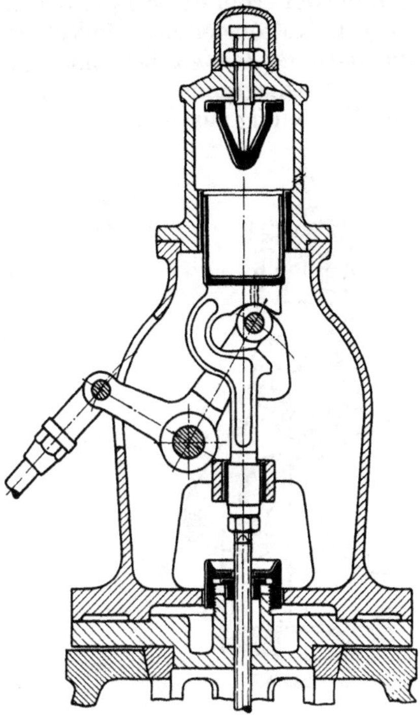

Abb. 228 [1]).

Gegenüber den einfachen Schubkurven weisen die paarschlüssigen Antriebe den Vorzug auf, daß zunächst das Hängenbleiben der Ventilspindel verhindert wird. Die Spindel nutzt naturgemäß am stärksten an den Stellen ab, die bei den meist vorkommenden, kleinen Ventilhüben in den Dichtungsraum der Stopfbuchse gelangen, so daß bei größeren Hüben, namentlich beim Anlassen der Maschine, der nicht abgenutzt Spindelteil von größerem Durchmesser infolge der großen Reibung in der Stopfbuchse leicht hängen bleibt. Hängenbleiben der Einlaßventile kommt indessen auch bei eingeschliffener Spindel als Folge von Ölansatz an der Spindel vor und kann am Hochdruckzylinder Durchgehen der Maschine bei nicht regulierbarem Niederdruckzylinder verursachen, während beim Hängen bleiben der Niederdruck-Einlaßventile der Kondensatordruck in gefährlicher Weise ansteigen kann.

Ein weiterer wesentlicher Vorteil der paarschlüssigen Antriebe besteht in der Vermeidung der Schlußfeder. Wird diese bei den Antrieben mit Wälzhebeln oder einfachen Schubkurven nicht in einer zur Beschleunigung der Massen hinreichenden Stärke ausgeführt, so fällt das Ventil frei nach und trifft „knallend" auf den Sitz. Um das Knallen zu verhüten, wurden sogar bei den genannten Antrieben Luftpuffer angewandt, womit eine Wirkung, nicht die Ursache vermieden wird. Die Schlußfedern belasten stark das Steuerungsgestänge und erschweren den Eingriff des Regulators.

Den klarsten Einblick in die Wirkungsweise der Ventilantriebe gewähren die sog. „Ventilerhebungsdiagramme", deren Abszissen die Kolbenwege und deren Ordinaten die Wege eines Punktes auf der

[1]) Ausführung der Maschinenfabrik Grevenbroich. Maßstab 1:7,5.

Spindel — also des Ventils — oder des mit der Zugstange verbundenen Endpunktes des Wälzhebels darstellen. Im letzteren Fall ist die Aufzeichnung bequemer, doch fehlt das Übersetzungsverhältnis des Antriebes. An einer im Betrieb befindlichen Maschine können Ventilerhebungsdiagramme aufgenommen werden, indem ein mit der Spindel verbundener Schreibstift ein Papier beschreibt, das sich auf einer vom Kolben der Maschine gedrehten Trommel befindet. Wird in das Diagramm weiterhin die Ellipse der zur Vermeidung von Dampfdrosselung für jede Kolbenstellung mindest erforderlichen Ventilhübe eingezeichnet, die nach S. 144 zu berechnen sind, so ergibt der Schnittpunkt der Erhebungsdiagramme mit dieser Ellipse den Beginn und die Dauer der Drosselung für jede Füllung.

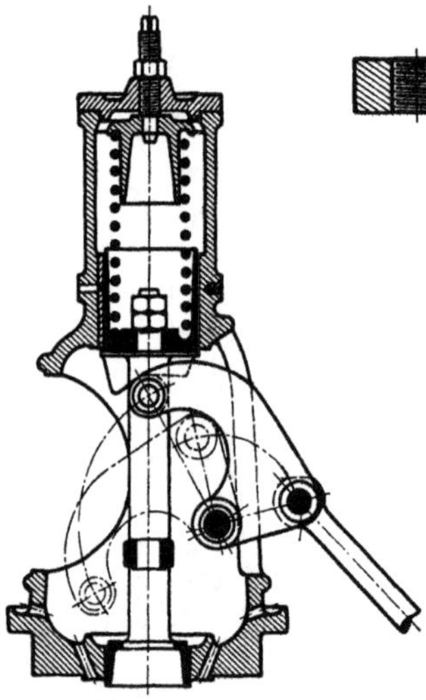

Abb. 229 [1]).

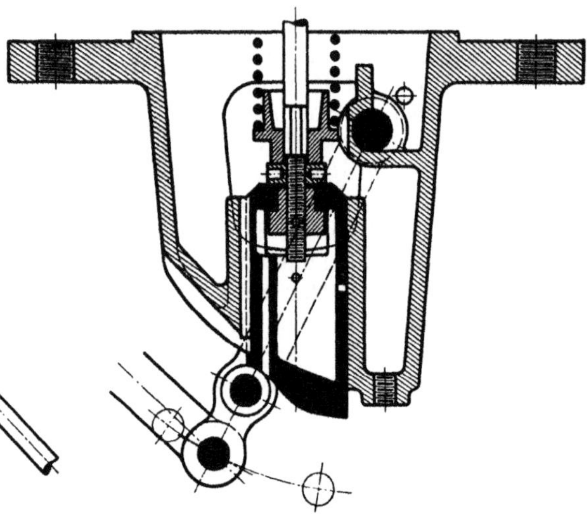

Abb. 230 [2]).

Das in Abb. 240 dargestellte Diagramm einer Wälzhebelsteuerung läßt nun deren Nachteil erkennen. Um bei kleinen und mittleren Füllungen genügenden Ventilhub zu erhalten, wird bei den größeren Füllungen ein übermäßig großer Ventilhub notwendig, wodurch starke, das Gestänge schwer belastende Federdrucke und vermehrte Rückwirkung auf den Regler entstehen. Vermag die Schlußfeder die erforderliche Beschleunigung nicht aufzubringen, so fällt das Ventil knallend nach, wie schon oben bemerkt.

Abb. 241 zeigt die Vorteile der Schwingdaumen. Die Ventilhübe und Federspannungen sind infolge der „Rast" weniger verschieden, so daß auch die Rückwirkung auf den Regler verringert wird. Gleiche Diagramme zeigen die paarschlüssigen Steuerungen.

Werden die Abszissen auf die K u r b e l wege bezogen, so stellen die Ventilerhebungsdiagramme den z e i t l i c h e n Verlauf der Ventil-

[1]) Ausführung Gebr. Sulzer. Maßstab 1:10.
[2]) Ausführung K. & Th. Möller, Brackwede. Maßstab 1:5.

bewegung dar. Tangenten an die Endstücke der Kurven geben die Schlußgeschwindigkeiten des Ventils an.

Ein sehr einfaches Verfahren zur Bestimmung der Ventilerhebung ist in den Abb. 242 und 243 wiedergegeben[1]).

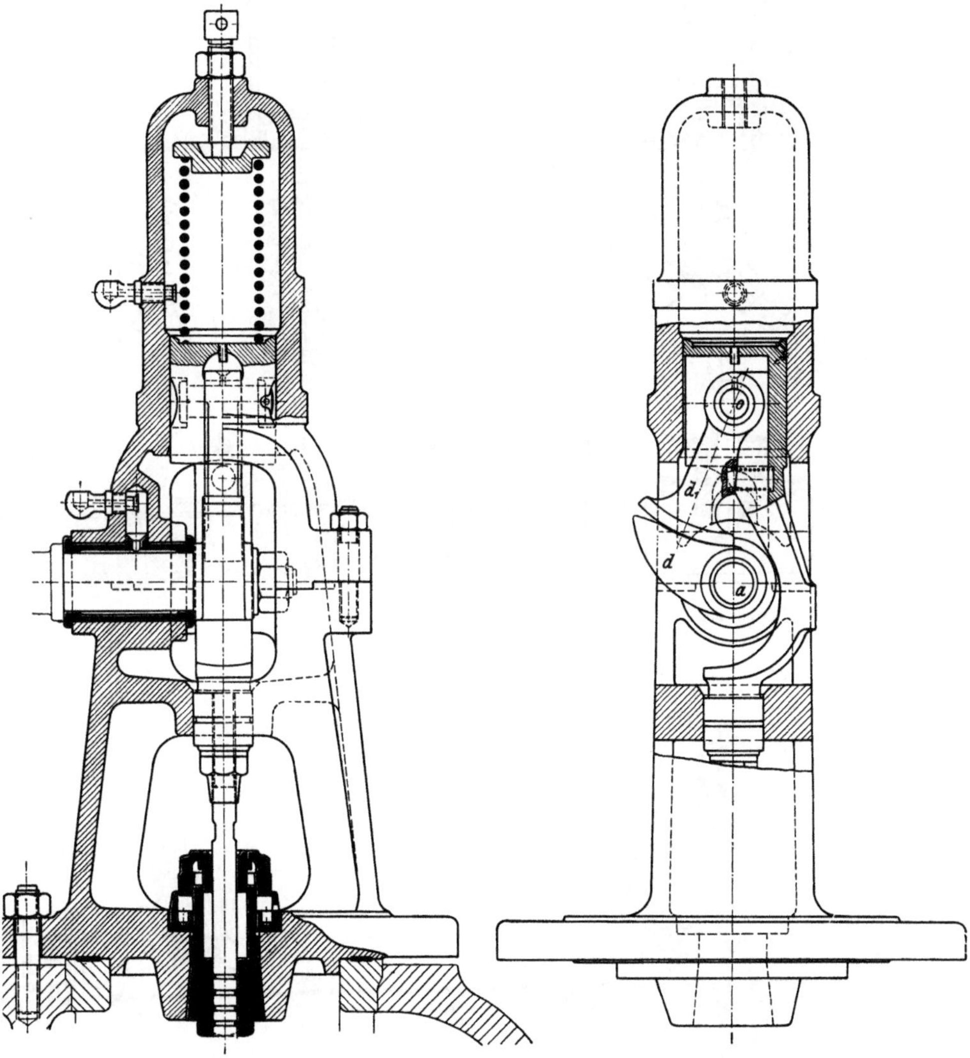

Abb. 231–232[2]).

Der Hub h des mit dem Ventil verbundenen Spindelkopfes S wird in eine Anzahl (hier 8) gleicher Teile geteilt und unter Berücksichtigung

[1]) Abb. 242 und 243 sind in verschiedenen Maßstäben (1:4 und 1:2,5) gezeichnet.

[2]) Ausführung der Maschinenfabrik Rheydt. O. Recke. Maßstab 1:5.

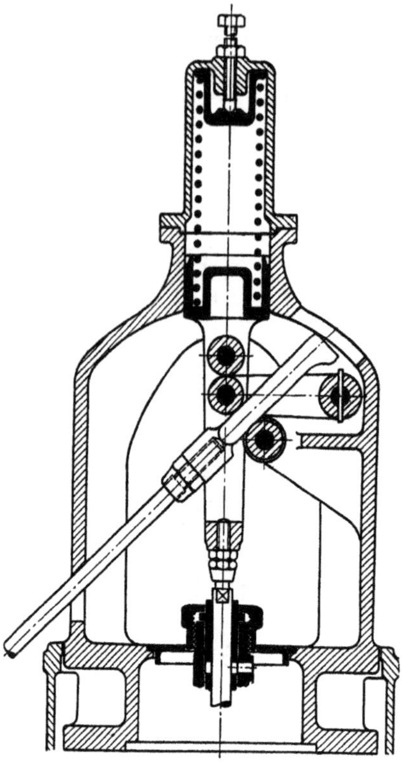

Abb. 233 [1]).

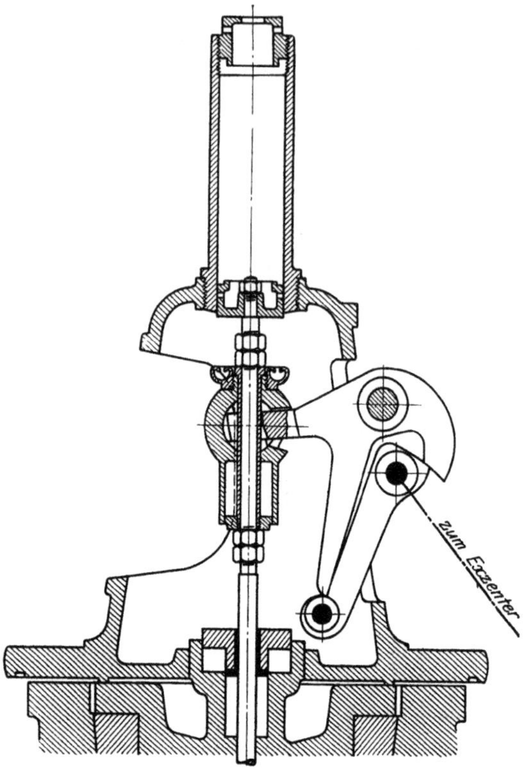

Abb. 234 [2]).

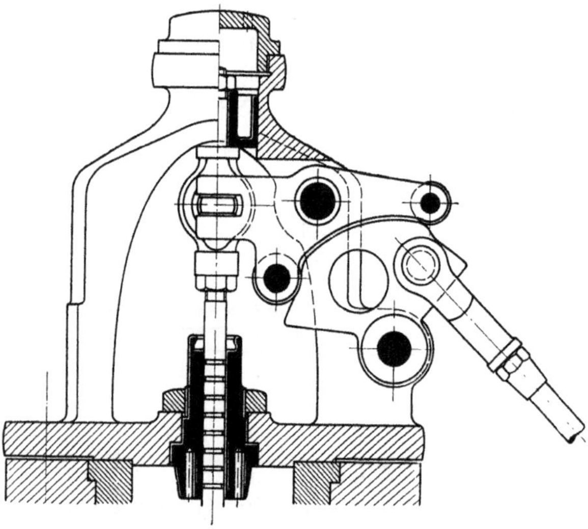

Abb. 235 [3]).

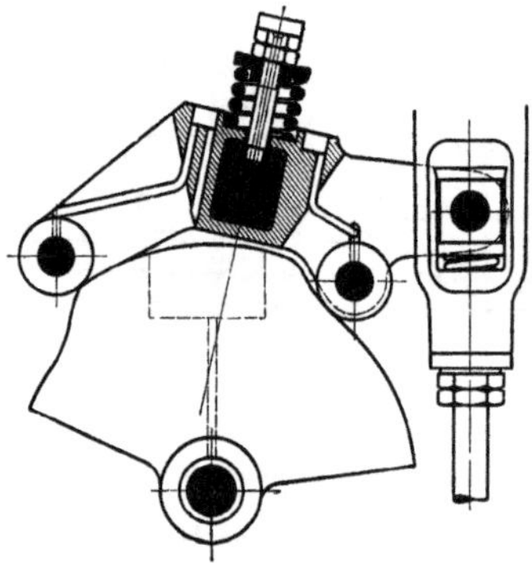

Abb. 236.

[1]) Entwurf von Zivilingenieur B. Stein, Berlin-Friedenau.
[2]) Ausführung von G. Kuhn, Stuttgart-Berg. Maßstab 1:8.
[3]) Ausführung der Sundwiger Eisenhütte, Sundwig i. W. Maßstab 1:7.

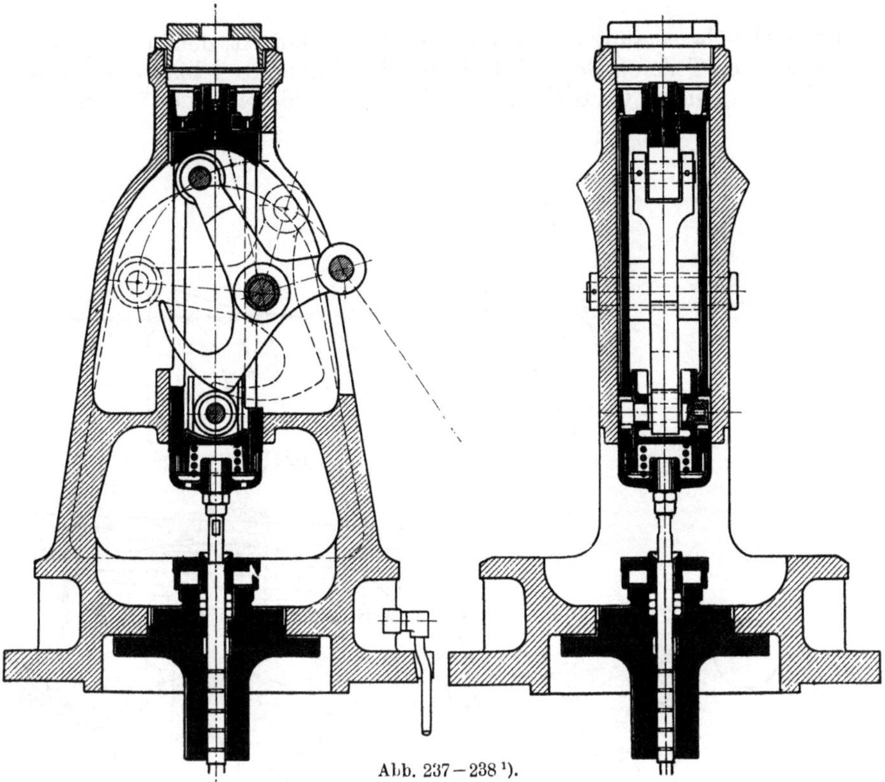

Abb. 237 – 238 [1]).

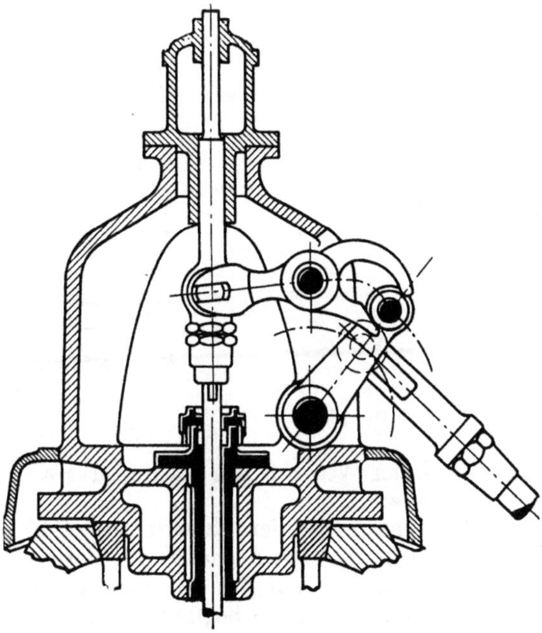

Abb. 239.

[1]) Ausführung von Schüchtermann & Kremer, Dortmund. Maßstab 1:8.

der Hebelübersetzung der Hub der Rolle R ermittelt, der in die gleiche Anzahl von Teilen zerlegt wird. Durch die Teilpunkte 1 bis 9 des Rollenhubes werden von 0 aus Kreisbögen bis zur Äquidistante der Schubkurve

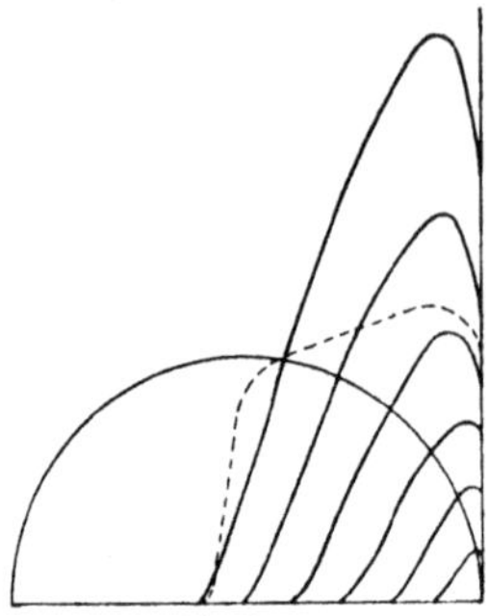

Abb. 240.

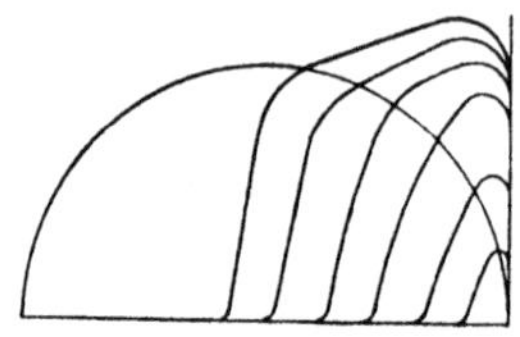

Abb. 241.

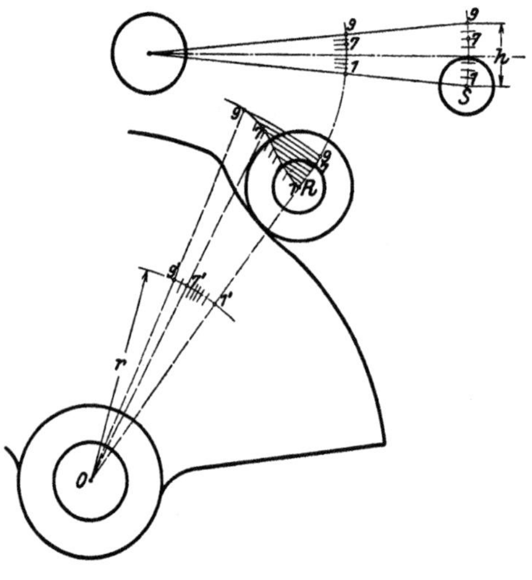

Abb. 242. (Nach Doerfel).

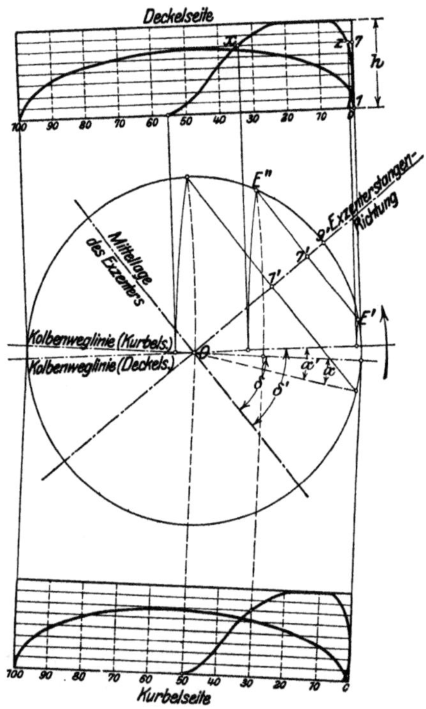

Abb. 243.

gezogen, wodurch der Weg 1′ 9′ des am Radius r angreifenden Antriebszapfens gefunden wird.

Diesem Weg entspricht der Exzenterweg 1′ 9′ in Abb. 243. Für Kurbel- und Deckelseite sind δ und δ' die Voreilwinkel, α und α' die Voreinströmungswinkel. Geht das Exzenter um $(\delta - \alpha)$ bzw. $(\delta' - \alpha')$ aus seiner Mittellage heraus, so beginnt sonach der Ventilhub. Die zu den verschiedenen Ventilerhebungen oder Exzenterwegen gehörigen Kurbel- und Kolbenlagen werden in einfacher Weise durch Bogenprojektion festgestellt.

Steht z. B. das Exzenter in $0E'$ und $0E''$, so hat das Exzenter vom Anhub an den Weg $1'\,7'$, das Ventil im Erhebungsdiagramm den Weg $\overline{17}$ zurückgelegt. Die Schnittpunkte x und z der den Kolbenlagen entsprechenden Senkrechten mit der durch Teilpunkt 7 gelegten Wagerechten sind Punkte der Ventilerhebungskurve.

Entwurf der Schwingdaumen. Ist der Öffnungswinkel β, Abb. 244, klein im Verhältnis zum Gesamtausschlag des Schwingdaumens, so empfiehlt sich starke Schränkung des Getriebes, d. h. beträchtliche Abweichung des Öffnungsbogens $e'e$ von der mittleren Exzenterstangenrichtung Om, da hierdurch — wie aus Abb. 244 unmittelbar hervorgeht — der Bogen ee' vergrößert, der Gesamtausschlag, also die Exzentrizität, verringert wird. Eine Grenze für die Größe der Schränkung ist durch die auftretenden Kräftewirkungen gesetzt. Man wählt äußersten Falles $\tau = 45^0$ für die obere, $\tau = 135^0$ für die untere Exzenterlage. Kann die Exzenterstangenlänge $l = \infty$ gesetzt werden, so ist nach Abb. 244 Bogen $e\,e'$

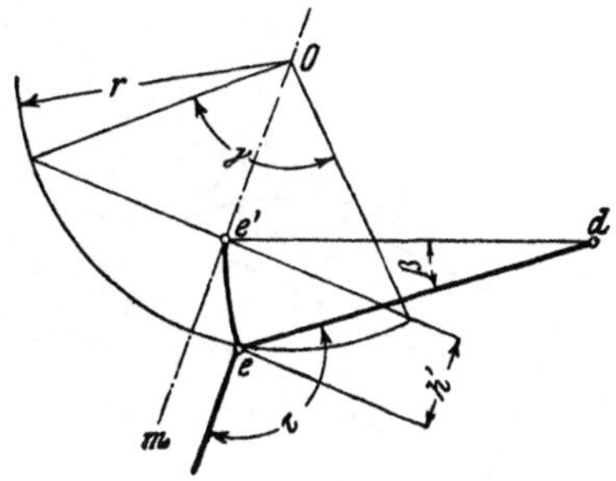

Abb. 244.

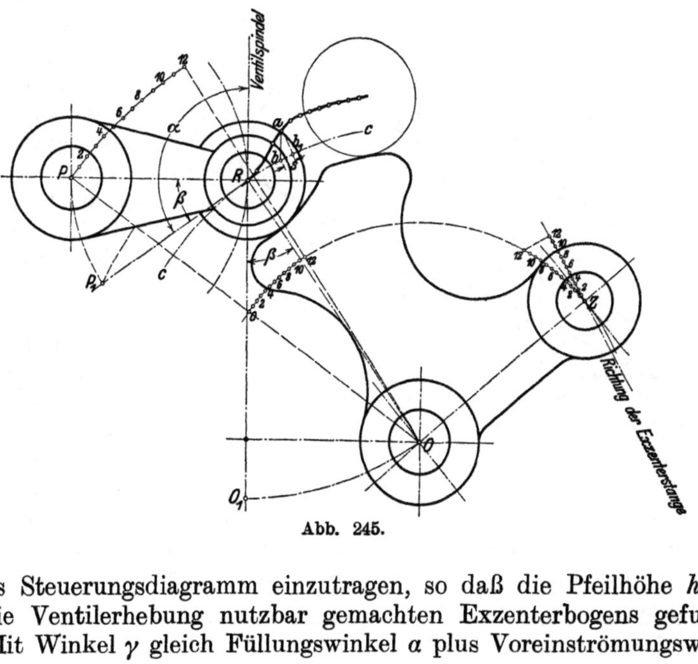

Abb. 245.

in das Steuerungsdiagramm einzutragen, so daß die Pfeilhöhe h' des für die Ventilerhebung nutzbar gemachten Exzenterbogens gefunden ist. Mit Winkel γ gleich Füllungswinkel α plus Voreinströmungswinkel

ε folgt der Exzenterradius aus der Beziehung

$$h' = r\left(1 - \cos\frac{\gamma}{2}\right).$$

Von Bedeutung für die Bewegungsverhältnisse ist die Wahl des Winkels, der von den Bewegungsrichtungen der Rolle und des Daumens eingeschlossen wird.

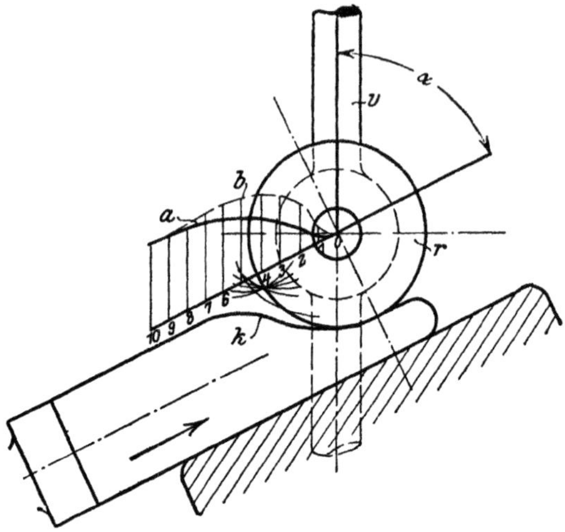

Abb. 246.

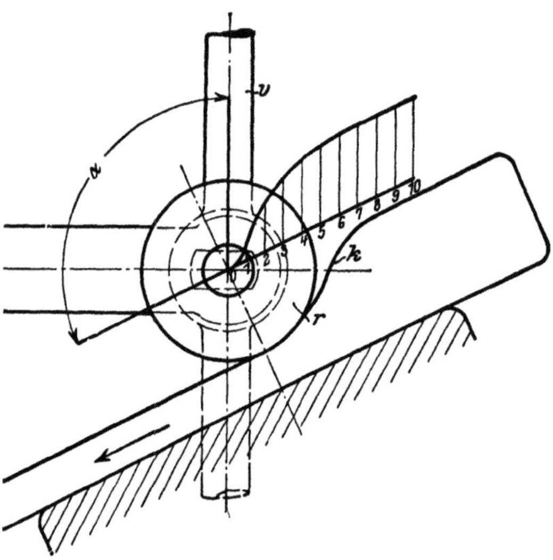

Abb. 247.

Abb. 245 zeigt den Proellschen Daumen, der mit einem stumpfen Winkel $\alpha = 90^0 + \beta$ arbeitet. Um für einen bestimmten Ausschlagwinkel des Daumens die zugehörige Erhebung der Rolle zu finden, ist Zapfen P um Punkt O um denselben Winkel, aber in entgegengesetzter Richtung relativ zur Kurve zu verdrehen. Dem Ausschlagweg 04 entspricht die Erhebung *ab*, denn Punkt *a* entspricht der Lage „4" des Daumens. Bogen *ab* ist vom Punkt 4 des durch P von O aus gelegten Kreisbogens aus gezogen.

Um die Verhältnisse bei einem von den beiden Bewegungsrichtungen eingeschlossenen „Übersetzungswinkel" von 90° zu ermitteln, wäre bei gleichbleibender Lage des Führungshebels PR Punkt 0 nach 0_1 zu verlegen, so daß die Tangente an den Bogen *cc* mit der Wagerechten zusammenfiele[1]). Die Äquidistante der Schubkurve wäre in entsprechend veränderter Lage neu aufzuzeichnen. Weniger umständlich als Verschiebung des Daumens um den Winkel β ist eine Drehung des Führungshebels um denselben Winkel, so daß P nach P_1 gelangt.

[1]) Der Winkel von 90° dient nur als Beispiel und kann selbstverständlich nicht ausgeführt werden, da die Spindel neben Zapfen 0 liegen muß.

Durch P_1 wird von 0 aus ein Kreisbogen gelegt und von einem Punkt dieses Bogens mit PR als Radius ein Bogen ab_1 durch a gezogen. Wie ersichtlich, ist für dieselbe Erhebung ein um die Strecke s größerer Ausschlagweg erforderlich.

Ist der Winkel spitz, wie dies z. B. bei der Lentz-Steuerung, Abb. 223, der Fall ist, so muß der Ausschlagweg noch weiter zunehmen. Je stumpfer der Winkel, um so größer die Übersetzung, aber auch die Gefahr der Selbstsperrung.

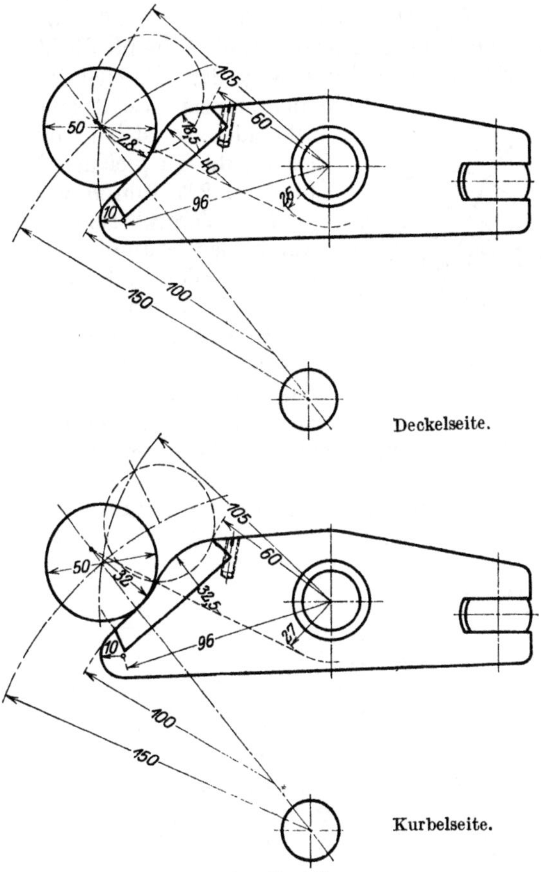

Deckelseite.

Kurbelseite.

Abb. 248–249.

Bewegungsverhältnisse der Ausführung nach Abb. 248–249.

Größter Ventilhub = 15 mm.

	Ventilhub	Füllung		Ventilhub	Füllung
Kurbelseite	2,5 mm	10,0 v. H.	Deckelseite	2,3 mm	9,1 v. H.
	6,0 „	20,3 „		6,0 „	20,8 „
	11,0 „	38,8 „		11,0 „	48,8 „
	13,5 „	54,0 „		13,5 „	56,0 „
	15,0 „	66,8 „		15,0 „	67,4 „

Die Abb. 246 und 247 ermöglichen einen Vergleich zwischen spitzem und stumpfem Winkel. Bei Abb. 246 entsprechen den Kurvenschüben:

1	2	3	4	5	6	7	8	9	10

die Ventilhübe

2	5,7	9,3	12,3	15,0	17,0	18,3	19,5	20	20 mm

Entsprechende Ventilhübe bei Abb. 247:

4,5	11,8	15,5	18,0	19,5	20	20	20	20	20 mm

Somit sind die Ventilhübe der Abb. 246 um folgende Beträge zu erhöhen, um die Werte der Abb. 247 zu erhalten:

125	107	67	46	30	17,5	9	2,5	0	0 v. H.

In Abb. 246 stellt die gestrichelte Linie *b* die für die Ventilerhebungen der Abb. 246 erforderlichen Rollenwege dar. Da sich die aus den Mittelpunkten auf *b* mit dem Rollenhalbmesser geschlagenen Kreise überschneiden, so ist bei Abb. 246 eine Hüllkurve, die zu gleichen Ventilhüben wie in Abb. 247 führen würde, unmöglich.

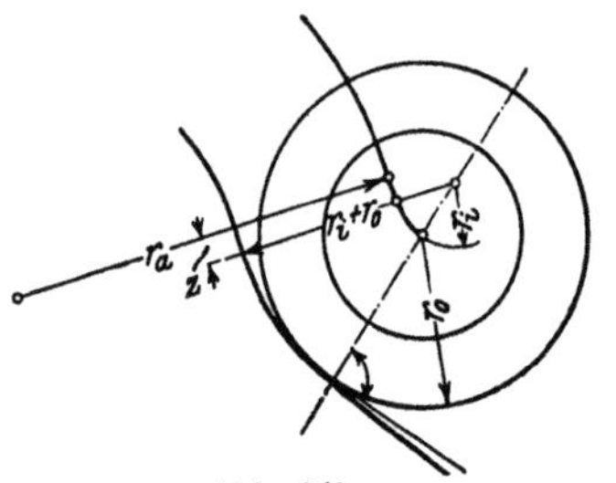

Abb. 250.

Die Vergrößerung des Ventilhubes durch den stumpfen Winkel erstreckt sich besonders auf die kleinen und normalen Füllungen, kann also nicht durch Vergrößerung des Übersetzungsverhältnisses bei spitzem Winkel ersetzt werden, das s ä m t l i c h e Ventilhübe in gleichem Verhältnis vergrößert.

Die Abb. 248 und 249 zeigen Ausführungsmaße des P r o e l l schen Schwingdaumens; die Rolle läuft tangential auf die Kurve auf, da der Mittelpunkt des Anlaufkreises auf der Verbindungslinie von Rolle und Rollenhebel-Drehpunkt liegt. Die beiden Kreise der Anlaufkurve gehen unmittelbar ineinander über. Die Ausführungen beziehen sich auf Kurbel- und Deckelseite.

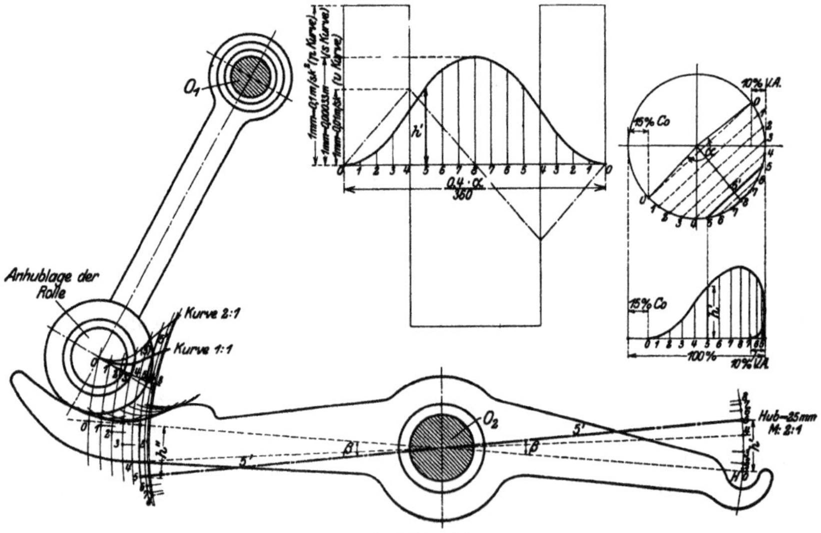

Abb. 251—253.

Die innere Rast ist nicht, wie aus Abb. 248 und 249 auch ersichtlich, nach einem Halbmesser aus dem Rollenhebeldrehpunkt, sondern nach

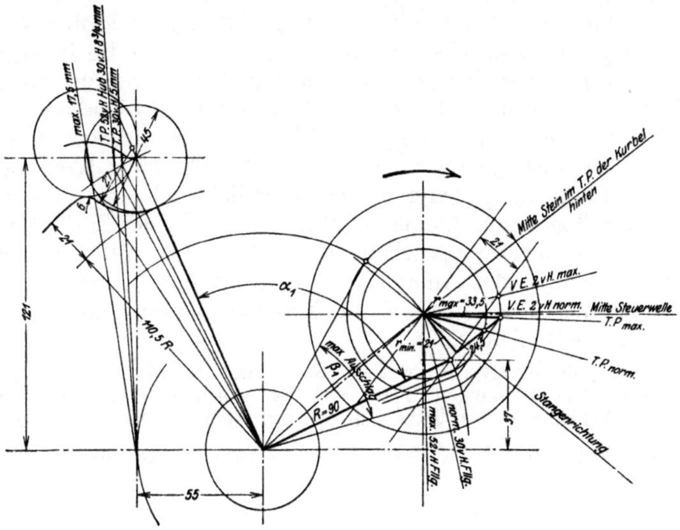

254a. Deckelseite.

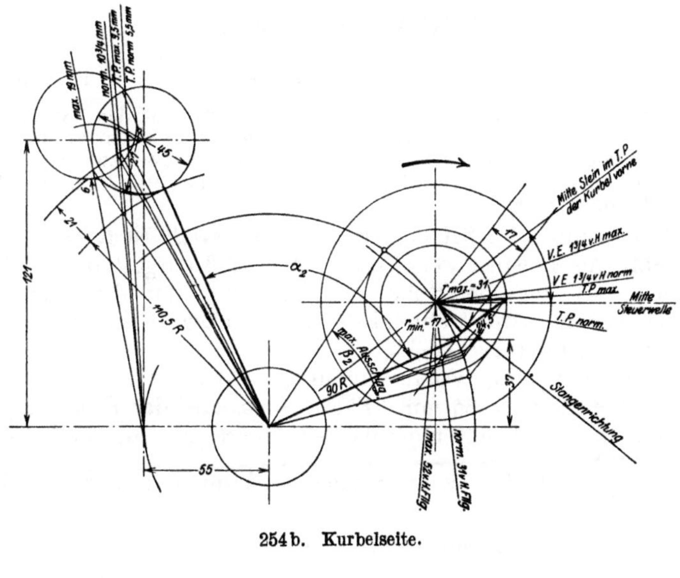

254b. Kurbelseite.

einem kleineren Halbmesser zu krümmen, damit Aufsitzen des Ventils mit Sicherheit gewährleistet ist.

Es empfiehlt sich weiterhin, das Ventil auf der oberen Rast nicht vollständig zum Stillstand gelangen zu lassen, damit die Bewegungsumkehr bei kleinster Exzentergeschwindigkeit vor sich geht.

Bei starken Übersetzungen kann wegen der bedeutenden Kraftkomponente, die senkrecht zur Ventilspindel auftritt, die Rolle nicht in dieser gelagert werden, sondern ist nach Abb. 245 durch einen besonderen Führungshebel zu stützen. Die Rolle legt sich oben gegen den Boden der geschlitzten Gleitbüchse an, Abb. 225, um die Bewegung um Zapfen *P* gegenüber der geradlinigen Spindelführung zu ermöglichen.

Wie bei den unrunden Scheiben, ist auch bei Schwingdaumen üblich, deren Kurven aus Herstellungsrücksichten aus Kreisbögen zusammenzusetzen. Die ansteigende Kurve ist meist n⁻ch einem Kreisbogen mit größerem Halbmesser gekrümmt, diesem schließt sich ein entgegengesetzt gekrümmter Bogen mit kleinerem Halbmesser an, der in die Rast übergeht, falls eine solche vorgesehen ist. S. Abb. 248—249 und 256—257.

Zur Abflachung des Anlauf- und Auflaufkreises an der Übergangsstelle empfiehlt G r a ß m a n n die Einschaltung einer kurzen Geraden zwischen beide [1]) (Abb. 250).

Ist *K* die Schubkraft, *V* der Ventilwiderstand, so ist nach dem Grundsatz der virtuellen Verschiebungen: $K \cdot dx = V \cdot dy$, worin $x =$ Kurvenschüben, $y =$ zugehörigen Ventilhüben. *V* setzt sich aus dem Gewicht *Mg*, der Trägheitskraft $M \cdot \frac{d^2y}{dt^2}$, der Federkraft *F* und dem Strömungsdruck *D* zusammen, so daß folgt:

$$K = \left(M \cdot \frac{d^2y}{dt^2} + Mg + F + D\right) \cdot \frac{dy}{dx}.$$

Da der stumpfe Winkel die Ventilhübe vergrößert, so werden auch $\frac{d^2y}{dt^2}$, *F* und $\frac{dy}{dx}$ bei Abb. 247 größer als bei Abb. 246 ausfallen.

Bei tangentialem Auflauf ist $\frac{dy}{dx} = 0$, also auch $K = 0$, d. h. es übertragen sich im ersten Augenblick des Ventilanhubes keine Kräfte auf den Exzenterantrieb. Die Bewegungsrichtung der Schubkurve steht hierbei senkrecht zu den Kräften, die infolge plötzlicher Änderung des Krümmungshalbmessers zwischen Rolle und Daumen auftreten (vgl. Dr. P r o e l l, Z. Ver. deutsch. Ing. 1913, S. 1288 und G r a ß m a n n, ebenda, S. 1683).

a) Entwicklung der Schubkurve aus dem gewählten Beschleunigungsdiagramm. Als Beispiel werde die in Abb. 253 dargestellte Ausführung behandelt, bei der die Rolle vom Exzenter um den festen Drehpunkt O_1 bewegt wird, während der in O_2 gelagerte Ventilhebel die zu ermittelnde Schubkurve trägt.

$n = 150$ Uml/min, Vorausströmung $= 10$ v. H., Kompression $=$ 15 v. H., Ventilhub $= 25$ mm. Für $L = \infty$ wird der Eröffnungswinkel $\alpha = 171^0$. Da eine Umdrehung 0,4 sek dauert, so wird Winkel α in der Zeit $0{,}4 \cdot \frac{171}{360} = 0{,}191$ sek zurückgelegt. Winkel α wird in 16 Teile, $\frac{0{,}191}{16} = 0{,}0119$ sek entsprechend zerlegt.

Das Beschleunigungsdiagramm wird mit $p =$ konst. als Rechteck angenommen, woraus das Geschwindigkeitsdiagramm als Dreieck, die Wegkurve als quadratische Parabel folgen $\left(s = v \cdot \frac{t}{2} = p\,\frac{t^2}{2}\right)$.

[1]) Anleitung zur Berechnung einer Dampfmaschine, S. 233.

In Abb. 253 sind zu den einzelnen Zeitpunkten 0 bis 8 die Stellungen des Hubpunktes H aus der Wegkurve, die zugehörigen Lagen der Antriebrolle aus dem Exzenterdiagramm ermittelt. Der Entwurf der Schubkurve ist für Punkt 5 wiedergegeben. Bei der Ventilerhebung

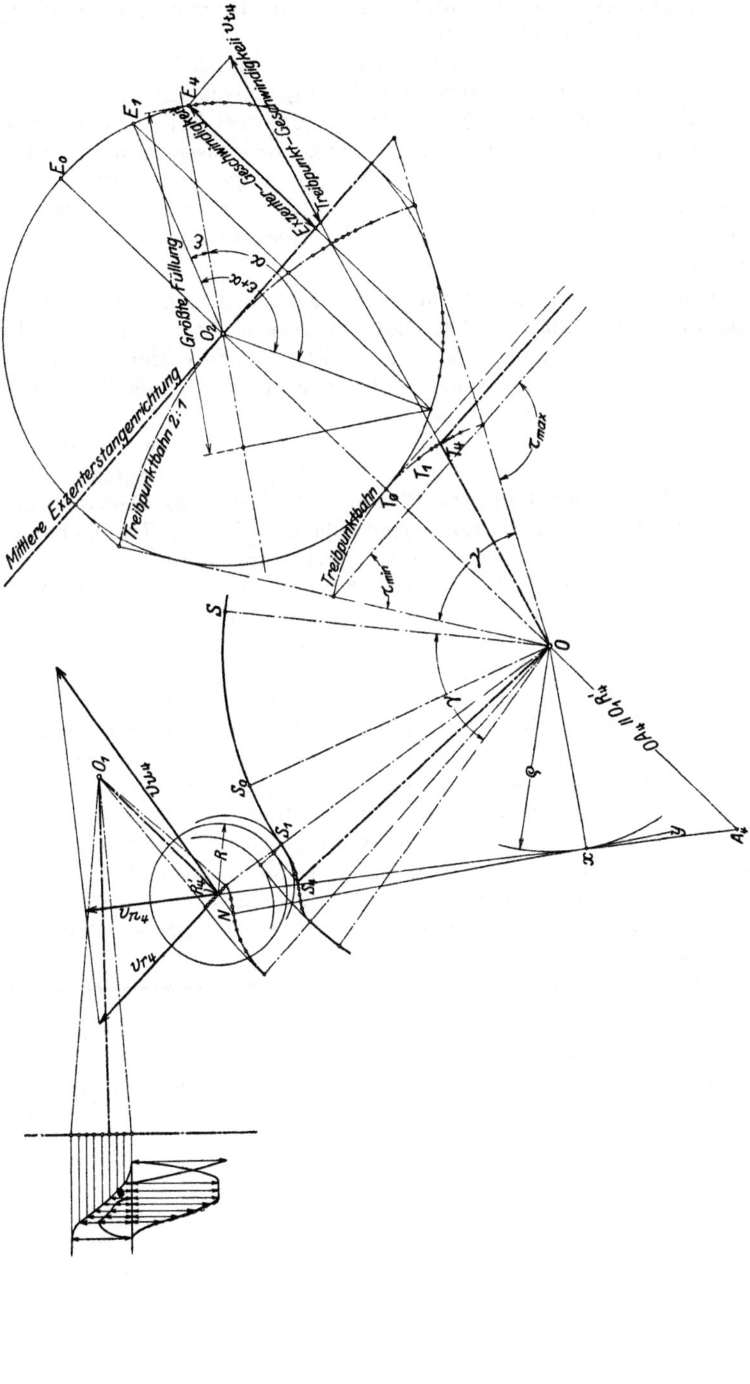

Abb. 255.

$h' = \overline{05}$ hat sich der Ventilhebel um β aus der Anfangslage herausgedreht. Durch Auftragen der Strecke h'' von dem Schnittpunkt 5 der aus O_1 und O_2 gezogenen Kreisbögen ab ist Punkt (5) auf der vom Endpunkt o des Rollenhebels oO_1 ausgehenden Kurve gefunden. Die Umhüllende an die Kreise, die aus (5) und den den übrigen Zeitpunkten (0 bis 8) entsprechenden Punkten mit dem Rollenradius geschlagen werden, ergeben die Schubkurve.

Für normale Schubkurven läßt sich aus Abb. 254 die Art des Vorgehens ersehen, wenngleich diese Darstellung umgekehrt die Ermittlung der Ventilhübe bei gegebener Nockenform zum Zweck hat. Zu den gleichen Zeiten entsprechenden Punkten des Exzenterkreises werden aus der gewählten Wegkurve die Ventilerhebungen aufgesucht. Aus den sich ergebenden Lagen des Rollenmittelpunktes werden Kreise mit dem Rollenhalbmesser geschlagen, welche die Nockenform als Äquidistante festlegen. (Näheres s. u.)

b) Ermittlung des Beschleunigungsdiagramms aus der gewählten Schubkurve (Abb. 255)[1]. Die Bewegungsverhältnisse sind durchaus gleicher Art wie in Abb. 220 dargestellt, nur daß hier die Winkelgeschwindigkeit nicht konstant wie bei der unrunden Scheibe, sondern infolge des Exzenterantriebes veränderlich ist.

Um die veränderliche Treibpunktgeschwindigkeit zu ermitteln, ist der Ventilhub in eine Anzahl gleicher Teile geteilt, wodurch auch die Lagen des Rollenmittelpunktes R' bekannt sind. Das Gestänge ist so angeordnet, daß in der Exzentermittellage O_2E_0 der Treibhebel OT_0 senkrecht zur mittleren Exzenterstangenrichtung steht.

Die beispielsweise zu R_4' gehörige Exzenterlage O_2E_4 wird ermittelt, indem aus R_4' mit dem Rollenkreisdurchmesser R ein Kreis geschlagen wird. Ein diesen Kreis tangierender Kreisbogen, von O aus gezogen, trifft die Schubkurve im Punkt S_4, so daß durch Winkel S_0OS_4 die Treibhebellage OT_4 und damit entsprechend dem Exzenterdrehwinkel $E_0O_2E_4$ die Exzenterlage O_2E_4 gegeben sind. Nunmehr kann die Treibpunktgeschwindigkeit nach Abb. 204 festgestellt werden, wie in Abb. 255 angedeutet.

Die Aufzeichnung gestattet sonach unmittelbare Darstellung der Ventilgeschwindigkeiten ohne den Umweg über die Wegkurve.

Da v_u nach Ermittlung der Treibpunktgeschwindigkeit bekannt ist, so kann v_r auch in der Weise gefunden werden, daß durch den Endpunkt von v_u eine Senkrechte zur Kurvennormalen v_n bis zum Schnittpunkt der in R_4' zu $O_1 R_4'$ errichteten Senkrechten gezogen wird. Auf letzterer wird v_r abgeschnitten.

In Abb. 255 ist die Exzentrizität r = 80 mm und die Exzentergeschwindigkeit $v = \frac{160 \cdot \pi \cdot n}{60} = \frac{502{,}65 \cdot 3{,}14 \cdot 150}{60} = 628$ mm/sek. Diese Geschwindigkeit wird — da im Original der Zeichnung der Exzenterkreis im Maßstab 2:1 gezeichnet ist — durch den Radius $OE_0 = 160$ mm dargestellt. Für Punkt 4, der herausgegriffen wurde, beträgt unter Berücksichtigung dieses Maßstabes die Treibpunktgeschwindigkeit

$$v_{t4} = 131{,}7 \cdot \frac{628}{160} = 517 \text{ mm/sek.}$$

[1]) Eingehende Darstellung s. „Die Entwicklung der Doppeldaumensteuerungen" von H. Körner. Zeitschr. d. Österr. Ingenieur- u. Architekten-Vereins 1915, Heft 32—34. (Als Sonderabdruck erschienen im Verlag von Julius Springer.)

$$\text{Winkelgeschwindigkeit: } \omega_4 = \frac{v_{t_4}}{OT_0 \cdot \cos T_0OT_4} = \frac{v_{t_4}}{h} = \frac{517}{149{,}3} = 3{,}46\,\frac{1}{\text{sek}}.$$

(h = Projektion von OT_4 auf OT_0)

Mit $OA_4 = 187{,}4$ wird:

$$v_{r_4} = OA_4 \cdot \omega_4 = 187{,}4 \cdot 3{,}46 = 648 \text{ mm/sek.}$$

v_{r_4} kann auch unmittelbar aus v_{u_4} bestimmt werden. Es ist:

$$v_{u_4} = v_{t_4} \cdot \frac{OR'_4}{h} = 517 \cdot \frac{296{,}8}{149{,}3} = 1034 \text{ mm.}$$

In Abb. 255 ist die Geschwindigkeit v_{u_4} durch 200 mm, v_{r_4} durch 126 mm dargestellt. Sonach wird:

$$v_{r_4} = \frac{126}{200} \cdot 1034 = 651 \text{ mm/sek.}$$

In Abb. 254 und 256 sind Lentzsche Schwingdaumen dargestellt.

Abb. 254a und b: Hochdruck-Einlaßsteuerung für Deckel- und Kurbelseite einer Tandemmaschine 510 und 830 Dmr., 850 mm Hub. Die Scheitelkurve, in der das größte Exzenter mit 33,5 mm (31 mm für die Kurbelseite) und das normale Exzenter mit 24,5 mm (für beide Zylinderseiten) hervorgehoben sind, ist so gelegt, daß unveränderliche Voreinströmung, also abnehmendes lineares Voreilen folgt. Bei Annahme unendlicher Exzenterstangenlänge schneiden Senkrechte zur Stangenrichtung, durch Teilpunkte des Exzenterkreises gelegt, auf dem Ausschlagbogen des Schwingdaumens die Hebelstellungen, die zu den Exzenterkreis-Teilpunkten gehören, ein. Die Ventilhübe werden ermittelt, indem vom Drehpunkt des Schwingdaumens aus ein Kreis durch den Mittelpunkt der Anhubrolle gelegt und zu der gegebenen Nockenform die Äquidistante gezogen wird. Durch die Schnittpunkte der Hebellagen mit diesem Kreis werden Tangenten an einen Kreisbogen gelegt, dessen Radius = Entfernung Spindelmitte von Schwingdaumen-Drehpunkt ist. Die Teile der Tangenten zwischen Äquidistante und dem durch den Rollenmittelpunkt gezogenen Kreisbogen geben die Ventilerhebungen an, die zu den Teilpunkten auf dem Exzenterkreis, also zu bestimmten Zeitpunkten gehören. Aus dem sich ergebenden Zeitwegdiagramm sind dann durch Tangenten das Geschwindigkeits- und Beschleunigungsdiagramm aufzuzeichnen.

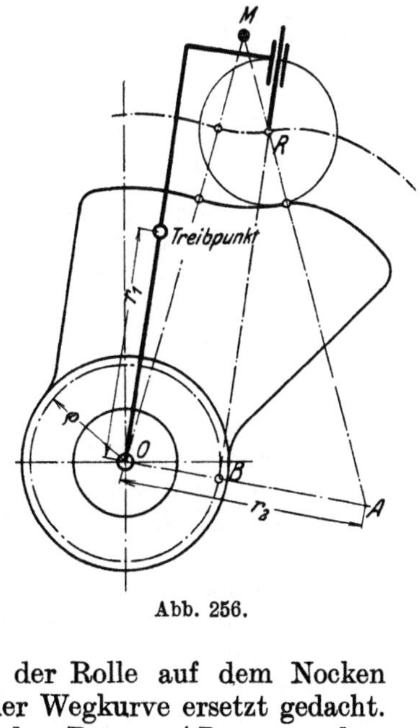

Abb. 256.

In Abb. 256 ist ein Lentzscher Auslaßnocken dargestellt, dessen Anlaufkurve nach einem Kreisbogen aus dem Mittelpunkt M gekrümmt ist. Die Bewegung der Rolle auf dem Nocken ist durch das Gleiten einer Schneide auf der Wegkurve ersetzt gedacht. Die Verlängerung der Schneide geht um den Betrag $AB = \varrho$ an dem Drehpunkt O vorbei. Bei Drehung des Gestänges um O verschiebt sich die Schneide in ihrer Führung.

Unter Voraussetzung unendlicher Exzenterstangenlänge hat der Treibpunkt die Geschwindigkeit $r \cdot \sin \alpha \cdot \omega$, wenn r = Exzenterradius, α = Ausschlagwinkel der Exzenterkurbel aus der Totlage heraus, ω = Winkelgeschwindigkeit des Exzentermittelpunktes.

Die Winkelgeschwindigkeit des Gestänges, bzw. des Nockens hat die Größe $\frac{r \cdot \sin \alpha \cdot \omega}{r_1'}$, worin r_1' = senkrechtem Abstand des Treibpunktes von der durch O gelegten Wagerechten. Es ergibt sich damit die Ventilgeschwindigkeit zu $v = \frac{r \cdot \sin \alpha \cdot \omega}{r_1'} \cdot r^2$. (Diese Darstellung er-

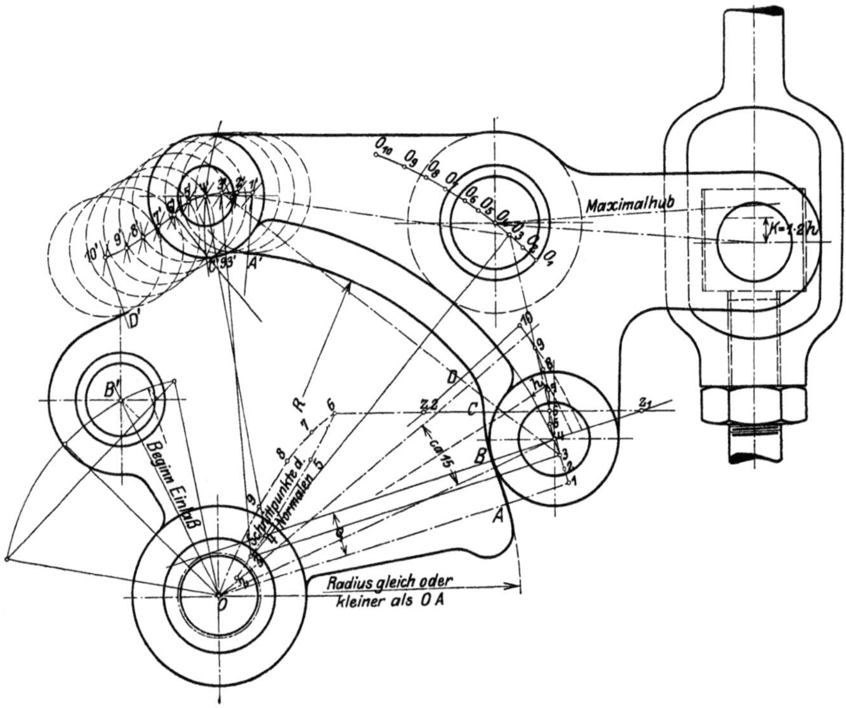

Abb. 257 [1]).

gibt sich auch unmittelbar aus Abb. 220, wenn dort R_0 um O entsprechend gedreht wird.)

In Abb. 257—258 sind die Verhältnisse des paarschlüssigen Antriebes von Doerfel behandelt.

Die hebende Daumenseite besteht aus den Geraden $AB \perp AO$ und zwei Kreisbögen aus z_1 für BC und z_2 für CD.

Die Eröffnung beginnt in B mit ϱ als Angriffsradius. In dem dargestellten Fall ist $\varrho = 15$ mm, womit bei $n = 120$ und größter Füllung eine schon schwach hörbare Schlußgeschwindigkeit von 108 mm folgt. Noch ruhigeres Schließen kann durch Verkürzung der Ventilspindel

[1]) Entwurf von Prof. Doerfel. Maßstab 1:1,5.

erreicht werden, indem Beginn Eröffnung näher nach A hin verlegt wird. Die schließende Daumenseite ist die Umhüllende der gleichzeitigen Stellungen der Schlußrolle. Sie wird entworfen, indem man den Daumen stillstehend denkt und den Rollenhebel relativ bewegt, so daß der Drehpunkt O am konzentrischen Bogen $O_1 - O_{10}$ fortschreitet. Bz_1 muß größer als der Rollendurchmesser gewählt werden, da sonst die umhüllende Schlußbahn Rückkehrpunkte erhält.

Die öffnende Bahn CD soll nicht ganz bis D benutzt werden, das geöffnete Ventil soll nicht zum Stillstand kommen, damit der Berührungswechsel von der hebenden zur schließenden Rolle möglichst bei der Hubumkehr, also bei kleinster Geschwindigkeit vor sich geht.

Der Durchmesser der Schließrolle wird in der Regel kleiner als jener der öffnenden Rolle gemacht, damit die Punkte 4′, 5′ und 6′ an der Ecke der schliessenden Seite nicht zu nahe fallen. Bei der Bearbeitung ist die gleichzeitige Berührung beider Rollen von A bis D bzw. von A' bis D' anzustreben, so daß von C' bis A' die Ventilspindel nach Ventilschluß niedergedrückt wird.

Der Ausschlagwinkel des Daumens soll normal 70° betragen.

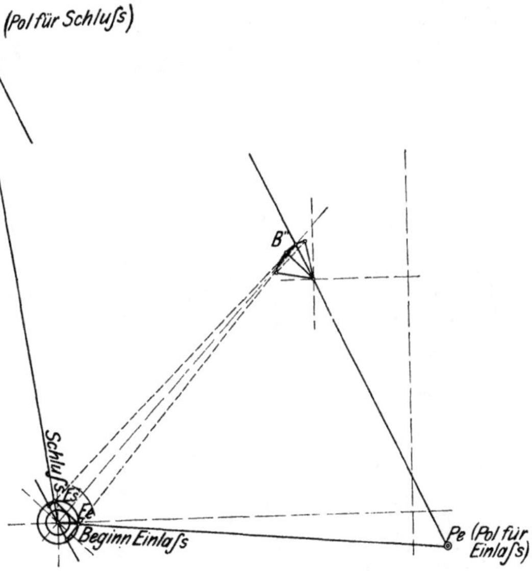

Abb. 258.

In Abb. 258 ist eine zeichnerische Ermittelung der augenblicklichen Geschwindigkeit im Punkte B bei Beginn von Eröffnung und Schluß (nach D o e r f e l) wiedergegeben. Die Tangential-Geschwindigkeit in B ist gleich der Umfangsgeschwindigkeit des Exzentermittelpunktes E, multipliziert mit dem Verhältnis der Polentfernungen, also $v_e = v \cdot \frac{B''P_e}{E_eP_e}$ und $v_s = v \cdot \frac{B''P_s}{E_sP_s}$. Ist z' das Hebelarmverhältnis am Ventilhebel, so folgt die Schlußgeschwindigkeit des Ventils

$$V_1 = z' \cdot \frac{\varrho}{o\,B''} \cdot v_s.$$

Die in Abb. 356 dargestellte Schubkurvensteuerung für Gleichstrommaschinen wird von der M. A. N. auf Grund der folgenden Regeln entworfen, Abb. 259—261.

Von Grundlinie AA ausgehend, sind die Winkel

α für Voreinströmen vorne (rd. 1 bis 2 v. H.),
α_1 für Voreinströmen hinten,

β für größte Füllung vorne (rd. 40 v. H.),
β_1 für größte Füllung hinten

aufzutragen.

Exzentrizität ε ist der Größe der Steuerung entsprechend anzunehmen. Hierdurch sind die Punkte O und S bzw. O_1 und S_1 für Öffnen und Schluß vorn bzw. hinten bestimmt.

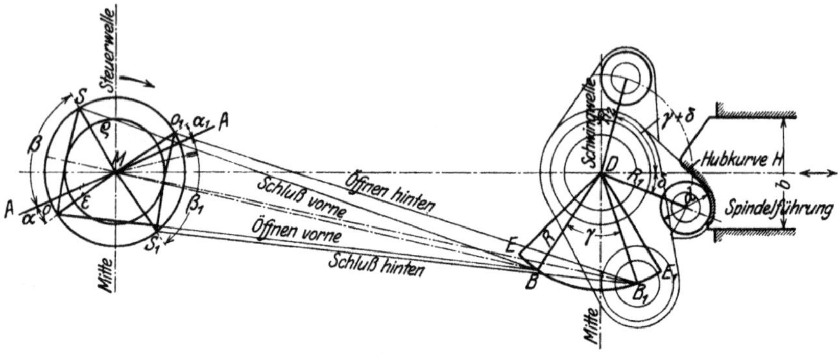

Abb. 259.

Die Halbierung der Eröffnungswinkel $(\alpha + \beta)$ und $(\alpha_1 + \beta_1)$ ergibt MB und MB_1.

Die Exzenterstangenlänge $OB = O_1 B_1$ ist so auszumitteln, daß Bogen OS und Bogen $O_1 S_1$ einen gemeinsamen Berührungskreis ϱ aus dem Mittel M haben. OB etwa 5,5 bis $6 \cdot \varepsilon_{max}$ je nach größter Füllung. (Vergl. Abb. 31, S. 41).

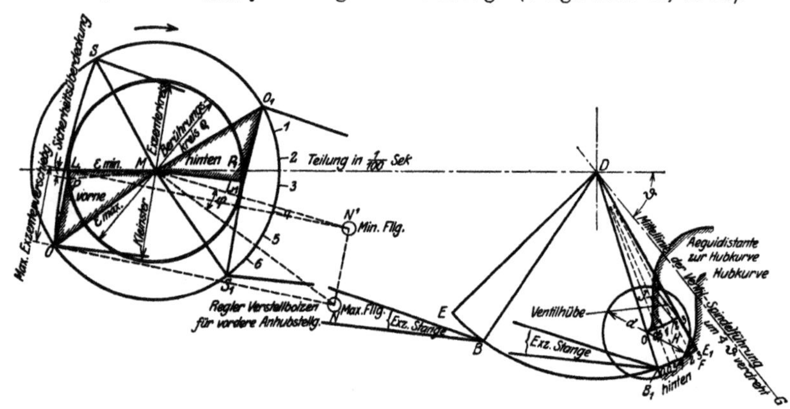

Abb. 260.

Hebelradius R wird so gewählt, daß der Winkel zwischen Exzenterstange und Hebel bei E nicht über 135°, bei E_1 nicht unter 45° beträgt. Hierdurch sind Mittel D der Schwingwelle und Winkel γ zwischen den Anhubstellungen B und B_1 gegeben.

Winkel δ des Rollenhebels R_1 mit dem Ventilspindelmittel soll möglichst groß sein, also sind Hebelradius R_1 klein, Spindelführungsdurchmesser b groß zu wählen, um geringe Seitendrücke in der Spindelführung zu erhalten.

Winkel zwischen den beiden Rollenhebeln $= \gamma + 2\delta$.

Steuerdreieck MOL = $MO_1 L_1$, Abb. 260, ist so anzunehmen, daß die kleinste Exzentrizität ε_{min} noch etwas kleiner ist als der Radius ϱ des Berührungskreises, um eine Sicherheitsüberdeckung zu erhalten. Der Nullfüllung entspricht die Exzentrizität MP = MP_1 = Radius ϱ. Winkel bei L > 90°.

Die Lage des Reglerverstellbolzens (bei Gleichstromsteuerung ist der Bolzen fest im Exzenter, der Schlitz für den Stein ist im Reglerhals, um das Exzenter möglichst klein zu erhalten, entgegen der Ausführung bei Lentz-Maschinen) im Exzenter wird so festgelegt, daß der Winkel NMN' $= \varphi \gtreqless 20^0$ ist. Hierbei ist N Stellung für größte Füllung, N' für kleinste Füllung. Winkel φ ist durch den Regleranschlag zu begrenzen, da bei größerem Winkel der Regler labil wird.

Auf Bogen $O_1\,S_1$ ist die Zeitteilung aufzutragen, zweckmäßig in $^1/_{100}$ Sekunden, und die zugehörigen Hebelstellungen auf Bogen $B_1\,E_1$ sind zu ermitteln.

Rollenhebel mit Mittellinie der Spindelführung wird zweckmäßig um $\sphericalangle\,\vartheta$ so gedreht, daß das Mittel des Rollenhebels R_1 mit Mittel DB_1 des Hebels R zusammenfällt. Dann werden zu den Punkten F des Bogens $B_1\,E_1$ entsprechende Punkte H der Bahn des Rollenmittels bestimmt.

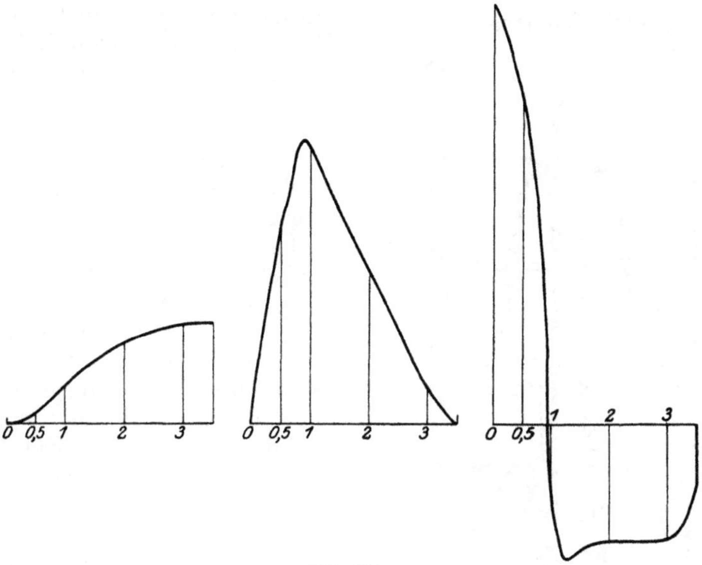

Abb. 261.

Hubkurve annehmen, Anlaufradius 3 bis 4 mm größer als Rollenradius. Äquidistante zur Hubkurve durch Rollenmittel einzeichnen.

$HJ \parallel$ Mittellinie DG gibt den Ventilhub zur Hebelstellung F.

Die Zeitwegkurve wird aus den Ventilhüben HJ ermittelt (Abb. 261). Hieraus werden mittels Tangentenverfahrens die Geschwindigkeits- und Beschleunigungskurven gefunden.

Die größte Verzögerung soll nicht über 40 m/sek² betragen, da sonst die Ventilfedern zu stark werden und schwer unterzubringen sind.

3. Die Luft- und Ölpuffer der ausklinkenden Steuerungen.

Damit das nach Auslösung der Klinke von der Schlußfeder beschleunigte Ventil nicht mit hartem Stoß auf den Sitz trifft, werden Puffervorrichtungen angebracht, die die Schlußbewegung des Ventils vor dem Auftreffen verzögern. Ein mit der Ventilspindel verbundener Kolben bewegt sich schließend im Federgehäuse und komprimiert beim Abwärtsgang Luft oder verdrängt Öl, die durch einstellbare Öffnungen entweichen.

Bei den Luftpuffern sind die beim Aufwärtsgang der Spindel angesaugten Luftmengen je nach Größe des Ventilhubes sehr verschieden, woraus veränderliche Kompressionswirkungen und demnach ebenfalls veränderliche Schlußgeschwindigkeiten folgen. Bei kleinen Ventilhüben ist die angesaugte Luftmenge überhaupt nicht genügend, um die erforderliche Verzögerung hervorbringen zu können, und das Ventil schlägt hart auf. Eine Verkleinerung des Luftaustrittsquerschnittes bei kleinen Füllungen würde aber starke Dampfdrosselung bei mittleren und größeren Füllungen wegen zu langsamen Ventilschlusses verursachen.

Diese Nachteile werden ebenso wie das lästige Zurückfedern der mit Zischhahn arbeitenden Luftpuffer durch Ölpuffer vermieden. Abb. 262 zeigt den Collmannschen Ölpuffer[1]. Am Umfange des mit der Ventilspindel verbundenen Kolbens ist eine Anzahl Bohrungen angebracht, die nach oben spitz auslaufen. Abb. 262a zeigt den abgewickelten Kolbenumfang; der Ölraum über dem Kolben steht mit dem Raume unter dem Kolben durch die Auszackungen in Verbindung. Wird das Ventil angehoben, so fließt das Öl durch das Ringventil und die Bohrungen im Kolbenumfang ohne Widerstand nach unten. Nach der Ausklinkung verengen

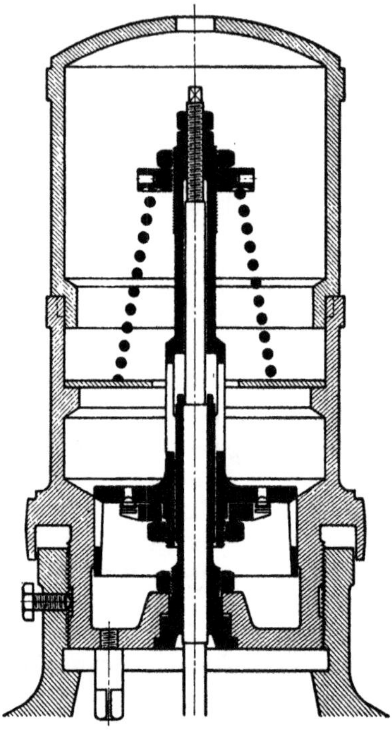

Abb. 262.

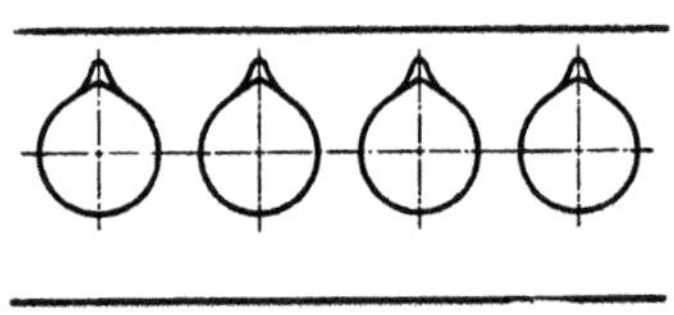

Abb. 262a.

sich gegen Schluß die Durchflußöffnungen mehr und mehr, das durch den Kolben von unten nach oben verdrängte Öl findet zunehmenden Durchflußwiderstand, und das Ventil wird unmittelbar vor dem Aufsetzen stark verzögert. Durch die Auszackungen sind noch nach Ventilschluß beide Ölräume miteinander verbunden, damit das Ventil sicher schließt und der Kolben nicht vor Aufsetzen des Ventils vom unteren Ölspiegel an der weiteren Absärtsbewegung gehindert wird. Die Schlußfeder ist beim Collmann-Ölpuffer im Dampfraum untergebracht, so daß die Spindel auf Zug beansprucht wird. Die über dem Ölkolben angeordnete Feder trägt nur das Gewicht der Spindel und bringt die Anschlagplatte in die tiefste für das Aufsetzen der Klinke nötige Lage. Die Durchflußöffnungen und damit die Schlußgeschwindig-

[1]) Ausführung der Maschinenfabrik Schüchtermann & Kremer, Dortmund. Maßstab 1:4.

keit des Ventils können durch Drehen des mit Gewinde versehenen Gehäuses während des Betriebes von Hand eingestellt werden.

Ein Mangel der Ölpuffer ist ihre Empfindlichkeit gegen Temperaturwechsel. Bei niedrigerer Temperatur, wie sie morgens im Maschinenraum herrscht, ist das Öl dickflüssiger, und der Puffer bremst stärker als bei der zunehmenden Erwärmung der Maschine. Wird sonach der Puffer am Tage für ruhigen Gang der Ventile eingestellt, so schließen diese morgens nicht dicht ab, umgekehrt würden die Ventile schlagen. Auch gegen Belastungsschwankungen sind die Puffer infolge der dadurch bedingten Änderungen der Ölverdrängung empfindlich.

Da während des Betriebes das Öl bei abgenommener Haube herausspritzt, so ist die Ermöglichung äußerer Einstellung bei geschlossener Haube zu empfehlen.

Der C o l l m a n n sche Ölpuffer hat einer großen Anzahl von Bauarten zur Grundlage gedient. Ihnen allen ist gemeinsam, daß zur Vermeidung einer gegen das Öl abdichtenden Stopfbuchse eine Hülse, welche die Ventilspindel umschließt, bis über den Ölspiegel hinausgeführt wird.

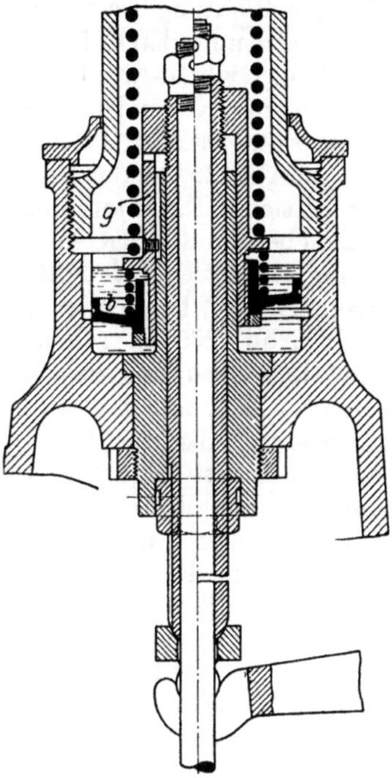

Abb. 263 [1]).

Um Prellschläge und Reißen der Spindel durch zu plötzliches Abbremsen zu verhindern, wird in dem Ölpuffer von W i e g l e b, Abb. 263, eine gewisse Nachgiebigkeit beim Auftreffen des Kolbens auf das Öl herbeigeführt. Die Bremsnuten sind in der Gehäusewand und außerdem am unteren Teile der Buchse *g* da angebracht, wo Kolben *b* auf *g* geführt ist. Diese letzteren Nuten stellen die ständige Verbindung zwischen den beiden Ölräumen her. Eine Feder zwischen dem Ansatz an Buchse *g* und dem Kolben *b* wirkt beim Abschluß der äußeren Bremsnuten als Puffer. Durch Verdrehung der zwischen Spindel und Buchse *g* angeordneten Hülse kann die Höhenlage der gegen Drehung gesicherten Buchse *g*, und damit die Verzögerung geändert werden.

Bei dem Ölpuffer von H o c h w a l d - N e u h a u s wird der Öldurchfluß in der Weise eingestellt, daß am unteren Ende des Kolbens schräge Schlitze angebracht sind, die mit gleichgerichteten Schlitzen der Büchse übereinstimmen. Durch Verdrehen der Büchse werden die Schlitzquerschnitte verändert.

[1]) Ausführung von H a n i e l & L u e g, Düsseldorf.

4. Die Anordnung und Einstellung der äußeren Steuerung.

Die Ventilsteuerungen lassen sich ebenso wie die Corliß-Steuerungen bezüglich ihrer Wirkungsweise auf den einfachen Muschelschieber zurückführen. Grundsätzlich stimmen sie mit der in Abb. 176 dargestellten Steuerung mit vierfach geteiltem Muschelschieber überein. Ein wesentlicher Unterschied besteht nur insofern, als die Bewegung des Ventils infolge der Anordnung des Sitzes nach Abschluß des Kanals aufhören muß, während der Schieber in diesem Falle zunächst noch in gleicher Richtung weiter gesteuert wird. Bei Anwendung gleichartiger Steuerungen muß also dem äußeren Gestänge Leergang bei geschlossenem Ventil ermöglicht werden.

Dementsprechend können die Überdeckungen nicht Teile des Ventils selbst sein, sondern treten als Zwischenräume im Steuerungsgestänge auf. In Abb. 264 ist das Auslaßexzenter in seiner Mittellage, die senkrecht zur mittleren Exzenterstangenrichtung steht, gezeichnet; hierbei ist der Wälzhebel um die Strecke i von der Wälzplatte entfernt. Nach Zurücklegung der Strecke i wird das Ventil angehoben, so daß i als „innere Überdeckung" bezeichnet werden kann.

In Abb. 265 ist schematisch eine Auslaßsteuerung wiedergegeben und die Anwendung des Müllerschen Schieberdiagramms auf diese gezeigt. Abb. 265 d stellt den Exzenterkreis der Abb. 265 a in vergrößertem Maßstabe dar. $y' y'$ ist die zur mittleren Stangenrichtung senkrechte Mittellage des Exzenters. yz ist der bei Schlußlage des Ventils vom unteren Wälzhebelendpunkt mit der Exzenterstangenlänge geschlagene (hier durch eine Gerade ersetzte) Kreisbogen, der von $y' y'$ um eine mit der „inneren Überdeckung" gleichbedeutende Strecke i entfernt ist. Bei Unterschreitung des Bogens bzw. der Geraden yz wird das Ventil angehoben. Die Länge des Exzenterkreisbogens yz ist durch die Wahl des Vorausströmungswinkels α und des Kompressionswinkels β bestimmt. xx gibt die Lage des Exzenters bei der Kurbeltotlage an. In den Teilfiguren b und c ist die Veränderung der Dampfverteilung dargestellt, die stattfindet, wenn — wie in Abb. b — bei gleichbleibendem Winkel δ die Strecke i oder — wie in Abb. c — bei gleichem i der Voreilwinkel geändert wird.

Gleiche Verhältnisse sind bezüglich δ, e, Voreinströmung und Füllung bei der Einlaßsteuerung vorhanden. Diese Anordnung der Steuerung, bei der jedes Ventil von einem besonderen Exzenter gesteuert wird, wird meist ausgeführt, da jedes Ventil unabhängig von den anderen eingestellt werden kann. Die Exzenter werden hierbei vielfach um 180° gegenüber aufgekeilt, so daß beide Einlaßventile und beide Auslaßventile je mit demselben Voreilwinkel gesteuert werden. Doch finden sich auch Abweichungen von dieser Regel, um durch verschiedene Voreilwinkel besseren Ausgleich der Dampfverteilung zu erhalten. Abb. 266 zeigt die Dampfverteilung bei unabhängigem Antrieb jedes Ventils und gleichem Voreilwinkel für beide Zylinderseiten.

Werden das Einlaßventilpaar und das Auslaßventilpaar je von einem besonderen Exzenter gesteuert, so wird ebenfalls für das Auslaßexzenter ein anderer Voreilwinkel (δi) als für das Einlaßexzenter (δe)

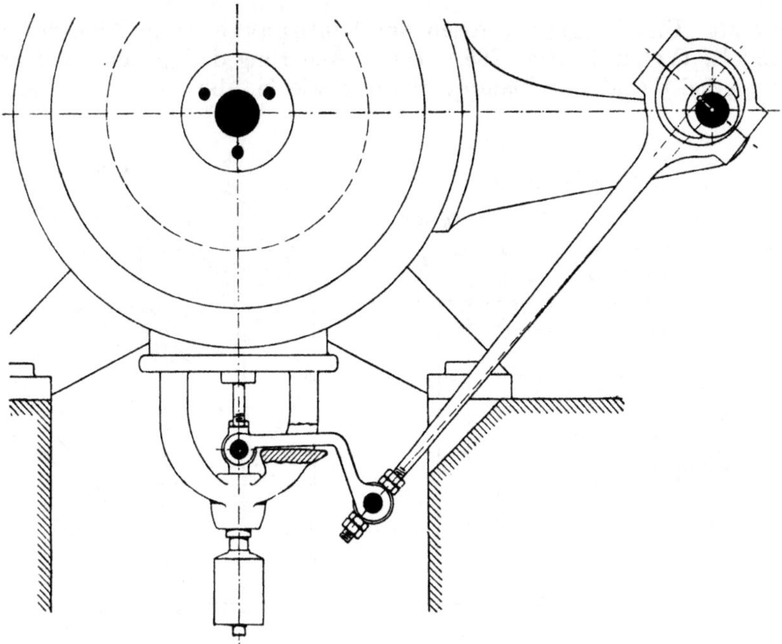

Abb. 264.

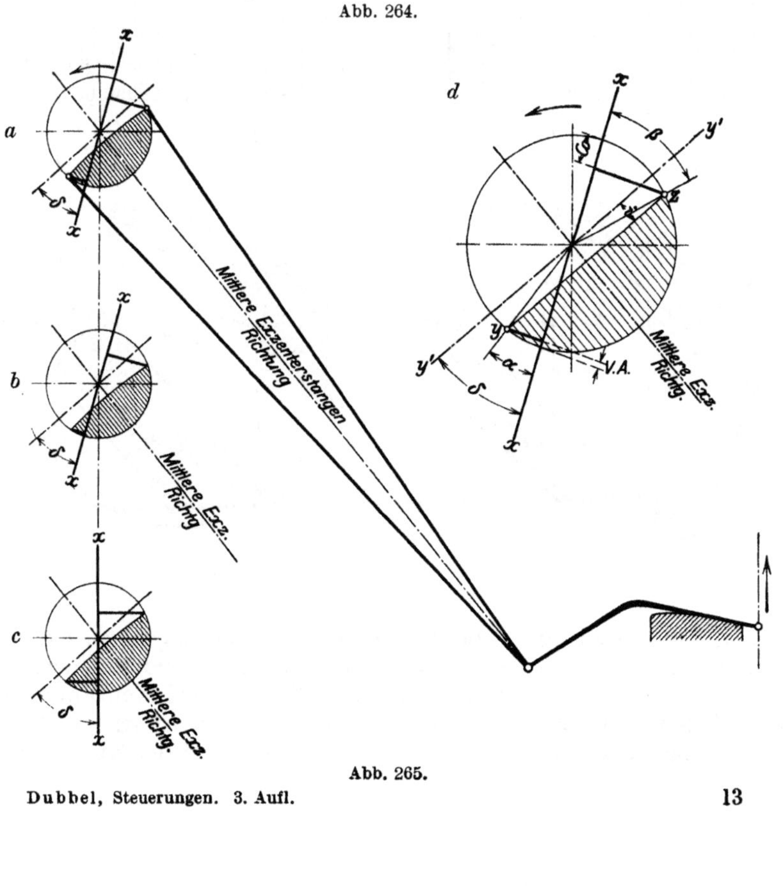

Abb. 265.

gewählt. Unabhängiger Antrieb der Ventilpaare ist in Abb. 267 behandelt. (Vgl. z. B. Abb. 288.) Durch Änderung der „Überdeckungen" ist hierbei die gleiche Dampfverteilung wie in Abb. 266 erreichbar.

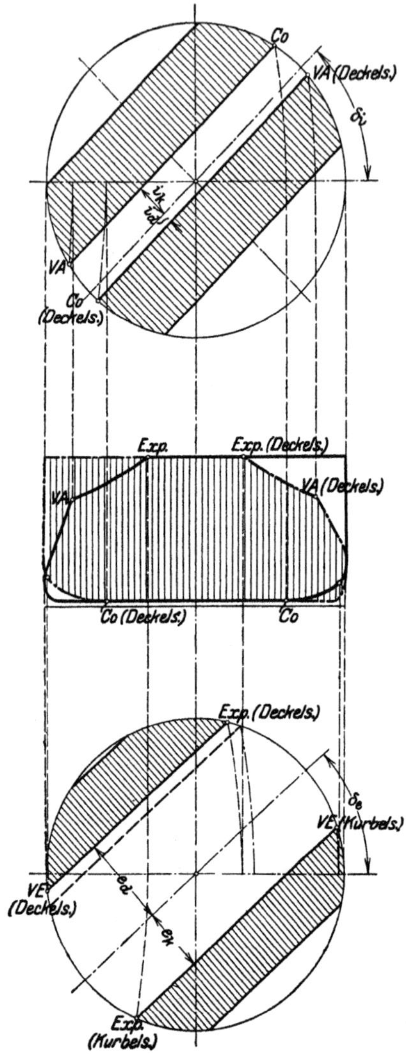

Abb. 266.

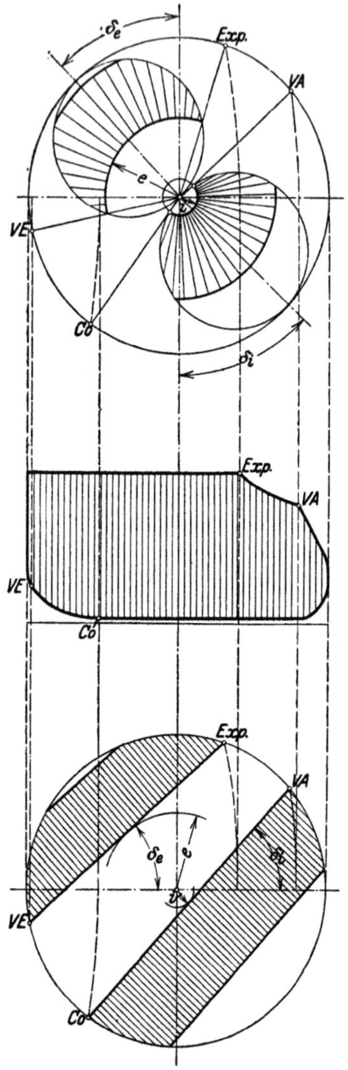

Abb. 267.

Wird Füllungsausgleich durch Verlängerung der Zugstange auf der Deckelseite angestrebt, so werden bei genau entgegengesetzt aufgekeilten Exzentern von gleicher Größe Voreintritt, Füllung und Ventilhub auf der Deckelseite kleiner. Durch die Verlängerung der Stange wird die Überdeckung e_d auf der Deckelseite größer als e_k auf der Kurbelseite,

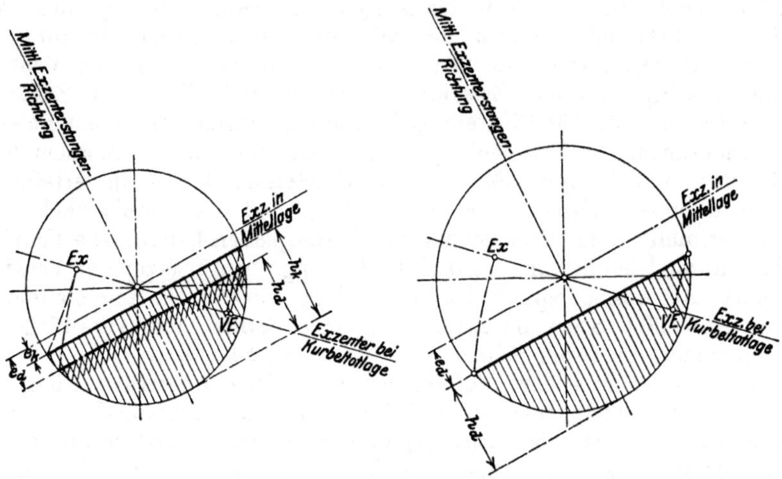

Abb. 268.

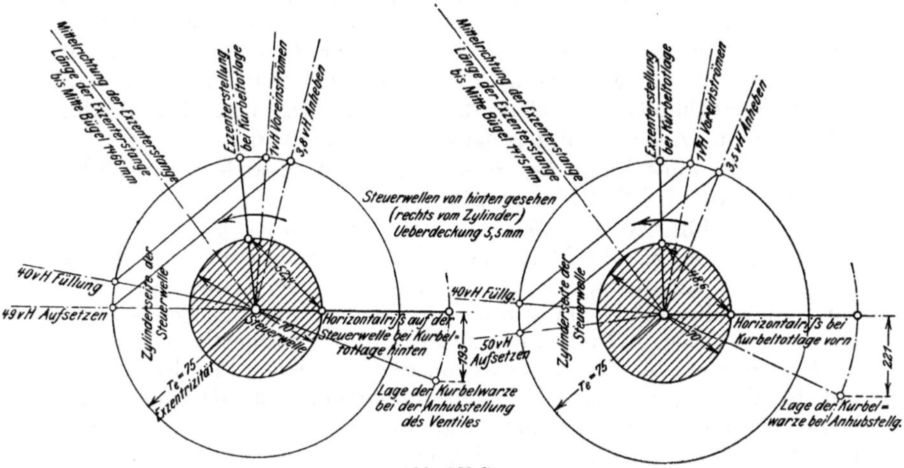

Abb. 269 [1]).

Ausgangsstellung 40 v. H. Füllung.

Füllung vorn und hinten	Voreinströmen		Aufsetzen des Ventils		Voreilwinkel		Stangenlänge	
	vorn	hinten	vorn	hinten	vorn	hinten	vorn	hinten
35 v. H.	1 v. H.	1 v. H.	45 v. H.	>44 v. H.	+ 1,8	+ 1,7	− 3	− 2,4
45 „	1 „	1 „	55 „	53,5 „	− 1,8	− 1,7	+ 3	+ 2,4
50 „	1 „	1 „	59,5 „	58,8 „	− 3,6	− 3,4	+ 6	+ 5
55 „	1 „	1 „	64,5 „	>63 „	− 5,4	− 5,1	+ 9	+ 8
60 „	1 „	1 „	69 „	>67 „	− 7,1	− 6,8	+ 12	+ 11

[1]) Angaben von K. & Th. Möller, Brackwede (Westf.).

und der Ventilhub hat nur die Größe h_d auf der Deckelseite gegenüber h_k auf der Kurbelseite. Durch Vergrößerung der Exzentrizität auf der Deckelseite kann, wie Abb. 268 zeigt, der Unterschied in den Ventilhüben beseitigt werden. Zweckmäßig ist die Aufstellung von Zahlentafeln, in denen die für Einstellung bestimmter Füllungen vorzunehmenden Änderungen der Stangenlänge angegeben sind. In der vorstehenden Zahlentafel und in Abb. 269 ist die bei Einstellung der Dampfverteilung zu bewirkende Änderung der Stangenlänge und des Voreilwinkels für eine bestimmte Niederdrucksteuerung als Beispiel enthalten. Die Ventile arbeiten mit Überdeckung, so daß die Füllung vor Aufsetzen der Ventile aufhört. Als Ausgangspunkt ist eine Füllung von 40 v. H. angenommen. Nach Abb. 269 haben die Exzenter gleiche Radien, aber verschiedene Voreilwinkel, die durch Sehnen von 48,6 und 52,4 mm Länge gemessen werden. Soll eine andere Füllung als 40 v. H. eingestellt werden, so ist der Voreilwinkel, gemessen in Millimeter auf dem Umfang der Steuerwelle, von 40 v. H. als Ausgangspunkt gerechnet, zu ändern und zwar bedeuten die positiven Vorzeichen der Zahlentafel, daß das Exzenter im Sinne der Drehrichtung zu verstellen ist, umgekehrt die negativen Vorzeichen. Die Exzenterstange ist zu verlängern, wenn das angegebene Maß positiv ist, und umgekehrt. Soll z. B. die Füllung von 40 auf 50 v. H. vergrößert werden, so ist nach der Zahlentafel „vorn" die Exzenterstange um 6, „hinten" um 5 mm zu verlängern. Gleichzeitig ist der Voreilwinkel so zu ändern, daß das Exzenter „vorn" 3,6, „hinten" 3,4 mm dem Drehsinn entgegengesetzt gedreht wird.

Über die Einstellung der Steuerungen mit veränderlicher Füllung s. weiteres auf S. 207, 212 und 258.

In den Abb. 270 und 271 sind Einzelteile des äußeren Gestänges dargestellt. Um für die Einstellung der Steuerung die Länge der Exzenterstange ändern zu können, ist diese aus zwei Teilen, Abb. 270 a, hergestellt, die durch eine Muffe mit Rechts- und Linksgewinde verbunden sind. Durch Drehen der Muffe wird die Stangenlänge geändert. Verlängerungen der Muffe verdecken das Gewinde. Das Exzenter ist mit der Welle durch einen Zahnkeil verbunden, damit der Voreilwinkel bequem geändert werden kann. Eine an der Stirnfläche geriffelte und in der Exzenterscheibe gleitend angeordnete Beilage wird mittels Druckschraube gegen die fein genutete Steuerwelle gepreßt.

Bei der Ausführung nach Abb. 270 b ist nach Lösung der Gegenmuttern die Stange zu drehen, was durch die angefrästen Flächen bei *a* erleichtert wird. Das Stangenende ist in einen in den Exzenterbügel eingetriebenen Zapfen eingeschraubt, um gußeisernes Gewinde zu vermeiden. Werden die Stangen nur an einem Ende mit Gewinde versehen, so müssen sie bei Änderung der Länge jedesmal um 180^0 gedreht werden, was genauere Einstellung unmöglich macht.

Das seitliche Zerren beim Anziehen und Lösen der Gegenmuttern entfällt bei dem in Abb. 270 c dargestellten Stangenkopf. Die einmal geschlitzte Hülse *A* hat innen feines Rechtsgewinde, mit dem sie die dreimal geschlitzte Mutter *B* umschließt, die durch Linksgewinde mit dem Stangenende verschraubt ist.

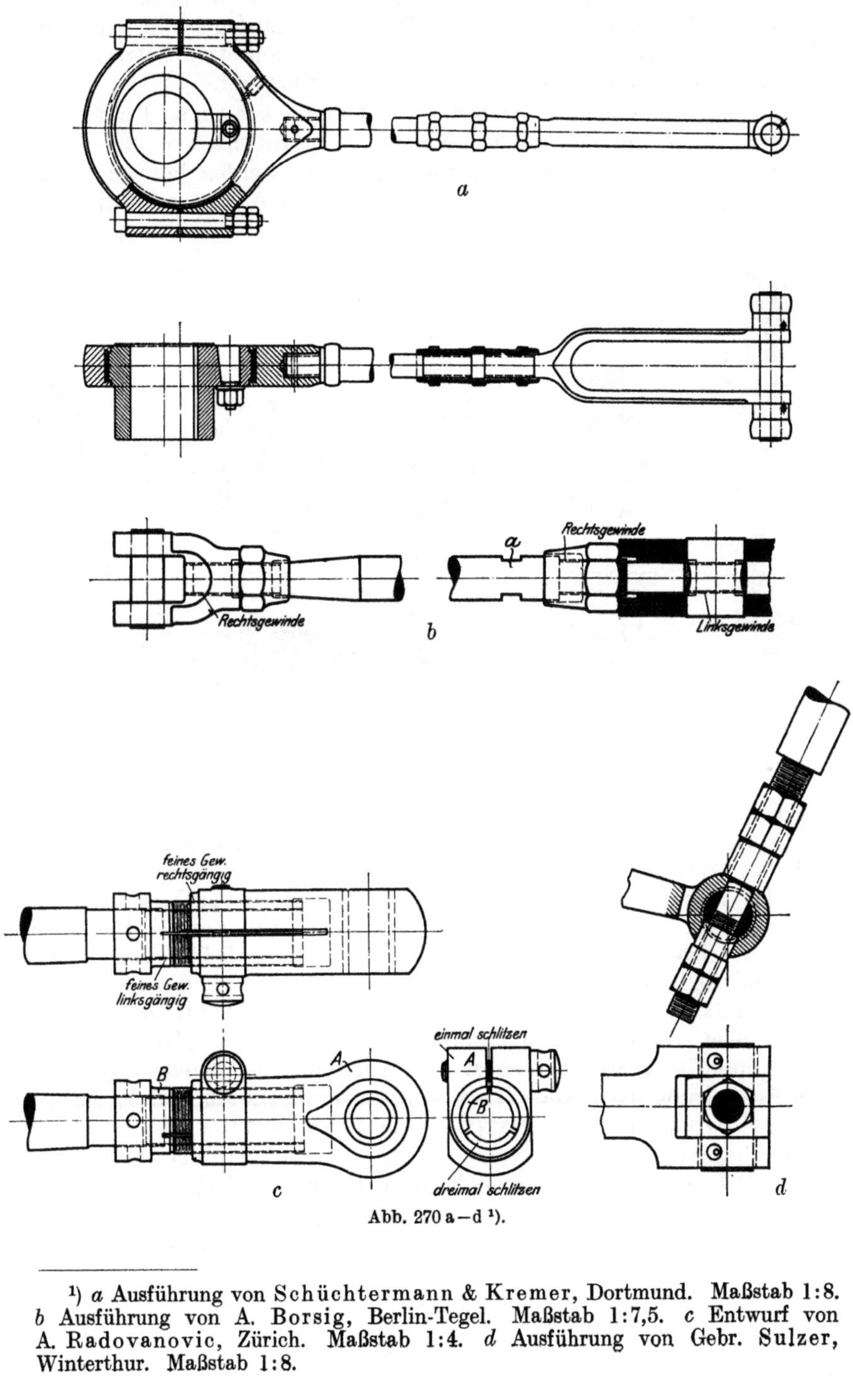

Abb. 270 a—d [1]).

[1]) *a* Ausführung von Schüchtermann & Kremer, Dortmund. Maßstab 1:8. *b* Ausführung von A. Borsig, Berlin-Tegel. Maßstab 1:7,5. *c* Entwurf von A. Radovanovic, Zürich. Maßstab 1:4. *d* Ausführung von Gebr. Sulzer, Winterthur. Maßstab 1:8.

Genaue Änderung der Stangenlänge mit Verstellvorrichtung nur an einem Stangenende zeigt Abb. 270 d. Der Zapfen ist in der Gabel gleitbar angeordnet und wird von der Stange durchsetzt. Letztere setzt sich auf einem den Zapfen umschließenden Ring auf.

Die Stangen werden vielfach als Mannesmann-Rohre ausgeführt, um die zu bewegenden Massen zu verringern.

Auch die Ventilspindellänge muß geändert werden können, damit der Wälzhebel oder Ventilhebel in die richtige Lage für den Ventilanhub

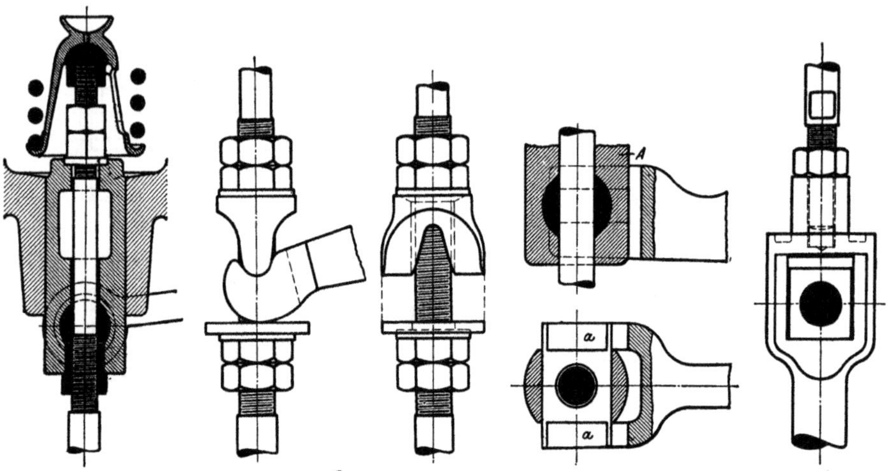

a *b* *c* *d*

Abb. 271 a—d [1]).

gebracht werden kann. Die Abb. 271 a—d geben verschiedene Ausführungsformen der Spindelgelenke wieder. Die einfachste Bauart ergibt sich bei Anwendung von Wälzhebeln, die durch einen festen Zapfen mit der Spindel zu verbinden sind. Ist hingegen der Ventilhebel in einem festen Drehpunkt gelagert, bewegt sich also sein Endpunkt in einem Kreisbogen, so muß das Spindelgelenk seitliche Verschiebung zulassen. Gebräuchliche Ausführungen dieser Art sind in den Abb. 271 b bis 271 d dargestellt. In Abb. 271 b legt sich der vom Ventilhebel gefaßte Reiter oben gegen eine Kugelfläche. In Abb. 271 c ist der drehbar in der Spindel gelagerte Zapfen an den vorstehenden Enden abgeflacht. Die Ausführung nach Abb. 271 d sieht einen Gleitklotz vor, der sich in der Aussparung des Spindelkopfes verschieben kann.

Zu beachten ist die Verbindung der Spindel mit der Feder nach Abb. 271 a, wodurch zentrische Kräftewirkung gesichert wird.

Die Spindeln werden bei neueren Ausführungen ausschließlich durch Labyrinthnuten abgedichtet, die in die zur Buchse passend geschliffene

[1]) *a* Ausführung von Gebr. Sulzer. Maßstab 1:5. *b* Ausführung von A. Borsig. Maßstab 1:4. *c* Ausführung von Gebr. Sulzer. Maßstab 1:5. *d* Ausführung der Prager Maschinenbau-A.-G. Maßstab 1:3.

Spindel eingedreht werden (vgl. Abb. 223 u. f.). Letztere wird vielfach von einem Hohlraum umgeben, der mit dem Kondensator in Verbindung steht, so daß Dampfschwaden nicht nach außen treten können und das Schmiermittel infolge des atm. Druckes sicher zufließt.

Das Entweichen von Dampfschwaden wird bei der Ausführung von „J a f f a" (Abb. 174) dadurch verhindert, daß die Ventilspindel an dem Austritt aus der Dichtungsbuchse von einem Rippenkühler umgeben ist.

5. Die zwangläufigen und paarschlüssigen Ventilsteuerungen.

Die für den Antrieb der zwangläufigen und paarschlüssigen Ventilsteuerungen geeigneten Triebwerke lassen sich in drei Gruppen einteilen. Bei den Steuerungen der ersten Gruppe wird das Antriebexzenter unmittelbar vom Regulator, der fast ausschließlich als Flachregler ausgebildet wird, verstellt, während bei der zweiten Gruppe der Regulator die Bewegung der Teile beeinflußt, welche die Exzenterbewegung auf das Ventil übertragen. Die dritte Gruppe arbeitet mit unrunden Scheiben.

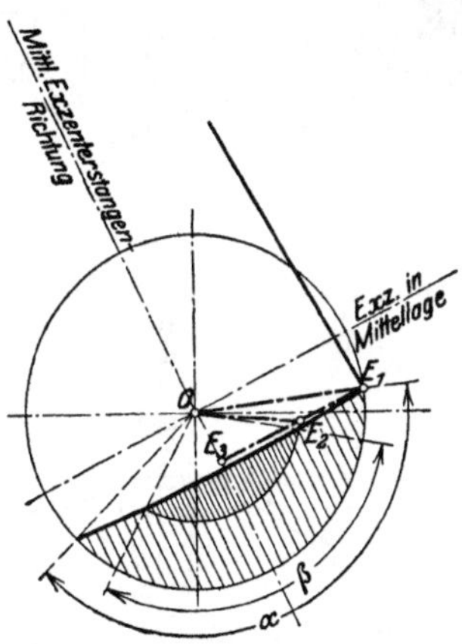

Abb. 272.

a) Die Steuerungen mit Flachregler. Die Eignung des Flachreglers für Ventilsteuerungen folgt ohne weiteres aus dem Umstande, daß diese Steuerungen in der Wirkungsweise grundsätzlich mit dem Muschelschieber übereinstimmen. Die Flachreglerventilsteuerungen weichen nur insofern von den auf S. 74 ff. behandelten Steuerungen ab, als durch die Teilung in vier Einzelorgane die Auslaßventile unveränderlich gesteuert werden, während der Flachregler nur die Einlaßventile beeinflußt, so daß bei veränderlicher Füllung Kompression und Vorausströmung konstant bleiben können.

In Abb. 272 ist vorausgesetzt, daß die Scheitelkurve geradlinig ist und daß bei den gezeichneten Exzenterstellungen OE_1, OE_2 und OE_3 die Kurbel um den Winkel γ vor der Totlage steht. Bei der größten Exzentrizität OE_1 dauert die Ventilerhebung während des Kurbelwinkels α, die Füllung während des Winkels $(\alpha-\gamma)$ an. Für die Exzentrizität OE_2 sind β und $(\beta-\gamma)$ die entsprechenden Werte, wenn von der sehr geringen Abweichung der geradlinigen Scheitelkurve von dem durch E_1 mit der Exzenterstangenlänge geschlagenen Kreisbogen abgesehen wird. Mit dem Exzenter OE_3 wird das Ventil überhaupt nicht mehr angehoben, es ergibt sich absolute Nullfüllung. Da beim Ventilhub die Scheitelkurve, in deren Richtung der Regulator verstellt, annähernd senkrecht zur Ventilzugstange steht, so bleiben Kräfte in letzterer ohne Wirkung auf den Regulator.

Die dem Rückdruck der Steuerung proportionale Exzenterreibung tritt periodisch während des Ventilhubes auf. Bei den geführten Einzelexzentern nach Abb. 274 ist dieser Rückdruck am größten, wenn die Stangenkraft in die Richtung der Führung fällt. Bei den Drehexzentern

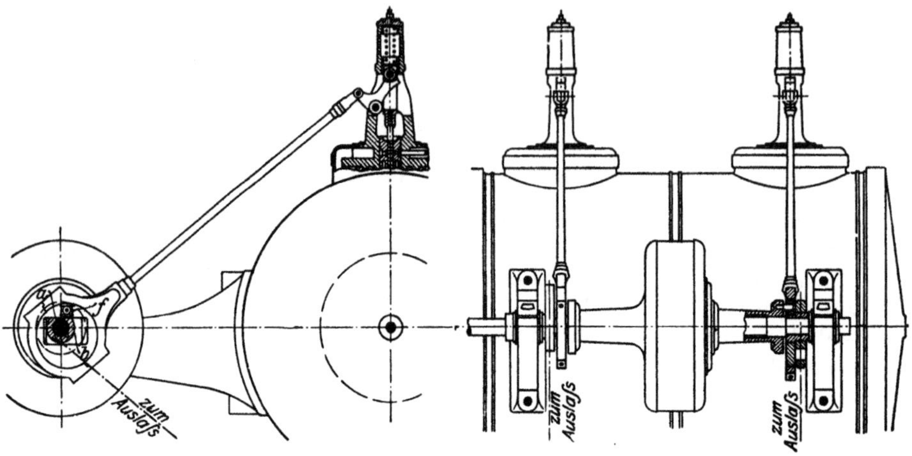

Abb. 273.

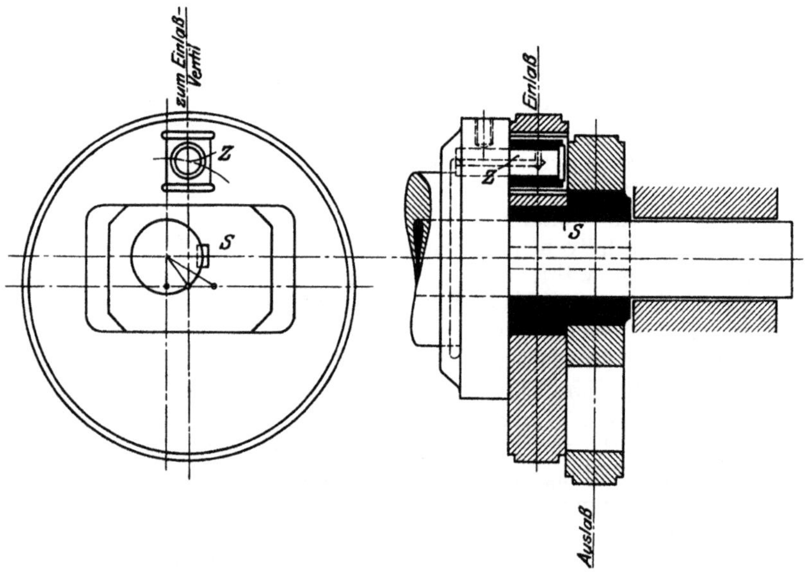

Abb. 274.

wirkt die am Exzenterumfang auftretende Reibung einer Verdrehung durch die Rückwirkung entgegen. Während der Zeit, daß keine Füllung gegeben wird, sind die Steuerungen annähernd rückdruckfrei und können vom Regler leicht verstellt werden (s. auch S. 18).

Gebräuchliche Steuerungen mit Flachregler für liegende und stehende Maschinen sind in den Abb. 273—292 dargestellt. Abb. 273 zeigt die häufigste Regleranordnung. Der Regler ist in der Mitte zwischen den am Zylinder befestigten Konsollagern gelagert, eine Anordnung, die ursprünglich von Proell herrührt. Abb. 273 stellt die Lentz-Steuerung dar.

Die Art der Exzenterverstellung nach Lentz ist in Abb. 274 wiedergegeben. Rohrförmige, die Steuerwelle umschließende Ansätze des Reglers erweitern sich an den Enden zu Scheiben, an denen sich Zapfen z befinden. Jeder dieser Zapfen z greift in einen Stein ein, der sich im

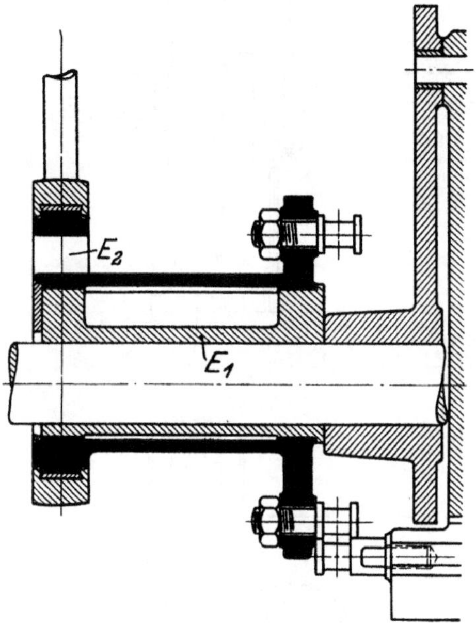

Abb. 275 [1]).

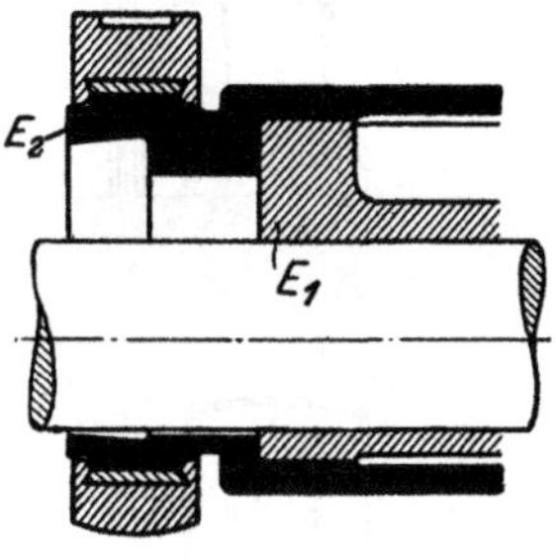

Abb. 276 [2]).

Einlaßexzenter verschieben kann. Das Exzenter wird auf einem mit der Welle fest verbundenen Vierkant S verschoben, wenn Zapfen z vom Regulator um das Wellenmittel gedreht wird. Hierbei stimmt die Drehrichtung mit der Wirkung der rotierenden Beharrungsmasse überein. Neben dem Vierkant ist auf einem zylindrischen Ansatz des Stückes S das Auslaßexzenter befestigt.

Die Proellsche Bauart sieht zwei Exzenter nach Abb. 88 c vor, so daß die Scheitelkurve bogenförmig wird. Die „Drehexzenter" sind durch Zugstangen mit den Schwunggewichten zu verbinden, so daß die Gewichte dadurch gekuppelt sind und gleiche Ausschläge machen müssen. Auf der anderen Zylinderseite ist hingegen nur eine Zugstange anzu-

---

[1]) Entwurf von Dr. Proell, Dresden. Maßstab 1:7.
[2]) Entwurf von Dr. Proell, Dresden. Maßstab 1:6.

ordnen, da hier eine zweite Kupplung Klemmungen verursachen würde. Die von dem zweiten Exzenter ausgehenden Kräftewirkungen werden sonach durch die einzige Zugstange einseitig auf den Regulator übertragen.

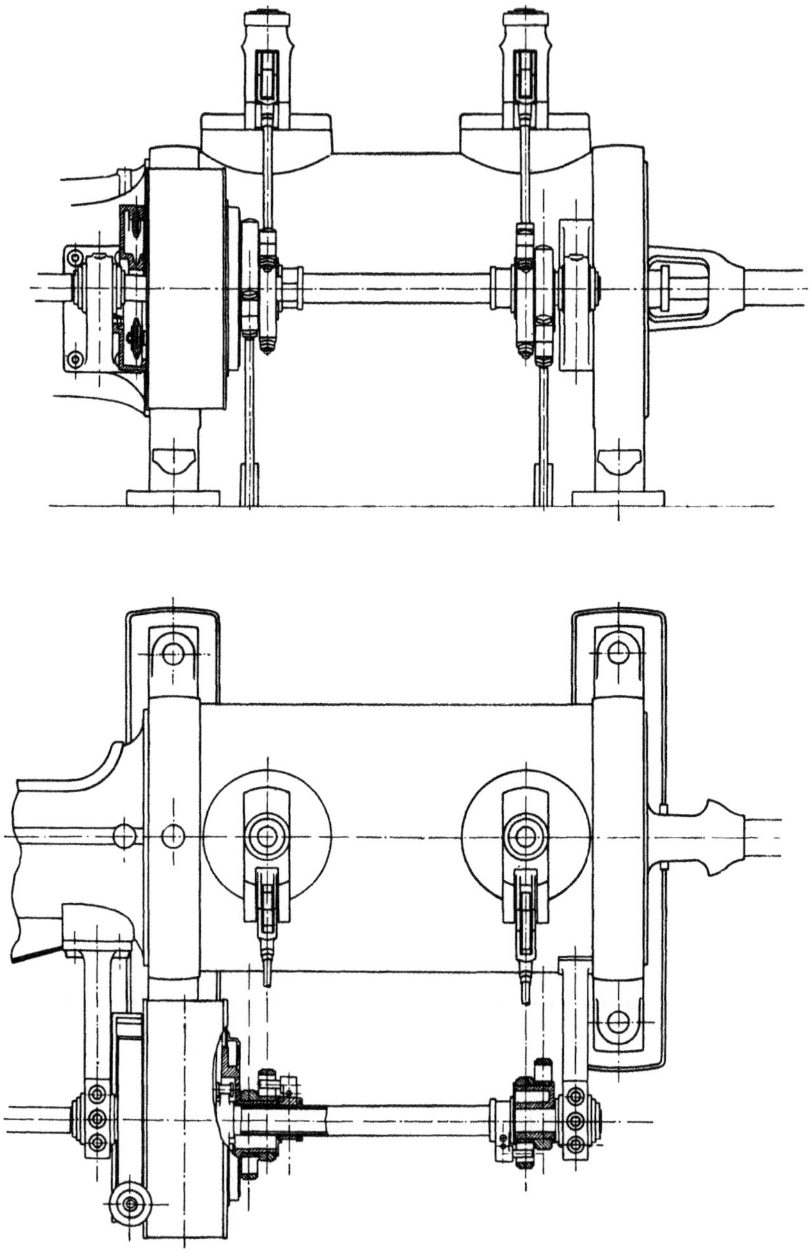

Abb. 277–278.

Abb. 275 zeigt die Exzenterverstellung der Proell-Steuerung. Das Stellrohr, an dem beide Zapfen (oder nur einer) von den Zugstangen des Reglers gefaßt werden, besteht mit dem Drehexzenter aus einem Stück und ist unmittelbar auf dem Grundexzenter E_1 gelagert. Bei der neueren

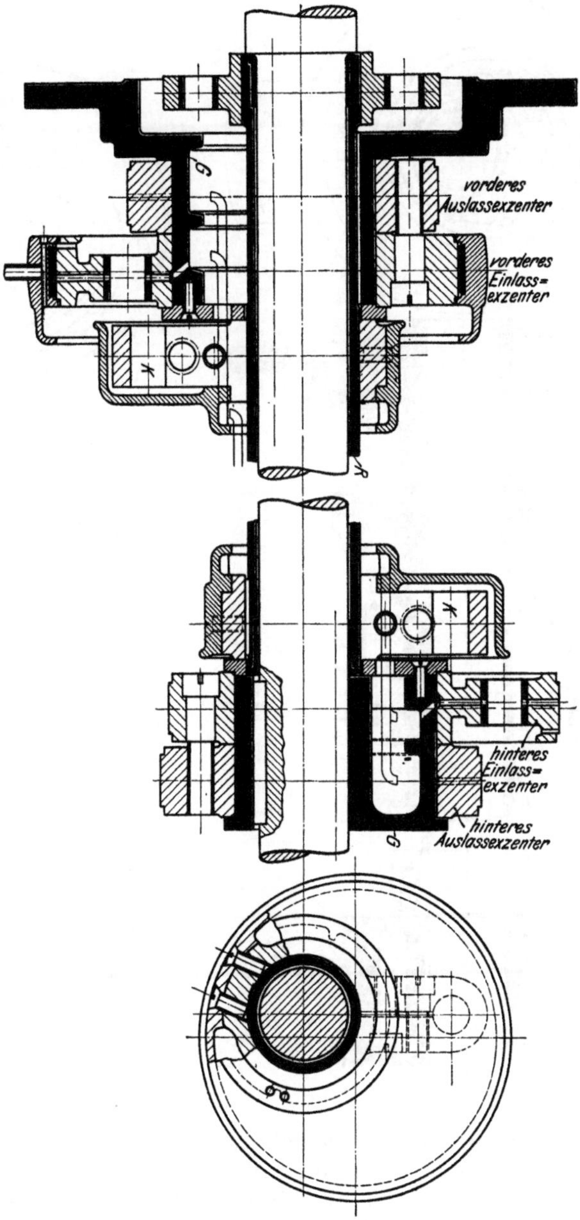

Abb. 279 [1].

[1]) Entwurf von Prof. Doerfel, Prag. Maßstab 1:5.

Ausführungsform nach Abb. 276 ist das Grundexzenter nicht bis unter das Drehexzenter geführt, sondern die Abstützfläche liegt außerhalb der Exzenterebene, so daß einerseits die Wandung des Drehexzenters

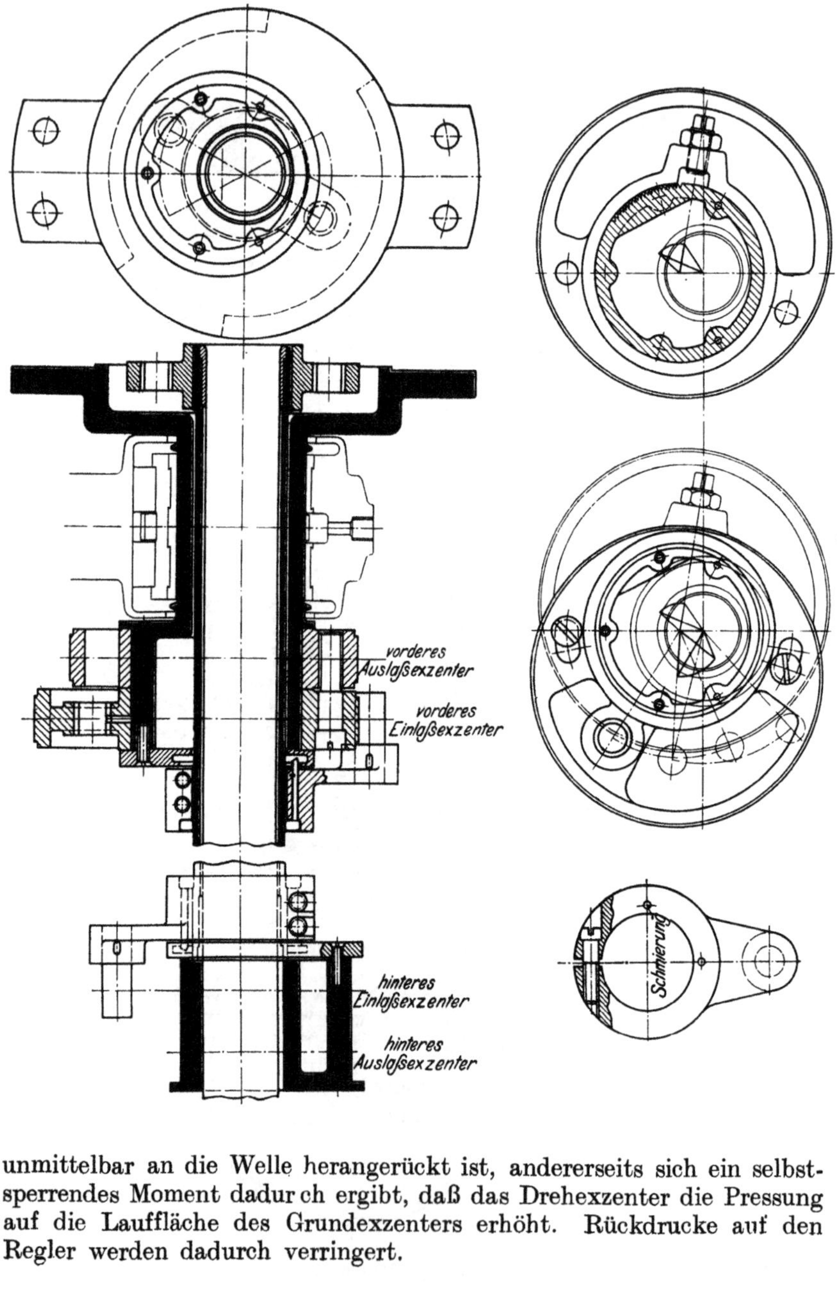

Abb. 280.

unmittelbar an die Welle herangerückt ist, andererseits sich ein selbstsperrendes Moment dadurch ergibt, daß das Drehexzenter die Pressung auf die Lauffläche des Grundexzenters erhöht. Rückdrucke auf den Regler werden dadurch verringert.

Die Doerfelsche Bauart verlegt den Flachregler in die Nähe des Konsollagers nach dem Rahmen hin, wobei der Regler mittels zweier Zugstangen ein zur Welle konzentrisches Stellrohr verdreht, die mit den Drehexzentern beider Zylinderseiten gekuppelt ist.

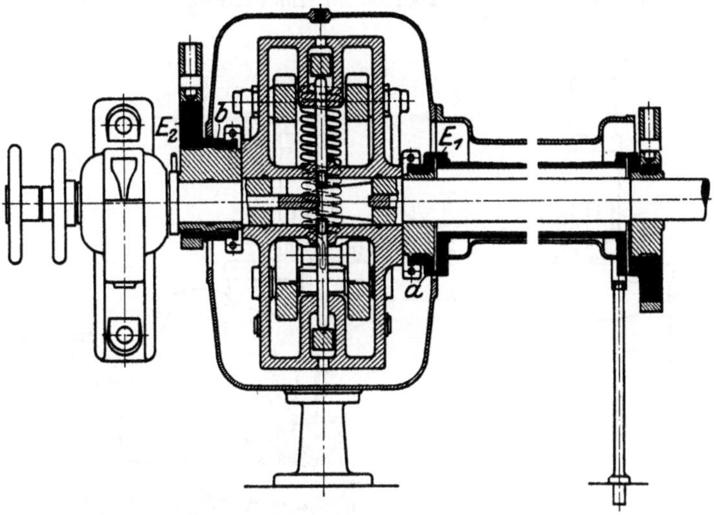

Abb. 281.

Abb. 277—278 zeigen die meist ausgeführte Anordnung, die besonders leichte Abnahme des Stellrohrs gestattet. Einzelheiten sind in der Abb. 279 dargestellt. Ein- und Auslaßexzenter sitzen auf demselben Grundexzenter *G*. Auf dem Stellrohr *R* sind die Mitnehmerkurbeln *k* angebracht, deren durch Klemmung festgehaltene Zapfen die Einlaßexzenter um das Grundexzenter drehen. Gleichzeitig werden die Auslaßexzenter nach Abb. 294—297 verdreht. Die dadurch bedingte Änderung der Auslaßdampfverteilung verhindert die Überkompression und Schlingenbildung, die an den Hochdruckseiten von Verbundmaschinen bei großen Füllungen und den dadurch erhöhten Aufnehmerspannungen sonst auftreten. Die Auslaßexzenter sind verstellbar, so daß mit mäßigen Änderungen in der Kompression gearbeitet werden kann, was besonders bei Einstellung der Steuerung für verschiedene Eintrittsdrucke von Vorteil ist. Im Bedarfsfalle lassen sich die Auslaßexzenter auch nach Lösung der Kupp-

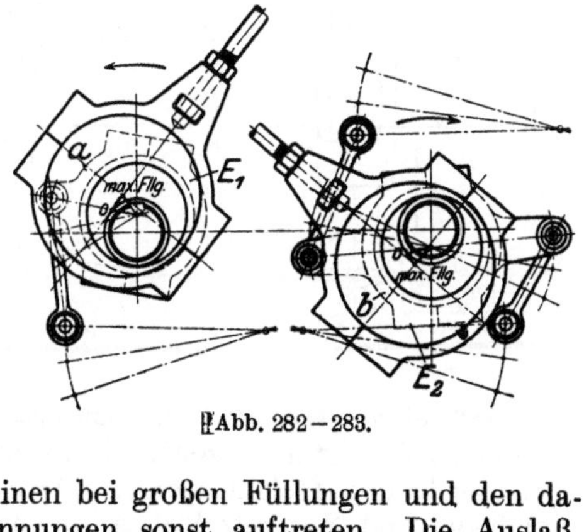

Abb. 282—283.

lung in gewünschter Lage für feste Kompression einstellen. Hierzu dient der in Abb. 280 gezeichnete Zahnkeil.

In Abb. 280 ist eine bei sehr großen Maschinen übliche Anordnung dargestellt, bei welcher der Regulator unmittelbar vor dem ersten Konsollager am Zylinder sitzt, so daß sein Gewicht noch besser aufgenommen werden kann. Dabei bleibt die vordere Seite für den Angriff

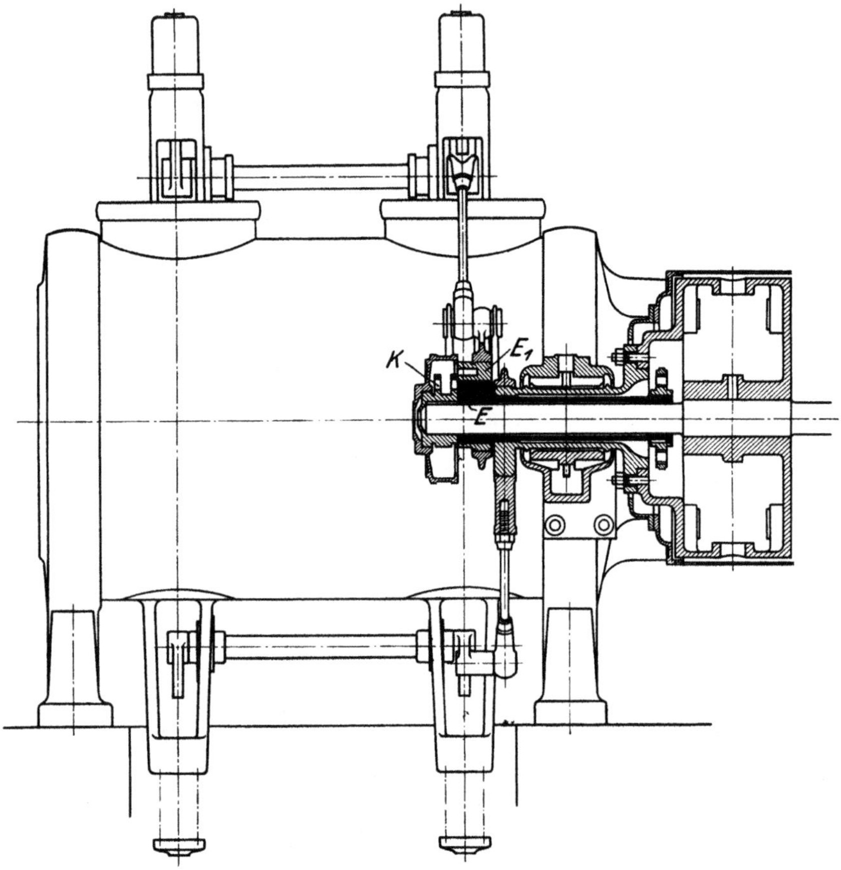

Abb. 284.

der Drehzahlverstellung frei. Das erste dem Regler zunächst sitzende Grundexzenter ist als exzentrisches Rohr ausgebildet, das zweite Grundexzenter kann aufgekeilt werden; D o e r f e l empfiehlt jedoch, dasselbe auf Feder und Nut verschiebbar zu machen und durch einen Hals mit Bunden vom benachbarten Lager halten zu lassen, so daß es der Dehnung des Zylinders folgen kann. Bei Anordnung der Ventile im Deckel schiebt man diesen mit der zugehörigen Steuerung ab.

Die Abb. 281—283 zeigen die Bauart von Gebr. S u l z e r. Der Flachregler ist in möglichster Nähe des letzten Lagers angeordnet, wodurch die Steuerwelle weniger auf Biegung beansprucht und etwaiges Zwängen der Reglergelenke vermieden wird. Bei Ausführungen mit Verstellung der Umlaufzahl braucht die Steuerwelle nur auf eine kurze Strecke durchbohrt zu werden.

Abb. 284 zeigt eine Ausführung von R. Raupach-Görlitz mit schwingender, einseitig angetriebener Daumenwelle zur Ventilbewegung, womit eine schon früher von Collmann angegebene Steuerungsform wieder aufgenommen wird. Ähnliche Lösungen verwenden auch die

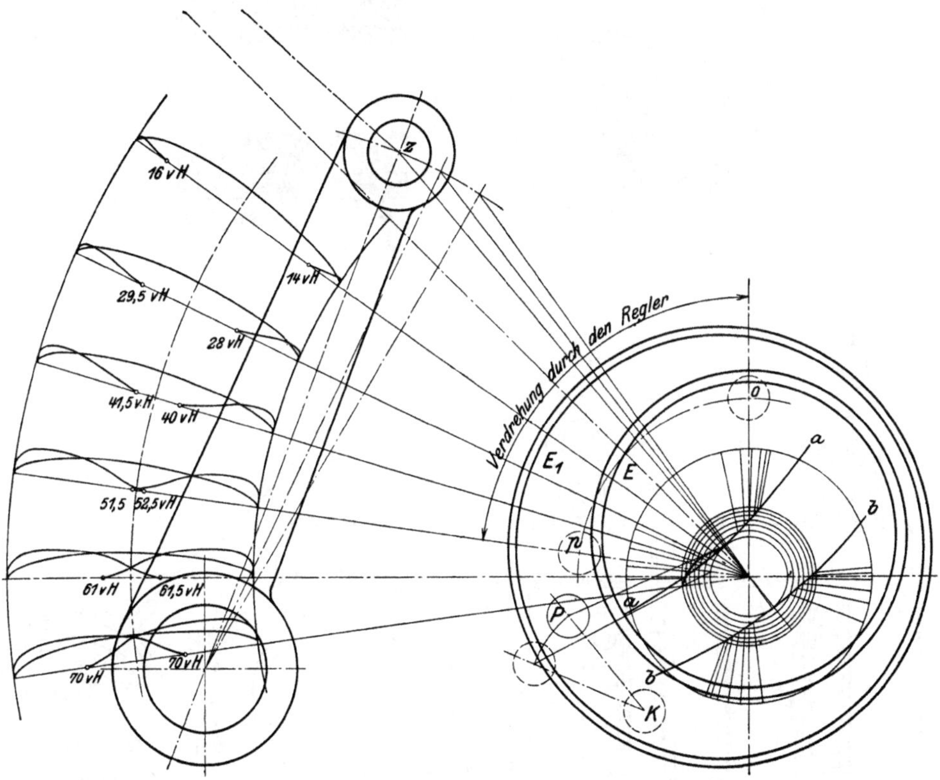

Abb. 285.

Görlitzer M. A. G. und die Maschinenfabrik Nürnberg, diese mit seitlicher Welle und horizontal gelagerten Ventilen (Abb. 356).

Für den Füllungsausgleich wird die von Doerfel eingeführte, kurze, schräg ziehende Exzenterstange verwendet. Der Endpunkt der Exzenterstange, die etwa fünf- bis sechsmal so lang als die Exzentrizität ist, wird auf einer Schwinge geführt, von der aus die Zugstange nach dem Einlaßventil geht. Durch die bestimmte Länge der Schwinge und die kurze Exzenterstange werden auf Kurbel- und Deckelseite praktisch gleiche Füllungen bei gleichen Ventilerhebungen erzielt, ohne daß die

Schwingdaumen mit ungleichen Kurven ausgeführt werden müssen. In Abb. 285 sind für die verschiedenen Füllungen die Ventilerhebungskurven eingetragen.

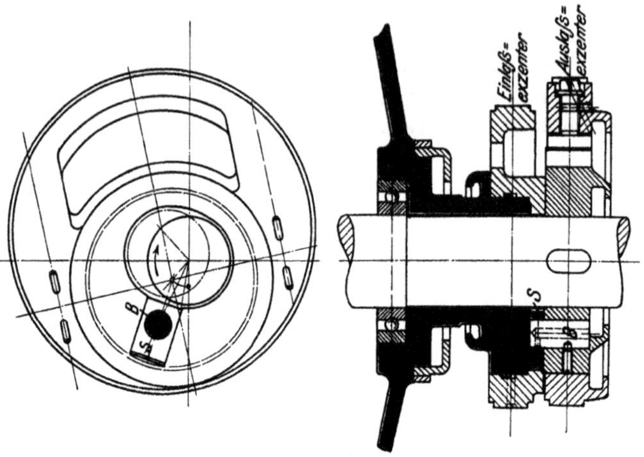

Abb. 286 [1]).

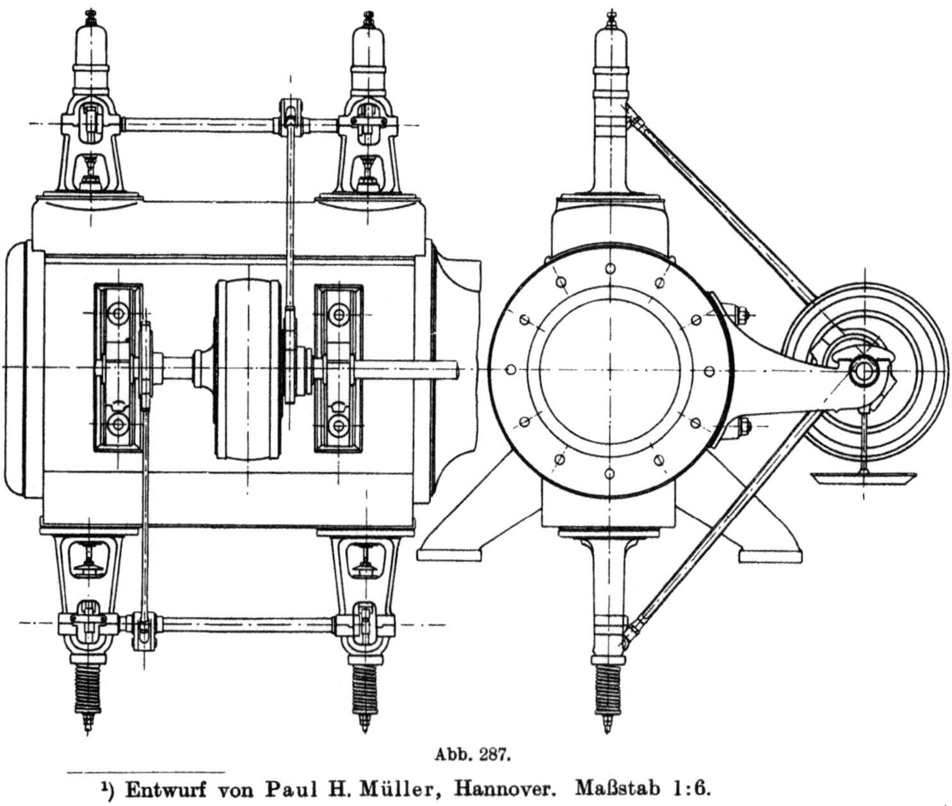

Abb. 287.

[1]) Entwurf von Paul H. Müller, Hannover. Maßstab 1:6.

Der Regulator verdreht mittels eines durch das hohle, fest aufgekeilte Auslaßexzenter hindurchgehenden Stellrohrs das innere Exzenter E, während das äußere Exzenter durch den Lenker KP, Abb. 285, mit dem rotierenden Festpunkt K verbunden ist.

Die Steuerung benutzt die offene Schubkurbel. Der mit dem Exzenter verbundene Bolzen P schwingt bei der Verstellung des Innenexzenters um den Festpunkt K und kann in der Ebene des Exzenters gestützt werden. Infolge der kurzen Entfernung zwischen Mittelpunkt des Innenexzenters und Aufhängepunkt P des Außenexzenters und durch die Vereinigung der Drehung des ersteren um den Wellenmittelpunkt mit der Schwingung des letzteren um K entsteht eine Scheitelkurve, die an dem Nullfüllungsende stärker gekrümmt ist. Sie führt also dort rasch zur vollständigen Nullfüllung, während das Eintrittsvoröffnen schnell zunimmt und bei den größeren Füllungen wieder abnimmt.

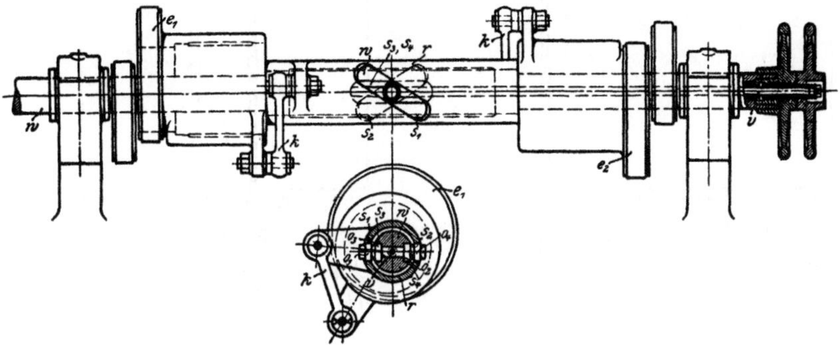

Abb. 287 a.

Abb. 286 stellt die Anordnung von Paul H. Müller dar. Das Gehäuse des Reglers dient als Beharrungsmasse und ist mit dem verdrehbaren, inneren Exzenter unmittelbar verbunden. Durch Verstellung dieses inneren Exzenters wird das äußere Einlaßexzenter um einen Bolzen gedreht, der im Auslaßexzenter gelagert ist und durch einen Kulissenstein nur eine kleine, radiale Bewegung zuläßt. Das Auslaßexzenter ist zweiteilig, damit bei einer Veränderung der Kompression die Lage des Festpunktes dieselbe bleibt. Zu diesem Zweck ist der den Bolzen tragende Teil fest auf der Steuerwelle aufgekeilt.

Bei der Steuerung von Recke, Abb. 287, werden beide Einlaßventile und beide Auslaßventile gemeinsam von je einem Exzenter angetrieben. Die Ventilantriebe sind nach Abb. 231—232 ausgeführt.

Abb. 287 a zeigt die von Proell ausgeführte Verstellung der Drehexzenter von Hand, wie sie namentlich an Niederdrucksteuerungen zwecks Einstellung der Füllung während des Ganges zur Anwendung gelangt. Zwischen den auf Grundexzentern gelagerten Drehexzentern e_1 und e_2 befindet sich ein Rohr r, das die Steuerwelle w umfaßt. Rohr r ist mit schraubenförmigen Schlitzen $s_1 s_2$, Welle w, in deren Bohrung die Verstellspindel v gelagert ist, mit parallelen Schlitzen $s_3 s_4$ versehen. In diesen Schlitzen laufen fast ohne Spiel die Rollen o_1 bis o_4, die an dem als Querstück ausgebildeten Kopf der Verstellspindel *v* angebracht sind. Bei Längsverschiebung der letzteren werden Rohr *r* und die durch die Glieder *k* damit gekuppelten Exzenter e_1 und e_2 verdreht.

Die Abb. 288—292 zeigen Ausführungsformen stehender Ventilmaschinen mit Flachregler.

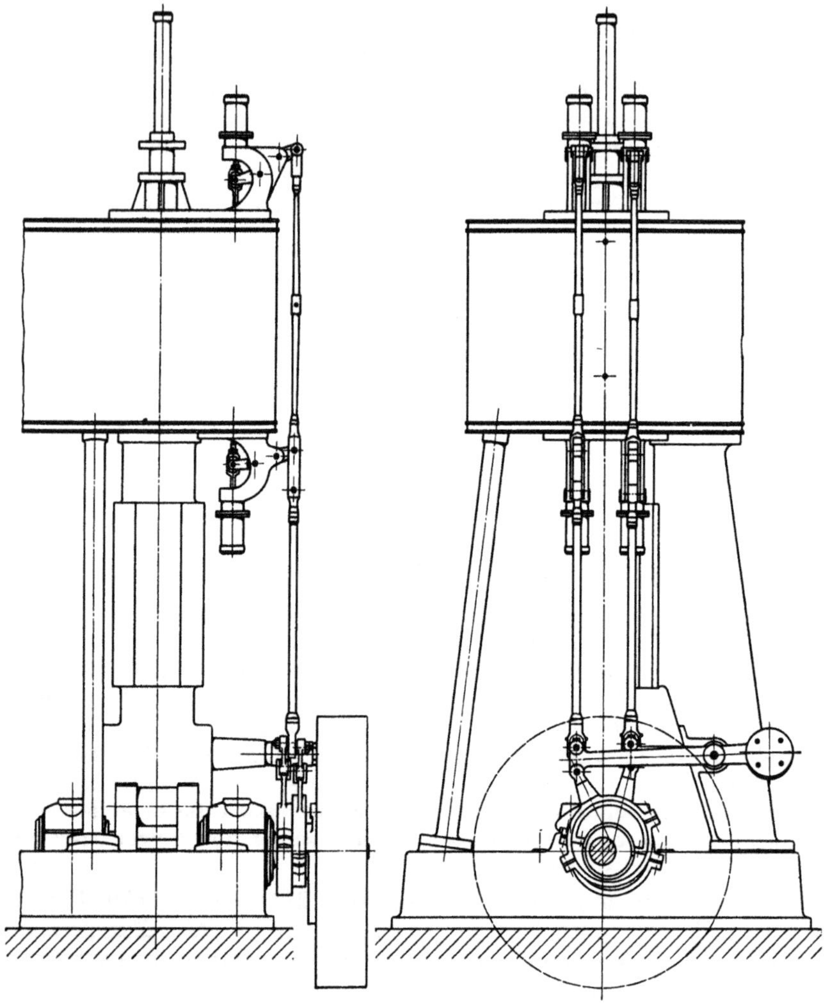

Abb. 288 [1]).

Die in Abb. 288 dargestellte Bauart nach Doerfel zeigt einen besonderen Zwischenhebel, so daß wieder zum Zwecke des Füllungs-

[1]) Hochdrucksteuerung nach einem Entwurf von Prof. Doerfel, Prag. Maßstab 1:40.

ausgleiches kurze, schrägziehende Exzenterstangen angeordnet werden können. Die Lentz-Maschine nach Abb. 289 arbeitet mit zwei kurzen Schwingwellen, die senkrecht zur Zylinderachse liegen und von den Exzentern gesteuert werden. Diese Schwingwellen tragen für die Ein- und Auslaßsteuerung zwei Scheiben mit Schubkurven, auf denen die

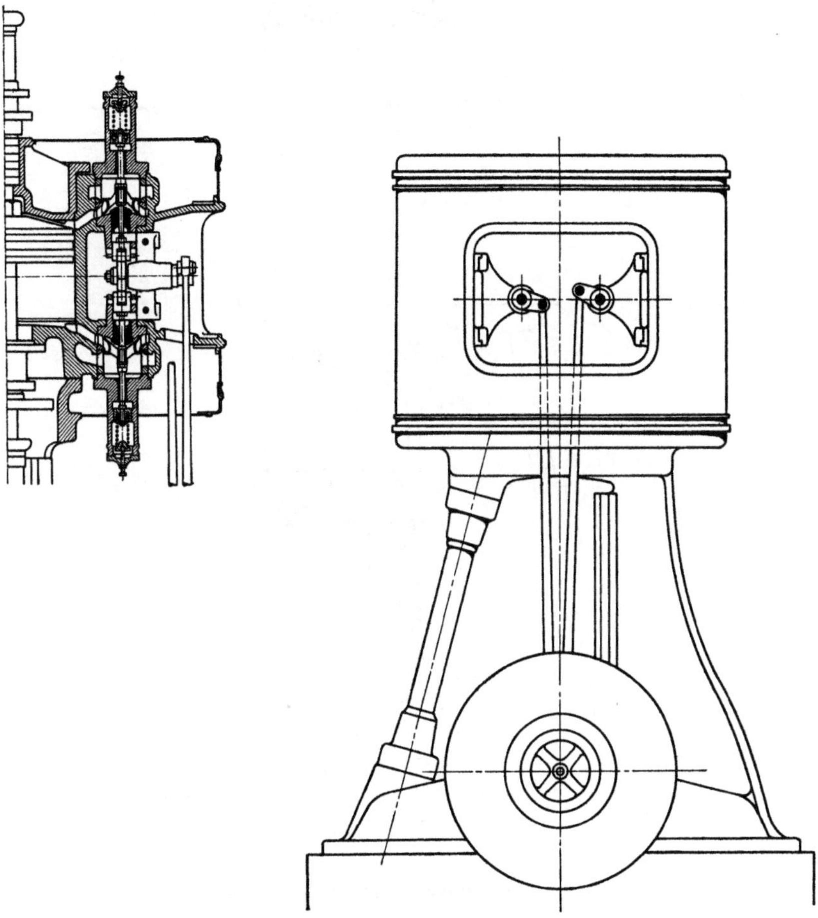

Abb. 289 [1]).

Rollen der Ventilspindeln laufen. Das ganze Steuerungstriebwerk wird von einer Verkleidung umgeben.

Abb. 290 zeigt eine Ausführung mit verlängerten Spindeln. Beide Einlaßventilgehäuse befinden sich mit ihrem Triebwerk oben auf dem Zylinder, ebenso die Auslaßventilgehäuse unten.

Eine gleichartige Ausführung zeigt Abb. 291, Ausführung Proell.

[1]) Ausführung der Maschinenbau-A.-G. vorm. Ph. Swiderski, Leipzig-Plagwitz.

Mitunter findet sich auch zwecks bequemerer Einstellung der Dampfverteilung die Anordnung, daß bei stehenden Verbundmaschinen jedes Einlaßventil des Hochdruckzylinders von einem besonderen Exzenter

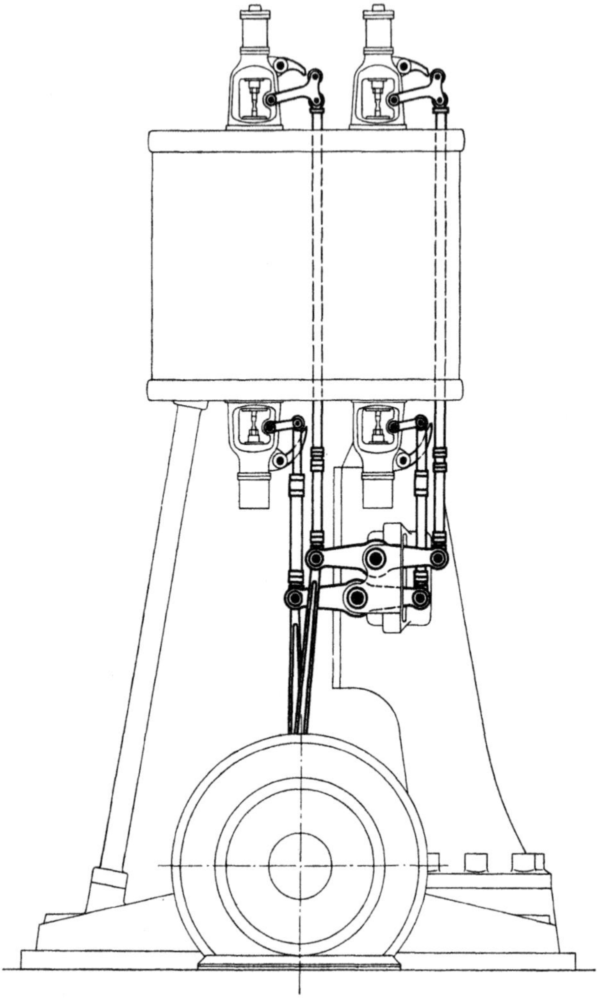

Abb. 290 [1]).

unter Benutzung hochliegender Steuerwellen gesteuert wird. Abb. 292, Ausführung einer Proellschen Steuerung durch Schichau.

Füllungsausgleich.

Bei den Flachreglersteuerungen kann Füllungsausgleich mit verschiedenen Mitteln erhalten werden. Zunächst sei auf die in den folgen-

[1]) Ausführung von Breitfeld, Danek & Co. Maßstab 1:30.

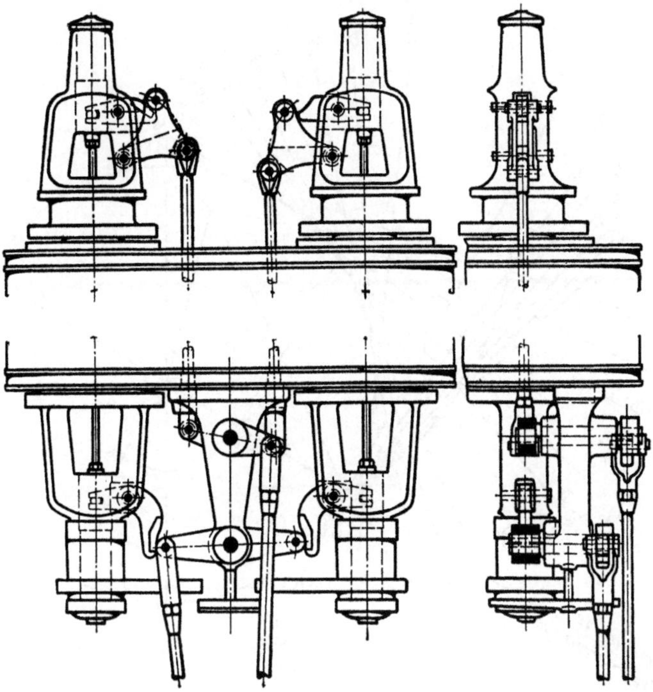

Abb. 291 [1]).

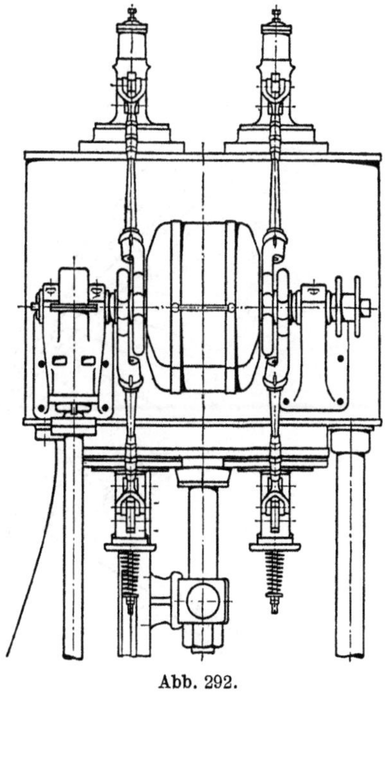

Abb. 292.

den Abbildungen angewandte Darstellungsweise eingegangen [2]). In Abb. 293a bis b ist *MA* das fest aufgekeilte Grundexzenter, *AB* = *AC* das Drehexzenter, so daß *BC* die Scheitelkurve darstellt. Ist *MF* eine Zwischenlage des wirksamen Exzenters, *DBE* der bei geschlossenem Ventil mit der Länge der Zugstange geschlagene Kreisbogen, so wird während des Exzenterweges *GFH* das Ventil gehoben. Da *BFC* die Lage der Scheitelkurve bei Kurbeltotlage angibt, so ist *MF* die der letzteren entsprechende Exzenterstellung, so daß Winkel *GMF* den Voreinströmungswinkel darstellt, während Füllung auf dem Wege *FH*, dem Kurbelwinkel *FMH* entsprechend, gegeben wird. Statt

[1]) Ausführung von Dr. Proell.

[2]) Dr. Proell, Z. Ver. deutsch. Ing. 1907, S. 132 ff.

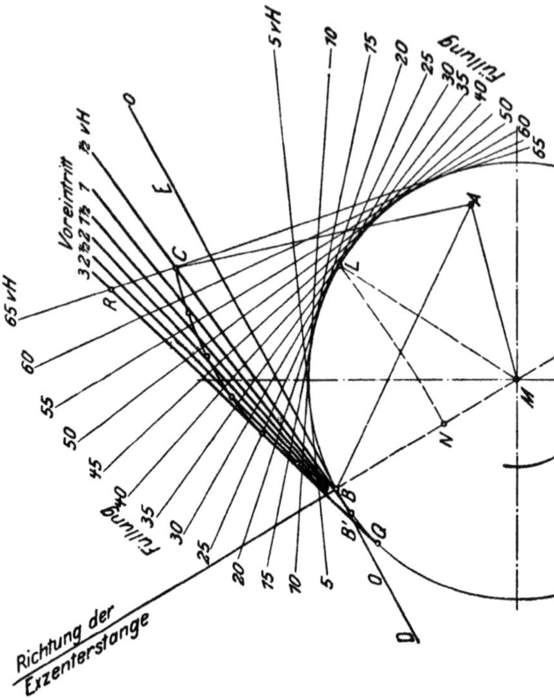

Abb. 293 b (Deckelseite).

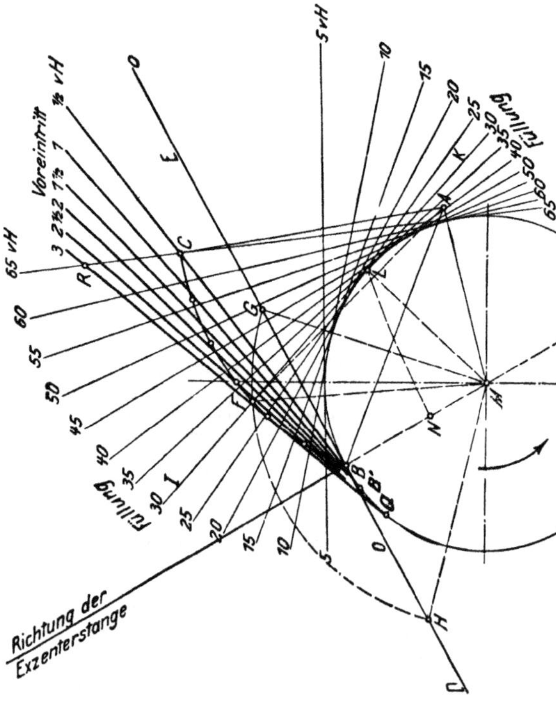

Abb. 293 a (Kurbelseite).

nun das Exzenter *MF* in der Pfeilrichtung zu drehen und die Größe der Füllung durch Loten des Punktes *F* auf *HM* zu finden, ist es übersichtlicher, umgekehrt die Gerade *DBE* in entgegengesetztem Sinne um den Winkel *FMH* = *BML* zu drehen, so daß sie in die Lage *FLK* gelangt. Die Strecke *BN* ergibt in ihrem Verhältnis zu *BP* die Füllung

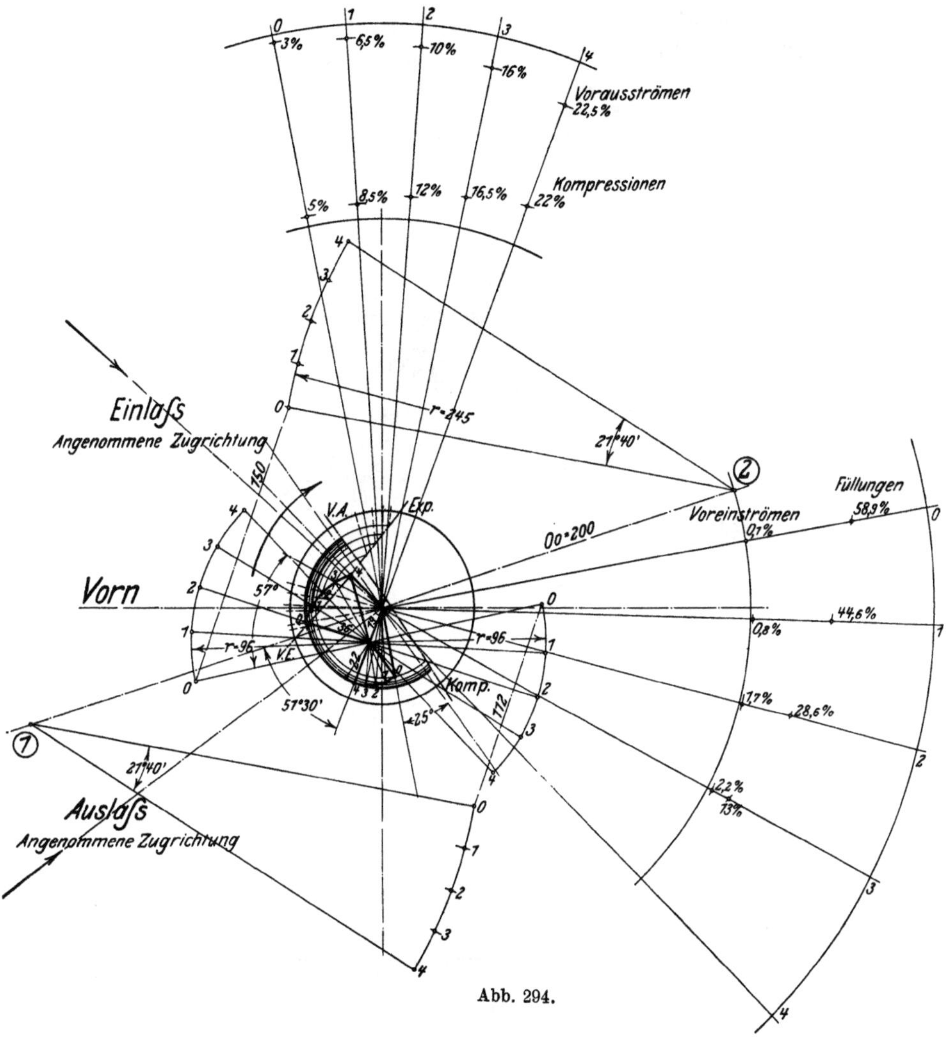

Abb. 294.

in v. H. des Kolbenweges. Um in gleicher Weise die Dauer der Voreinströmung festzustellen, wird die Gerade *DBE* um den Winkel *FMG* in der dem Uhrzeigersinn entgegengesetzten Richtung gedreht.

Durch diese Darstellung wird weiterhin die Aufzeichnung des Ventilerhebungsdiagrammes vereinfacht. Die kürzeste Entfernung zwischen einem einer bestimmten Füllung entsprechenden Punkt der Scheitelkurve und dem Kreisumfang bedeutet die größte Ventilerhebung, die bei der betreffenden Füllung vorkommt. Für 65 v. H. Füllung wird

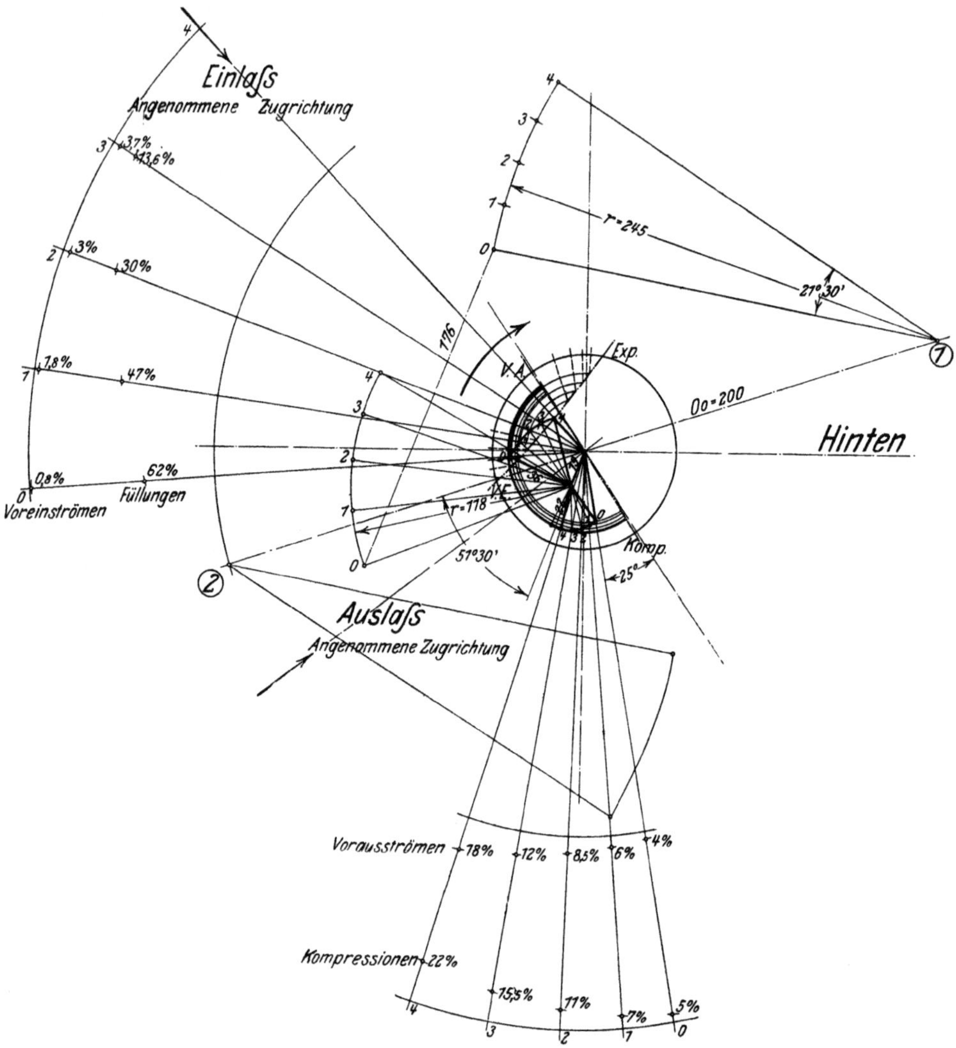

Abb. 295.

beispielsweise der größte Ventilhub im Abstand des Punktes C vom Kreisumfang gefunden. Der Abstand dieses Punktes von der Geraden FLK gibt die Ventilerhebung an, die bei der Einstellung auf 65 v. H. Füllung nach 30 v. H. Kolbenweg vorhanden ist.

In den Darstellungen der Drehexzenter nach Abb. 293 a—b wird Füllungsausgleich dadurch erhalten, daß bei gleich großen und um 180°

entgegengesetzt aufgekeilten Grundexzentern der Drehexzenterradius auf der Deckelseite größer als auf der Kurbelseite ist, während die Sehnen der Verstellbogen *BC* auf beiden Zylinderseiten von gleicher Länge sind. Der Verstellwinkel wird sonach auf der Kurbelseite größer als auf der Deckelseite.

Die Abb. 294—297 geben den Füllungsausgleich nach Doerfel wieder. In Abb. 294—295 für Regler auf Mitte Zylinder (Proellsche Anordnung) sind die Grund- und Drehexzenter für beide Seiten von gleicher Größe und nur der Verdrehwinkel ist vorne größer als hinten, wo auch die Kuppelstange etwas schränkt. In Abb. 296—297 für Doerfelsche Regleranordnung und konzentrisches Stellrohr sind die Drehexzenter ebenfalls mit gleicher Exzentrizität ausgeführt, hingegen sind die Radienverhältnisse und Lagen der Mitnehmerkurbeln entsprechend verschieden, so daß bei gleichem Verdrehwinkel des Stellrohrs für beide Exzenter ungleiche, kurbelseitig größere Verdrehwinkel folgen. Zum Verständnis beachte man die Lage des Schleppgliedes bei kleinen und großen Füllungen vorn und hinten und die hieraus erkennbare, ungleiche Verdrehgeschwindigkeit der Exzenter bei gleichen Stellrohrverdrehungen.

In Abb. 298 ist der Füllungsausgleich der Lentz-Steuerung wiedergegeben. Die Exzentersteine sind nicht unter 180^0, sondern unter einem um α kleineren Winkel gegeneinander aufgekeilt; die Scheitelkurven liegen also nicht parallel. Um möglichst gleiche Ventilerhebungen zu erhalten, sind Exzentrizität und Verschiebung für die Deckelseite größer als für die Kurbelseite. Die Scheitelkurve der Deckelseite ist demnach länger als die der Kurbelseite.

In den Müller-Reuleauxschen Diagrammen nach Abb. 299 und 300 ist die Dampfverteilung für abhängigen und unabhängigen Betrieb der Einlaßventile dargestellt, den Anordnungen nach Abb. 287 und Abb. 273 entsprechend. In Abb. 299 sind die Überdeckungen ungleich gewählt, ein Mittel, das hier infolge der gleichen Voreilwinkel und Exzentrizitäten allein in Anwendung kommen kann. Damit läßt sich annähernder Ausgleich nur bei sehr verschiedenen Voreinströmungswinkeln und Eröffnungsweiten erhalten. Bei der Exzentrizität OE_3 erhält nur noch die Kurbelseite Füllung, da $OE_3 = e_d$. Vollständig Nullfüllung auch auf der Kurbelseite wird mit $OE_4 = e_k$ erhalten.

In Abb. 300 sind die Verstellbogen $E_1E_2E_3$ von gleicher Länge, aber ungleicher Lage gewählt; die Verdrehungswinkel weichen voneinander ab, womit sich ein günstigerer Ausgleich durchführen läßt. Der Voreilwinkel ist auf der Deckelseite bei den größeren Füllungen größer als auf der Kurbelseite. Die Abweichung wird bei den kleineren Füllungen geringer. Absolute Nullfüllung wird auf beiden Seiten mit dem Voreilwinkel $\delta = 90^0$ erhalten, wobei die Exzentrizitäten wieder gleich den Überdeckungen sind.

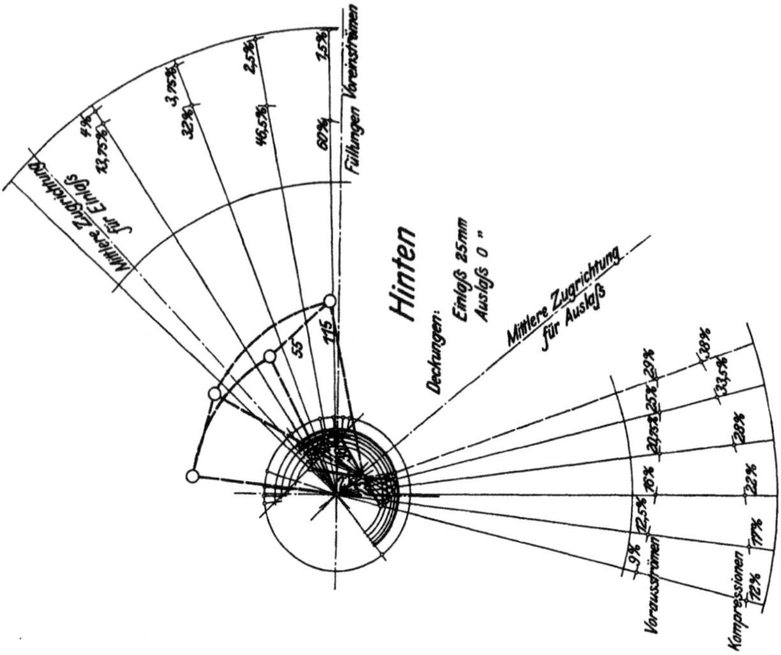

Abb. 297.

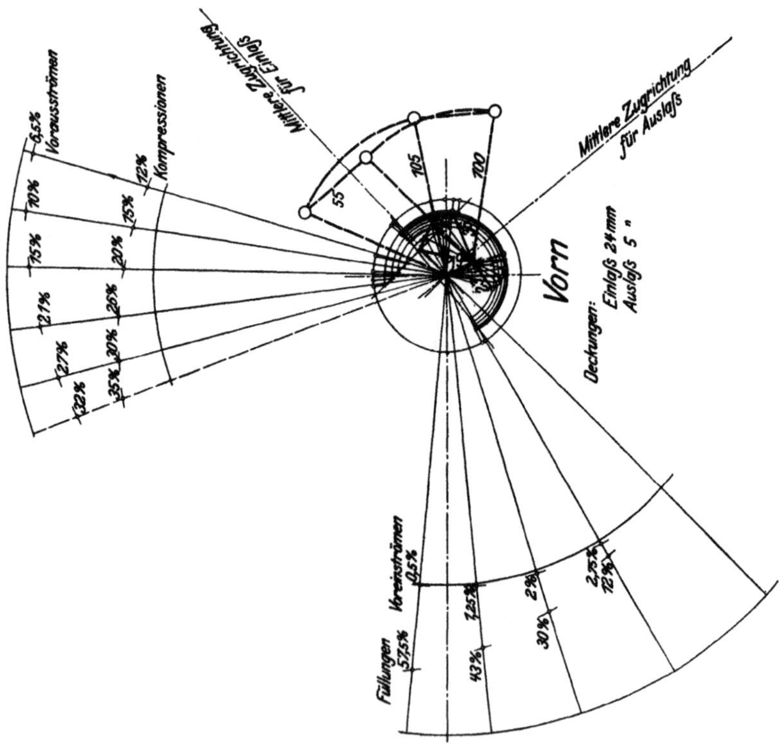

Abb. 296.

Exzenterwege bei verschiedenen Füllungen in v. H. des größten Exzenterweges bei 65 v. H. Füllung.
(Nach Proell (S. S. 220.)

Kurbelseite

Füllung in v. H.	5	10	20	30	40	50	60	65
Linie B'C $\left(VE = \frac{1}{2}\text{ v. H.}\right)$ . .	4,1	10	19	30	43	61	85	100
Linie QR (VE = 3 v. H.) . . .	6,7	11	19	29	41	59	83	100
Kreisbogen BFC	8,5	15	30	43	58	58	91	100
Deckelseite								
Linie B'C $\left(VE. = \frac{1}{2}\text{ v. H.}\right)$ . .	5,7	10	19	30	43	60	84	100
Linie QR (VE = 3 v. H.) . . .	7,5	10	20	31	43	60	83	100
Kreisbogen BFC	8,0	15	28	42	57	72	90	100

Was die Ausführung der Ventilsteuerungen betrifft, so sind zunächst die Exzenterdurchmesser möglichst klein zu wählen, um die Umfangsreibungen zu verringern. Diese beeinflussen den Gang der Maschine insofern, als die Exzenter bei der Inbetriebsetzung infolge des weniger warmen und deshalb dickeren Öles einen „Klebrigkeitswiderstand" aufweisen, der bei Flachreglern gewöhnlicher Bauart belastend wirkt, sich zur Federspannung addiert und verursacht,

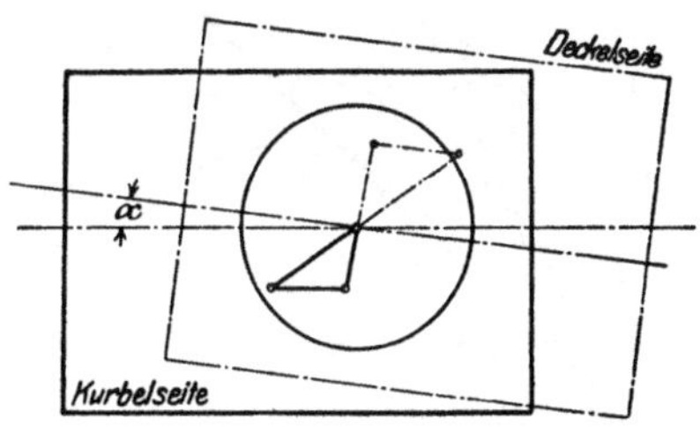

Abb. 298.

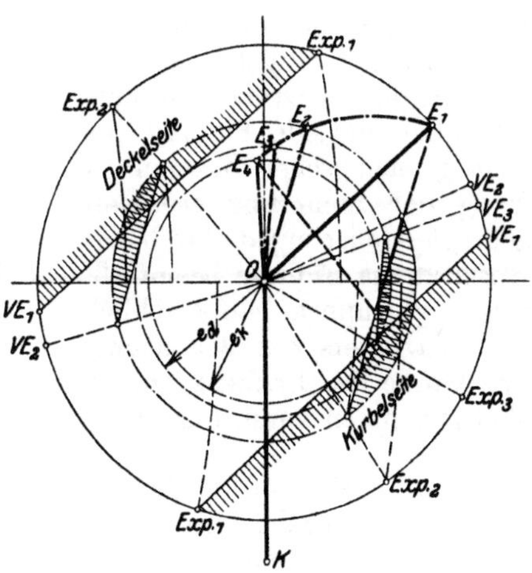

Abb. 299.

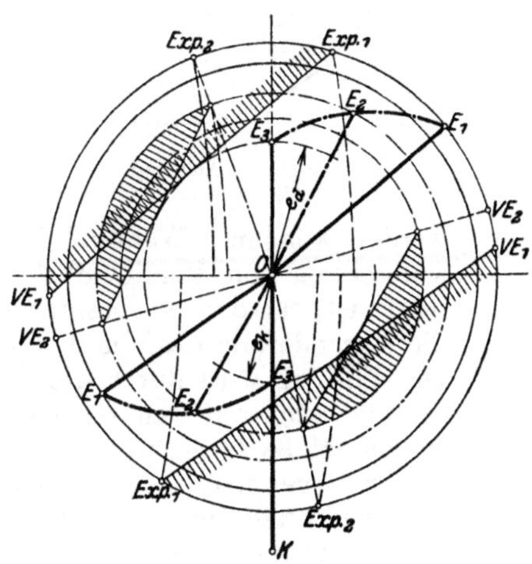

Abb. 300.

daß die Maschine etwas schneller läuft. Wird infolge des Betriebes das Exzenter wärmer, das Öl demnach dünnflüssiger, so geht die Umlaufzahl der Maschine zurück. Trotz der größeren Leistung bei Beginn der Betriebszeit beobachtete Doerfel Zunahme der Umlaufzahl bis zu 1 v. H.

Die bogenförmige Scheitelkurve ist insofern vorteilhafter als die geradlinige, weil die Ventilerhebungen bei gleichem größten und kleinsten Exzenter um die Pfeilhöhe des Bogens größer werden. Ein Vergleich beider Kurven ist in der Zahlentafel auf S. 219 enthalten. Es ist angenommen, daß in den Abb. 293a und b die Bogen einmal durch eine Verbindungslinie QR, das andere Mal durch $B'C$ ersetzt werden. Im ersteren Fall beträgt die Voreinströmung 3 v. H., im zweiten Fall $^1/_2$ v. H.

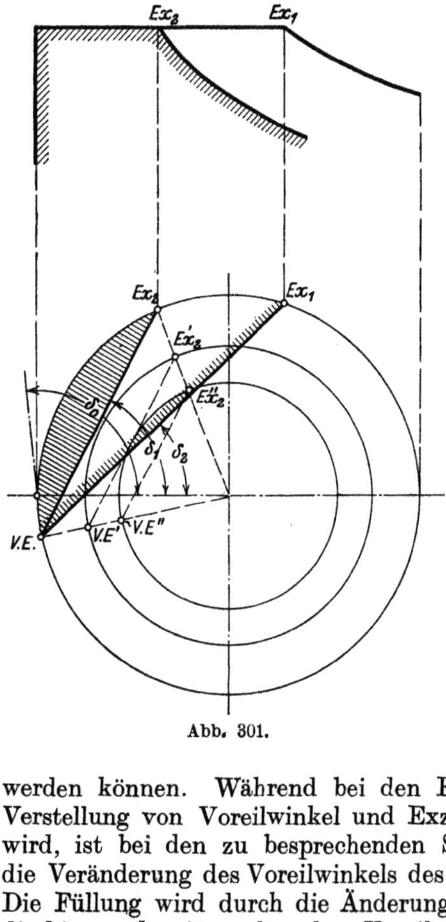

Abb. 301.

b) Die Steuerungen mit Verstellung der übertragenden Teile. Im Gegensatze zu den Steuerungen mit Flachregler, bei denen die Füllung durch direkte Einwirkung des Reglers auf das Exzenter geändert wird, ist bei den folgenden Gruppen von zwangläufigen Steuerungen zwischen Exzenter und Ventilantrieb ein besonderes Triebwerk eingeschaltet, das vom Regler verstellt wird. Je nach Lage der Reglermuffe wird die Wirkung des auf der Steuerwelle aufgekeilten Exzenters verändert auf den Endpunkt der Ventilzugstange übertragen, der dabei von einem ideellen „Ersatzexzenter“ angetrieben erscheint, dessen Größe und Voreilwinkel für jede Füllung aus dem geometrischen Zusammenhang der Steuerung ermittelt werden können. Während bei den Flachreglersteuerungen durch die Verstellung von Voreilwinkel und Exzentrizität die Füllung beeinflußt wird, ist bei den zu besprechenden Steuerungsgruppen hauptsächlich die Veränderung des Voreilwinkels des Ersatzexzenters von Bedeutung. Die Füllung wird durch die Änderung der Größe des Ersatzexzenters, die hier auch mit wachsendem Voreilwinkel zunehmen kann, nur in geringem Maße beeinflußt.

Im Gegensatz zu den Schiebersteuerungen, die meist auf konstantes, lineares Voreilen eingestellt werden, wird bei den hierhin gehörigen Ventilsteuerungen der Voreinströmungswinkel konstant gehalten, d. h. das Ventil wird für alle Füllungen bei derselben Kurbelstellung, die um den Voreinströmungswinkel vor der Totlage liegt, angehoben. Infolge dieser Anordnung wird — wie bei den einzelnen Steuerungsarten gezeigt wird — theoretisch eine Rückwirkung auf den Regulator durch die gerade beim Ventilanhub größten Kräftewirkungen vermieden. Die wirkliche Einstellung der Steuerung ergibt mehr oder weniger Abweichung von diesen günstigsten Verhältnissen.

Da sonach die Voreinströmung stets bei derselben Kurbellage beginnen soll, so ist in dem Müllerschen Diagramm nach Abb. 301 der Punkt *VE* nur mit den Punkten Ex_1, Ex_2 und Ex_3 zu verbinden, um den Voreilwinkel des Ersatzexzenters für die in den Dampfdiagrammen angegebenen Füllungen zu erhalten. Die Größe des Ersatzexzenters ist zunächst unbestimmt, wie aus Abb. 301 daraus folgt, daß z. B. zu dem Winkel δ_1 beliebig viele Exzentrizitäten gehören können.

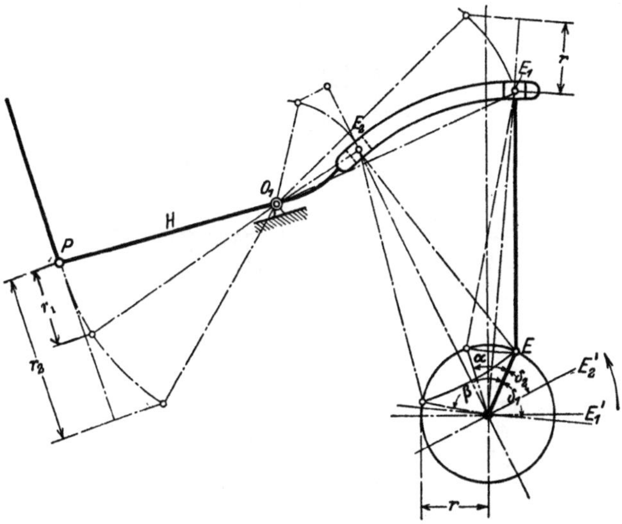

Abb. 302.

Die Ermittlung auch der Größe des Ersatzexzenters ist in vielen Fällen sehr umständlich und allgemein nur bei den Umsteuerungen gebräuchlich.

1. Steuerungen mit verstellbarem Lenker. Die Kurve, von der die Steuerungsbewegung abgeleitet wird, ist unveränderlich. Abb. 302 zeigt schematisch das Grundsätzliche dieser Steuerungsgruppe. Das Exzenter *OE* steht in seiner Voreilstellung. Der Hebel *H*, an dessen Endpunkt *P* die Ventilzugstange angreift, dreht sich um den Festpunkt O_1 und ist an seinem anderen Ende zu einer Kulisse ausgebildet, in welcher der mit der Exzenterstange EE_1 verbundene Stein E_1 verstellt werden kann. Eine Hebung der Kulisse über die gezeichnete Lage, die bei geschlossenem Ventil eingenommen wird, führt Ventilöffnung herbei. Steht der Stein in E_1, so findet Ventilerhebung während des Winkels α, bei der Stellung in E_2 während des Winkels β statt. OE_1

und OE_2 sind hierbei die mittleren Exzenterstangenrichtungen, senkrecht dazu finden sich die Exzentermittellagen OE_1' und OE_2', die mit der Voreilstellung OE die wirksamen Voreilwinkel δ_1 und δ_2 einschließen. Wie ersichtlich, weicht der Exzenterkreis in Abb. 302 nur bezüglich der endlichen Exzenterstangenlänge vom Diagramm nach Abb. 301 ab. Die einfach zu ermittelnden Ausschläge r_1 und r_2 des Punktes P geben die Größe der Ersatzexzenter für die Füllungswinkel α und β an. Es ergibt sich, daß das Ersatzexzenter r_1 für die kleinere Füllung bedeutend kleiner ist als r_2. Günstigere Verhältnisse folgen, wenn die Lage des Drehpunktes O_1 so gewählt wird, daß die Exzenterstange EE_1 bei kleinen

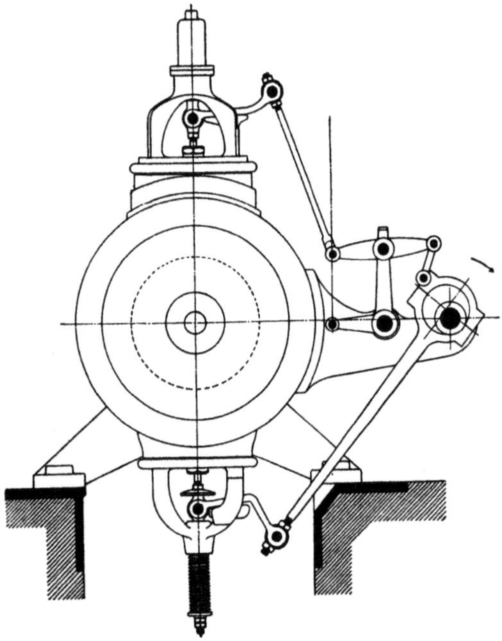

Abb. 303 [1]).

Füllungen an einem kleineren, bei größeren Füllungen an einem größeren Hebelarm angreift, so daß die Ersatzexzenter annähernd gleiche Länge erhalten. Die Voreinströmung ist unveränderlich, wenn die Kulisse nach einem Kreisbogen um E mit der Exzenterstangenlänge EE_1 als Radius gekrümmt wird, da in diesem Falle die Exzenterstange um E gedreht werden kann, ohne daß eine Änderung in der Lage des Hebels H eintritt.

Die im folgenden behandelten Steuerungen zeigen keine unmittelbare Benutzung des Exzenterkreises, sondern es wird meist die Bewegung von einem Punkte des Exzenterbügels abgeleitet; das Exzenter steuert den Auslaß.

---

[1]) Maßstab 1:30.

Die Widnmann-Steuerung, Abb. 303 und 304, gehört zu den einfachsten Steuerungen dieser Gruppe. Exzenterkreis und Exzenterstange der Abb. 302 sind hier durch die Bahn eines Bügelpunktes und durch einen kurzen Lenker ersetzt, der an einem Querhebel angreift. Dieser ist an seinem anderen Ende mit der Ventilzugstange verbunden und in einer vom Regulator verdrehbaren Stelze gelagert. Im Schema, Abb. 304, sind drei Lagen der Stelze *ed* für 0, 30 und 70 v. H. Füllung

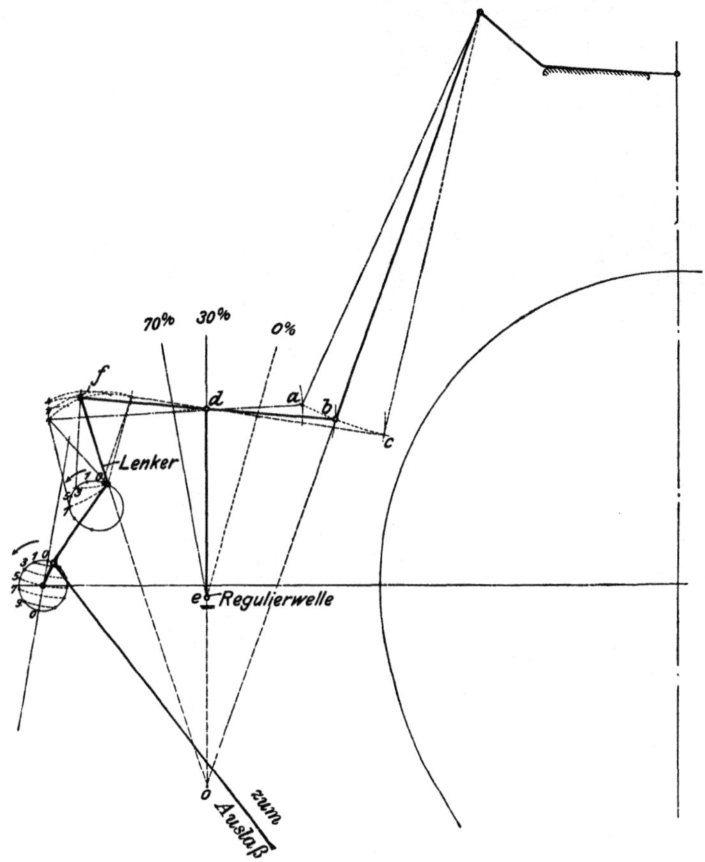

Abb. 304.

angegeben. Die von der Voreilstellung *f* des Lenkerendpunktes mit der Lenkerlänge geschlagenen Kreisbogen schneiden von der Kurve die für die Ventilerhebung benutzten Umfangsstrecken ab; die deren Endpunkten (hier 3 und 7) entsprechenden Lagen des Exzentermittelpunktes werden ermittelt, womit die Dauer der Füllung bestimmt ist.

Rückwirkung auf den Regulator im Augenblick des Ventilhubes wird dadurch vermieden, daß sich bei allen Füllungen in der Voreilstellung des Gestänges die Mittellinien des Lenkers, der Stelze und der

Ventilzugstange in einem Punkte schneiden, so daß in bezug auf die Regulierwelle kein Hebelarm, an dem Kräfte angreifen könnten, vorhanden ist.

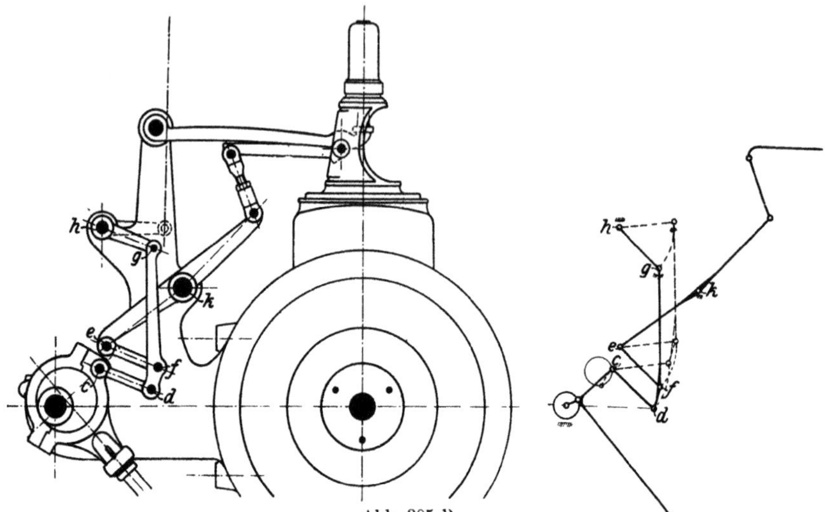

Abb. 305 [1]).

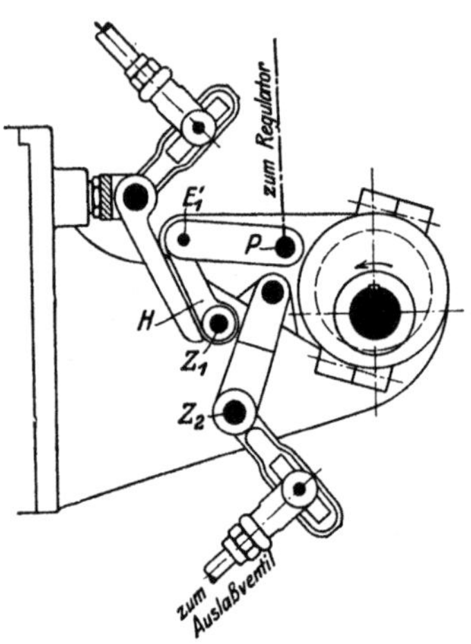

Abb. 306.

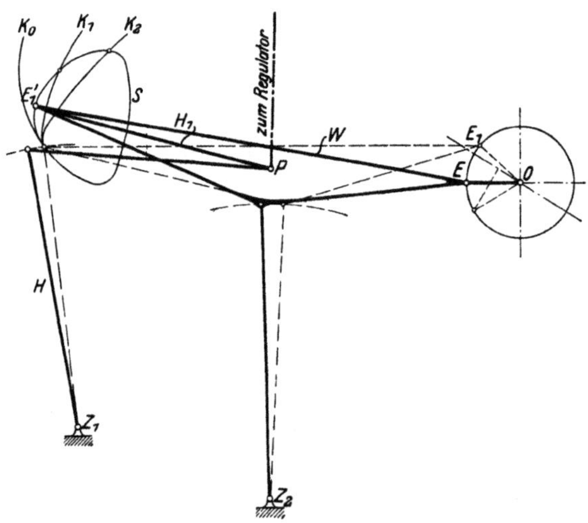

Abb. 307.

Für unveränderliche Voreinströmung sind die einzelnen Glieder des Triebwerkes so zu wählen, daß bei einer Drehung der Stelze *de* der Punkt *b* sich auf einem Kreisbogen bewegt, dessen Radius gleich der Zugstangenlänge ist.

---

[1]) Maßstab 1:30.

Wie Abb. 304 zeigt, stehen bei der Nullfüllung die Zugstange und der Lenker annähernd senkrecht zum Querhebel *fdb*, so daß bei den kleineren Füllungen günstigere Verhältnisse bezüglich der Ventilerhebung als bei größeren Füllungen vorhanden sind. Die Ersatzexzenter zeigen infolgedessen keine großen Verschiedenheiten.

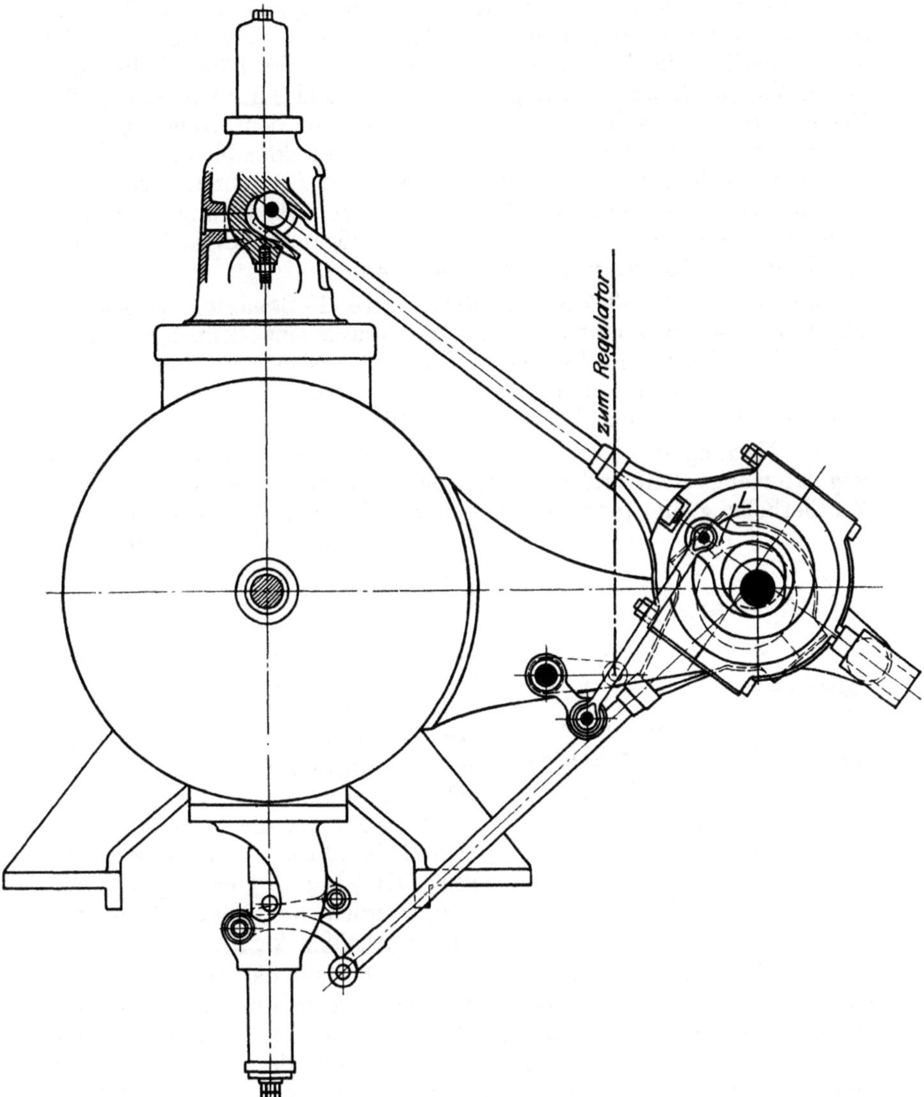

Abb. 308 [1]).

[1]) Elsner-Steuerung der Cottbuser Maschinenbau-Anstalt. Maßstab 1:5.

Bei der in Abb. 305 dargestellten Recke-Steuerung überträgt der Lenker *cd* seine Bewegung auf den im Punkt *g* gelagerten Hebel *gfd*, der mittels Lenkers den im Festpunkt *k* gelagerten Hebel und damit das Ventil steuert. Der Punkt *g* des vom Regulator verdrehbaren Hebels *hg* dient als Stützpunkt für die ganze Bewegungsübertragung von dem Exzenterbügel auf das Ventil und seine Verstellung durch den Regulator führt mehr oder weniger große Schrägstellung des Lenkers *cd* gegenüber der Ableitungskurve herbei. Die Voreinströmung ist unveränderlich, da die Lenker *cd*, *ef* und *hg* gleiche Länge haben und in der Voreilstellung parallel gerichtet sind. Bei einer Verstellung der Reglermuffe beschreibt sonach jeder Punkt auf dem Hebel *gfd* eine Kreisbahn mit dem Radius *cd* = *ef* = *hg* und Punkt *e* bleibt unbewegt. Bei kleineren Füllungen wird das Gelenk *f* dem Drehpunkt *k* genähert, so daß das Übersetzungsverhältnis für die Ventilbewegung vergrößert wird und Ventilhub wie auch die Ventilschlußgeschwindigkeiten für die verschiedenen Füllungen gleichmäßiger werden.

In den Abb. 306—307 ist die ältere Proell-Steuerung dargestellt. Ein Punkt der Exzenterstange W wird durch eine Schwinge, die in Abb. 306 das Auslaßventil steuert, auf einem Kreisbogen um den Zapfen z_2 geführt, so daß der Endpunkt E_1' eine geschlossene Kurve *S* beschreibt, von der die Bewegung abgenommen wird.

Die Neigung des Lenkers H_1 gegenüber dieser Kurve wird vom Regulator eingestellt und je nach Lage der Reglermuffe werden für die Ventilerhebung die durch die Kreisbogen K_0, K_1, K_2 abgeschnittenen Teile der Kurve für die Ventileröffnung nutzbar gemacht, indem die Bewegung des Lenkers H_1 durch den im Gelenk *P* angeschlossenen, zweiten Lenker auf den im Festpunkt z_1 drehbar gelagerten Wälzhebel *H* übertragen wird. Steht das Exzenter in der Voreilstellung OE_1, so fallen E_1' und der obere Endpunkt des Wälzhebels *H* zusammen.

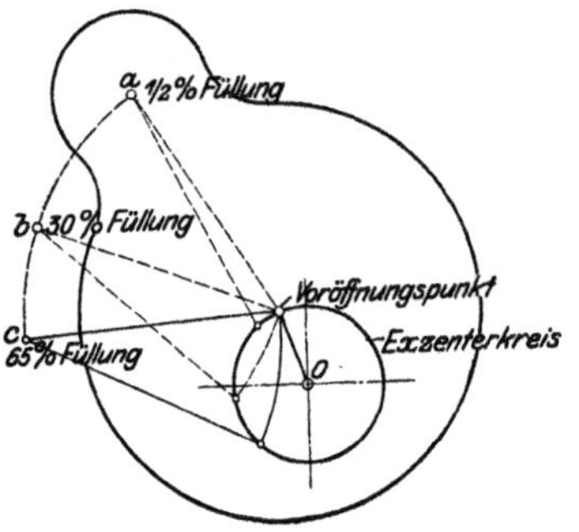

Abb. 309 ¹).

Dadurch, daß die Kurve und der vom Endpunkt des Lenkers beschriebene Kreisbogen gleich gekrümmt sind, werden die Ventilerhebungen verhältnismäßig klein.

Die Elsner-Steuerung, Abb. 308—309, läßt die Anwendung des Grundsatzes von der veränderlichen Ableitungsrichtung nicht so klar erkennen, wie die vorbesprochenen Steuerungen. Die Steuerwelle trägt eine Exzenterscheibe, die der Lenker *L* umschließt, der seinerseits wieder vom äußeren Exzenterring umfaßt wird. Dieser wird in einer drehbar gelagerten Gleitbahn geführt, damit eine Drehung des Exzenterringes um den oberen Endpunkt der Exzenterstange verhindert wird. In

¹) Schema der Elsner-Steuerung. Maßstab 1:8.

Abb. 309 sind die vom Exzenterkreis abgeschnittenen Teile des Umfanges für $^1/_2$, 30 und 65 v. H. Füllung ermittelt.

2. Steuerungen mit verstellbarer Führung eines Exzenterstangenpunktes. Abb. 310 zeigt schematisch eine Steuerung dieser Art. Ein Punkt der Exzenterstange ist gelenkig mit einem Gleitstück verbunden, das in einer Geradführung gleitet. Diese wird vom Regler verstellt und je nach der Neigung der Führung erhält die vom Endpunkt der Exzenterstange beschriebene Kurve eine andere Gestalt. In Abb. 310 arbeitet die Zugstange auf Druck, und die Ventilerhebung dauert so lange an, als der mit der Länge der Ventilstange um deren oberen Endpunkt bei geschlossenem Ventil geschlagene Kreis von den Kurven überragt wird.

Die Voreinströmung ist konstant, wenn bei der Voreilstellung des Exzenters Mitte Stein und Mitte Führung zusammenfallen. In dieser Lage wird sich der Stein mit der vom Regler verstellten Führung drehen, ohne das äußere Gestänge zu bewegen. Fallen aber beide Mittelpunkte zusammen, so hat die in der Mitte des Steines auftretende Kraft keinen

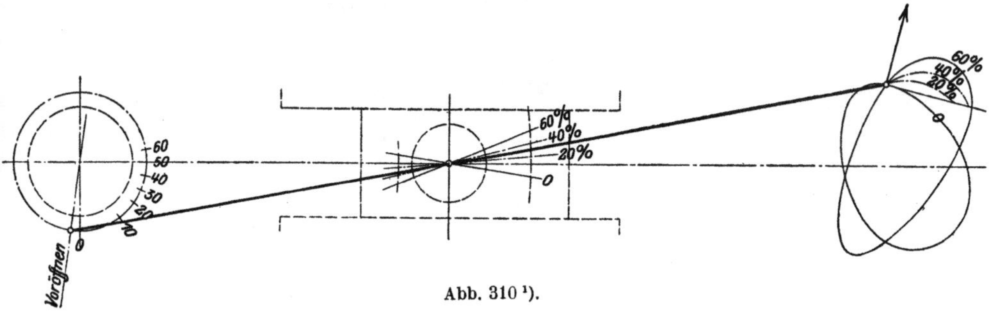

Abb. 310 [1]).

Hebelarm in bezug auf die Regulierwelle, und eine Rückwirkung auf den Regulator ist ausgeschlossen. In Abb. 310 sind noch die beiden äußersten Lagen des Steines durch Kreisbögen bezeichnet, die von den Exzentertotlagen aus mit der Entfernung vom Exzentermittelpunkt bis Mitte Stein geschlagen sind. Wie ersichtlich, zeigen die Ausschläge des Steines, von der Voreilstellung aus gemessen, bedeutende Abweichungen. Da die Länge der Führung symmetrisch zur genannten Lage des Steines ausgeführt wird, so ist der Stein nach einer Seite hin um den Unterschied der Abweichungen verlängert, um größere Auflagerflächen zu erhalten.

Die hier zu besprechenden Steuerungen stellen eine Anwendung der sog. „Lenkerumsteuerungen", die auf S. 329 ff. besprochen werden, auf die Ventilmaschine dar, und ein Unterschied von Bedeutung besteht nur insofern, als diese Umsteuerungen hier nur für eine Drehrichtung auszubilden sind. Wie auf S. 330 nachgewiesen, kann die Bewegung des Endpunktes der Ventilstange von einem Ersatzexzenter hervorgebracht gedacht werden, das nach Größe und Richtung durch die Diagonale eines Parallelogramms dargestellt wird, dessen beide Seiten Exzenter

[1]) Schema der Radovanovic-Steuerung. Maßstab 1:5.

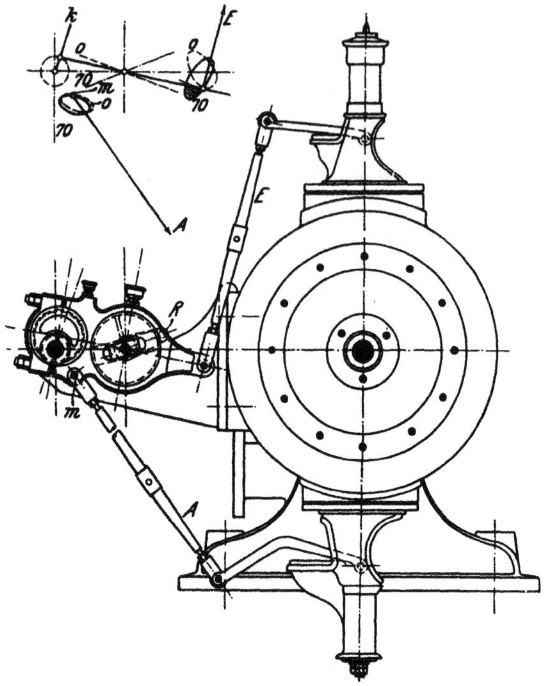

Abb. 311.

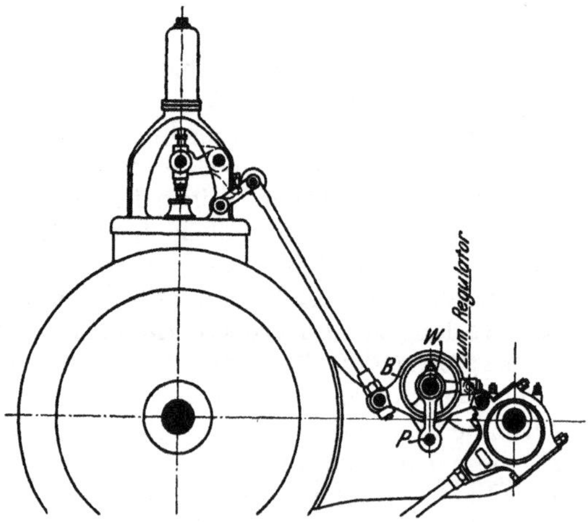

Abb. 312 [1]).

[1]) Ausführung der Maschinenbau-A.-G. Starke & Hoffmann, Hirschberg.

sind. Das eine dieser Exzenter ist das auf der Welle aufgekeilte, während das zweite nach Abb. 448—449 durch die Bewegung des Steines in der Kulisse entsteht und je nach Neigung der Führungsbahn veränderliche Größe bei gleichbleibendem Voreilwinkel hat. Das Diagramm, Abb. 453, zeigt die Entstehung der verschiedenen Ersatzexzenter für zwei Drehrichtungen.

Die Abb. 310 ist das Schema der Radovanovic-Steuerung, die in Wirklichkeit verschieden von der vorstehend gegebenen Beschreibung des Schemas ausgeführt wird und in Abb. 311 dargestellt ist. Die Exzenterstange ist nicht an den Stein, sondern an die als Kulisse ausgebildete Führung angeschlossen. Der Stein ist auf der Reglerwelle, die vom Regulator mittels des Hebels *R* verdreht wird, aufgekeilt. Läßt man den Drehzapfen, der die Exzenterstange mit der Kulisse verbindet, wachsen, bis er diese ganz umschließt, so entsteht eine kreisrunde Scheibe, die von der Exzenterstange umfaßt wird. Durch diese Anordnung wird erreicht, daß die Kraftwirkungen zentrisch aufgenommen

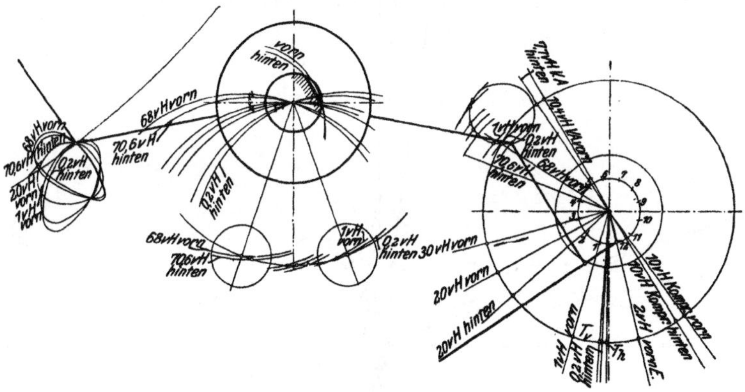

Abb. 313.

werden und die Regulierwelle nicht abgesetzt oder gekröpft zu werden braucht. Das Einlaßtriebwerk steuert nach Abb. 311 auch den Auslaß, der durch die Verstellung der Führung nur in geringer Weise beeinflußt wird, da die vom Ableitungspunkt *m* beschriebene Kurve fast unveränderlich bleibt.

Abb. 312 zeigt eine andere Ausführungsform der Radovanovic-Steuerung, bei der ebenso wie bei den nachfolgend behandelten Steuerungen dieser Gruppe der Exzenterstangenpunkt in einem Kreisbogen geführt wird. Die Einlaßsteuerung wird vom Auslaßexzenter abgeleitet. Die Regulierwelle *W* trägt fest aufgekeilt den Hebel *WP*, in dessen Punkt *P* eine vom Bügel *B* umfaßte Scheibe drehbar gelagert ist, so daß diese einen Kreisbogen um *P* beschreibt. In der Voreilstellung des Triebwerkes fällt der Mittelpunkt der Scheibe mit dem der Regulierwelle zusammen, so daß die Voreinströmung konstant ist und eine Rückwirkung auf den Regler nicht stattfindet. In Abb. 313 ist die von der Steuerung eingestellte Dampfverteilung am Schema dargestellt.

Eine dritte Ausführungsform, die meist bei Umkehrmaschinen Verwendung findet, zeigen Abb. 473 und Schema Abb. 474.

In Abb. 314 ist der Einfluß der Führungsbahn auf die Ventilerhebungskurven für 0,20 und 60 v. H. Füllung dargestellt. Es ist geradlinige

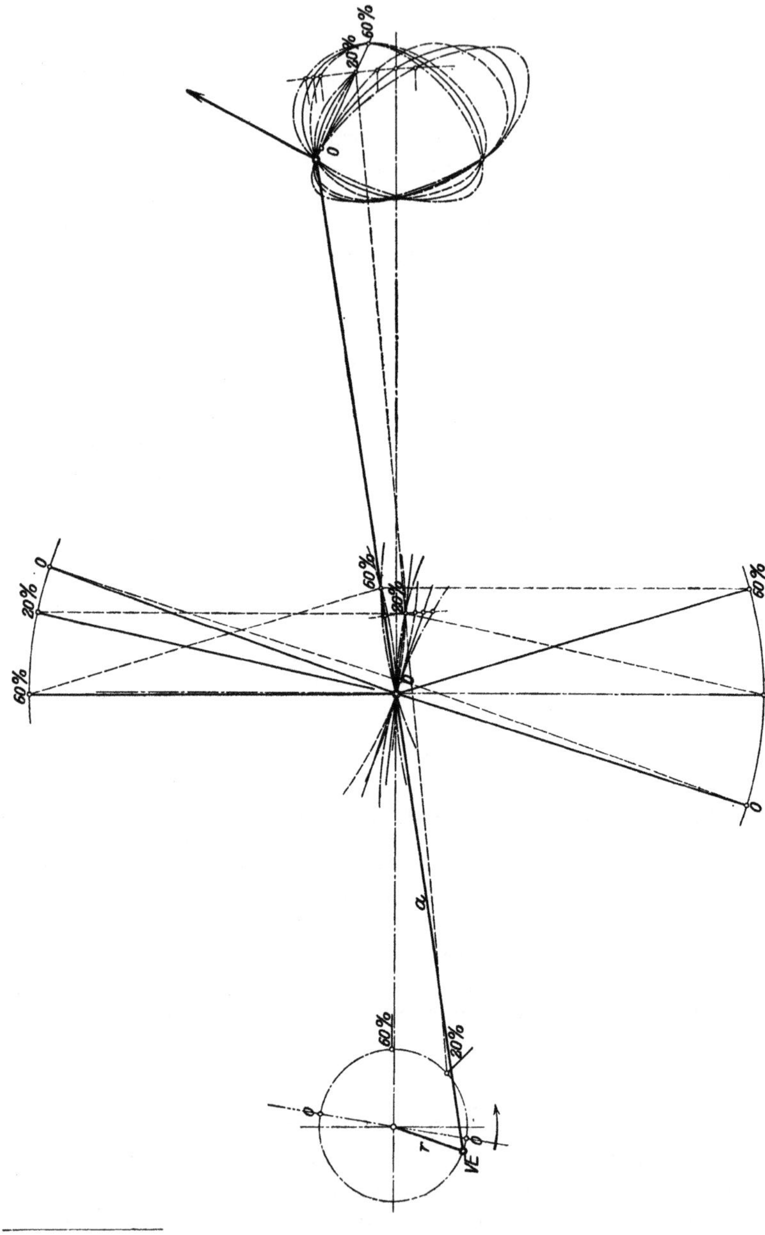

Abb. 314 [1].

[1]) Maßstab 1:3.

Führung durch Kulisse, sowie bogenförmige Führung einmal durch einen oben, das andere Mal durch einen unten aufgehängten Lenker angenommen. Die günstigste, strichpunktierte Erhebung ergibt sich bei unten aufgehängtem Lenker, die ungünstigste Kurve entspricht der Lenkeraufhängung oben.

Die König - Steuerung, Abb. 315 und 316, hat mit der in Abb. 317 wiedergegebenen Steuerung von Bromley gemeinsam, daß Regulierhebel und Lenker von verschiedener Länge sind, um in dieser Weise eine Unterbrechung der Regulierwelle zu vermeiden. Wird in Abb. 315 in der Voreilstellung der Steuerung die Regulierwelle gedreht, so beschreibt der Zapfen O des Regulierhebels einen Kreisbogen um den Mittelpunkt der Regulierwelle, und da der Aufhängepunkt O_1 nicht mit diesem Mittelpunkt zusammenfällt, so wird eine kleine Bewegung des übertragenden Hebels B entstehen, durch welche die Voreilung geändert wird. Die Voreinströmung wird um so verschiedener für die verschiedenen Füllungen ausfallen, je stärkere Abweichung die von O_1 und von O aus gezogenen Kreisbogen zeigen. In gleicher Weise verhält sich die in Abb. 317 dargestellte Bromley - Steuerung. Rückwirkung auf den Regulator im Augenblick des Ventilanhubes wird für beide Steuerungen dadurch verhindert, daß in der Voreilstellung die Mittellinien des Lenkers und des Regulierhebels zusammenfallen.

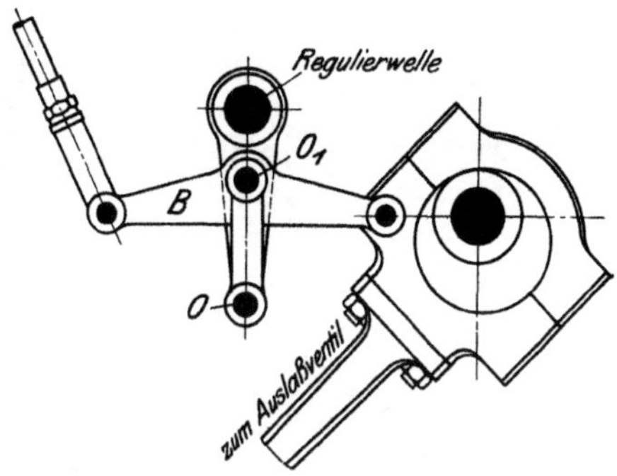

Abb. 315 [1]).

Die Steuerungen von Radovanovic, König und Bromley stellen Abänderungen der in Abb. 450 wiedergegebenen Umsteuerung von Hackworth - Klug dar. Auch die Hackworth - Bremme - Steuerung nach Abb. 447, bei der die Schieberstange ungefähr in der Mitte der Exzenterstange angreift, während deren Endpunkt in Bahnen von veränderlicher Neigung geführt wird, ist Vorbild für Ventilsteuerungen gewesen.

Eine besondere Abart der letzteren Steuerungsgruppe ist die Salingré - Steuerung insofern, als bei ihr die Mitten von Regulierwelle und Steuerwelle zusammenfallen [2]).

Abb. 318 zeigt das Schema dieser Steuerung. Endpunkt c der Koppel d wird unveränderlich auf einem Kreisbogen um den Wellenmittelpunkt o_1 geführt, während der andere Endpunkt f mittels der Schwinge h um

[1]) Ausführung der Ascherslebener Maschinenbau-A.-G.

[2]) Von der älteren, gleichartigen Steuerung des Prof. Körner, Prag, weicht die Salingré-Steuerung insofern ab, als das Stegglied in Form eines Exzenters auf der Welle angeordnet ist. Diese Anordnung ermöglicht unter Vergrößerung des Regulatorstellwinkels die Exzenterverstellung durch Flachregler bei unveränderter Ausführung der Einzelteile.

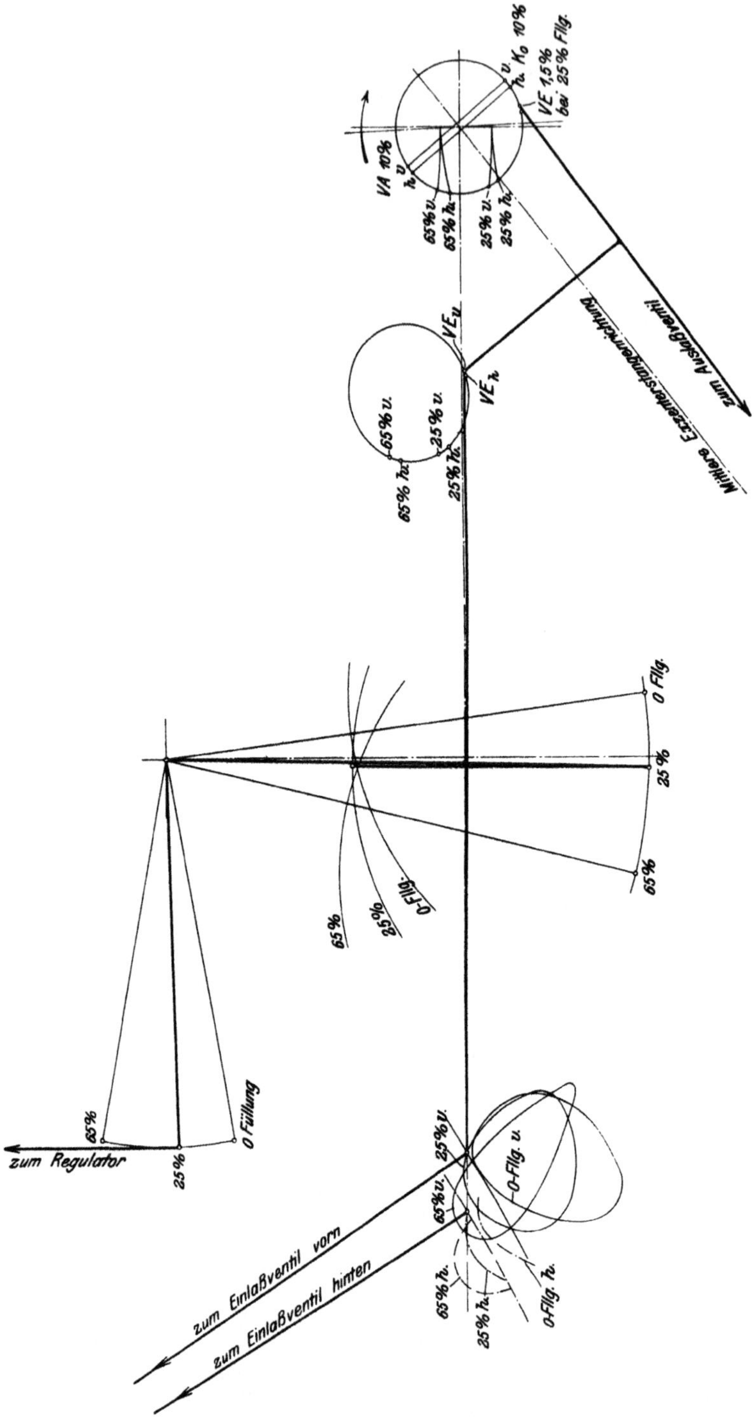

Abb. 316[1]).

[1]) Schema der König-Steuerung. Maßstab 1:5.

Punkt *o* geführt wird, dessen Lage vom Regler geändert wird. Der mit der Koppel *d* fest verbundene Punkt *x*, Abb. 318, von dem die Ventilbewegung abgenommen wird, beschreibt herzähnliche Kurven, deren Lage je nach Stellung des Punktes *o* geändert wird. Füllung wird gegeben, sobald diese Kurven über den mit Exzenterstangenlänge geschlagenen Kreisbogen hervorragen.

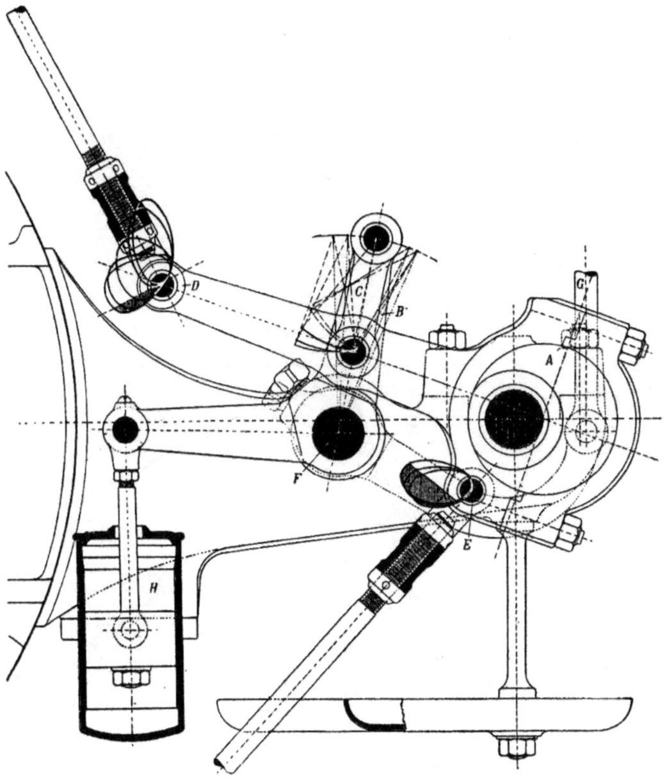

Abb. 317 [1]).

In Abb. 319 ist die bauliche Durchbildung der Steuerung wiedergegeben. Die Koppel *d* des Schemas ist durch den vom Exzenterbügel umfaßten Ring *d* ersetzt, der durch den Zapfen *c* mit dem Auslaßexzenter verbunden ist. Der Regler verstellt das vom Bügel *h* umschlossene Exzenter *g*.

Im Schema, Abb. 318, das die Kurven für 0 v. H., 30 und 50 v. H. Füllung enthält, ist der Entwurf dieser Kurven angedeutet. Als Kurbelkreis dient der vom Punkt *c* um 0_1 beschriebene Kreis, der entsprechend

[1]) Ausführung der Maschinenfabrik Gebr. Bromley, Moskau.

einzuteilen ist. Die geometrischen Orte für den Punkt *f* sind die mit der Länge der Koppel *d* um die jeweilige Lage von *c* und die mit der Länge der Schwinge *h* um *o* geschlagenen Kreise. Geometrische Orte für Punkt *x* sind die mit *cx* um *c* und mit *h'* um *f* geschlagenen Kreise.

In Abb. 318 sind aus den Punkten *A* und *B* die Kreisbogen K_1 und K_2 mit *h* als Radius und K_1', K_2' mit *d* als Radius gezogen. Kreisbogen aus *a* und *b* mit *h'* als Radius geben auf den Bögen K_1 und K_2 die Punkte *a'* und *b'* der Kurve für 30 v. H. Füllung an.

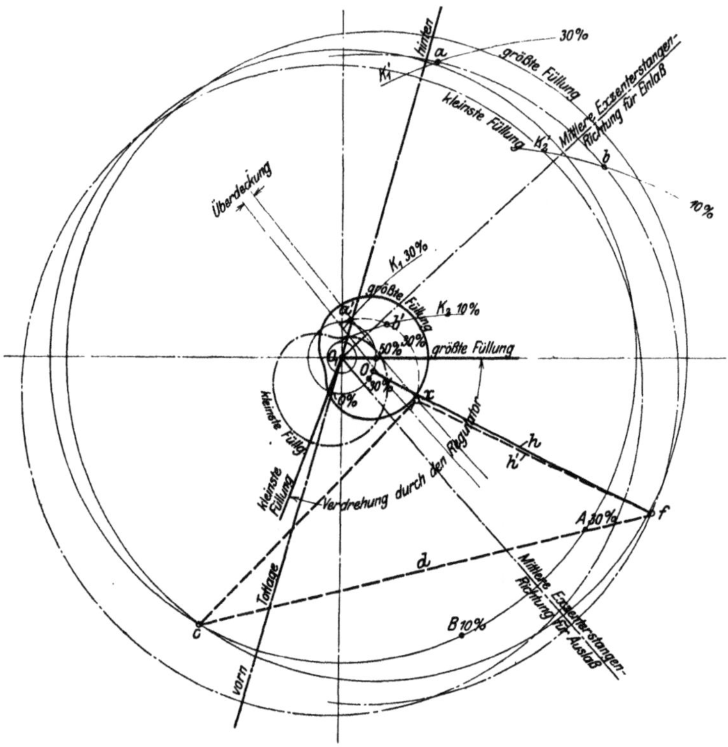

Abb. 318 [1]).

3. Steuerungen mit zwei Exzenterantrieben. Wie die zweite Gruppe eine Abänderung der Lenkerumsteuerungen darstellt, so zeigt die hier zu behandelnde, dritte Gruppe grundsätzlich Verwandtschaft mit den auf S. 286 behandelten Kulissenumsteuerungen. Es treten zwei Exzenterbewegungen auf, die von zwei getrennt ausgeführten Exzentern herrühren, oder auch von einem und demselben Exzenter nach verschiedenen Richtungen abgeleitet werden können. Der Regulator verändert die Größe beider Bewegungen oder auch nur einer von ihnen, während der Voreilwinkel konstant bleibt. Beide Bewegungen werden in einem Gelenk vereinigt, das veränderliche Kurven beschreibt und von

[1]) Schema der Salingré-Steuerung. Maßstab 1:3.

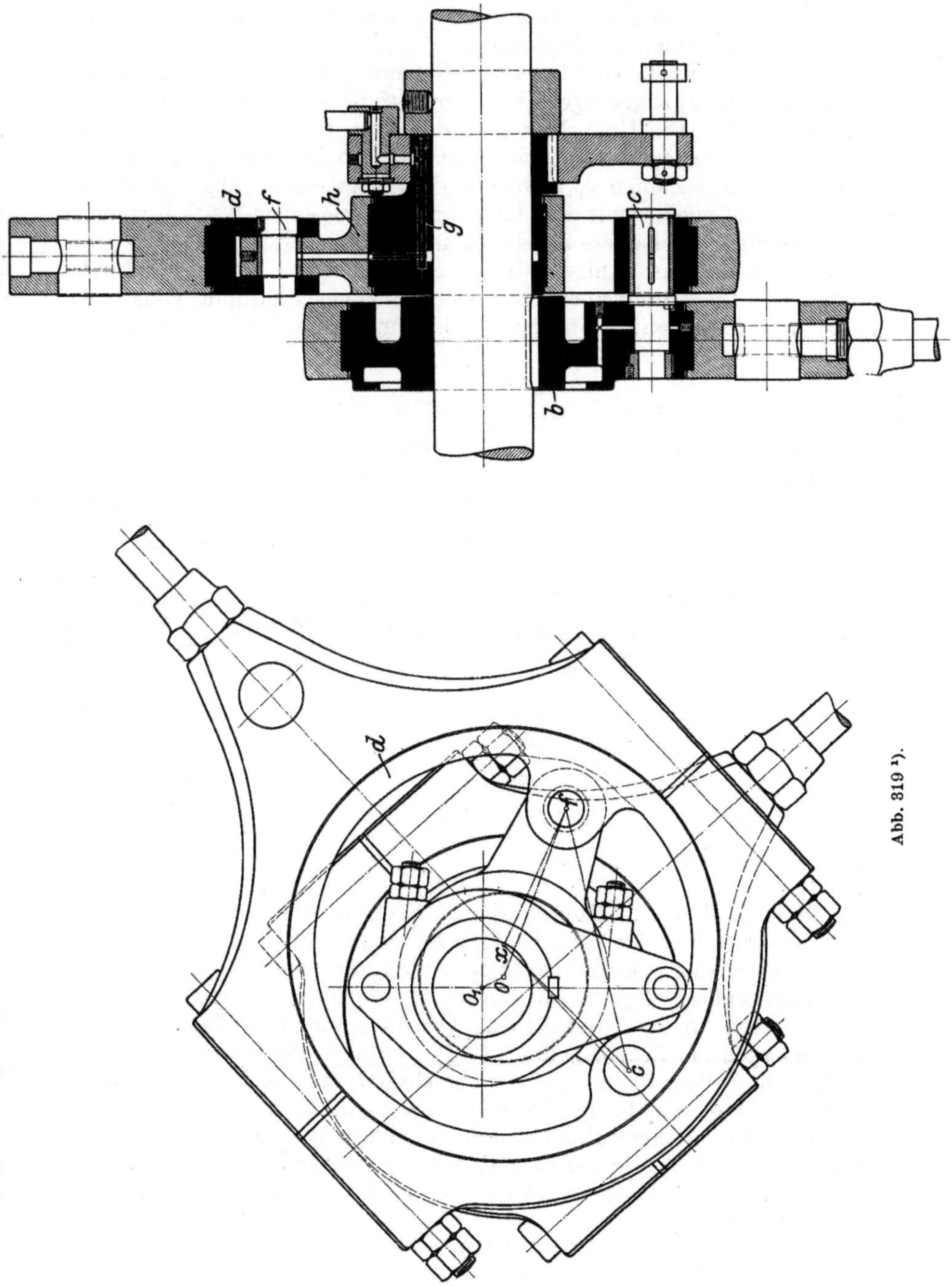

Abb. 319 [1]).

[1]) Salingré-Steuerung von A. Borsig, Berlin-Tegel. Maßstab 1:5.

dem die Ventilbewegung abgenommen wird. Die Ausschläge dieses Gelenkes sind gleich der algebraischen Summe der von beiden Bewegungen herrührenden Ausschläge.

Abb. 320 stellt die Collmann-Steuerung dar, durch die zuerst der Grundsatz der zwangläufigen Bewegung auf die Ventilsteuerungen übertragen wurde. Die Hauptbewegung des Exzenters, von dem auch das Auslaßventil gesteuert wird, wird durch den im Drehpunkt o gelagerten Hebel auf den Zapfen z_1 unveränderlich übertragen. Die zweite Bewegung wird von der mit dem Exzenterbügel aus einem Stück bestehenden zylindrischen Kulisse abgeleitet und hat je nach der Lage des vom Regler eingestellten Kulissensteines S verschiedene Größe. Dadurch, daß z_1 sich um o dreht und sich das Gelenk z_2 gleichzeitig in Kreisbogen von mehr oder weniger starker Ausdehnung um z_1 bewegt, beschreibt

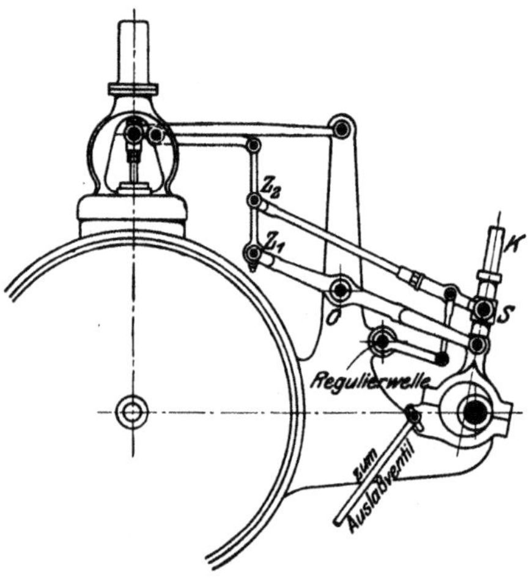

Abb. 320 [1]).

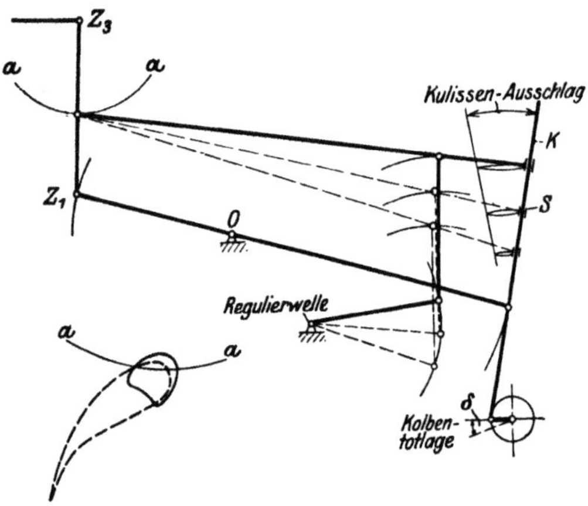

Abb. 321.

Punkt z_2 geschlossene Kurven, die im Schema, Abb. 321, als Ergebnis der Vereinigung beider Einzelbewegungen dargestellt sind. Überschreiten diese Kurven den von z_3 aus mit z_2z_3 als Radius gezogenen Kreisbogen aa, so findet Füllung statt. Auf die Veränderlichkeit letzterer läßt auch ohne weiteres Abb. 320 schließen. Die unveränderliche Bewegung des Zapfens z_1 ist auf Erhebung des Ventils gerichtet. Die kreisbogenförmige Bahn, die Gelenk z_2 um Zapfen z_1 beschreibt, setzt sich aus einer seitwärts gerichteten und ohne Einfluß auf das Ventil bleibenden Bewegungskomponente und einer abwärts gerichteten Komponente zusammen, die der Aufwärtsbewegung des Zapfens z_1 entgegenwirkt und — ebenso wie die seitwärts gerichtete Bewegung — um so größer ist, je höher der Stein S steht.

Die Voreinströmung der Collmann-Steuerung wäre konstant, wenn die Kulisse K nach einem mit der Länge der Stange z_2S von z_2

[1]) Ausführung der Görlitzer Maschinenbauanstalt und Eisengießerei.

aus gezogenen Kreisbogen gekrümmt wäre. Doch würden dann für bestimmte Füllungsgrenzen weit größere Verstellwege nötig werden; es wird daher die Kulisse geradlinig ausgeführt, was ansehnliche Änderungen des Voreilens bedingt. Im Augenblick des Ventilanhubes stehen die drei Zapfen z_1, z_2 und z_3 annähernd in einer Geraden, so daß auf den Regulator keine rückwirkende Kraft ausgeübt werden kann.

Das veränderliche Exzenter, durch das man sich die von der Kulisse ausgehenden Bewegungen hervorgebracht denken kann, steht in seiner Mittellage, wenn die Exzenterstange bzw. die Kulisse K die Lage ihrer mittleren Richtung, von der aus nach jeder Seite die Kulisse ausschlägt, einnimmt. Die Mittellage des die Hauptbewegung verursachenden, wirklich ausgeführten Exzenters steht senkrecht zu jener

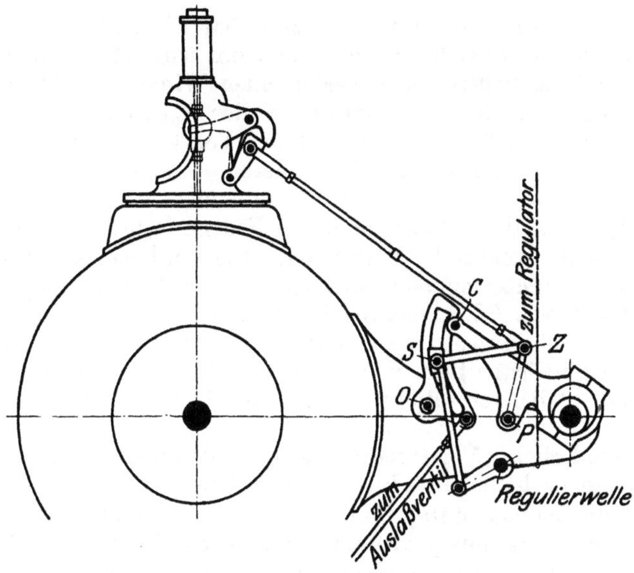

Abb. 322 [1]).

mittleren Exzenterstangenrichtung, so daß die Einzelexzenter einen Winkel von 90⁰ miteinander einschließen. Das Ersatzexzenter, das die Diagonale des aus den Einzelexzentern bestehenden Parallelogramms ist, kann jedoch nicht am Gelenk z_2 angreifend gedacht werden, da — abgesehen von den sonstigen im Triebwerk vorkommenden Übersetzungsverhältnissen — das veränderliche Exzenter infolge der Schrägstellung der Stange $z_1 z_2$ an wechselnden Hebelarmen wirkt, so daß ein vom Exzentergesetz abweichender Verlauf der Bewegung stattfindet.

Abb. 322 stellt die Kuchenbecker-Steuerung dar, die auf gleichem Grundsatz beruht. Der Endpunkt C der Exzenterstange greift

[1]) Hochdrucksteuerung der Maschinenfabrik Kuhn, Stuttgart-Berg. Maßstab 1:30.

an einer Kulisse an, die um den Festpunkt *O* schwingt. Der an die Exzenterstange in *P* angelenkte Hebel ist durch Gelenk *Z* mit der Ventilzugstange und außerdem mit dem Stein *S* verbunden, der vom Regulator in der Kulisse verschoben wird. Die Bewegung des Punktes *Z* setzt sich also aus den Bewegungen der Punkte *P* und *S* zusammen. Steht der Stein *S* in seiner tiefsten Lage, so fällt die Richtungslinie *S'O* zusammen mit *S'Z*, sie steht also senkrecht zu dem Kreisbogen, in dem sich die Kulisse bewegt (Abb. 323). Die Kulisse gleitet über den Stein, ohne diesen zu bewegen, und Gelenk *P* steuert allein das Ventil. Die Ventilerhebungen sind gering, da der Hebel *S'Z* annähernd senkrecht zur Ventilstange steht. Bei höheren Lagen des Steines *S* nähert sich die Richtung der Stange *SZ* mehr und mehr der mittleren Exzenterstangenrichtung, so daß infolge dieses Umstandes und der größeren Schwingungen des Steines die Ventilerhebungen zunehmen.

Die von *P* ausgehende Exzentrizität hat die Größe 2r', Abb. 323, und wie aus den Mittellagen dieses und des wirklich ausgeführten Exzenters folgt, schließen beide wieder einen Winkel von 90° ein. Eine Abweichung von der Wirkungsweise der Collmann-Steuerung liegt aber hier insofern vor, als mit der Verkleinerung der einen Exzentrizität eine Vergrößerung der anderen — und umgekehrt — verbunden ist. Der Endpunkt *Z* der Ventilstange muß sich um den im Beharrungszustand der Maschine in der Kulisse festgehaltenen Kulissenstein *S* drehen. Steht z. B. Stein *S* in der tiefsten Lage, ist also die von *S* ausgehende Seitenbewegung klein, so nähert sich die Richtung der Stange *SZ* der des Hebels *PZ*, so daß die Bewegungen des Zapfens *P* wirksamer auf Gelenk *Z* übertragen, die von *P* ausgehende Seitenbewegung größer wird als bei höchster Lage von *S*, bei der *SZ* nahezu senkrecht zu *PZ* steht und geringeren Richtungsunterschied gegen die Ventilstange aufweist.

Unveränderliche Voreinströmung wird dadurch erhalten, daß die Bogenkulisse nach einem Radius gleich der Lenkerlänge *SZ* gekrümmt ist.

Wird die Kulisse unter Beibehaltung von Anfang und Ende nach einem kleineren Radius gekrümmt, so ergeben sich bessere, der bogenförmigen Scheitelkurve entsprechende Ventilerhebungen.

4. Steuerungen mit veränderlicher Lage des Antriebpunktes. In Abb. 324 ist das Schema dieser von der Finkschen Kulisse abgeleiteten Steuerung dargestellt. Die Exzenterstange trägt an ihrem Endpunkt, der in einem Kreisbogen um den festen Drehpunkt O_1 geführt wird, eine senkrechte Kulisse *K*, deren Stein *S* vom Regler verschoben wird. Stein *S* steuert das Einlaßorgan. Füllung wird erst dann gegeben, wenn die Entfernung des Steines *S* von der Mittellinie MO_1 größer als die äußere Überdeckung *e* wird. In Abb. 324 ist $r = e + V_e$. Stellung des Steines *S* im Endpunkt der Exzenterstange würde sonach kleinste Füllung zur Folge haben.

Dreht sich Exzenter *OE* um den Winkel α, so schwingt die Kulisse *K* um denselben Winkel. Je höher Stein *S* steht, um so mehr nimmt sein Ausschlag an Weite und zeitlicher Dauer zu. Schieberhub und Füllungszeit werden größer.

Abb. 324 zeigt auch die Ermittlung des Ersatzexzenters. Der Ausschlag des Antriebpunktes S setzt sich aus der unveränderlichen Bewegung des Exzenterstangenendpunktes mit der Schwingungsweite $2r$ und aus einer zweiten von den senkrechten Ausschlägen des Exzenterpunktes E herrührenden Bewegung zusammen, deren Größe mit der Entfernung L des Steines S vom Endpunkt der Exzenterstange wächst. Hat diese die Länge l, so wird das die zweite Bewegung erzeugende ideelle Exzenter die veränderliche Größe $r \cdot \frac{L}{l}$ haben. Das Ersatzexzenter setzt sich aus diesem ideellen Exzenter und dem wirklichen Exzenter $OE = r$ zusammen.

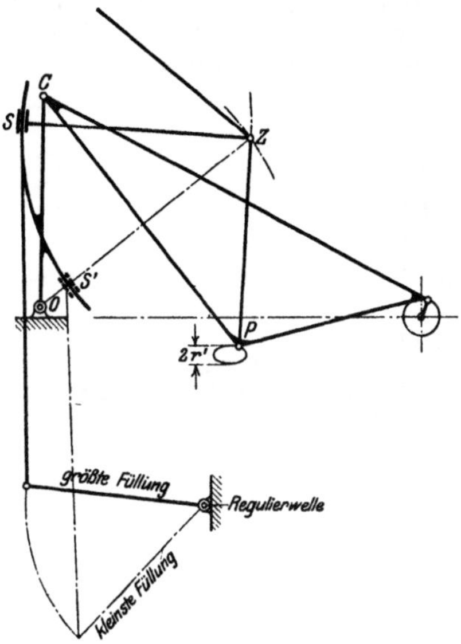

Abb. 323.

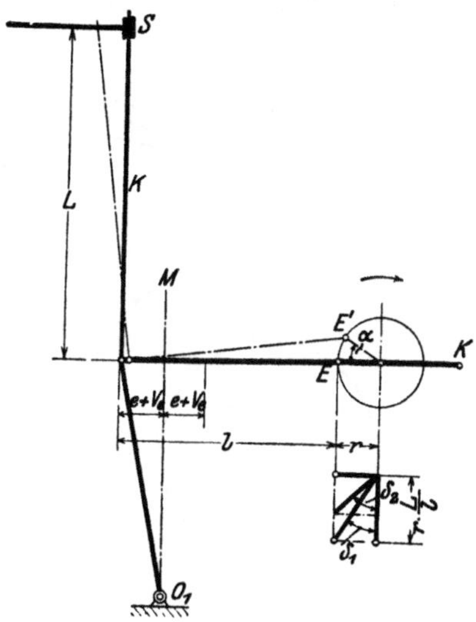

Abb. 324.

Bei endlicher Ventilzugstangenlänge ist zur Erzielung unveränderlichen Voreilens die Kulisse nach einem Radius gleich Stangenlänge zu krümmen, damit bei Voreilstellung der Kurbel eine Verschiebung des Steines auf der Kulisse keine Bewegung des Steuerungsorgans verursacht[1]).

Abb. 325 zeigt die hierhingehörige König - Steuerung. Der Punkt E_1 des Exzenterbügels schwingt um den Festpunkt O_1. Die Kulisse ist als offenes mit der Ventilstangenlänge als Radius gekrümmtes Lineal ausgeführt, gegen das sich Rolle S legt.

5. Steuerungen mit verstellbaren unrunden Scheiben. (Steuerung von Zwonicek Abb. 326). Der Bügel C des auf der Steuerwelle A

[1]) Bei gerader Kulisse ist nach der Ausführung von Hunaeus unveränderliches Voröffnen dann möglich, wenn neben der Verschiebung des Antriebpunktes S noch der Exzenterring verdreht wird, so daß die Kulisse andere Neigung erhält. (Vgl. Proell, Z. Ver. deutsch. Ing. 1891, S. 669.)

sitzenden Exzenters *B* ist zu einer unrunden Scheibe mit dem konzentrischen Teil *mn* ausgebildet und wird von dem am Zapfen *c* angreifenden Regler verstellt. Das Ventil wird angehoben, sobald die Rolle *g* der Ventilstange *T* mit dem Teil *mn* in Berührung gelangt und geht in derselben Weise vor sich, als ob Rolle *g* unmittelbar vom Exzenter *B* gesteuert würde. Läuft die Rolle an der Kurve *no* ab, so wird das Ventil geschlossen, was nach der durch den Regulator bewirkten Verdrehung des Bügels *C* früher oder später der Fall ist.

Die Kraft zur Bewegung des Ventils wirkt, solange als sich die Rolle am konzentrischen Teil des Exzenterringes befindet — abgesehen vom Reibungswinkel —, senkrecht zur Berührungsfläche zwischen Rolle und Umfang der Scheibe, so daß ihre Richtungslinie durch *b* geht und eine Rückwirkung auf den Regler nicht eintreten kann. Beim Abrollen am nasenförmigen Teil entstehen aber ansehnliche Rückdrucke.

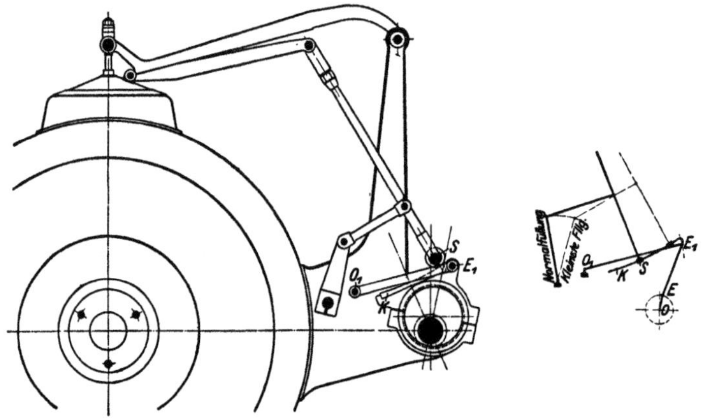

Abb. 325 [1]).

Da im Augenblick des Voröffnens die Rolle an dem konzentrischen Teil *mn* anliegt, eine Verdrehung dieses Teiles also keine Bewegung der Rolle verursachen kann, so ist die Voreinströmung konstant.

Die Ventilerhebungen für die einzelnen Füllungsgrade sind den zugehörigen Kolbengeschwindigkeiten annähernd proportional. Die Ventilschlußgeschwindigkeit kann je nach Neigung der Strecke *no* verschieden gewählt werden.

Steuerung von Knoller (Abb. 327). Auf der Steuerwelle sitzen an jeder Zylinderseite zwei unrunde Scheiben nebeneinander, von denen der fest aufgekeilte Öffnungsdaumen mit der Öffnungsrolle zusammenarbeitet und das Ventil hebt, während der Schließdaumen, dessen Voreilung vom Regulator geändert wird, mittels der Schließrolle den Ventilschluß herbeiführt. Die beiden Rollen sitzen an den Enden eines Winkelhebels, der mit dem Übertragungshebel gelenkig verbunden ist.

[1]) Hochdrucksteuerung von Sack & Kießelbach, Düsseldorf-Rath. Maßstab 1:35.

Das Ventil ist nur dann geöffnet, wenn beide Rollen von den Daumen berührt werden.

6. Bemessung und Entwurf. Da die äußere Steuerung erst nach dem Entwurf des Zylinders und der Ventilhauben aufgezeichnet wird, so sind als gegebene Größen anzusehen: die Entfernung der Steuerwelle von Zylindermitte und die Lage der Angriffspunkte der Ventilstangen an den Wälzhebeln und Schubkurven. Die Abmessungen des Triebwerkes, das die Verbindung zwischen diesen Angriffspunkten und der Steuerwelle herzustellen hat, werden nun zunächst probeweise angenommen und die Zweckmäßigkeit der getroffenen Wahl wird — unter Vermeidung der umständlicheren Feststellung der Ersatzexzenter — am Schema geprüft. Derartige Aufzeichnungen des Steuerungsgerippes finden sich in den schon besprochenen Abbildungen.

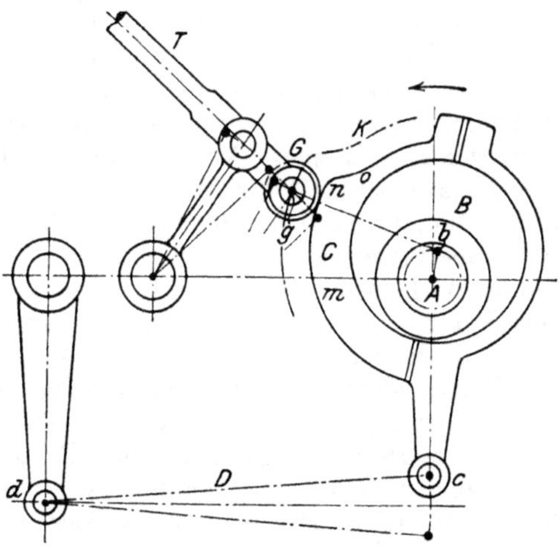

Abb. 326 [1]).

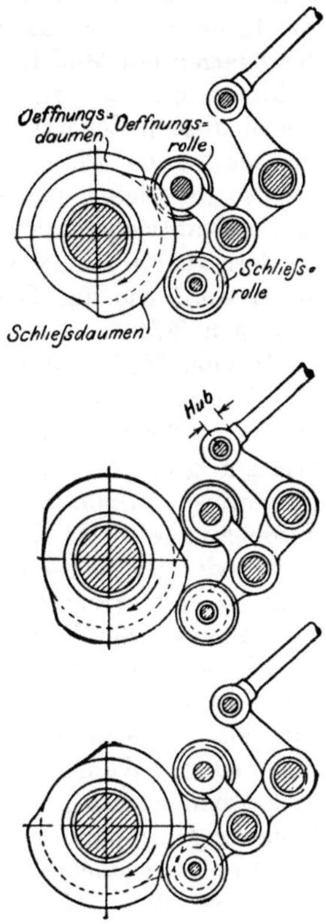

Abb. 327.

In Abb. 304 sind verschiedene Lagen des Punktes *f* angenommen und durch Schlagen von Kreisbogen mit der Lenkerlänge als Radius die Punkte 0, 3 und 7 auf der vom Bügelpunkt beschriebenen Kurve ermittelt. Indem von diesen Punkten mit der Entfernung des Exzentermittelpunktes vom Ableitungspunkt wiederum Kreisbogen geschlagen werden, werden auch die den Kurvenpunkten entsprechenden Punkte auf dem Exzenterkreisumfang gefunden, womit die Exzenter- bzw. Kurbelwinkel, während deren Zurücklegung das Ventil geöffnet wird, bekannt sind. Nach Abzug des konstanten Voreinströmungswinkels ergeben sich die Füllungswinkel.

[1]) Ausführung der Böhmisch-Mährischen Maschinenfabrik in Prag.

Die Länge des Regulierhebels *de* wird so gewählt, daß der vom Zapfen *d* beschriebene Kreisbogen sich möglichst der Kurve nähert, die *d* ohne Regulierhebel beschreibt, wenn der Endpunkt *f* des Lenkers um den Ableitungspunkt und der Endpunkt *b* der Zugstange auf dem Kreisbogen *abc* bewegt wird.

In den Abb. 310, 313 und 316 sind mit den probeweise angenommenen Hebellängen der Exzenterstange und der Größe der Exzentritizät die Kurven des Exzenterstangenendpunktes festgestellt worden, die durch die Höhe der Überragung über den mit der Zugstangenlänge gezogenen Kreisbogen ein Maß für die Größe der Ventilerhebung geben. Aus dem Schnittpunkt der Kurven mit genannten Kreisbogen wird rückwärts die in diesem Zeitpunkt vom Exzentermittelpunkt eingenommene Lage und damit der Füllungswinkel ermittelt.

Umständlicher ist die Ermittlung des Schemas bei den mit zwei Exzenterantrieben arbeitenden Steuerungen, die nicht nur äußerlich, sondern auch im Entwurf verwickelter als die vorbehandelten Steuerungsarten sind, wie das Schema der Collmann-Steuerung in Abb. 321 erkennen läßt.

In allen Fällen ist zu berücksichtigen, daß die Ventileröffnung infolge der Übersetzung durch Wälzhebel oder Schwingdaumen wesentlich anders verläuft als die Hebung des oberen Endpunktes der Zugstange. Werden größere Ventilerhebungen erwünscht, als sie sich nach dem probeweise aufgezeichneten Schema ergeben, so kann dies einerseits durch andere Wahl des Ventilantriebes — steilerer Verlauf der Schubkurve oder geringerer Betrag des „Klaffens" bei Wälzhebeln —, andererseits dadurch erreicht werden, daß die Abmessungen der äußeren Steuerung in linearem Verhältnis vergrößert werden.

Die Ventilerhebungsdiagramme nach Abb. 240 und 241 werden in erster Linie durch die Wahl des Antriebes — Wälzhebel oder Schwingdaumen — beeinflußt, doch ist auch das Steuerungstriebwerk von Bedeutung. Während bei den Flachreglersteuerungen die Größe des wirksamen Ersatzexzenters mit der Füllung abnimmt, ist es bei einigen Steuerungen möglich, durch Wahl der Übersetzungsverhältnisse Ersatzexzenter von ungefähr gleichbleibender Größe zu erhalten, wie insbesondere für die Recke-Steuerung auf S. 226 bemerkt worden ist.

Die Rückwirkung auf den Regler ist bei den zwangläufigen Steuerungen beträchtlich, während sie bei den paarschlüssigen Steuerungen infolge des Wegfalls starker Schlußfedern geringer ausfällt. Nach Ventilanhub (bei dem, wie für einzelne Steuerungen gezeigt wurde, die Rückwirkung gleich Null ist) treten noch die Beschleunigungskräfte und die Saugkraft des das Ventil durchströmenden Dampfes auf, die in bezug auf die Regulierwelle an einem schnell zunehmenden Hebelarm angreifen, so daß kräftige Regler erforderlich werden. Bemerkenswert ist die Eigenschaft einiger Flachreglersteuerungen und der Radovanovic-Steuerung, starke Rückwirkungen durch das Triebwerk selbst zu vermeiden. Bei der letzteren Steuerung wirkt nämlich die am Umfang der beiden großen Kulissenscheiben zugleich auftretende Reibung der Rückwirkung entgegen. Wird z. B. eine Steuerungsseite abgehängt, so daß die Maschine einfachwirkend arbeitet, so ist die Rückwirkung auf den Regler selbst beim Leerlauf der Steuerung bedeutend größer als beim normalen Betrieb mit zwei Steuerungsseiten.

Die Ventilstangen werden meist auf Zug, seltener auf Druck beansprucht. Im letzteren Fall tritt ein Druckwechsel nicht ein; Zapfen und Buchse liegen stets an derselben Seite an, so daß ein „Ausschlagen" nicht zu befürchten ist. Die sich summierende Abnutzung vermindert aber den erzielten Ventilhub sehr bald und um so mehr, je höheren Pressungen die Bolzen ausgesetzt sind und je öfter toter Gang in Frage kommt. Hierdurch kann die Entlastung des Reglers im Augenblick des Ventilanhebens verloren gehen, so daß der Regler unruhig wird. Auch das Voröffnen wird merklich verringert. Ersatz der Bolzen und Buchsen durch neue schafft dann wieder günstige Verhältnisse.

Paarschlüssige Steuerungen arbeiten zwar mit Druckwechsel, der an sich stärker ist als bei den zwangläufigen Steuerungen, doch sind infolge Wegfalls der Schlußfeder die Bolzen weit weniger belastet und schmieren sich auch besser.

Toter Gang paarschlüssiger Steuerungen vergrößert die Füllung, was aber selbst nach jahrelangem Betrieb nicht zu merken ist.

7. Einstellung der Steuerungen. In vielen Fällen werden die Exzenter von gleicher Größe ausgeführt und um genau 180° gegeneinander versetzt aufgekeilt. Die Steuerung wird dann in der Weise eingestellt, daß sich durch Änderung der Stangenlängen bei normaler Füllung vorn und hinten gleiche Werte ergeben. Für die größten und kleinsten Füllungen ergeben sich dann beträchtliche Abweichungen. Auf der Deckelseite werden Voreintritt, Füllung und Ventilhub kleiner.

Weitergehender Ausgleich läßt sich bei symmetrisch ausgeführten und aufgekeilten Exzentern durch ungleiche Ausführung der vom Regler verstellten Übertragungsteile erreichen. Bei der Widnmann-Steuerung, Abb. 304, z. B. werden die Regulierhebel nicht in einer Ebene, sondern so aufgekeilt, daß die normale Füllung auf beiden Zylinderseiten von gleicher Dauer ist. Die übrigen Füllungsgrade sind am gleichmäßigsten, wenn Ausgleich bei etwa 10 v. H. Füllung vorhanden ist.

Wirksamer ist die Wahl einer größeren Exzentrizität auf der Deckelseite, wie in Abb. 268 gezeigt. Die Ventilhübe werden dabei beiderseits weniger verschieden. Die Anwendung dieses Mittels auf die Widnmann-Steuerung z. B. hat hingegen den Nachteil, daß die Auslaßventilhübe nunmehr ungleicher werden. Verschiedene Wölbung der Wälzplatten, also Änderung der Übersetzung im Ventilantrieb, verringert diesen Nachteil. Bei der Radovanovic-Steuerung wird Füllungsausgleich durch Verstellung der Exzenter oder der Führungssteine gegeneinander erzielt; diese werden also nicht unter 180° gegeneinander versetzt aufgekeilt. Der dadurch erhaltene Füllungsausgleich ist praktisch vollkommen, wie aus der folgenden Zusammenstellung hervorgeht:

Füllung auf der Kurbelseite in vH.:	0	10	20	30	40	50	60
Füllung auf der Deckelseite in vH.:	0	$9^1/_2$	$20^1/_2$	32	42	53	63
Füllung auf der Deckelseite ohne Ausgleich	0	14	27	39	50	60	70

Auch bei Einstellung der Kompression und Vorausströmung wird meist die Stangenlänge geändert. Um die Kompression ohne Verstellung der Steuerung selbst ändern zu können, gibt Widnmann den zum Wenden eingerichteten Auslaßhebelsätteln oben und unten je eine Wälzbahn von verschiedener Wölbung.

6. Die freifallenden Ventilsteuerungen.

Je nach dem Aufsetzen und der Bewegung der Klinke unterscheidet man Steuerungen mit kleinem und mit großem Einfallweg der Klinke, sowie Steuerungen mit zwangläufiger Klinkenbewegung. Bei den ersteren bewegt sich die Klinke in einer meist kreisförmigen, beiderseits abgebrochenen Bahn, während bei den letzteren die Klinke eine geschlossene Kurve durchläuft.

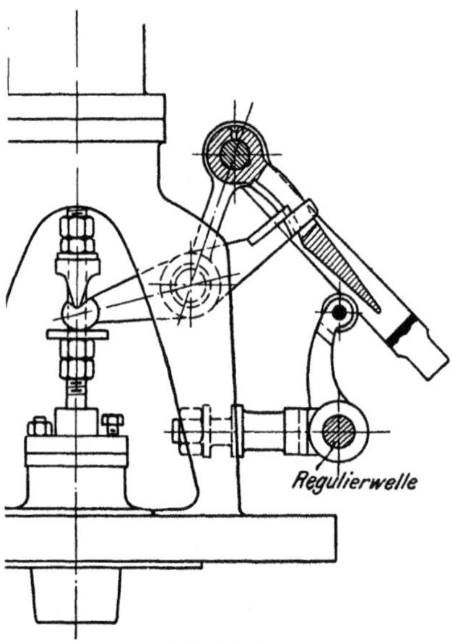

Abb. 328[1]).

a) Steuerungen mit kleinem Einfallweg der Klinke. In den Abb. 328—329 sind die einfachsten der hierhin gehörigen Bauarten dargestellt. Bei der Collmann-Steuerung, Abb. 328, wird das Ende der Exzenterstange durch einen Lenker geführt, der auf dem Drehzapfen des Ventilhebels gelagert ist. An dem geführten Ende hängt die Klinke, die in der oberen Totlage der Exzenterstange die Anschlagplatte des Ventilhebels faßt und diesen mitnimmt, bis die Verlängerung der Klinke gegen einen vom Regulator eingestellten Daumen stößt. Das Einfallen der Klinke wird durch ihr Gewicht oder durch eine besonders angebrachte Feder bewirkt. In Abb. 328 bewegt sich der Ventilhebel in einer Aussparung der verlängerten Klinke, so daß beim Hängenbleiben des Ventils der Ventilhebel von der Klinke beim Aufwärtsgang der Exzenterstange mitgenommen wird.

Die Anschlagplatte der Bavier-Steuerung, Abb. 329, ist unmittelbar an der Ventilspindel angebracht, so daß die mit dem Ventil zu beschleunigenden Massen gegenüber der Ausführung nach Abb. 328 weiter verringert sind. Die Regulierwelle ist gleichachsig mit dem Drehzapfen des das Exzenterstangenende führenden Lenkers angeordnet.

b) Steuerungen mit großem Einfallweg der Klinke. Diese Bauarten stimmen im wesentlichen mit denen der vorigen Gruppe überein. Die größere Einfalltiefe wird dadurch ermöglicht, daß der Klinke während des Aufsetzens eine zweite die Auslösung bewirkende Bewegung

[1]) Ausführung von Schüchtermann & Kremer, Dortmund.

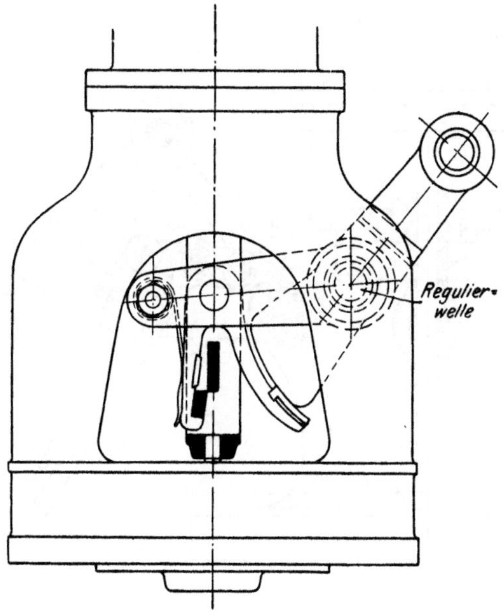

Abb. 329.

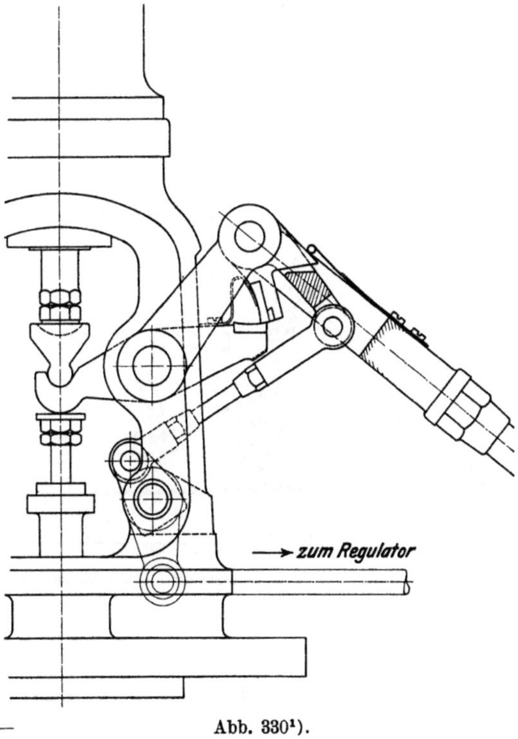

Abb. 330[1]).

[1]) Maßstab 1 : 6.

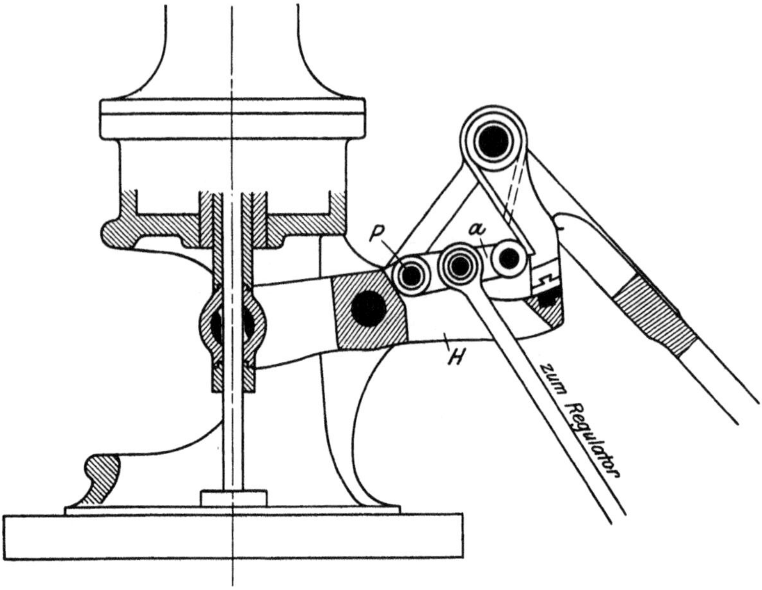

Abb. 331[1]).

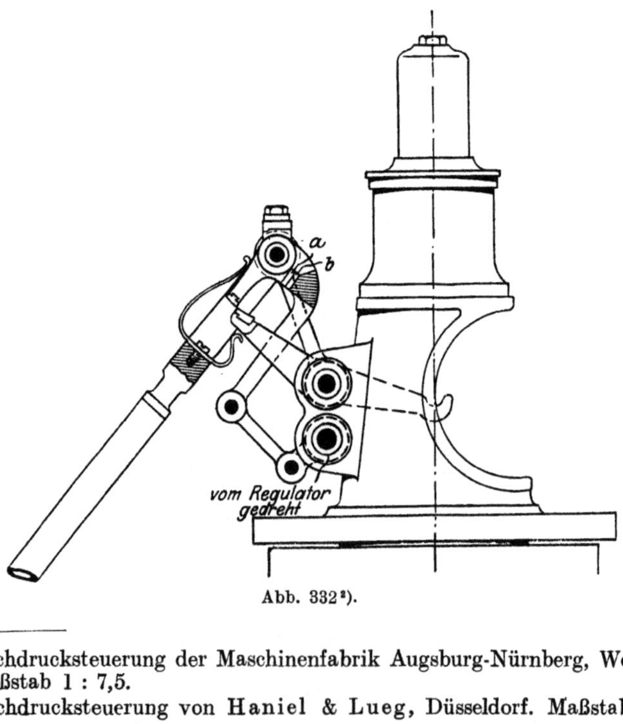

Abb. 332[2]).

[1]) Hochdrucksteuerung der Maschinenfabrik Augsburg-Nürnberg, Werk Nürnberg. Maßstab 1 : 7,5.

[2]) Hochdrucksteuerung von Haniel & Lueg, Düsseldorf. Maßstab 1 : 10,5.

erteilt wird. Abb. 330 stellt die älteste Bauart dieser Gruppe, die Steuerung von Kaufhold, dar. Der Einfallweg wird durch eine am Ventilhebel befestigte Blattfeder begrenzt; eine zweite Feder zwingt die Klinke zum Einschnappen. Im Laufe der Abwärtsbewegung gleitet die Klinke durch Auftreffen gegen eine Fläche des Auslösers ab, der am Exzenterstangenende hängt und vom Regler verstellt wird. Die Regulatorstange reicht in ihrer höchsten Stelle bis unmittelbar an den Ventilhebel heran, so daß das hängenbleibende Ventil durch sie geschlossen wird.

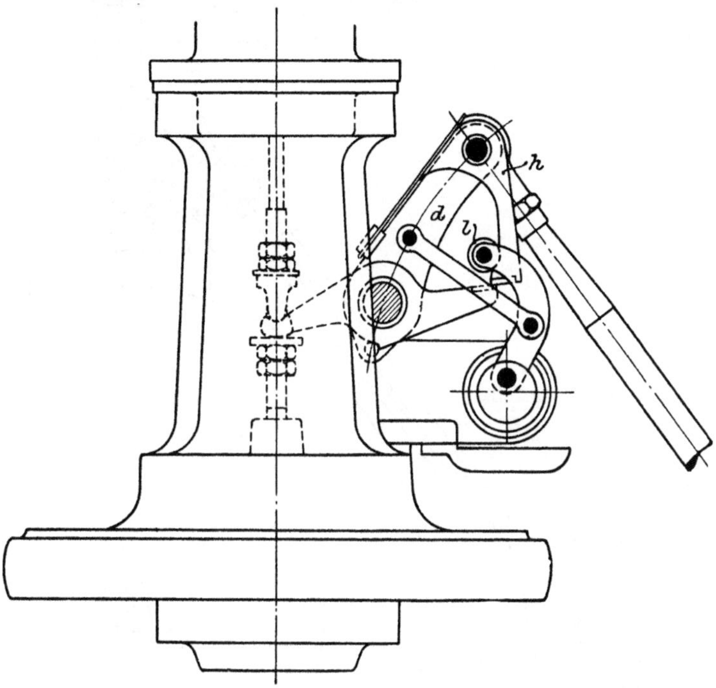

Abb. 333[1]).

Bei der Marx-Steuerung, Abb. 331, ist der Zapfen *P* des die Auslöserolle tragenden Hebels *a* mit dem Ventilhebel *H* verbunden. Während der Abwärtsbewegung des Zapfens *P* dient der Angriffspunkt der vom Regler verstellten Stange als fester Drehpunkt, die Auslöserolle geht nach aufwärts und verdrängt die Klinke.

Die Wiegleb-Steuerung, Abb. 332, weicht von der Kaufhold-Steuerung darin ab, daß der Auslöser zwischen Klinke und Drehzapfen des Ventilhebels angeordnet ist. *a* und *b* sind die Auftreffflächen. Gegenüber der Kaufhold-Steuerung wird durch diese Bauart eine Kniehebelwirkung des Reglergestänges ermöglicht, die ein schnelleres Auslösen, also größere Einfalltiefe, erreichen läßt.

Hochwald-Neuhaus-Steuerung (Abb. 333). Der die Auslöserolle *l* tragende Hebel sitzt auf dem Zapfen einer vom Regler verdreh-

[1]) Hochdrucksteuerung von A. Borsig, Berlin-Tegel. Maßstab 1 : 8.

baren Kurbelscheibe und ist mit der Schwinge *d* gelenkig verbunden. Die dadurch bedingte Bewegung der Rolle *l* bewirkt ein beschleunigtes Abschieben der Klinke *h*, so daß auch hier bei kleinen Füllungen große Einfalltiefen möglich werden.

Wie bei der Marx-Steuerung bleiben Rolle *l* und Klinke *h* in steter Berührung.

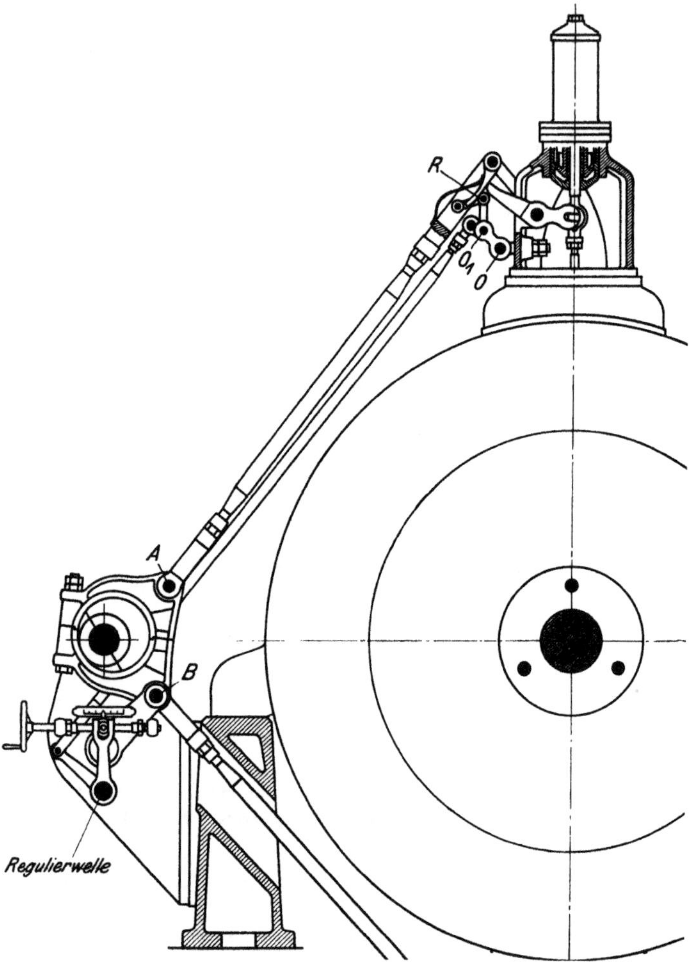

Abb. 334[1]).

Bei der Steuerung der Siegener Maschinenbau-Anstalt, Abb. 334, wird die Bewegung der Einlaßventile vom Punkt *A*, die der Auslaßventile vom Punkt *B* des geführten Exzenterbügels abgeleitet. Die Füllung wird in der dargestellten Ausführung von Hand verstellt. Die

[1]) Hochdrucksteuerung der Siegener Maschinenbau-A. G. Maßstab 1 : 30.

Auslöserolle dreht sich um den Endpunkt O_1 des auf der Regulierwelle O aufgekeilten Hebels und wird durch ein zweites mit der Zugstange ver-

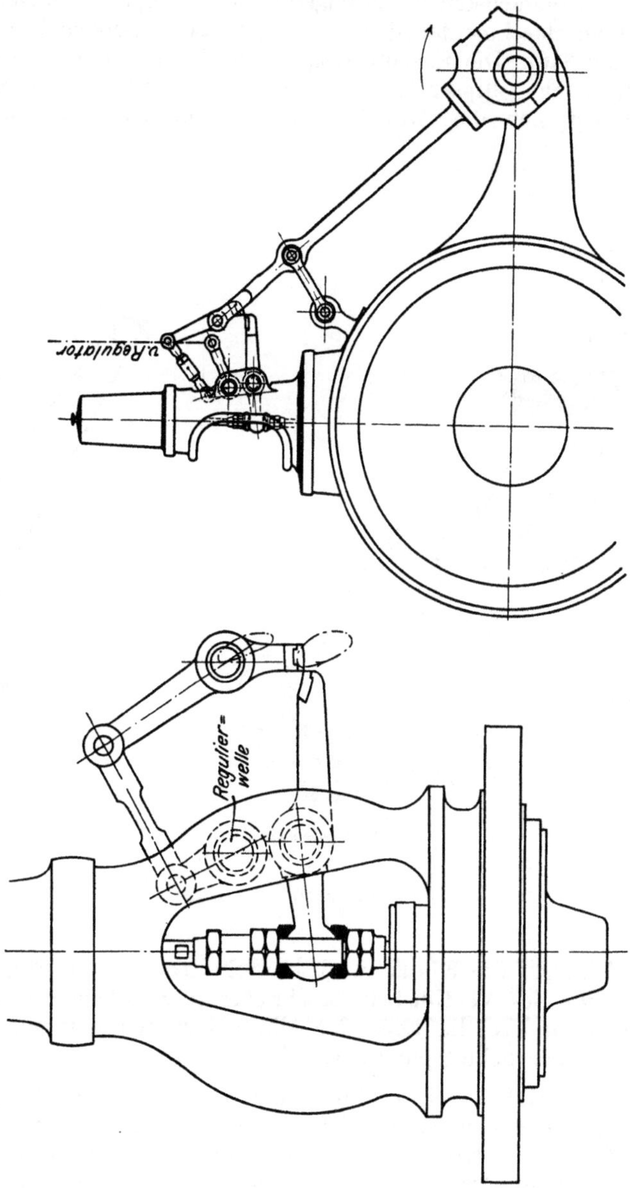

Abb. 335 und 336.

bundenes Gelenk gegen die Innenfläche der Klinke gedrückt, die nach außen gedrängt wird. Die Steuerung ist in Abb. 346 und 347 eingehender behandelt.

c) Steuerungen mit zwangläufiger Klinkenbewegung. Diese Steuerungen sind besonders von Gebr. Sulzer in Winterthur ausgebildet worden.

Als eine der einfachsten Steuerungen dieser Gruppe sei zunächst die Ausführung der Maschinenfabrik Soest in Düsseldorf-Reisholz erwähnt (Abb. 335 und 336). Die Exzenterstange wird durch Lenker so geführt, daß ihr Endpunkt ellipsenförmige Kurven beschreibt. In ähnlichen Kurven bewegt sich die Anschlagfläche der in der Exzenterstange

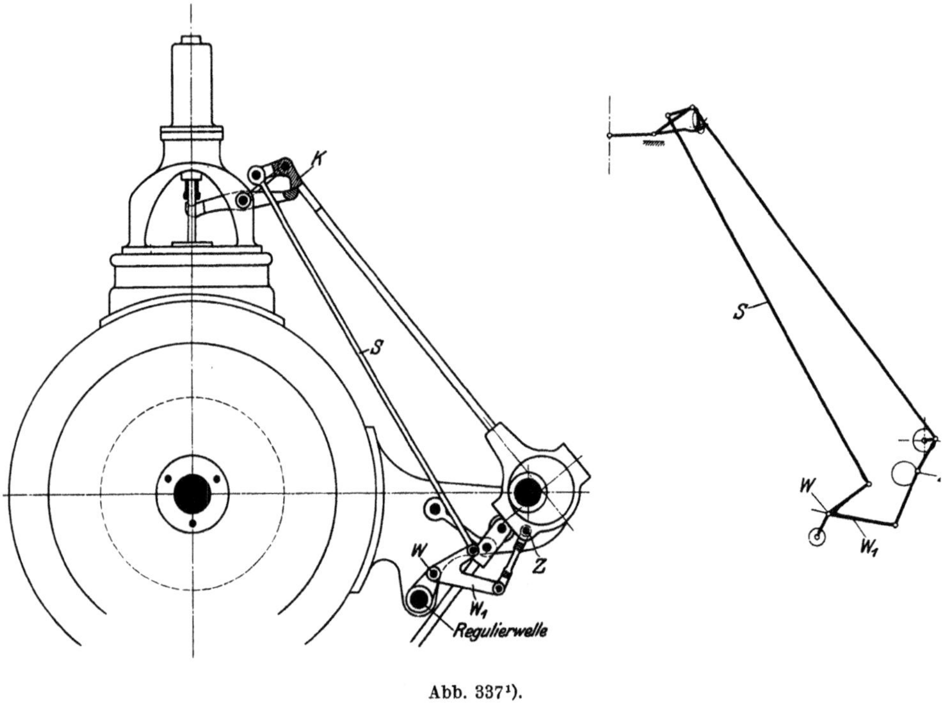

Abb. 337[1]).

gelagerten Klinke. Die Klinke wird im Schnittpunkt der Ellipse mit dem vom Ende des Ventilhebels beschriebenen Kreisbogen ausgelöst. Der Regler verändert die Lage der ellipsenförmigen Kurven, womit auch die Lage der Schnittpunkte verschoben wird.

In Abb. 337 ist die Sulzer-Steuerung vom Jahre 1878 dargestellt. Das Exzenter steuert unveränderlich den Aufhängepunkt der Klinke, der durch Lenker im Kreisbogen um den Drehzapfen des Ventilhebels geführt wird. Vom Punkt z des Exzenterbügels wird eine zweite Bewegung abgeleitet, die durch den Winkelhebel w_1 und die Stange s auf die Klinke k übertragen wird. Verschiebt der Regler den Drehpunkt w

[1]) Hochdrucksteuerung von Gebr. Sulzer, Winterthur. Maßstab 1 : 20.

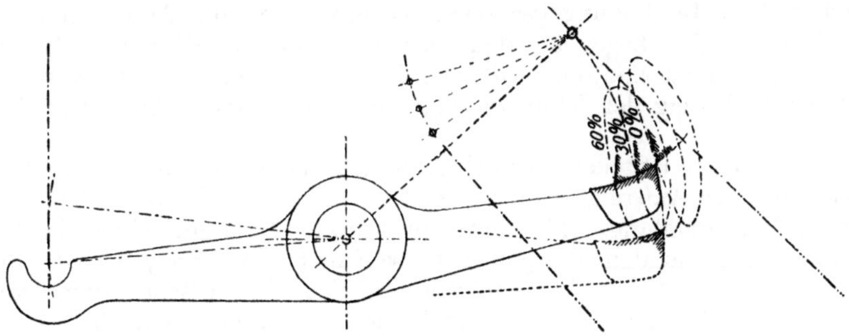

Abb. 338.

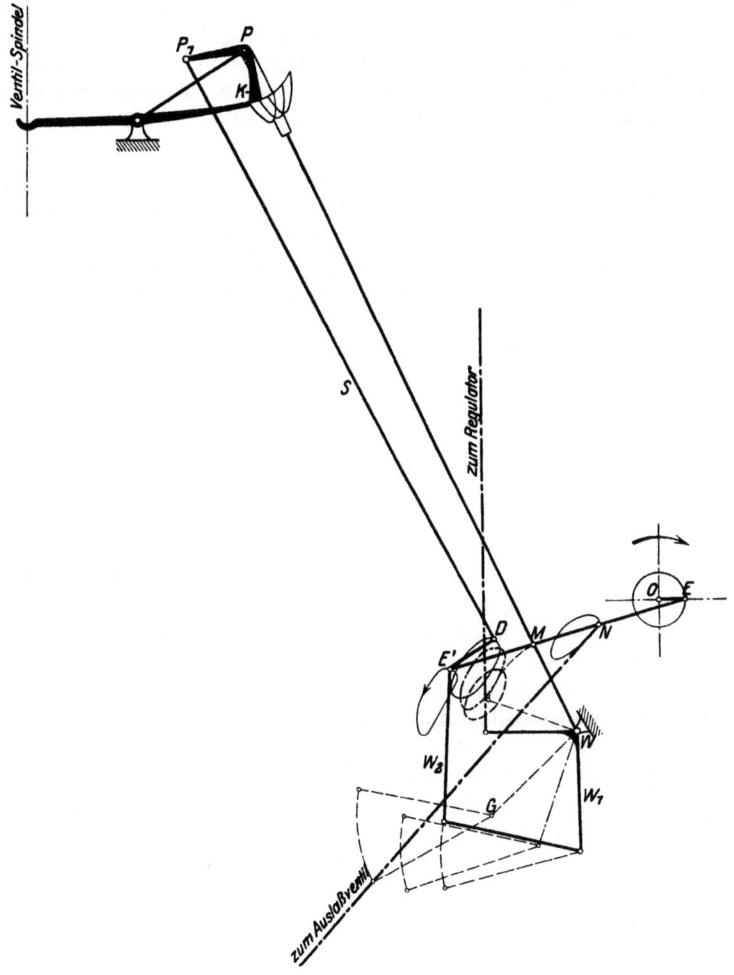

Abb. 339.

des Winkelhebels w_1, so wird die ellipsenförmige Bahn der Klinke k verlegt und so die Füllung geändert. Dadurch, daß die Anschlagflächen nach einem Kreisbogen um den Aufhängepunkt der Klinke als Mittelpunkt gekrümmt sind, bleibt die Voreinströmung konstant. In Abb. 338 ist die Verlegung der Klinkenkurven durch den Regler besonders dargestellt.

Die Sulzer-Steuerung nach Abb. 339 eignet sich infolge der Verringerung der Auftreffgeschwindigkeiten für höhere Umlaufzahlen. Die kurze Exzenterstange EE' wird im Punkte M durch einen Lenker geführt, der um den Festpunkt W schwingt. Der Endpunkt E' der Exzenterstange beschreibt infolgedessen eine geschlossene Kurve von der eingezeichneten Gestalt. Auf Zapfen E' ist der Winkelhebel W_2 gelagert, der durch Stange G mit dem in W gelagerten Winkelhebel W_1 verbunden ist. Je nach Verstellung von W_1 durch den Regler bewegt sich Punkt D in verschiedenen Kurven, die durch Stange S auf Zapfen P_1 übertragen werden. Der Aufhängepunkt P der Klinke wird vom Zapfen M gesteuert (Abb. 340). Durch diese Bewegungen von P und P_1 beschreibt die Anschlagfläche der Klinke die eingezeichneten, herzförmigen Kurven, die bei einem Eingriff des Reglers parallel zu sich selbst verschoben werden.

In Abb. 340 sind durch Nullkreise die Stellungen der Klinkenspitze hervorgehoben, die von dieser nach einer Drehung der Steuerwelle um 30^0 jeweilig eingenommen werden. Die Entfernung dieser Nullkreise gibt ein Bild von der Geschwindigkeit, mit der die einzelnen Teile der Kurve von der Klinke durchlaufen werden. Diese setzt mit kleiner Geschwindigkeit fast stoßfrei auf, um nach erfolgtem Aufsetzen das Ventil schnell anzuheben. Diese günstigen Bewegungsverhältnisse werden dadurch erhalten, daß der Exzenterstangenpunkt M um den Festpunkt W mit starker Schränkung geführt wird. In der Stellung des Steuerungsgestänges nach Abb. 339 stehen die Stangen WM und MP in der Strecklage, so daß in der Nähe dieser Lage die Zapfen M und P nur sehr kleine Bewegungen in Richtung der Ventilhebung ausführen, während die durch den Endpunkt E' der Exzenterstange bewirkte Verstellung des Zapfens P_1 großen Ausschlag hat.

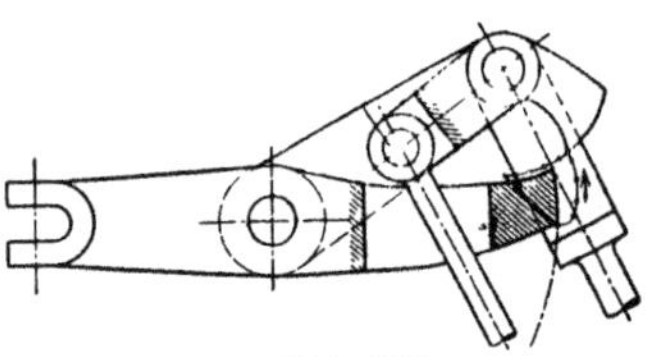

Abb. 340.

Weitere Sulzer-Steuerungen mit herzförmiger Kurve sind in den Abb. 341—343 dargestellt. In Abb. 341 wird wie in der vorstehend besprochenen Ausführung die Exzenterstange mittels kurzen Lenkers um den Festpunkt P geführt und treibt den Winkelhebel W an, der das Auslaßventil steuert. Im Punkt Z_2 der Exzenterstange ist ein zweiter Winkelhebel gelagert, der vom Regler verstellt wird und dessen Zapfen Z_1 mittels der Stange S die Klinke K steuert. Die Bewegung des Aufhängepunktes der Klinke wird vom Angriffspunkt des Lenkers an der Exzenterstange abgeleitet.

Besonders eigenartig ist die Wälzhebelausklinksteuerung nach Abb. 342, die zuerst auf der Pariser Weltausstellung 1900 vorgeführt wurde, aber im Wesen schon von Collmann angegeben war. Um den festen Drehpunkt P schwingt der mit der Auftrefffläche versehene Hebel H, der an der Ventilzugstange angreift. Auf dieser sitzt ein Kolben, der im Zylinder eines Luftpuffers gleitet. Zapfen Z_1 eines im Punkte Z_2 des Exzenterbügeis angelenkten und vom Regler verstellbaren Winkelhebels bewegt durch Stange S die Klinke K, deren Aufhängepunkt um Zapfen P schwingt. Die verschiedenen Bahnen, in denen sich die Klinke bewegt, sind in Abb. 343 wiedergegeben. Nach erfolgter Ausklinkung wird das Ventil von der Feder geschlossen, die Ventilzugstange bewegt sich

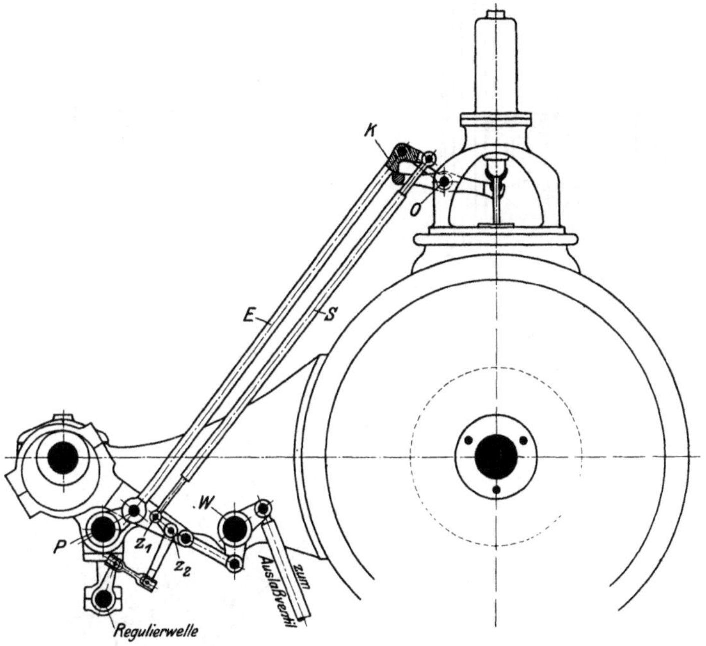

Abb. 341[1]).

infolge der Abrollung des Wälzhebels mit abnehmender Geschwindigkeit nach oben und die gleichzeitige Einwirkung des Luftpuffers verursacht völlig geräuschloses Aufsetzen des Ventils. Nach Ventilschluß setzen Wälzhebel und Zugstange infolge der Trägheitswirkung ihren Weg fort, bis sie durch den Luftpuffer abgebremst werden. Beim Niedergang wird deshalb die Klinke den Anschlag schon in der Lage NN, Abb. 343, fassen und zunächst die Massen beschleunigen. In MM wird dann das Ventil mit kleinem Hebelarm am Wälzhebel geräuschlos angehoben. Auch bei absoluter Nullfüllung kann der Luftpuffer auf dem Wege MN eine genügende Luftmenge für das Abbremsen der Massen ansaugen.

Abb. 344 zeigt eine Steuerung der Maschinenfabrik Augsburg-Nürnberg, Werk Augsburg. Die Ventilzugstangen werden nicht durch Ex-

[1]) Ausführung von Gebr. Sulzer, Winterthur. Maßstab 1 : 30.

zenter, sondern durch unrunde Scheiben gesteuert, während die am oberen Ende der Zugstangen angelenkten Klinken durch Exzenter auf der Steuerwelle in Schwingungen versetzt werden. Die Klinkenbahn wird vom Regler durch Verstellung des Hebels OO_1 geändert. Die unrunden Scheiben ermöglichen leichten Füllungsausgleich für beide Zylinderseiten. Da innerhalb der gebräuchlichen Füllungsgrenzen der

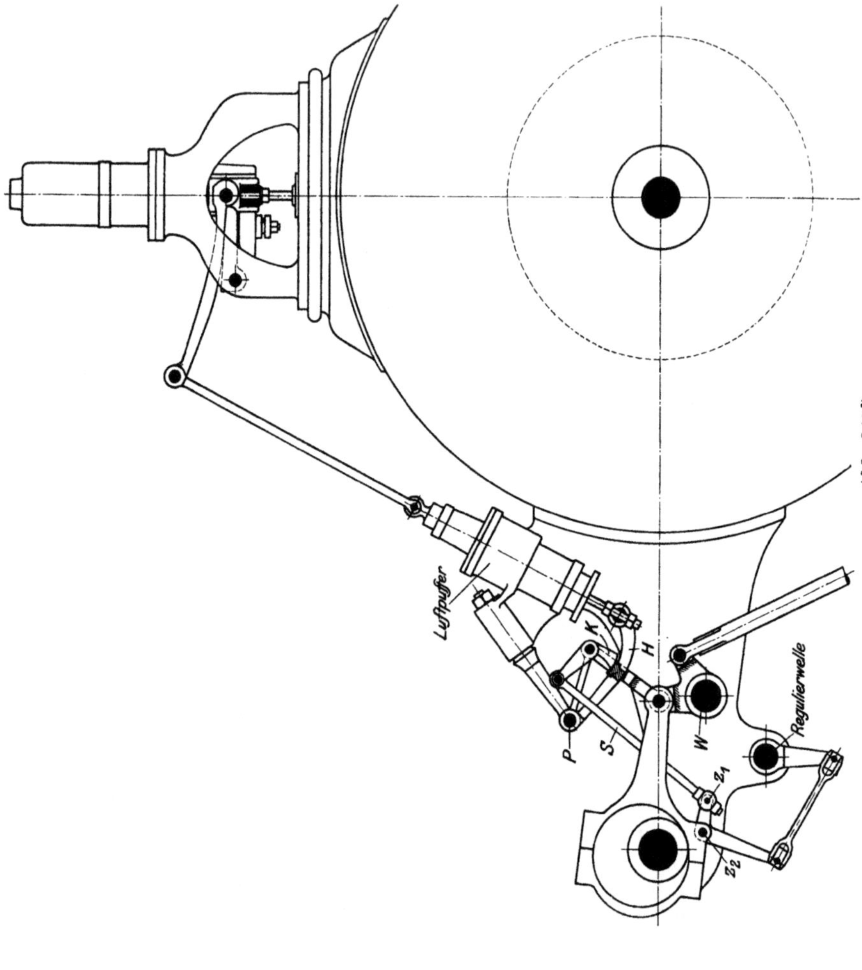

Abb. 342[1]).

Ventilhub annähernd konstant bleibt, so wird mit dieser Steuerung auch bei Anwendung gewöhnlicher Luftpuffer eine nur wenig veränderliche Schlußgeschwindigkeit erzielt. Durch entsprechende Wahl der Anhubkurven der unrunden Scheiben läßt sich die Geschwindigkeit beim Auftreffen der Klinke sehr klein halten.

[1]) Ausführung von Gebr. Sulzer, Winterthur. Maßstab 1 : 25.

d) Aufkeilung der Exzenter. Der Voreilwinkel der Steuerungen ohne zwangläufige Führung der Klinke ist dadurch festgelegt, daß die Klinke mit sog. Überhub arbeiten muß. Das Ventil würde nur dann mit der Geschwindigkeit Null angehoben, wenn die Klinke genau in der Totlage *OE* des Exzenters, Abb. 345, die Anschlagplatte fassen würde. Eine derart genaue Wirkungsweise läßt sich aber weder bei der Herstellung noch im Betriebe erreichen, da schon wechselnde Dampftemperaturen und die damit verbundenen Gestängedehnungen die Verhältnisse ändern würden. Das Exzenter muß aus diesem Grunde vor dem Aufsetzen der Klinke einen je nach der Genauigkeit der Ausführung mehr oder weniger großen Winkel α zurücklegen und der diesem Winkel entsprechende Klinkenweg, der 0,6 bis 1 mm beträgt, wird als Überhub

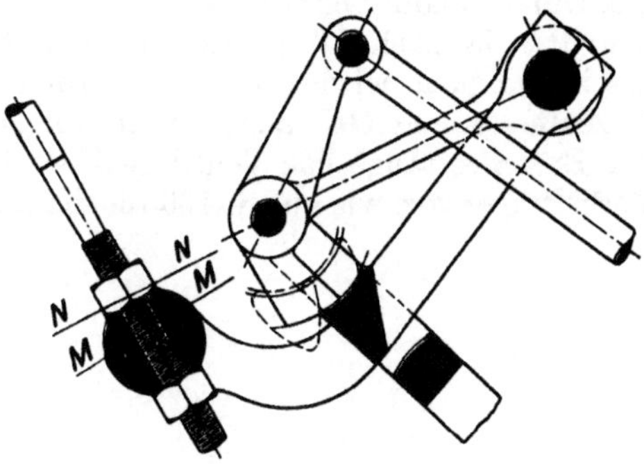

Abb. 343.

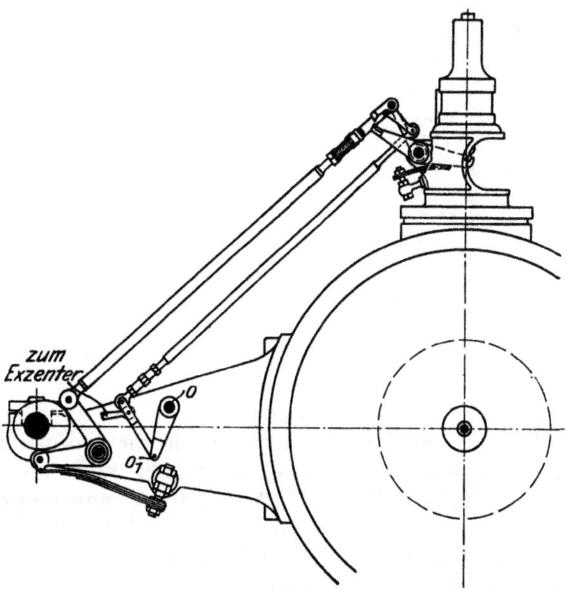

Abb. 344[1]).

bezeichnet. In Abb. 345 gibt die Senkrechte *n* in ihrem Verhältnis zum Kreishalbmesser die Größe der Klinkengeschwindigkeit im Augen-

[1]) Ausführung der Maschinenfabrik Augsburg-Nürnberg, Werk Nürnberg. Maßstab 1 : 30.

blick des Auftreffens an. Das Exzenter hebt vor seiner Mittellage an, der Voreilwinkel ist also bei den Steuerungen ohne zwangläufige Klinkenbewegung negativ. Wird während des Bogens $(VE)\,E'$ Füllung gegeben, so wird das Ventil während der ganzen Eröffnung gehoben. Die Durchflußquerschnitte werden dabei verringert, ohne daß Drosselung eintritt, da nach Überschreitung der Exzenterlage OE'' die Kolbengeschwindigkeit wieder abnimmt. Im übrigen wird vor Erreichen der Exzenterstellung OE' ausgeklinkt, da sonst auch beim Aufwärtsgang der Exzenterstange das Ventil geöffnet bleibt. (Es liegen hier ähnliche Verhältnisse vor, wie auf S. 126 für die Corliß-Steuerungen dargelegt.)

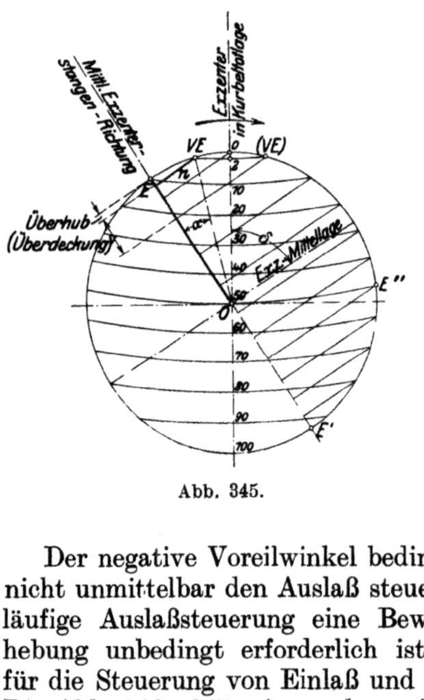

Abb. 345.

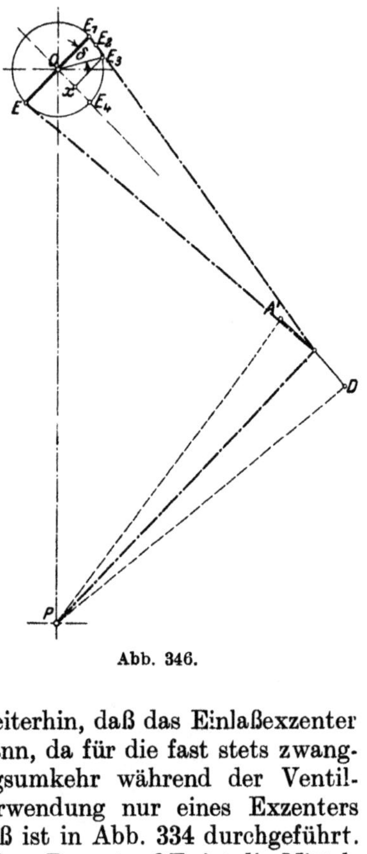

Abb. 346.

Der negative Voreilwinkel bedingt weiterhin, daß das Einlaßexzenter nicht unmittelbar den Auslaß steuern kann, da für die fast stets zwangläufige Auslaßsteuerung eine Bewegungsumkehr während der Ventilhebung unbedingt erforderlich ist. Verwendung nur eines Exzenters für die Steuerung von Einlaß und Auslaß ist in Abb. 334 durchgeführt. Die Abb. 346—347 zeigen schematisch diese Bauart. OE_1 ist die Mittellage des Exzenters, OE_3 die Exzenterstellung bei Kurbeltotlage. Bei Antrieb des Einlasses müßte die Voreinströmung in E_2 beginnen; die Füllung würde nur während des Winkels E_3OE_4 andauern. Diese Verhältnisse werden nun dadurch geändert, daß die Bewegungsrichtung für die Einlaßventile von der für die Auslaßventile um ungefähr 90^0 geneigt abgenommen wird. Dementsprechend ist OE_1 Mittellage für das Auslaßexzenter und annähernd Exzentertotlage für das Einlaß-

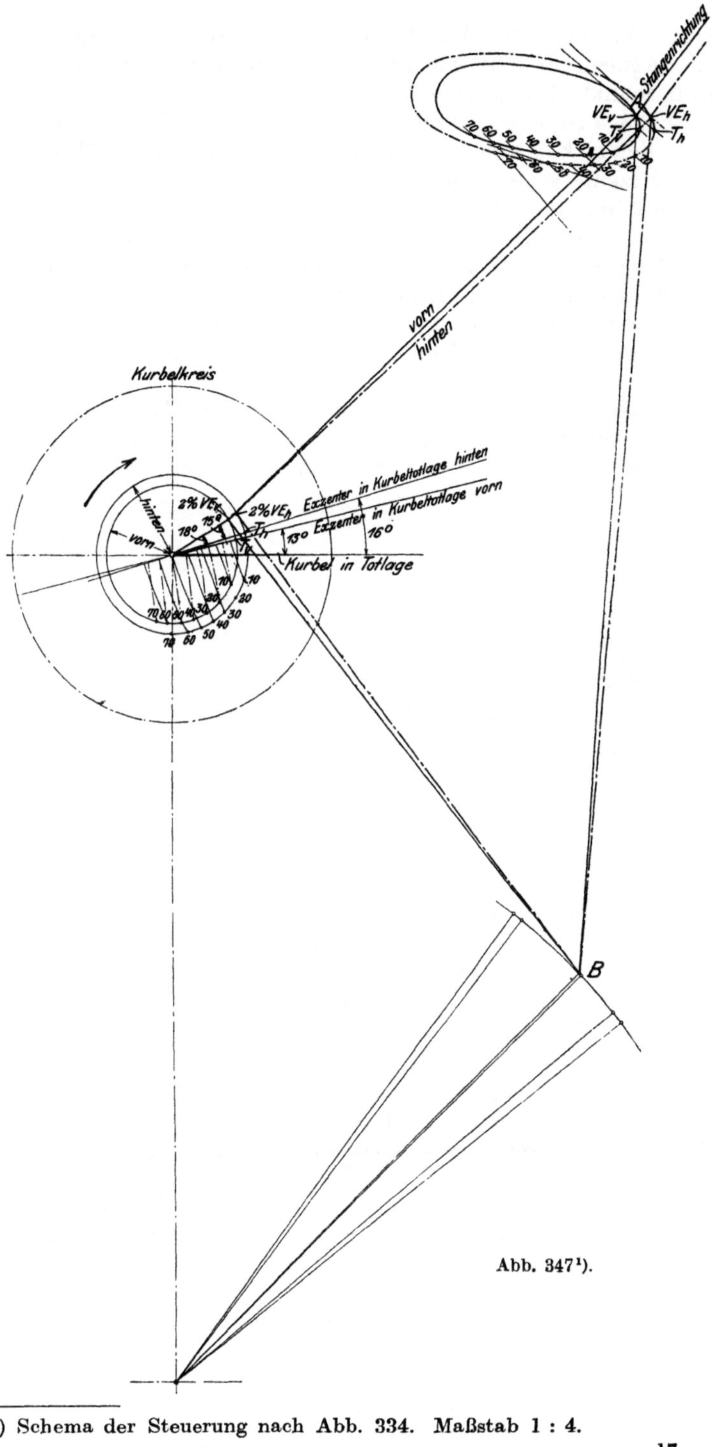

Abb. 347[1]).

[1]) Schema der Steuerung nach Abb. 334. Maßstab 1 : 4.

exzenter. Wie aus der Abb. 347 ersichtlich, werden Füllungen bis zu 70 vH. gegeben und übermäßige Ventilhübe durch die Form der vom Ableitungspunkt A beschriebenen Kurve vermieden.

In Abb. 348 ist schematisch die Arbeitsweise der Steuerungen wiedergegeben, deren Klinken in ellipsenförmigen Bahnen geführt werden. Aus dem Exzenterkreis entsteht bei geradliniger Führung eines Exzenterstangenpunktes, die hier statt der Bogenführung durch Lenker angenommen ist, eine Ellipse, in der sich die Klinke k bewegt, während der Anschlag einen Kreisbogen n um den Drehzapfen des Ventilhebels beschreibt. Die Klinke wird im Schnittpunkt x von Ellipse und Kreis ausgelöst. Wird die Ellipse vom Regulator parallel zu sich selbst nach rechts verlegt, so wird die Klinke später abschnappen, die Füllung wird größer.

Die Klinke k kann so lange ausgelöst werden, als sie sich auf dem Linksgange befindet, also die untere Hälfte der Ellipse durchläuft. Bei der Exzenterlage OE setzt die Klinke auf mit der Geschwindigkeit

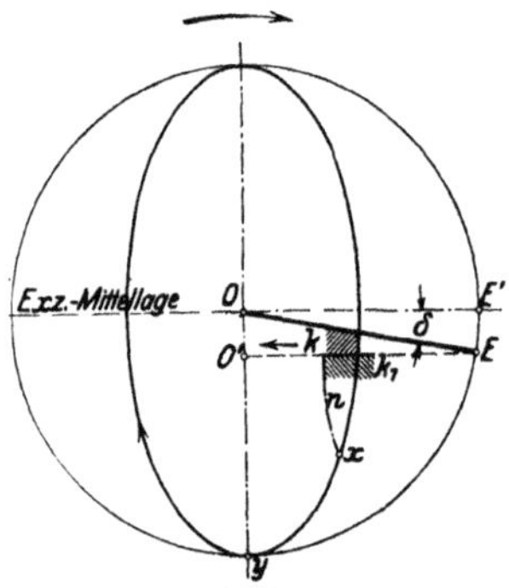

Abb. 348.

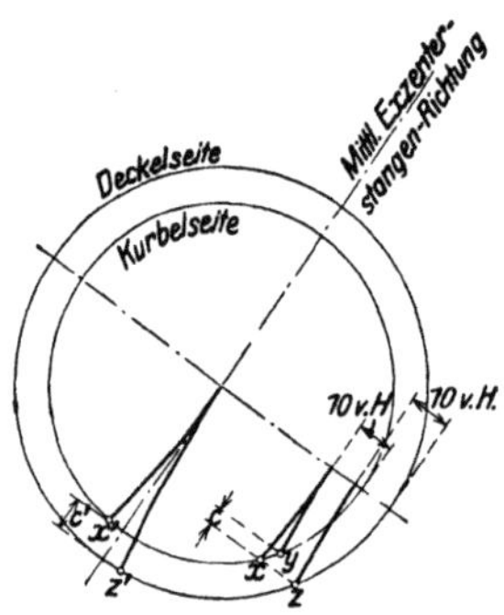

Abb. 349.

$O'E$, wenn OE' die größte Exzentergeschwindigkeit gleich der Umfangsgeschwindigkeit darstellt. Wegen dieser bedeutenden Auftreffgeschwindigkeit sind Steuerungen mit ellipsenförmiger Bahn für hohe Umlaufzahlen nicht geeignet. Im Punkte y ist der tiefste Stand der Klinke, also die größte Ventilerhebung erreicht; von y an wird das Ventil bei gleichzeitig abnehmender Kolbengeschwindigkeit wieder gesenkt.

e) Füllungsausgleich. Dieser kann in verschiedener Weise erreicht werden. Wird das vom Regulator verstellte Triebwerk für beide Zylinderseiten vollständig gleichartig ausgeführt, so werden gleiche Füllungen erhalten, wenn nach Zurücklegung der diesen Füllungen entsprechenden Kolbenwege auch die Klinken beider Zylinderseiten dieselbe Stellung einnehmen. Sind die zwei Exzenter mit gleichem Radius ausgeführt und genau entgegengesetzt aufgekeilt, so zeigt sich nach Abb. 349, daß z. B. für eine Füllung von 10 vH. das Klinkentriebwerk der Kurbelseite um die Strecke c tiefer steht als das der Deckelseite. Soll für die genannte Füllung die Dampfverteilung gleich sein, so ist das Exzenter auf der Deckelseite zu vergrößern, so daß nach 10 vH. Kolbenweg beide Klinken gleich tief herabgezogen sind. Nunmehr aber zeigt sich, daß umgekehrt für die größeren Füllungen die Klinke der Deckelseite tiefer steht als die der Kurbelseite, z. B. um die Strecke c' bei 50 vH. mittlerer Füllung. Ungleiche Exzentrizität wird deshalb meist in Verbindung mit anderen Mitteln angewandt. Abb. 347 zeigt ungleiche Exzentrizität und gleichzeitig ungleiche Voreilwinkel. Am häufigsten wird gleiche Dampfverteilung durch Abweichungen in dem vom Regler verstellten Triebwerk angestrebt. In Abb. 350 sind die

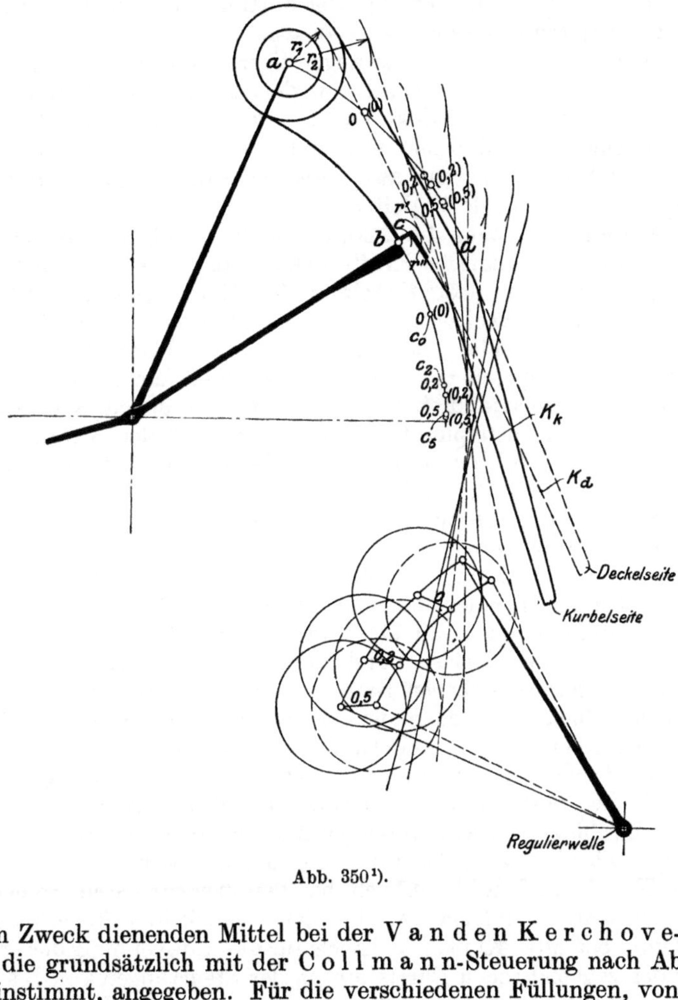

Abb. 350[1]).

diesem Zweck dienenden Mittel bei der Van den Kerchove-Steuerung, die grundsätzlich mit der Collmann-Steuerung nach Abb. 328 übereinstimmt, angegeben. Für die verschiedenen Füllungen, von denen im Interesse größerer Deutlichkeit nur die von 0, 20 und 50 vH. in Abb. 350 behandelt sind, werden die Lagen des Punktes a und die Lagen c_0, c_2 und c_5 des Punktes b an Hand des Exzenterkreises ermittelt. Von b bis c_0 wird der der äußeren Überdeckung an den Kolbenschiebern

[1]) Ausführung der Sächsischen Maschinenfabrik, Chemnitz. Maßstab 1 : 3.

entsprechende Klinkenweg zurückgelegt. Die Klinkenstellungen werden in der Weise ermittelt, daß an die von den Punkten *a* und *b* und deren neuen Lagen mit den Radien r_1, r_2, r' und r'' geschlagenen Kreise Tangenten gelegt werden. Die eingeklammerten Zahlen bezeichnen die Lagen der Punkte *a* und *b* für den Füllungsschluß auf der Deckelseite. Durch verschiedene Gestaltung der Klinkenhebel und ungleiche Länge der Rollenhebel läßt sich für alle Füllungen ein fast vollkommener Ausgleich erzielen. Der Angriff des Reglers an der Regulierwelle ist so gewählt, daß sich eine gleichmäßige Verteilung der Füllungen über den Reglerhub ergibt.

Bei den Steuerungen mit zwangläufiger Klinkenbewegung wird für den Füllungsausgleich die Klinke in der Art eingestellt, daß bei den kleineren Füllungen die Klinke auf der Deckelseite weniger tief einfällt oder bei gleicher Einfalltiefe während des Auslöseweges eine größere Geschwindigkeit hat, so daß auf dieser Seite die Klinke während eines kleineren Kurbelwinkels abgleitet.

f) Ausführung. Was die Anordnung des Klinkentriebs betrifft, so ist zunächst auf zentrische Kräftewirkung zu achten. Zu dem Zweck wird die Klinke in einer Gabelung der Exzenterstange aufgehängt, die ihrerseits durch zwei seitliche Lenker zu führen ist. Zur Vermeidung starker Abnutzung sollen sich Klinke und Anschlagplatte in Flächen berühren; dementsprechend muß sich die Klinke um denselben Zapfen wie die Anschlagplatte drehen. Diese ist nach einem Kreisbogen zu krümmen, dessen Mittelpunkt der Aufhängepunkt der Klinke ist. Die Voreinströmung wird dadurch unveränderlich, da bei einer Hebung der Reglermuffe aus der tiefsten in die höchste Stellung, wobei also sämtliche Füllungsgrade durchlaufen werden, die Klinke schwingt, ohne den Ventilhebel zu bewegen.

Die Kräftewirkungen im Steuerungsgestänge werden verringert, wenn die Klinke an einem längeren Hebelarm als das Ventil angreift. Da bei Dampfmaschinen mit stärkerer Voreinströmung, sowie bei Antriebmaschinen von Gebläsen und Kompressoren durch die Expansion der Luft aus dem schädlichen Raum während des Anlassens oder Stillsetzens ein Rückwärtsdrehen der Maschine in der Nähe der Totlage vorkommen kann, so ist weiterhin der Klinkentrieb so auszubilden, daß kein Bruch bei der nunmehr gegenläufigen Bewegung eintritt. Geht z. B. bei dieser Rückwärtsdrehung die Klinke nach aufwärts und faßt die Anschlagplatte von unten, so muß dieser durch ein Gelenk eine Drehung nach oben zum Ausweichen ermöglicht sein.

Der Entwurf gestaltet sich bei den beiden ersten Steuerungsgruppen bedeutend einfacher als bei den verwickelten Steuerungen mit zwangläufig bewegter Klinke. Beispiele für die Aufzeichnung der ersteren sind in den schematischen Darstellungen der Steuerungen von Bavier und Kaufhold nach Abb. 351 und 352 gegeben. Die Kolbenweglinie, die durch die Stellung des Exzenters bei der Kurbeltotlage gegeben ist, wird in etwa 10 gleiche Teile zerlegt und zur Berücksichtigung der endlichen Pleuelstangenlänge werden durch die Teilpunkte Kreisbogen mit dem 5fachen Radius des Exzenterkreises gezogen (vorausgesetzt, daß, wie meist, $L = 5R$). Die Schnittpunkte dieser Kreisbögen mit dem Exzenterkreisumfang geben den Drehwinkel für die verschiedenen Füllungen an. Zu jedem dieser Schnittpunkte wird die Ventilhebellage durch Schlagen von Kreisbögen mit der Exzenterstangenlänge gefunden. Für die den Schnittpunkten bzw. Kurbelwinkeln entsprechenden Füllungen müssen die Kanten von Klinke und Anschlagplatte gerade abgleiten, woraus die Bahn des Auslösers folgt.

In Abb. 352 findet während der gebräuchlichsten Füllungen der Ventilanhub auf der Strecke *ab* ohne Bewegung der Klinke gegenüber

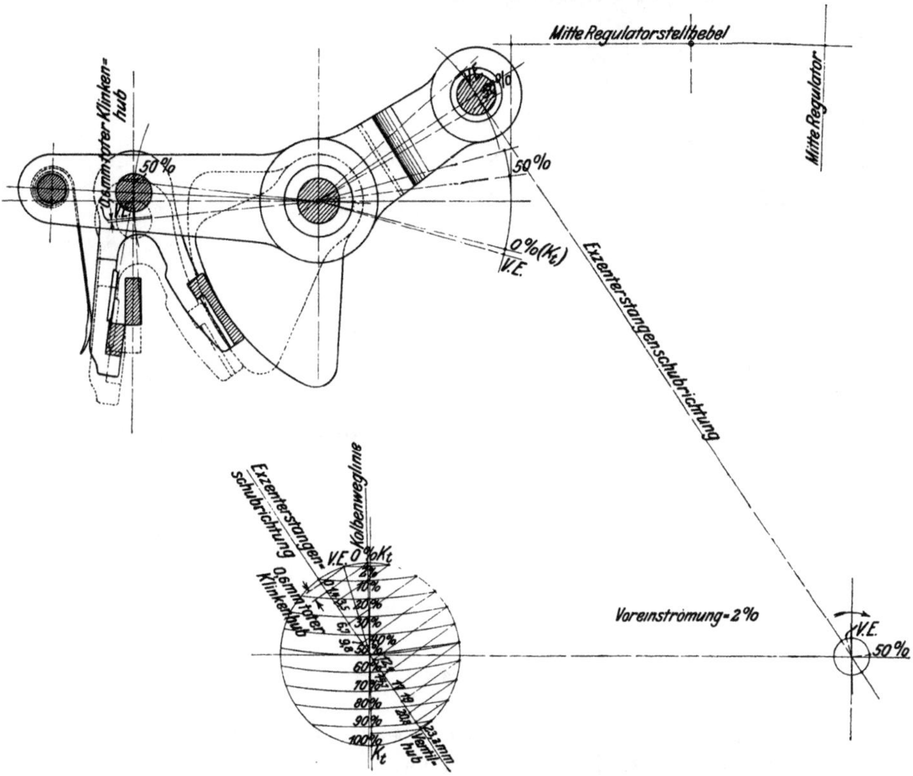

Abb. 351.

der Auftreffläche statt. Beim Abwärtsgang wird die Klinke gleichzeitig durch die Regulierstange um ihren Aufhängepunkt gedreht. Die von der Klinkenkante beschriebene an *b* anschließende Kurve schneidet den vom Ventilhebelende beschriebenen Kreisbogen in *c*, so daß hier ausgelöst wird. Ein mit der Exzenterstangenlänge von *c* aus als Radius gezogener Kreisbogen bestimmt im Schnittpunkt mit dem Exzenterkreis die Füllung.

Als Beispiel für den Entwurf einer Steuerung der dritten Gruppe möge das Schema nach Abb. 339 dienen. Hier sind die von den einzelnen Punkten des Gestänges beschriebenen Kurven für die verschiedenen

Lagen der Reglermuffe aufzuzeichnen und die Abmessungen probeweise zu wählen, bis sich günstige Bewegungsverhältnisse ergeben.

Die Exzenter der dritten Steuerungsgruppe werden wegen der rückkehrenden Bewegung während der Ventilhebung meist größer als die der beiden ersten Gruppen gewählt.

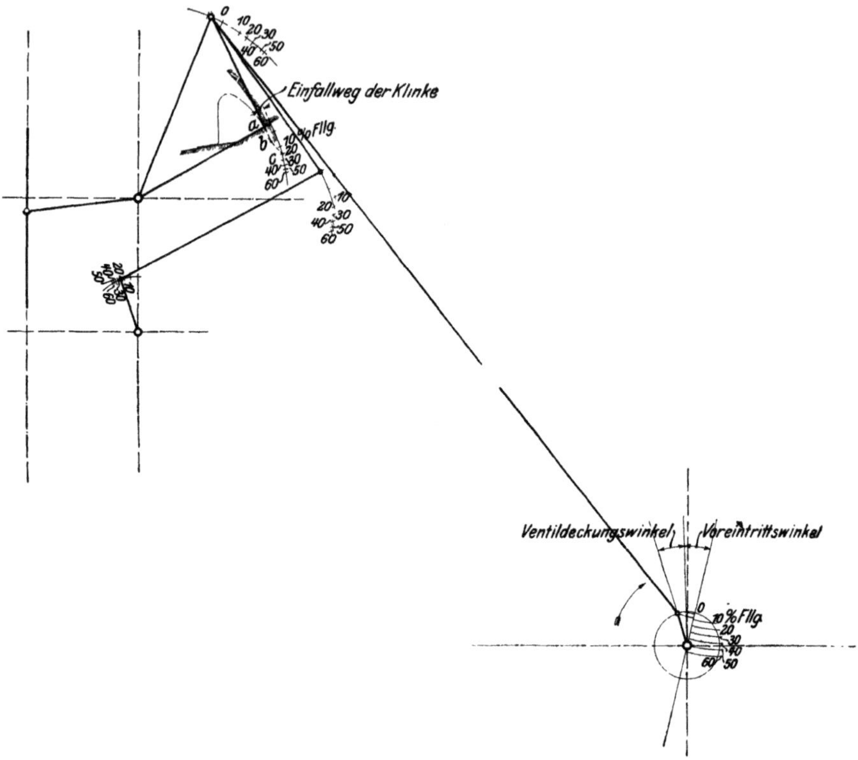

Abb. 352.

Die Schlußfedern können wie folgt überschläglich berechnet werden: Ist P der mittlere Federdruck in kg,
Q die erforderliche Schlußkraft in kg,
G das Ventilgewicht in kg,
t die Schließdauer in sek,
h der Ventilhub in m,
p die zum Schließen nötige Beschleunigung in m/sek², so folgt:

$$h = \frac{1}{2}\,pt^2,\ \ p = \frac{2\,h}{t_2}.$$

Ferner ist:

$$Q = p \cdot \frac{G}{g} \text{ und } P = \frac{p - g}{g} \cdot G = \left(\frac{p}{g} - 1\right) \cdot G.$$

Schließt das Ventil im Aufwärtsgang, so ist mit Q statt mit P zu rechnen. Für $n = 100$ und 40 bis 45 m/sek Dampfgeschwindigkeit im Augenblick der Ausklinkung sind Schlußzeiten zulässig, die der Zurücklegung eines Kurbelwinkels von 12 bis 15° entsprechen.

g) Anwendungsgebiet der Ventilsteuerungen. Die Ventilsteuerungen kommen hauptsächlich da zur Anwendung, wo an den Betrieb die Forderungen geringsten Dampfverbrauches und feinfühligster Regelung gestellt werden.

In bezug auf die Erzielung eines „schönen Diagramms" sind die Ventilsteuerungen gut ausgebildeten Schiebersteuerungen durchaus nicht überlegen. Vor den bei Überhitzung und hohem Dampfdruck allein in Betracht kommenden Kolbenschiebersteuerungen haben die Ventilsteuerungen den Vorteil kleinerer Abmessungen, bequemerer Einstellung und besserer Zylinderform. Bezüglich der schädlichen Räume und Flächen lassen auch wagerecht angeordnete Kolbenschieber bei kurzen, geraden Kanälen gleiche Ergebnisse wie Ventile erzielen. Hinsichtlich der Bauart mit getrennten, senkrechten Kolbenschiebern s. die Bemerkungen auf S. 135.

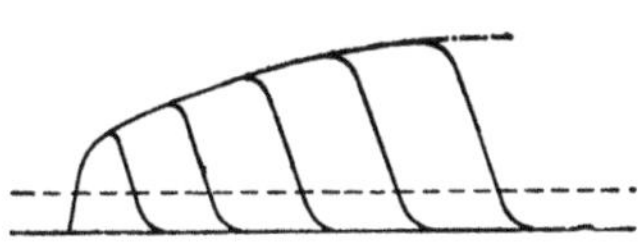

Abb. 353.

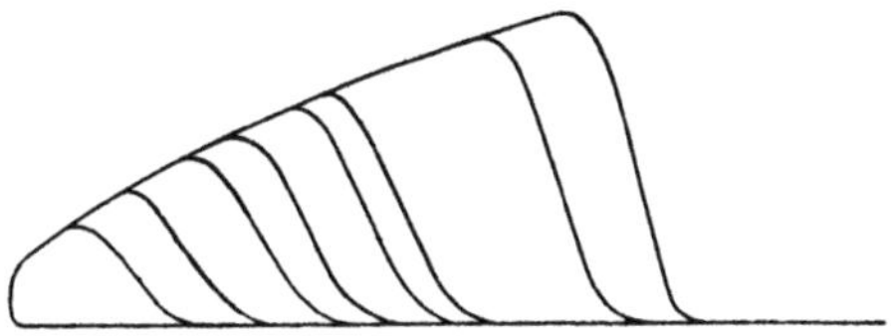

Abb. 354.

Was den Vergleich der einzelnen Arten von Ventilsteuerungen untereinander betrifft, so läßt sich guter Leerlauf am besten mit den zwangläufigen und paarschlüssigen Steuerungen erzielen, während von den auslösenden Steuerungen die mit zwangläufiger Klinkenführung sich hierzu am besten eignen. Bei den Steuerungen mit geringer Einfalltiefe der Klinke setzt diese im Leerlauf so scharf auf, daß sie namentlich bei eingetretener Abnutzung leicht abrutscht und überhaupt keine Füllung gegeben wird. Infolgedessen wird der Regler für den folgenden Hub eine Füllung einstellen, die größer als die Leerlauffüllung ist und in Wiederholung dieses Spiels wird die Maschine pendeln. Die tiefer einfallenden Klinken legen auch bei kleinster Füllung einen Auslöseweg zurück, der vom Regler beherrscht werden kann. Diese Verhältnisse werden bei kleinem Einfallweg der Klinke durch Anordnung von Überdeckungsringen an den Ventilen verbessert.

Die freifallenden Steuerungen, die namentlich am Anfang des Jahrhunderts durch den Ölpuffer von Collmann an Boden gewonnen hatten, sind durch die zwangläufigen Steuerungen wieder zurückgedrängt worden. Ihr Vorteil besteht in der geringen Rückwirkung auf den Regler, da dieser bei der Verstellung nur die Reibung zwischen Klinke und Anschlagplatte zu überwinden hat. Als höchste Umlaufzahl kann etwa n = 120 bis 140 gelten. Die bei diesen verhältnismäßig hohen Umlaufzahlen auftretenden starken Massendrucke verursachen jedoch bei den Klinken mit kleinem Einfallweg einen raschen Verschleiß.

Maschinen zum Antrieb von Pumpen und Kompressoren mit mäßigen Umlaufzahlen werden auch heute noch vielfach mit freifallenden Steuerungen ausgeführt.

In den Abb. 353 und 354 sind Ventilerhebungsdiagramme freifallender Steuerungen wiedergegeben. Beide Kurven sind an Steuerungen mit Ölpuffern aufgenommen worden, wie der rasche Abfall und allmähliche Übergang der Schlußlinie in die Nullinie zeigt. Die gestrichelte Linie in Abb. 353 gibt den Abschluß der Einlaßöffnung durch den Überdeckungsring am Ventil an. Der Abschluß wird um so rascher, der Übergang aus der Füllungslinie in die Expansionslinie um so schärfer, je größer der von der gestrichelten Linie und der Schlußkurve gebildete Winkel ist.

Die zwangläufigen Steuerungen erfordern wegen der Rückwirkung schwerere Regler, lassen jedoch Umlaufzahlen von n = 150 bis n = 180 dauernd zu, während vereinzelte Anwendungen selbst bei n = 250 bis n = 330 zu finden sind. Die größte Verbreitung haben die Flachreglersteuerungen erlangt und unter diesen wieder die Bauarten von Lentz und Proell.

III. Steuerung des Auslasses durch den Dampfkolben.

Statt der Auslaßventile sind Auspuffschlitze vorgesehen, die vom Kolben freigelegt bzw. geschlossen werden. Bei Anordnung der Schlitze am Hubende erhält der Kolben eine Länge gleich Hublänge minus Schlitzbreite, diese beträgt etwa 10 vH. des Hubes. Vorausströmung und Ausströmung dauern dementsprechend, für $L = \infty$, je 10 vH., die Kompressionen 90 vH. In Abb. 355 sind die sich ergebenden Dampf-

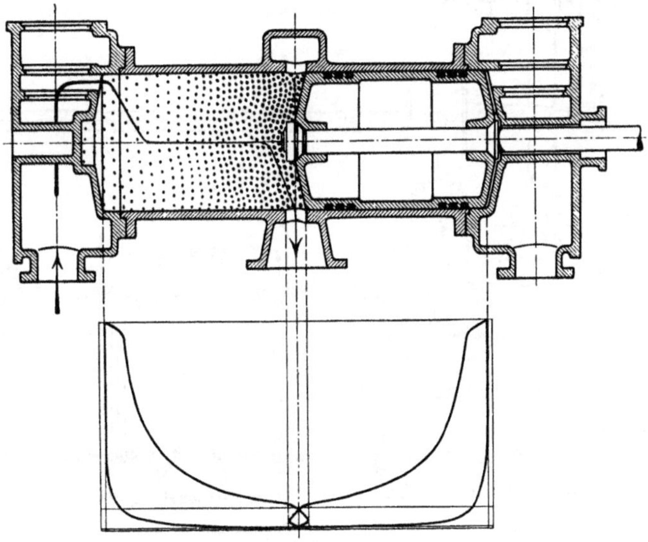

Abb. 355[1]).

diagramme wiedergegeben, die sich während eines Hubteiles von der Schlitzbreite decken. Es handelt sich also um zwei einfach wirkende Zylinder, die nur die Auspuffschlitze gemeinsam haben und zu einem einzigen Zylinder zusammengesetzt sind.

Werden die Schlitze in Mitte Hub geöffnet, so ist der Kolben in üblicher Breite auszuführen.

Maschinen und Auslaßsteuerung durch den Dampfkolben haben einen Dampfverbrauch ergeben, der den guter Verbundmaschinen erreicht.

---

[1]) Abbildung aus „Stumpf, Gleichstrommaschinen". (Verlag Oldenbourg.)

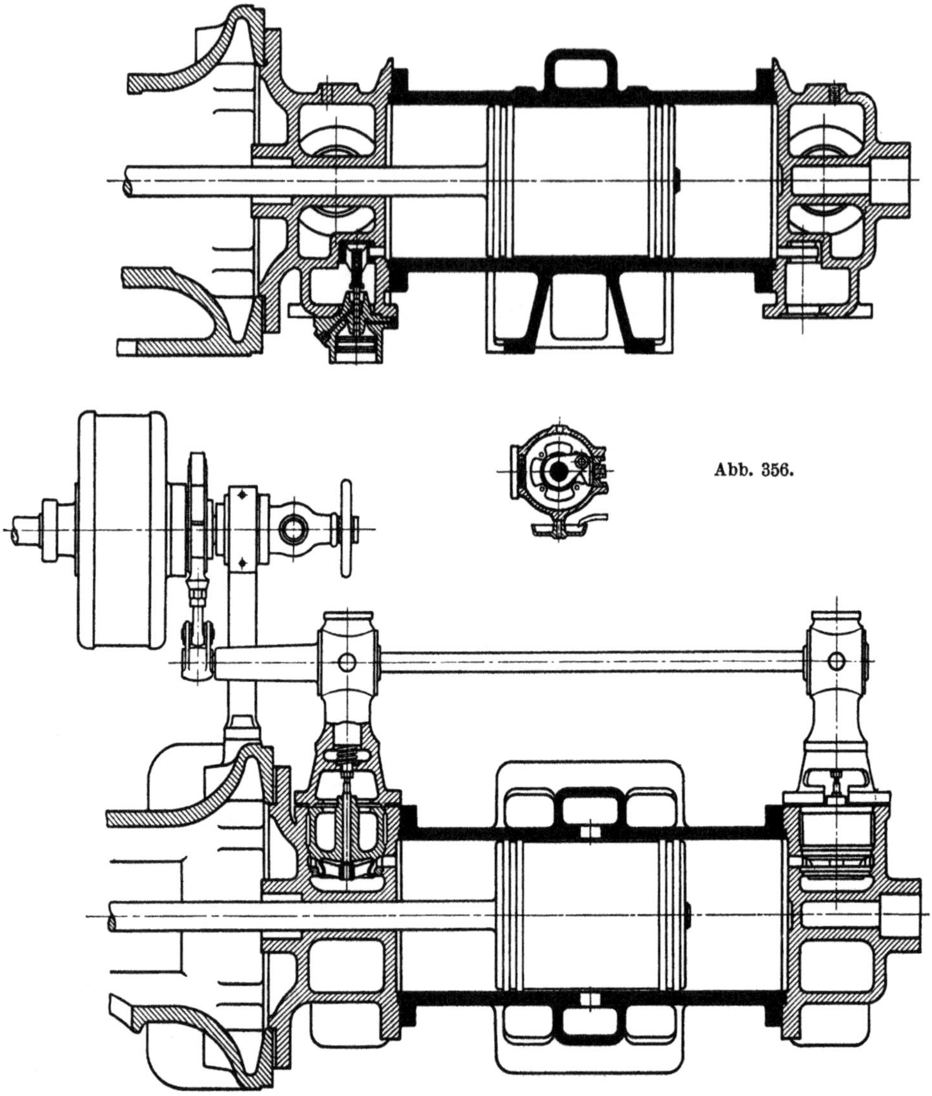

Abb. 356.

Diese günstige Arbeitsweise wird mit Eigenschaften thermischer und mechanischer Art begründet, von denen hier nur die im Zusammenhang mit der Auslaßsteuerung stehenden zu behandeln sind. Die Lagerung der Ventile im Deckel, die Heizung von Mantel und Deckel sind für die „Gleichstromdampfmaschinen“ nicht kennzeichnend, sondern in gleicher Form auch bei Einzylindermaschinen gewöhnlicher Bauart gebräuchlich und mit denselben Vorteilen in bezug auf Verringerung des schädlichen Raumes, der Flächen und damit der Eintrittskondensation verknüpft.

Die Gleichstromwirkung besteht darin, daß bei Anordnung der

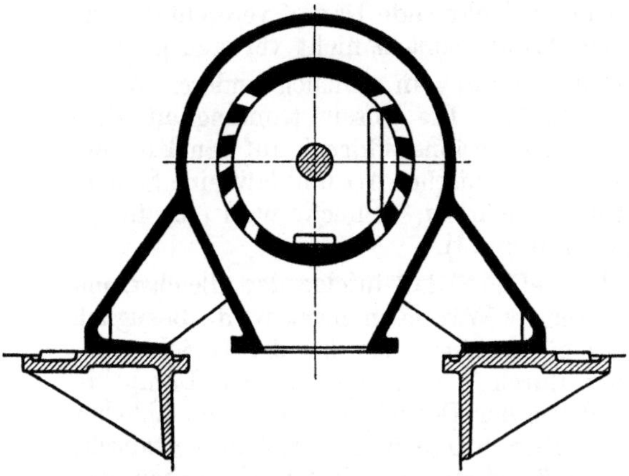

Schlitze am Hubende der Dampf den Zylinder in gleichbleibender Richtung durchströmt und für die Ausströmung nicht umzukehren braucht. Prof. S t u m p f , dessen Bemühungen hauptsächlich die Einführung dieser Maschinenart veranlaßt haben, schreibt dieser unveränderlichen Strömungsrichtung den Hauptvorteil zu und begründet dies zum Teil nach Abb. 355 mit der Feuchtigkeitsverteilung im Zylinder. Die von dem geheizten Deckel an den Dampf übergehende Wärme hält diesen in Deckelnähe überhitzt, während der Dampf nach dem Kolben hin an Nässe zunimmt. Beim Auspuff soll

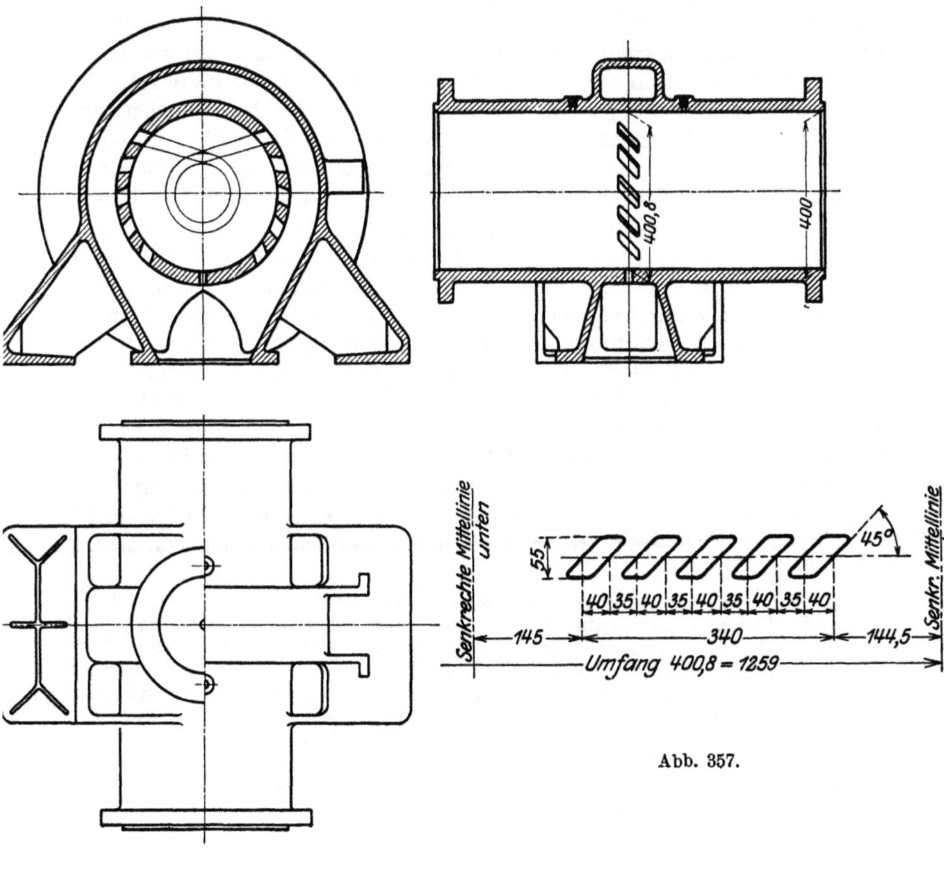

Abb. 357.

nun dieser nasse Dampf ausströmen, während nach Abschluß der Auslaßschlitze der die Deckelwärme aufnehmende Dampf verdichtet wird, die aufgenommene Wärme dem Prozeß sonach nicht verloren geht.

In Wirklichkeit wird die Ausströmung in gänzlich anderer Weise, als in Abb. 355 dargestellt, verlaufen. Die Vorausströmung mit dem plötzlichen Spannungsabfall vom Expansionsenddruck auf den Kondensatordruck ist ein Vorgang überaus stürmischer Art und läßt eine Schichtung, wie in Abb. 355 angegeben, nicht zu, vielmehr wird eine innige Mischung des Zylinderinhaltes eintreten [1]).

Weiterhin wird als Vorteil angeführt, daß infolge der Gleichstromwirkung dem geheizten Deckel weniger Wärme entzogen wird. Bezüglich dieses Punktes ist aber darauf hinzuweisen, daß bei der Gleichstrommaschine die Kolbenstirnwand durch den ausströmenden Dampf in derselben Weise abgekühlt wird wie der Deckel bei Maschinen üblicher Bauart, so daß Deckel und Kolben lediglich ihre Rollen vertauscht haben. Zu erwähnen ist hier, daß bei den bekannten Versuchen von Callendar und Nicholson ein beträchtlicher Teil der während des Füllungsweges stattfindenden Eintrittskondensation an den zylindrischen Wandungen auf die Wärmeleitung und Übertragung durch den Kolben zurückzuführen war, der an dem wärmeren Ende des einfachwirkenden Zylinders Wärmemengen aufnahm, die an das andere, kühlere Ende abgegeben wurden. Die Größe dieser Wärmeübertragung ist abhängig von der Größe der Oberfläche des Kolbens, von der Vollständigkeit seiner Berührung mit der Wand und von dem bei Gleichstrommaschinen besonders großen Temperaturunterschied der beiden Zylinderenden. Bei den doppeltwirkenden Maschinen mit ihren annähernd gleichen Temperaturen an den Zylinderenden sind diese Verluste kleiner.

Auf die Bedeutung der Kompression für die Eintrittskondensation und Stoßfreiheit des Ganges ist auf S. 8 hingewiesen. Immerhin bleibt es fraglich, ob die an Maschinen gewöhnlicher Bauart gemachten Erfahrungen sich ohne weiteres auf die Gleichstrommaschinen mit ihren kleinen schädlichen Räumen und Flächen übertragen lassen. Um die Kompression nicht über die Einlaßspannung wachsen zu lassen, sind für kleine schädliche Räume sehr tiefe Luftleeren erforderlich, mit denen die Temperatur des mittleren Zylinderteiles sinkt. Bei höherem Kondensatordruck muß der schädliche Raum entsprechend größer werden, was ohne wesentliche Zunahme der schädlichen Flächen durch Vergrößerung des Spielraumes zwischen Kolben und Zylinderdeckel erreicht werden kann. Bei Auspuffbetrieb werden schädliche Räume von 15 bis

---

[1]) In den vorgenanntem Werk beigegebenen Konstruktionsregeln spricht Prof. Stumpf selbst von dem „explosionsartigen“ Auspuff bei Gleichstrommaschinen. Barr und Carpenter haben ebenfalls auf die fast plötzlich auftretende Verdampfung infolge der Druckentlastung bei der Vorausströmung hingewiesen. (Dubbel, Z. Ver. deutsch. Ing. 1901, S. 194.) Zweifellos wird die Einströmung während der Füllung ruhiger verlaufen als die Vorausströmung. Vgl. jedoch die Ansichten über die Einströmung von Grashof (Zeuner, Techn. Thermodynamik, S. 422) und Brauer, Z. Ver. deutsch. Ing. 1899, S. 868. Infolge der plötzlichen Verdampfung des Wasserbelages bei der Vorausströmung werden die Zylinderwandungen getrocknet, was den Wärmeaustausch verringert.

18 vH. nötig, so daß eine Überlegenheit der Gleichstrombauart hier nicht mehr festzustellen ist.

Als wesentlicher Vorteil der Gleichstrom-Maschine bleibt die bei guter Luftleere mögliche Verringerung der schädlichen Räume und Flächen, auf die in der Hauptsache der geringe Dampfverbrauch zurückzuführen ist[1]).

Der Einlaß der Gleichstrommaschinen kann in üblicher Weise durch die vorbehandelten Steuerungen gesteuert werden. Da zur Erzielung günstiger Expansion die Füllungen sehr klein gewählt

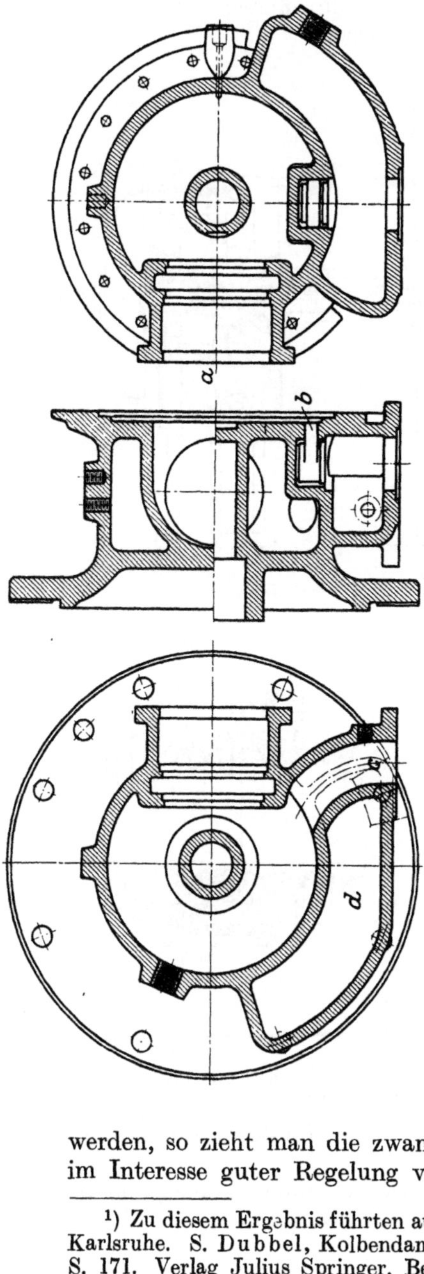

Abb. 358 [2]). a = Einlaßventilsitz. b = Zuschaltventilsitz. c = Dampfeintritt. d = Zuschaltraum

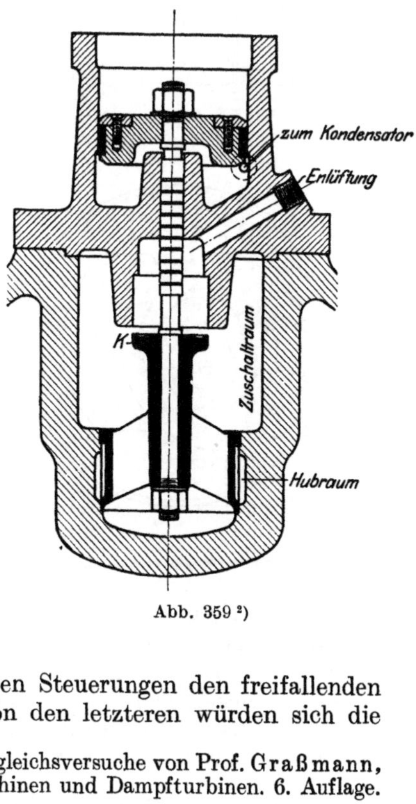

Abb. 359 [2])

werden, so zieht man die zwangläufigen Steuerungen den freifallenden im Interesse guter Regelung vor. Von den letzteren würden sich die

[1]) Zu diesem Ergebnis führten auch Vergleichsversuche von Prof. Graßmann, Karlsruhe. S. Dubbel, Kolbendampfmaschinen und Dampfturbinen. 6. Auflage. S. 171. Verlag Julius Springer, Berlin.

[2]) Ausführung der Maschinenfabrik Augsburg-Nürnberg, Werk Augsburg. Maßstab 1 : 8.

Steuerungen mit kleinem Einfallweg der Klinke nach S. 244 überhaupt nicht eignen. Meist werden Flachregler mit Schubkurvenantrieb ausgeführt, die infolge der geringen Erhebungen bei kleinen Füllungen ganz besonders sorgfältig konstruiert werden müssen. Die Höchstfüllung wird oft mit ungefähr 30 vH. begrenzt.

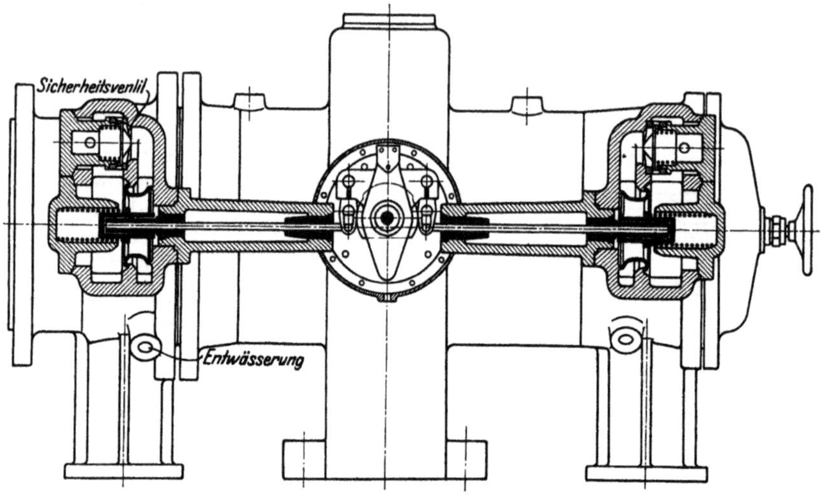

Abb. 360 [1]).

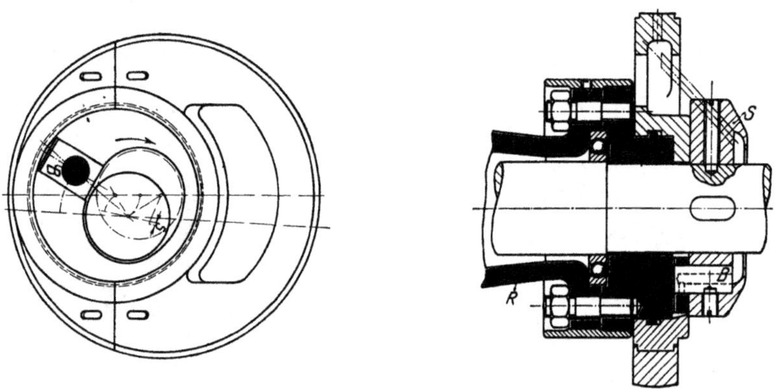

Abb. 361 [2]).

Da der Zylinder sich an den heißen Enden bedeutend stärker ausdehnt als in der Mitte, so wird der Zylinder hier auf einen größeren Durchmesser als an den Enden ausgebohrt, so daß im Betrieb der Zylinder überall gleichen Durchmesser zeigt.

Die Einlaßorgane werden meist im Deckel untergebracht, um den schädlichen Raum zu verringern, den Heißdampfinhalt des Deckels

[1]) Bauart Paul H. Müller, Hannover.
[2]) Bauart Paul H. Müller, Hannover. Maßstab 1 : 6.

in steter Bewegung zu halten und den Zylinder als möglichst einfaches Rohr ohne Ansätze ausführen zu können.

Wagerechte Ventillagerung zeigt die Bauart der Maschinenfabrik Augsburg-Nürnberg (Abb. 356). Die kurze, von einem Lentz-Flachregler gesteuerte Exzenterstange setzt die Steuerwelle, welche Lentz-Daumen trägt, in Schwingungen. Durch möglichst gleichmäßige Dampfzuführung zu den Ventilen werden die seitlichen Drücke, die durch eine lange bis zum Ventil reichende Spindelführung aufgenommen werden, verringert. Abb. 357 und 358 zeigen die einfache Zylinderform und die Deckel. Das selbsttätige Zuschaltventil dieser Maschine ist in Abb. 359 dargestellt. Erreicht der Kondensatordruck eine unzulässige Höhe, so stellt das sich hebende Ventil die Verbindung zwischen Hubraum des Zylinders und Zuschaltraum her, der gleichzeitig durch den Kolben *K* von der Entlüftungsleitung abgesperrt wird. Die Entlüftung ist nötig, damit bei wiederholtem Antrieb des Ventils kein vom vorigen Ventilspiel zurückgebliebener Dampf den Ausgleich stört.

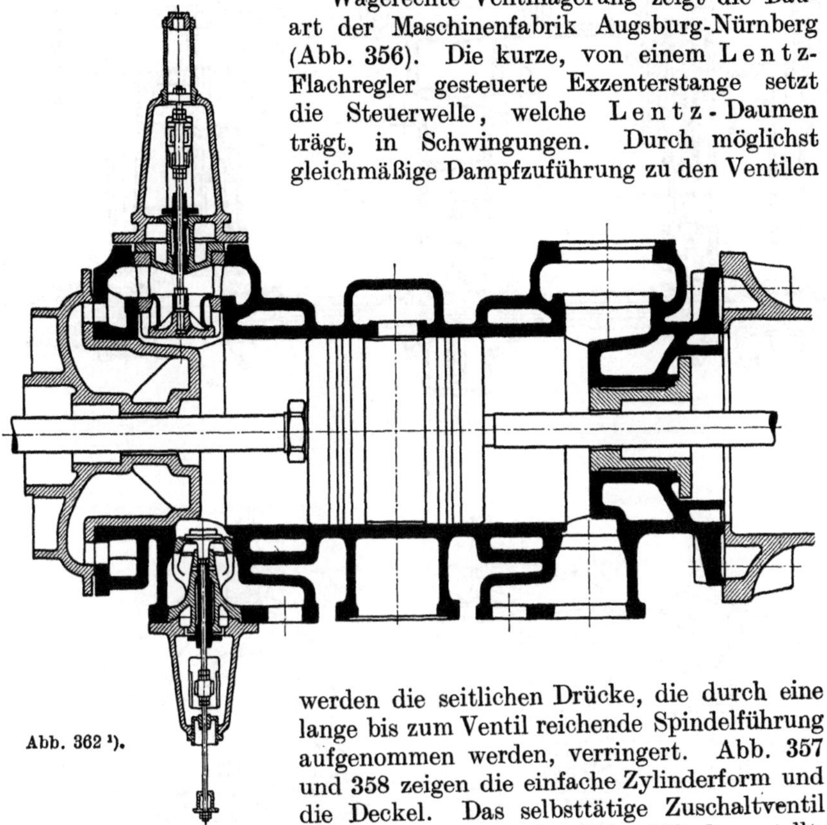

Abb. 362 [1]).

Abb. 363 zeigt die Anordnung der Zuschaltventile bei einer von Galloway in Manchester gebauten Gleichstromdampfmaschine. Die Lösung ist wegen der stufenweisen Wirkung der Zuschaltventile bemerkenswert. Die Ventile *a*, nach innen öffnend und durch Federn auf ihren Sitz gedrückt, werden wie bei den auf S. 373 f. beschriebenen Fördermaschinen-Steuerungen durch schräge Nocken gesteuert. Die Stellung dieser und damit die Dauer der Ventilerhebung wird mittels des Kolbens *c* und Feder *d* durch den Kondensatordruck so bestimmt, daß die Nocken bei guter Luftleere ausgerückt sind. Die Maschine kann auch, was für das Anfahren vorteilhaft ist, ohne Luftleere anlaufen. (Die Anordnung dürfte bei Beeinflussung des Kolbens *c* durch den Heizdampfdruck auch für Dampfentnahme während der Expansion verwendbar sein.)

[1]) Ausführung von G. Kuhn, Stuttgart-Berg. Maßstab 1 : 20.

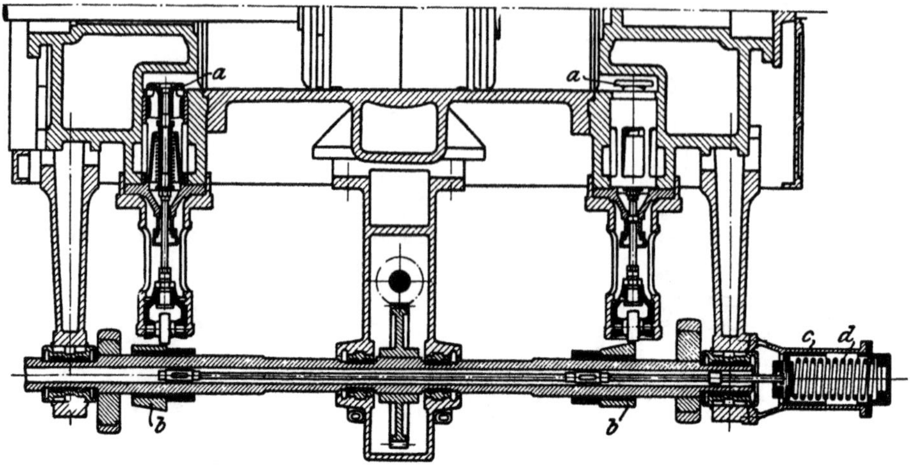

Abb. 363.

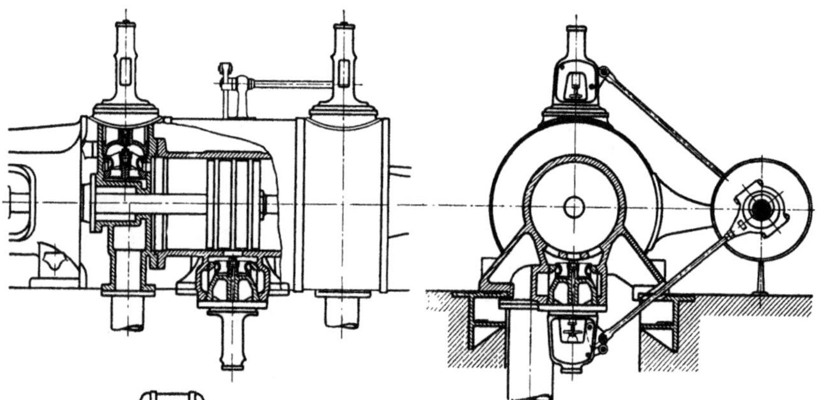

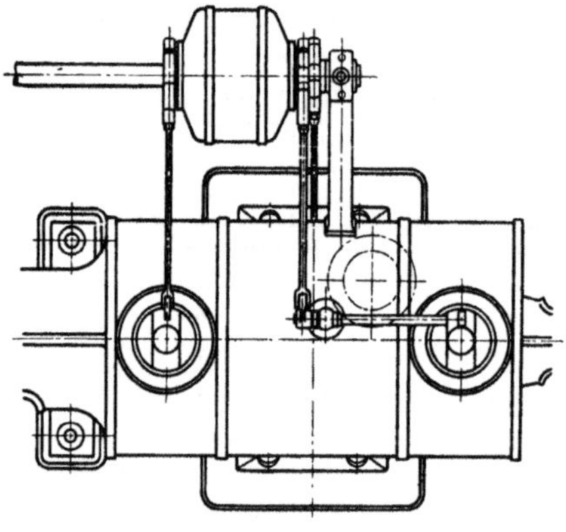

Abb. 364 [1]).

[1]) Entwurf von Dr. Proell, Dresden. Maßstab 1 : 40.

Abb. 360 gibt eine Bauart von Paul H. Müller in Hannover wieder, die sich namentlich für kleinere Leistungen eignet. Die Einlaßventile liegen seitlich und wagerecht am Zylinder. Die Enden der Ventilspindeln, die sich lose gegen die Ventile legen, sind in Hebeln gelagert, deren Schubkurve mit der Schubkurve am Rande einer vom Flachregler gesteuerten Schwingscheibe zusammenarbeitet. Die Anordnung entspricht sonach im wesentlichen dem Antrieb nach Abb. 226. Die Exzenterverstellung wird nach Abb. 361 ausgeführt; statt des Auslaßexzenters (Abb. 286) ist eine besondere Scheibe für die Aufhängung des Einlaßexzenters vorgesehen.

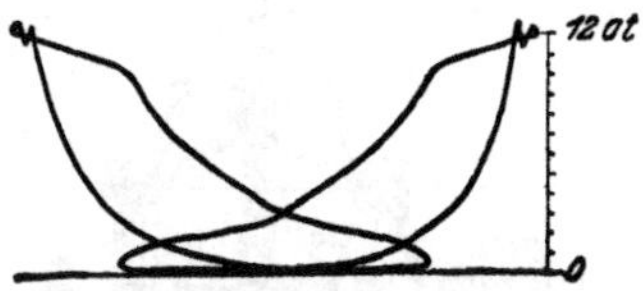

Abb. 364 a.

Die Ausführung nach Abb. 362 sieht neben den Auspuffschlitzen besondere Auslaßventile vor, um die Kompression zu verringern.

Derselbe Zweck wird durch die Bauart nach Abb. 364 erreicht, bei der die Auslaßschlitze nicht am Ende des Hubes, sondern in Hubmitte angeordnet sind und durch ein besonderes Auslaßventil gesteuert werden. Der Zeitpunkt der Vorausströmung ist beliebig wählbar, während die Kompression spätestens nach Überschleifen der Schlitze durch den Kolben beginnt und in diesem Falle rund 60 v. H. beträgt. Das Auslaßventil muß geschlossen werden, ehe der Kolben die Schlitze auf der Expansionsseite freilegt.

Als Vorteile der Bauart sind die Ausführung des Kolbens in normaler Länge und die Verringerung der Kompression zu nennen, so daß bei kleinem schädlichen Raum am Hubende und gewöhnlichen Luftleeren ohne zu hohe Endspannungen gearbeitet werden kann. Der von den Schlitzen bis zu dem Auslaßorgan sich erstreckende schädliche Raum ist bedeutend, wird aber erst gegen Mitte der Expansion von Dampf mit niedrigerem Druck und tiefer Temperatur aufgefüllt, so daß seine nachteilige Wirkung zurücktritt. Die Diagramme, Abb. 364a, zeigen den Verlauf der Expansion.

Die Kompression erfährt weitere Verringerung, wenn zwei gesteuerte Auslaßschlitze nach Abb. 365 angeordnet werden, von denen jeder nur die Hälfte des ganzen Auslaßquerschnittes aufzuweisen braucht.

Geht der Kolben während der Expansion nach rechts, so schaltet sich zunächst der schädliche Raum des linken Auslaßventils zu. Bei der Freilegung der rechten Schlitzreihe öffnet sich das linke Auslaßventil, während das rechte noch geöffnet ist; der Dampf strömt also durch beide Ventile ab. Beim Linksgang des Kolbens schließt ungefähr gleichzeitig mit dem Abschluß der rechten Schlitzreihe durch den Kolben auch das zugehörige Ventil und der Dampf strömt durch das linke Auslaßventil ab, bis nach Abschluß der linken Schlitze die Kompression eingeleitet wird.

Die Auslaßventile dieser, von der Demag nach Patent Hunger gebauten Steuerung haben also nur den Zweck, während der Expansion die betreffende Schlitzreihe vom Auspuff zu trennen, sonst sind sie immer geöffnet.

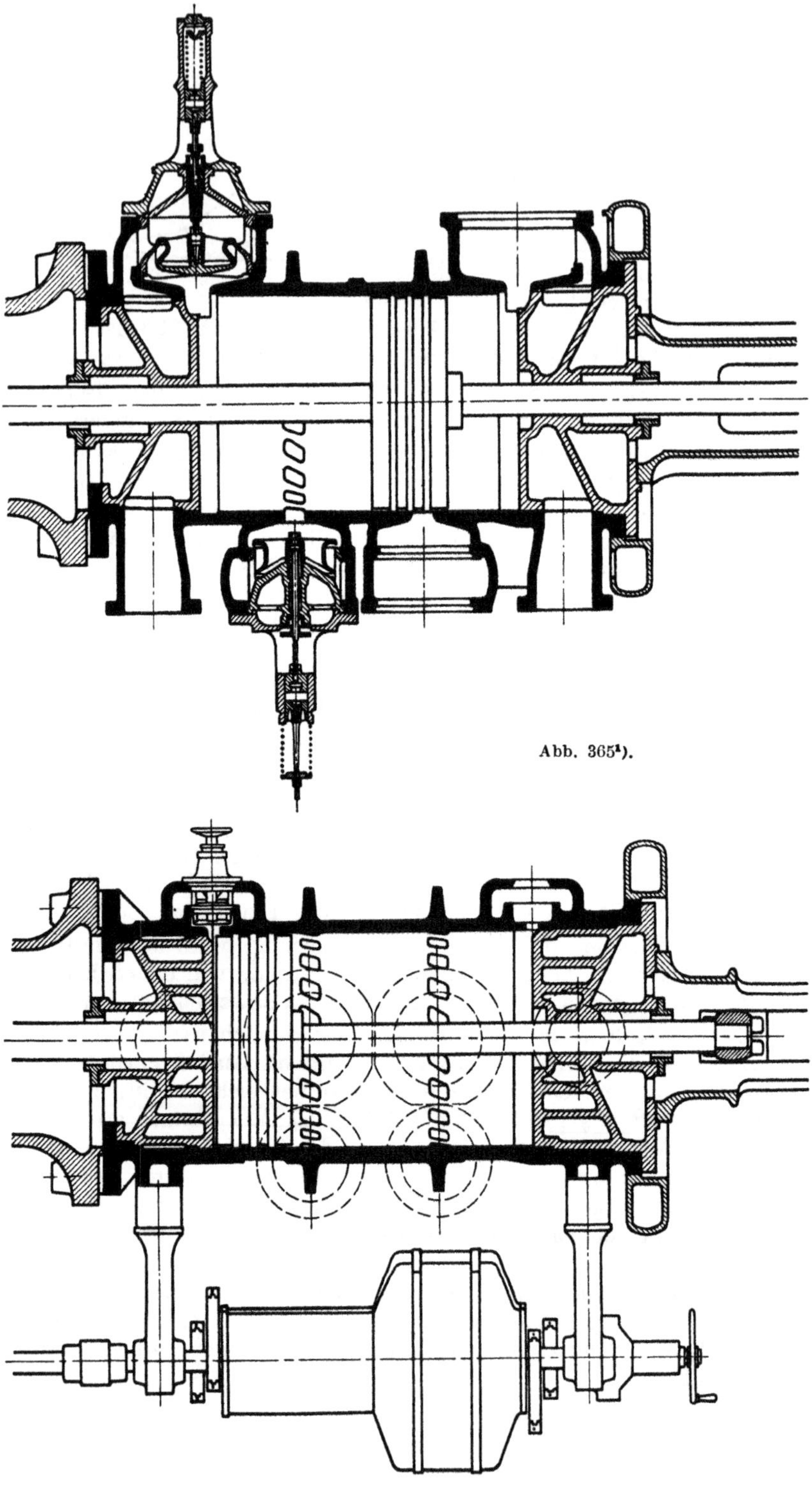

Abb. 365[1]).

Die Einlaßventile werden durch Flachregler und Schwingdaumen nach Proell gesteuert.

In Abb. 366 tritt die Zusammensetzung des Gleichstromzylinders aus zwei einfach wirkenden Zylindern auch äußerlich in die Erscheinung. Die Maschine wirkt in gleicher Weise wie die Stumpf-Maschine und ihre Abarten, hat jedoch zwei Kolben von normaler Länge. Besondere Öffnungen neben den Schlitzen bezwecken die Verhütung einer Kompression des die leerlaufenden Zylinderseiten anfüllenden Auspuffdampfes. Die äußere Steuerung arbeitet mit Rollkurven und Proellschem Flachregler. Kleinere Maschinen werden mit einfachen Kolbenschiebern ausgeführt.

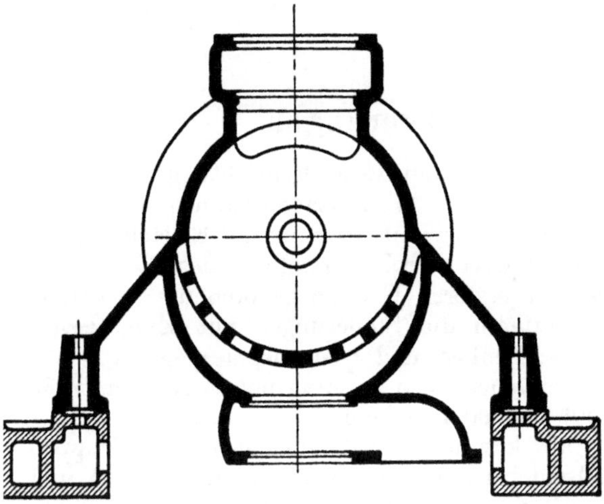

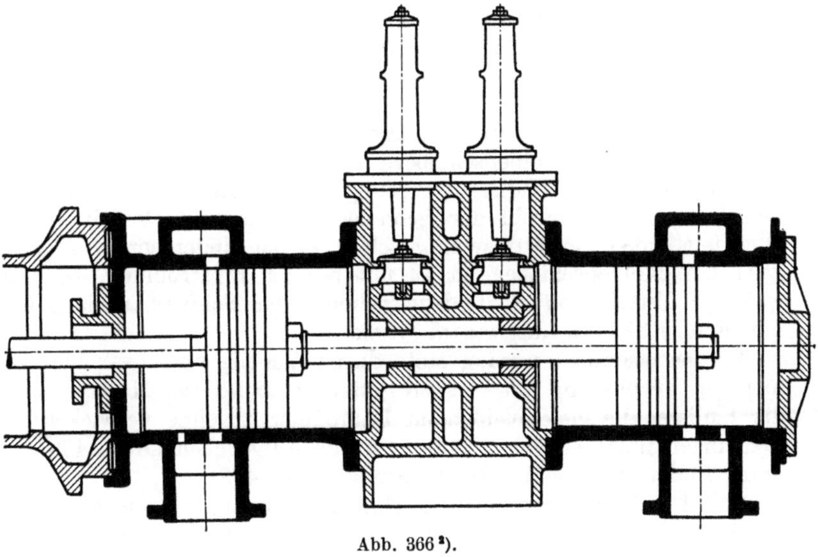

Abb. 366[2]).

[1]) Walzenzugmaschine der Deutschen Maschinenfabrik-A.-G. (Demag) Duisburg.

[2]) Ausführung der Maschinenfabrik Kühnle, Kopp & Kausch, Frankenthal. Maßstab 1 : 15.

IV. Die Umsteuerungen.

Diese kommen bei Machinen, die mit zwei Drehrichtungen arbeiten, wie Lokomotiven, Fördermaschinen, Walzenzugmaschinen usw., zur Anwendung. Die Drehrichtung wird entweder durch Einstellung der Dampfverteilungsorgane selbst oder durch Verstellung des Steuerungstriebwerkes geändert. Zu der ersteren Gruppe gehören die „inneren" Umsteuerungen, zu den letzteren die Steuerungen mit Exzenterverstellung, sowie die Kulissen-, Lenker- und Nockensteuerungen.

Die Kulissen- und Lenkersteuerungen arbeiten mit Exzenterantrieb, die Nockensteuerungen mit unrunden Scheiben.

Als Abschlußorgan kommen für die beiden ersten Gruppen hauptsächlich der Muschelschieber und seine Abarten nach Trick und Penn zur Verwendung. Da die resultierenden Exzenter dieser Steuerungen durch eine geradlinige oder annähernd geradlinige Scheitelkurve bestimmt sind, so arbeiten sie bei kleinen Füllungen mit sehr kleinen Exzentern — vgl. S. 75 —, so daß durch die mehrfache Eröffnung wenigstens teilweise die hierbei auftretende starke Drosselung vermieden wird.

Die ausschließlich durch Kulissen gesteuerten Walzenzugmaschinen werden stets mit Kolbenschiebern ausgeführt, während bei den mit Lenker- oder mit Kulissensteuerung arbeitenden Lokomotiven und Schiffsmaschinen sowohl der Schieber als auch das Ventil — dieses allerdings noch verhältnismäßig selten — zu finden sind. Auch hier wird der Kolbenschieber, meist mit innerer Einströmung, bevorzugt, während Mittel- und Niederdruckzylinder der Schiffsmaschinen häufig mit Flachschiebern ausgerüstet werden.

Fördermaschinen werden stets durch Ventile und zwar neuerdings meist in Verbindung mit Nocken gesteuert; bei dieser Maschinenart ist die Kulisse, die gleichbleibenden Dampfaustritt ohne verwickelte Einrichtungen nicht erreichen läßt, gänzlich aufgegeben (Abb. 498). Mitunter findet sich die Lenkersteuerung (Abb. 473).

Soll bei Umsteuerungen der Einlaß unabhängig vom Auslaß sein, so kann dies durch Vereinigung einer Doppelschiebersteuerung mit der Umsteuerung erreicht werden — eine Bauart, die bei Schiffsmaschinen hin und wieder ausgeführt worden ist. Der Grundschieber wird durch Kulisse oder Lenker gesteuert, das Expansionsexzenter eilt der Kurbel um 180° vor, um durch die Bewegungsumkehr nicht in seiner Wirkung beeinträchtigt zu werden. Die Voreilung unter 180° ermöglicht auch durch Wahl entsprechender Hebelverhältnisse Antrieb des Expansionsschiebers vom Kreuzkopf aus (s. auch Anmerkung auf S. 372).

1. Die inneren Umsteuerungen[1]).

Hier sind zwei Arten zu unterscheiden, je nachdem ein besonderer die Ein- und Auslaßkanäle vertauschender Umsteuerschieber vorhanden ist, oder der Verteilschieber sich aus zwei Schiebern zusammensetzt, von denen der eine die Dampfverteilung für den Rückwärtsgang, der andere die für den Vorwärtsgang übernimmt.

Abb. 367 stellt schematisch eine Umsteuerung ersterer Art dar. Der Dampfeinlaß ist mit E, der Auslaß mit A bezeichnet. In Abb. 367 arbeitet der Schieber mit innnerer Einströmung. Wird der Umsteuerschieber U verschoben, so steuert der Schieber mit äußerer Einströmung.

Abb. 368 gibt den zur zweiten Steuerungsart gehörigen Schieber von Danek wieder. Der Muschelschieber m und der E-Schieber n

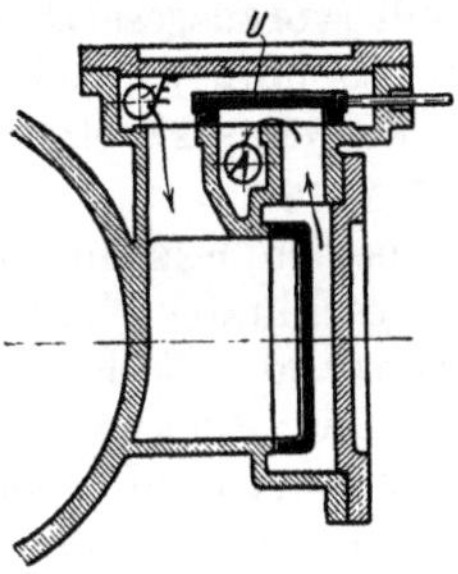

Abb. 367.

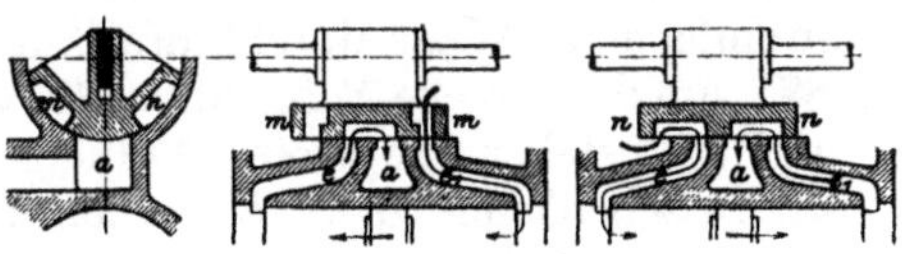

Abb. 368.

sind zu einem Steuerungsorgan vereinigt, durch dessen Drehung entweder nur m oder nur n zur Wirkung gelangt. Ebenso wie bei der inneren Einströmung muß bei dem E-Schieber das antreibende Exzenter der Kurbel um $90^0 - \delta$ nacheilen, also der Exzenterrichtung des gewöhnlichen Muschelschiebers diametral gegenüber, s. S. 48. Da aber — wie aus dem Folgenden hervorgehen wird — die Exzenter zum Zwecke der Richtungsumkehr nicht um 180^0, sondern um $180^0 - 2\,\delta$ zu verstellen sind, so muß $\delta = 0$ sein, d. h. die Schieber sind ohne Überdeckung auszuführen. Das theoretische Diagramm wird rechteckig ohne Expansion, Vorausströmung und Kompression, der Dampfverbrauch infolgedessen außerordentlich groß.

Auch bei der Ausführung nach Abb. 369 muß das Exzenter der Kurbel um 90^0 voreilen. Die Kammern k_3 und k_4 stehen mit dem Frischdampfraum, die Kammern k_2 und k_1 mit dem Abdampfraum A in Verbindung. Wird die Zwischenplatte so weit nach links geschoben, daß der Kanal x unter k_1, Kanal y unter k_4 gelangt, so strömt rechts der Dampf durch $k_4 - y - c$ zu, links durch $a - x - k_1$ ab.

[1]) C. Volk, Geräte und Maschinen zur bergmännischen Förderung.

Die Steuerungen nach den Abb. 367—369 gelangen wegen ihrer schon hervorgehobenen Unwirtschaftlichkeit nur bei kleineren Maschinen, wie Förderhaspeln, bei denen Einfachheit der Bauart Hauptbedingung ist, zur Ausführung.

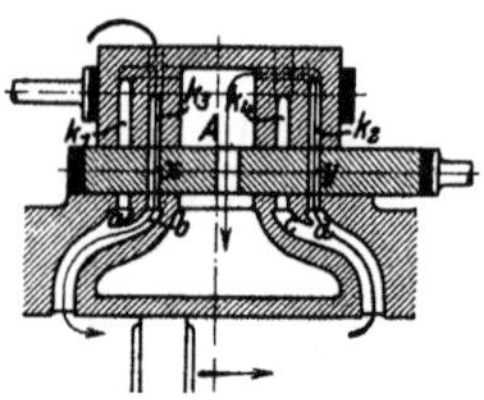

Abb. 369.

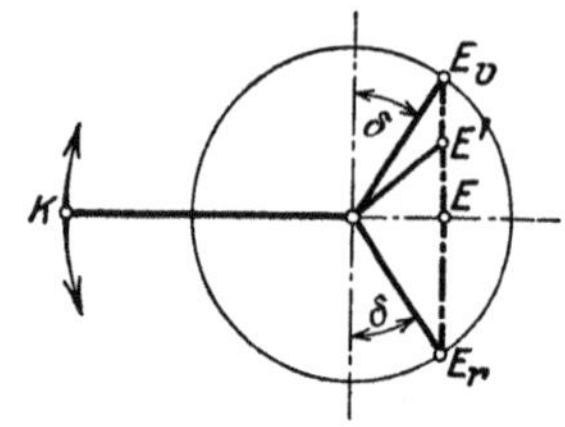

Abb. 370.

2. Umsteuerungen mit direkter Exzenterverstellung.

In Abb. 370 ist die Kurbel *OK* in der Totlage gezeichnet. Da das Exzenter der Kurbel stets um $90^0 + \delta$ voreilen soll (vorausgesetzt, daß der Schieber mit Überdeckungen ausgeführt ist), so muß je nach der Drehrichtung der Schieber entweder mit dem „Vorwärtsexzenter" E_v oder mit dem „Rückwärtsexzenter" E_r gekuppelt werden.

Diese Kupplung des Schiebers mit einem der beiden Exzenter läßt sich in einfachster Weise durchführen, indem ein geschlitztes Exzenter, Abb. 88a, um die Strecke E_vE_r, Abb. 370, verschoben wird. Die Exzenter OE_v und OE_r stellen die größte Füllung für Vor- und Rückwärtsgang ein, für Zwischenlagen OE', OE werden kleinere Füllungen bei größerer Kompression und Vorausströmung erhalten. Für die Verstellung des Exzenters von OE_v auf OE ist die Dampfverteilung die gleiche, wie in Abb. 91 für eine Drehrichtung angegeben. Wird in Abb. 91 die Scheitelkurve über den wagerechten Kreisdurchmesser verlängert, so ergibt sich das Diagramm für die Umsteuerung. Diese Verlängerung erübrigt sich jedoch, da für die untere Hälfte der Scheitelkurve dieselbe Dampfverteilung wie für die obere Hälfte, nur für entgegengesetzte Drehrichtung, folgt.

Geradlinige Verschiebung des Exzenters hat in neuerer Zeit Lentz eingeführt, Abb. 371 und 373. Abb. 371 zeigt eine hauptsächlich für Lokomotiven bestimmte Steuerung. Das Exzenter *a* ist an dem in der Gegenkurbel befestigten Zapfen *z* drehbar aufgehängt. Die mit schrägen Zähnen versehene Buchse *b* ist durch Feder und Nut *d* mit dem in Achsmitte liegenden Zapfen *c* auf Drehung gekuppelt. Buchse *b* wird von einer zweiten Buchse *m* umfaßt, deren Ansätze *n* in Eindrehungen von *b* so eingreifen, daß sich *b* ungehindert drehen kann. Verschiebt der Führer die Stange *s*, die mit schrägen Zähnen in Lücken der Buchse *m* gleitet, so werden beide Buchsen *m* und *b* axial verschoben, und das Exzenter schwingt um den Zapfen *z*. Die Scheitelkurve ist also ein Kreisbogen, dessen Radius gleich der Entfernung des Exzentermittelpunktes vom Zapfen *z* ist. Das Voröffnen ist sonach veränderlich.

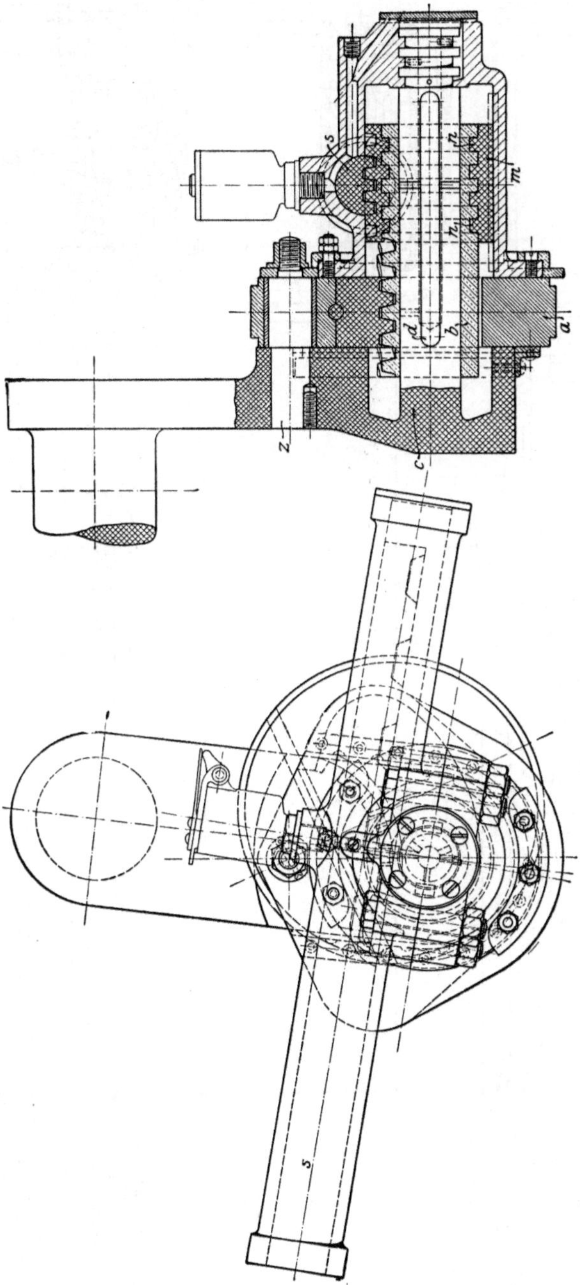

Abb. 371.

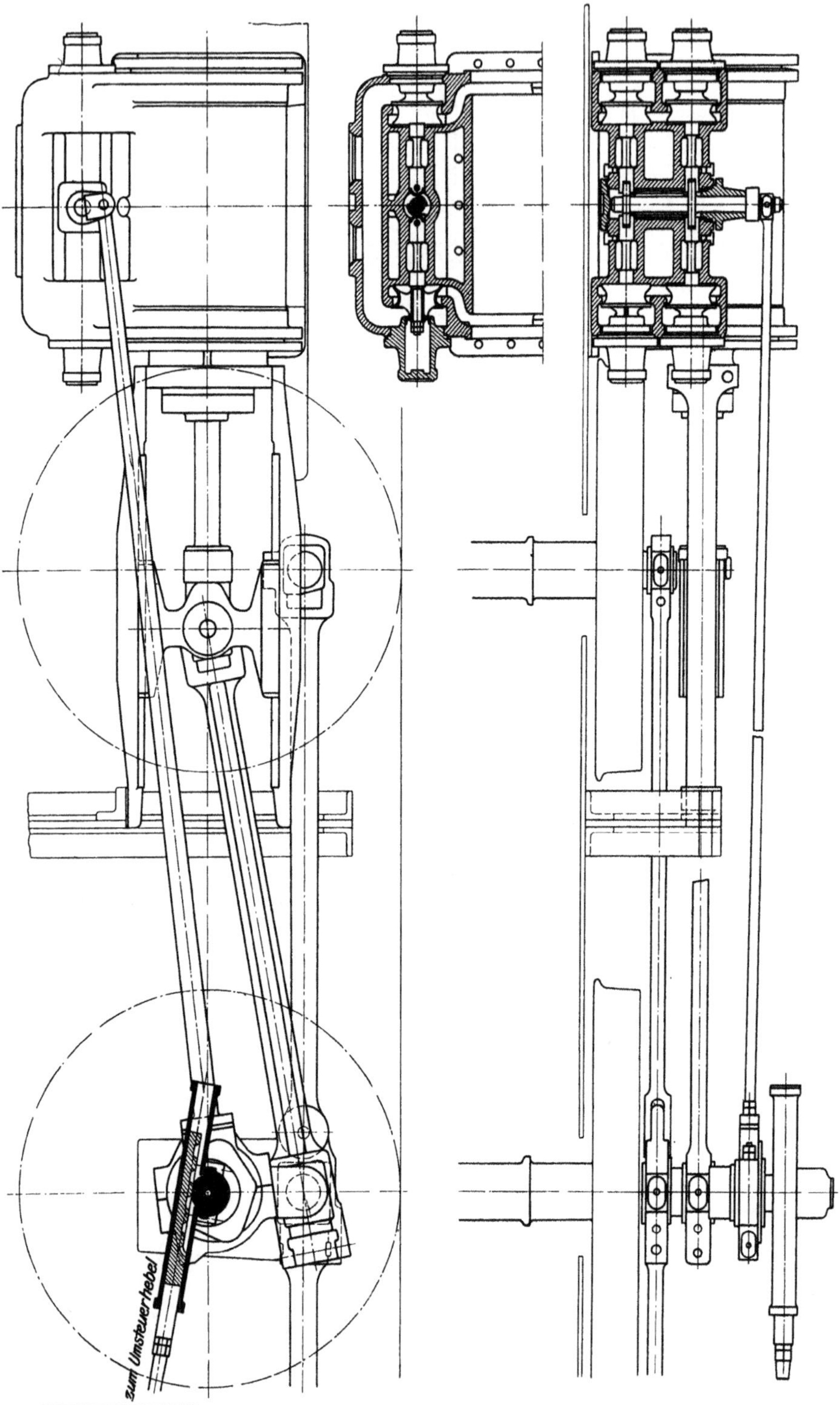

Abb. 372[1]).

[1]) Ausführung der Hannoverschen Maschinenbau-A. G. Maßstab 1 : 20.

Abb. 372 zeigt die Anordnung der Steuerung an der Lokomotive und die staubdichte Einkapselung des Triebwerkes. Die wagerecht gelagerten Ventile haben gemeinsamen Antrieb. Die Exzenterstange versetzt eine quer zum Zylinder gelagerte und Lentz-Daumen tragende Steuerwelle in Schwingungen.

Abb. 373 zeigt eine auf gleichen Grundsätzen beruhende Umsteuerung von Lentz für Schiffsmaschinen. Die Hauptwelle der Maschine ist durch einen Ansatz verlängert, der die zwei prismatischen Führungen für die beiden zu verstellenden Exzenter E und E_1 trägt. Die Exzenter sind zweiteilig und mit eingelegten Platten versehen. Durch

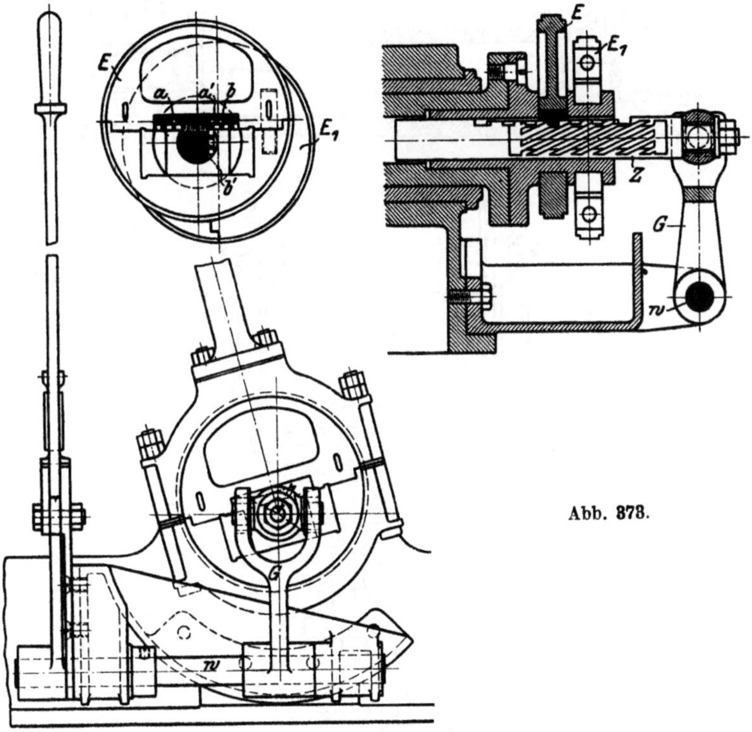

Abb. 373.

Verdrehen der Welle w wird das Gleitstück z mittels des Gabelhebels G verstellt, und die Exzentermittelpunkte werden durch die schrägen Zähne, die der Kurbelversetzung um 90° entsprechend in zwei senkrecht zueinander stehenden Ebenen liegen, auf den Scheitellinien ab bzw. $a'b'$ verschoben.

In Abb. 374—377 ist die neue Lokomotiv-Ventilumsteuerung von Caprotti in Mailand dargestellt, bei der Vorausströmung und Verdichtung unveränderlich sind. Eine quer zum Ventilkasten liegende Welle a wird durch Kegelräder von einer Gegenkurbel der Treibachse angetrieben. Von den drei auf a sitzenden Nocken b, c, d steuert b nur die Eröffnung, c den Schluß des Einlaßventils, während d das

Auslaßventil steuert. Die auf dem Nocken *b* rollende Scheibe *e* und die auf *c* rollende Scheibe *f* sind in einem Hebel vereinigt, dessen Dreh-

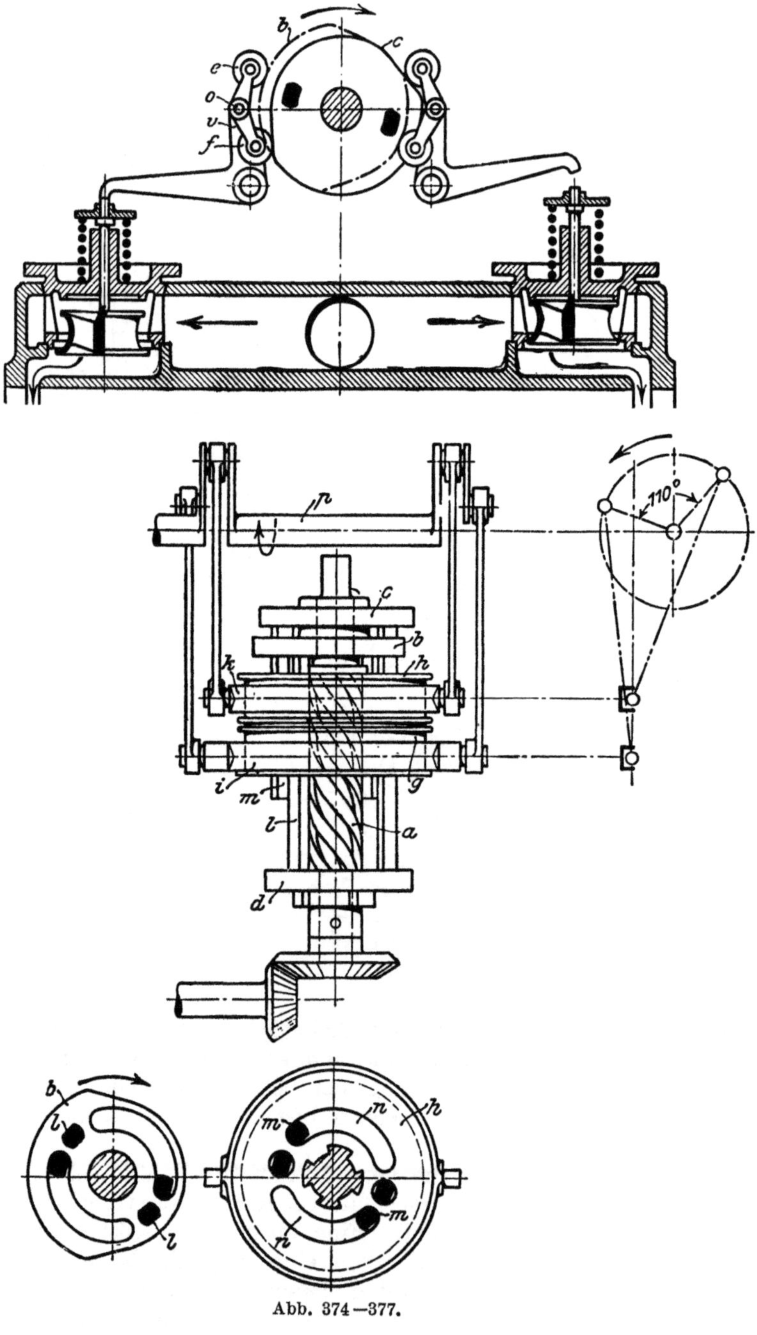

Abb. 374—377.

punkt *c* in dem das Ventil bewegenden Winkelhebel liegt (vgl. die Knoller-Steuerung, Abb. 327, S. 241). Es kann also bei veränderlicher Füllung auch die Voreinströmung konstant gehalten bleiben. Die Scheiben *g* und *h* auf dem Schraubengewinde der Welle *a* werden von den Ringen *i* und *k* umfaßt. Werden diese Scheiben durch Drehung der Umsteuerwelle *p* voneinander entfernt, so verdrehen sie die Nocken *b* und *c* gegeneinander durch kleine Hubstangen *l* und *m*, die durch Schlitze *n* der Scheiben *b* und *h* gehen.

Gegenüber den auf S. 373 behandelten Steuerungen der Fördermaschinen hat die hier dargestellte Anordnung den Vorteil, daß zwischen Rolle und Nocken Flächenberührung und nicht — wie bei Kugel und Nocken — Linienberührung stattfindet.

Das Reckesche Triebwerk nach Abb. 378 ist ebenfalls als Umsteuerung verwendbar. Durch Verschieben der Muffe *m* auf der Welle *w* wird der Arm *a* um eine senkrecht zur Welle *w* gelagerte Querachse gedreht. Arm *a* greift mit einem Stein, der sich um seine Längsachse drehen kann, in einen Schlitz der zu verstellenden Exzenterscheibe, die so um eine zur Welle *w* parallele Exzenterachse gedreht werden kann. Zur Vermeidung von Klemmungen müssen sich Exzenterachse, Querachse und Längsachse des Armes *a* in einem Punkt schneiden, und der Führungsschlitz muß genau radial nach der Exzenterachse hin gerichtet sein.

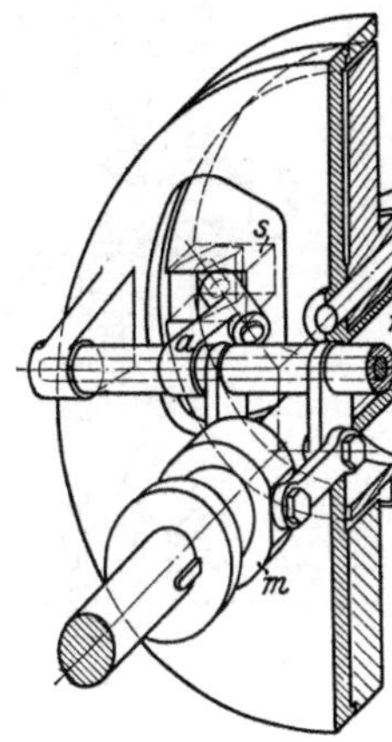

Abb. 378.

Was die Ventilanordnung der in den Abb. 371 und 373 dargestellten Umsteuerungen betrifft, so zeigt Abb. 372 für Lokomotiven wagerechte Ventillage, Abb. 379 senkrechte Ventillage. In neuerer Zeit ist Lentz wieder zur wagerechten Anordnung übergegangen, Abb. 380—382.

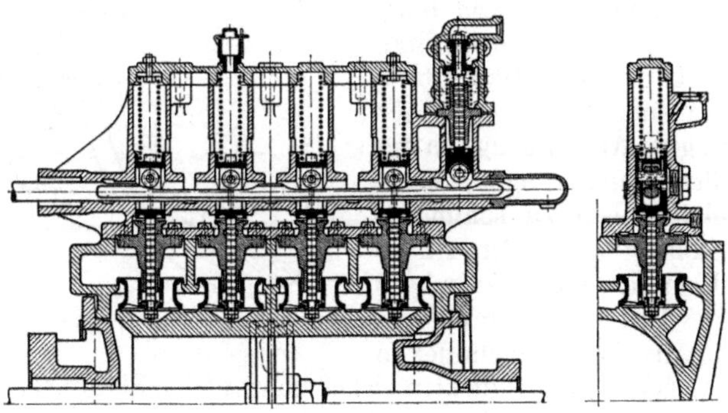
Abb. 379.

Die symmetrisch zur antreibenden Nockenwelle angeordneten Ventile sind in einen vollständig abgeschlossenen Ventilkasten eingebaut. Da einheitliche Größen der Ventildurchmesser und nur ein Typ Ventilkasten für sämtliche Lokomotiven vorgesehen werden, so wird die Herstellung der Kästen in Reihen ermöglicht, während im Betriebe leicht ein Vorrat an Reservekästen gehalten werden kann. Die Ventilkästen werden mit dem Zylinder durch vier kräftige, neben den Dampfkanälen angeordnete Schrauben verbunden; die Dampfkanäle werden sehr kurz.

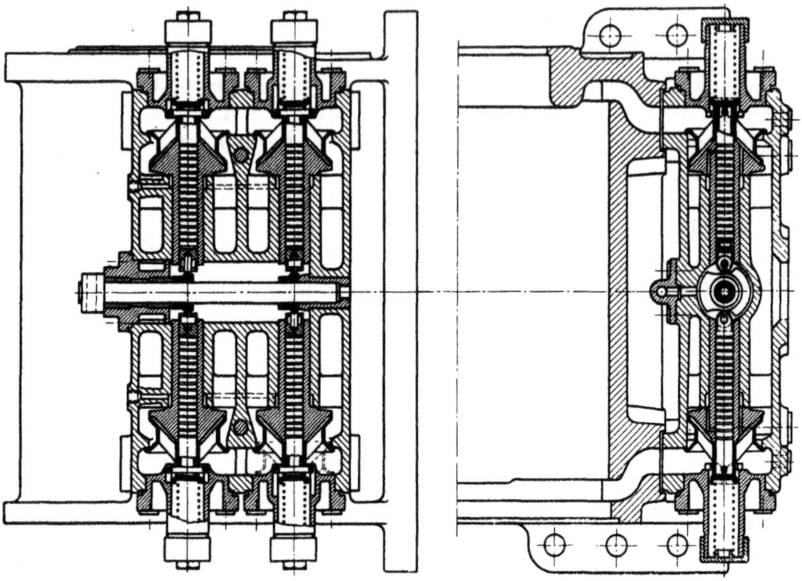

Gegenüber der Verwendung von Kolbenschiebern ergibt diese Bauart eine Gewichtsersparnis von 400 kg.

Die Ventile werden aus einem dünnen Stahlblech gestanzt, um die durch die Nocken und Schlußfedern zu beschleunigenden Massen möglichst zu verringern. Die Unempfindlichkeit gegen hohe Dampftemperatur verhindert das Verziehen und sichert gute Abdichtung. Da nur die Ventilspindelführungen, keine Schiebergleitflächen zu schmieren sind, so kommt im Gegensatz zu Kolbenschiebern das Schmieröl nicht mit dem Heißdampf vor dessen Eintritt in den Zylinder in Berührung. Es kann also — da keine Rücksicht auf den Flammpunkt des Öles genommen zu werden braucht — die Überhitzungstemperatur erhöht werden.

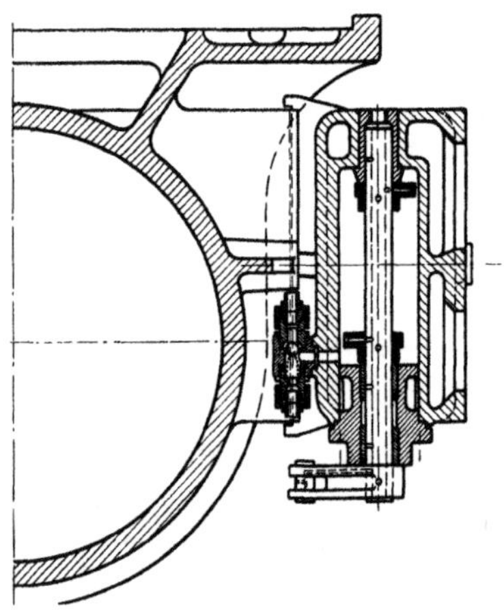

Abb. 380—382.

Unter Voraussetzung gleichen Spielraumes zwischen Deckel und Kolben betragen die schädlichen Räume 13,7 und 12,6 vH. bei Kolbenschiebern, 10,07 und 9,5 vH. bei Ventilen. Bemerkenswert ist das geringe Gewicht der Ventile: Einströmventil 1,3 kg, Ausströmventil

1,5 kg, mit Spindel und Rolle 2,6 und 3,2 kg. Bei der ersten österreichischen Lokomotive betrug die Vorspannung der Schlußfedern 16 kg, der Höchstdruck etwa 40 kg. Die Beschleunigungskräfte betragen bei größter Füllung (Leerfahrt mit ausgelegter Steuerung) 13,7 kg bei den Einlaß-, 19 kg bei den Auslaßventilen gegenüber 750 kg beim Kolbenschieber.

Ein Vergleich zwischen den Ein- und Auslaßquerschnitten der Lentz-Ventile und Kolbenschieber ist in nachstehender Zahlentafel aufgestellt.

Zahlentafel 1.

Füllungsgrad	Einlaßventil		Auslaßventil	
	Größte Erhebung mm	Freier Durchgangsquerschnitt cm²	Größte Erhebung mm	Freier Durchgangsquerschnitt cm²
58 v H.	11,25	112,2	17,5	151,4
66 „	15	149,9	18	151,4
	Kolbenschieber		**Kolbenschieber**	
	Größte Eröffnung mm	Freier Durchgangsquerschnitt cm²	Größte Ausströmöffnung mm	Freier Durchgangsquerschnitt cm²
58 v.H.	18,5	102,5	18,5	102,5
66 „	25	140	25	140

In dem Zeitraum von Frühjahr 1921 bis Herbst 1922 wurden vom österreichischen Bundesministerium für Verkehrswesen unter Leitung des Sektionsschefs Rihosek Versuche an Lokomotiven mit Meßwagen durchgeführt, deren Ergebnisse in Abb. 383 und in beistehender Zusammenstellung wiedergegeben sind. Hervorzuheben ist auch eine bedeutende Ersparnis an Schmieröl.

Die Lokomotiven liefen auf der 84,6 km langen Strecke Nußdorf-Sigmundsherberg.

Abb. 384 zeigt die Anordnung der Ventile und des Triebwerkes bei größeren Lentz-Schiffsmaschinen und stellt zwei von den vier gleichen Zylindern einer Verbundmaschine (mit einem Hochdruck- und drei Niederdruckzylindern) dar. Die beiden äußeren Niederdruckzylinder, deren Kurbeln um 180° gegeneinander versetzt sind, werden gemeinsam durch nur eine Welle gesteuert, die von den beiden Hohlwellen für die Steuerung der beiden anderen Zylinder umfaßt wird. Die Verstellspindel enthält noch eine besondere Verzahnung für das Hochdruckexzenter, so daß die Füllung des Hochdruckzylinders unabhängig von den Niederdruckfüllungen eingestellt werden kann. Ein- und Auslaßventile sind völlig gleich ausgeführt, so daß das Gewicht der Auslaßventile durch die Schlußfeder aufgenommen wird, die außerdem das Ventil gegen den Dampfdruck auf seinen Sitz pressen muß und den erforderlichen Dichtungsdruck aufzubringen hat.

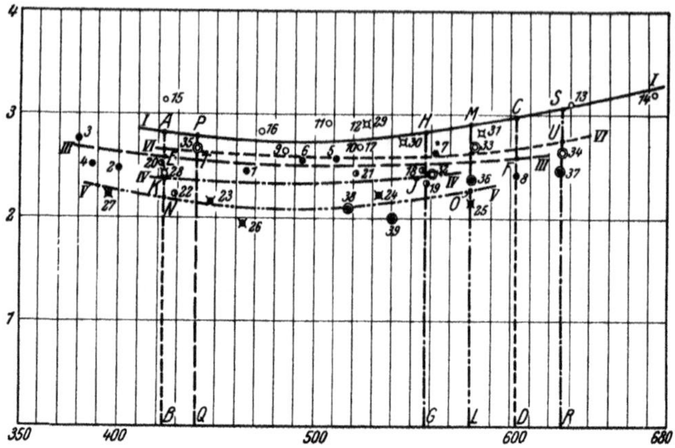

Abb. 383.

I ○ ———	Großrohr-Überhitzer,	breite Kolbenschieberringe.	
II ¤	,,	,, schmale ,,	
III ● - - - -	,,	,, Lentz-Ventilsteuerung, kleine Nocken.	
IV ◦ —·—·—	Kleinrohr-	,, breite Kolbenschieberringe.	
V ✖ —··—··	,,	,, Lentz-Ventilsteuerung, große Nocken.	
VI ○ — — —	Großrohr-	,, breite Kolbenschieberringe, Dabeg-Vorwärmer.	Dampfpumpe
VII ●	,,	,, ,, ,, ,,	,, Fahrpumpe.

Kohlenersparnis von Lokomotiven der Bauart III gegen Bauart I, gerechnet aus Fläche *ABCD* und Fläche *EBFD*: 9 vH.

Kohlenersparnis von Lokomotiven der Bauart IV gegen Bauart I, gerechnet aus Fläche *ABGH* und Fläche *KBGJ*: 15,1 vH.

Kohlenersparnis von Lokomotiven der Bauart V gegen Bauart I, gerechnet aus Fläche *ABLM* und Fläche *NBLO*: 22,9 vH.

Kohlenersparnis von Lokomotiven der Bauart VI gegen Bauart I, gerechnet aus Fläche *PQRS* und Fläche *TQRU*: 7,7 vH.

3. Die Kulissensteuerungen.

a) Steuerung von Stephenson.

Die Kulissensteuerungen arbeiten mit zwei Exzentern OE_v und OE_r, oder auch mit einem Exzenter, wobei eine zweite Bewegung vom Kreuzkopf der Maschine abgeleitet und mit der Bewegung des Exzenters an einem Gelenk vereinigt wird. Die Wirkungsweise dieser Steuerungen ist an Hand der Stephensonschen Kulisse in den schematischen Darstellungen, Abb. 385—386, erklärt. Die Kurbel ist in der vom Zylinder abgewendeten Totlage wiedergegeben. Ist hierbei das Vorwärtsexzenter E_v mit dem oberen Endpunkt der Kulisse, das Rückwärtsexzenter mit dem unteren Endpunkt der Kulisse verbunden, so arbeitet die Steuerung mit „offenen" Stangen, im umgekehrten Fall mit „gekreuzten" Stangen. Beide Anordnungen sind in Abb. 385, I und II, dargestellt. Bei den mit Inneneinströmung steuernden Schiebern liegt umgekehrt im Falle der gekreuzten Stangen die Kurbel in der dem Zylinder zugewendeten Totlage.

Im übrigen ist zu beachten, daß auch bei der Anordnung mit offenen Stangen diese sich kreuzen, wenn sich Kurbel und Exzenter z. B. um 180^0 gedreht haben.

Die beiden Exzenter werden der Abb. 370 entsprechend aufgekeilt. Die Kulisse ist so anzuordnen, daß sie in den beiden Totlagen der Kurbel symmetrisch zur Schieberbewegungsrichtung steht. Am Ende der geradlinig geführten Schieberstange ist ein Stein angebracht, der in die Kulisse eingreift. Diese wird vom Maschinenführer mittels eines Gestänges je nach Drehrichtung und Größe der Füllung gehoben oder gesenkt. Die Abb. 386 I und IV geben die beiden Endlagen der Kulisse wieder, wobei angenommen ist, daß durch besondere Bauart der Kulisse die Zapfenmitten v und r mit der Mitte des Steines k zusammenfallen können. Aus Abb. 386 I ist sofort ersichtlich, daß der Schieber ausschließlich vom Exzenter E_v gesteuert wird, die Maschine also vorwärts läuft. Das Rückwärtsexzenter E_r bewirkt nur tote Schwingungen des Zapfens r, der sich um Zapfen v dreht und infolge der gleichzeitigen, wagerechten Bewegung dieses Zapfens ○- oder ∞-Kurven beschreibt. Die Kulissenlage nach Abb. 386 IV hat dieselbe Bedeutung für den Rückwärtsgang der Maschine.

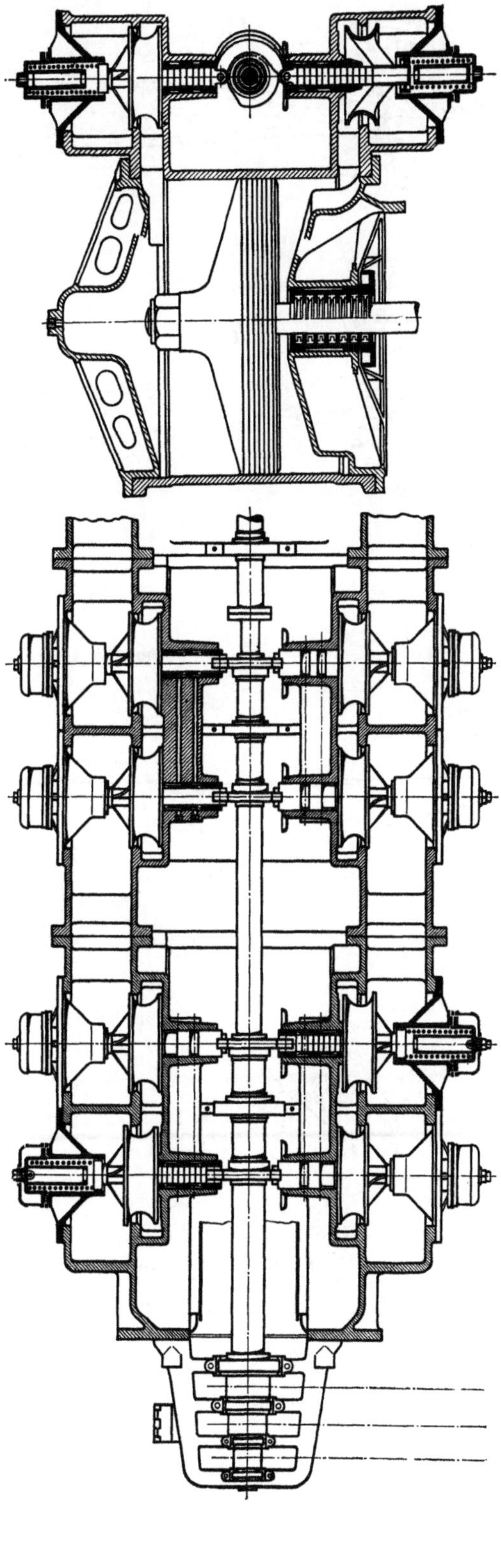

Abb. 384.

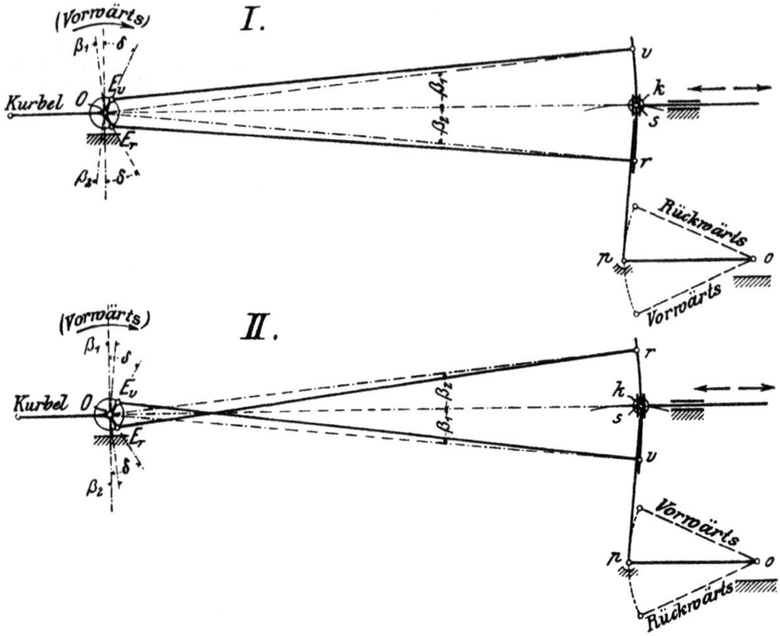

Abb. 385 I—II.

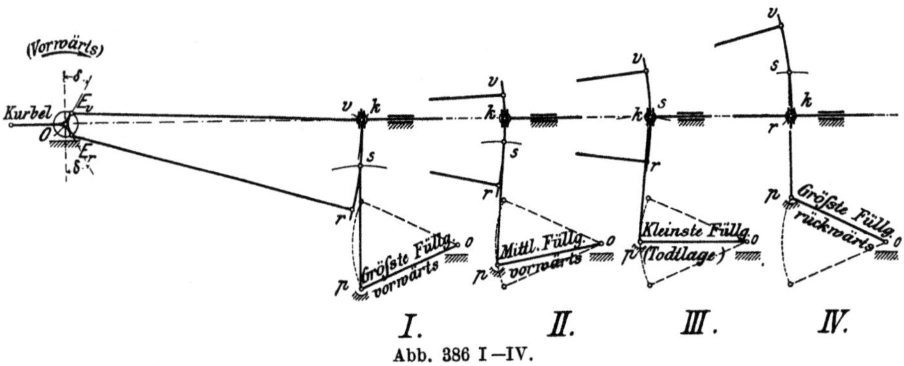

Abb. 386 I—IV.

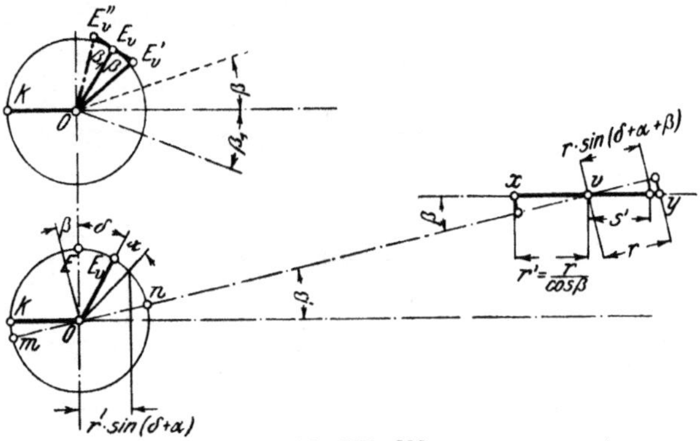

Abb. 387—388.

In den Endlagen der Kulisse wird gemäß der Wahl von Voreilwinkel δ und äußerer Überdeckung e größte Füllung gegeben. Um die Dampfverteilung auch für Zwischenlagen der Kulisse zu ermitteln, ist zu beachten, daß hierbei zwei Exzenter auf den Schieber einwirken, die durch ein resultierendes Exzenter in ihrer Wirkung ersetzt werden können.

Abb. 386 III zeigt die Mittellage zwischen den beiden äußersten Einstellungen, die sog. „Kulissentotlage". Hierbei steht der Stein in der Mitte der Kulisse und die beiden Exzenter wirken in gleicher Weise auf ihn ein. Das resultierende Exzenter eilt der Kurbel um 180° vor, und es entsteht eine Dampfverteilung, die infolge der durch die sehr geringe Kanaleröffnung bedingten starken Drosselung in Verbindung mit langer Kompression und Vorausströmung die Maschine zum Stillstand bringt. Aus der Zwischenlage II nach Abb. 386 ist ersichtlich, daß hierbei das Vorwärtsexzenter OE_v einen stärkeren Einfluß ausübt als

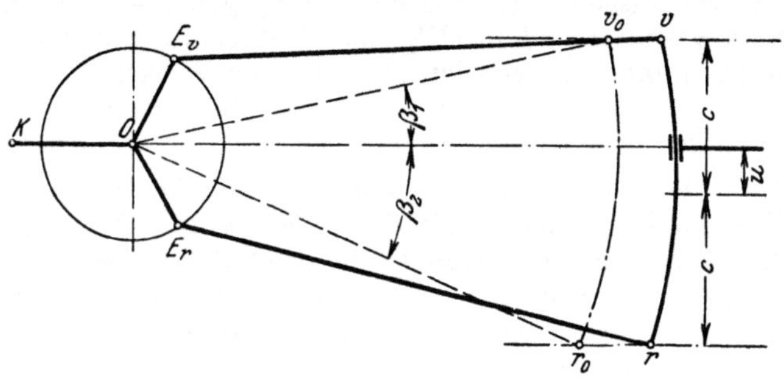

Abb. 389.

das Rückwärtsexzenter, so daß ein Ersatzexzenter wirksam ist, das kleine Füllung im Sinne des Vorwärtsganges gibt.

Die Anordnung mit gekreuzten Stangen nach Abb. 385 II weicht insofern von der Wirkungsweise der offenen Stangen ab, als bei ersteren höchste Kulissenlage das Vorwärtsexzenter, tiefste Lage das Rückwärtsexzenter zur Geltung bringt, während in der Mittellage die gleichen Verhältnisse wie bei offenen Stangen herrschen.

Die Ermittlung der resultierenden Exzenter wird unter den vereinfachenden Annahmen durchgeführt, daß die Exzenterstangen unendlich lang seien und die Endpunkte r und v der Kulisse sich geradlinig in wagerechter Richtung bewegen. (In Wirklichkeit wird der meist in Kulissenmitte gelegene Angriffspunkt der Aufhängung in einem möglichst flachen Bogen geführt, während die anderen Punkte der Kulisse auch senkrechte Ausschläge erfahren, die Schiefstellungen der Kulisse zur Folge haben, S. 324.)

Scheitelkurve. Es ist zunächst die vom Exzenter OE_v verursachte Bewegung des Kulissenpunktes v festzustellen.

Zu einem Winkel $(\delta + \alpha)$, um den sich Exzenter OE_v aus der senkrechten Lage herausgedreht hat, würde nach S. 24 bei wagerechter Schieberbewegung der Weg $r \cdot \sin\,(\delta + \alpha)$ gehören. In Abb. 387 bis

388 ist jedoch die Bahn des Punktes v um den Winkel β gegen die Wagerechte geneigt, so daß der in Abb. 85 behandelte Fall vorliegt. Demgemäß hat der Schieberweg in der Richtung Ov die Größe $s = r \cdot \sin(\delta + \alpha + \beta)$, von der Mittellage aus gerechnet, die der zu Ov senkrechten Exzenterstellung entspricht. Die Endpunkte x und y der wagerechten Bahn, auf der sich nach der gemachten Annahme der Punkt v bewegt, werden für $l = \infty$ gefunden, indem in den Endpunkten des Weges $s = 2r$ Senkrechte errichtet werden, welche die sonst aus den Punkten m und n mit l zu schlagenden Kreisbögen ersetzen. Es wird $xy = \frac{2r}{\cos\beta} \cdot \sin(\delta + \alpha + \beta)$. Der Schieber erscheint also auf der wagerechten Bahn angetrieben von einem Exzenter, das die Größe $\frac{r}{\cos\beta}$ hat und dem Exzenter OE_v um den Winkel β voreilt. Das Ersatzexzenter $\frac{r}{\cos\beta}$ wird mit Hilfe des ausgeführten Exzenters OE_v gefunden, indem β nach Abb. 387 abgetragen und in OE_v eine Senkrechte errichtet wird. Ist die Bahn nach unten hin geneigt, etwa um den Winkel β_1, so ist dieser, wie Abb. 387a zeigt, für die Konstruktion des Ersatzexzenters OE_v'' nach der entgegengesetzten Richtung von OE_v aus abzutragen.

In Abb. 386 I und IV ist angenommen, daß in den Endstellungen die Kulissenpunkte v und r mit dem Stein k zur Deckung gebracht sind. Bei ganz ausgelegter Kulisse sind also die beiden wirklich ausgeführten Exzenter tätig. Für eine Zwischenlage wird das resultierende Exzenter als Diagonale eines aus den beiden Ersatzexzentern bestehenden Parallelogramms gefunden.

Vorher ist auf den Begriff der „ideellen Mittellage“ der Kulisse einzugehen. In Abb. 393 sind die Kulissenstellungen für die beiden Totlagen der Kurbel wiedergegeben. Soll das lineare Voreilen für die gewählte — hier kleinste — Füllung auf beiden Kolbenseiten gleich sein — eine Forderung, die möglichst erfüllt werden soll —, so muß der Schieber für beide Kulissenlagen um $r_0 = e + V_e$ aus der Mittellage herausgegangen sein. Letzterer entspricht sonach die in der Mitte von vr und $v'r'$ liegende Kulissenstellung r_0v_0, die als „ideelle Mittellage“ bezeichnet und mit genügender Genauigkeit durch Schlagen eines Kreisbogens mit der Exzenterstangenlänge von O aus gefunden wird. In Wirklichkeit kommt die Mittellage nicht vor, da bei ihr die beiden Exzenter OE_r und OE_v gleichzeitig senkrecht stehen müßten. Diese Mittellage ist der geometrische Ort der Schwingungsmittellagen der Kulissenpunkte.

In der Lage nach Abb. 389 wirken nun beide Exzenter gleichzeitig. Punkt v wird, wie oben angegeben, von einem Exzenter $\frac{r}{\cos\beta}$ angetrieben. β_1 bzw. β_2 wird durch Verbindung des Wellenmittelpunktes O mit der ideellen Mittellage v_0, bzw. r_0 erhalten. In Abb. 390 ist Op das Ersatzexzenter. In gleicher Weise wird der untere Kulissenpunkt r durch das Ersatzexzenter Oq — nach Auftragung des Winkels β_2 an OE_r gefunden — gesteuert.

Diese beiden Exzenter beeinflussen den Stein der Hebelübersetzung entsprechend. Wird in Abb. 389 der Endpunkt r festgehalten gedacht, so nimmt der Stein an der Drehbewegung der Kulisse um r teil. Die vom Antriebexzenter Op auf Punkt v übertragenen Bewegungen werden auf den Stein im Verhältnis $\frac{c+u}{2c}$ übertragen. Demgemäß ist in Abb. 390 die Strecke Op zu teilen, und es wird $On = \frac{r}{\cos\beta_1} \cdot \frac{c+u}{2c}$. In gleicher Weise folgt für das Rückwärtsexzenter $Om = \frac{r}{\cos\beta_2} \cdot \frac{c-u}{2c}$. Durch

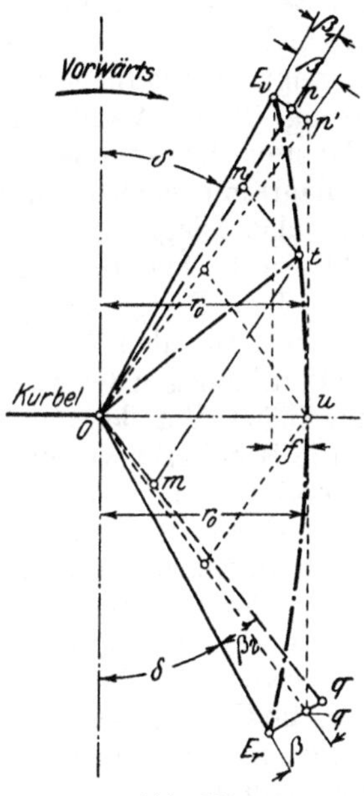

Abb. 390.

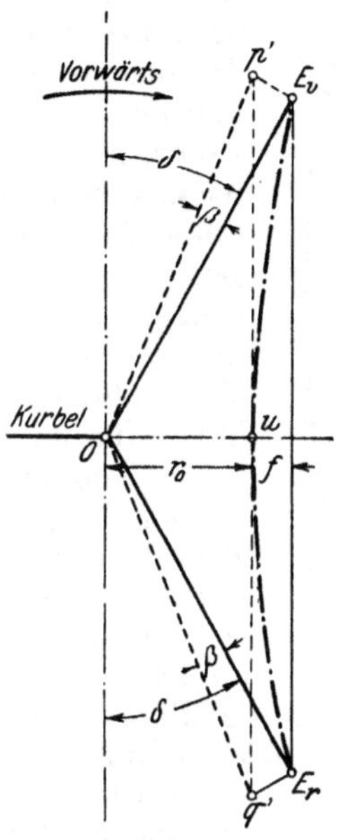

Abb. 391.

Zusammensetzen beider Ersatzexzenter nach dem Parallelogramm wird in Ot das resultierende Exzenter erhalten. Beim Aufsuchen der übrigen resultierenden Exzenter ergibt sich besonders einfache Darstellung für die Kulissenmittellage. Hier ist $\beta_1 = \beta_2 = \beta$ und $u = 0$, so daß in der Mitte der Exzenter $\frac{r}{\cos\beta}$ nur Senkrechte zu errichten sind, die sich in Punkt u, dem kleinsten Exzenter $r_0 = Ou = e + V_e$ entsprechend, schneiden. Punkt u kann auch als Schnittpunkt der Wagerechten mit der Verbindungslinie der nach Antragen der Winkel β an OE_r und OE_v erhaltenen Punkte p' und q' ermittelt werden.

Durch die vorstehend angegebene Ermittlung der resultierenden Exzenter ergibt sich als Scheitelkurve eine Parabel, die mit genügender Genauigkeit durch einen Kreis durch die Punkte E_v, E_r und u ersetzt werden kann.

Bei gekreuzten Stangen sind nach Abb. 391 und 387 die Winkel β entgegengesetzt wie Abb. 390 aufzutragen, u wird wiederum als Schnittpunkt der Wagerechten mit der Geraden $p'\,q'$ festgestellt. Aus den Abb. 390 und 391 geht hervor, daß bei der Stephenson-Kulisse das lineare Voreilen um die Pfeilhöhe f des Parabelbogens veränderlich ist. Bei offenen Stangen, Abb. 390, nimmt das lineare Voreilen zu, so daß zwar verhältnismäßig günstige Kanaleröffnungen bei kleinen Füllungen erzielt, andererseits jedoch das Stillsetzen der Maschine mit der Kulisse allein erschwert wird infolge der großen Minimalfüllung. Demgegenüber ermöglicht die Anwendung der gekreuzten Stangen nicht nur „absolute Nullfüllung“, bei der also — allerdings bei verschlechterter Voreinströmung im ganzen Bereich der kleinen Füllungen — der Einlaß überhaupt nicht mehr geöffnet wird, sondern das lineare Voreilen zeigt überhaupt geringere Schwankungen. Verbesserung dieser Verhältnisse für eine Drehrichtung auf Kosten der anderen läßt sich erreichen, wenn das Diagramm nach Abb. 390 z. B. im Sinne des Uhrzeigers, das Diagramm, Abb. 391, entgegengesetzt gedreht wird, Änderung beider Voreilwinkel um den gleichen Betrag entsprechend. In diesem Fall nähert sich für den Vorwärtsgang der obere schräggestellte Parabelbogen der geraden Scheitelkurve für unveränderliches Voreilen.

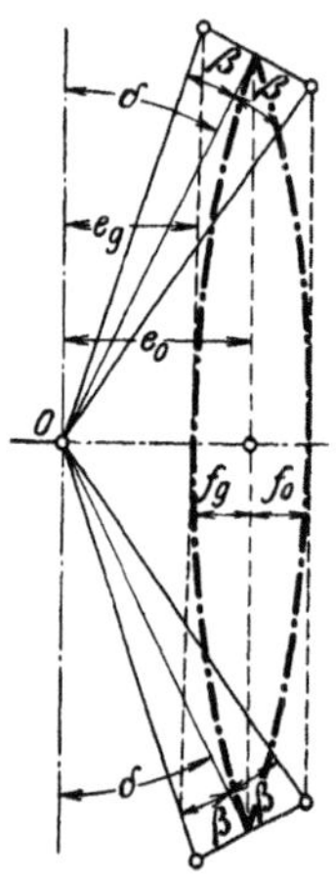

Abb. 392.

In Abb. 392 ist die Scheitelkurve für beide Anordnungen dargestellt, und es sind die für gewöhnliche Fälle kleinstmöglichen Überdeckungen e_o und e_g eingezeichnet. Hierbei ist für gekreuzte Stangen $e_g = r_{min}$ so gewählt, daß die erwähnte, absolute Nullfüllung erreicht wird, f_g ist dann der Betrag des größten Voreilens bei größter Füllung. Für offene Stangen hat bei dem gewählten e_o das Voreilen den Wert Null bei größter, die Größe f_o bei kleinster Füllung. Da $e_g < e_o$, so ermöglichen bei gleichen wirksamen Exzentern die gekreuzten Stangen eine größere Höchstfüllung.

Werden verschiedene Exzenter für offene und gekreuzte Stangen gewählt, so ist weitgehende Annäherung der von beiden Anordnungen bewirkten Dampfverteilung erreichbar. Genau gleiche Dampfverteilung läßt sich für eine bestimmte Füllung erhalten, wenn die Exzenter so bestimmt werden, daß sich die Scheitelkurven im Endpunkt des die betreffende Füllung einstellenden, resultierenden Exzenters schneiden. Hierbei wird, falls bei beiden Anordnungen die gleiche Höchstfüllung erreichbar sein soll, bei den gekreuzten Stangen eine Verlängerung der Scheitelkurve, d. h. größere Exzenter und längere Kulisse, erforderlich. Die Unterschiede bezüglich Scheitelkurvenlänge werden um so geringer, je mehr sich die gewählte Füllung der Höchstfüllung nähert, um für diese selbst zu verschwinden.

Um bei offenen Stangen bei kleinen Füllungen nicht zu große Voreinströmung zu erhalten, wird diese bei größeren Füllungen klein gewählt. Das ist ohne Schaden z. B. bei Lokomotiven oder Fördermaschinen, die mit großen Füllungen nur bei kleineren Umlaufzahlen arbeiten. Umgekehrt wird — wie aus obigem hervorgeht — bei gekreuzten Stangen die Drosselung bei kleineren Füllungen stärker. Gekreuzte Stangen sind daher bei Maschinen, die mit großen Füllungen auch bei hohen Umlaufzahlen arbeiten, vorzuziehen.

Krümmung der Kulisse. Der Entwurf der Scheitelkurve ist unabhängig von der Gestalt der Kulisse, die jedoch ebenfalls Einfluß auf das lineare Voreilen ausübt.

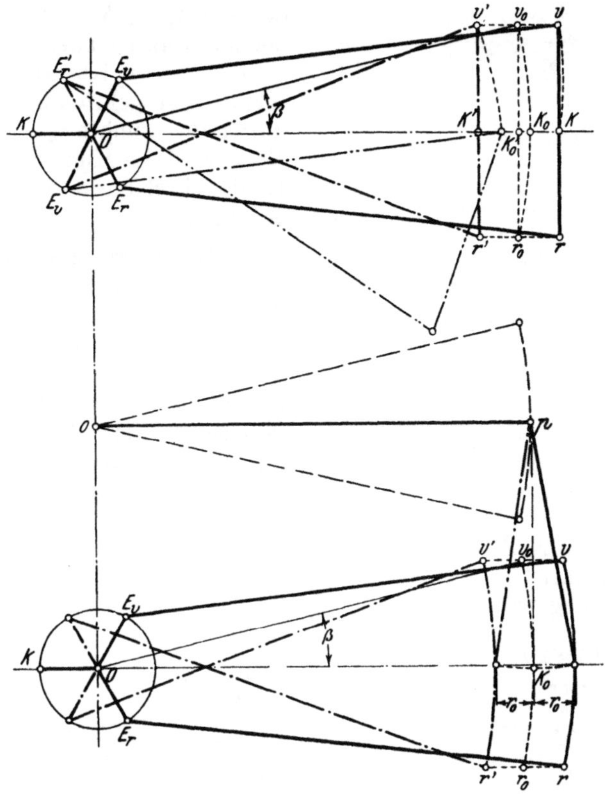

Abb. 393—394.

In Abb. 393 sind Exzenter und Kulisse in den den Kurbeltotlagen entsprechenden Stellungen OE_v, OE_r, $v\,r$ und OE'_v, OE'_r, $v'r'$ gezeichnet, und es werde zunächst angenommen, daß die Kulisse gerade ausgeführt sei. Bei der Einstellung der größten Füllung für Vorwärtsgang soll in den tiefsten Lagen der Kulisse das lineare Voreilen für beide Kolbenseiten gleich bleiben. Hierbei gelangt v nach K, v' nach K'_0. Punkt K_0 zwischen den Voreilstellungen der Kulisse entspricht also der Mittellage des Schiebers, unter der sonach nicht die Stellung in Hubmitte, aus welcher der Schieber nach jeder Seite hin ungleiche Ausschläge macht, sondern die Mitte zwischen den bei den Kurbeltotlagen eingenommenen Voreilstellungen zu verstehen ist.

Bei Antrieb des Schiebers ohne Übersetzung ist $KK_0 = e + V_e$. Soll also V_e von der Form der Kulisse unabhängig sein, so darf bei einer Verschiebung der Kulisse Mittelpunkt K_0 nicht verlegt werden, wenn sich auch für die neue Füllung das lineare Voreilen gemäß der Scheitelkurve ändert. Wird aber die geradlinige Kulisse in die Nullage gebracht, so wird K_0' zum Mittelpunkt der Schieberbewegung, und das lineare Voreilen ändert sich um den Betrag $K_0'K_0$. Diese Verschiedenheit verschwindet, wenn $K_0'K_0 = 0$, d. h. die Kulisse nach einem Kreisbogen gekrümmt wird, der durch die Punkte v_0, K_0, r_0 geht. Meist wird die Kulisse nach einem Radius gleich Exzenterstangenlänge gekrümmt.

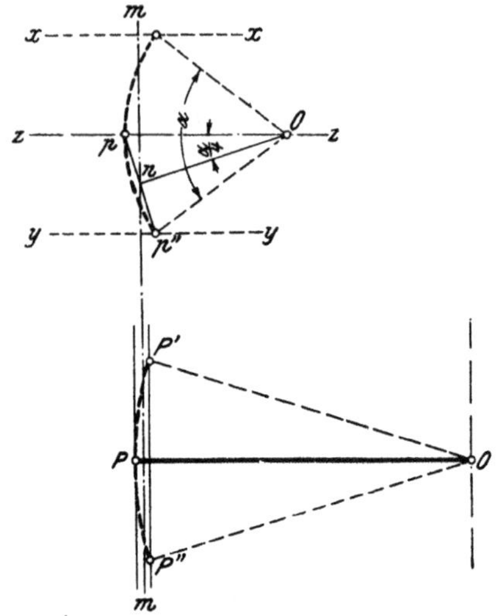

Abb. 395.

Aufhängung und Verstellung der Kulisse. „Springen" des Steines, d. h. Relativbewegung des Steines in der Kulisse würde verhindert, wenn die Kulisse sich wie der Stein in wagerechter Richtung geradlinig bewegen würde. Weitgehende Annäherung an diese Bahn wird erreicht, wenn die möglichst lange Hängestange so aufgehängt wird, daß zunächst für Einstellung der Steuerung auf Null-Lage die Tangente des vom Angriffspunkt der Hängestange beschriebenen Bogens für die ideelle Kulissenmittellage der Schubrichtung parallel ist (Abb. 394).

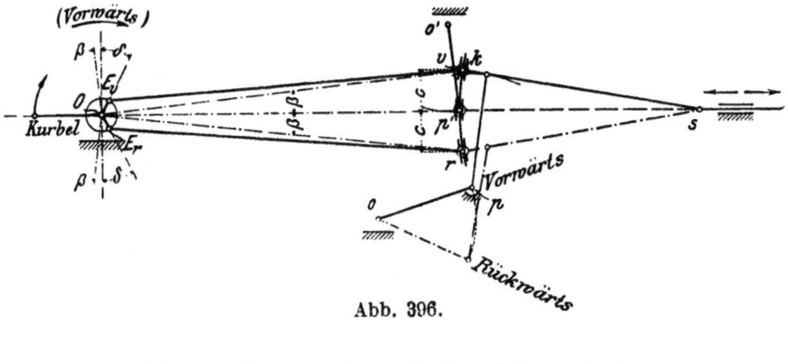

Abb. 396.

Der obere Führungsbogen der „Aufwerfstange" ist nun so zu ermitteln, daß für jede Einstellung der Kulisse, also für jede der vorkommenden Höhenlagen des Angriffspunktes obiger Bedingung entsprochen wird. Werden durch die Punkte v_0 und r_0 Senkrechte gelegt von der Länge der Hängestange, so liegen die oberen Endpunkte auf einem Kreisbogen mit dem Radius l, dessen Mittelpunkt o im Abstand der Hängestangenlänge über dem Wellenmittelpunkt O liegt.

In den Voreilstellungen liegen sonach die Angriffspunkte in genau gleicher Höhe, so daß der Einfluß der endlichen Hängestangenlänge auf das Voreilen für Kurbel- und Deckelseite gleichbleibend ist.

Praktisch wird der Aufwerfhebel immer bedeutend kürzer ausgeführt und etwa so lang bemessen, daß sein gesamter Ausschlagwinkel 60 bis 90° beträgt. Die dadurch bedingten Abweichungen werden am geringsten, wenn bei Bewegung der Kulisse aus einer Endlage in die entgegengesetzte der Endpunkt des Aufwerfhebels und der Angriffspunkt der Hängestange Kreisbögen beschreiben, die eine gemeinschaftliche vertikale Mittellinie zwischen Sehne und Tangente haben (Abb. 395). Die Wagerechten *xx* und *yy* werden in einem Abstand gleich der Entfernung der äußersten Lagen P' und P'' des Angriffspunktes gezogen. Auf *mm*, durch die Mitte von P und P' P'' senkrecht gelegt, wird der Mittelpunkt *n* der Strecke zwischen *yy* und *zz* bestimmt, zieht *nO* so, daß Winkel *nOp* gleich $\frac{1}{4}$ des ganzen Ausschlagwinkels α ist und schneidet mit der Senkrechten zu *On* auf *yy* und *zz* die Punkte p'' und p ein.

Die Anordnung der Steuerung bedingt oft, daß der Drehpunkt der Aufwerfstange nach der Zylinderseite hin verlegt werden muß, womit die Unregelmäßigkeiten in der Dampfverteilung zunehmen.

b) Steuerung von Gooch.

Bei dieser Steuerung, Abb. 396, wird der mit der Schieberstange verbundene Stein verstellt, während die Kulisse unveränderlich geführt wird. Es wird dadurch die Anordnung einer besonderen „Schieberschubstange" nötig, die — falls die Entfernung von Mitte Schieber bis Wellenmittelpunkt festliegt — gegenüber der Stephenson-Steuerung bedeutend kürzere Exzenterstangen bedingt. Diesem Nachteil steht der Vorzug gegenüber, daß infolge der Verstellung des Steines statt der Kulisse die Raumbeanspruchung in senkrechter Richtung geringer ausfällt.

Scheitellinie. Wegen der gleichbleibenden Höhenlage der Kulisse ändern sich die Winkel β nicht, die die Kulissenpunkte *v* und *r* antreibenden Ersatzexzenter haben sonach die Größe $\frac{r}{\cos\beta}$ und werden wie in Abb. 387 durch Antragen der Winkel β an die Exzenter OE_v und OE_r gefunden (Abb. 397). Diesen Verhältnissen entsprechend sind nicht E_v und E_r, sondern *p* und *q* Punkten der Scheitelkurve und bei Ermittlung der resultierenden Exzenter sind lediglich die Hebelübersetzungen zu beachten. Die Scheitelkurve ist eine Gerade; für gekreuzte Stangen

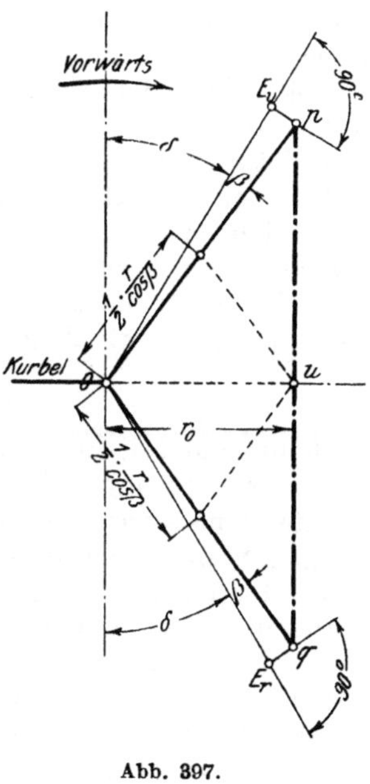

Abb. 397.

sind die Winkel β nach entgegengesetzter Richtung aufzutragen. Das lineare Voreilen ist sonach unveränderlich.

Krümmung der Kulisse. Diese letzterwähnte Eigenschaft der Kulisse wird beibehalten, wenn die Kulisse nach einem Halbmesser gleich der Länge der Schieberschubstange gekrümmt wird. In den beiden den Kolbentotlagen entsprechenden Kulissenlagen hat der Schieber um das lineare Voreilen geöffnet. Wird nunmehr der Stein gehoben oder gesenkt, so bleibt für alle Füllungen der Schieber in der gleichen Lage.

Aufhängung der Kulisse und Verstellung des Steines (Abb. 398). Die Überlegungen auf S. 294, für die Stephenson-Kulisse angestellt, gelten auch hier. Die Hängestange soll in der ideellen Mittellage der Kulisse senkrecht zur Schieberbewegungsrichtung stehen. Damit der Angriffspunkt der Schieberschubstange in den Voreilstellungen der Exzenter gleiche Höhenlage aufweist, muß der vom Endpunkt der Aufwerfstange beschriebene Kreisbogen dem des Angriffspunktes kongruent

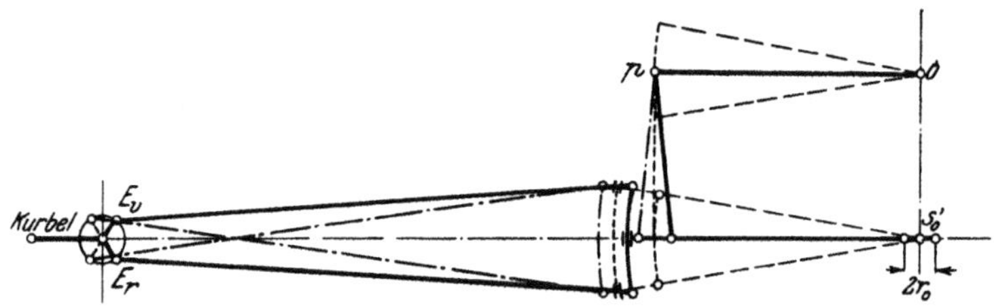

Abb. 398.

sein, was senkrechte Lage des Drehpunktes der Aufwerfstange über Punkt s'_0, dessen Lage der ideellen Mittelstellung der Kulisse entspricht, erfordert. Auch hier wird jedoch die Aufwerfstange stets kürzer ausgeführt, wobei die Ausführungen zu Abb. 395 zu beachten sind.

Die Wahl der Anordnung mit offenen oder gekreuzten Stangen, welche die Scheitelkurve nicht beeinflußt, wird bei der Gooch-Steuerung häufig davon abhängig gemacht, daß die Vorrichtung zum Verstellen der Steuerung sinnfällig wirkt. Die Maschine dreht sich z. B. rechts herum, wenn bei offenen Stangen die Kulisse gesenkt wird, umgekehrt bei gekreuzten Stangen. Die dadurch bedingte Gangrichtung soll mit der Richtung der Verstellung übereinstimmen, so daß die Verstellvorrichtung als Zeiger wirkt.

c) Steuerung von Allan.

Kulisse und Stein werden gleichzeitig verstellt, und zwar in entgegengesetzter Richtung (Abb. 399). Beide sind an den Endpunkten eines auf der Umsteuerwelle aufgekeilten Hebels aufgehängt. Soll z. B. bei offenen Stangen die Maschine auf Vorwärtsgang eingestellt werden, so ist die Kulisse zu senken, der Stein zu heben, umgekehrt bei gekreuzten Stangen. Infolge der hier wie bei Gooch notwendigen Schieberschubstange baut sich die Allan-Steuerung länger als die Stephenson-Steuerung. Ihre Vorteile bestehen in dem kleineren Ausschlag des Umsteuerhebels, in dem Gewichtausgleich des am Umsteuerhebel hängenden Gestänges, wodurch sich die Anordnung besonderer Gegen-

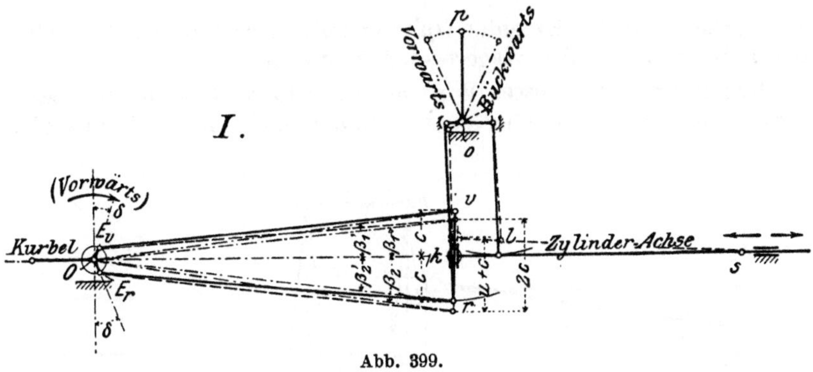

Abb. 399.

gewichte erübrigt, sowie vor allem in der die Herstellung erleichternden geradlinigen Form der Kulisse.

Scheitelkurve. Die Scheitelkurve wird in ähnlicher Weise wie bei der Stephenson-Steuerung aufgezeichnet, es werde jedoch hier als Beispiel angenommen, daß in den äußersten Lagen der Steuerung Angriffspunkt der Kulisse und Stein nicht zusammenfallen, ein Fall, der auch bei den Steuerungen von Gooch und Stephenson häufig vorkommt. In Abb. 399 stellt die gestrichelte Lage die Einstellung auf größte Füllung bei Vorwärtsgang dar. Winkel β_1 hat hierbei seinen kleinsten Wert und wird größer ($= \beta_1'$) für die Mittellage der Steuerung. Demgemäß werden an den Exzentern OE_v und OE_r die Winkel β_1 und β_2 angetragen, wodurch sich die Exzenter $Op = \frac{r}{\cos \beta_1}$ und $Oq = \frac{r}{\cos \beta_2}$ ergeben, Abb. 400. Bei voll ausgenutzter Kulissenlänge würden in der Steuerungsendlage diese Exzenter den Stein bewegen, und gegenüber Stephenson läge nur der Unterschied vor, daß auch in Steuerungsendlage Punkt v nicht auf der Wagerechten liegt, auch hierbei also noch ein Winkel β zu berücksichtigen ist.

Op wird durch Punkt n im Verhältnis der Hebelübersetzung, mit der die Exzenterbewegung auf den Schieber übertragen wird $\left(\frac{c+u}{2c}\right.$ für das Vorwärtsexzenter bei festgehaltenem Punkt r), Abb. 400, geteilt. Ebenso Oq durch m im Verhältnis $\frac{c-u}{2c}$.

Die Exzenter On und Om werden zu dem resultierenden Exzenter Ot zusammengesetzt. In gleicher Weise wird das entsprechende Exzenter für die Einstellung der Steuerung auf größte Füllung bei Rückwärtsgang ermittelt. Für die Mittellage der Steuerungen sind die beiden Winkel $\beta_1' = \beta_2'$ an OE_r und EO_v anzutragen.

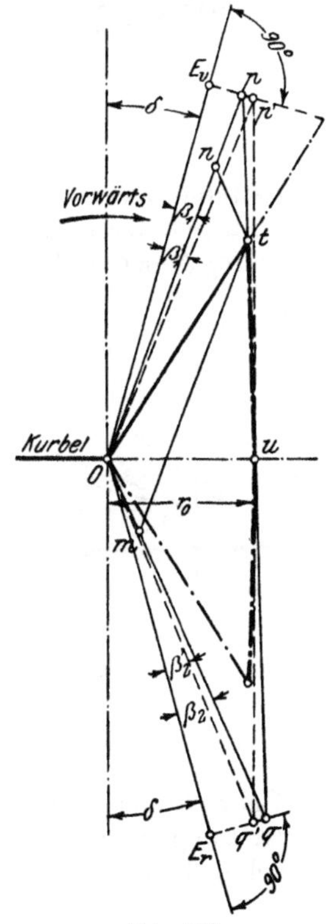

Abb. 400.

Es ergeben sich die Exzenter Op' und Oq'. u wird durch den Schnitt der Linie $p'q'$ mit der Wagerechten gefunden.

Krümmung der Kulisse. Wird nur die Kulisse verstellt, wie bei der Stephenson-Steuerung, so ist erstere nach einem Radius gleich

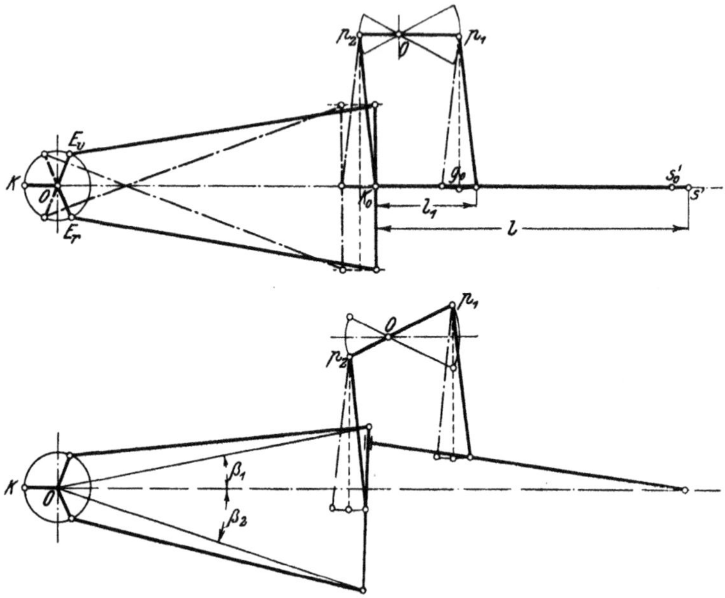

Abb. 401–402.

Exzenterstangenlänge vom Wellenmittelpunkt aus zu krümmen. Wird nur die Schieberschubstange verstellt, so ist die Kulisse von einem auf der entgegengesetzten Seite aus gelegenen Mittelpunkt zu krümmen.

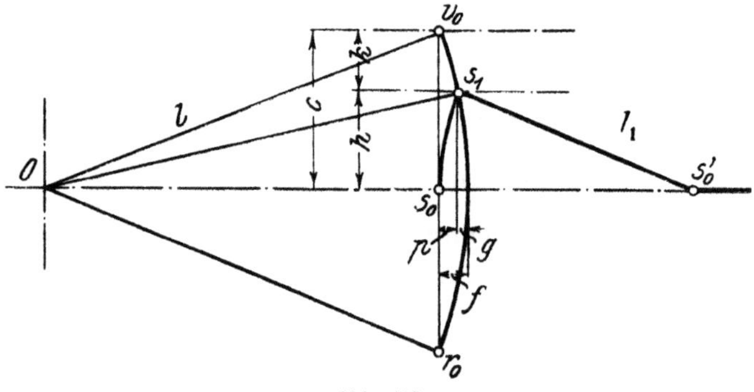

Abb. 403.

Bei richtiger Wahl der Abmessungen muß sich daher bei gleichzeitiger Verstellung von Kulisse und Stein geradlinige Form der ersteren erreichen lassen.

Aufhängung der Kulisse und Verstellung des Steines. Günstigste Wirkung würde erzielt, wenn nach Abb. 396 und 398 der Drehpunkt der Aufwerfstange der Kulisse bei deren ideeller Mittellage über Wellenmittelpunkt, derjenige des Hebels für die Schieberschubstange gleichzeitig über Punkt s_0' liegen würde. Mit Rücksicht auf einfache Ausführung werden jedoch die Aufwerfhebel auf derselben Umsteuerwelle aufgekeilt, so daß die Drehpunkte gerade entgegengesetzte Lage erhalten. Als erste Annäherung für die Lage der Umsteuerwelle mag angenommen werden, daß in der Totlage der Steuerung günstigste Verhältnisse vorhanden sein sollen (Abb. 401). In diesem Falle sind in den ideellen Mittellagen bzw. in den Schwingungsmittelpunkten g_0 und k_0 Senkrechte zu errichten, wodurch die Entfernung der Aufwerfhebelendpunkte voneinander bestimmt ist.

Es ist nun noch das Verhältnis der Hebellängen festzustellen: Die Größe des Voreilens darf für eine bestimmte Füllung durch die Art der Aufhängung nicht beeinflußt werden.

In Abb. 403 ist Punkt v_0r_0 die Schwingungsmittellage der Kulisse. Punkt s_0' gibt die zu dieser ideellen Mittellage gehörige Stellung des Schieberstangengelenkes an, das bei der Verstellung der Kulisse seine Lage nicht ändern darf. Wird die Kulisse um k nach unten geschoben, so verschiebt sie Punkt s_0' nach rechts. Diese Verschiebung läßt sich durch gleichzeitiges Heben von s_0 verhindern, wobei s_0 auf den von O

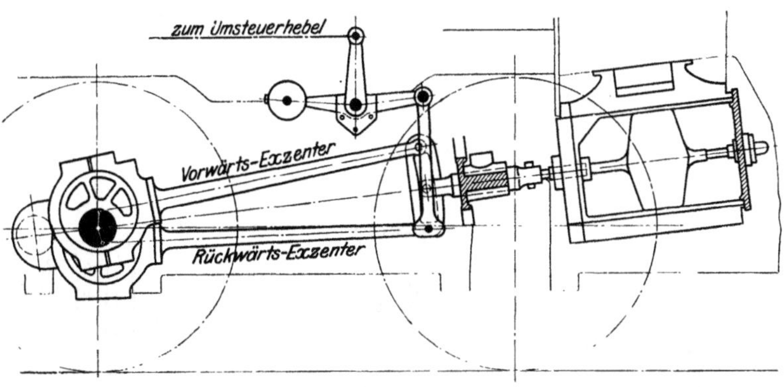

Abb. 404.

aus durch v_0 geschlagenen Kreisbogen gelangen muß. Eine Mittelsenkrechte, in s_0s_1 errichtet, würde sonach durch ihren Schnittpunkt mit der Wagerechten die Länge der Schieberschubstange angeben. Diese ist jedoch beim Entwurf stets gegeben, es wird vielmehr die Aufgabe gestellt, das Verhältnis zwischen Kulissensenkung k und Steinhebung h zu ermitteln.

Hierfür schlägt Graßmann[1]) folgendes einfaches Verfahren vor unter Benutzung der Näherungsgleichung, daß die Pfeilhöhe flacher Bögen gleich dem Quadrat der halben Sehne, dividiert durch doppelten Radius ist. Es wird:

[1]) Geometrie und Maßbestimmung der Kulissensteuerungen. Berlin 1916. Julius Springer.

$$f = \frac{c^2}{2l};\; g = \frac{h^2}{2l};\; p = \frac{h^2}{2l_1}.$$

$$f = g + p;\; \frac{c^2}{2l} = \frac{h^2}{2}\left(\frac{1}{l} + \frac{1}{l_1}\right);\; c^2 = h^2\left(1 + \frac{l}{l_1}\right)$$

$$\frac{h}{c} = \frac{1}{\sqrt{1 + \frac{l}{l_1}}} = n;\; h = n \cdot c.$$

$$k = c - h = c\,(1 - n)$$

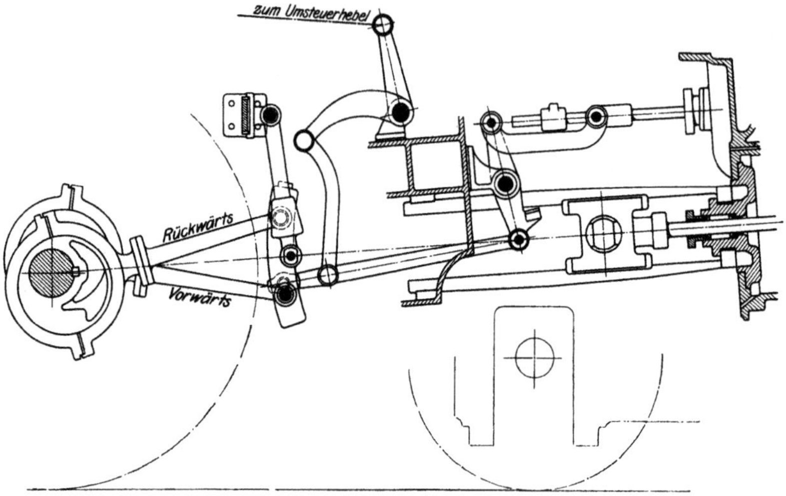

Abb. 405 [1]).

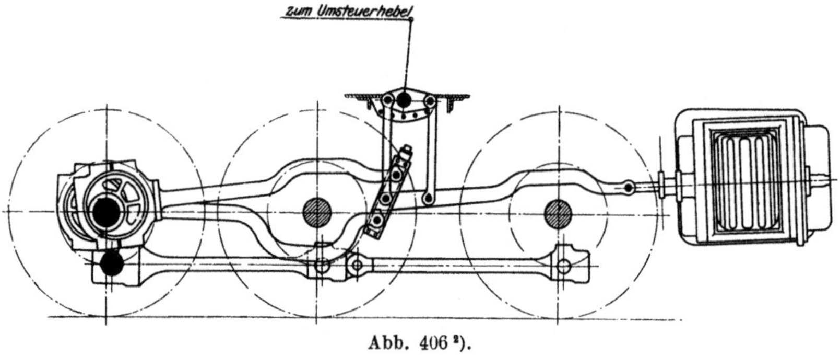

Abb. 406 [2]).

$$m = \frac{h}{k} = \frac{n}{1-n} = \frac{\frac{1}{\sqrt{1+\frac{l}{l_1}}}}{1 - \frac{1}{\sqrt{1+\frac{l}{l_1}}}} = \frac{1}{\sqrt{1+\frac{l}{l_1}} - 1};$$

1) Maßstab 1 : 30.
2) Maßstab 1 : 50.

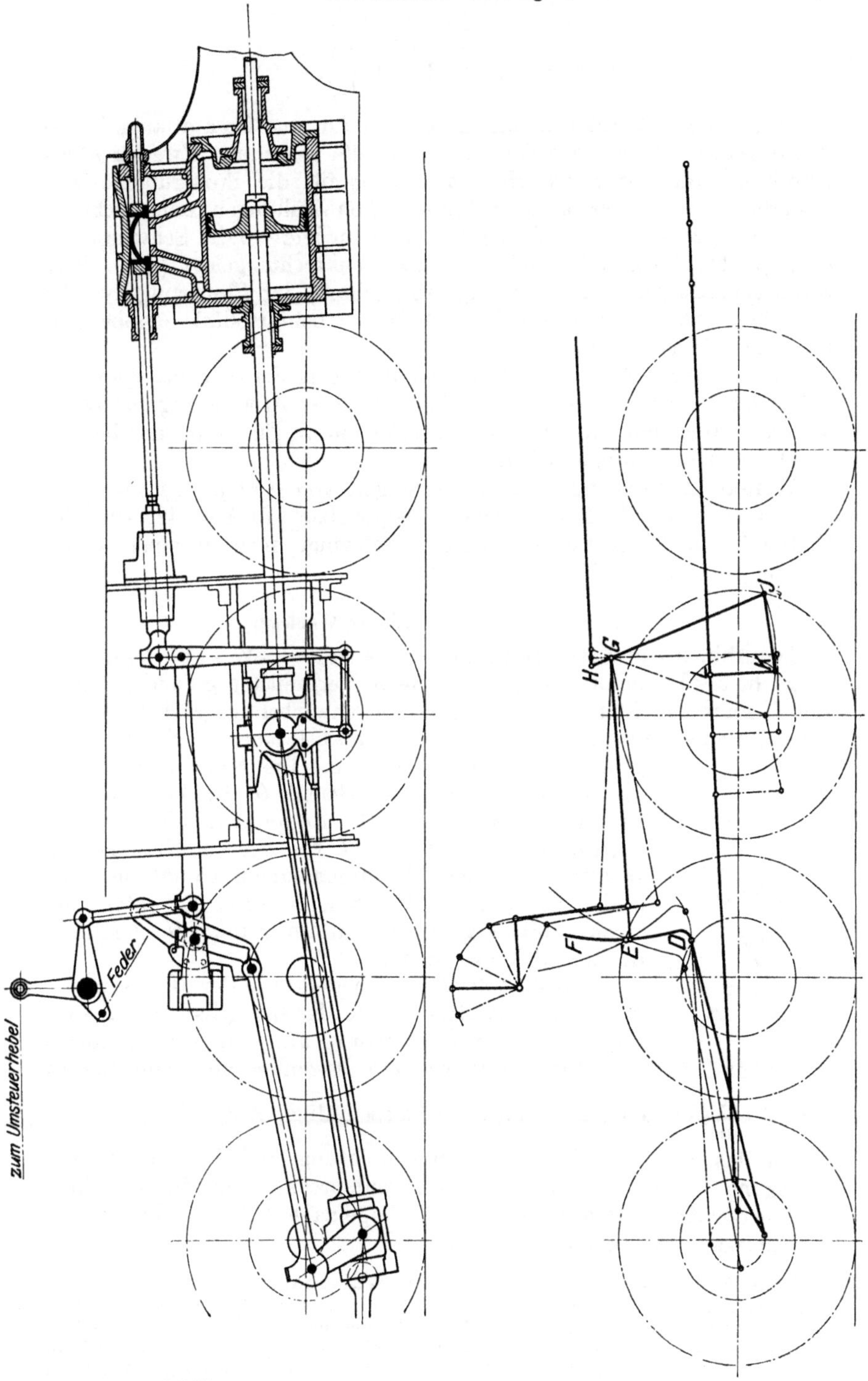

Abb. 407—408[1]).

[1]) Maßstab 1 : 40.

$$m = \frac{l_1}{l}\left(1 + \sqrt{1 + \frac{l}{l_1}}\right).$$

Durch dieses Verhältnis und die oben gefundene Gesamtlänge beider Aufwerfhebel ist die Lage der Umsteuerwelle bestimmt. Zweckmäßiger jedoch ist, die günstigere Hebellage nicht für die Steuerungstotlage, sondern für eine der meist gebräuchlichen Füllungen entsprechende Einstellung aufzusuchen. Es werden dann für letztere die Schwingungsmittelpunkte festgestellt und durch sie Senkrechte gelegt (Abb. 402). Schnittpunkte dieser mit der der Abweichung der Steuerung aus der Mittellage entsprechend gedrehten Aufwerfhebelmittellinie ergeben die Lage der Hängestangen.

In den Abb. 404—406 sind Ausführungen der Steuerungen von Stephenson, Gooch und Allan in ihrer Anwendung auf Lokomotiven dargestellt. In Abb. 404 wird der untere Endpunkt der Kulisse durch die Hängestange geführt.

Weitere Ausführungen der Steuerungen von Stephenson und Allan sind in Abb. 488 und 498 wiedergegeben. In Abb. 498 wird der Endpunkt der Ventilstange durch eine Schwinge, nicht in einer Geradführung, wie nach Abb. 404 geführt.

d) Steuerung von Heusinger-Waldegg.

Die Abb. 407 und 408 zeigen die Heusinger-Waldegg-Steuerung, die als Lokomotivsteuerung weiteste Verbreitung gefunden hat [1]. Ein Exzenter, meist in der Form einer Gegenkurbel ausgeführt und der Kurbel um 90° nacheilend, greift am Endpunkt D einer im Festpunkt E gelagerten Kulisse DEF an. Die Schwingungen der Kulisse werden auf das Gelenk G des Pendels JGH übertragen, Abb. 410. Der Endpunkt J dieser Stange wird durch den Lenker KJ von der am Kreuzkopf L befestigten Stange LK mitgenommen, so daß der Ausschlag von J gleich Maschinenhub ist. Exzenter- und Kreuzkopfbewegung werden im Punkt H vereinigt, der den Schieber steuert.

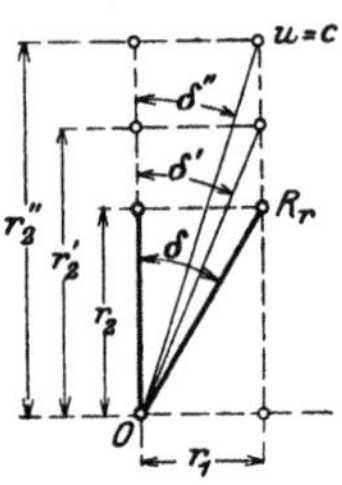

Abb. 409.

In Abb. 409 ist die Scheitelkurve der Heusinger-Steuerung ermittelt. Die Kreuzkopfbewegung wird mit konstanter Übersetzung auf den Schieber übertragen und hat dieselbe Größe wie ein Exzenter mit dem Radius

$$r_1 = R \cdot \frac{n}{m} \quad (n = HG, m = GJ, R = \text{Kurbelradius, Abb. 410}).$$

Da das Pendel JH die Bewegungsrichtung umkehrt, so eilt die Bewegung der Kurbel um 180° vor. Entsprechend ist für die linke Totlage der Kurbel dem Exzenter r_1 die Lage nach Abb. 409, die nur den Vorwärtsgang behandelt, zu geben.

[1] Im Ausland wird diese Steuerung als „Walschaerts-Sterung" bezeichnet nach ihrem Erfinder Walschaerts, der 1844 ein diesbezügliches Patent erhielt. Heusinger v. Waldegg entwarf 1849 eine Steuerung ähnlicher Art, die insofern von der Walschaerts-Steuerung abwich, als sich in dem Kulissenhebel HJ ein vom Kreuzkopf bewegter Stein führte. Die heute allgemein zu findende Mitnahme des Hebels HJ durch einen Lenker entspricht dem Walschaerts-Patent.

Wird wieder die halbe Länge der Kulisse mit c, die Entfernung des Steines vom Drehpunkt der Kulisse mit u bezeichnet, so hat je nach Lage des Steines die von Exzenter und Kulisse ausgehende Bewegung die veränderliche Schwingungsweite $r \cdot \frac{u}{c}$, die infolge der Übersetzung am Pendel im Verhältnis $\frac{m+n}{m}$ vergrößert auf den Schieber übertragen wird. Die Exzenterbewegung eilt der Kurbel um 90^0 vor. Die größte Exzentrizität r_2'' ergibt sich für $u = c$; mit $u = 0$, wenn also der Stein mit Kulissendrehpunkt zusammenfällt, wird auch $r_2 = 0$. Die Zusammensetzung der konstanten Exzentrizität $r_1 = R \cdot \frac{n}{m}$ mit der veränderlichen Exzentrizität $r_2 = r \cdot \frac{u}{c} \cdot \frac{m+n}{m}$ nach dem Parallelogramm ergibt die resultierenden Exzenter, deren Endpunkte auf einer

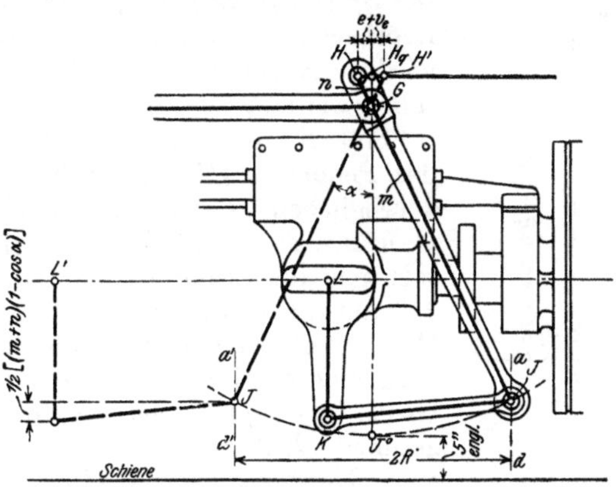

Abb. 410.

geraden Scheitelkurve liegen. Das lineare Voreilen ist also wie bei der Gooch-Kulisse konstant.

Wird bei $u = 0$ die Exzenterbewegung r_2 ausgeschaltet, so wird der Schieber allein von r_1 angetrieben. Da hierbei kleinste Füllung gegeben wird, so muß infolge des konstanten Voreilens $r_1 = e + V_e$ sein.

Bei Schiebern mit innerer Einströmung wird die erforderliche Bewegungsumkehr ohne sonstige Änderungen dadurch erreicht, daß der Angriffspunkt G der Exzenterstange über Punkt H gelegt wird, Abb. 408. Zur Verringerung der Fehlerwirkungen ist das Steuerungsgestänge möglichst lang zu machen und deshalb die Endlage J des Pendels dicht an den Zylinder zu rücken. Da — wie schon erwähnt — die vom Kreuzkopf ausgehende Bewegung einen Schieberhub von der Größe $2(e + V_e)$ herbeiführen muß, so besteht die Beziehung: $m : n = R : (e + V_e)$. Die Abmessung m ist so groß zu nehmen, als mit Rücksicht auf den erforderlichen Mindestabstand des Pendels von der Schiene möglich ist, damit für n ein ausführbares Maß erhalten wird. Bleibt n zu klein, so ist das Verhältnis $\frac{R}{e + V_e}$ zu verkleinern, $(e + V_e)$ sonach zu vergrößern, da der Kurbelradius R nicht verändert wird. Ein anderer Wert für $(e + V_e)$ wird durch Wahl einer größeren Kanalbreite a bei verringerter Kanalhöhe möglich.

Um die durch die endliche Pleuelstangenlänge L scheinbar verursachten Fehler auszugleichen, wird mitunter vorgeschlagen, den Hebel JK für die Mittellage parallel der Kolbenschubrichtung einzustellen und so kurz zu machen, daß in den Endlagen seine wagerechte Projektion um $L\,(1 - \cos\beta)$ kürzer ist als seine eigene Länge JK. β ist der Ausschlagwinkel der Pleuelstange. Abgesehen von den starken Kräftewirkungen, die in der linken Totlage durch den stumpfen Winkel zwischen Pendel und Hebel JK auftreten, wird durch diese vermeintliche Ausschaltung der Fehler der Füllungsausgleich verschlechtert. Die Dampfverteilung wird um so gleichmäßiger für beide Kolbenseiten, je genauer die Kreuzkopfbewegung auf den Schieber übertragen wird, je länger die Hebel HJ und JK ausgeführt werden.

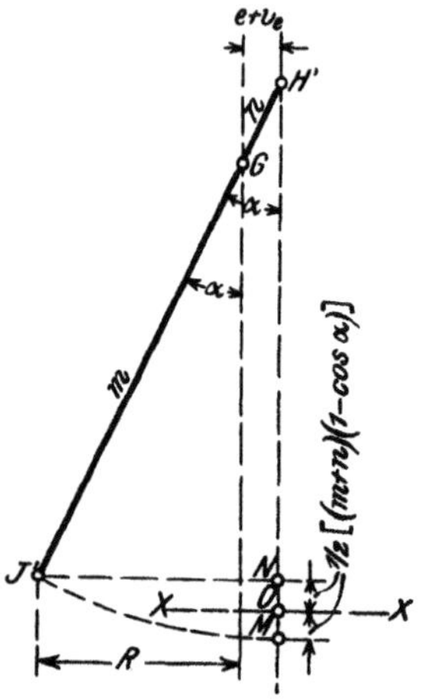

Abb. 411.

Soll die durch die endliche Länge $(m + n)$ des Pendels JGH verursachte Fehlerwirkung ausgeglichen werden, so ist nach Abb. 410 das Gestänge so zu wählen, daß in den Kurbeltotlagen der Endpunkt K des Mitnehmers LK um die Hälfte des Fehlergliedes $(m + n)(1 - \cos\alpha)$ tiefer liegt als die durch J' gelegte Wagerechte. Eine einfache Bestimmung der Größe $(m + n)(1 - \cos\alpha)$ ist in Abb. 411 durchgeführt. $H'J' = (m + n)$ ist die Hypothenuse eines Dreieckes, dessen eine Kathete $H'N = (m + n) \cdot \cos\alpha$ ist. Wird von H' aus ein Kreisbogen durch $J'M$ mit $(m + n)$ als Radius gezogen, so wird $H'M = (m + n)$, also $NM = (m + n) \cdot (1 - \cos\alpha)$. Meist wird auf diesen Ausgleich wegen seiner untergeordneten Bedeutung verzichtet und nur darauf geachtet, daß der Endpunkt in den Totstellungen gleiche Höhenlage hat.

Die aus der geradlinigen Scheitelkurve folgende Unveränderlichkeit des linearen Voreilens ist an die Erfüllung zweier Bedingungen geknüpft. Zunächst muß bei Einstellung auf jede beliebige Füllung in beiden Kolbentotlagen der Stein in der Kulisse den verschiedenen Füllungen gemäß verschoben werden können, ohne daß sich der Schieber, der hierbei um $(e + V_e)$ von seiner Mittellage entfernt ist, bewegt. Zu diesem Zweck muß die Kulisse nach einem Kreise mit dem Radius EG gekrümmt sein. Weiterhin muß Zapfen G in beiden Kurbeltotlagen die gleiche Lage einnehmen. Entsprechend wird die Kulisse bei beiden Kurbeltotlagen in derselben Stellung sein, aus der sie nach jeder Seite hin möglichst gleiche Ausschläge machen soll, damit die freigelegten Kanalweiten für Kurbel- und Deckelseite nicht zu sehr voneinander abweichen.

Wird nach Abb. 412 der Angriffspunkt D der Exzenterstange an der Kulisse auf der durch E gehenden Senkrechten zu EG, Abb. 408, gelegt, so werden die Ausschlagwinkel α_1 und α_2 sehr verschieden. Die Verhältnisse werden günstiger, wenn nach Abb. 412 der Angriffspunkt D nach dem Exzenter hin gerückt wird, womit die durch die endliche Exzenterstangenlänge verursachte Fehlerwirkung abnimmt. Die Winkel

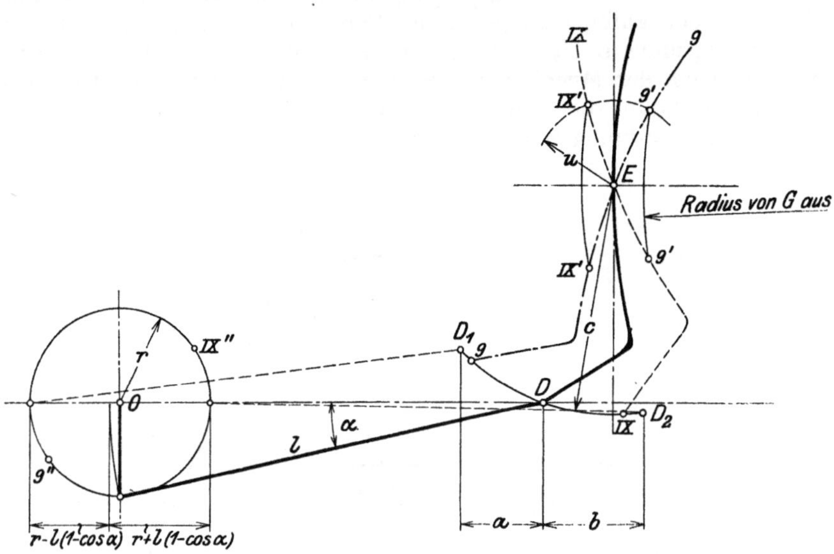

Abb. 412.

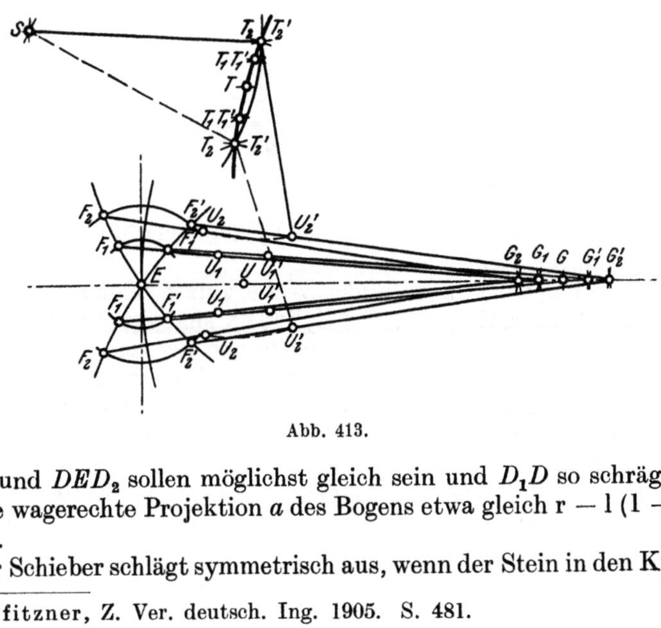

Abb. 413.

DED_1 und DED_2 sollen möglichst gleich sein und D_1D so schräg liegen, daß die wagerechte Projektion a des Bogens etwa gleich r − l (1 − cos α) wird [1]).

Der Schieber schlägt symmetrisch aus, wenn der Stein in den Kulissen-

[1]) Pfitzner, Z. Ver. deutsch. Ing. 1905. S. 481.

lagen, in denen die jeweilige Füllung abgeschlossen wird, dieselbe Entfernung u vom Drehpunkt E aufweist.

In Abb. 413 ist für diesen Fall die Bahn des Aufhängepunktes T bestimmt. Geht die Schieberstange z. B. aus der Lage F_2G_2 in die Lage $F_2'G_2'$ über, so bewegt sich der Angriffspunkt der Hängestange von U_2 nach U_2'. Soll die Entfernung $u = EF_2 = EF_2'$ des Steines vom Drehpunkt E durch die Aufhängung nicht beeinflußt werden, so muß der bei jeder Füllung festgehaltene Punkt T in T_2T_2' senkrecht zur Verbindungslinie U_2U_2' stehen, und es müßte wie bei der Steuerung von G o o c h der Mittelpunkt des Kreisbogens T_2TT_2 über Gelenk G liegen, der Radius dieses Bogens gleich UG sein. Mit Rücksicht auf die Steuerungsanordnung wird dieser Bogen meist durch einen solchen mit

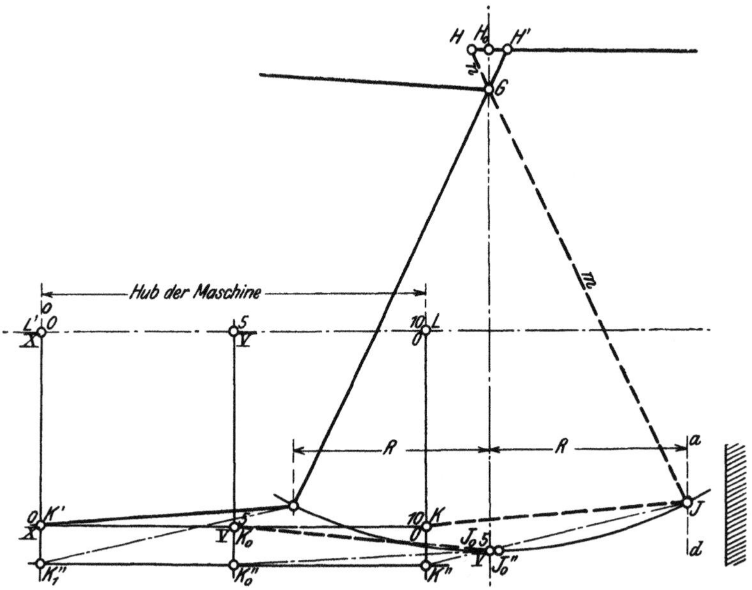

Abb. 414.

S als Mittelpunkt ersetzt, der den Bogen T_2TT_2 in der Nähe der gebräuchlichsten Füllungen schneidet.

Die Steuerung[1]) ist in folgender Weise aufzuzeichnen: Durch den Entwurf der Lokomotive und des Zylinders sind die Entfernung von Triebradmittelpunkt bis zur Zylindermitte und der senkrechte Abstand dieser von Schieberstangenmitte gegeben. Der Drehpunkt E der Kulisse liegt ungefähr in der Mitte zwischen Triebrad und Zylinder. Wird die Kulissenstange EG zu kurz, so wird Drehpunkt E weiter vom Zylinder abgerückt. E und G liegen in gleicher Höhe. Die Lage des Angriffspunktes D wird nach Abb. 412 festgelegt. Die größte Entfernung u_{max} des Steines vom Kulissendrehpunkt wird zu 100 bis 160 mm gewählt. Nach Wahl von n wird m aus $e + V_e = R \cdot \frac{n}{m}$ berechnet, womit die

[1]) W e s t r é n - D o l l, Glasers Annalen 1910. S. 89ff.

Pendellänge (m + n) festliegt. Durch den Entwurf des Zylinders ist weiterhin die Ebene *a d* bestimmt, bis zu der Endpunkt *J* des Pendels schwingen darf (Abb. 414). Durch Abtragung von 2 *R* werden der Bogen, in dem *J* schwingt, sowie die tiefste Lage von *J* erhalten. Zeigt sich, daß *J* tiefer liegen kann, so ist *n* zu verlängern. Liegt *J* zu tief, so ist die äußere Überdeckung *e* zu vergrößern.

Die Längen des Mitnehmers *LK* und der Stange *JK*, Abb. 414, sind so zu wählen, daß in der Mittellage 5 *V* des Kreuzkopfes das Gelenk *J* in der Mitte des Bogens liegt, also die Lage J_0 einnimmt. Wird dies

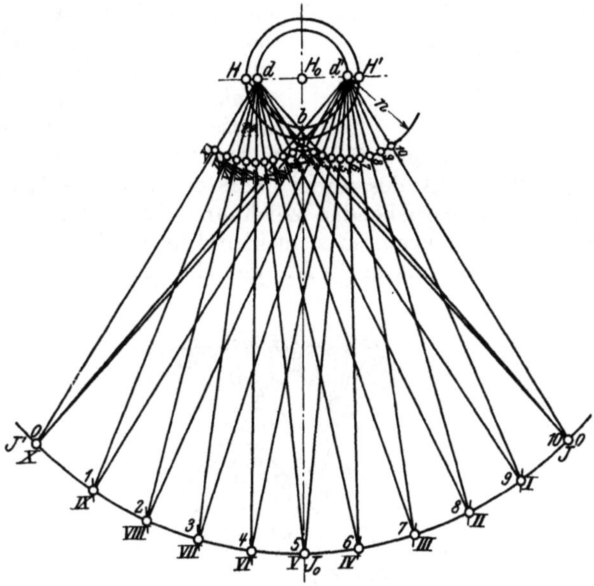

Abb. 415.

z. B. mit der Mitnehmerlänge *LK''* nicht erreicht, indem der von K_0'' mit *K''J* geschlagene Kreisbogen den von *J* beschriebenen Bogen nicht in der Mitte J_0, sondern in J_0'' trifft, so ist *K''* tiefer oder höher, in vorliegendem Falle nach *K* zu legen, bis diese Bedingung erfüllt ist.

Es sind nun die Schieberausschläge aus der Mittellage beim Abschluß der verschiedenen Füllungen festzustellen. Hierzu sind Kurbel- und Exzenterkreis in eine Anzahl gleicher Teile zu teilen und für jeden Teilpunkt die zugehörigen Lagen des Kreuzkopfes auf der Bahn *L'L*, sowie die Stellungen des Punktes *D* und damit der Kulisse zu ermitteln. Die Lagen des Mitnehmerendes *K* sind dadurch ebenfalls gegeben und durch Schlagen von Kreisbögen um *K* mit *KJ* als Radius finden sich die entsprechenden Stellungen von *J* auf dem Bogen *JJ'* (Abb. 414 und 415).

In Abb. 416 sind die beiden Dampfkanäle im Zusammenhang mit der Überdeckung *e* dargestellt. Bei einer Füllung von z. B. 90 v.H. muß nach 90 v.H. Kolbenweg Schieberkante *H'* mit Kanalkante *d'* auf dem Linksgange, bzw. H mit Kante d auf dem Rechtsgange des Schiebers zusammenfallen, während sich der Endpunkt J des Pendels, Abb. 415, in IX oder 9 befindet. Werden in dieser Abbildung die Punkte IX und 9 mit d und d' verbunden und wird die Verbindungslinie von d und d' ab um n verkürzt, so ergeben sich in den so erhaltenen Punkten die Lagen des Antriebpunktes G beim Abschluß der 90 v.H. Füllung für Kurbel- und Deckelseite. Die nach Zurücklegung von 90 v.H. Kolbenweg von der Kulisse eingenommenen Stellungen werden nach Abb. 412 gefunden, indem man von den entsprechenden Teilpunkten $9''$ und IX'' des Exzenterkreises aus Kreisbogen schlägt, die zum Schnitt mit dem Bogen D_1DD_2 gebracht werden. Werden nun von den Stellungen 9 und IX des Antriebpunktes G, Abb. 415, in einer die ganze Steuerung wiedergebenden Zeichnung Kreise mit der Kulissenstangenlänge EG geschlagen, so schneiden diese die Kulissenmittellinien $IX'9$ und $9'IX$ in den Punkten $IXIX'$ und $9'9$. Die Entfernungen dieser

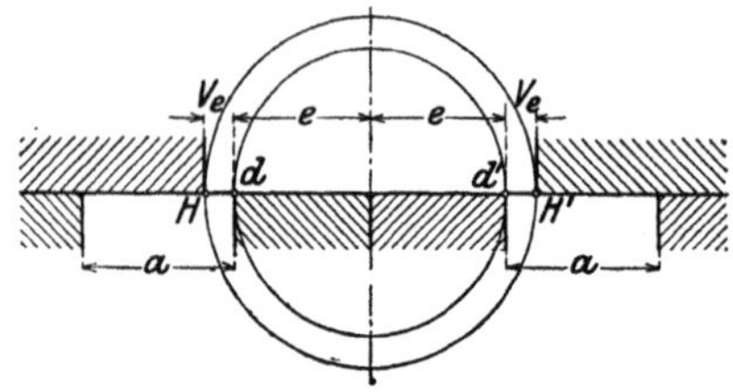

Abb. 416.

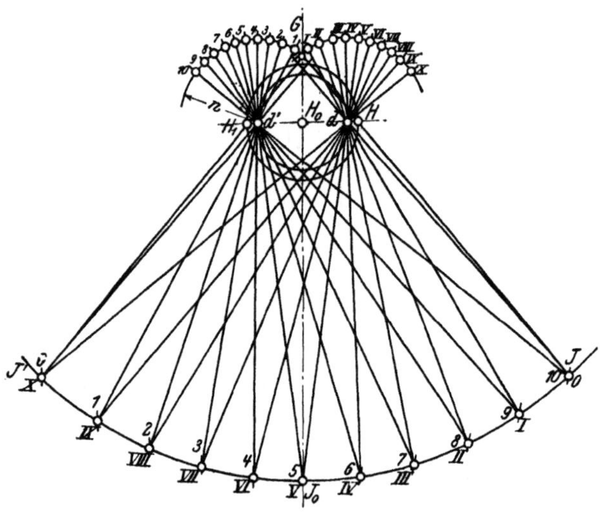

Abb. 417.

Punkte von der ausgezogenen Mittellage DE der Kulisse müssen annähernd gleich sein, damit die Schieberausschläge von gleicher Weite werden. Diese Untersuchung ist für eine größere Anzahl von Füllungen durchzuführen, und falls die Schieberausschläge größere Abweichungen zeigen, müssen probeweise neue Lagen der Punkte E und D gewählt werden, bis sich günstigere Verhältnisse ergeben.

In Abb. 417 sind die verschiedenen Stellungen des Pendels JH für den Fall innerer Einströmung am Schieber festgestellt. Die Aufzeichnung ist die gleiche wie in Abb. 415, nur wird hier die Strecke n nach oben von H aus abgetragen.

e) Verhoop-Steuerung [1]).

Diese namentlich für innenliegendes Triebwerk, bei dem die auf die Welle selbst aufzukeilenden Exzenter nur schwer unterzubringen sind,

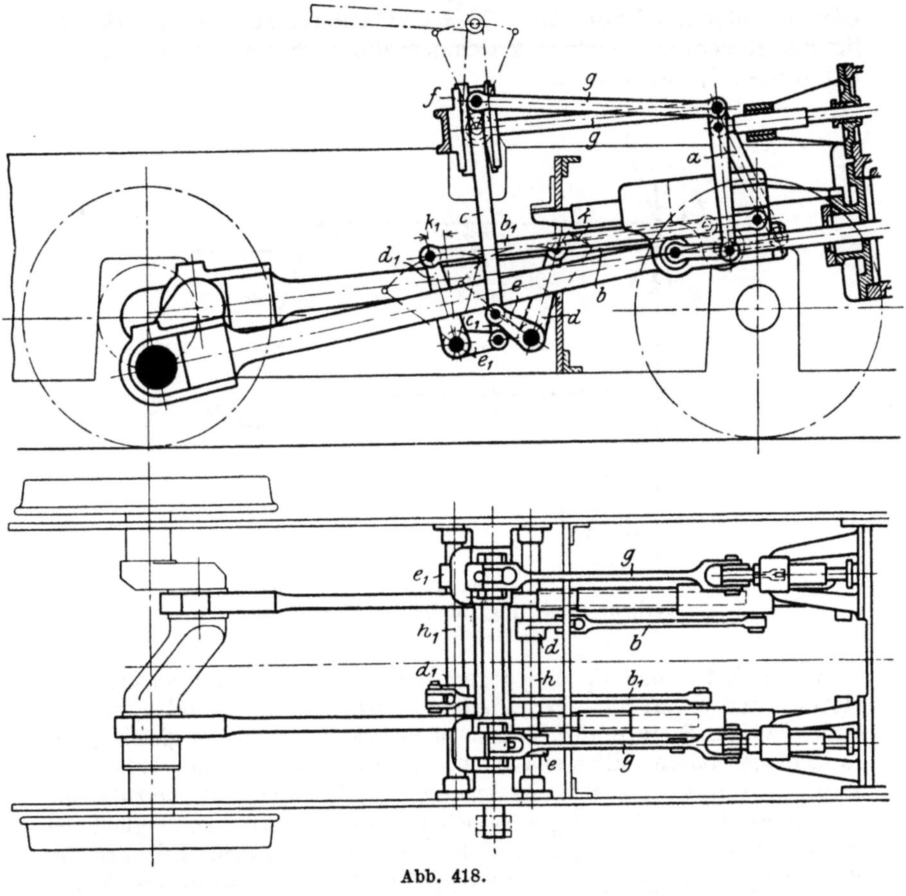

Abb. 418.

geeignete Steuerung beruht auf dem S. 330 dargestellten Grundsatz, daß jede Exzenterbewegung durch zwei senkrecht aufeinander stehende Exzenter erzeugt werden kann. Demgemäß wird die Schieberbewegung mit entsprechender Übersetzung von den beiden Kreuzköpfen der um 90° gegenüber versetzten Kurbeltriebwerken abgenommen. Die von dem Kreuzkopf derselben Maschinenseite abgeleitete Bewegung wird durch den Gegenlenker a verkleinert (Abb. 418). Diese Grundbewegung

[1]) Z. Ver. deutsch. Ing. 1916. S. 725. Ebenso wie die unter f) dargestellte Baker-Steuerung gehört die Verhoop-Steuerung eigentlich zu den Lenkersteuerungen,

$r_0 = e + V_e$ ist für alle Füllungen gleich und entspricht dem Voreilkreis in Abb. 445. Die zweite vom Kreuzkopf der anderen Maschinenseite abgeleitete Grundbewegung wird durch die Hebel *b*, *d* auf die Welle *h*, von dieser durch *e*, *c* auf den Kulissenstein übertragen. (Die Bezugbuchstaben mit den Zeigern 1 beziehen sich auf die zweite Maschine.)

Beim Vorwärtsgang der Lokomotive eilt der linke Kreuzkopf dem rechten um 90° der Radumdrehung, dieser dem ersteren um 270° nach. Diesem Unterschied von 270 — 90 = 180° entsprechend ist der Hebel *e* für die Steuerung der einen Maschinenseite nach vorn, e_1 nach hinten auf *h* bzw. h_1 aufzukeilen.

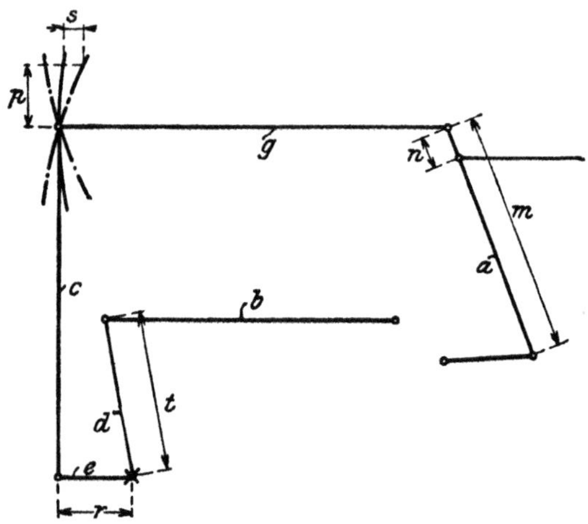

Abb. 418 a.
Verhoop-Steuerung für innere Einströmung.

Die Hebel *d* und d_1 sind gegenüber den in den Drehpunkten der Hebel *e* und e_1 auf diese errichteten Senkrechten um *k* und k_1 so versetzt, daß der Stein in der Kulisse nach beiden Seiten hin gleich große Ausschläge von der Mitte aus macht. Durch diese versetzte Aufkeilung kann das von der Pleuelstange der anderen Maschinenseite herrührende Fehlerglied fast vollständig ausgeschaltet werden. Das Fehlerglied der gleichseitigen Pleuelstangen verschwindet zum größten Teil bei der Bewegungsübertragung durch die Kurbeln. Es kommt nicht das Fehlerglied selbst, sondern nur seine Projektion auf eine senkrecht dazu liegende Ebene in Frage.

Scheitelkurve. Diese wird nach Abb. 446 eine Gerade. Ist *A* die vom gleichseitigen, *B* die vom gegenseitigen Kreuzkopf hervorgerufene Exzentrizität, so wird (s. S. 329)

$$\xi = A \cdot \sin \omega + B \cdot \cos \omega.$$

$$r = \sqrt{A^2 + B^2}.$$

$$A = r_0 = e + V_e.$$

Mit R = halbem Kolbenweg wird

$$A = R \cdot \frac{n}{m}.$$

Bezüglich *n* und *m* s. Abb. 418 a

$$B = s \cdot \frac{m + n}{m}.$$

Bei innerer Einströmung ist *s* negativ. *s* bezeichnet die größte Ablenkung des Steines, durch die vom Steuerbock aus vorgenommene Verstellung der Gleitführung verursacht.

Die Hebellängen *r* und *t* folgen aus der Beziehung: $p = R \cdot \frac{r}{t}$.

Der Steinausschlag *p* ist so zu wählen, daß Gleitführung *f*, Abb. 418, eine geeignete Länge enthält.

Bezüglich Ermittlung von *A* und *B* s. S. 342.

Kulissenkrümmung. Das lineare Voreilen bleibt konstant, wenn die Gleitführung mit einem Radius gleich Länge der Schieberschubstange gekrümmt wird.

f) Die Baker-Umsteuerung[1]).

Diese Umsteuerung gewinnt im amerikanischen Lokomotivbau zunehmende Verbreitung; bei der Baker-Steuerung laufen nicht mehr Bolzen als bei der Heusinger-Steuerung, so daß auch der tote Gang nicht größer wird. Wie bei dieser sind ein Voreilhebel *a* und eine durch

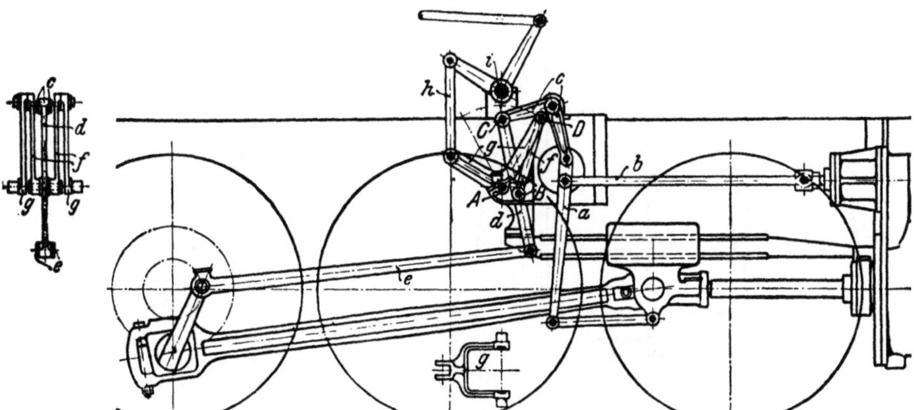

Abb. 419.

Gegenkurbel angetriebene Exzenterstange *e* vorhanden. Während der obere Bolzen *C* des Hebels *d* an dem beweglichen Winkelhebel *c* aufgehängt ist, wird der mittlere Bolzen *B* durch den Lenker *f* im Bogen geführt, der durch den festen Punkt *A* hindurchgehen muß. Fällt *C* mit *D* zusammen, so steht *C* still, und es wird — der Kulissenmittellage bei Heusinger entsprechend — Nullfüllung gegeben. Je mehr

[1]) Meineke, Z. Ver. deutsch. Ing. 1920, S. 1040.

Punkt D ausgelegt wird, um so größer wird die durch den Winkelhebel c auf den Voreilhebel a übertragene Bewegung des Bolzens C.

Gleiche Wirkungsweise wie bei der Heusinger-Steuerung wird also ohne Anwendung einer Kulisse erreicht. Auch die hintere Schieberstangenführung kann entfallen, weil die Stange b kaum von der Schieberstangenrichtung abweicht. Im Fortfall der ebenen Gleitflächen liegt der Vorteil dieser Steuerung, da nur Bolzen vorhanden sind, die mit geringen Kosten herzustellen und zu unterhalten sind. Wenn die Steuerwelle i durch den Punkt A geführt werden kann, tritt noch eine Vereinfachung durch Fortfall der Verbindungsstangen h ein. Zum Ausgleich von Fehlergliedern kann man $AD > BC$ machen, wie in Abb. 419 angedeutet. Dann entsteht eine weitere gegen die Kurbel um 90° versetzte Exzentrizität, welche die Kanalöffnung hinten vergrößert, vorn verkleinert. Eine allgemeine Verbesserung der Schieberbewegung (z. B. schnelleres oder weiteres Öffnen) wird dadurch jedoch nicht erreicht.

g) Die Umsteuerung der Drillingslokomotiven.

Zur Vereinfachung des Steuerungstriebwerks der mit drei Zylindern arbeitenden Lokomotiven wird vielfach die Schieberbewegung des mittleren Zylinders von den Steuerungen der beiden Außenzylinder abgeleitet.

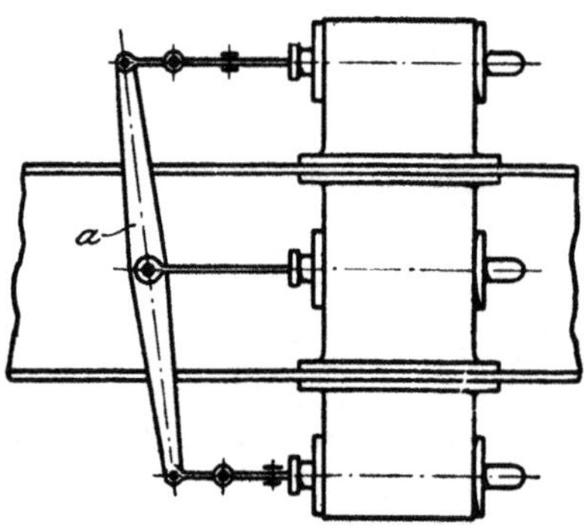

Abb. 420.

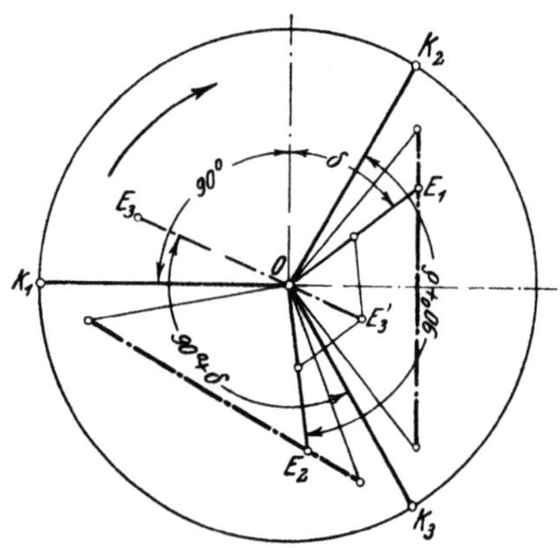

Abb. 421.

Eine einfache Ausführung dieser Art zeigt Abb. 420. Werden die Endpunkte des Hebels a abwechselnd als Festpunkte gedacht, so wird ersichtlich, daß die Außensteuerungen auf den Innenschieber nur die Hälfte ihres Hubes übertragen. In Abb. 421 ist die Bauart nach Abb. 420 mit Hilfe der Scheitelkurve behandelt; bei der angenommenen Steuerungseinstellung sind OE_1 und OE_2 die den Kurbeln OK_1 und OK_2 um $90^0 + \delta$ voreilenden Exzenter. Werden die Hälften dieser Exzentrizitäten zum resultierenden Exzenter OE_3' zusammengesetzt, so zeigt sich weiterhin, daß die Bewegungsrichtung des von OE_3' gesteuerten und zur Kurbel K_3 gehörigen Schiebers der Richtung der beiden anderen Schieberbewegungen entgegengesetzt ist. Bei richtiger Wirkungsweise müßte das Exzenter durch OE_3 dargestellt sein.

Die Anordnung nach Abb. 420 ließe sich nur dadurch ermöglichen, daß der Schieber des Innenzylinders als T r i c k-Kolbenschieber mit halber Exzentrizität und Innenkanteneinströmung, die beiden äußeren

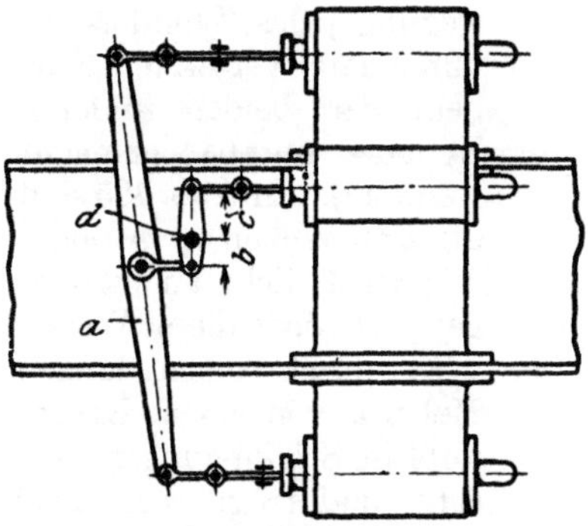

Abb. 422.

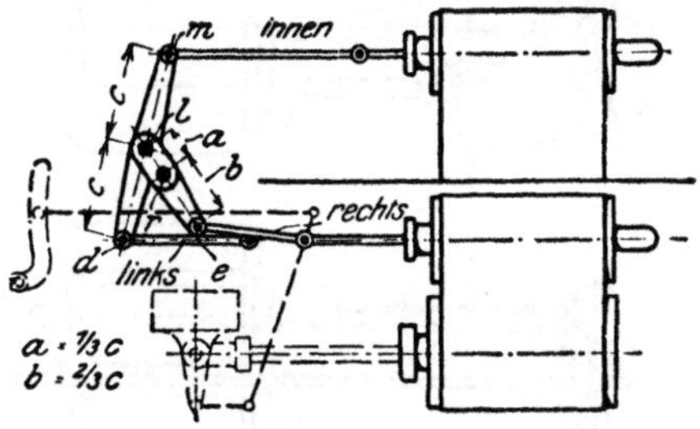

Abb. 423.

Schieber als Muschelschieber mit Außenkanteneinströmung ausgeführt würden.

Sollen die drei Zylinder mit gleichartigen Schiebern arbeiten, so ist nach Abb. 422 zwischen Hebel *a* und Stange des Innenschiebers ein Umkehrhebel mit der Übersetzung b : c = 1 : 2 einzuschalten. Bei senkrechter Anordnung des Zapfens *d* kann der mittlere Schieber oberhalb

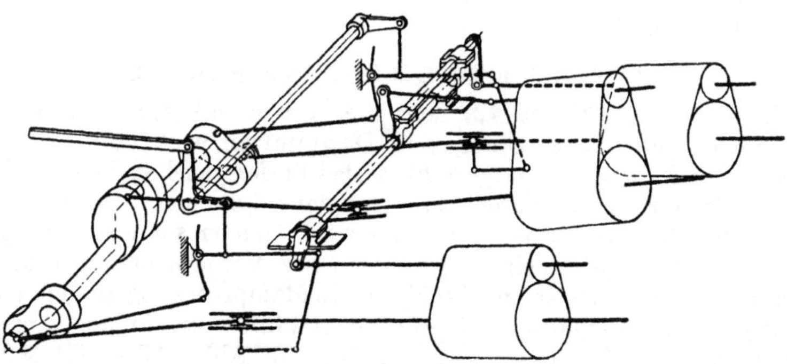

Abb. 424.

der Ebene der Außenschieber liegen, wie dies bei schrägliegendem Innenzylinder nötig ist.

In Abb. 423 und 424 ist eine andere Anordnung wiedergegeben. Die Welle *r*, fest gelagert, wird von dem rechten Schieber bewegt. Auf ihr ist die Welle *l* gelagert, die vom linken Schieber angetrieben wird. Welle *l* trägt den Hebel *dlm*, dessen Endpunkt *m* den Schieber des Innenzylinders steuert. Denkt man sich einmal *d*, das andere Mal *e* festgehalten und *e* bzw. *d* bewegt, so macht der Innenschieber jedesmal eine gleich große, aber entgegengesetzte Bewegung wie die Außenschieber, wie es für richtigen Antrieb erforderlich ist.

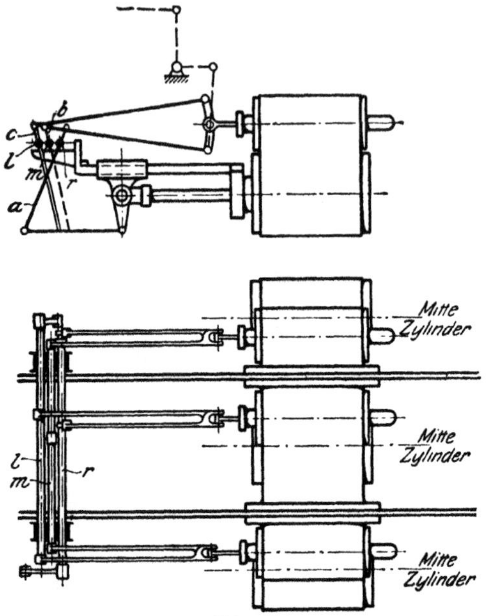

Abb. 425.

Bei $\delta = 30^0$, also 120^0 Voreilung der Exzenter, können für die Kulissenbewegung jedes Zylinders die unter 120^0 versetzten Kurbeln der beiden anderen Zylinder nutzbar gemacht werden[1]). In Abb. 425 sind die drei Wellen ***r***, ***m*** und *l* möglichst dicht aneinander gelagert. Jede dieser Wellen wird durch einen langen Hebel *a* von einem Kreuzkopf in Schwingungen versetzt und trägt oben zwei kurze Hebel *b* und *c*, welche die Endpunkte der Kulissen steuern. In Abb. 421 stellen also beispielsweise die Kurbeln OK_2 und OK_3 die Exzenter für Kurbel OK_1 dar. OK_2 bewegt mittels Welle *l* und Hebel *c* die Vorwärtskulissenstange, OK_3 mittels Welle *m* und Hebel *b* die Rückwärtskulissenstange des zu OK_1 gehörigen Schiebers.

h) Einstellung des Schiebers. Füllungsausgleich.

In den Abb. 426 und 427 sind die parabelförmigen Scheitelkurven gekreuzter und offener Stangen in Diagrammen nach Müller-Reuleaux und Zeuner dargestellt, wobei in der gleichen Weise, wie auf S. 77—78 für die Flachreglersteuerungen angegeben, vorzugehen ist. Aus Abb. 427 geht hervor, daß bei der Stephenson-Steuerung mit offenen Stangen bei kleinen Füllungen die Voreinströmung sehr früh beginnt. Da dadurch eine nachteilige Gegendampfwirkung ausgeübt wird, so werden die Verhältnisse häufig so gewählt, daß in den Endlagen der Kulisse das Voröffnen verschwindet. In Abb. 426 ergibt sich bei der kleineren Füllung Ex'' ein geringeres Voröffnen als bei der größeren Füllung Ex'.

Bei der Einstellung des Schiebers kann dessen Lage entweder durch Verschieben auf der Schieberstange, durch Änderung der Schieberstangenlänge — z. B. durch Einschrauben in das Führungsstück, Abb. 407 — oder auch durch Änderung der Exzenterstangenlänge bestimmt werden, indem zwischen die Flanschen von Stange und Exzenterring, Abb. 405, Paßbleche gelegt werden.

[1]) Meineke, Z Ver deutsch Ing 1919, S 409

Das Bestreben, durch bestimmte Maßnahmen einen Ausgleich der durch die endliche Pleuelstangenlänge bedingten Verschiedenheit der Füllungen herbeizuführen, kann sich auf alle Füllungen oder auch nur auf die einer bestimmten Drehrichtung erstrecken, wobei auch besonderer Wert auf den meist gebrauchten Füllungsgrad gelegt werden kann. Gleichmäßige Verteilung der Arbeit ist bei Umkehrmaschinen, die ohne bedeutende Schwungmassen arbeiten, wie bei Walzenzug- und Schiffsmaschinen von besonderer Bedeutung, während sich nach dieser Richtung hin die Lokomotiven und Fördermaschinen günstiger verhalten. Bei ersteren wirkt die gesamte Masse des Zuges, bei diesen die Masse der Fördertrommel ausgleichend ein. Zu beachten ist, daß unregelmäßige Drehkraftdiagramme und die dadurch hervorgerufenen periodischen Änderungen der Winkelgeschwindigkeiten bei Schiffsmaschinen Torsionsschwingungen der Welle, bei Fördermaschinen Längsschwingungen der Seile erzeugen, die gefährlich werden können.

Die Dampfverteilung kann — wie schon erwähnt — durch Aufhängung der Kulisse an dem der begünstigten Fahrrichtung entsprechenden Endpunkt oder auch durch unsymmetrische Anordnung verbessert werden. Wird z. B. der Voreilwinkel für Vorwärtsgang bei der Stephenson-Steuerung mit offenen Stangen vergrößert, so nimmt die Scheitelkurve eine schräge Lage an, und das Voreilen wird günstiger für den Vorwärtsgang bei starker Verschlechterung der Verhältnisse für den Rückwärtsgang (s. S. 292).

Eine Untersuchung der Dampfverteilung für beide Zylinderseiten zeigt, daß die auf S. 30 angegebenen Mittel zur Herbeiführung des Füllungsausgleiches auch hier anzuwenden sind, wie schon aus dem Umstand gefolgert werden kann, daß die Wirkung der beiden Exzenter durch nur ein Exzenter ersetzt, die Steuerung also auf den gewöhnlichen Muschelschieberantrieb zurückgeführt werden kann.

Es können also die Schieber nach Abb. 25 unsymmetrisch eingestellt oder mit ungleichen Lappenlängen ausgeführt werden, was jedoch — wie auf S. 34 bemerkt — starke Ungleichheiten bezüglich Voreinströmung und Eröffnungsweiten der Kanäle zur Folge hat.

Unsymmetrische Einstellung findet sich besonders häufig bei Schiffsmaschinen, die mit annähernd gleichbleibendem Füllungsgrad arbeiten. Infolge der durch die Verschlechterung der Voreinströmungsverhältnisse gesetzten Begrenzung dieses Ausgleiches bleibt die Füllung zwar auf der Deckelseite größer, die durch die geringere Kanaleröffnung verursachte Eintrittsdrosselung macht trotzdem das Diagramm der Deckelseite dem der Kurbelseite annähernd gleich.

Bei den mit kleineren Füllungen arbeitenden Lokomotiven bringt die unsymmetrische Einstellung größere Nachteile mit sich, die für Einschieberexpansionssteuerungen schon auf S. 80 erwähnt sind. Von Bedeutung wird hier besonders die starke Eintrittsdrosselung auf der Deckelseite, die bei kleinen Füllungen stärker in die Erscheinung tritt als bei großen. Die Aufgabe, im Gegensatz zu größeren Füllungen bei kleineren ohne unsymmetrische Einstellung zu arbeiten, kann in einfacher Weise dadurch gelöst werden, daß den Kulissen von Gooch und Stephenson eine andere Krümmung als die auf S. 293 und 296 ermittelte gegeben wird. In Abb. 428 weist z. B. die punktierte Stephenson-Kulisse eine geringere Krümmung auf, so daß bei Steuerungsendlage der Schieber um x nach der Deckelseite hin verschoben wird.

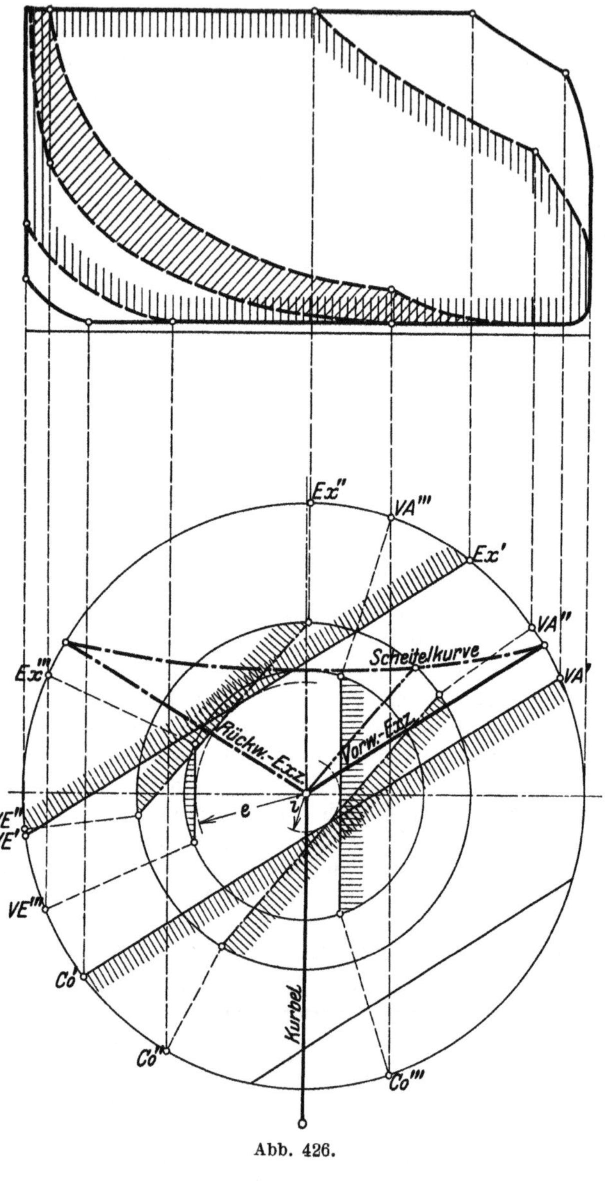

Abb. 426.

Bei gegenläufiger Schieberbewegung im Falle innerer Einströmung oder Einschaltung eines Umkehrhebels ist die Kulisse stärker zu krümmen, so daß der Schieber nach der Kurbelseite hin geschoben wird.

Bei G o o c h ist der Krümmungsradius für den Fall äußerer Einströmung kleiner zu wählen.

Diese Anordnung hat also zur Folge, daß der Schieber bei kleinen

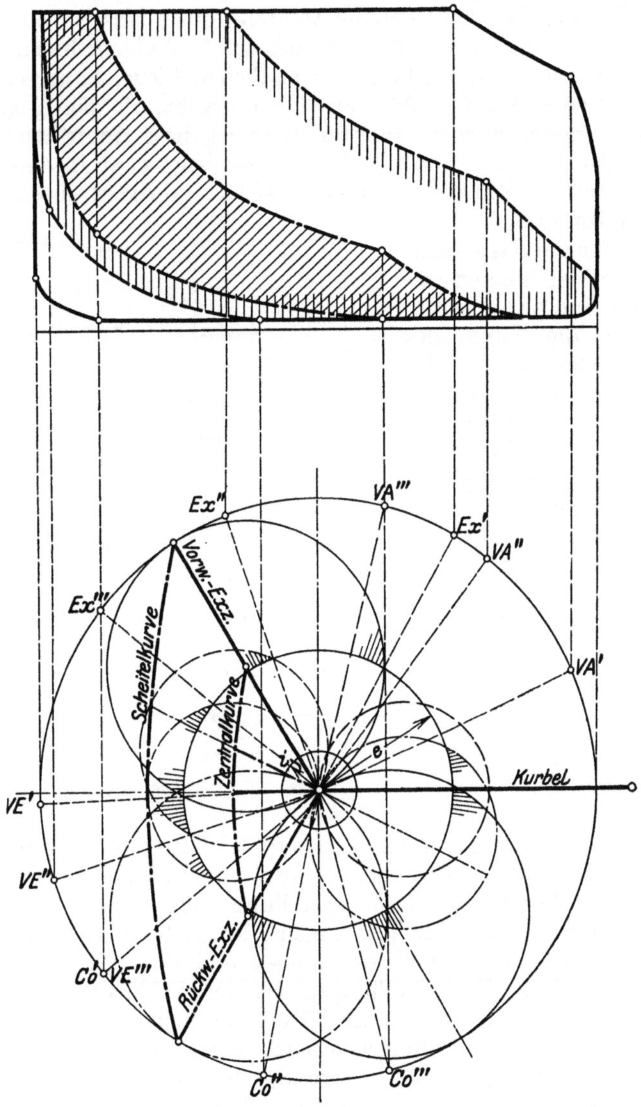

Abb. 427.

Füllungen mit annähernd symmetrischer, bei großen Füllungen mit unsymmetrischer Einstellung arbeitet, so daß bei diesen die Voreinströmung ungleich, die Eröffnungsverhältnisse ungünstiger werden. Die

Schiebermittelabweichungen sind — auf den ganzen Bereich der Füllungen bezogen — verschieden, haben jedoch für eine bestimmte Füllung eine von der Einstellung abhängige festgelegte Größe.

Von dieser Bauart unterscheidet sich die nachfolgend behandelte dadurch, daß unabhängig von der Kulisseneinstellung und sonach auch von der Füllung die Verschiebung während eines Hubes von Null auf einen Größtwert wächst, um dann wieder auf Null abzunehmen. Diesem Vorgang entspricht die Wirkung der endlichen Pleuelstangenlänge, wie aus der Zahlentafel auf S. 36 und 37 hervorgeht, die sich gegen Hubmitte am stärksten äußert. In Abb. 429 a ist diese Anordnung wiedergegeben. Der Führungspunkt s der Kulisse liegt zwar in deren Mitte, aber nicht auf der Mittellinie. In Abb. 429 a sind die Kulissenlagen für die beiden Totlagen der Kurbel, sowie für die dazu senkrechten Kurbelstellungen wiedergegeben und zwar ausgezogen für die Lage des Angriffspunktes neben der Mittellinie, punktiert für den Angriff in der Mittellinie, wobei in beiden Fällen wagerechte Führung des Angriffspunktes angenommen wurde.

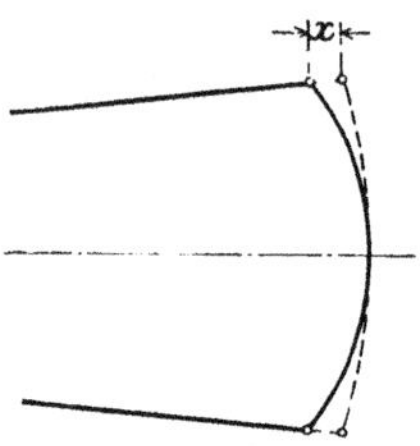

Abb. 428.

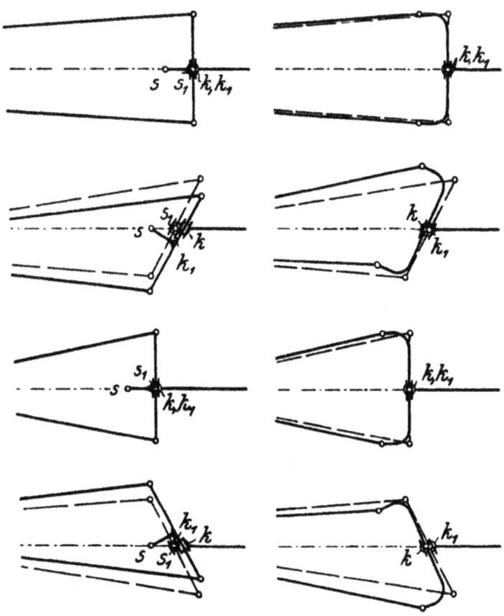

Abb. 429 a und b.

Wie ersichtlich, stimmen in den Totlagen der Kurbel die Stellungen der Kulissen vollständig miteinander überein. Diese Übereinstimmung ist nicht nur bei der dargestellten Einstellung der Kulisse auf kleinste Füllung, sondern auch für jede andere Einstellung vorhanden. Der Schieber gibt beiderseits gleiches Voreilen und zwar für jede Füllung. In den senkrechten Kurbelstellungen ist der Schieber gegenüber der Kulisse mit Angriffspunkt in der Mittellinie nach der Deckelseite hin verschoben, wie es der Füllungsausgleich erfordert. Ein großer Nachteil dieser Anordnung ist das starke Springen des Steines (s. S. 322).

In Abb. 429 b ist der Fall dargestellt, daß die Exzenterstangen seitlich von der Kulissenmittellinie angreifen. Diese Anordnung — ähnlich, aber schwächer als die vorhergehende wirkend — bewirkt eine Verschiebung des Schiebers nach der Kurbel hin, wie sie bei Anwendung von Schiebern mit innerer Einströmung oder eines die Bewegungsrichtung umkehrenden Hebels nötig wird.

Füllungsausgleich durch „Steinspringen" [1]. In Abb. 430 sind die zu einem bestimmten Füllungsweg gehörigen Kurbelwinkel φ_d und φ_k für Deckel- und Kurbelseite und nach Abb. 434 die Punkte P_d und P_k der Scheitelkurve ermittelt. Es müßte also, um auf beiden Kolbenseiten gleiche Füllung zu erhalten, der Stein einmal eine dem Punkt P_d, das andere Mal dem Punkt P_k entsprechende Stellung in der Kulisse einnehmen, was bei geeigneter Aufhängung der Kulisse oder der Schubstange durch planmäßiges Steinspringen erreicht werden kann. Die auszuführende Verschiebung des Steines in der Kulisse ist durch das Verhältnis der halben Kulissenlänge zur halben Scheitelkurvenlänge, in der Sehne gemessen, sowie durch den Abb. 430 zu entnehmenden Betrag h gegeben.

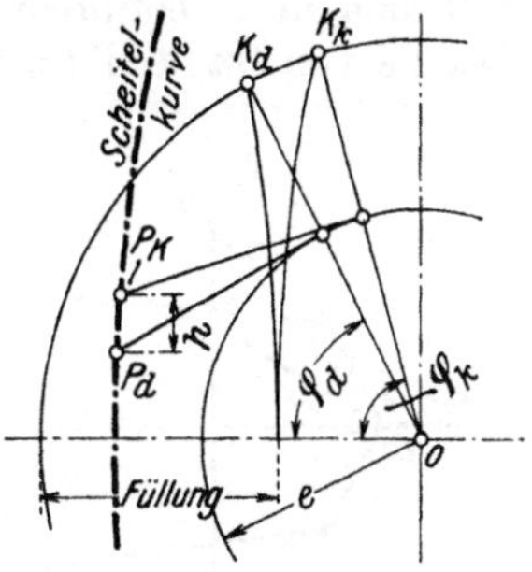

Abb. 430.

Da bei der Gooch-Steuerung die Kulisse in den Kolbentotlagen senkrecht zur Schubrichtung steht, so wird das Voröffnen bei dieser überhaupt nicht, bei der Stephenson- und Allan-Steuerung nur unwesentlich geändert.

Der auf S. 35 behandelte Füllungsausgleich mit kurzer Exzenterstange für Schieber mit umgekehrter Bewegungsrichtung wird bei Kulissensteuerungen mit Absicht nicht herbeigeführt, da bei kurzen Exzenterstangen die Wirkungen des Federspiels stärker auftreten — s. unten —, auch die Neigung der Kulisse gegen die Senkrechte und damit das Springen des Steines zunehmen. Die schräge Lage der Führungsbahn, S. 40, ist in Verbindung mit kürzeren Exzenterstangen bei Gooch und auch bei Allan zu finden.

Damit werden gerade die größeren Füllungen ausgeglichen ohne Beeinflussung der kleineren Füllungen durch verschlechterte Eröffnungen.

Die folgende Zahlentafel gibt die mit einer Stephenson-Steuerung (gekreuzte Stangen) erzielbare Dampfverteilung an [2].

Zylinderseite	Vorn				Hinten			
Kulissenauslage	4/4	3/4	2/4	0	4/4	3/4	2/4	0
Einlaßöffnung im Totpunkt	13	7	2,5	0	13	7	2,5	0
Füllung vH.	87	71	54	0	74	62	45	0
Voraustritt vH.	6,5	8	18,5		9	12	13,5	
Kompression vH.	9	12	18,5		6,5	8,5	13	
Einlaßüberdeckung	58				58			
Auslaßüberdeckung	0				0			
Schieberhub	270	214	166	114	270	214	166	114
Aufkeilwinkel	31°45′				31°45′			

[1]) Nach Graßmann, Geometrie und Maßbestimmung der Kulissensteuerungen. Verlag Julius Springer.

[2]) Zu einer Tandem-Walzenzugmaschine 1000/1700 Durchm., 1400 Hub) der Maschinenbau-A.-G. vorm. Gebr. Klein, Dahlbruch i. W.

Füllung und Lage des Kulissensteines. Für viele Aufgaben — so für die vorläufige Ermittlung der Skala der Umsteuerungs-Einstellvorrichtung — muß die bei einer bestimmten Stellung des Kulissensteines vorhandene Füllung bekannt sein. Die Lösung ist gegeben, sobald das zu dieser Kulissensteinlage gehörige Ersatzexzenter ermittelt ist, da mit diesem die Füllung aus dem Diagramm festgestellt werden kann. In Abb. 431 ist die Gooch-Steuerung dargestellt, der Stein soll sich in P befinden. Ist die Scheitelkurve gegeben und damit die Lage von On und Oq, so hat das obere Exzenter die Größe $On' =$

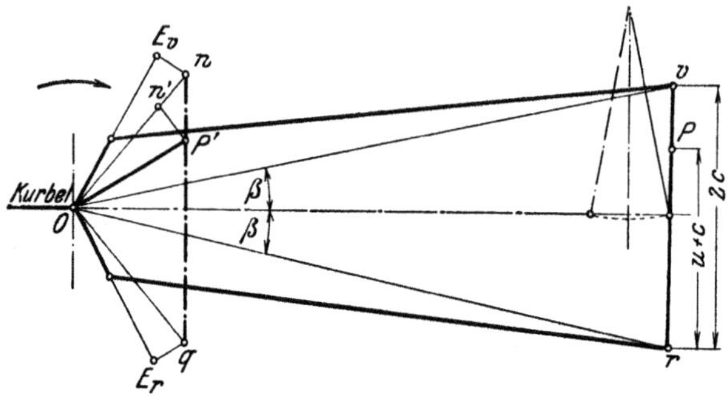

Abb. 431.

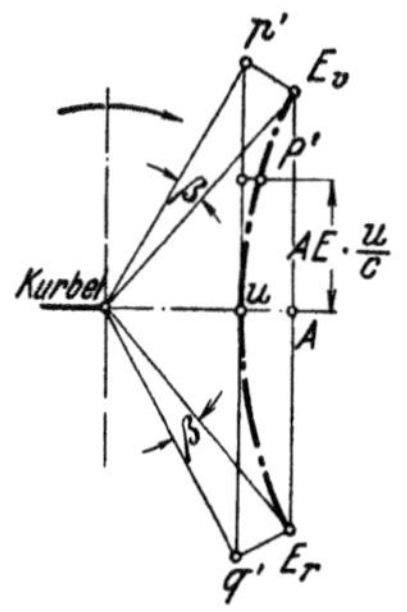

Abb. 432.

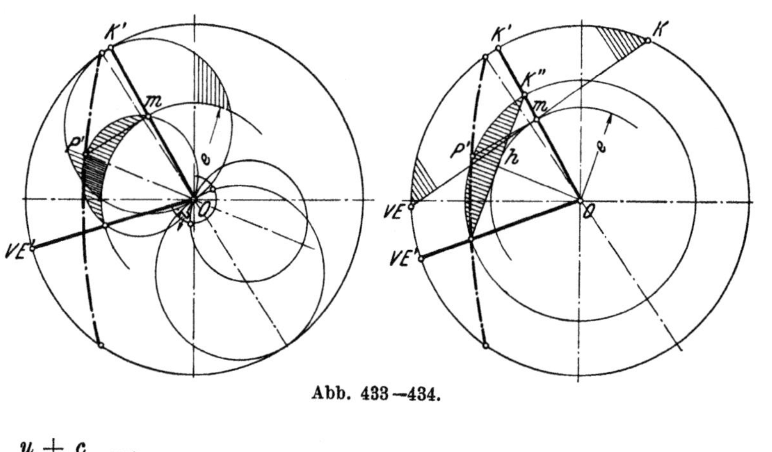

Abb. 433—434.

$On \cdot \dfrac{u+c}{2c}$. Wird durch n' eine Parallele zu Oq gezogen, so bestimmt diese auf der Scheitelkurve den Endpunkt P' des Ersatzexzenters OP'.

Ein einfacheres Verfahren rührt von Fliegner her, Abb. 432. Die halbe Sehne AE der Scheitelkurve, bzw. diese selbst bei der Gooch-Steuerung, wird im Verhältnis $\dfrac{u}{c}$ geteilt und durch den Teilpunkt eine Parallele zur Schubrichtung gelegt, diese schneidet die Scheitelkurve in dem gesuchten Punkt P'.

Die zu dem Ersatzexzenter OP' gehörige Füllung wird nach Abb. 433 und 434 gefunden. Von P' wird eine Tangente $P'm$ an den e-Kreis gelegt, Berührungspunkt m bestimmt die Kurbellage OK', bis zu der die durch Ersatzexzenter OP' gegebene Füllung dauert.

Ist umgekehrt die Füllung gegeben und das Ersatzexzenter aufzusuchen, so ist nach Graßmann[1]) im Schnittpunkt m der Kurbellage OK' mit dem e-Kreis eine Senkrechte zu errichten, welche die Scheitelkurve in dem gesuchten Punkt P' schneidet. Der Beweis folgt beim Zeunerdiagramm daraus, daß der Winkel $P'mO$ über dem Durchmesser OP' stets ein rechter sein muß, beim Müllerschen Diagramm aus der Kongruenz der Dreiecke OhK'' und OmP'.

Untersuchung der Dampfverteilung. Ein zweckmäßiges Verfahren zur Untersuchung der Dampfverteilung an ausgeführten Lokomotiven veröffentlicht Dr. Sanzin in der Z. des V. deutsch. Ing. 1917, S. 144.

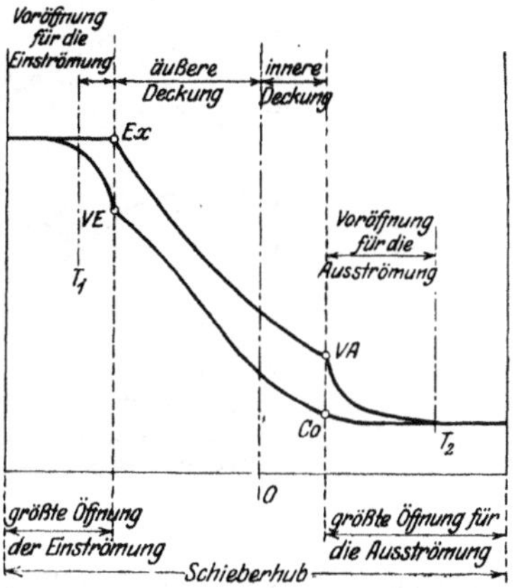

Abb. 435.

Für jede Stellung der Steuerung wird in üblicher Weise ein Dampfdruckdiagramm aufgenommen, das in Zusammenhang mit einem Dampfdruck-Schieberhubdiagramm gebracht wird. Dieses entsteht, wenn die Trommelschnur statt mit dem Kreuzkopf mit der Schieberstange verbunden ist, Abb. 435. In diesem Diagramm liegen Beginn und Ende der Ein- und Ausströmung senkrecht untereinander, so daß diese Punkte mit größerer Sicherheit als im pv-Diagramm bestimmt werden können. Die äußere Überdeckung reicht von der den Schieberhub Halbierenden bis zur Senkrechten $ExVE$, die innere Überdeckung bis $VACo$. Wären die Totlagen T_1 und T_2 des Kolbens bekannt, so wären damit Voreilen und Vorausströmen gegeben.

Bei der Vereinigung der Diagramme nach Abb. 436 sind aus dem pv-Diagramm die Punkte 4, 5 und 12 für Beginn der Expansion, Vorausströmung und Verdichtung leicht festzustellen, während Beginn der Voreinströmung durch das Schieberhubdiagramm bestimmt ist. Die durch beide Diagramme gegebene Schieberellipse wird nun je nach Güte der Dampfverteilung mehr oder weniger unregelmäßige Form zeigen. Diese Unregelmäßigkeit kann z. B. bei gutem Ausfall der Ellipse selbst durch ungleiche Füllungen und Eröffnungen bedingt sein, die durch Verschiebung des Schiebers auf der Stange zu beseitigen sind.

Starke Abweichungen des Schieberschaubildes von der Ellipse sind auf das äußere Steuerungstriebwerk zurückzuführen. Fehler im Entwurf, Wirkung der endlichen Pleuelstangenlänge oder elastische Dehnung des Gestänges können die Ursache sein. In diesem Fall geht die Schieberbewegung ruckweise vor sich und die Schieberbewegungs-Schaubilder zeigen infolge Einfluß der Schieberreibung oft veränderliche Gestalt

[1]) Geometrie und Maßbestimmung der Kulissensteuerungen. Verlag von Julius Springer.

bei unveränderter Füllung. Schieberbewegungs-Schaubilder, bei Mittellage der Steuerung aufgenommen, müßten bei L = ∞ aus einer Geraden zwischen 2 und 8 bestehen, Abb. 436. Da bei der H e u s i n g e r-Steuerung hierbei infolge der Stellung des Steines im Drehpunkt der Kulisse

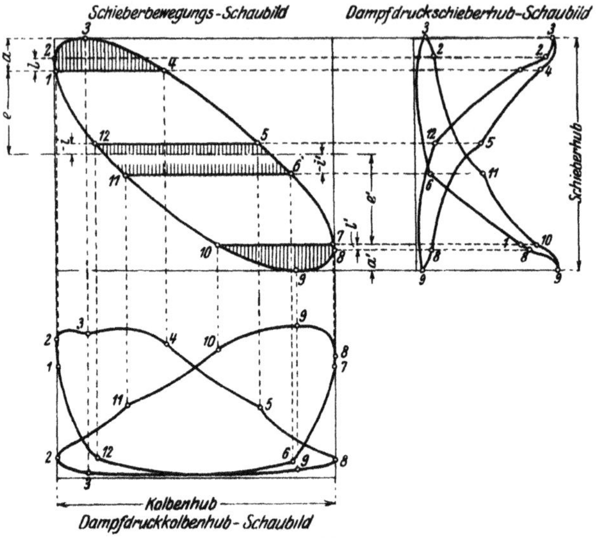

Abb. 436.

der Schieber nur vom Voreilhebel bewegt wird, so läßt sich hier einfach ermitteln, ob fehlerhafte Dampfverteilung von der Bewegung des Kreuzkopfes oder der Kulisse verursacht wird. S a n z i n empfiehlt Aufnahme der Diagramme bei Fahrgeschwindigkeiten, die etwa eine Triebachs-Umdrehung in der Sekunde nicht übersteigen.

i) Einfluß des Federspiels und Springen des Steines.

Die Dampfverteilung erfährt eine starke Beeinträchtigung durch das Federspiel der Lokomotive, da die Exzenter auf der in senkrechter Richtung unbeweglichen Achse aufgekeilt, die übrigen Teile der Steuerung an dem federnden Rahmen der Lokomotive befestigt sind. Wird angenommen, daß jeder Punkt des Rahmens senkrechte Bewegungen von gleich großem Betrag macht, so bleiben Kulisse, Stein und Schieberstange in relativer Ruhelage zueinander. Werden jedoch die Endpunkte v und r der Kulisse, Abb. 385, in der Senkrechten verschoben, so müssen sie sich auf Kreisbogen um die Festpunkte E_v und E_r bewegen, wodurch die Kulisse eine schräge Lage einnehmen muß und den Schieber verstellt. Die Projektion der Stangenlänge ändert sich und zwar um so stärker, je mehr die Richtung der Stangen gegen die Wagerechte geneigt ist. Wagerecht angeordnetes Gestänge wird also durch das Federspiel nicht beeinflußt. Die S t e p h e n s o n-Steuerung wird durch das Federspiel am wenigsten beeinflußt, da die von E_v und E_r mit den großen Exzenterstangenlängen geschlagenen Kreisbögen bei wagerechter Mittellinie nur geringe Abweichungen von den durch v und r gelegten Senkrechten zeigen. Auch in den Null-Lagen der Gooch- und Allan-Kulisse bleibt das Federspiel ohne Einfluß, nimmt aber mit der Auslegung der Steuerung zu und zwar stärker bei Gooch als bei Allan. Besonders günstig verhält sich infolge der wagerecht liegenden Exzenterstange die Heusinger-Waldegg-Steuerung. Bei geneigter Mittellinie nimmt die Unregelmäßigkeit der Schieberbewegung zu, da die von E_v und E_r durch v und r gelegten Kreisbögen nunmehr um größere Beträge von den Senkrechten abweichen.

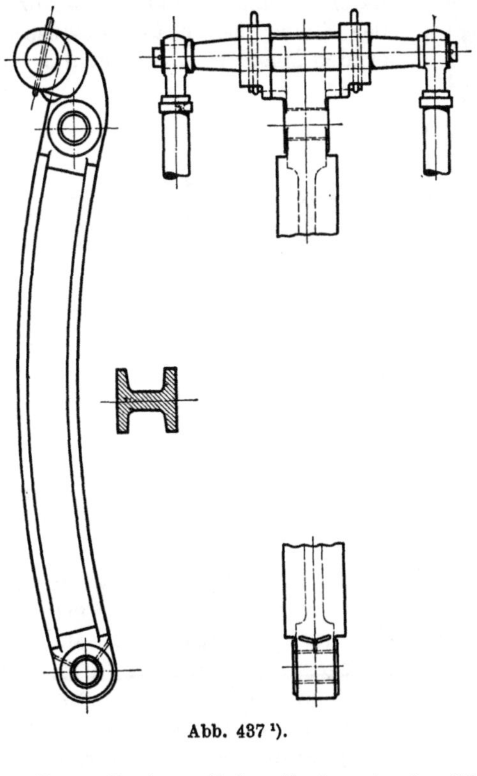

Abb. 437 [1]).

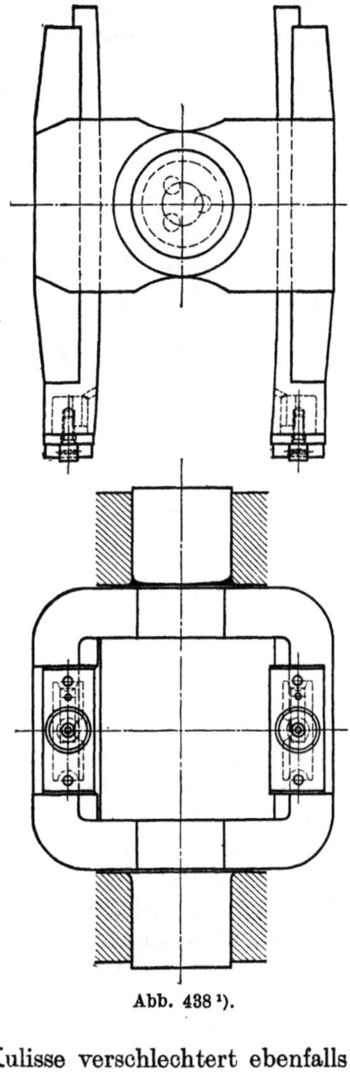

Abb. 438 [1]).

Das „Springen" des Steines in der Kulisse verschlechtert ebenfalls die Dampfverteilung und verursacht außerdem stärkere Abnutzung und damit toten Gang. In Abb. 394 wird z. B. schon in Null-Lage der Steuerung der Stein springen, da der Aufhängepunkt einen Kreisbogen

[1]) Ausführung der Deutschen Maschinenfabrik A.-G., Duisburg. Maßstab 1 : 6 und 1 : 20.

beschreibt, während der Kulissenstein gerade geführt wird. Da die Kulissen sich schief stellen, und zwar um so mehr, je kürzer sie sind, so führt jeder Punkt der Kulisse neben der zunächst als wagerecht angenommenen Bewegung auch senkrechte Bewegungen aus, die um so größer werden, je weiter die Punkte von Kulissenmitte entfernt sind. Die beschriebenen Kurven haben ∞- oder O-förmige Gestalt. Das Springen läßt sich durch die bei der Besprechung der verschiedenen Steuerungen behandelte Lagerung und Bemessung der Aufwerfhebel, der sich die Ausführung nähern soll, verringern. Als weitere Mittel sind lange Kulissen und Hängestangen anzuführen. Je länger die Kulisse, um so geringer die Schiefstellung, um so größer jedoch der Verstellungsweg, was bei unmittelbarer Verstellung der Kulisse bzw. des Steines bei häufig umzusteuernden Maschinen zu beachten ist.

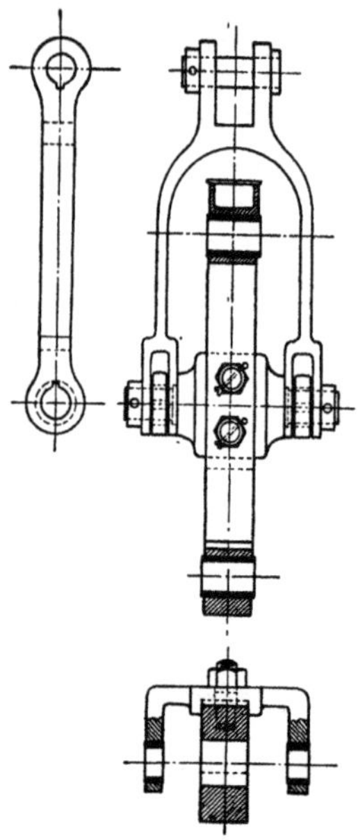

Abb. 439 [1]).

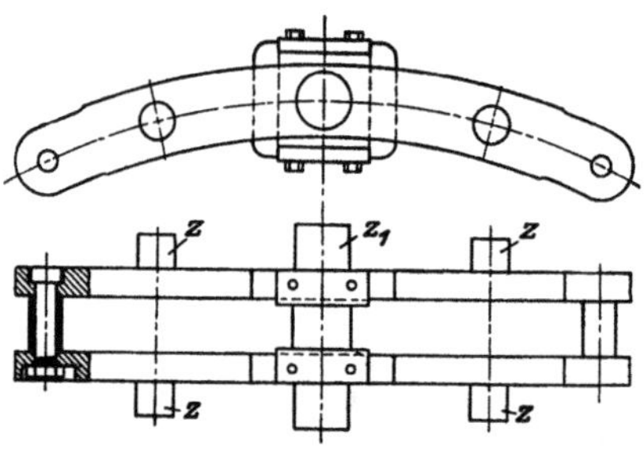

Abb. 440 [2]).

Lange Hängestangen vermindern die Pfeilhöhe des von ihrem Angriffspunkt beschriebenen Kreisbogens, so daß die Kulissen- oder Steinbewegung mehr wagerecht geführt wird.

Es empfiehlt sich, den Angriffspunkt der Führungsstange in die Mitte der Kulisse auf deren Mittellinie zu verlegen. Von der ersteren Regel wird abgegangen, wenn eine Drehrichtung auf Kosten der anderen bevorzugt werden soll. Bei vollem Auslegen der Steuerung in die der entgegengesetzten Drehrichtung entsprechende Stellung wird dann der Betrag des Springens besonders groß, da die Abweichungen von der wagerechten Führung um so größer sind, je weiter der arbeitende Punkt vom geführten liegt.

Auf die Lage des Führungspunktes auf Kulissenmittellinie wird mitunter aus Gründen der bequemeren Herstellung verzichtet, oder

[1]) Schlitzkulisse für eine Allan-Steuerung nach den Normalien der Preuß. Staatsbahnen. Maßstab 1 : 12,5.

[2]) Kulisse einer Schiffsmaschine. Maßstab 1 : 50.

auch, um dadurch bei vermehrtem Betrag des Springens einen Ausgleich in den Füllungen herbeizuführen, S. 318.

Die Gooch-Kulisse zeigt geringeres Springen des Steines als die Stephenson-Steuerung, da die Lage der Führungspunkte von Kulisse und Stange auf derselben Seite der Steuerungsmittellinie die Relativbewegungen von Stein und Kulisse teilweise ausgleicht. Liegen jedoch die Aufhängepunkte auf verschiedenen Seiten der erwähnten Mittellinie, so tritt vermehrtes Springen ein.

k) Ausführung.

Die Steuerungen von Stephenson, Gooch und Allan lassen sich leichter als die Heusinger-Waldegg-Steuerung entwerfen. Das Schieberstangengelenk ist so nahe wie möglich an den Schieberkasten heranzurücken, um große Stangenlängen und damit günstige Dampfverteilung zu erhalten. Bei dem Entwurf der Steuerungen von Gooch und Allan, bei denen nicht nur die Exzenterstangen, sondern auch die Schieberstangen möglichst lang sein sollen, ist zunächst die Lage der Kulisse annähernd in der Mitte zwischen Achsmitte und Schieberstangengelenk anzunehmen. Die Ausführung der Steuerungen mit offenen oder gekreuzten Stangen hängt außer von der gewünschten Gestaltung der Scheitelkurve (die bei der Gooch-Steuerung überhaupt nicht geändert wird, wenn bei gekreuzten Stangen die Exzenter nach Größe und Richtung entsprechend gewählt werden, vgl. Abb. 396 und 397), und den Platzverhältnissen besonders von der Auslegungsrichtung des Steuerhebels ab, die zur Vermeidung von Irrtümern der beabsichtigten Fahrrichtung entsprechen muß. Die Lage des Zylinders am Rahmen und die Anordnung des Schieberkastens am Zylinder macht fast stets eine schräge Lage der Steuerungsmittellinie nötig, Abb. 404 bis 406, so daß die Exzenter der Kurbel um $90^0 + \delta - \alpha$ bzw. $90^0 + \delta + \alpha$ voreilen müssen, wenn $\alpha =$ Neigungswinkel der Mittellinie gegen die Wagerechte. Die Anordnung des Schieberkastens auf dem Zylinder wird durch die Heusinger-Waldegg-Steuerung in ungezwungener Weise ermöglicht, während bei den drei anderen Steuerungen die Einschaltung eines Übersetzungshebels nach Abb. 405 erforderlich wird, eine Bauart, die namentlich in Amerika weit verbreitet ist. Die Einwirkung dieses Hebels auf die Dampfverteilung wird weiter unten besprochen.

Die im Entwurf gewählten Maßverhältnisse werden zweckmäßig an großen Holzmodellen auf ihre Wirkung praktisch untersucht, da sich aus den schon angegebenen Gründen bedeutende Unterschiede zwischen der im Entwurf angenommenen und der in der Ausführung erreichten Dampfverteilung herausstellen. Die am Holzmodell festgestellten Ergebnisse werden in Zahlentafeln eingetragen, die für beide Kolbenseiten und für Vorwärts- und Rückwärtsgang Füllung, Kompression, lineares Voreilen, größte Kanaleröffnung und Spiel des Kulissensteines bei verschiedenen Einstellungen der Steuerung angeben.

In den Abb. 437—441 sind verschiedene Ausführungsformen der Kulisse wiedergegeben. Die Klotz-Kulisse nach Abb. 437 ist am einfachsten herzustellen. Der Stein wird durch einen die Kulisse umfassenden Bügel ersetzt, dessen Ausbildung Abb. 438 zeigt. Die Anpassung des Bügels an die gekrümmte Kulissenform wird durch genau passende Rotgußbacken erreicht, die durch Zwischenlagen von Blechstreifen nachgestellt werden können. Der einfachen Herstellung steht der Nachteil gegenüber, daß ebenso wie bei der Schlitzkulisse nach Abb. 439 die Kulissenlänge nicht voll ausgenutzt werden kann. Da die Klotz-Kulissen das Öl abschleudern und der Staub sich an ihnen leicht fest-

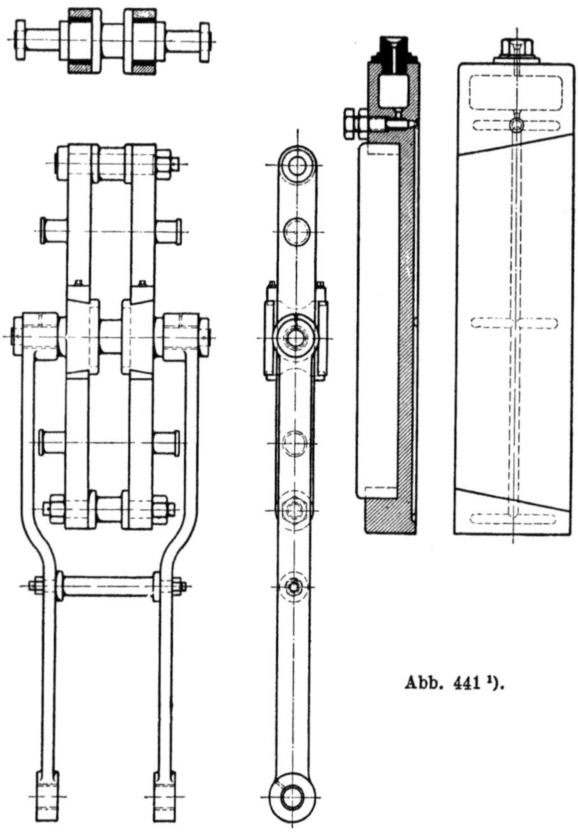

Abb. 441 [1]).

setzt, so sind sie für Lokomotivsteuerungen weniger brauchbar. Die Länge der Taschenkulissen nach Abb. 440 und 441 kann infolge der außerhalb liegenden Exzenterangriffspunkte vollständig benutzt werden. Die beiden durch Abstandshülsen miteinander verbundenen Seitenwangen, Abb. 440, sind aus einem Stück mit den Zapfen z und z_1, an denen Exzenterstangen und Hängeschienen angreifen, hergestellt. Abb. 441 zeigt die Ausführung des Kulissensteines, in den die Gleitbacken keilförmig eingelegt sind.

[1]) Ausführung der Deutschen Maschinenfabrik-A.-G , Duisburg. Maßstab 1 : 25 und 1 : 5.

Zentrierte Kräftewirkung läßt sich bei den Steuerungen von Stephenson, Gooch und Allan in einfacher Weise nicht ermöglichen. Die in verschiedenen Ebenen liegenden Exzenter umfassen die Kulisse mit Gabelköpfen. Diese sind entweder einseitig auszuführen, oder es sind die Stangen zu kröpfen. Exzenter- und Schieberstange, Kulisse, Pendel und Mitnehmer der Heusinger-Waldegg-Steuerung sind womöglich in derselben Ebene anzuordnen.

Abb. 442[1]) stellt den Kreuzkopf zu einer Stephenson-Kulisse dar. Die Backen *h*, *i*, *k* sind nachstellbar.

Schiffsmaschinen werden meist mit der Stephenson-Steuerung ausgerüstet, wobei die Kulissen sämtlicher Zylinder von einer Umsteuerungswelle verstellt werden. Um die Hochdruckfüllung unabhängig von den Füllungen in den anderen Zylindern ändern zu können, wird nach Abb. 443 vielfach die Hängestange mit einer Mutter verbunden, die durch Verschraubung in dem Schlitz des die Hängestange mit der Umsteuerwelle verbindenden Hebels bewegt werden kann. Da bei Rückwärtsgang stets größte Füllung einzustellen ist, ist der Schlitz schräg gelegt. Dieser steht bei Auslegung der Steuerung auf Rückwärtsgang annähernd senkrecht zur Hängestange, so daß hier die Stellung der Gleitmutter ohne Einfluß bleibt, während für Vorwärtsgang die Richtungen der Hängestange und des Führungsschlitzes einen spitzen Winkel miteinander einschließen und die Kulisse durch die Mutter wirksam verstellt werden kann.

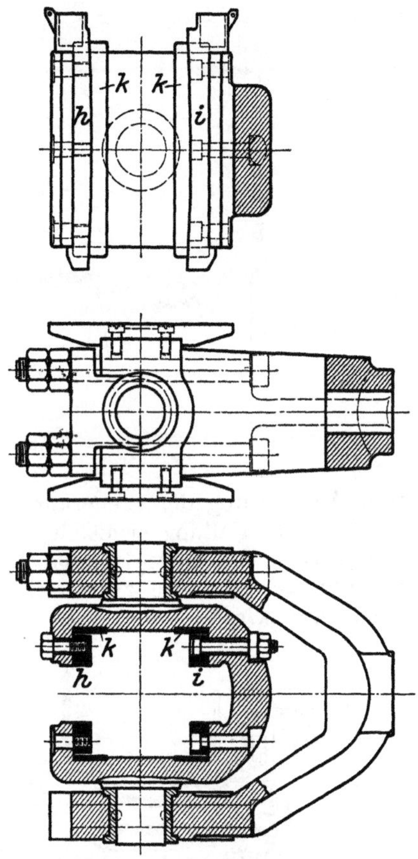

Abb. 442.

Die Anordnung von Gegengewichten nach Abb. 404 erleichtert dem Maschinisten die Einwirkung auf die Steuerung. Bei der Allan-Steuerung ist dieser Ausgleich der Gewichte von selbst gegeben, Abb. 406. Infolge der gleichzeitigen Bewegung von Stein und Kulisse ist bei dieser Steuerung der Verstellungsweg am kleinsten.

---

[1]) Ausführung der Maschinenbau-A.-G. vorm. Gebr. Klein, Dahlbruch i. W. Maßstab 1 : 14.

Das die Kulisse verstellende Steuerhändel wird zur Aufnahme der Rückwirkung der Steuerung und für Erkennung der eingestellten Füllung in die Kerben eines Steuerbogens eingeklinkt (Abb. 486). Die Einkerbung des Bogens, die sich meist auf Zehntel des Kolbenweges bezieht, wird

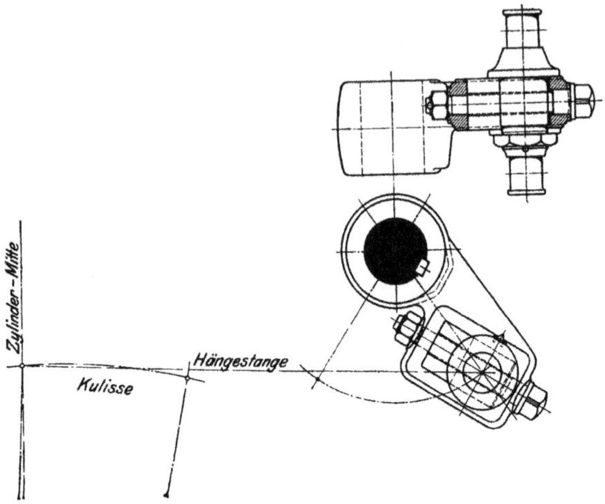

Abb. 443 [1]).

nach Ausrichtung der Steuerung vorgenommen. Soll z. B. die Kerbe für 10 v.H. Füllung ermittelt werden, so ist das Kurbelgestänge in eine diesem Kolbenweg entsprechende Stellung zu bringen und das Steuerhändel so lange zu verschieben, bis der Kanal vom Schieber geschlossen wird.

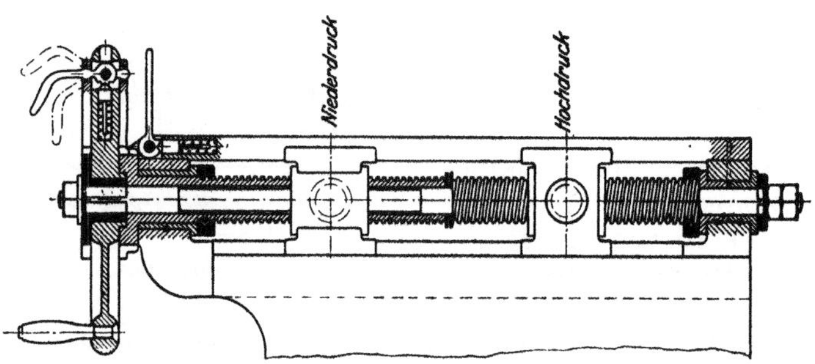

Abb. 444.

Bei größeren Maschinen wird der Steuerhebel durch Schraube und Handrad verstellt. Abb. 444 zeigt die Bauart einer derartigen Einrichtung für eine Verbundlokomotive. Die beiden Spindeln für die Hoch- und Niederdrucksteuerungen sind getrennt ausgeführt. Das Handrad kann mit jeder Spindel allein als auch mit beiden gleichzeitig gekuppelt werden,

[1]) Ausführung der Werft Blohm & Voß, Hamburg. Maßstab 1 : 20.

so daß in diesem letzteren Falle Hoch- und Niederdruckfüllung voneinander abhängig sind.

Die Steuerungen sehr großer Maschinen werden durch besondere Hilfsmaschinen verstellt; bei Schiffsmaschinen gelangen fast allgemein die Brownschen Umsteuerungsmaschinen mit hydraulischem Sperrzylinder zur Anwendung.

Bezüglich der Verwendung der verschiedenen Umsteuerungen im Lokomotivbau ist zu bemerken, daß außenliegende Zylinder fast ausschließlich mit Heusinger-Steuerung versehen werden, während diese für innenliegende Triebwerke wegen der erforderlichen großen und schwer zugänglichen Exzenter weniger geeignet ist. Hier wird deshalb häufig die ohne Exzenter arbeitende Joy-Steuerung verwendet; da die antreibende Pleuelstange jedoch dem Einfluß des Federspiels unterliegt, so wird die Dampfverteilung beeinträchtigt.

Für innenliegendes Triebwerk verhält sich die Verhoop-Steuerung besonders günstig.

4. Die Lenkerumsteuerungen[1]).

a) Zerlegung der Exzenterbewegung.

Die allgemeine Polargleichung der Zeunerschen Schieberkreise lautet:

$$\xi = A \cdot \cos \omega \pm B \cdot \sin \omega,$$

worin ξ die Entfernung des Schiebers aus der Mittellage angibt, wenn die Kurbel um den Winkel ω aus der Totlage herausgegangen ist. A und B sind die vom Schieberkreis auf der X- M-Achse abgeschnittenen Strecken von konstanter Größe, Abb. 445. Es ist $r = \sqrt{A^2 + B^2}$ und der Voreilwinkel δ folgt aus der Gleichung $\operatorname{tg} \delta = \frac{A}{B}$.

Auf S. 24 war als Polargleichung angegeben: $\xi = r \cdot \sin(\delta + \omega)$. Diese Gleichung kann auch in der Form

$$\xi = (r \cdot \sin \delta) \cos \omega + (r \cdot \cos \delta) \cdot \sin \omega$$

geschrieben werden. Da nach Abb. 445 $A = r \cdot \sin \delta$, $B = r \cdot \cos \delta$ ist, so haben beide Polargleichungen gleiche Form.

Wird $\xi = \xi_1 + \xi_2$ und $\xi_1 = A \cdot \cos \omega$, $\xi_2 = B \cdot \sin \omega$ gesetzt, so lassen sich nach Abb. 445 diese Gleichungen ebenfalls wieder durch zwei Kreise darstellen, die symmetrisch zur X- und Y-Achse liegen. Die Ordinaten der Mittelpunkte M' und M'' dieser Kreise haben die Größe:

$x_1 = \frac{A}{2}$, $y = 0$ für den Kosinuskreis, $x = 0$, $y_1 = \frac{B}{2}$ für den Sinuskreis.

x_1 und y_2 sind die Ordinaten des Mittelpunktes des ursprünglichen Schieberkreises, der mit den Einzelkreisen den Nullpunkt, sowie die Schnittpunkte mit den Koordinatenachsen gemeinsam hat. Für die Totlage der Kurbel wird $\omega = 0$, und es kommt hierfür nur der Kosinuskreis in Betracht, von dem sonach das lineare Voreilen abhängt. Der Sinus-

[1]) Berling, Z. d. Ver. deutsch. Ing. 1898. S. 377ff.

kreis bestimmt die Füllung. Entsprechend werden beide Kreise als Voreil- und Abschlußkreis bezeichnet.

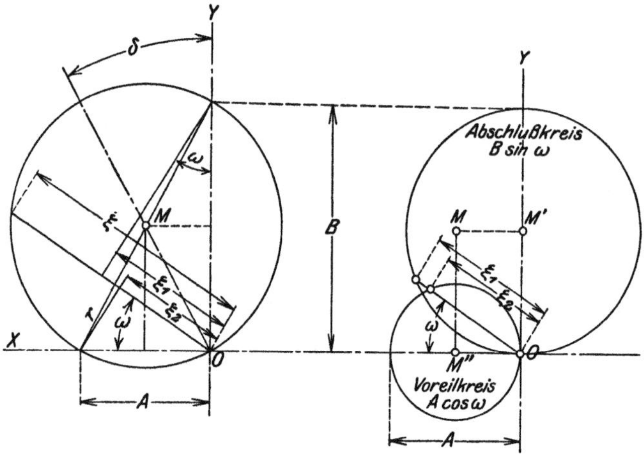

Abb. 445.

Jede Exzenterbewegung kann nach vorstehendem durch zwei aufeinander senkrecht stehende Exzenter von der Größe A und B erzeugt werden. Soll das lineare Voreilen konstant sein, so muß der Voreilkreis

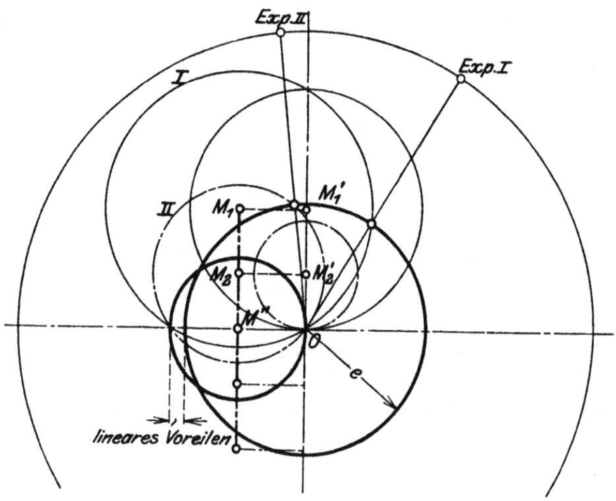

Abb. 446.

unveränderliche Lage haben, Änderung der Füllung wird durch Änderung des Abschlußkreisdurchmessers erreicht. Soll die Maschine rückwärts laufen, so ist der Abschlußkreis auf die negative Seite der Y-Achse zu verlegen.

Abb. 446 zeigt den Zusammenhang zwischen den Schieberkreisen nach Abb. 445. M'' ist der Mittelpunkt des unveränderlichen Voreilkreises, M_2' und M_1' sind die Mittelpunkte verschiedener Abschlußkreise. Vereinigung beider ergibt die aus M_2 und M_1 geschlagenen Kreise, deren Schnittpunkte mit dem e-Kreis die Dampfverteilung angeben.

Statt der Ausführung zweier Exzenter kann die Schieberbewegung auch von einem einzigen Exzenter oder von der Kurbel abgenommen werden, indem die zueinander senkrechten Bewegungskomponenten in einem den Schieber steuernden Punkt vereinigt werden, wobei die Seitenbewegung, die das Abschlußexzenter darstellt, für die Einstellung von Füllung und Gangrichtung veränderlich sein muß.

Der fast ausschließlichen Verwendung der Lenkerumsteuerungen im Schiffsmaschinenbau entsprechend, wird in den folgenden Abbildungen senkrechte Lage der Schieberstange angenommen. Demgemäß ist das auf liegende Maschinen sich beziehende Diagramm nach Abb. 446 um 90° zu drehen; der Durchmesser des Voreilkreises liegt senkrecht.

b) Steuerung von Hackworth-Bremme.

In Abb. 447 ist schematisch die Steuerungsanordnung von Hackworth-Bremme wiedergegeben. Ein Punkt der Exzenterstange wird auf einer geradlinigen Bahn geführt, deren Neigung je nach Dreh-

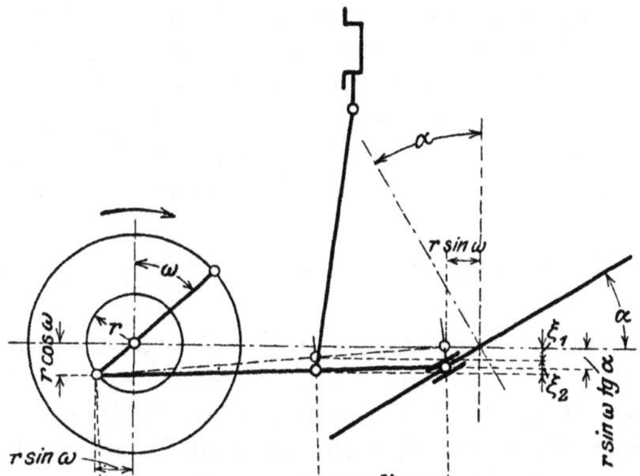

Abb. 447.

richtung und Füllung vom Maschinisten eingestellt wird. Durch diese Führung werden die wagerechten Abschlußbewegungen des Exzentermittelpunktes in senkrechte umgewandelt. Liegt die Führung wagerecht, so werden ausschließlich die senkrechten Bewegungen des Exzenters, dem Voreilkreis entsprechend, unmittelbar auf den Schieber übertragen. Abb. 448 bis 449 zeigen die Entstehung des ideellen Abschlußexzenters, das eine senkrechte Lage einnimmt, wenn das ausgeführte Exzenter wagerecht gerichtet ist. Bei wagerecht liegender Führung hat das ideelle

Exzenter die Größe Null, dementsprechend öffnet der Schieber nur um das lineare Voreilen und gibt nur eine diesem entsprechende Füllung.

Die Teilung der Exzenterstange durch den Ableitungspunkt der Schieberbewegung und der Neigungswinkel α der Führungsbahn bestimmen das Verhältnis, in dem die zueinander senkrecht stehenden Komponenten der Exzenterbewegung auf den Schieber übertragen werden. Für äußere Einströmung muß nach dem Z e u n e r-Diagramm, Abb. 446, das Voreilexzenter einen Voreilwinkel von 90° haben.

In Abb. 447 (wie auch in den folgenden Abbildungen) ist die Schieberstange rechts von der Pleuelstange angeordnet und Rechtsdrehung der Kurbel angenommen. Daraus folgt nach Abb. 446 für das ideelle Abschlußexzenter der Voreilwinkel Null. Dieser wird durch Linksdrehung des Umsteuerhebels bzw. der Führungsbahn erhalten, Abb. 449.

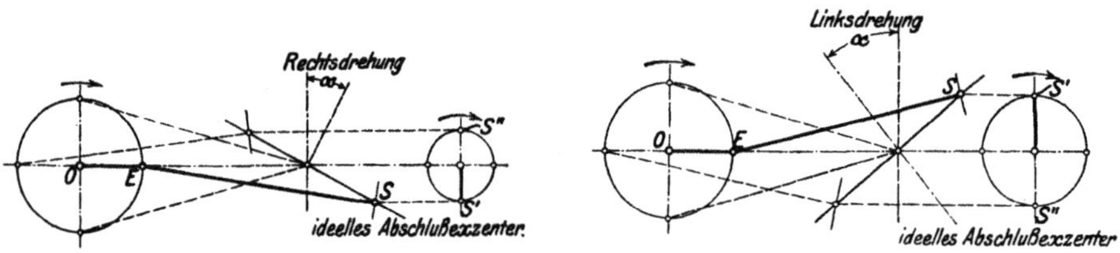

Abb. 448—449.

Bei innerer Einströmung am Schieber muß der Schieberkreis aus der der Außeneinströmung entsprechenden Lage um 180° herausgedreht werden. Sowohl Abschluß- als Voreilkreis sind also um 180° zu versetzen. Durch eine Verdrehung des aufgekeilten Exzenters um 180° wird der Voreilkreis ohne weiteres um denselben Winkel versetzt und damit auch der Abschlußkreis, der je nach Einstellung der Führungsbahn dem erzeugenden Exzenter entweder um 90° voreilt oder ihm um denselben Winkel folgt.

Innere Einströmung erfordert sonach nur entgegengesetzte Exzenteraufkeilung.

Die konstruktive Ausführung der H a ck w o r t h-B r e m m e-Steuerung kann ohne weiteres aus Abb. 311 abgeleitet werden durch Verlegung des Zugstangenangriffspunktes vom Ende der Exzenterstange etwa nach deren Mitte zwischen Steuer- und Regulierwelle. (Ein Unterschied besteht in der Ableitung der Bewegung, worauf in Abb. 483 eingegangen ist. Die Bauart der Abb. 473 entspricht genau dem Schema Abb. 316.) Soll das lineare Voreilen konstant sein, so muß — wie für Abb. 310 auf S. 227 bemerkt — bei Kurbeltotlage der Stein im Drehpunkt der Führungskulisse stehen, da nur dann für jede Einstellung des Umsteuerhebels das Steuerungstriebwerk unbeweglich bleibt. Da das Voreilexzenter für äußere Einströmung der Kurbel um 180° voreilen soll, so muß das Exzenter der Kurbel diametral gegenüber aufgekeilt werden.

In Abb. 447 hat das Exzenter, nachdem die Kurbel sich um den Winkel ω aus der Totlage entfernt hat, den Abstand $r \cdot \cos \omega$ von seiner

Mittellage. Dieser Ausschlag wird im Verhältnis $\frac{u}{c+u}$ auf den Schieber übertragen. Es wird

$$\xi_1 = r \cdot \cos\omega \cdot \frac{u}{c+u}.$$

Bei Verdrehung der Gleitbahn um den Winkel α folgt aus dem wagerechten Ausschlag $r \cdot \sin\omega$ des Exzenters eine senkrechte Bewegung $r \cdot \sin\omega \cdot \mathrm{tg}\,\alpha$, die im Verhältnis $\frac{c}{c+u}$ auf den Schieber übertragen wird.

Es wird: $\xi_2 = r \cdot \sin\omega \cdot \mathrm{tg}\,\alpha \cdot \frac{c}{c+u}.$

$$\xi = \xi_1 + \xi_2 = r \cdot \cos\omega \cdot \frac{u}{c+u} + r \cdot \sin\omega \cdot \mathrm{tg}\,\alpha \frac{c}{c+u}.$$

$$A = r \cdot \frac{u}{c+u}; \quad B = r \cdot \frac{c}{c+u} \cdot \mathrm{tg}\,\alpha; \quad \mathrm{tg}\,\alpha = \frac{B}{A} \cdot \frac{u}{c}.$$

$$\text{Schieberweg } 2r = 2\sqrt{A^2 + B^2}.$$

c) Steuerung von Hackworth-Klug.

Diese Steuerung unterscheidet sich von der vorhergehend besprochenen dadurch, daß der Schieberstangenangriff an das Ende der Exzenterstange verlegt ist, Abb. 450. Gegenüber Abb. 447 werden die senkrechten

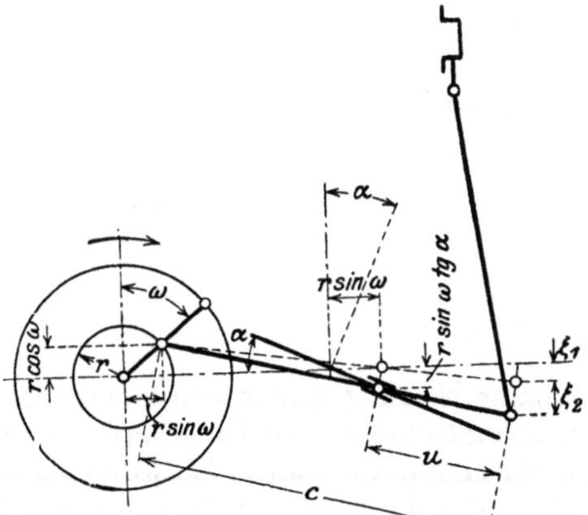

Abb. 450.

Komponenten der Voreilbewegung umgekehrt auf den Schieber übertragen, so daß bei äußerer Einströmung das Exzenter um 0° gegen die Kurbel zu versetzen ist. Wie oben folgen unter Berücksichtigung der anderen Teilung der Exzenterstange:

$$\xi_1 = r \cdot \cos\omega \cdot \frac{u}{c-u}; \quad \xi_2 = r \cdot \sin\omega \cdot \mathrm{tg}\,\alpha \frac{c}{c-u}$$

$$\xi = r \cdot \cos \omega \cdot \frac{u}{c-u} + r \cdot \sin \omega \cdot \operatorname{tg} \alpha \cdot \frac{c}{c-u}$$

$$A = \frac{u}{c-u}; \quad B = r \cdot \frac{c}{c-u} \cdot \operatorname{tg} \alpha.$$

Gemäß Abb. 446 muß auch hier der Voreilwinkel des Abschlußkreises für die oben gemachten Voraussetzungen = 0 sein, das ideelle Exzenter muß also dem aufgekeilten Exzenter um 90° vorangehen, was hier durch Rechtsdrehung des Umsteuerhebels hervorgebracht wird, Abb. 448. Arbeitet der Schieber mit innerer Einströmung, so ist das Exzenter der Kurbel diametrial gegenüber aufzukeilen.

d) Die Joy-Steuerung.

In Abb. 451 ist schematisch die Joy-Steuerung dargestellt. Von einem Punkt der Pleuelstange, der eine ellipsenförmige Kurve beschreibt, wird die Schieberbewegung abgenommen, während der andere Endpunkt des die Bewegung übertragenden Hebels wie bei Hackworth auf einer

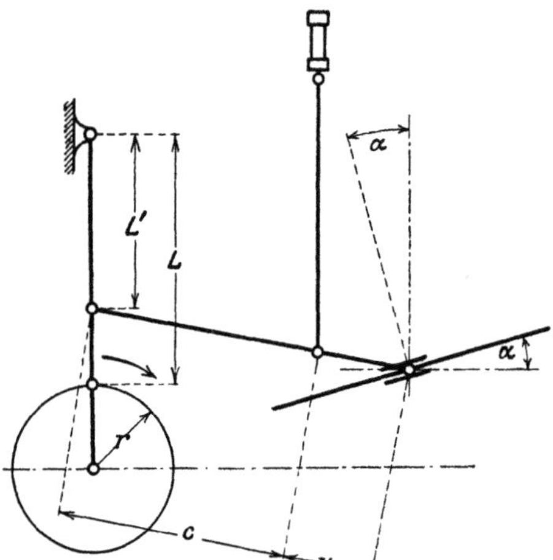

Abb. 451.

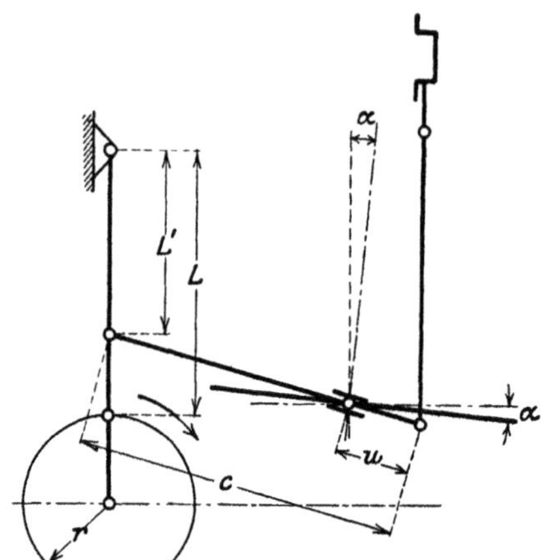

Abb. 452.

Bahn von einstellbarer Neigung geführt wird. Das Exzenter wird also durch die Kurbel ersetzt, so daß die Exzenterrichtung unveränderlich festliegt und nicht für innere oder äußere Einströmung verändert werden kann. Demgemäß ist die Joy-Bremme-Steuerung, Abb. 451, nur für innere Einströmung verwendbar.

1. **Joy-Bremme-Steuerung.** Die Gleichung für den Schieberweg wird in gleicher Weise wie bei den Hackworth-Steuerungen ermittelt.

Der senkrechte Ausschlag $r \cdot \cos \omega$ der Kurbel wird im Verhältnis $\frac{u}{c+u}$ verkleinert auf den Ableitungspunkt der Schieberbewegung übertragen.

$$\xi_1 = r \cdot \cos \omega \cdot \frac{u}{c+u}.$$

Die wagerechten Ausschläge der Kurbel werden, auf den Pleuelstangenpunkt bezogen, im Verhältnis $\frac{L'}{L}$ verringert, so daß wird:

$$\xi_2 = r \cdot \frac{L'}{L} \cdot \sin \omega \cdot \operatorname{tg} \alpha \cdot \frac{c}{c + u}.$$

$$\xi = r \cdot \cos \omega \cdot \frac{u}{c + u} \pm r \cdot \sin \omega \cdot \frac{L'}{L} \cdot \operatorname{tg} \alpha \cdot \frac{c}{c + u}.$$

$$A = r \cdot \frac{u}{c + u}; \quad B = r \cdot \frac{L'}{L} \cdot \frac{c}{c + u} \cdot \operatorname{tg} \alpha.$$

2. **Joy-Klug-Steuerung** (Abb. 452). Der gegen vorhin umgekehrten Schieberbewegungsrichtung entsprechend ist diese Anordnung für äußere Einströmung geeignet. Es wird:

$$\xi = r \cdot \cos \omega \cdot \frac{u}{c - u} \pm r \cdot \frac{L'}{L} \cdot \sin \omega \cdot \operatorname{tg} \alpha \cdot \frac{c}{c - u}.$$

$$A = r \cdot \frac{u}{c - u}; \quad B = r \cdot \frac{L'}{L} \cdot \frac{c}{c - u} \cdot \operatorname{tg} \alpha.$$

e) Die Scheitelkurve.

Die senkrechten Ausschläge des Schieberstangenangriffspunktes, durch die senkrechten Ausschläge des Exzenters verursacht, sind in den vorstehenden Entwicklungen unter Berücksichtigung der Übersetzung mit $A \cdot \cos \omega$, die senkrechten Schieberbewegungen infolge der wagerechten Exzenterausschläge mit $B \cdot \sin \omega$ bezeichnet. Die Endpunkte der Resultierenden aus diesen beiden senkrecht zueinander stehenden Seitenexzenter liegen auf einer geraden Scheitelkurve, wie schon aus Abb. 446 wie auch aus der Eigenschaft der unveränderlichen linearen Voreilung geschlossen werden konnte.

In Abb. 453 ist die Scheitelkurve für die Bremme-Umsteuerung wiedergegeben. Der Schieber schlägt in gleichem Sinne wie das ausgeführte Exzenter aus, Abb. 447. Es ist also das Seitenexzenter *A* wie das ausgeführte Exzenter der Kurbel entgegengesetzt aufzutragen.

Bewegt sich in Abb. 447 der Exzentermittelpunkt im angegebenen Uhrzeigersinn, so geht der Schieberstangenangriffspunkt infolge der Führung des Exzenterstangenendpunktes auf der schrägen Bahn nach unten. Diese Ausschläge gehen in derselben Weise vor sich, als wenn der Schieber von einem dem Exzenter *A* um 90° nacheilenden Seitenexzenter *B* gesteuert würde. Für den Vorwärtsgang ist also *B* nach links abzutragen.

Wird der Umsteuerhebel in die entgegengesetzte Lage gebracht, so wird bei der Exzenterstellung nach Abb. 447 der Schieber sich nach oben bewegen, wie es auch bei der Steuerung durch ein *A* um 90° voreilendes Exzenter *B* der Fall sein würde. Dementsprechend ist in Abbildung 453 *B* nach rechts aufgetragen.

Das Diagramm der Hackworth-Klug-Umsteuerung ist dasselbe wie in Abb. 453, nur daß Kurbel und ausgeführtes Exzenter beide nach unten abzutragen sind (Abb. 454). Da bei dieser Steuerung der Exzentermittelpunkt und Schieber sich nach entgegengesetzter Richtung bewegen, so ist die Seitenexzentrizität A dem ausgeführten Exzenter entgegengesetzt aufzutragen, also wie in Abb. 453 nach oben.

In gleicher Weise ergibt sich, daß das Seitenexzenter B wieder nach links abzutragen ist. Die umgekehrte Neigung der Führungsbahn hat die gleiche Wirkung wie ein dem ausgeführten Exzenter um 90° voreilendes Seitenexzenter B.

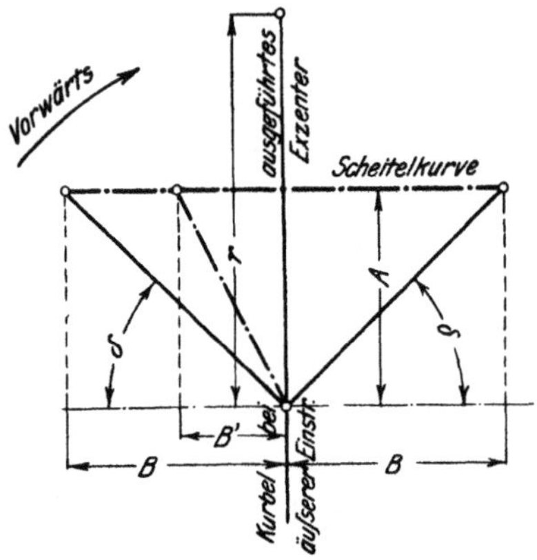

Abb. 453.

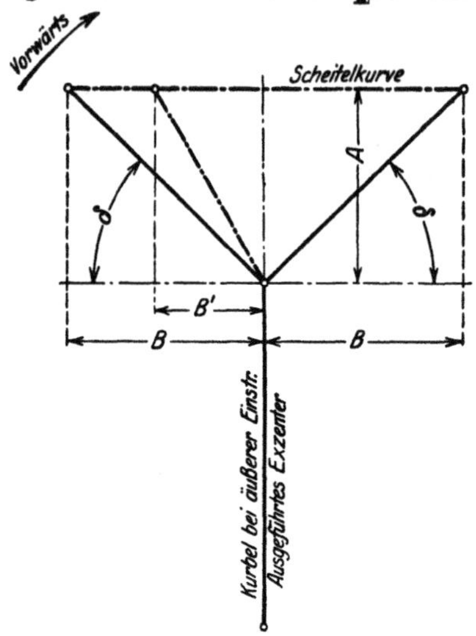

Abb. 454.

Bei der Joy-Steuerung für äußere Einströmung ist das Ersatzexzenter A bei nach unten gerichteter Kurbel nach oben abzutragen, da sich hier Kurbelzapfen und Schieber nach entgegengesetzter Richtung bewegen. Seitenexzenter B geht der Kurbel um 90° voran, wenn der Umsteuerhebel nach rechts ausgelegt ist.

f) Füllungsausgleich.

Den Abb. 426 und 427 entsprechend kann die Dampfverteilung, soweit sie durch die gerade Scheitelkurve bestimmt wird, ermittelt werden. Was den Einfluß der endlichen Pleuelstangenlänge betrifft, so kann dieser zum großen Teil durch die Anordnung des Steuerungstriebwerkes selbst verringert werden.

Zunächst ist die Wirkung kurzer Schieberschubstangen zu beachten. In den senkrechten Totlagen des Exzenters kommt die ganze Stangenlänge L zur Geltung. Nach einer Drehung des Exzenters um 90° hat bei einem Ausschlag der Stange um den Winkel α deren senkrechte Projektion nur die Größe $L \cdot \cos\alpha$, so daß der Schieber um $(1 - \cos\alpha) \cdot L$ herabgezogen wird. Bei äußerer Einströmung wird dadurch der durch die endliche Pleuelstangenlänge verursachte Fehler vergrößert, bei innerem Dampfeintritt verkleinert. Im letzteren Fall wird sich sonach unter Umständen empfehlen, die Schieberschubstange kurz zu halten.

1. **Füllungsausgleich bei geradliniger Führung eines Exzenterstangenpunktes.** Im Falle unendlicher Exzenterstangenlängen würden in Abb. 455 die geführten Punkte in den Exzentertotlagen von der senkrechten Mittellinie um die Strecken *r* entfernt sein, während infolge der endlichen Stangenlänge in Wirklichkeit die Abstände r + f und r — f betragen. Durch das „Fehlerglied" *f* wird der Gleitklotz der Führungsbahn bei Rechtsdrehung dieser um f · tg α nach unten gezogen, wenn der Umsteuerhebel bei den Exzentertotlagen in einer der Endlagen steht. Wird der Umsteuerhebel in die linke Endstellung gebracht, so wird der Gleitklotz um denselben Betrag nach oben hin geschoben. Diese Verschie-

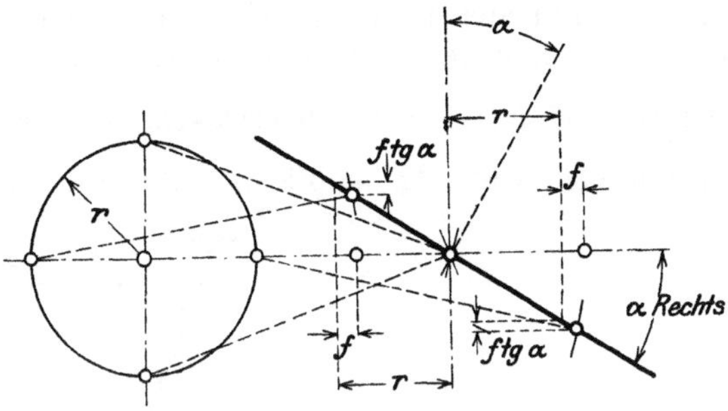

Abb. 455.

bungen werden bei der Hackworth-Bremme-Steuerung in dem Hebelverhältnis $\frac{c}{c + u}$ verkleinert, bei Hackworth-Klug in dem Verhältnis $\frac{c}{c - u}$ vergrößert auf den Schieber übertragen.

Arbeitet der Schieber mit äußerer Einströmung, so ist als meist gebrauchter Vorwärtsgang der Maschine diejenige Drehrichtung zu wählen, die durch Linksdrehung des Umsteuerhebels bestimmt wird. Hierbei wird der Schieber im Sinne des Füllungsausgleiches um f · tg $\alpha \cdot \frac{c}{c \pm u}$ angehoben. Umgekehrt ist bei innerer Einströmung die durch Rechtsdrehung des Umsteuerhebels hervorgerufene Drehrichtung als Vorwärtsgang zu wählen.

Hierbei addieren sich sonach die durch die endlichen Längen von Exzenter- und Schieberschubstange bedingten Wirkungen, was unter Umständen einen Ausgleich nach der entgegengesetzten Richtung nötig macht, wie auf S. 341 angegeben.

Der Rückwärtsgang der Maschine zeigt in beiden Fällen eine unregelmäßige Dampfverteilung und zwar mehr bei Hackworth-Klug als bei Hackworth-Bremme.

2. **Füllungsausgleich bei bogenförmiger Führung.** Die Dampfverteilung kann weiterhin verbessert werden, wenn der Exzenterstangenpunkt auf einem Bogen statt auf einer Geraden geführt wird. Die in dieser Art geänderte Steuerung nach Abb. 447 wird dann als Marshall-Steue-

rung, die nach Abb. 450 als Klug-Steuerung bezeichnet. Um Füllung und Gangrichtung zu ändern, verstellt der Maschinist den Aufhängepunkt einer Schwinge, an deren Endpunkt die Exzenterstange angelenkt ist.

In den Abb. 456 und 457 sind sowohl die geradlinige als die bogenförmige Gleitbahn dargestellt. Nach Drehung der Kurbel um 90 und 270° aus der Totlage heraus nimmt der geführte Punkt die Endstellungen ein, die bei Führung auf dem Bogen unten um f_1, oben um f_2 höher liegt als bei geradliniger Bahn. Diese Verschiebung verschwindet in der Umsteuerhebelmittellage und ist in den höheren Lagen der Schwinge größer als in den unteren. Bei einer Zunahme des Neigungswinkel α der Führungsbahn um $d\alpha$ wird $df_2 > df_1$.

Bei der Marshall-Steuerung wird wie bei Hackworth-Bremme der von der Exzenterstangenlänge herrührende Fehler im Verhältnis $\frac{c}{c+u}$ verkleinert auf den Schieber übertragen, der dadurch ebenfalls nach oben geschoben wird. Es empfiehlt sich daher, die Wirkungen

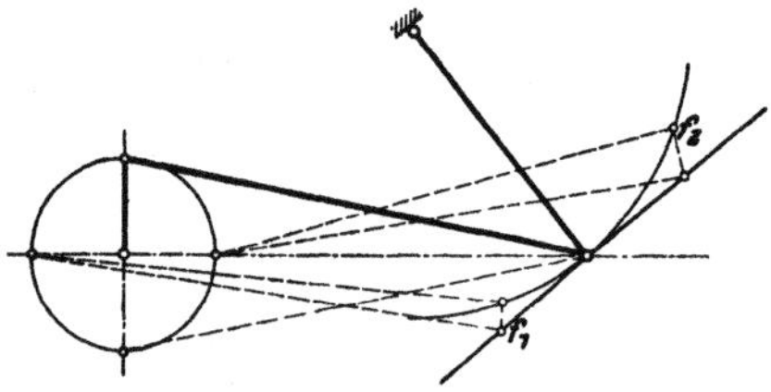

Abb. 456.

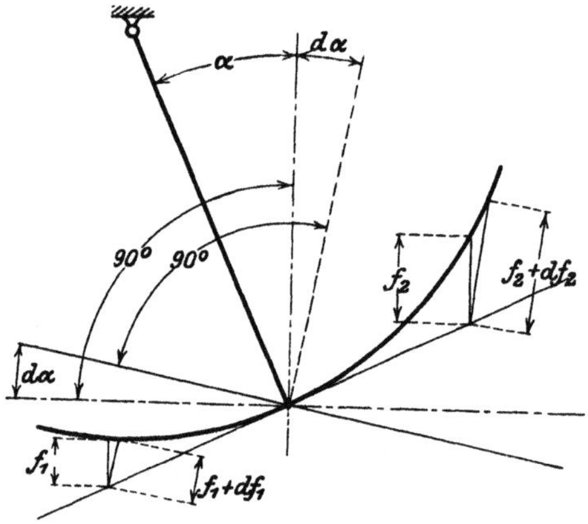

Abb. 457.

der beiden Fehler, die sich bei äußerer Einströmung in gleichem Sinne äußern, zu addieren. Der entgegengesetzt wirkende Fehler der endlichen Schieberschubstangenlänge läßt sich durch Verkürzung der Schwinge beseitigen.

In der Rückwärtsstellung des Umsteuerhebels subtrahieren sich die Fehler von Exzenterstange und Schwinge; es folgt auch hierbei eine gute Dampfverteilung. Die Senkung des Schiebers um $f \cdot \operatorname{tg} \alpha \cdot \frac{c}{c+u}$ bei Rechtsdrehung der Gleitbahn wird durch die kurze Schwinge aufgehoben. Da $df_2 > df_1$, so nimmt bei Auslegung des Umsteuerhebels die Füllung auf der Kurbelseite mehr als auf der Deckelseite zu.

Umgekehrt liegen die Verhältnisse bei der Klug-Steuerung. Der von der endlichen Exzenterstangenlänge herrührende Fehler wird im Maßstab $\frac{c}{c-u}$ vergrößert auf den Schieber übertragen, der nach oben geschoben wird, wenn für Linksdrehung des Umsteuerhebels Vorwärtsgang eintreten soll. Sonach würde hier durch Addition beider Fehlerwirkungen eine zu starke Verschiebung des Schiebers nach der Deckelseite hin eintreten. Für den Vorwärtsgang wird daher die Subtraktion der Fehlerglieder benutzt, indem für diesen Gang diejenige Drehrichtung gewählt wird, die durch Rechtsdrehung der Gleitbahn herbeigeführt wird, da hierdurch der Schieber nach unten gezogen wird. Mit kurzer Schwinge kann erreicht werden, daß der Schieber durch den Schwingenfehler mehr nach oben geschoben wird als er bei gleich geneigter geradliniger Führung nach unten gezogen würde. Die Füllung kann sonach auf der Kurbelseite größer als auf der Deckelseite sein.

Für den Rückwärtsgang addieren sich die Fehler.

Innere Einströmung läßt sich mit den Steuerungen von Marshall und Klug nur mit Nachteilen durchführen, da die endliche Länge der Schwinge den Schieber stets nach oben verschiebt, während er bei innerer Einströmung nach unten gezogen werden muß. Es wäre hier in gleicher Weise vorzugehen, wie für Innenkanteneinströmung bei den Hackworth-Steuerungen angegeben, wobei man sich den bei diesen herrschenden Verhältnissen durch Ausführung der Schwinge in sehr großer Länge nähern müßte.

Sollte bei innerer Einströmung der Schwingenfehler für den Füllungsausgleich ausgenutzt werden, so wäre der Aufhängepunkt der Schwinge unterhalb der durch den Mittelpunkt der Kurbelwelle gelegten Wagerechten zu legen, eine Anordnung, die bei stehenden Maschinen wegen Raummangels kaum auszuführen ist.

Entsprechende Lage des Aufhängepunktes ließe sich bei liegenden Maschinen ermöglichen, doch ist hier wegen des für den Vorwärtsgang nach unten zu richtenden Kreuzkopfdruckes die Wahl der Umsteuerhebelauslegung nicht mehr frei.

Anwendung der Steuerungen von Marshall und Klug in Verbindung mit Innenkanteneinströmung erfordert deshalb Einschaltung eines Umkehrhebels in das Steuerungsgestänge, so daß die gleichen Verhältnisse wie bei Außenkanteneinströmung erreicht werden.

3. Füllungsausgleich bei der Joy-Steuerung. Da die Kurbel als Exzenter wirkt, so wird hier die Schräglage der Exzenterstange besonders große Unregelmäßigkeiten hervorrufen. Diese lassen sich zunächst dadurch verringern, daß man die Exzenterstange möglichst lang macht und sie zu diesem Zweck nicht in der Mittellinie der Pleuelstange, sondern an einem armartigen seitlichen Ausbau der Pleuelstange angreifen läßt. Weiterhin soll die Exzenterstange möglichst tief, d. h. in der Nähe des Kurbelzapfens angelenkt werden, damit der Einfluß der wagerechten Ausschläge gegenüber dem der senkrechten möglichst überwiegt. Der Winkel α muß, um die bestimmte Größe $B = r \cdot \frac{c}{c \pm u} \cdot \frac{L'}{L} \cdot \operatorname{tg} \alpha$ zu erhalten, um so kleiner genommen werden, je tiefer der Angriffspunkt der Exzenterstange liegt. Mit dem Winkel α verringert sich auch die

22*

Größe $f \cdot \mathrm{tg}\,\alpha \cdot \frac{c}{c \pm u}$, mit welcher der Fehler f aus der Exzenterstangenlänge auf den Schieber übertragen wird.

Bei Anordnung einer Schwinge statt der geradlinigen Führung wird bei der Ausführung nach Abb. 452 wie bei der Klug-Steuerung die Subtraktion der Fehlerglieder für den Füllungsausgleich ausgenutzt. Der Rückwärtsgang wird hierbei durch die Addition größerer Fehlerwirkungen besonders ungünstig. Bei innerer Einströmung nach Abb. 451 ist die auf Hinabziehen des Schiebers gerichtete Fehlerwirkung der Exzenterstangenlänge durch möglichst große Schwingenlänge ausschlaggebend zu machen.

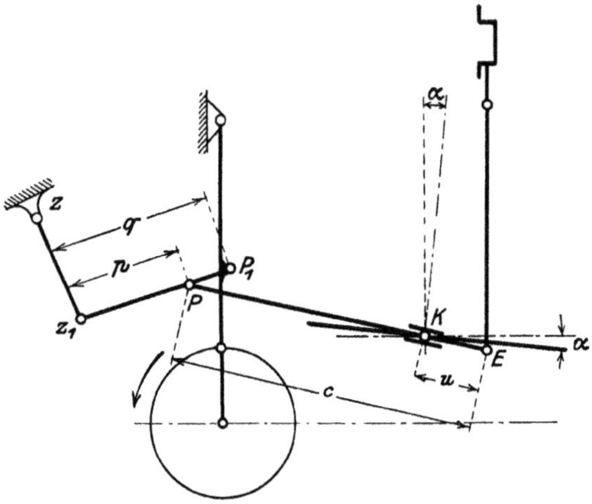

Abb. 458.

Das von der endlichen Exzenterstangenlänge herrührende Fehlerglied kann bei der Joy-Steuerung nahezu ausgeschaltet werden, wenn die Exzenterstange nach Abb. 458 unter Vermittlung eines Ellipsenlenkers von der Pleuelstange angetrieben wird. Endpunkt E bleibt bei einer geradlinigen Bewegung des Angriffspunktes P_1 in seiner Lage. Damit die Dampfverteilung durch die endliche Länge des Lenkers zz_1 nicht beeinflußt wird, sind Lenkerlänge und Aufhängepunkt z so zu wählen, daß die Bahn des Punktes z_1 möglichst wenig von der Wagerechten abweicht. Für den Schieberweg ergibt sich:

$$\xi = r \cdot \frac{p}{q} \cdot \frac{u}{c \pm u} \cdot \cos\omega \pm r \cdot \frac{c}{c \pm u} \cdot \frac{L'}{L}\,\mathrm{tg}\,\alpha \cdot \sin\omega.$$

$$A = r \cdot \frac{p}{q} \cdot \frac{u}{c \pm u};\quad B = r \cdot \frac{c}{c \pm u} \cdot \frac{L'}{L} \cdot \mathrm{tg}\,\alpha.$$

In Abb. 459 ist die Ermittlung des Ellipsenlenkers durchgeführt. Die Lage der Punkte P_1, Z und Z_1 ist durch den Entwurf der Maschine festgelegt. Der Angriffspunkt P_1 an der Pleuelstange wird tunlichst an den Kurbelzapfen herangerückt. Z ist durch die Lage der Schieberstange, Z_1 durch die des Aufhängepunktes der Schwinge bestimmt.

Punkt P wird nun in der Weise gefunden, daß in der äußersten Stellung des Getriebes (wobei P_1 um die Kurbellänge R über der Verbindungslinie Z_1Z liegt), Linie Z_1P_1 um $P_1P_0 = ZP'_1$ verlängert wird ($P_1P_1' \perp ZZ_1$). Eine in der Mitte der Verbindungslinie P_0Z errichtete Senkrechte schneidet P_1Z_1 in dem gesuchten Punkt P. (Punkt Z in Abb. 459 entspricht Punkt E in Abb. 458.)

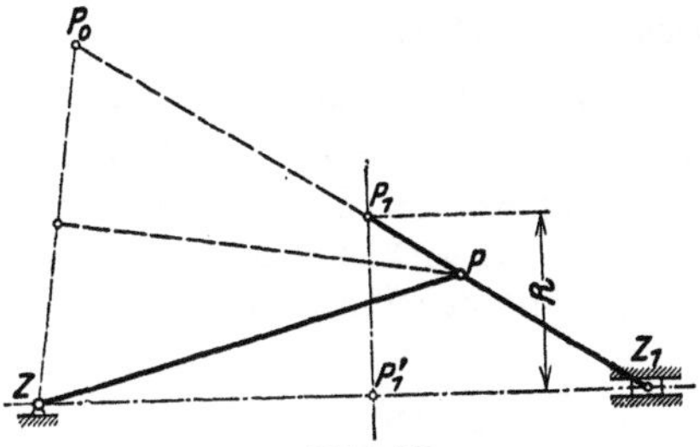

Abb. 459.

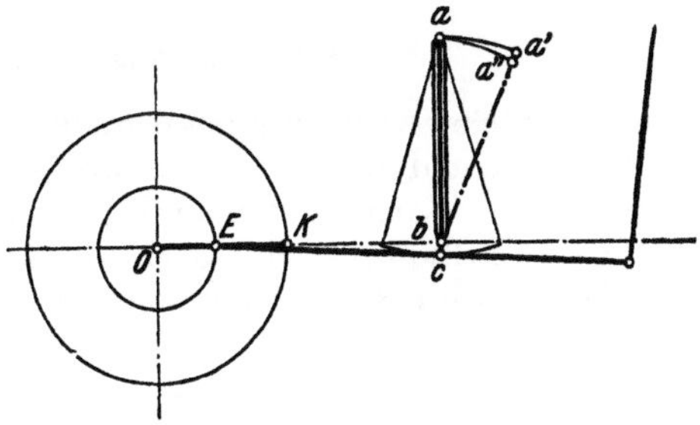

Abb. 460.

In ähnlicher Weise werden die Verhältnisse des Konchoidenlenkers der B r o w n schen Steuerung ermittelt.

g) Ausgleich der Kanaleröffnungen.

Aus Abb. 467 ist die starke Verschiedenheit der Kanaleröffnungen ersichtlich. Bei gleichen Überdeckungen wird der Kanal auf der Kurbelseite überschleift, auf der Deckelseite nicht ganz freigelegt. Soll diese Ungleichheit verringert werden, so ist der Schieber nach der Kurbelseite herunterzuziehen, so daß e_k vergrößert, e_d verkleinert wird. Die Füllung auf der Deckelseite erfährt dadurch eine weitere Vergrößerung, was bei stehenden Maschinen um so bedenklicher ist, als hier zum Ausgleich der Triebwerkgewichte die Füllung auf der Kurbelseite größer als auf der Deckelseite sein müßte. Verstellung des Schiebers nach unten kann aber ebenso wie das nachstehend angegebene Mittel dann angewandt werden, wenn — wie auf S. 339 dargestellt — aus den Verhältnissen des Steuerungstriebwerkes heraus eine kleinere Füllung auf der Deckelseite als auf der Kurbelseite folgt.

Herunterziehen des Schiebers läßt sich auch durch die in Abb. 460 skizzierte Anordnung erreichen, bei der die Schwinge $a\,c$, deren Endpunkt mit der Exzenterstange gelenkig verbunden ist, eine größere Länge als der sie verstellende Rahmen $a\,b$ hat.

In Abb. 460 ist, auf eine liegende Maschine bezogen, die Kurbel in der Totlage, die Schwinge $a\,c$ in der Mittellage wiedergegeben. Der Forderung, daß sich bei dieser Kurbellage die Punkte b und c decken, wird also nicht entsprochen, das lineare Voreilen ist veränderlich. Der Schieber ist um den Betrag $x \cdot \dfrac{c}{c-u}$ nach der Kurbelseite hin verstellt, wenn $x = \overline{bc}$.

Wird der Umsteuerrahmen in eine Endlage gebracht, größter Füllung entsprechend, so stellt $aa_,$ den von c, aa'' den von b aus gezogenen

Kreisbogen dar. Die tiefere Lage des Punktes a'' hat eine weitere Senkung des Punktes c, die sonach in erwünschter Weise mit der Größe der Füllung wächst, zur Folge. Die neue Lage des Punktes c bei Kurbeltotlage wird gefunden, indem durch c ein Kreisbogen von E aus mit Ec gelegt wird, der den von a'' aus mit ac als Radius geschlagenen Kreisbogen schneidet.

h) Entwurf und Untersuchung am Schema.

Zunächst wird das Schieberdiagramm nach M ü l l e r oder Z e u n e r, Abb. 461 und 462, entworfen und hierbei von der größten Füllung ausgegangen. Kompression und Vorausströmung werden so gewählt, daß für die Füllungen, mit denen die Maschine voraussichtlich am meisten arbeiten wird, günstige Verhältnisse folgen. Mit der Wahl des linearen

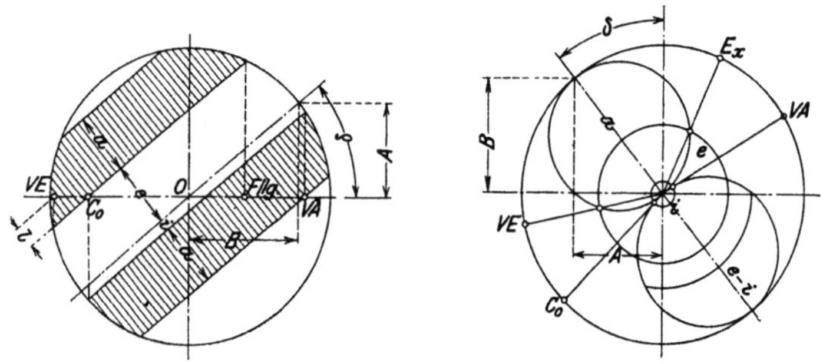

Abb. 461—462.

Voreilens ist, da dieses konstant, auch die kleinste Füllung bestimmt. Es soll die größte resultierende Exzentrizität $R > e + a$ sein, damit bei kleineren Füllungen die Einlaßkanäle noch genügend geöffnet werden. Infolge des Füllungsausgleiches wird der Kanal der Deckelseite überhaupt weniger freigelegt.

Aus den Diagrammen werden in der ersichtlichen Weise die Konstanten A und B der Z e u n e r schen Schiebergleichung erhalten. Für die Steuerungen von B r e m m e ($+u$), K l u g ($-u$) und J o y $\left(\frac{p}{q} \text{ und } \frac{L'}{L}\right)$ wird:

$$A = r \cdot \frac{u}{c \pm u}\left(\frac{p}{q}\right) \text{ und } B = \pm r \cdot \frac{c}{c \pm u} \cdot \operatorname{tg} \alpha \left(\frac{L'}{L}\right).$$

Die Größe c ist durch den Abstand des Schieberstangenmittels von der Zylinderachse gegeben, der mit Rücksicht auf die Größe des schädlichen Raumes tunlichst zu verringern ist. Nach B e r l i n g ist ungefähr $\frac{u}{c} = \frac{2}{3}$ für B r e m m e, $\frac{u}{c} = \frac{1}{3}$ für K l u g. Die wirklich auszuführende Exzentrizität bestimmt sich zu $r = \frac{c \pm u}{u} \cdot A$ (= Voreilexzenter A,

Abb. 461—462, multipliziert mit dem Hebelarmverhältnis). Der (halbe) Verdrehungswinkel der Gleitbahn folgt aus:

$$\operatorname{tg} a = \frac{B}{A} \cdot \frac{u}{c} \cdot \left(\frac{L}{L'} \cdot \frac{p}{q}\right).$$

Winkel a soll etwa 18 bis 30⁰ betragen und für die J o y-Steuerung bei

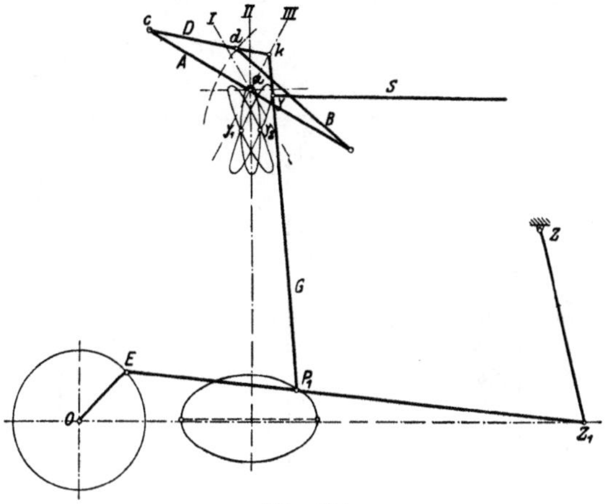

Abb. 463.

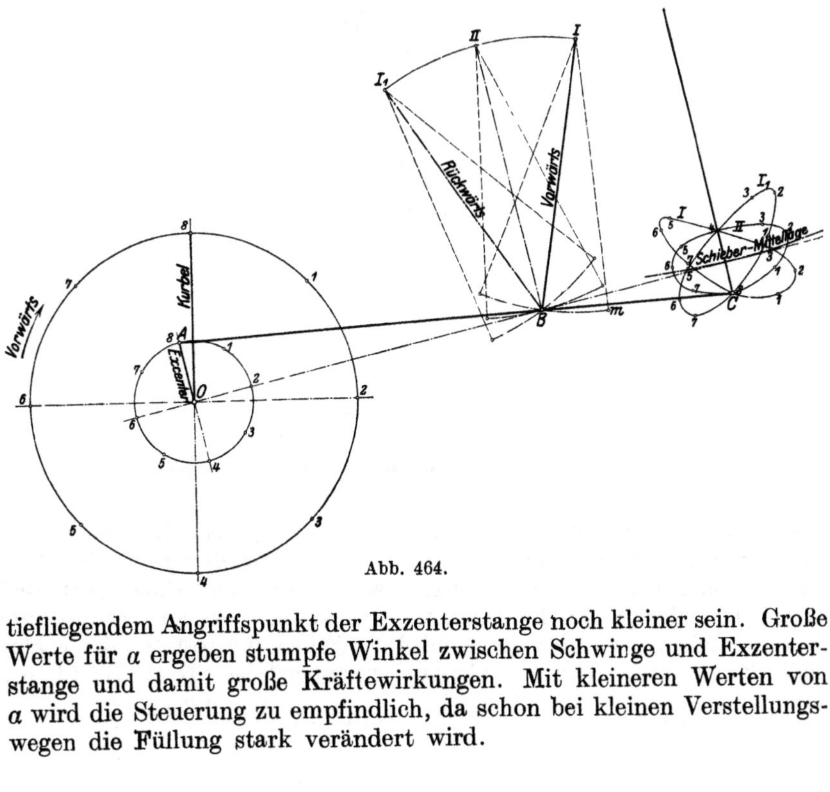

Abb. 464.

tiefliegendem Angriffspunkt der Exzenterstange noch kleiner sein. Große Werte für a ergeben stumpfe Winkel zwischen Schwinge und Exzenterstange und damit große Kräftewirkungen. Mit kleineren Werten von a wird die Steuerung zu empfindlich, da schon bei kleinen Verstellungswegen die Füllung stark verändert wird.

Für die genauere Bestimmung der Abmessungen wird das Ausprobieren am Modell oder die Untersuchung am Schema erforderlich. Die Fehlerwirkungen, durch welche die Dampfverteilung ausgeglichen werden soll, sind unter Voraussetzung reichlicher Schieberstangenlänge von der Größe *r* der Exzentrizität und der Länge *s* der Schwinge abhängig. Bei der Bremme-Steuerung werden die Fehlerwirkungen für

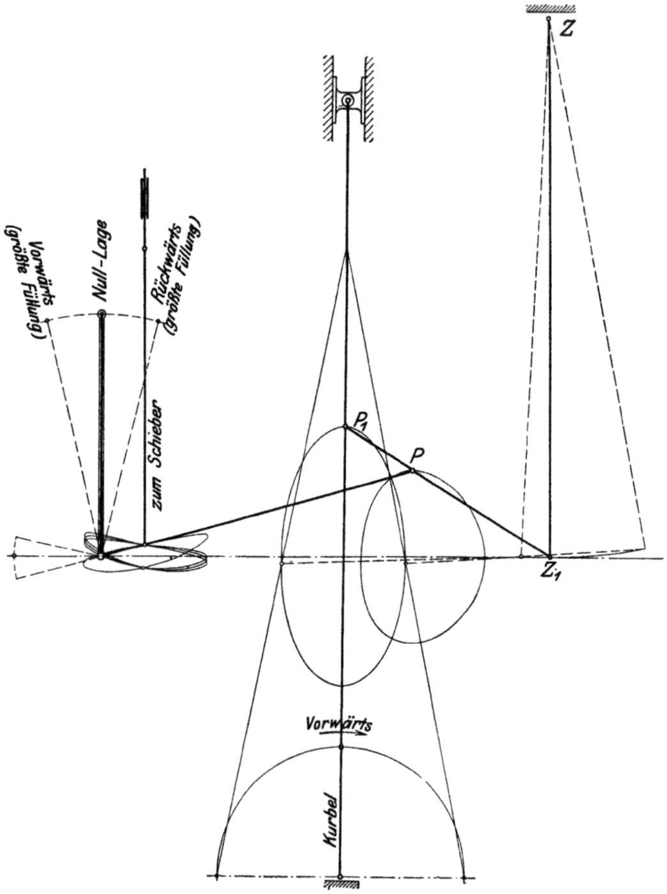

Abb. 465.

den Ausgleich addiert: hier wird sonach bei großer Exzentrizität *r* auch eine längere Schwinge gewählt, um die Verstellung des Schiebers nach oben hin in dem gewünschten Maße zu erhalten. Umgekehrt wird bei Klug der großen Exzentrizität eine kleinere Schwingenlänge entsprechen, da hier nur der Unterschied der Fehler einwirkt und der Fehler aus der endlichen Schwingenlänge bestimmend ist. Nach Berling ist bei Bremme $\frac{r}{s} = \frac{1}{4}$ bis $\frac{1}{4,5}$, bei Klug $\frac{r}{s} = \frac{4,5}{1}$ bis $\frac{1}{5}$.

Abb. 463 zeigt schematisch die Steuerung von Brown, die in ihren wesentlichen Zügen mit der Joy-Steuerung übereinstimmt, aber älter als diese ist. Die Schieberbewegung wird von dem eine ellipsenartige Kurve beschreibenden Punkt P_1 der Pleuelstange oder, wie in Abb. 463, von einer am Endpunkt um den Festpunkt z geführten Exzenterstange abgeleitet. Der Schieber wird vom Punkt y der Stange G gesteuert,

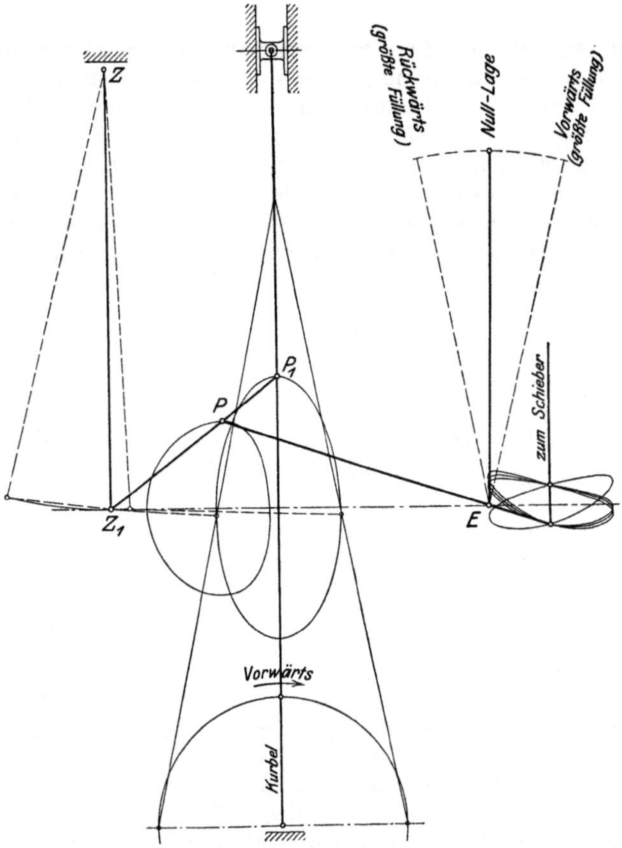

Abb. 466.

deren Endpunkt k mittels eines Konchoidenlenkers gerade geführt wird. Schiene A, die um a gedreht wird, ist gelenkig mit der Stange B verbunden. Diese ist bei d an die Stange D angelenkt, die sich in der Hülse c verschiebt. Punkt k bewegt sich in Senkrechten zur verstellbaren Schiene A. Den drei Bahnen I, II und III von k entsprechen die drei eingezeichneten Kurven des Gelenkes y für kleinste und für größte Füllung bei Vor- und Rückwärtsgang.

In den schematischen Darstellungen, Abb. 464—466, sind die vom Ableitungspunkt der Klug- und Joy-Steuerung beschriebenen Kurven wiedergegeben. In Abb. 464 sind von den Teilpunkten des Exzenterkreises nach den ihnen entsprechenden Lagen des Punktes B auf den Kreisbogen um I, I_1, II Verbindungslinien gezogen, die, von B aus um BC verlängert, in ihren Endpunkten die Kurven I, I_1 für größte Füllung bei Vor- und Rückwärtsgang und II für Nullfüllung ergeben. Da in Abb. 464 die Mittellinie der Steuerung gegen die Wagerechte geneigt ist, so fallen die Richtungen von Kurbel und Exzenter nicht zusammen; letzteres muß bei Kurbeltotlage senkrecht zur Mittellinie OB stehen.

In Abb. 465 ist eine J o y-Steuerung für inneren Dampfeintritt, in Abb. 466 für äußere Einströmung dargestellt. In sämtlichen Abbildungen haben die Kurven zwei Punkte miteinander gemeinsam. Die bezüglichen Stellungen nimmt die Steuerung in den beiden Kurbeltotlagen ein, unveränderlichem Voreilen entsprechend. Diese Bedingung wird erfüllt, wenn der Umsteuerhebel, an dem die Schwinge aufgehängt ist, gleiche Länge wie die Schwinge aufweist, so daß in den Kurbeltotlagen der Umsteuerhebel gedreht werden kann, ohne daß der Schieber bewegt

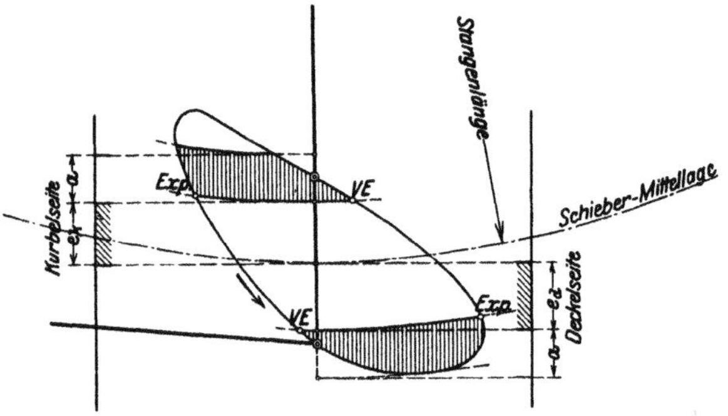

Abb. 467.

wird. Die Mittelpunkte der Umsteuerwelle und der Aufhängepunkt der Exzenterstange müssen hierbei zusammenfallen. Die Ermittlung der Dampfverteilung unmittelbar an diesen Kurven ist in Abb. 467 durchgeführt. Der Schieber steht in der Mittellage, wenn der Endpunkt der Schieberstange auf einem Bogen liegt, der mit der Schieberstangenlänge als Radius so gezogen wird, daß er die durch Wellenmitte O und Lage des Aufhängepunktes B bei Kurbeltotstellung gezogene Gerade tangiert, Abb. 464. Durch Abtragen der äußeren Überdeckungen e_k und e_d werden in ersichtlicher Weise Beginn der Voreinströmung und der Expansion festgestellt. Der Dampfaustritt wäre in gleicher Weise durch i_k und i_d zu bestimmen.

Die übersichtliche Darstellung der die Eröffnungen der Kanäle auf die K o l b e n wege beziehenden Ellipse wird erhalten, indem zu jedem Teilpunkt des Kurbelkreises der Kolbenweg und der senkrechte Abstand des zugehörigen Kurvenpunktes von dem die Schiebermittellage angebenden Kreisbogen ermittelt werden, worauf nach Eintragung der Überdeckungen in die Ellipse die Kanaleröffnungen folgen. Abb. 468

zeigt die Schieberellipse einer J o y-Steuerung mit zwei Kurven für den Vorwärtsgang und einer für den Rückwärtsgang. Die inneren Überdeckungen i_d und i_k sind negativ, so daß beide Kolbenseiten in der Nähe der Kurbeltotlage mit dem Auspuffraum in Verbindung stehen. In Abb. 468 sind die Kurven für Vorwärts- und Rückwärtsgang mit derselben Neigung wie die Bewegungskurven, aus denen sie entstanden sind, gezeichnet. In Wirklichkeit zeigen beide Kurven die gleiche Neigung. Es folgt dies schon daraus, daß der Einlaßkanal beim Herausgang des Kolbens aus der Totlage für beide Drehrichtungen in derselben Weise gesteuert werden muß.

Die bedeutenden Unterschiede in bezug auf die Freilegung der Kanäle gehen aus den Abb. 467 und 468 hervor. In Abb. 467 wird der Kanal auf der Deckelseite nicht ganz geöffnet, auf der Kurbelseite überschleift.

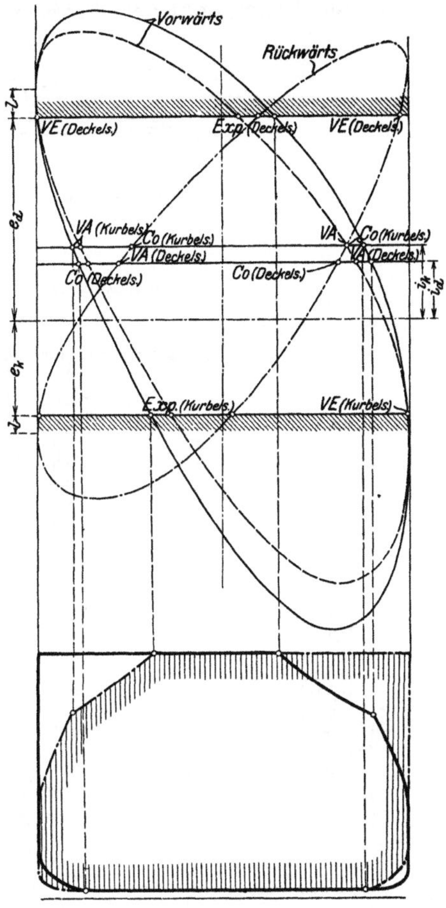

Abb. 468 [1]).

i) Ausführung und Gesamtanordnung.

Die Abb. 469—482 zeigen einzelne Ausführungen von Lenkersteuerungen in ihrer Anwendung auf Schiffsmaschinen, Fördermaschinen und Lokomotiven.

Die schräge Lage der Exzenterstange, Abb. 469, ist durch die Form des Schiffes bedingt. Der doppelarmige Hebel *efg* kehrt die Schieberbewegungsrichtung um, was aber — da der Schieber mit innerer Einströmung steuert — ohne Einfluß bleibt.

Das Triebwerk schwingt in der Ebene senkrecht zur Umsteuerwelle, die infolgedessen nicht durchgeführt werden kann. Abb. 472 zeigt die Ausbildung des mit der Steuerwelle aus einem Stück bestehenden zu einer Steuerung gehörigen Umsteuerhebels. Durchführung der Steuerwelle gestattet die in Abb. 473 dargestellte Anordnung von R a d o v a n o v i c , deren Ausführungsform mit geradliniger Führung mit der

[1]) Maßstab der Kolbenwege 1 : 20, der Schieberwege 1 : 4.

zwangläufigen Ventilsteuerung, Abb. 311 auf S. 228, übereinstimmt. Der auf der Steuerwelle O aufgekeilte Umsteuerhebel H trägt einen Querhebel H_1, dessen Endpunkte durch die Lenker L_1 und L_2 mit der Exzenterstange verbunden sind. Diese Lenker haben die gleiche Länge wie der Hebel H; die Exzenterstange wird sonach in derselben Weise geführt, als ob der Mittelpunkt der kreisförmigen Aussparung um den verlegbaren Mittelpunkt der Traverse H_1 schwinge. Da sowohl Einlaß-

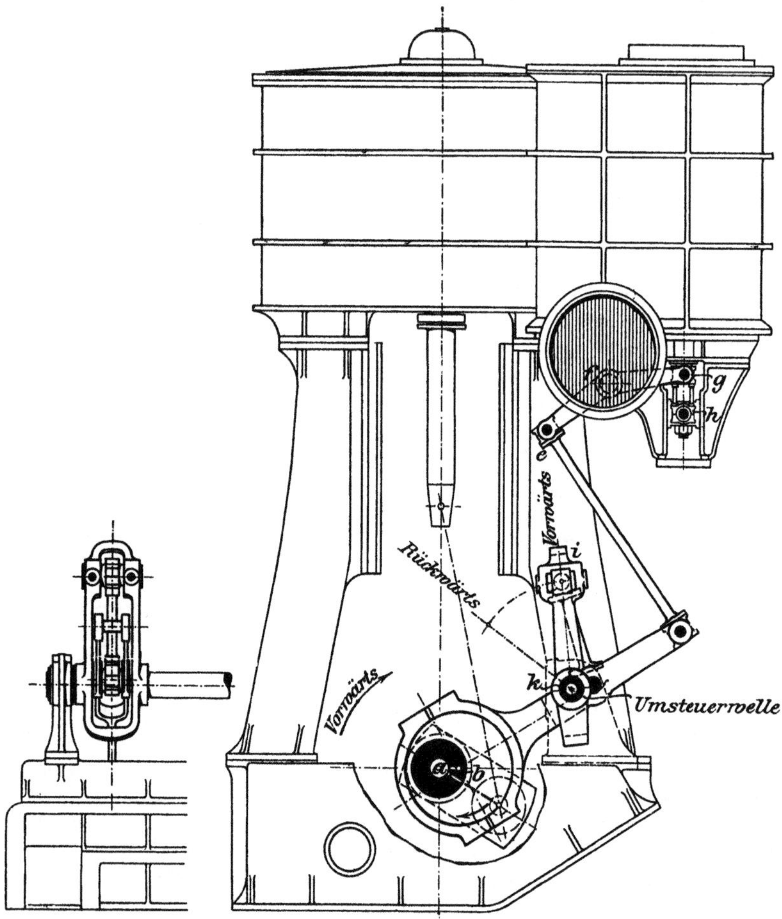

Abb. 469 [1]).

als Auslaßventil von demselben Triebwerk gesteuert werden, so müssen die Stangen bei Kurbeltotlage senkrecht stehen. Die Einlaßventilstange wird auf Druck beansprucht, übermäßige Ventilhübe werden durch Schwingdaumen vermieden. Das Schema einer ähnlichen Steuerung, bei der die Angriffspunkte der Ventilstangen im Gegensatz zu Abb. 473

[1]) Ausführung der Stettiner Maschinenbau-A.-G. Vulcan. Maßstab 1 : 50.

senkrecht übereinander liegen, gibt Abb. 474 wieder. Die Voröffnung auch des Auslaßventils beträgt nur 1 mm.

In Abb. 475—476 sind die Schränkungswinkel σ_{max} und σ_{min} für die Kulissen- und Lenkerausschlagwinkel a_1 und a_2, also für geradlinige und bogenförmige Führung des Exzenterstangenpunktes, angegeben.

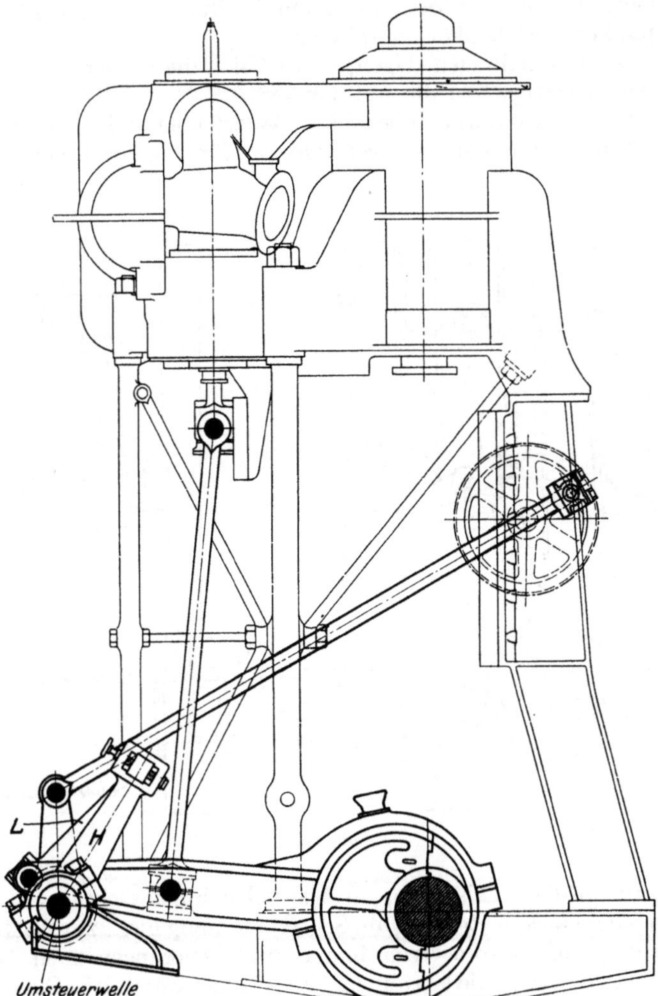

Abb. 470 [1]).

Die Entfernung von Wellenmitte bis Führungspunkt ist mit a bezeichnet. Der Weg des geführten Punktes ergibt sich durch Ziehen von zwei Kreisbogen von Wellenmitte aus mit $(a-r)$ und $(a+r)$ als Radius.

[1]) Ausführung der Germania-Werft Kiel. Maßstab 1 : 40.

Senkrechte, vom Wellenmittelpunkt auf die Richtungslinien der beiden äußersten Kulissenlagen *I I* und *II II* gefällt, schneiden in Abb. 475 auf dem Umfang des Exzenterkreises die in Betracht kommenden Exzenterlagen *I' I''* und *II' II''* für größte und kleinste Schränkung ein.

In Abb. 476 werden zu gleichem Zweck Linien gezogen, die den Wellenmittelpunkt mit den äußersten Stellungen *I* und *II* des Aufhängepunktes des Lenkers verbinden.

Wie die Darstellungen zeigen, verhält sich die Steuerung mit Kulisse bedeutend günstiger als die mit Lenker.

Auch die in Abb. 311 dargestellte Bauart kommt bei entsprechender Exzenteraufkeilung und Stangenrichtung für Fördermaschinen in Be-

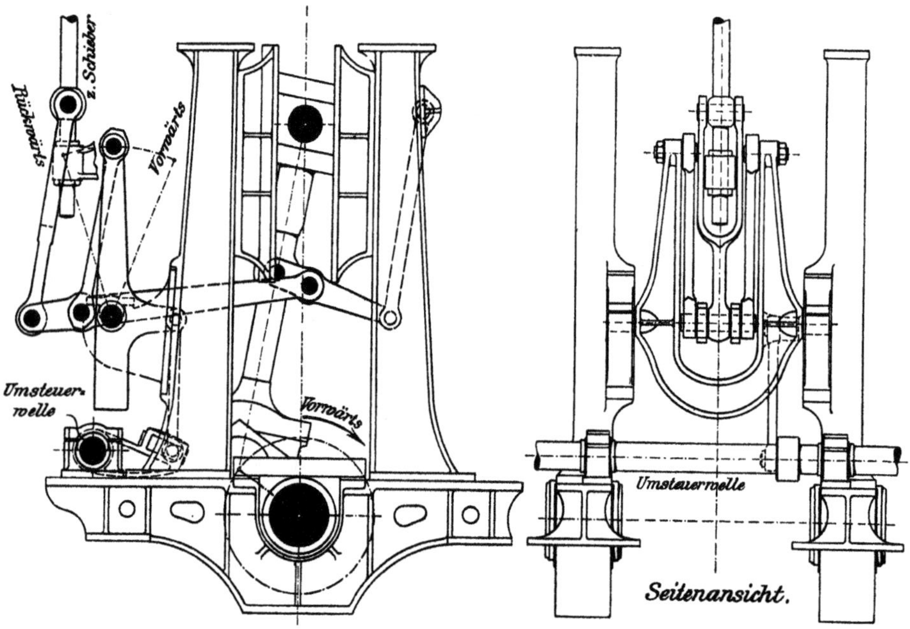

Abb. 471 [1]).

tracht; für größere Leistungen — wie bei Schiffsmaschinen — gelangt sie wegen der starken Reibung am Scheibenumfang nicht zur Ausführung. Anwendung auf Lokomotiven finden die Steuerungen nach Brown und Joy, von denen die letztere in Abb. 477 dargestellt ist. Die Schieberbewegung wird vom Punkte *P* des Ellipsenlenkers *L* abgenommen. Aus konstruktiven Gründen wird die Schubstange *S* nicht mittels Lenker, sondern durch eine Kulisse geführt, die nach S. 337 mit der den vorteilhaftesten Füllungsausgleich herbeiführenden Lenkerlänge als Radius gekrümmt ist.

In Abb. 478—481 ist eine neue Umsteuerung von Lentz für Lokomotiven wiedergegeben, bei der nach Hackworth ein zwischen

[1]) Schiffsmaschine von Maudsley Sons & Field, London. Maßstab 1 : 48.

Exzentermittelpunkt und Angriffspunkt der Schieberstange liegender Punkt der Exzenterstange in einer verstellbaren Kulisse geradlinig geführt wird.

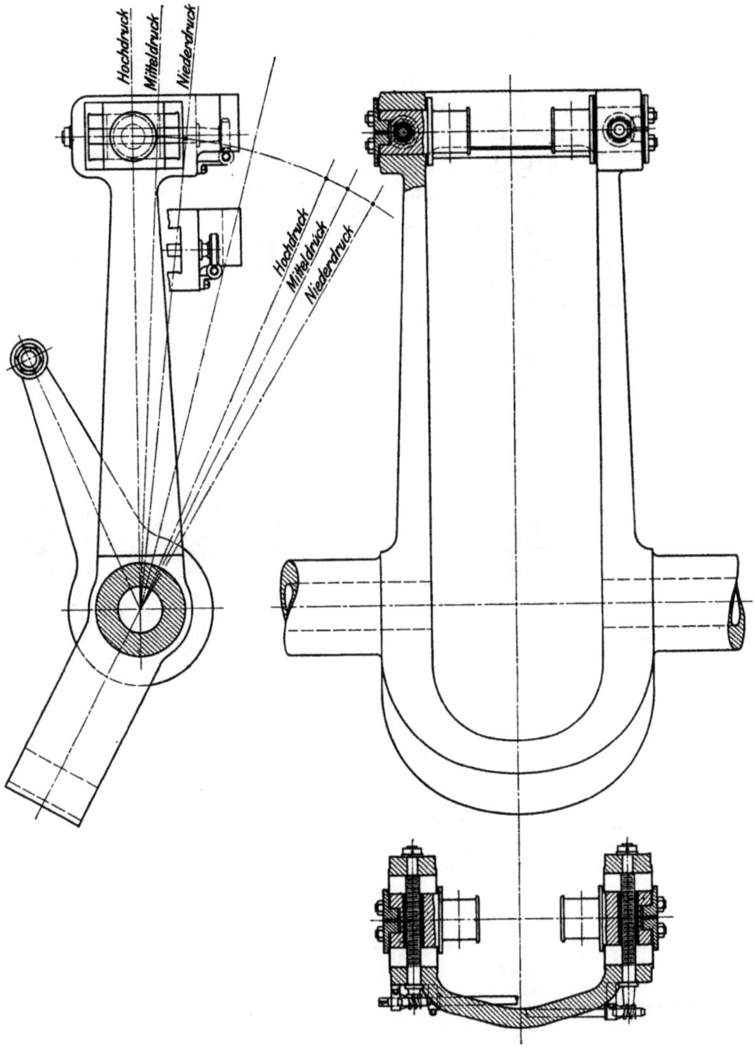

Abb. 472[1]).

Die Aufgabe, die Umsteuerwelle trotz federnder Verbindung von Rahmen und Radachslager in bezug auf dieses unveränderlich zu lagern, ist in höchst einfacher Weise durch Anordnung eines Umsteuerbockes gelöst worden, der auf der Radachse sitzt und durch einen am Zylinder oder am Rahmen befestigten Lenker seitlich gestützt wird.

[1]) Maßstab 1 : 20.

In einer Bohrung dieses Umsteuerbockes ist eine zylindrische Trommel gelagert, die vom Führerstand aus verdreht wird. In die Stirnfläche der Trommel sind Nuten eingeschnitten, in denen sich die mit der Exzenterstange verbundenen Kulissensteine führen.

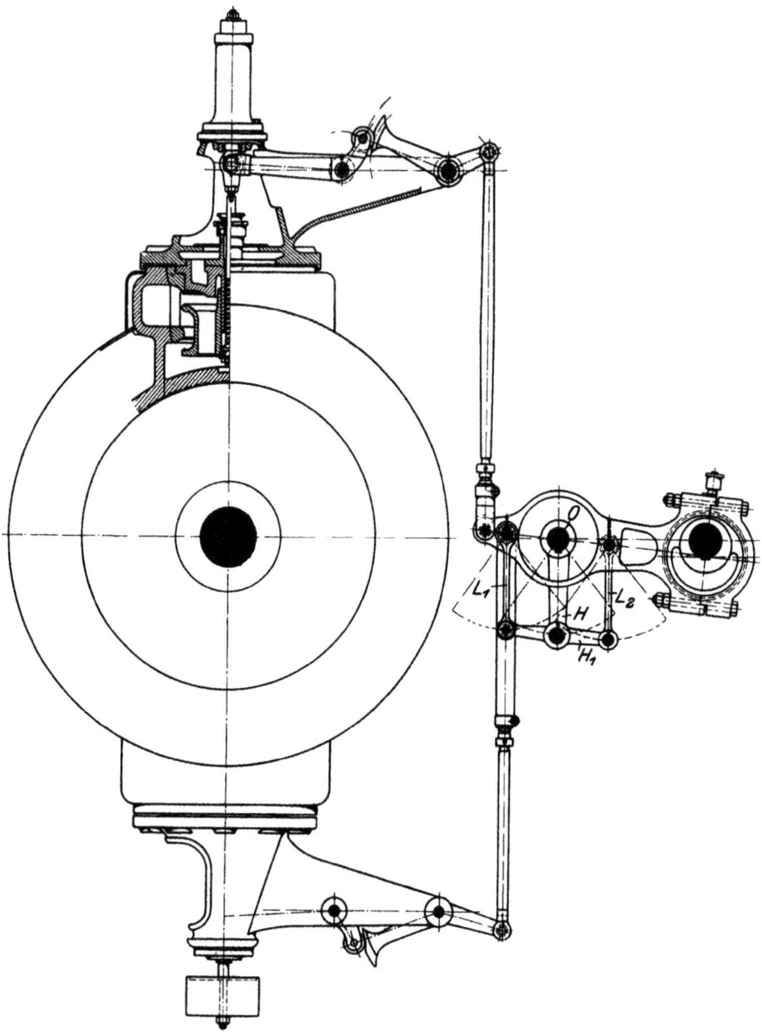

Abb. 473[1]).

Liegen die Zylinder außerhalb des Rahmens, so ist für jede Steuerung je ein besonderer Umsteuerbock anzuordnen. Die vom Endpunkte der Exzenterstange beschriebenen Kurven sind in Abb. 481 — für kleinste und größte Füllung — wiedergegeben.

[1]) Ausführung von Märky, Bromovsky & Schulz, Königgrätz. Maßstab 1 : 20.

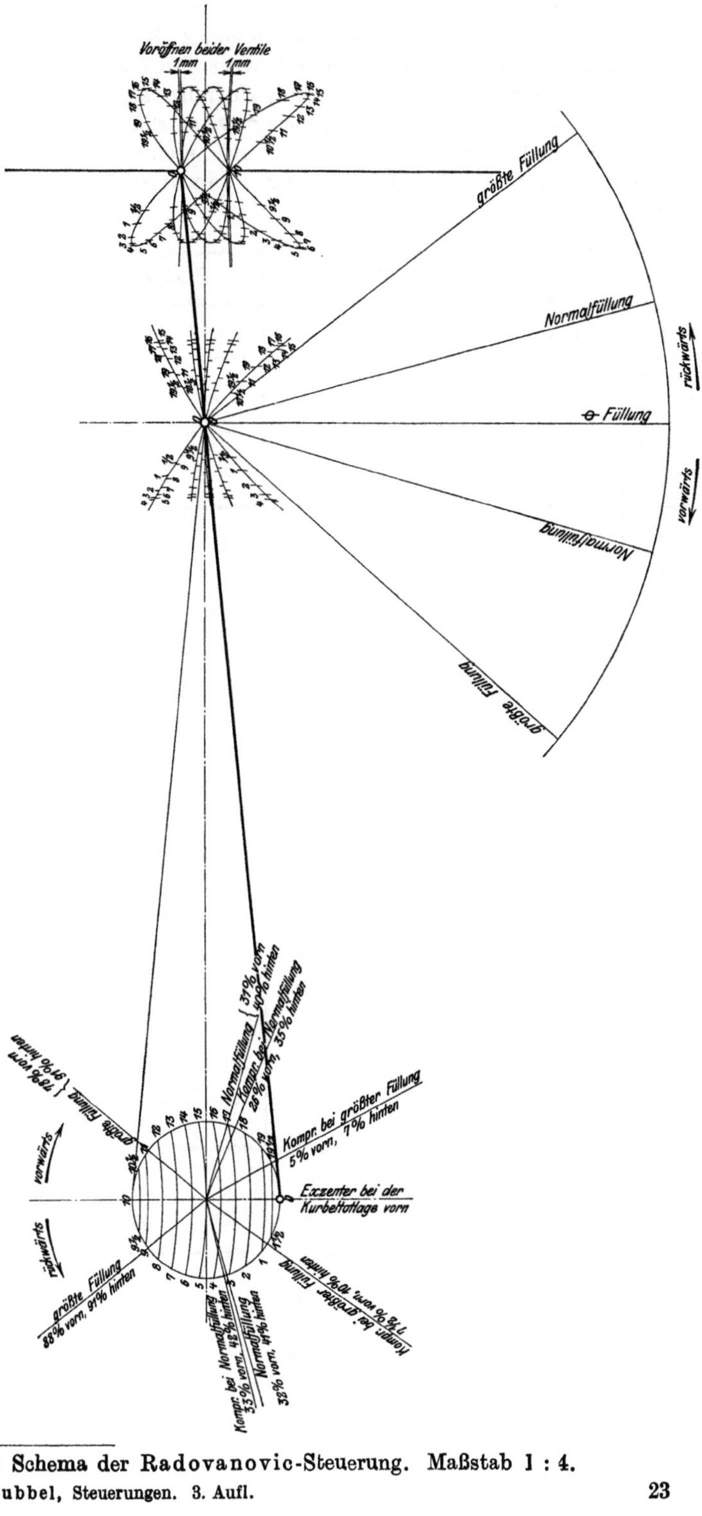

Abb. 474 [1]).

[1]) Schema der Radovanovic-Steuerung. Maßstab 1 : 4.

In Abb. 482 ist in Form einer Maßskizze die von A. Borsig, Berlin-Tegel, an Heißdampfpflügen angewendete Lenker-Umsteuerung wiedergegeben (n = 360 Uml./min., Hub 260 mm, Hochdruckzylinder-Durchmesser 160 mm, Niederdruckzylinder-Durchmesser 225 mm, Kolbenschieber-Durchmesser 90 und 110 mm). Die nachstehende Zahlentafel enthält Angaben über die Dampfverteilung. Lineares Voreilen konstant 2,3 mm.

Fahrrichtung			Vorwärtsfahrt				Rückwärtsfahrt			
Kulissenstellung			39°			21°	31°10′			21°
Füllung v.H.	Hoch- und Niederdruck	K. S.	75,8			47	67,5			39
		D. S.	81			49	72			42
Verdichtung v.H.	Hochdruck	K. S.	6			20	9,5			22
		D. S.	6			18	7,5			20
	Niederdruck	K. S.	7			21	11,5			24
		D. S.	7,5			18	10			22
Vorausströmung v.H.	Hochdruck	K. S.	7,5			18	10			23
		D. S.	7			21	12			23
	Niederdruck	K. S.	6			18	8,6			19
		D. S.	6			20	7,5			22
Größter Schieberweg mm	Hoch- und Niederdruck	K. S.	35			20	25,5			18
		D. S.	29			18	26,5			17,5

Bei Schiffsmaschinen würde sich völlig symmetrische Anordnung der Steuerung ergeben, wenn sich die Schieberstangen sämtlicher Zylinder in derselben zur Hauptwelle parallelen Ebene bewegten, ihr Abstand von Zylindermitte gleich groß wäre. Damit ergäben sich jedoch für den im Durchmesser kleineren Hochdruckzylinder sehr lange Dampfkanäle und eine beträchtliche Vergrößerung des schädlichen Raumes. Da in allen Fällen gleichartige Ausführung der Triebwerke in Hinsicht auf Aussehen, Herstellung, Anzahl der Ersatzteile und Verstellung von derselben Umsteuerwelle aus Bedingung ist, so wird der Hochdruckzylinder von einem Kolbenschieber mit innerer Einströmung gesteuert, so daß der Abstand zwischen den Mitten von Zylinder und Schieber um die Länge des in das äußere Gestänge eingeschalteten Umkehrhebels verkürzt wird. Größere Bewegungsfreiheit auch in bezug auf den Mitteldruckzylinder wird durch die Anordnung nach Abb. 483 erhalten, die innere Einströmung an sämtlichen Schiebern vorsieht. Die Triebwerke

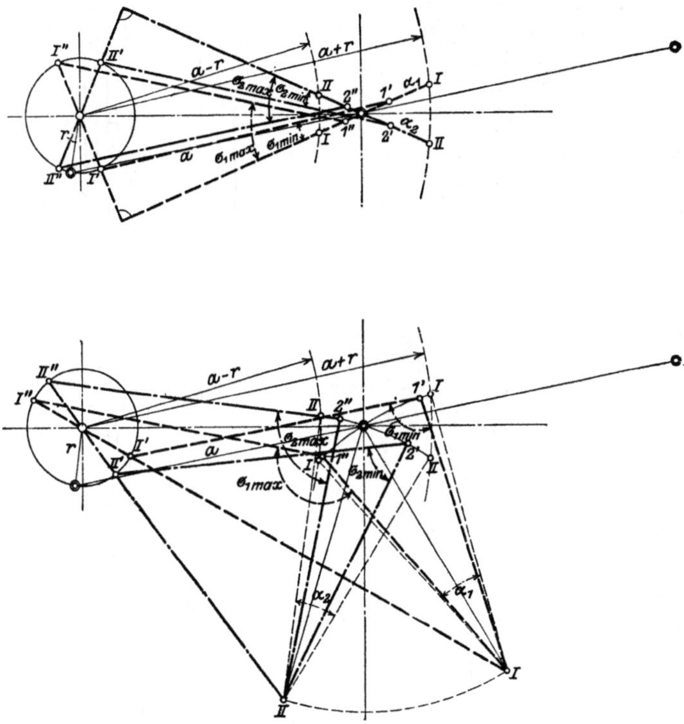

Abb. 475—476.

für Hoch-, Mittel- und Niederdruckzylinder greifen an den Endpunkten z_n, z_m und z_h von Hebeln auf der durchgehenden Welle z an, die wieder mit Hebeln verschiedener Länge auf die Schieber arbeitet. Die Abstände zwischen den Mitten von Schieber und Zylinder können sonach für jede Maschine verschieden sein.

Die Ausführung nach Abb. 483 weist noch einen weiteren Vorzug auf, der durch die verschiedene Neigung der Schieberstange bedingt wird. Die Ableitungskurven sind für die drei Triebwerke infolge deren gleichartigen Gestaltung von gleicher Form. Werden mit den Längen der Schieberstangen, welche die gezeichnete Lage bei Beginn der Voreinströmung einnehmen, von den Punkten z_h, z_m und z_n Kreis-

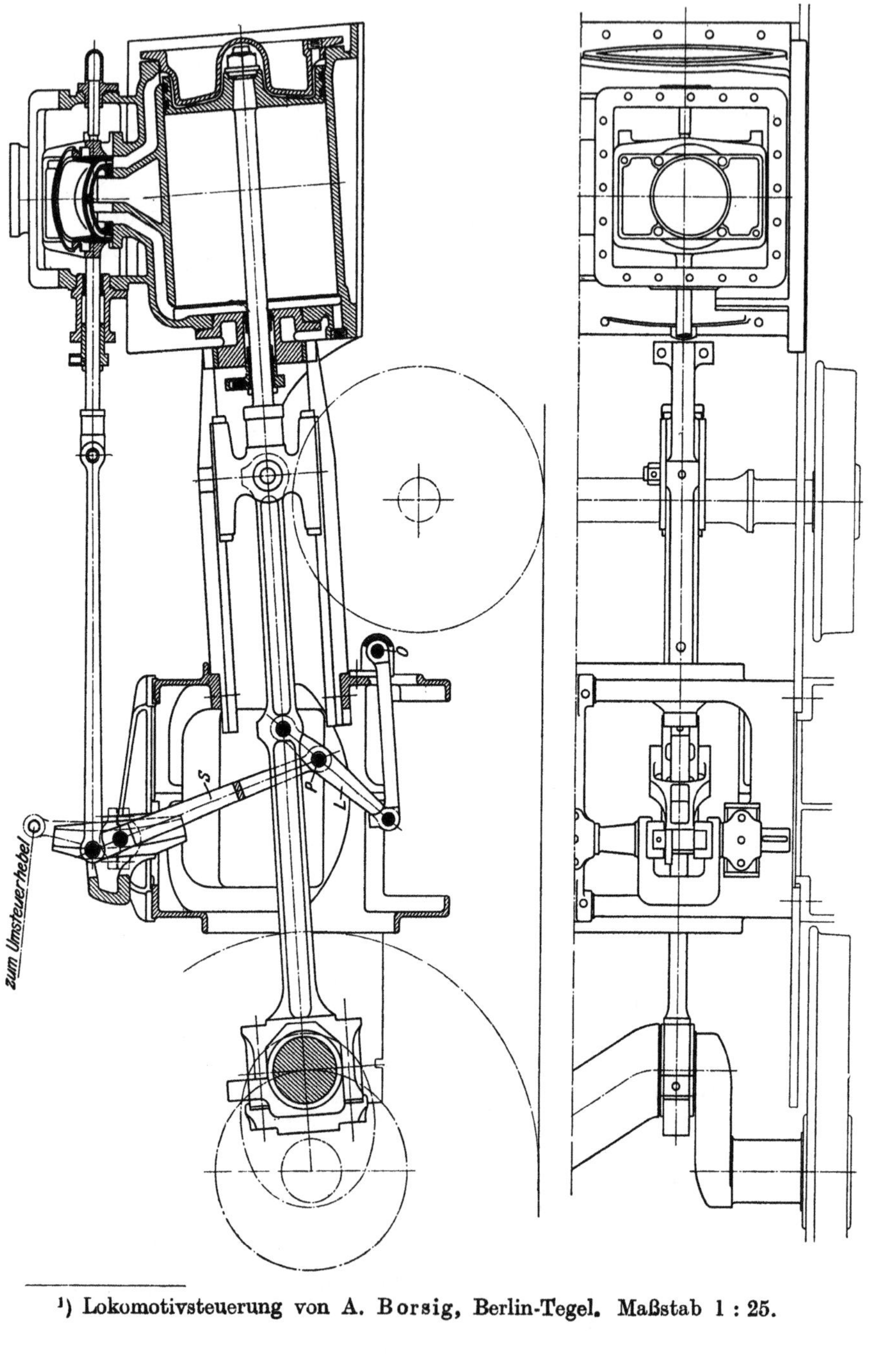

Abb. 477 [1]).

[1]) Lokomotivsteuerung von A. Borsig, Berlin-Tegel. Maßstab 1 : 25.

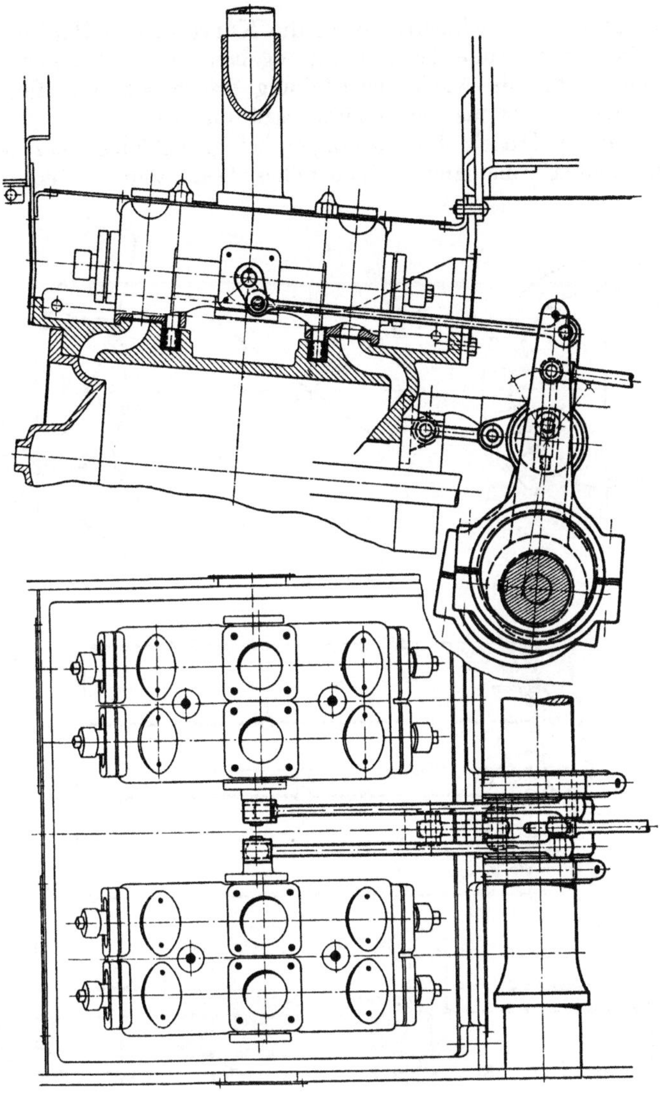

Abb. 478—479.

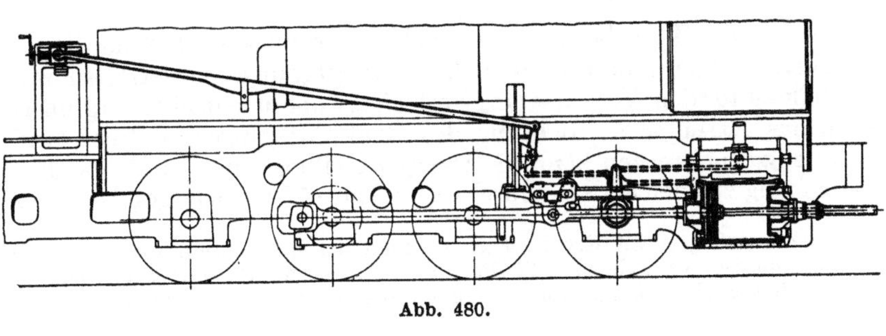

Abb. 480.

bögen geschlagen, so schneiden diese die Kurve in den Punkten H, M und N, die sonach Ende der Füllung angeben. Es folgt die erwünschte Eigenschaft, daß die Niederdruckfüllung größer als die Mitteldruckfüllung, diese größer als die Hochdruckfüllung ist.

Ein weiteres Mittel, die Füllungen bei gleichbleibendem Schieberhub verschieden voneinander einzustellen, besteht in Veränderung des

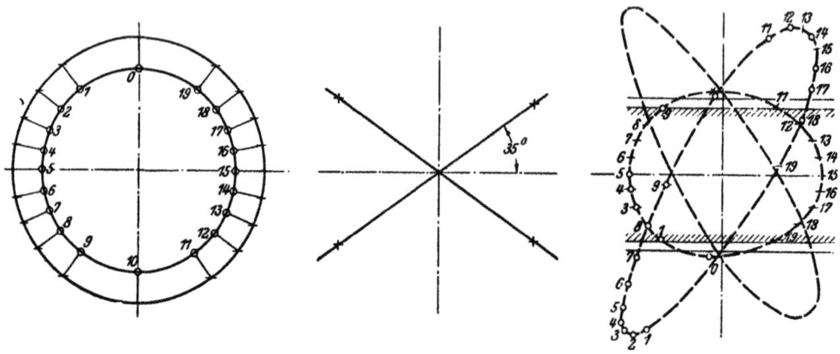

Abb. 481.

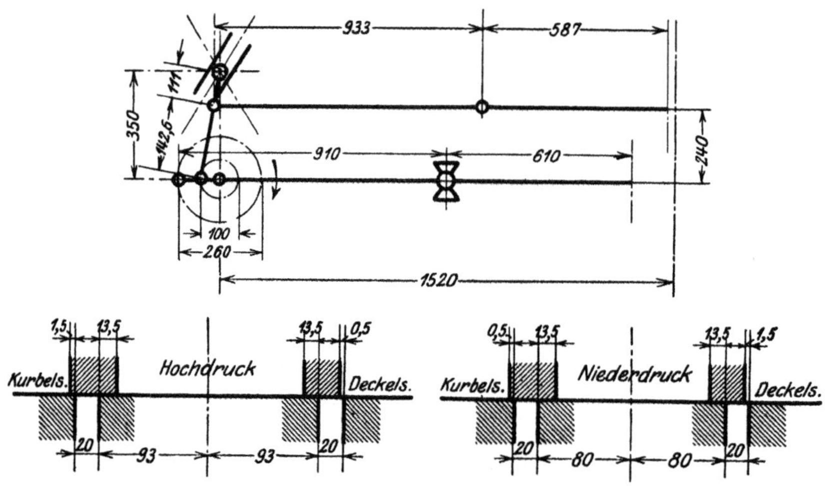

Abb. 482.

Voreilwinkels. Wird das Exzenter nicht unter 0° oder 180° zur Kurbel aufgekeilt, sondern in Richtung des Vorwärtsganges versetzt, so wird die Füllung für den Vorwärtsgang verkleinert und umgekehrt vergrößert, wenn das Exzenter in Richtung des Rückwärtsganges verdreht wird.

In engeren Grenzen kann die Dampfverteilung einer jeden Maschine unabhängig von den anderen durch die in Abb. 472 [1]) wiedergegebene Vor-

[1]) Abb. 472 gibt im Grundriß zwei Lagen der die Gewindespindeln durch Schneckenantrieb verdrehenden Wellen an. Diese für die Steuerung der verschiedenen Zylinder abweichende Anordnung ergab sich aus räumlichen Rücksichten.

richtung geändert werden. Die Zapfen, an denen die Schwinge aufgehängt ist, sitzen an seitlich zuverlässig geführten Gleitklötzen, die von Hand mittelst Gewinde und Schneckentrieb gleichzeitig in den

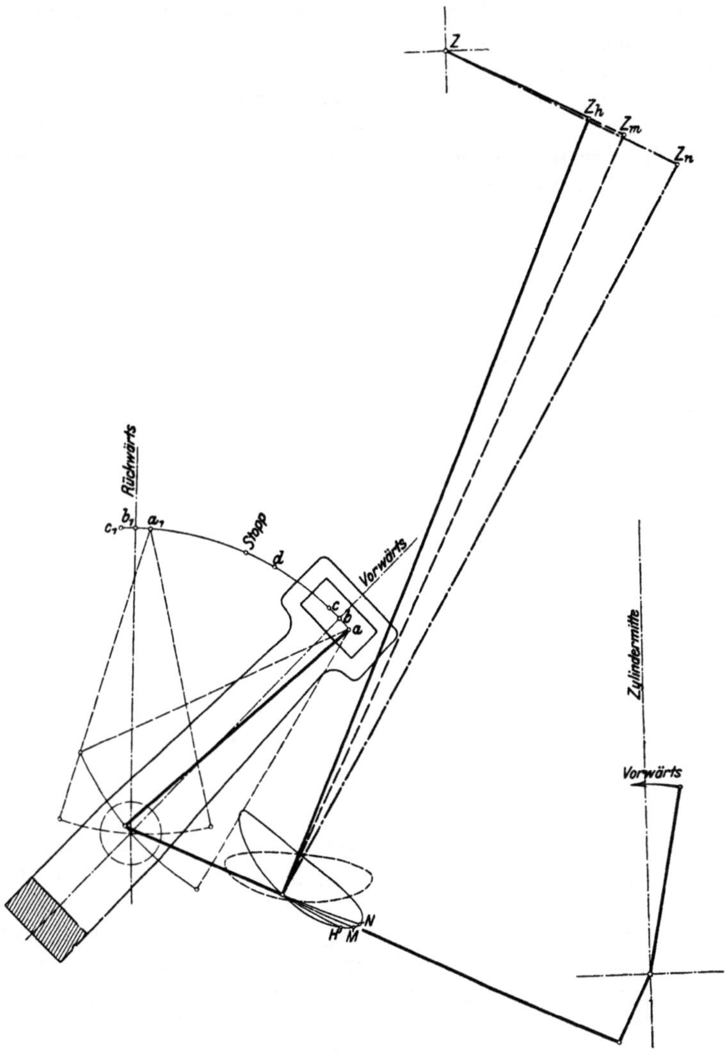

Abb. 483[1]).

Schlitzen des Umsteuerhebels verschoben werden können. Abb. 470 zeigt gleichartige Einstellung.

In Abb. 483 geben an: *b*: Stellung der Mitte des Umsteuerungshebels für größte Füllung vorwärts bzw. rückwärts. *a*: Stellung des Steines

[1]) Umsteuerung von S. M. S. „Kurfürst Friedrich Wilhelm". Maßstab 1 : 20.

in der Kulisse des Umsteuerungshebels für größere Füllung als *b*. *c*: dgl. für kleinere Füllung als *b*. *d*: kleinste Füllung vorwärts, erreicht durch Umlegen des Umsteuerungshebels. Dieser wird sonach für „Stopp" in geringem Maße auf Gegendampf eingestellt. Bei dieser Einstellung wird das resultierende Exzenter gegenüber der Lage *d* wieder etwas vergrößert und eilt der Kurbel um mehr als 180° vor. Bei sehr großer Voröffnung mit Gegendampfwirkung wird die Füllung verkleinert.

Im Vergleich zu der Stephenson-Steuerung, die für Schiffsmaschinen sehr bevorzugt ist, haben die Lenkersteuerungen den Vorteil, daß die Kräfte in einer Ebene wirken und die Maschine infolge der Lage der Schieberkästen sich kürzer baut. Während bei den Kulissen-

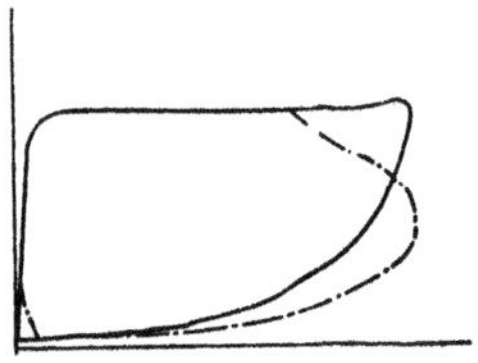

Abb. 484 a.

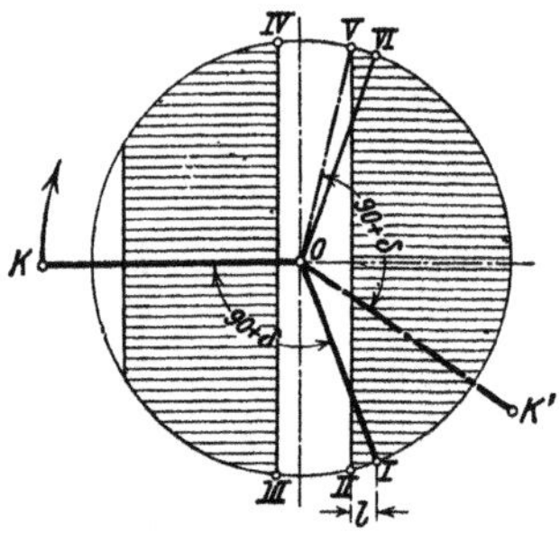

Abb. 484 b.

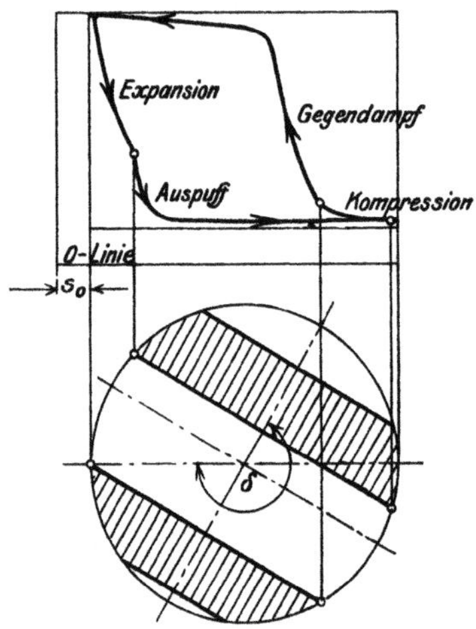

Abb. 485.

steuerungen die Schieberkästen zwischen den Zylindern liegen müssen, sind bei den Lenkersteuerungen die Schieber so anzuordnen, daß die Verbindungslinie zwischen Mitte der Schieberstange und des Zylinders einen spitzen Winkel — wie bei Hackworth — oder einen rechten Winkel mit der Mittellinie der Hauptwelle einschließen. Die schmalste und kürzeste Maschine ergibt die Joy-Steuerung, die aber mehr noch als die Klug-Steuerung den Nachteil hat, daß kleine Änderungen der Schwingenlänge und Totgang im Gestänge vergrößert auf die Schieberbewegung übertragen werden. Die Lenkersteuerungen gelangen bei großen Maschinen nur vereinzelt zur Anwendung und sind hauptsächlich bei kleineren Maschinen in Gebrauch.

Die bei der Kulissen-Steuerung durch entgegengesetzte Aufkeilung der Exzenter leicht zu bewirkende Inneneinströmung an einem Zylinder bei Außeneinströmung an den anderen Zylindern läßt sich bei den Lenkersteuerungen nur durch Ersatz der Lenker durch gekrümmte Kulissen ermöglichen, da die Anordnung der Lenker in gleicher Ausführung für alle Zylinder die Dampfverteilung infolge der bei Innenströmung entgegengesetzt wirkenden Fehlerglieder stark verschlechtern würde.

Ein Nachteil der Kulissen- und Lenkersteuerungen ist die gerade bei großen Füllungen eintretende Verkürzung der Vorausströmung, durch die der Verlauf der Gegendrucklinie verschlechtert wird. Trotz der günstigen Wirkung der bei größerer Füllung größeren Schiebergeschwindigkeit zeigt Abb. 484 a, daß unter Umständen die kleine Füllung bei bedeutend verringertem Dampfverbrauch ein Diagramm von gleicher Fläche wie die größere Füllung infolge der Verbesserung des Auspuffes durch die frühzeitigere Ausströmung ergibt. Die Folgen dieses Nachteils sind namentlich im Betriebe solcher Maschinen festzustellen, die der Maschinist mit der zum Anfahren nötigen Höchstfüllung arbeiten läßt und mit dem Drosselventil statt mit dem Steuerhebel regelt.

Mitunter werden die Umsteuerungen mit einer der auf S. 81 ff. behandelten Expansionsschiebersteuerungen vereinigt (s. S. 276). Ein Beispiel gibt die Abbildung zur Anmerkung auf S. 372.

In Abb. 484 b und 485 ist die Dampfverteilung bei Einstellung der Umsteuerung auf Gegendampf dargestellt, wobei vorausgesetzt ist, daß bei vorwärtslaufender Maschine das Rückwärtsexzenter allein steuert, also der Kurbel um $270^0 - \delta$ voreilt bzw. um $90^0 + \delta$ nacheilt. In der Kurbeltotlage OK ist der Einlaßkanal noch um das lineare Voreilen l geöffnet, während des Kurbelweges $I\,II$ tritt sonach Dampf ein, der auf den Kolben treibend wirkt. In der Exzenterstellung $O\,III$ öffnet der Auslaßkanal und der Hubraum bleibt bis IV mit dem Auspuff verbunden. Der im Zylinder zurückbleibende Dampf von Auspuffspannung wird auf dem Kurbelwege $IV\,V$ verdichtet. In V strömt der Gegendampf ein, die Kurbel steht hierbei in der Lage OK'.

In Abb. 485 ist über dem Müller-Reuleaux-Diagramm das Gegendampfdiagramm gezeichnet unter der Annahme, daß das lineare Voreilen $1 = 0$ ist.

5. Umsteuerungen mit Exzenterverstellung durch den Regulator.

Bei den mit Ventilen arbeitenden Umsteuerungen läßt sich bei unveränderter Lage des Umsteuerhebels die Füllung durch Einschaltung eines Ausklinkmechanismus beeinflussen, der in üblicher Weise durch den Regulator verstellt wird (s. Abb. 513). Eine zweite Art der Füllungseinstellung ist in Abb. 512 wiedergegeben; der Regulator verstellt den Umsteuerhebel. Bei den hier zu behandelnden Steuerungen wird bei unveränderter Umsteuerhebellage das Exzenter in derselben Weise wie bei den auf S. 74 dargestellten Einschieberexpansionssteuerungen verstellt. Eine derartige Regelung ist neuerdings an den Straßenzuglokomotiven von R. Wolf, Magdeburg-Buckau, zur Anwendung gelangt. Bei Bergfahrt wird die Füllung vergrößert, bei Talfahrt verkleinert, so daß die Fahrgeschwindigkeit gleich bleibt ohne Eingreifen des Maschinisten. Genügt z. B. bei sehr steilen Steigungen die vom Regulator eingestellte Höchstfüllung nicht mehr, so kann der Regler durch Feststellen der Schwungpendel in der innersten Lage ausgeschaltet werden.

Die Regelung ermöglicht, die Straßenzugmaschine ohne weiteres als Antriebmaschine für Dreschmaschinen, Sägegatter usw. zu benutzen.

Abb. 486 zeigt die Wolfsche Einrichtung in Verbindung mit einer Stephenson-Kulisse. Beim Ausschlag der Schwungpendel um die Drehpunkte O_1, O_2 werden beide Exzenter der Welle genähert, da das

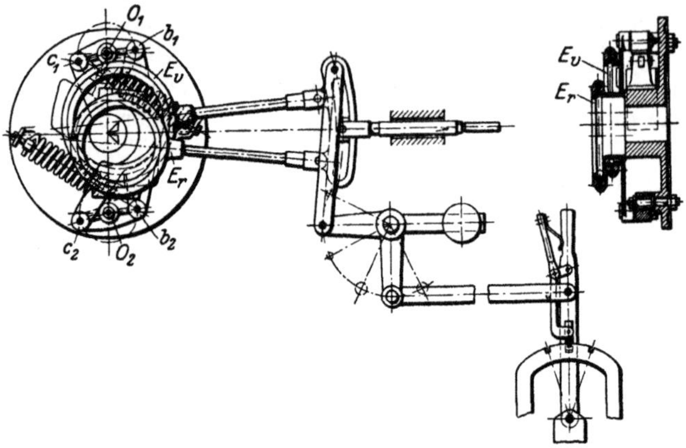

Abb. 486.

Vorwärtsexzenter E_v mit den Bolzen b_1, b_2, das Rückwärtsexzenter mit den Bolzen c_1, c_2 verbunden ist. Der Exzentermittelpunkt bewegt sich sonach auf einer Scheitelkurve vom Radius $O_1 b_1 = O_2 b_2$.

In Abb. 487 ist die Lenkersteuerung nach Dr. R. Proell wiedergegeben. Das geschlitzte Exzenter ist an dem Bolzen a drehbar aufgehängt, so daß bei der Verstellung der Exzentermittelpunkt auf einem Bogen um a geführt wird. Die Stange c verbindet den Arm b mit dem Hebel d, der an einem Ende mit der Exzenterscheibe, am anderen Ende mit dem Hebel e verbunden ist, der bei i an das Schwungpendel angelenkt ist. Bei Umsteuerung während des Ganges wird der Arm b durch eine axial zu verschiebende Gewindemuffe r gedreht. In Abb. 487 befindet sich das Exzenter in der größter Füllung bei Vorwärtsgang entsprechenden Lage. Bei Ausschlag des Schwungpendels bewirkt die Drehung des Zapfens i um den Pendelaufhängepunkt o_2 eine Verschiebung des Exzentermittelpunktes nach der Wellenmitte hin, so daß die Füllung abnimmt. Hebel c schwingt hierbei um o.

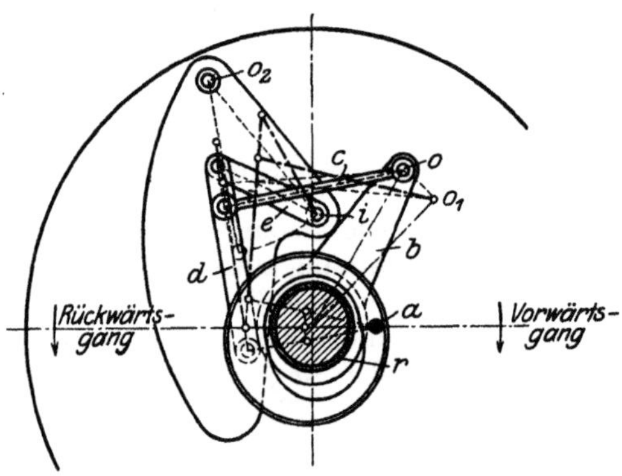

Abb. 487.

Nach erfolgter Umsteuerung ist o nach o_1 gelangt. Die strichpunktierten Linien lassen die dadurch verursachte Änderung der Gestängelage erkennen. Bei Drehung des Punktes i um den Pendeldrehpunkt o_2 findet nunmehr eine der früheren entgegengesetzte Drehung des Exzenters um a statt, durch die aber wiederum der Exzentermittelpunkt der Wellenmitte genähert wird.

6. Die Steuerungen der Umkehrwalzenzugmaschinen.

Da an die Umkehrwalzenzugmaschinen in bezug auf Sicherheit und Unempfindlichkeit des Betriebes höchste Anforderungen gestellt werden, so sind die Steuerungen dieser Maschinen möglichst einfach zu halten. Ventile gelangen wegen ihrer größeren Empfindlichkeit und wegen ihrer vielgliedrigen Triebwerke nicht zur Anwendung. Als Steuerung wird der einfache Kolbenschieber in Verbindung mit Kulisse bevorzugt.

Die Abb. 488 und 489 zeigen die Gesamtanordnung einer großen Drillings-Tandemmaschine mit unter 120° versetzten Kurbeln. Allgemein findet sich die Anordnung, die Exzenter auf einer besonderen, von der Hauptwelle durch Stirnräder angetriebenen Vorgelegewelle aufzukeilen, um Maschinenbreite und Exzenterdurchmesser zu verringern. Die Schieberkästen liegen auf den Zylindern. Die mittels Hilfsmaschine verstellte Allan-Steuerung greift an einer zwischen Hoch- und Niederdruckzylinder gelagerten Schwinge an, so daß Schieber- und Exzenterstange sehr lang werden.

In Deutschland wird meist die Stephenson-Kulisse vorgesehen, die Schiebergehäuse liegen seitlich am Zylinder oberhalb von dessen Mittellinie.

Damit die Walzen das Walzgut sicher fassen, muß die Maschine im Leerlauf langsam anfahren. Haben die Walzen gefaßt, so wird die Leistung stark gesteigert, um das Walzgut schnell durchzuziehen. Diese Betriebsweise läßt sich mit der Kulissensteuerung allein nicht erreichen. Steht beim Anfahren einer Zwillingsmaschine eine Kurbel in der Nähe der Totlage, so muß auf der anderen Maschinenseite 70 bis 80 v.H. Füllung gegeben werden, um anfahren zu können. Da diese Füllung für beide Maschinenseiten einzustellen ist, so geht die Maschine im Leerlauf durch. Erst wenn unter Vergeudung von Zeit und Dampf durch Näherung des Umsteuerhebels an die Mittellage die Umlaufzahl verringert worden ist, wird das Walzgut gefaßt. Eine für den Leerlauf geeignete Stellung der Umsteuerung hat aber wieder den Nachteil, daß kleine Füllungen und sehr große Kompressionen auftreten, die langsamen Gang der mit geringen Massen arbeitenden Maschine nur bei starken Geschwindigkeitsschwankungen ermöglichen. Zur Erzielung der verlangten Arbeitsweise sind deshalb die Steuerungen mit Hilfsorganen auszurüsten.

Zwillings- und Drillingsmaschinen mit einfacher Expansion werden in der Weise gefahren, daß der Umsteuerhebel stets in einer der größten Füllung entsprechenden Endlagen steht und nur mit dem Drosselventil gearbeitet wird. Es wird so gleichmäßiger, langsamer Leerlauf mit größter Füllung und starker Drosselung eingestellt und beim Walzen durch mehr oder weniger weite Eröffnung des Drosselventils die Leistung nach Bedarf gesteigert.

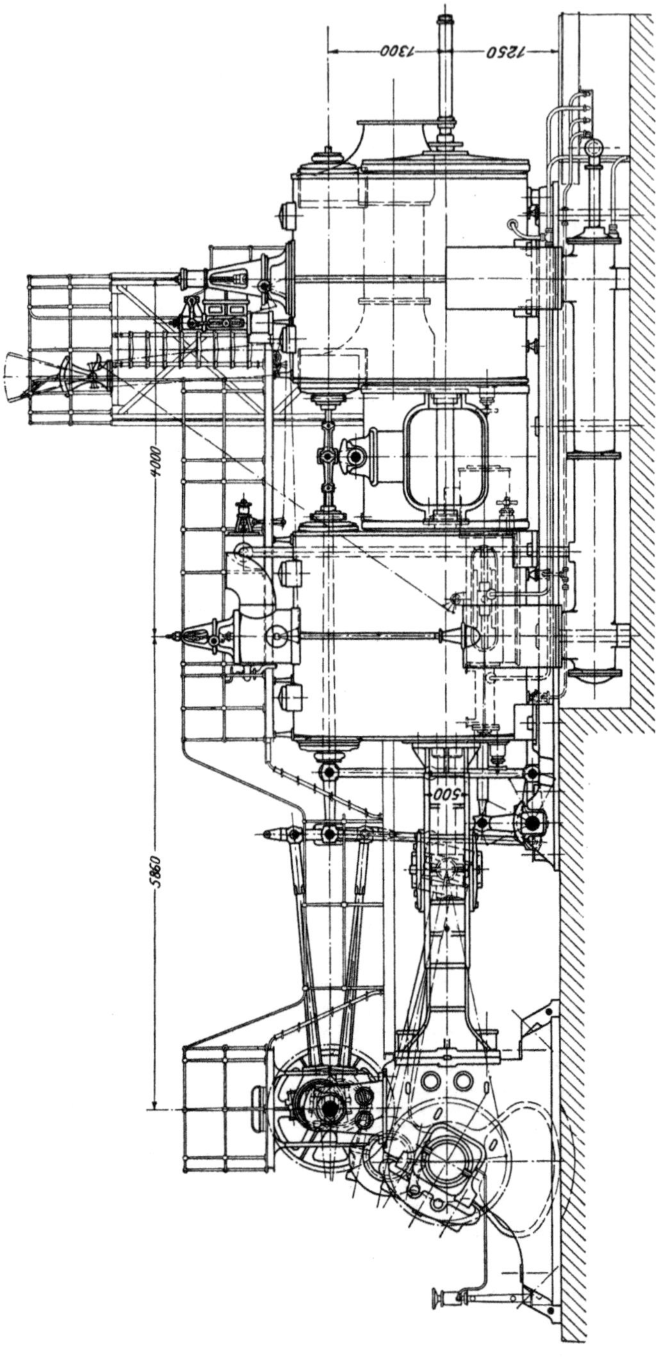

Abb. 488 [1]).

[1]) Drillingstandem-Walzenzugmaschine der Société Cockerill. Seraing.

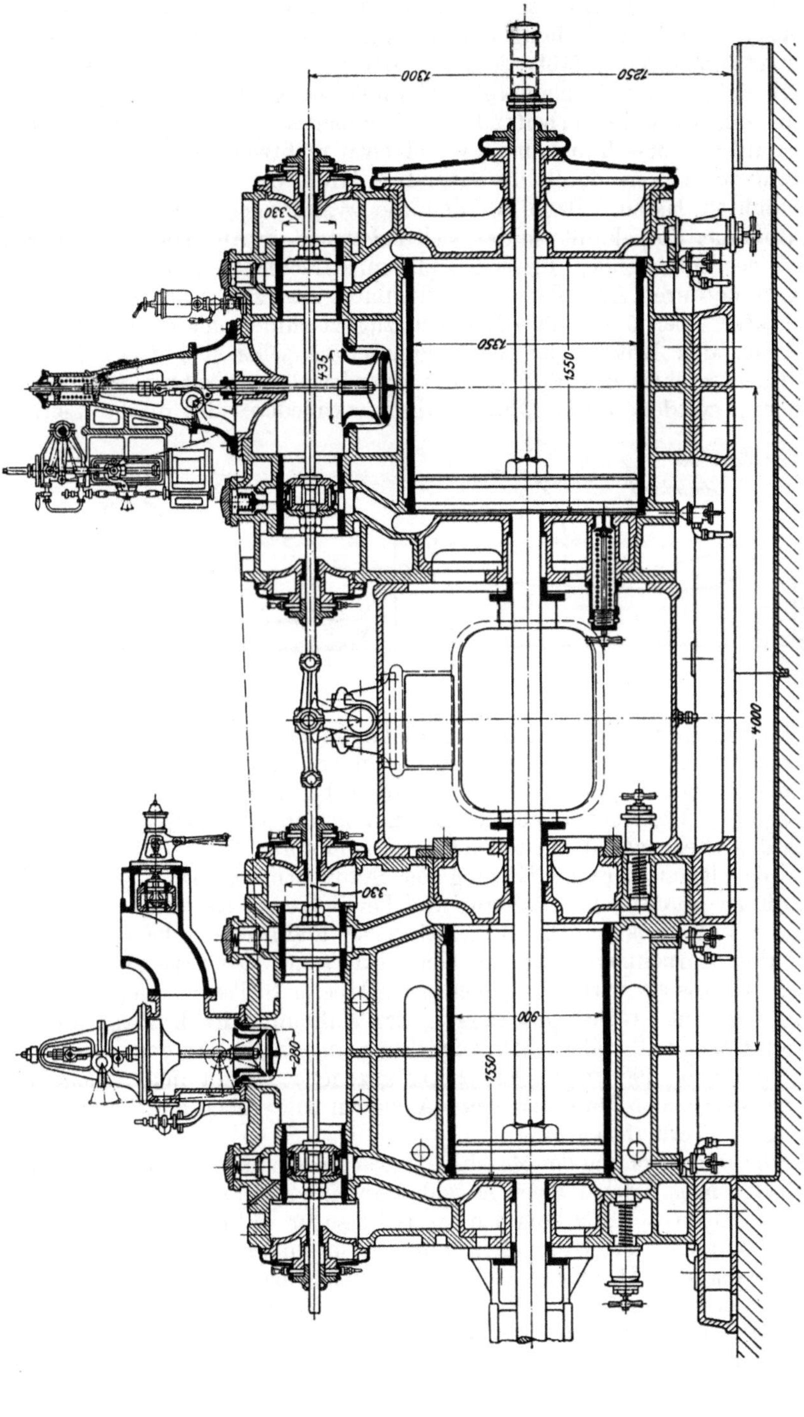

Abb. 489.

Da die Expansionsfähigkeit des Dampfes durch diese Arbeitsweise nicht ausgenutzt wird, so wurde die Verbundwirkung eingeführt, die selbst bei größter Füllung eine dem Zylinderverhältnis entsprechende Expansion erreichen läßt. Sollen bei der gewöhnlichen Verbundmaschine nach Schluß des Frischdampfventils nutzlose Umdrehungen infolge der Wirkung des weiter arbeitenden Aufnehmerdampfes vermieden werden, so muß der Maschinist das Drosselventil rechtzeitig schließen und die letzte Walzarbeit durch die lebendige Kraft der umlaufenden Massen verrichten lassen. Dabei werden die Wandungen von Zylinder und Aufnehmer ausgekühlt, so daß sich bei erneutem Anspringen ein großer Teil des eintretenden Frischdampfes niederschlägt. Überdies muß die Maschine durch Auffüllen des Aufnehmers anzugfähig gemacht werden.

Diese Übelstände, die bei Walzenzugmaschinen mit häufigem Stichwechsel den Nutzen der Verbundmaschine selbst bei dieser höchste Aufmerksamkeit des Maschinisten erfordernden Arbeitsweise in Frage stellen, werden durch „Stauventile“ vermieden, die in die Leitung

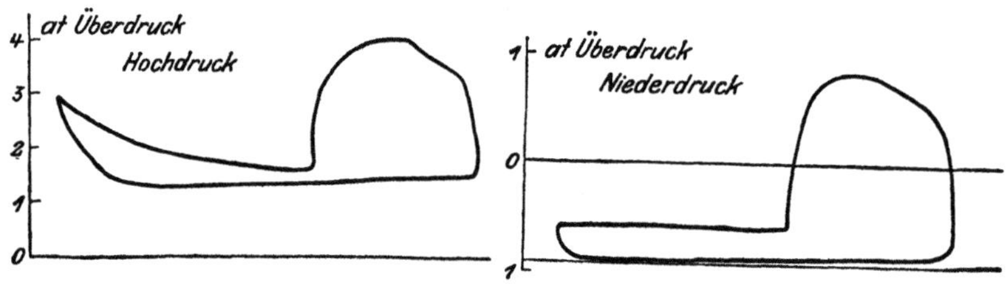

Abb. 490.

zwischen Aufnehmer und Niederdruckzylinder eingebaut und mit dem Drosselventil vor dem Hochdruckzylinder durch ein Gestänge verbunden werden. Beide Ventile werden bei ausgelegtem Steuerhebel gesteuert. Der Antriebhebel des Frischdampfventils bewegt den Schieber des das Steuerventil verstellenden Servomotors.

Die allgemeinere Einführung der Stauventile ist Dr.-Ing. Kießelbach zu verdanken, der Stau- und Drosselventil so miteinander verbindet, daß jenes schneller öffnet als dieses und schon voller Querschnitt für den Aufnehmerdampf gegeben wird, wenn der Frischdampf noch stark gedrosselt wird. Umgekehrt wird beim Stillsetzen der Maschine das Stauventil früher geschlossen, der Aufnehmerdruck steigt, und es kann gleich mit voller Verbundwirkung angefahren werden.

Die Abb. 490 zeigt gleichzeitig gezogene Diagramme, welche die Arbeitsweise der Maschine beim Anziehen mit voller Kraft nach vorherigem Leerlauf zeigen.

Die Beherrschung der Maschine durch Drosselung bei größter Füllung läßt den meist vorhandenen Anschluß an eine Zentralkondensation nicht zur richtigen Geltung kommen, diese ist sogar während der Drosselung ohne Nutzen. Im Hinblick auf die Abkühlungsverluste ist die Vergrößerung der Diagrammfläche durch Einführung der Luftleere, die das Temperaturgefälle in der Maschine um 50 bis 60^0 vergrößert, wenig gerechtfertigt, wenn auf der anderen Seite das Diagramm durch Verringerung der Eintrittsdrucke verkleinert wird, die vom Höchstdampfdruck in der Temperatur nur wenig verschieden sind.

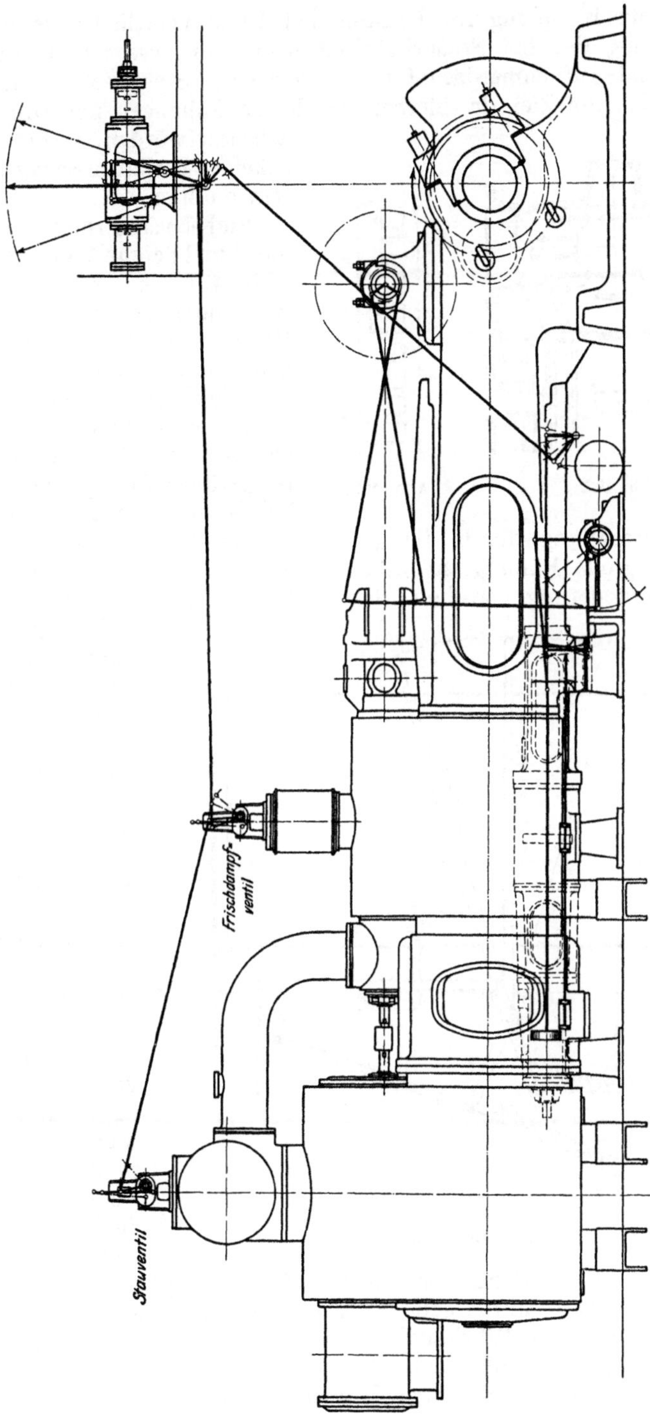

Abb. 491.

Einfache Kupplung von Umsteuerhebel und Ventilhebel derart, daß die Öffnung der bei Steuerhebelmittellage geschlossenen Ventile für Frisch- und Aufnehmerdampf bei Auslegen des Steuerhebels zunimmt, führt nicht zum Ziel, da hierbei die kleinen Füllungen mit Drosselung arbeiten würden, während umgekehrte Verhältnisse vorhanden sein müßten.

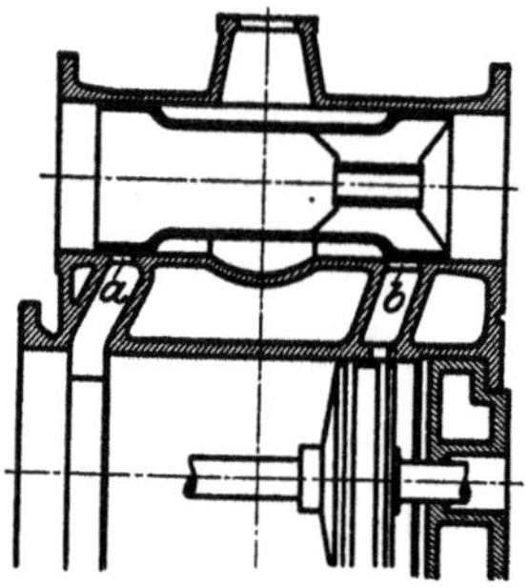

Abb. 492.

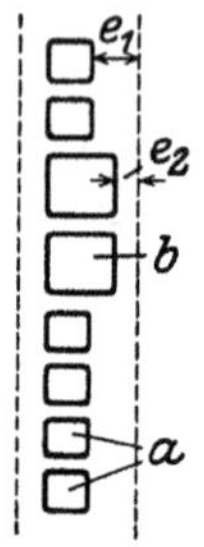

Abb. 493.

Einhebelsteuerung von Ehrhardt und Sehmer, Saarbrücken. Abb. 491 zeigt die allgemeine Anordnung der Maschine. Der Hebel verstellt mit Hilfe der Umsteuermaschine die Füllung und gleichzeitig vermittels einer Ventilzugmaschine die Frischdampf- und Stauventile. Um bei geringer Auslage des Steuerhebels und der dabei stattfindenden Drosselung durch die genannten Ventile eine zum Anfahren geeignete große Füllung zu erhalten, ist die Schiebersteuerung mit einer Hilfssteuerung versehen, deren Einrichtung die Abb. 492 und 493 zeigen. Die zum Zylinderinneren führenden Dampfkanäle sind von einem (oder mehreren) besonderen Kanal durchsetzt, der am Schieberspiegel in Richtung der äußeren Überdeckung eine längere Erstreckung als der Hauptkanal zeigt. Der Kanal wird also vom Schieber weniger überdeckt, was an dieser Stelle eine größere Füllung, aber auch eine größere Voreinströmung verursacht. Die dadurch entstehende Gegendampfwirkung, die sich namentlich beim Anfahren bemerkbar machen würde, wird nun dadurch verhindert, daß der Hilfskanal in die Zylinderlauffläche ausmündet. Bei Eröffnung des Hilfskanals durch den Schieber ist er nach dem Zylinderhubraum hin durch den Kolben verschlossen.

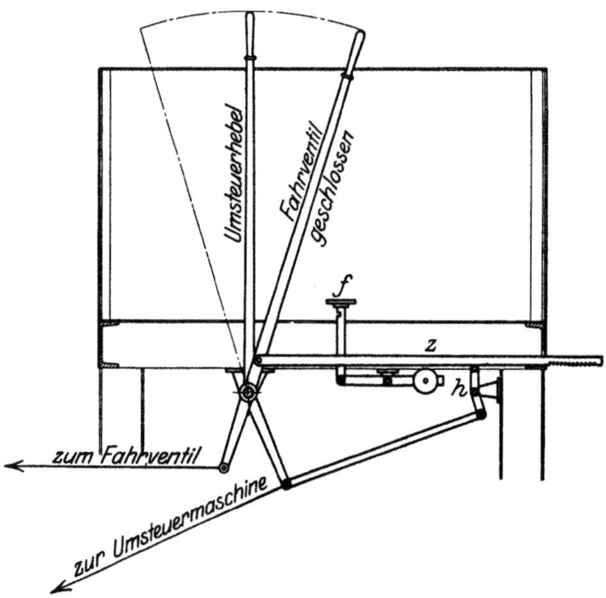

Abb. 494.

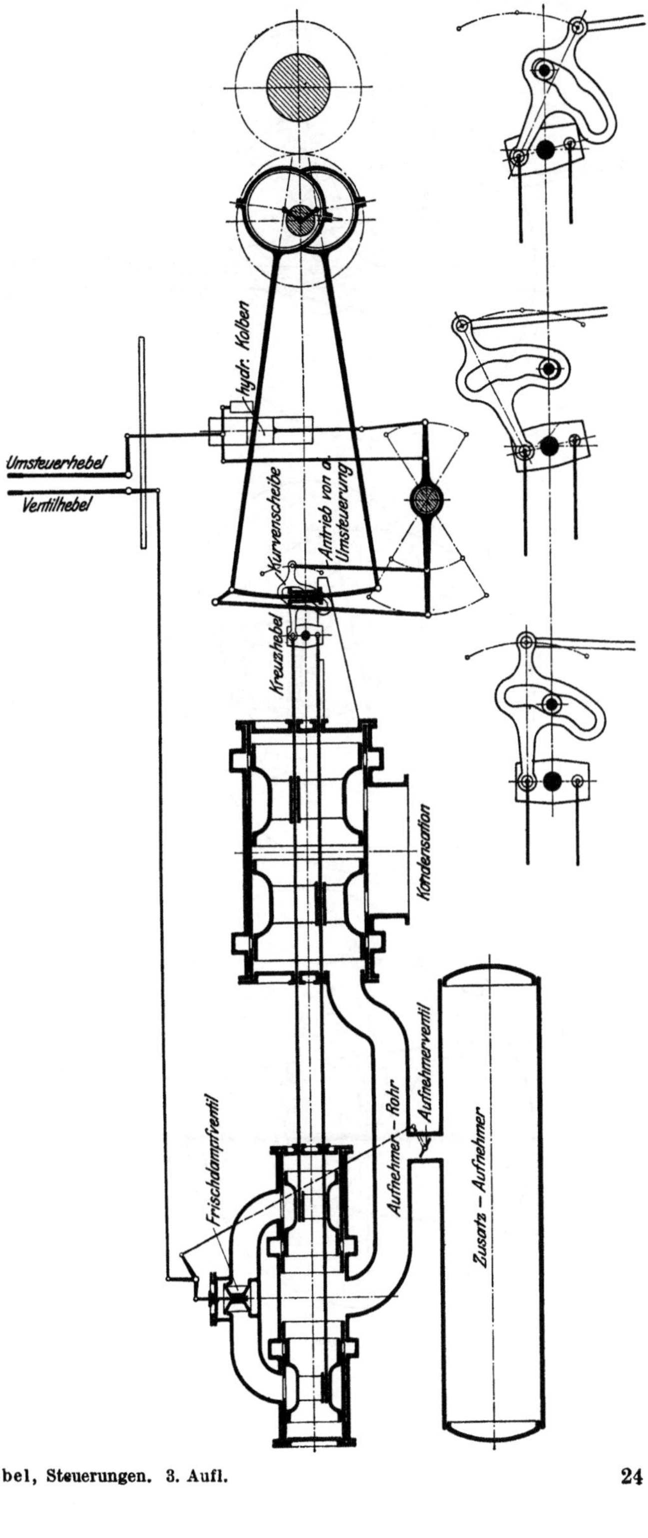
Umsteuerhebel
Ventilhebel
hydr. Kolben
Kurvenscheibe
Antrieb von d. Umsteuerung
Kreuzhebel
Kondensation
Frischdampfventil
Aufnehmer - Rohr
Aufnehmerventil
Zusatz - Aufnehmer

Abb. 495.

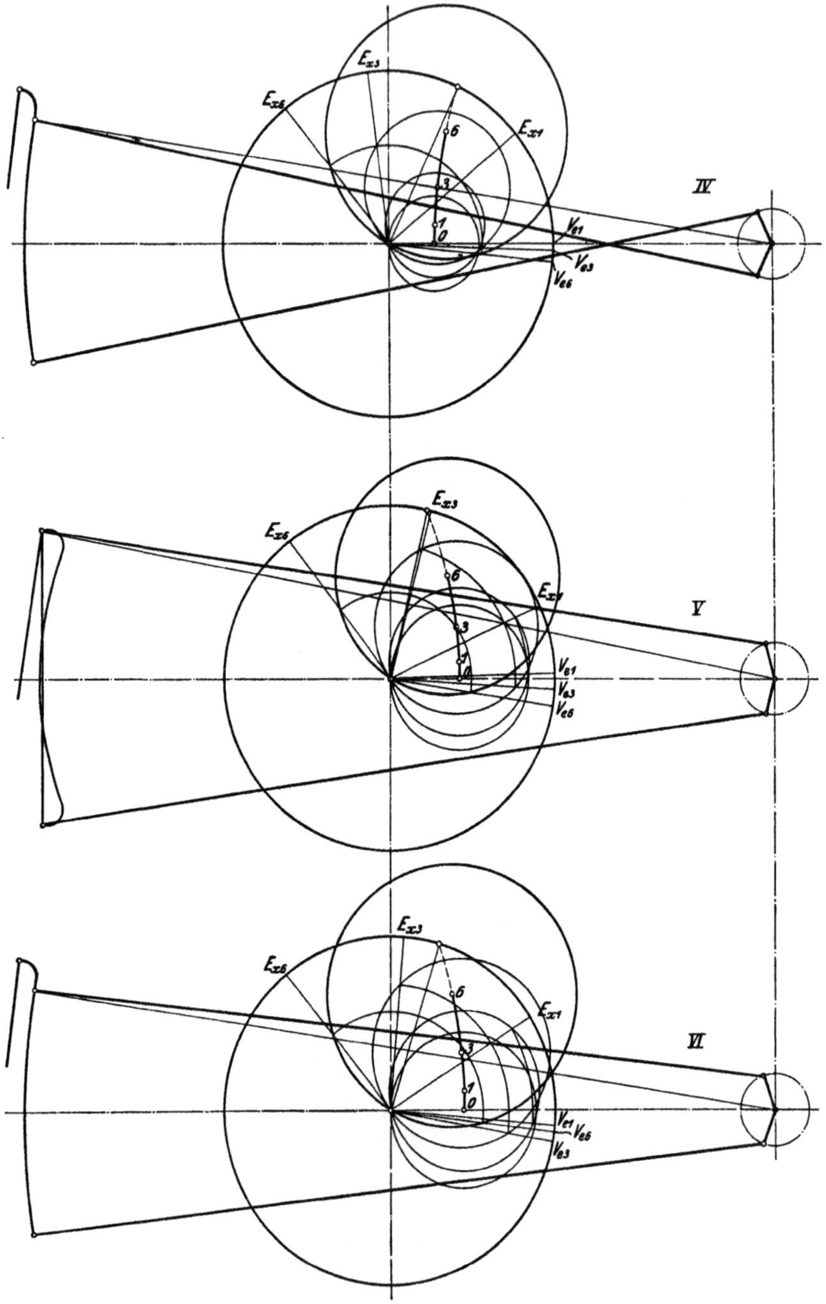

Abb. 496.

Die Fahrweise ist folgende: Der Maschinist legt den Hebel der einzustellenden Fahrrichtung entsprechend um einen kleinen Weg aus der Mittellage. Die Hauptsteuerung gibt dann ein kleines Füllungsdiagramm, die Hilfssteuerung infolge des kleinen Hilfskanal - Querschnittes ein großes Drosseldiagramm, während die Dampfventile nur wenig geöffnet haben. Nachdem die Walzen bei kleiner Umlaufzahl den Block gefaßt haben, muß der Maschinist, um rasch zu walzen, die Steuerung weiter auslegen. Die Dampfventile öffnen bei kleinen Füllungen der Hauptsteuerung, so daß mit dampfsparenden Füllungsdiagrammen gefahren wird. Bei dieser Steigerung der Umlaufzahl verschwindet der Einfluß der Hilfssteuerung, die beispielsweise 36 v. H. Füllung bei 20 v.H. der Hauptsteuerung gibt, während bei Anfahren die Hilfsfüllung 62 v.H. bei 48 v.H. Hauptfüllung betrug.

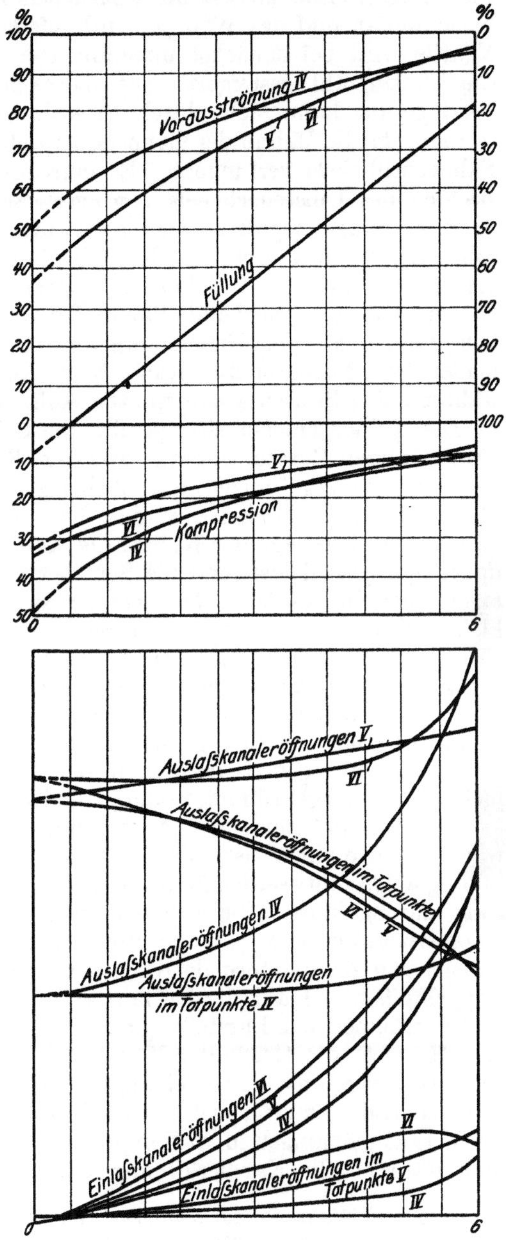

Abb. 497

Gegen das Ende des Stiches legt der Maschinist die Steuerung wieder in den Bereich der Drosseldiagramme zurück und walzt den Stich langsam aus.

Steuerung der Deutschen Maschinenfabrik A.-G., Duisburg (Abb. 494 bis 497). Sobald der Umsteuerhebel zum Zwecke des Anfahrens mit großen Füllungen in eine der Endlagen gelegt ist, gibt die Rolle des Hebels *h* die mit dem Fahrventilhebel verbundene Zahnstange *z* frei, so daß diese in dem Schlitz des *U*-Eisens der Steuerbühne aufliegt und die Zähne einseitig zum Eingriff gelangen können (Abb. 494). Werden jetzt die Drosselventile mittels des Fahrhebels langsam geöffnet, so zieht die Maschine an und das Walzgut wird gefaßt. Durch weiteres Öffnen der Ventile wird bei zunächst unveränderter Endlage des Umsteuerhebels die Umlaufzahl gesteigert. Die hiernach nötig werdende Leistungsverringerung kann nicht durch Drosseln mit den Fahrventilen erreicht werden, da die Zähne der Zahnstange anliegen und das Auslegen des Fahrventilhebels verhindern. Es muß sonach die Füllung durch Verstellung des Umsteuerhebels verringert werden. Da die Maschine mit der Steuerung stillgesetzt wird, so ist diese so einzurichten, daß sie absolute Nullfüllung gibt. Im Notfall können Fahrventilhebel und Umsteuerhebel durch den Fußhebel *f* getrennt werden.

Aus Abb. 495, welche die Bauart der Kolbenschieber zeigt, ist ersichtlich, daß das mit dem Frischdampfventil gekuppelte Stauventil gewissermaßen im „Nebenschluß" liegt, beim Anfahren steht der Dampf des während des Betriebes aufgefüllten Aufnehmers zur Verfügung.

Die Kolbenschieber sind geteilt, die Schieberstangen werden durch zwangläufigen Zusammenhang zwischen Kulisse und einem (nach Art der Abb. 107 ausgeführten) Kreuzhebel gegenläufig verschoben, Abb. 495. Durch eine Kurvenscheibe werden die Schieber in der Art verschoben, daß in der Mittellage der Kulisse die Kanäle mit großen äußeren Überdeckungen geschlossen und die Schieber hier schneller als in den Endlagen verstellt werden. Die Kompressionen werden dadurch bei den kleinen Füllungen verringert, während sich für mittlere Füllungen große Kanaleröffnungen bei verhältnismäßig kleinen Exzentern ergeben.

Eine andere Bauart dieser Steuerung mit geteilten Schiebern ersetzt die Kurvenscheiben durch eine Doppelkulisse. Von den beiden dicht nebeneinander gelagerten und gemeinsam verstellten Stephenson-Kulissen ist die eine weniger als normal (in der Ausführung gerade), die andere mehr als normal gekrümmt, wodurch die Überdeckungen geändert werden.

In Abb. 497 sind drei Ausführungsarten miteinander verglichen, wobei angenommen ist, daß als kleinste Füllung absolute Nullfüllung eingestellt werden kann. Der Vergleich ist nur für den Vorwärtsgang durchgeführt. Die Höchstfüllungen wie auch die ausgeführten Exzentrizitäten sind bei den drei Anordnungen gleich groß. „*IV*" bezieht sich auf die normale Kulisse mit gekreuzten Stangen, *V* auf die Doppelkulisse, *VI* auf die Deckungsänderung durch Schubkurve.

Die zeichnerische Darstellung nach Abb. 497 gibt die Dampfverteilung in v.H. bzw. die Größe der Kanaleröffnungen wieder, letztere auf die Scheitelkurvenpunkte 0 bis 6 bezogen, Füllungen von 0 bis etwa 82 v.H. entsprechend. Es zeigt sich, daß bei den Steuerungen nach *V* und *VI* die Vorausströmungen und Kompression durchweg geringer als bei *IV* sind, während die Kanaleröffnungen bedeutend größer sind [1]).

---

[1]) 1906 hat Verfasser die beistehend skizzierte Steuerung vorgeschlagen, die wegen der notwendigen Expansionsschieber nicht zur Ausführung gelangt ist, das angestrebte Ziel aber mit Vollkommenheit erreichen läßt. Der Grundschieber ist in üblicher Weise mit der Kulisse verbunden, die entweder die Mittellage oder eine der Endlagen, niemals eine Zwischenlage einnimmt, so daß Voreinströmung,

Der Maschine ist für Fälle der Gefahr ein Schnellschlußventil vorgeschaltet, das von der Steuerbühne aus geschlossen werden kann [1]).

7. Die Nockensteuerungen der Fördermaschinen.

Da die Fahrdauer der Fördermaschinen namentlich bei größeren Teufen bedeutend länger als bei Walzenzugmaschinen ist, so werden hier die Mittel zur Verringerung des Dampfverbrauches von größerer Bedeutung. Fördermaschinen werden deshalb ausschließlich mit Ventilsteuerungen ausgeführt, deren Anwendung durch die kleineren Umlaufzahlen (n_{normal} = 60 bis 70) [2]) und die weniger schweren Betriebsanforderungen begünstigt wird. Am Ende der Fahrt müssen zum Ein- und Ausfahren der „Hunde" die Böden der Schale mit denen der Bühne in genau gleicher Höhe liegen, was durch Aufsetzen der Schalen auf „Kaps" oder Schachtfallen erleichtert wird. Dieses Aufsetzen erfordert zunächst ein kleines „Überheben" und dann Senken der Schale. Die hierfür in Betracht kommenden kleinen Bewegungen der Fördermaschine am Ende der Fahrt kann der Maschinist nur durch große Füllungen bei sehr kleinen Kanaleröffnungen erzielen.

Kompression und Vorausströmung konstant sind. Das Exzenter der Expansionsschieber eilt der Kurbel um 180° vor. Die Expansionsschieber werden durch den Steuerhebel nach Art der Meyer-Steuerung verstellt. Bei Stellung für größte Füllung, wie gezeichnet, sperren sie den Dampfeintritt ab. Bei geringer Auslegung des Steuerhebels wird bei unmerklich verringerter Füllung der Frischdampf stark gedrosselt, da er nur durch den Spalt zwischen beiden Schiebern zutreten kann. Mit wachsender Auslage nehmen Drosselung und Füllung ab. Der Steuerhebel für die Expansionsschieber wird nach beiden Seiten ausgelegt, wobei er mit zunehmender Entfernung aus der Mittellage die Füllung verkleinert, indem der Mittellage des Steuerhebels eine Totlage des übertragenden Gestänges entspricht. Eine auf der Welle des Expansions-Steuerhebels befestigte Schubkurve bewegt den Schieber des Servomotors für die Kulisse in der Art, daß beide Steuerungen gleichzeitig in der Mittellage stehen, während bei Auslegung des Expansionshebels nach einer Seite hin die Kulisse in die der gewünschten Drehrichtung entsprechende Endlage geht.

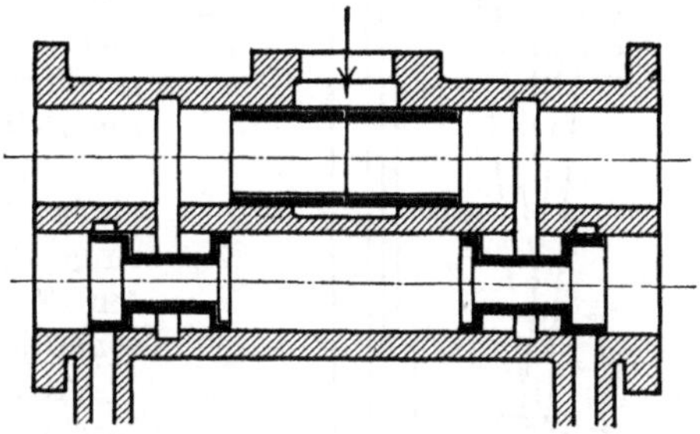

Es handelt sich also auch bei dieser Bauart um eine Einhebelsteuerung. Eine solche für eine Vereinigung von Drosselventil und Steuerung derart, daß der Maschinist ebenfalls mit Expansion fahren muß, hat der Verfasser in der „Zeitschr. Ver. deutsch. Ing. 1907", S. 768, angegeben.

[1]) Um die Zylinderdeckel mit strömendem Frischdampf zu heizen, ist folgende Anordnung getroffen: Eine vor dem Schnellschlußventil angeschlossene Leitung führt durch die Zylinderdeckel und auch durch die Heizmantelräume nach einem kleinen Ventil zurück, das mit dem Steuerventil geöffnet wird und hinter diesem mit dem Raum vor dem Hochdruckschieber in Verbindung steht. In diesem Raume herrscht beim Anfahren, wobei das kleine Ventil geöffnet wird, eine geringere Dampfspannung, so daß eine lebhafte Heizdampfströmung entsteht. Der Heizdampf wird sonach zum größten Teil als Drosseldampf zum Anfahren verwendet.

[2]) Neuerdings finden sich Umlaufzahlen bis n = 150 min.

Kulissensteuerungen haben in dieser Beziehung den Nachteil, daß große Füllungen durch Auslegen des Steuerhebels bis in die Endlage eingestellt werden müssen, wobei schon vor Erreichen der Endlage die Ventile weit geöffnet werden und ungedrosselten Dampf in den Zylinder lassen, so daß genaue und langsame Maschinenbewegungen unmöglich werden. Der Maschinist geht deshalb in der Weise vor, daß er — wie bei den Walzenzugmaschinen mit Stauventil — bei ausgelegter Steuerung das Drosselventil einstellt, eine Arbeitsweise, die auch während der Fahrt bei großem Dampfverbrauch beibehalten wird. Diese Fahrweise liegt bei Kulissensteuerungen um so näher, da diese — wenn bei entsprechend gekrümmter Scheitelkurve mit der Steuerung stillgesetzt würde — bei kleinster Exzentrizität die Auslaßventile noch öffnen ($r_{min} > i$). Diese saugen während des Auslaufes Luft und Dampf aus dem Ausblaserohr an, wodurch der Zylinder stark ausgekühlt wird. Die Gegendampfwirkung ergibt bei Kulissensteuerungen sehr ungleichartige Diagramme, die Umfangsgeschwindigkeit wird ungleichmäßig, und die Seile schlagen stark.

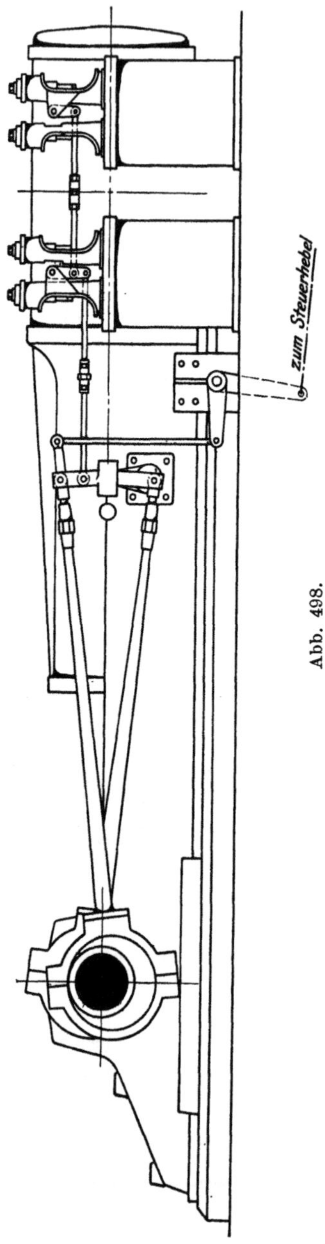

Abb. 498.

Abb. 498 zeigt die ältere Ausführung einer Fördermaschine mit Kulissensteuerung, die Ventile wurden hierbei seitlich am Zylinder angeordnet, was große, schädliche Räume und Flächen bedingte.

Aus diesen Gründen werden die Nockensteuerungen bevorzugt, die — zuerst von dem Oberingenieur Kraft der Société Cockerill auf Fördermaschinen angewandt — auch als „Kraftsche Konus- oder Knaggensteuerung“ bezeichnet werden. Man kann sich die Nocken durch Aneinanderreihen einer großen Anzahl unrunder Scheiben entstanden denken, deren Anlaufkurven — wie zunächst angenommen werde — sämtlich auf derselben Mantellinie der zylindrischen Nabe beginnen, während die Ablaufkurve schräg begrenzt ist, um verschiedene Füllungen zu erhalten. Sollen Kompression und Vorausströmung konstant sein, so endigen die An- und Ablaufkurven der Auslaßnocken in geraden Mantellinien: die Auslaßnocken werden zu axial verlängerten unrunden Scheiben, die vom Endpunkt der axialen Steigungslinie an gleichbleibendes Profil zeigen.

Zur Steuerung eines jeden Ventils sind zwei Nocken, für Vorwärtsgang und für Rückwärtsgang, erforderlich. Änderung der Füllung und der Drehrichtung wird durch Verschieben der mit der Steuerwelle nur auf Drehung gekuppelten Nocken bewirkt. Die gegenseitige Lage der Nocken auf der Nabe ist dadurch bestimmt, daß in der Totstellung des Kolbens auf der betreffenden Zylinderseite das Einlaßventil stets auf lineares Voreilen eingestellt sein muß, gleichviel, in welchem Drehsinn die Maschine läuft. Dasselbe muß bezüglich der linearen Vorausströmung auf der Auslaßseite der Fall sein.

In Abb. 499 ist die von Kraft herrührende, ältere Nockenform dargestellt; sie hat mit der Kulissensteuerung den Nachteil gemeinsam,

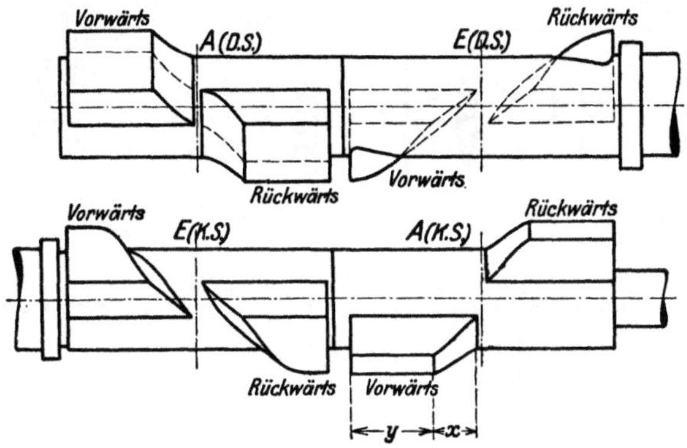

Abb. 499 [1]).

daß die großen Füllungen in den Endlagen des Umsteuerhebels eingestellt werden, wodurch das eingangs erwähnte „Kapsen" erschwert wird. Der Vorteil gegenüber der Kulisse, daß bei veränderlicher Füllung infolge der Gestaltung der Auslaßnocken Kompression und Vorausströmung konstant waren, kam insofern nicht zur Geltung, als auch Maschinen mit dieser Steuerung meist bei ausgelegtem Steuerhebel durch das Drosselventil geregelt wurden, wobei dieselben Übelstände wie bei den Kulissensteuerungen: Entleerung der Rohrleitung bis zum Drosselventil und starke Auskühlung des Zylinders auftraten. Beim Stillsetzen der Maschine mit dem Steuerhebel blieben die Auslaßventile geschlossen.

Günstigere Ausführungsformen stellen die in den Abb. 500 und 501 wiedergegebenen Bauarten dar, durch deren Einführung die Nockensteuerungen allgemeinere Verbreitung fanden. Die Ausführung nach Abb. 500, auch als „neue Nockensteuerung" bezeichnet, zeigt Abnahme der Füllungen bei Auslegung des Steuerhebels. Da infolgedessen die großen Füllungen in der Nähe der Mittellage mit geringen Ventilerhebungen gegeben werden, so läßt sich die Maschine am Ende der

[1]) Nach einer älteren Ausführung der Maschinenbauanstalt C. Mehler, Aachen. Maßstab 1:10. (Neuere Maschinen baut die Firma mit Nocken nach Abb. 500.)

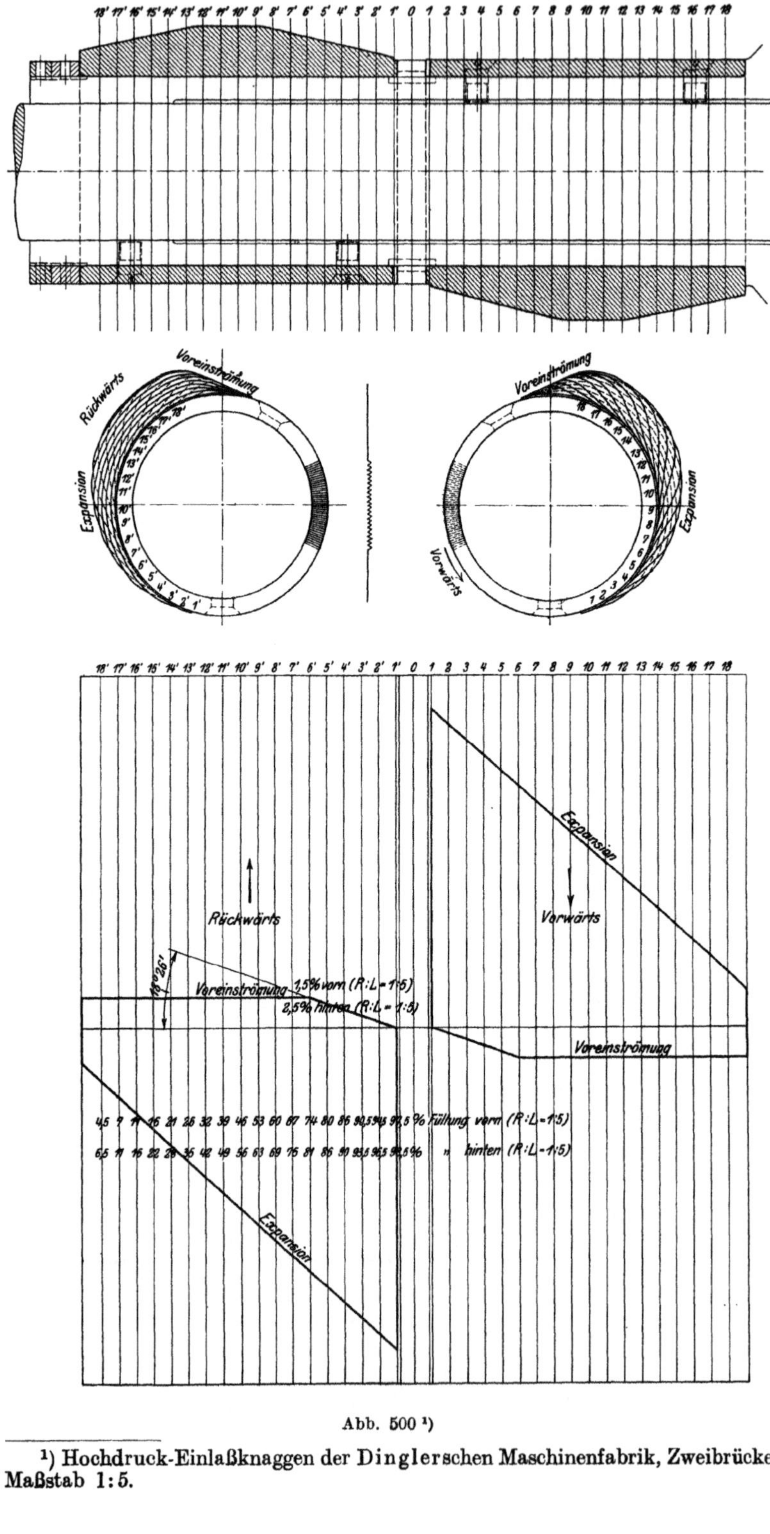

Abb. 500 [1])

[1]) Hochdruck-Einlaßknaggen der Dinglerschen Maschinenfabrik, Zweibrücken. Maßstab 1:5.

Fahrt leichter lenken. Der Gewohnheit des Maschinisten, mit ausgelegtem Steuerhebel zu fahren, wird dadurch entgegengekommen, daß die Kerbe

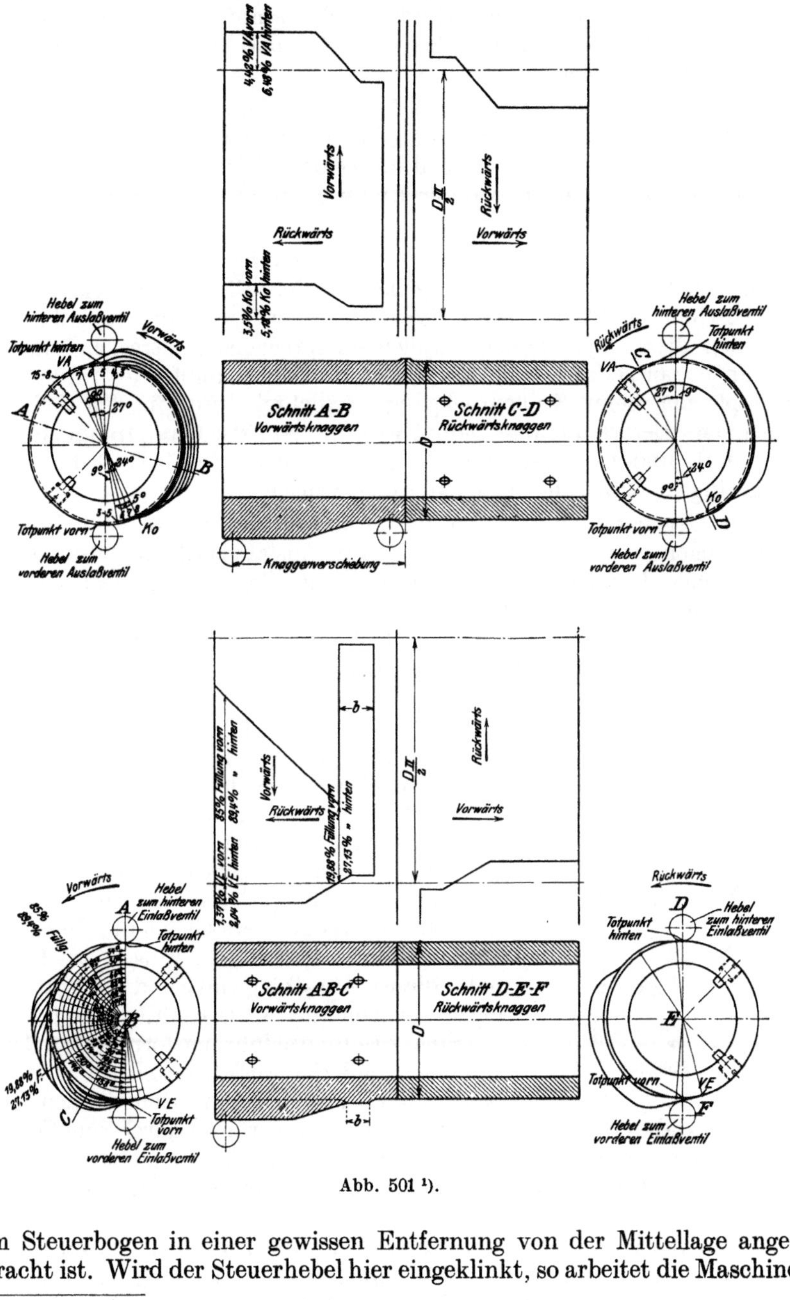

Abb. 501 [1]).

im Steuerbogen in einer gewissen Entfernung von der Mittellage angebracht ist. Wird der Steuerhebel hier eingeklinkt, so arbeitet die Maschine

[1]) Ausführung der Siegener Maschinenbau-A.-G. Maßstab 1:10.

während der Fahrt mit verringerter Füllung. Beim Stillsetzen der Maschine mit der Steuerung werden bei der Einwärtsbewegung des Steuerhebels die großen Füllungen durchlaufen. Ist bei Anlangen des Hebels in der Mittellage im Zylinder noch Dampf, so wird dieser infolge der geschlossenen Auslaßventile verdichtet und muß durch die Rückschlagventile entweichen.

Die Ausführung nach Abb. 501 ist besonders in Oberschlesien verbreitet. Wie bei der Bauart nach Abb. 499 liegen die großen Füllungen am Ende der Nocken, doch sind zu beiden Seiten von der Mittellage für das Kapsen Streifen von der Breite *b* vorgesehen, die volle Füllung geben.

Vereinzelt sind „Staunocken“ zur Anwendung gelangt, deren Gestaltung zuerst von Schlüter angegeben wurde. Die Auslaßnocken haben an bestimmten Stellen zylindrische Form, während die Einlaßnocken auf den diesen zylindrischen Teilen entsprechenden Strecken mit Erhöhungen ausgeführt sind, die entweder Gegendampf oder fördernden Dampf, der beim Kolbenrückgang verdichtet wird, in den Zylinder einlassen. Der verdichtete Dampf wird in den Frischdampfraum zurückgefördert, und zwar nach dem Vorgange von G. Schönfeld durch die in geringem Maße angehobenen Einlaßventile.

Im Gegensatz zu den Nocken gewöhnlicher Bauart geht bei den Staunocken infolge der geschlossenen Auslaßventile der Inhalt des schädlichen Raumes nicht verloren, wenn Gegendampf gegeben oder überhaupt negative Kraftwirkung erhalten werden soll. Die Dampfersparnis wird nur da von einiger Bedeutung, wo Maschinen ohne Seilausgleich oder zu klein bemessene Maschinen dauernd mit Gegendampf arbeiten müssen.

Bremsung durch Dampf läßt sich ohne jeglichen Dampfverlust auch mit Nocken gewöhnlicher Bauart erreichen. Zu diesem Zweck sind die Auslaßnocken von der Kolbenstange des Servomotors durch eine mit Paarschluß arbeitende Schubkurve besonders zu verstellen, und zwar derart, daß sie erst nach Überschreitung eines bestimmten Ausschlages des (die Einlaßnocken in üblicher Weise verstellenden) Umsteuerhebels aus ihrer Mittellage herausgehen. Innerhalb dieses Ausschlagwinkels des Umsteuerhebels bleiben die Auslaßventile geschlossen.

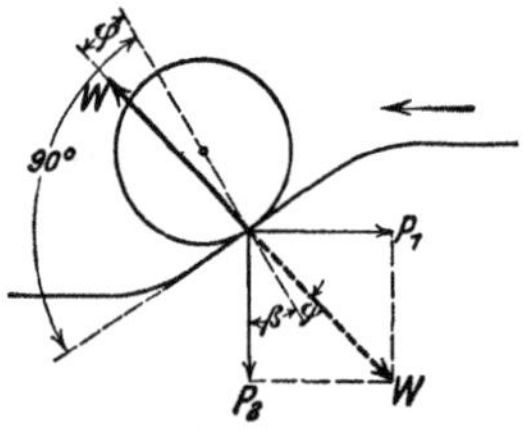

Abb. 502.

Eine zweite Ausführungsform kann darin bestehen, daß die Auslaßnocken durch einen besonderen Servomotor eingestellt werden. Der Schieber dieses Servomotors wird vom Umsteuerhebel durch eine Schubkurve so gesteuert, daß wie vorhin die Auslaßnocken erst bei einer bestimmten Entfernung des Steuerhebels von der Mittellage verschoben werden.

Diese Bauarten haben den Vorteil, daß die Auslaßnocken sehr kurz ausgeführt werden können; diese brauchen nur so lang zu sein, als für die Überführung aus der Nabe in die Kurve für höchste Ventilerhebung nötig ist. In gleicher Weise lassen sich Nocken anderer Gestaltung, z. B. mit Gegendampfknaggen an den äußeren Enden, ersetzen.

Beim Entwurf der Nocken ist zunächst von der gewünschten Dampf-

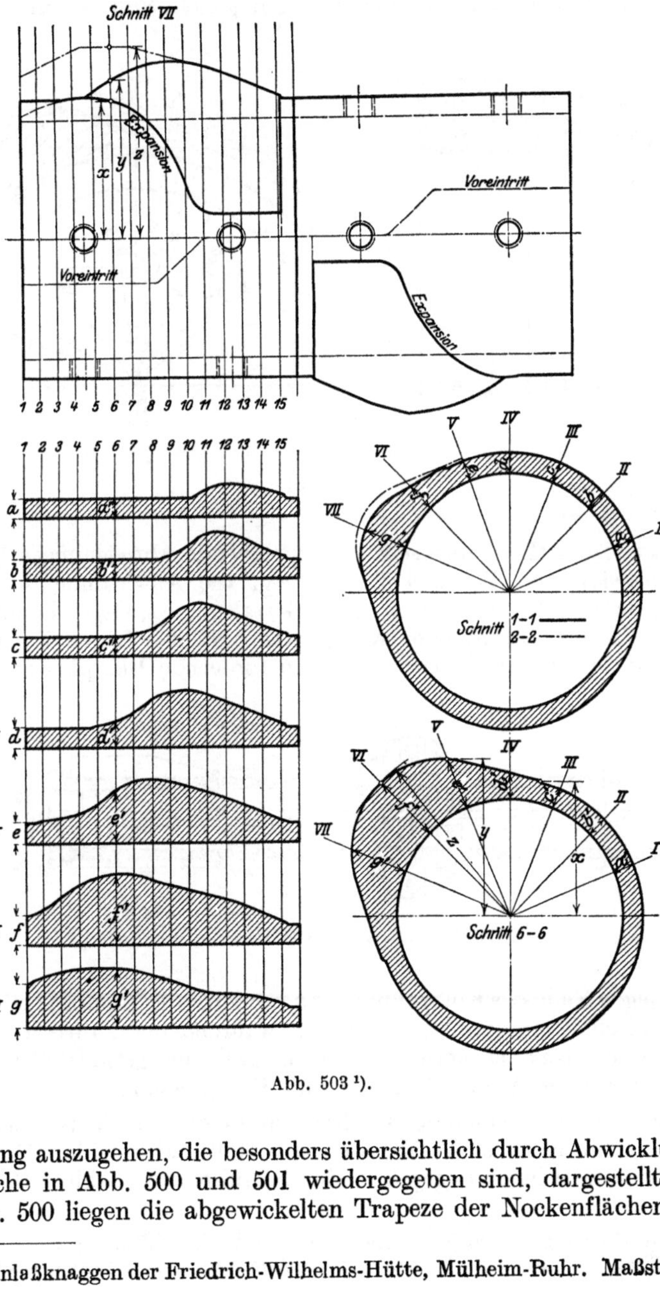

Abb. 503 [1]).

verteilung auszugehen, die besonders übersichtlich durch Abwicklungen, wie solche in Abb. 500 und 501 wiedergegeben sind, dargestellt wird. In Abb. 500 liegen die abgewickelten Trapeze der Nockenflächen sym-

[1]) Einlaßknaggen der Friedrich-Wilhelms-Hütte, Mülheim-Ruhr. Maßstab 1:4.

metrisch zur Mittellinie. Auf dieser muß die Rolle des Ventilhebels gleiten, wenn der Kolben in der Totlage steht, damit das Ventil bei Verschiebung des Nockens um seine ganze Länge gleiche Erhebung behält. Eine Änderung letzterer tritt nur in den der Mittellage benachbarten Stellungen auf, wo das Voreilen gleich Null ist, um dann auf

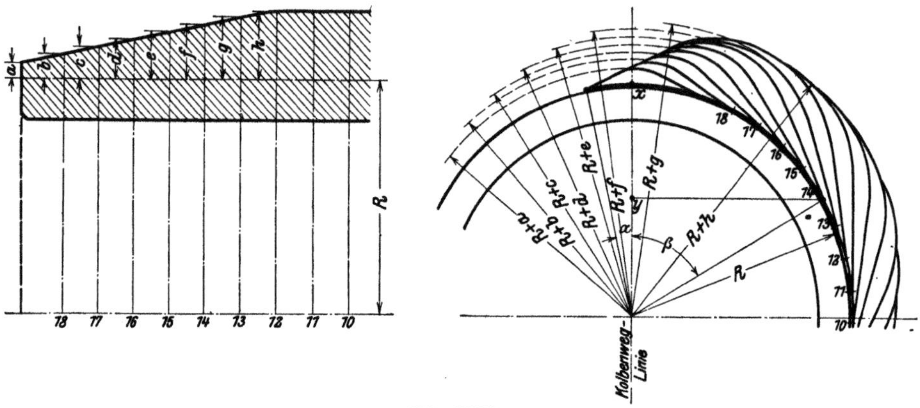

Abb. 504 [1]).

1,5 bzw. 2,5 v.H. zu wachsen. Entsprechende Abweichungen bezüglich Kompression und Vorausströmung zeigt die Abwicklung des Auslaßknaggens in Abb. 501. Zweck dieser Gestaltung ist, Gegendampfwirkung durch Voreinströmung oder Kompression bei den feinen Einstellungen am Ende der Fahrt zu vermeiden und fördernde Dampfspannung auch

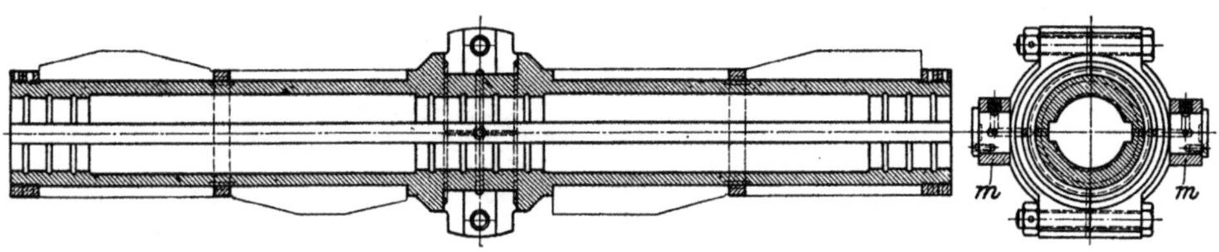

Abb. 505 [1]).

noch gegen Ende des Kolbenhinganges, wo sonst der Dampf vorausströmt, zu erhalten. Das normale Diagramm während der Fahrt zeigt infolge der verhältnismäßig geringen Umlaufzahl nur geringe Beträge von Voreinströmung, Vorausströmung und Kompression.

Die weitere Ausbildung des Nockens in der zur Achse senkrechten Ebene ist in derselben Weise, wie auf S. 160 und in Abb. 215—217 für die unrunde Scheibe angegeben, durchzuführen. In Abb. 504 folgt für

[1]) Ausführung der Siegener Maschinenbau-A.-G. Maßstab 1:3.
[2]) Traghülse der Dinglerschen Maschinenfabrik, Zweibrücken. Maßstab 1:12.

Kurve 14 Füllung während des Kurbelwinkels β, dem Kolbenweg xz für $L = \infty$ entsprechend. Die Gestaltung des Nockens in der Ebene der

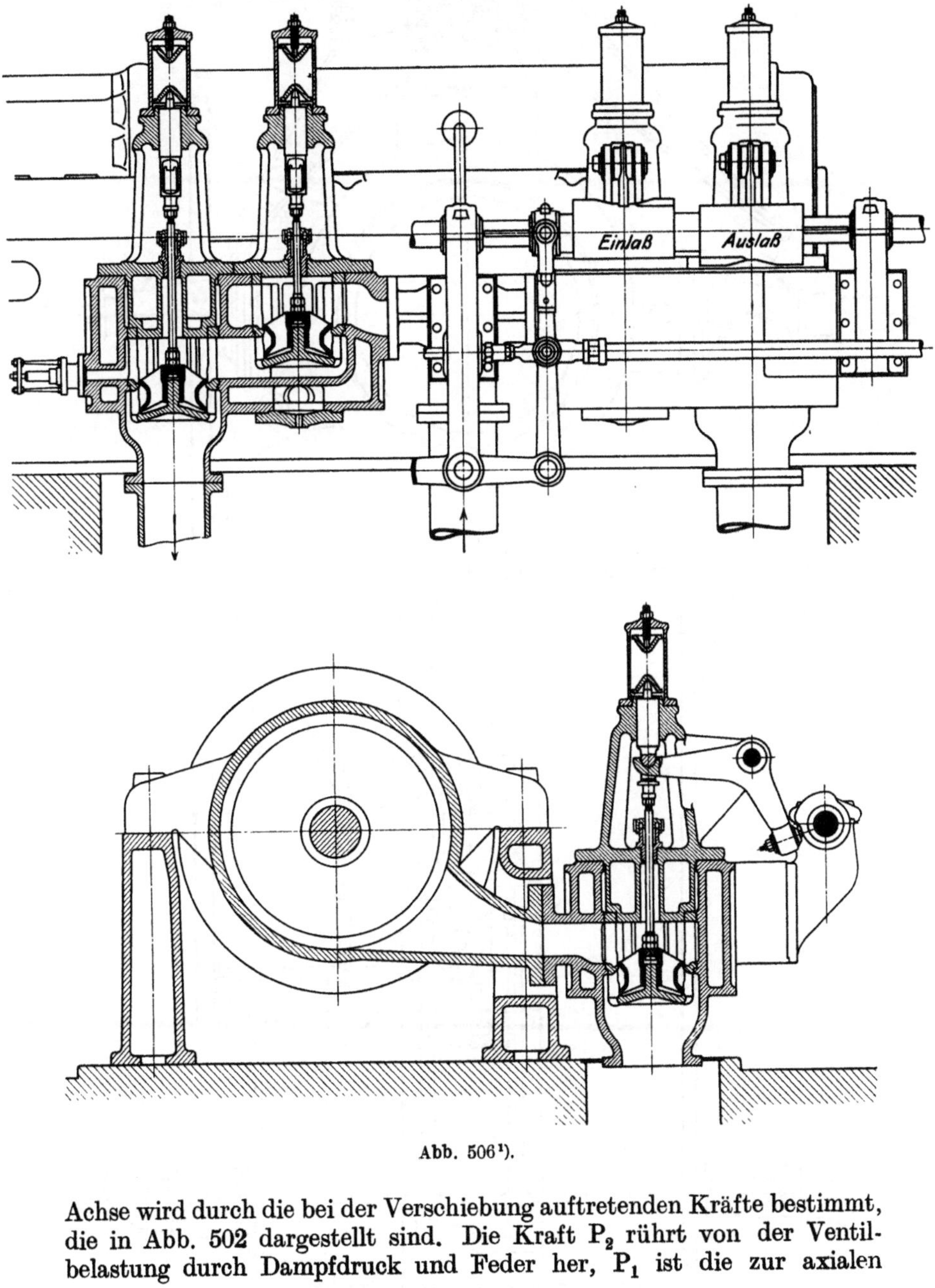

Abb. 506[1]).

Achse wird durch die bei der Verschiebung auftretenden Kräfte bestimmt, die in Abb. 502 dargestellt sind. Die Kraft P_2 rührt von der Ventilbelastung durch Dampfdruck und Feder her, P_1 ist die zur axialen

[1]) Älterer Hochdruckzylinder der Siegener Maschinenbau-A.-G. Maßstab 1 : 30.

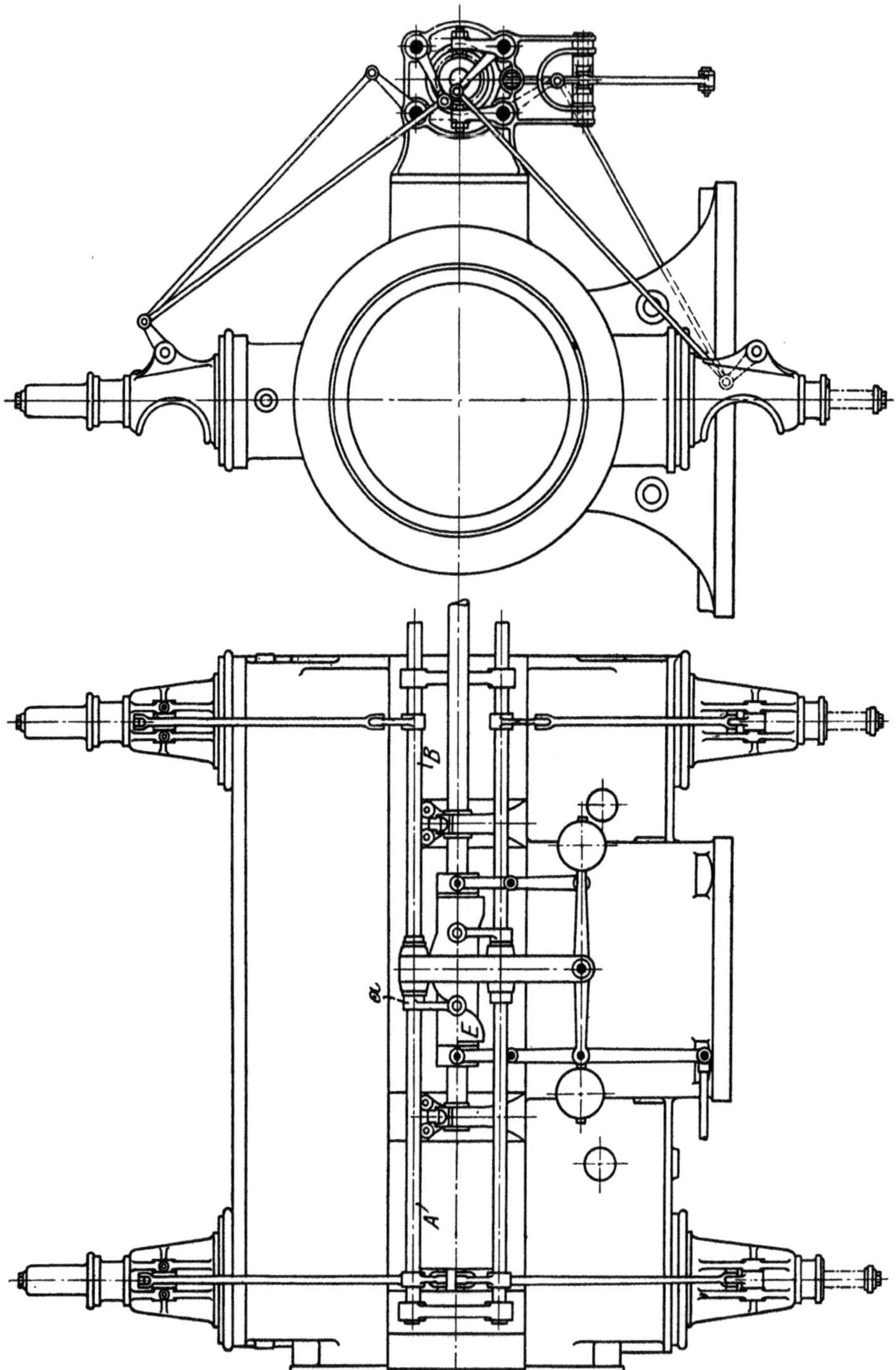

Abb. 507 a [1]).

[1]) Ausführung der Société Cockerill, Seraing. Maßstab 1:25.

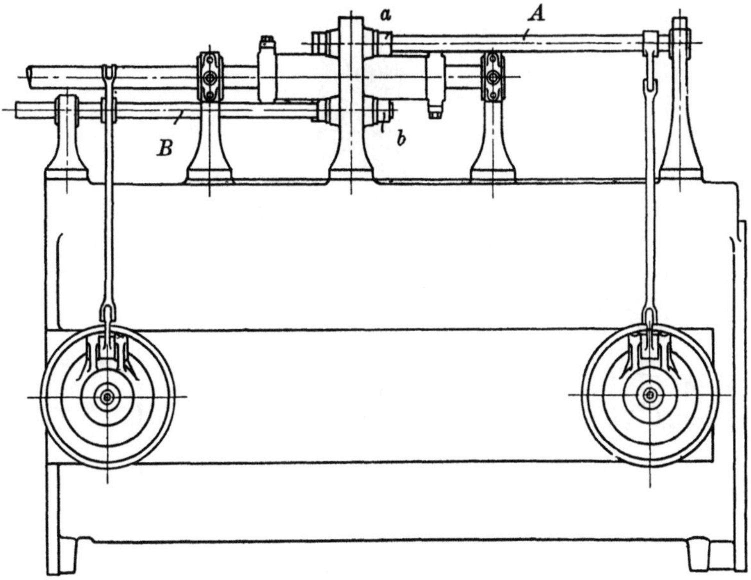

Abb. 507b.

Verschiebung notwendige Kraft. Die um den Reibungswinkel φ von der Senkrechten zur Steigungslinie abweichende Gegenkraft des Nockens ist im Gleichgewichtzustand Resultierende von P_1 und P_2.

Die Steigung der Einlaßnocken folgt aus den Erhebungen in den radialen Ebenen. In Abb. 503 sind die Umrißlinien für die Schnittebenen *I* bis *VII* ermittelt, indem die Abmessungen *a* bis *g* und *a'* bis, *g'* der Querschnitte *1*—*1*-*2*—*2* und *6*—*6* in die Längsschnitte *I* bis *VII* übertragen sind. Für den Schnitt *6*—*6* ist weiterhin die Aufzeichnung des Nockens in Ansicht durch Eintragung der Strecken *x*, *y* und z angegeben.

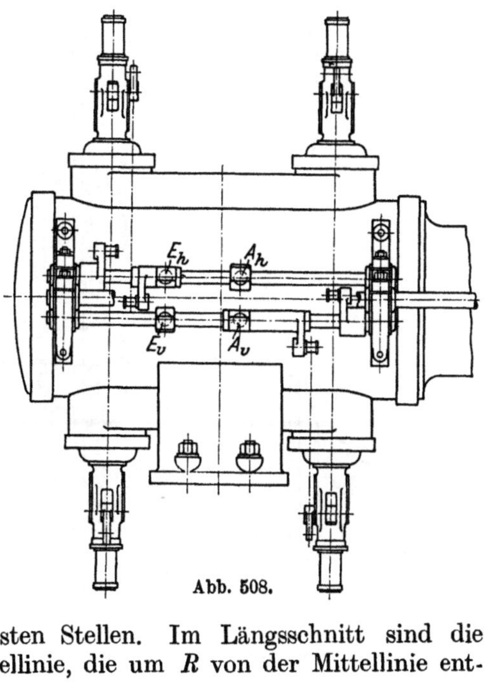

Abb. 508.

In Abb. 504 tangieren die Radien (R + a) bis (R + h) die Erhebungskurven *10* bis *19* an den höchsten Stellen. Im Längsschnitt sind die Strecken *a*—*h* von der Mantellinie, die um *R* von der Mittellinie entfernt ist, aus abgetragen.

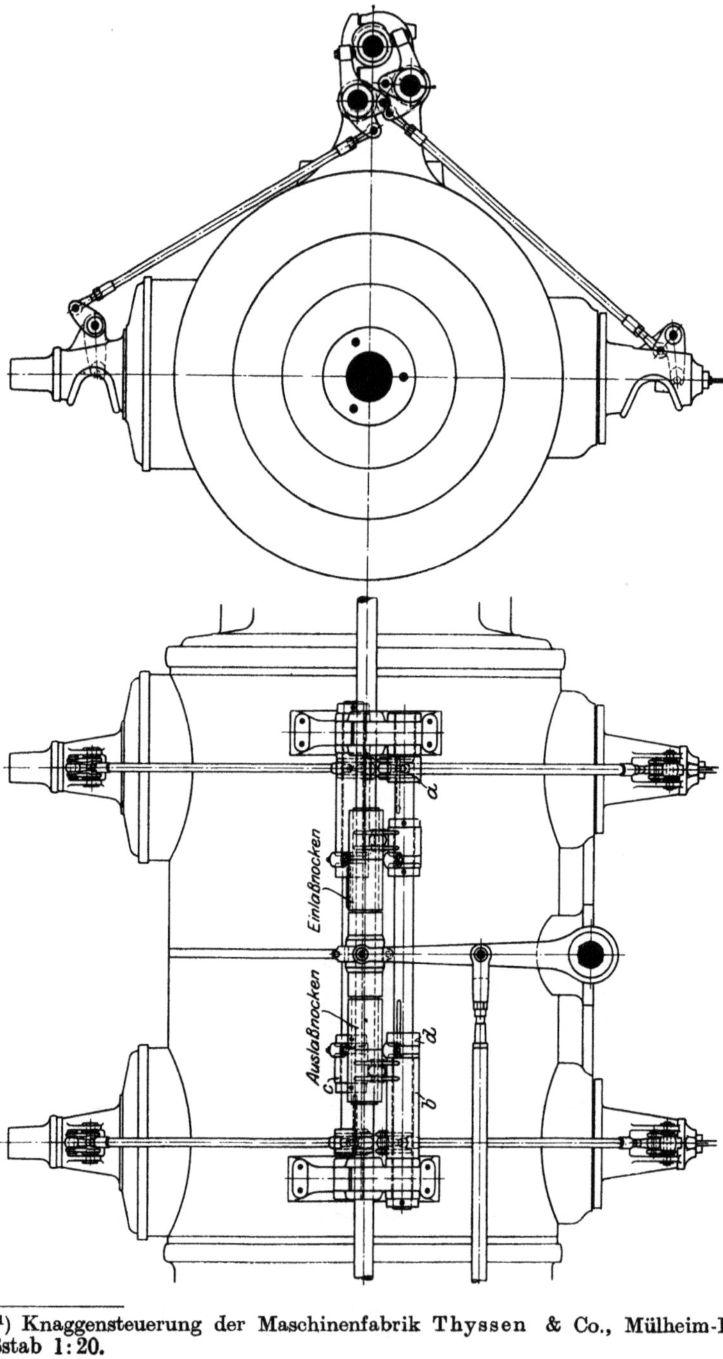

Abb. 509[1]).

[1]) Knaggensteuerung der Maschinenfabrik Thyssen & Co., Mülheim-Ruhr. Maßstab 1:20.

Diese Darstellung läßt ohne weiteres erkennen, daß die Steigungen in der axialen Ebene unzulässig große Werte annehmen können, wenn die Erhebungskurven in der radialen Ebene für die verschiedenen Füllungen nicht einen bestimmten Abstand voneinander haben, wenn also die Nockenlänge zu kurz bemessen ist. Kurze Nocken haben den weiteren Nachteil, daß sie eine genaue Einstellung der Füllung erschweren, da schon kleinen Verschiebungen große Füllungsänderungen entsprechen.

Die Nocken werden vielfach aus Schmiedestahl hergestellt, die Oberflächen durch leichtes Überdrehen und Nacharbeit von Hand glatt und blank bearbeitet. Abb. 505 stellt eine Traghülse mit Gleitring dar. Gezahnte Stellringe zwischen den Nocken nehmen diese mit, so daß sie leicht eingestellt werden können. Erst nach dem Indizieren werden die Nocken durch strammgängige Schlitzschrauben mit der Traghülse fest verbunden. Die Dinglersche Maschinenfabrik sieht an den Auslaßnocken besondere Verschraubung zur Vermeidung allzu hoher Kompression bei vorübergehendem Auspuffbetrieb vor.

Im Gegensatz zu den unrunden Scheiben gewöhnlicher Bauart können die Nocken nicht mit Rollen, sondern müssen mit Rücksicht auf die axiale Verschiebung mit Kugeln oder Stiften, die an ihrem Ende halbkugelförmig ausgebildet sind, zusammenarbeiten. Die Kugeln oder Stifte sind in den Antriebhebeln nachstellbar anzuordnen.

Anordnungen der Steuerung zeigen die Abb. 506—510. Einfachste Ausführung ermöglichen Zylinder mit seitlich liegenden Ventilen, von denen jedes durch einen besonderen Doppelnocken gesteuert wird, Abb. 506. Die Form der Nocken geht aus Abb. 501 hervor, durch verschiedenartige Ausführung der Ablaufkurven kann Ausgleich der Füllungen und Kompressionen für beide Zylinderseiten erreicht werden. Diesen Vorteil weisen die in den Abb. 507—510 dargestellten Ausführungsformen für unten und oben liegende Ventile nicht auf, da hier beide Einlaßventile ebenso wie beide Auslaßventile durch je nur einen Doppelnocken, der zwei Rollenhebel bewegt, gesteuert werden.

Die von Kraft entworfene Steuerung, Abb. 507, die älter als die nach Abb. 506 ist, sieht für jedes Ventil eine besondere Antriebwelle vor. Die Rollen der Antriebhebel liegen auf den Nocken diametral gegenüber. Welle A mit dem Rollenhebel a steuert das hintere, Welle B mit Hebel b das vordere Einlaßventil. In gleicher Weise wird durch die beiden unteren Wellen die Nockenbewegung auf die Auslaßventile übertragen. Da bei größeren Ausführungen das Gewicht der Nocken bei der Verschiebung auf der Welle erheblichen Reibungswiderstand verursacht und die Verstellung von Hand erschwert, so sind in der Ausführung nach Abb. 507a besondere Gegengewichte zum Ausgleich angebracht.

Eine zuerst vom Verfasser ausgeführte, bedeutende Vereinfachung der Kraft-Steuerung zeigt Abb. 508 [1]). Von den vier Daumenhebeln sind nur zwei auf den Wellen aufgekeilt, während die beiden anderen Daumenhebel diese Wellen rohrförmig umschließen und durch Stellringe in ihrer Lage gesichert werden.

[1]) Ausführung der Maschinenfabrik J. Westermann in Witten a. d. Ruhr (1898). Zeitschr. Ver. dtsch. Ing. 1901. S. 1713.

Ähnliche Ausführungsformen sind in den Abb. 509 und 510 dargestellt. Bei diesen liegen die Ventilzugstangen, im Gegensatz zu den Bauarten nach Abb. 507 und 508, in einer Ebene, wodurch die Maschine ein ruhigeres Aussehen hat. Die Steuerung verliert jedoch an Einfachheit. In Abb. 509 ist der Daumenhebel *d* auf der unteren Welle aufgekeilt und steuert durch den ebenfalls aufgekeilten Hebel *a* das Auslaßventil auf der Kurbelseite. Daumenhebel *c* ist durch ein kurzes aus dem Querschnitt ersichtliches Gestänge mit der Hülse *b* verbunden, die an ihrem Ende den Antriebhebel für das Auslaßventil auf der Deckelseite trägt.

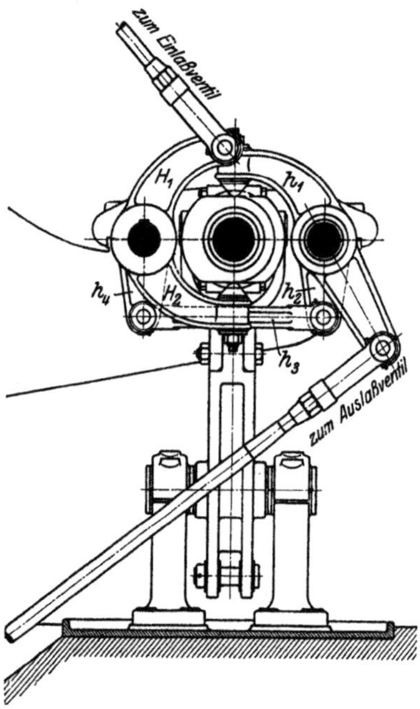

Abb. 510[1]).

In Abb. 510 wird das eine Einlaßventil unmittelbar durch H_1H_2 gesteuert, während das zweite Einlaßventil seine Bewegung von h_1 durch Vermittlung des Gestänges $h_1h_2h_3$ erhält.

Mit zunehmender Teufe nähern sich die Betriebsbedingungen der Fördermaschinen denen der gewöhnlichen Betriebsmaschinen und bei richtiger Anordnung einer Regulierung kann durch diese der Dampfverbrauch erheblich vermindert werden. Die Steuerung wird entweder durch einen bewegten Teil der Maschine oder durch einen Regler gewöhnlicher Bauart verstellt.

Eine Vorrichtung ersterer Art ist die von Richter, Abb. 511, gebaut von der Wilhelmshütte; sie stimmt im wesentlichen überein mit einer von der Prager Maschinenbau - A. - G. früher gebauten Reglung. Mit der Steuerwelle ist eine Schraubenspindel verbunden, deren Mutter durch Gestänge die Welle *W* dreht. Auf Welle *W* ist der Mitnehmerbock *B* fest aufgekeilt, während der Umsteuerhebel lose drehbar angeordnet ist. Klinkt beim Anfahren der Maschinist den Umsteuerhebel in den Mitnehmer ein, so wird infolge der durch die erwähnte Mutter verursachten Bewegung des Mitnehmers der Handhebel und damit die Steuerung aus der der größten Füllung entsprechenden Endlage nach innen gebracht. Die Vorrichtung ist hauptsächlich für Maschinen ohne Seilausgleich gedacht.

Eine von dieser Vorrichtung abgeleitete Beeinflussung der Steuerung mittels Reglers hat der Verfasser vorgeschlagen und ist mit Erfolg zur Ausführung gelangt. Die beiden Mitnehmer werden vom Regler gegenläufig verstellt, und der Maschinist klinkt je nach gewünschter Dreh-

[1]) Niederdrucksteuerung der Siegener Maschinenbau-A.-G. Maßstab 1:15.

richtung den Umsteuerhebel in einen der Mitnehmer ein, Abb. 512. Die Kupplung beider kann jederzeit aufgehoben werden [1]).

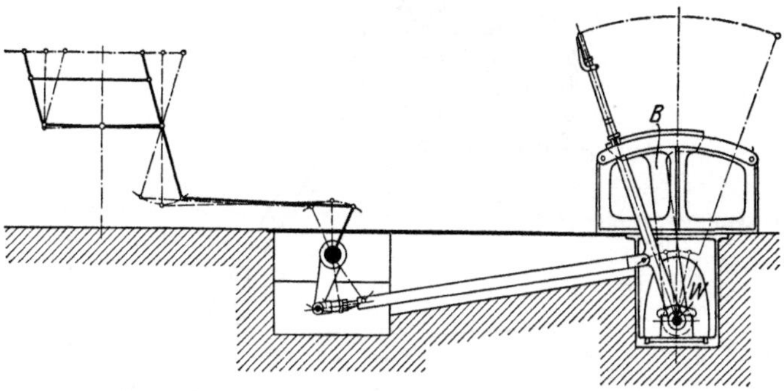

Abb. 511.

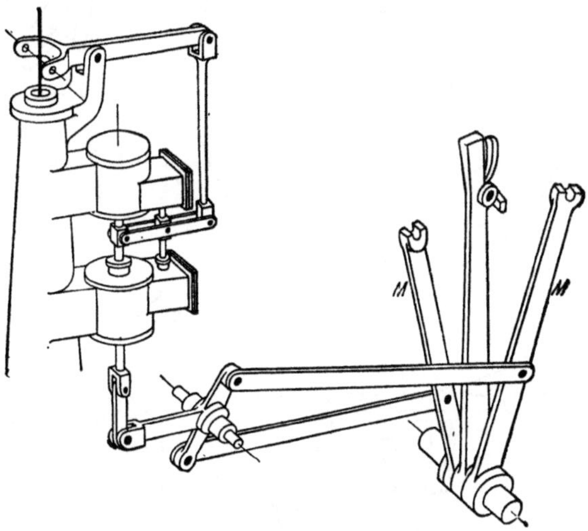

Abb. 512.

---

[1]) Die Regelung wird verbessert, wenn folgende Vorschläge des Verfassers beachtet werden:

1. Mit der Einstellung des Zeichens „Seilfahrt" wird das Übersetzungsverhältnis zwischen Maschine und Regler auf elektrischem oder mechanischem Wege geändert, so daß selbsttätig die Überschreitung der zugelassenen Höchstgeschwindigkeit während der Mannschaftförderung vermieden wird. (Zeitschr. Ver. dtsch. Ing. 1907, S. 766.)

2. Der Regler wird derart mit der Steuerung verbunden, daß er auch bei negativer Belastung wirkt, indem er in den höheren Muffenlagen die Steuerung über die Mittellage hinaus bewegt und Gegendampfwirkung einstellt. (D.R.P. 204 179.)

3. Da bei mittleren Teufen und großer Höchstgeschwindigkeit das Fahrdiagramm in der Hauptsache aus Beschleunigungs- und Verzögerungsperiode zusammengesetzt ist und ein Regler nur während der kurzen Beharrungsperiode zum Eingriff gelangt, so ist in diesen Fällen eine „zusätzliche Muffenbelastung" auszuführen. Der Regler bleibt bis zum Erreichen einer Fördergeschwindigkeit

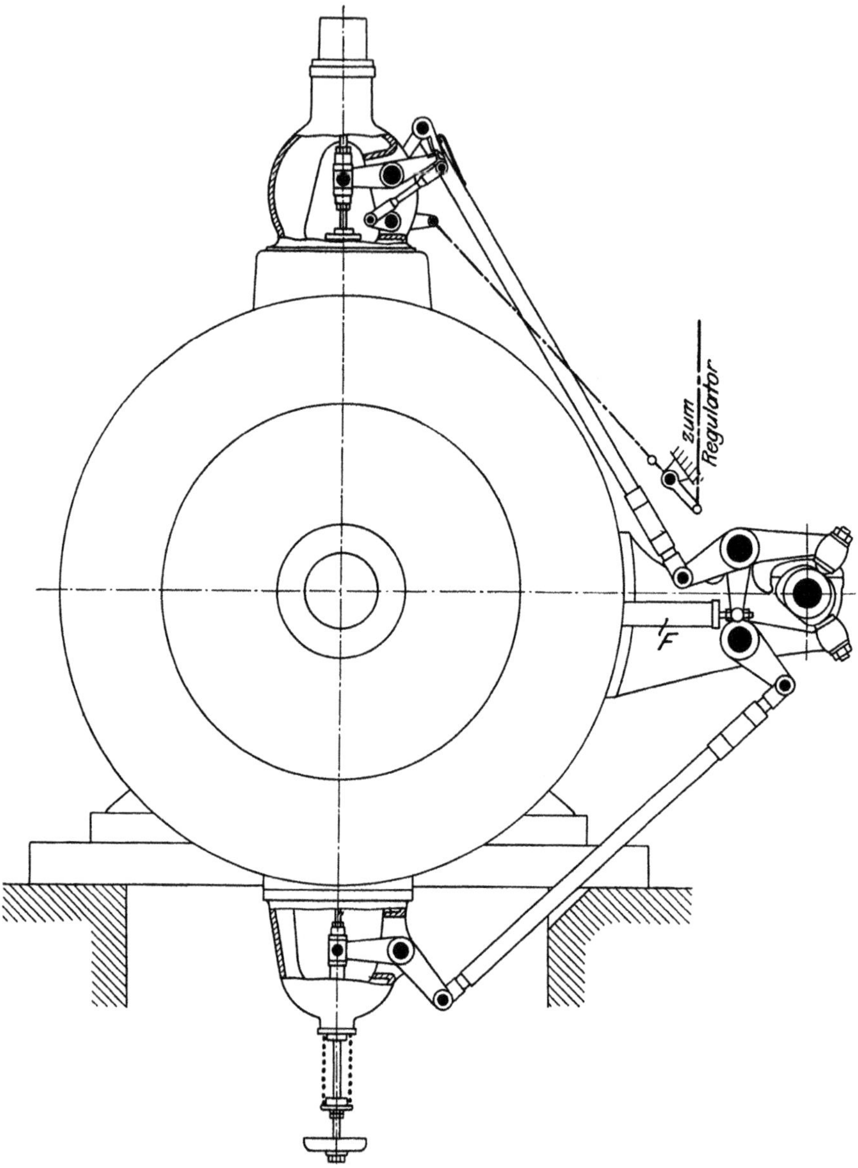

Abb. 513[1]).

von 5 bis 10 msek in seiner tiefsten Lage, so daß bis zu diesem Zeitpunkt die zum Anfahren erforderliche Höchstfüllung unverändert beibehalten wird. Beim Überschreiten der gewählten Anfangsgeschwindigkeit verringert der steigende Regler die Füllung von z. B. 90 v.H. auf 70 v.H., womit bei nahezu gleichbleibender Diagrammfläche der Dampfverbrauch erheblich abnimmt. An weiterem Steigen wird der Regler zunächst durch die zusätzliche Muffebelastung gehindert, deren Gegenkraft erst bei Erreichen der Beharrungsgeschwindigkeit überwunden wird. (Zeitschr. Ver. dtsch. Ing. 1909. S. 754.)

[1]) Steuerung der Isselburger Hütte, Isselburg (Niederrhein). Maßstab 1:20.

Belgische Konstrukteure vereinigen häufig die Kulissensteuerung mit einer vom Regler beeinflußten Ausklinksteuerung. Während der Fahrt bleibt die Kulisse in der Endlage und steuert den Auslaß unveränderlich mit geringer Kompression und Vorausströmung. Die Hubdauer der Einlaßventile wird durch den steigenden Regler mit wachsender Fördergeschwindigkeit verkürzt.

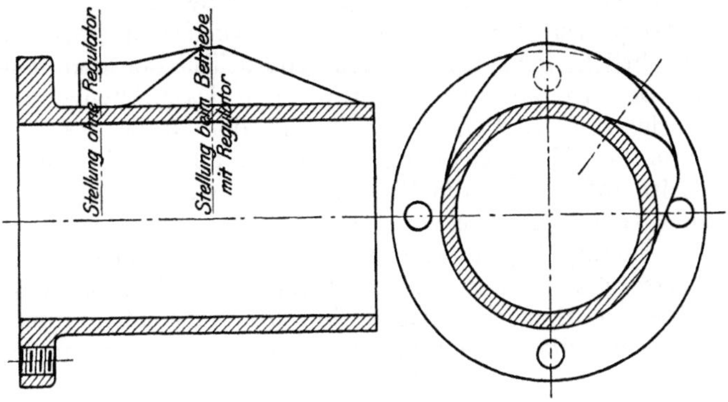

Abb. 514[1]).

In den Abb. 513 und 514 ist eine Übertragung dieser Reglungsart auf die Nockensteuerung dargestellt. Die Nockenform ist im wesentlichen nur für die größte Füllung einzurichten. Als Ausklinksteuerung ist die von Kaufhold, vgl. Abb. 330 und 352, gewählt.

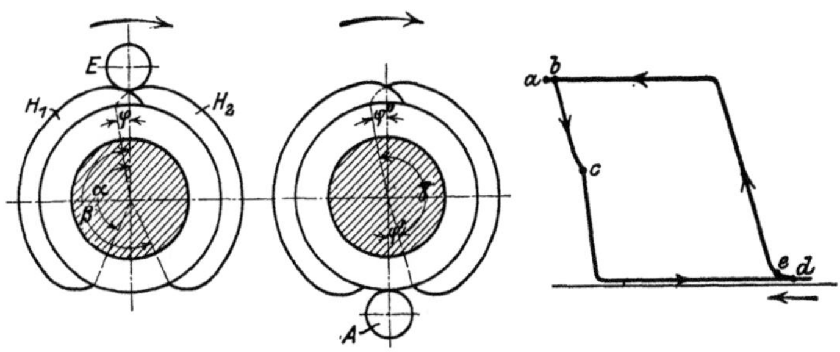

Abb. 515.

Zum Schluß werde noch die Entstehung des Gegendampfdiagramms der Nockensteuerung behandelt.

In Abb. 515 sind Einlaßstift E und Auslaßstift A in der Stellung gegenüber den Nocken bei Kolbentotlage wiedergegeben. Wird die Nockensteuerung auf Gegendampf eingestellt, so wird der Stift E nicht mehr wie vordem durch den Höcker H_1 während des Füllungswinkels a gehoben, sondern läuft nach Drehung des Nockens um den Voreinströmungswinkel φ auf der dem Höcker H_2 gegenüber liegenden Zylinder-

[1]) Einlaßknaggen der Isselburger Steuerung nach Abb. 513. Maßstab 1:6.

fläche auf. Erst nach Drehung um den Winkel β wird E durch die Ablaufkurve von H_2 angehoben. Auslaßrolle A öffnet den Auslaß derselben Zylinderseite, nachdem sich der Nocken um den Kompressionswinkel φ' gedreht hat. Die Erhebung dauert während des Winkels $\gamma < 180^0$ an.

Diagrammlinie *ab* entspricht dem Voreinströmungswinkel φ. In *b* schließt der Einlaßkanal, und der im Zylinder vorhandene Dampf dehnt sich aus, bis im Punkt *c* die bis *d* dauernde Öffnung des Auslaßkanals beginnt. Kolbenweg *cd* entspricht dem Kurbelwinkel γ. Von *d* bis *e* wird der Dampf verdichtet, bis in *e* der Gegendampf einströmt.

Wie ersichtlich, geht der weitaus größte Teil der den schädlichen Raum und den Zylinder bis *b* auffüllenden Dampfmenge durch den Auspuff verloren. Der Verlust nimmt mit der Größe des schädlichen Raumes und des Voreinströmungswinkels φ ab. (Bei vielen Fördermaschinen ist auf den für die Einstellung auf Gegendampf in Betracht kommenden Teilen des Nockens $\varphi = 0$.)

Das Gegendampfdiagramm zeigt die gleiche Gestaltung wie das in Abb. 485 dargestellte Diagramm der Lenker- und Kulissensteuerungen. Für verschiedene Steuerhebellagen sind die Nockendiagramme jedoch regelmäßiger, da die Kompressionswinkel φ' und Vorausströmungswinkel φ'' konstante Größe haben.

Sachverzeichnis.

[1]) Deutsche Maschinenfabrik A.-G., Duisburg.

[1]) Kühnle, Kopp & Kausch-Frankenthal.

Maschinentechnisches Versuchswesen. Von Professor Dr.-Ing. **A. Gramberg**, Oberingenieur an den Höchster Farbwerken.

Erster Band: **Technische Messungen bei Maschinenuntersuchungen und zur Betriebskontrolle.** Zum Gebrauch an Maschinenlaboratorien und in der Praxis. Fünfte, vielfach erweiterte und umgearbeitete Auflage. Mit 326 Textfiguren. 1923. Gebunden GZ. 14

Zweiter Band: **Maschinenuntersuchungen und das Verhalten der Maschinen im Betriebe.** Ein Handbuch für Betriebsleiter, ein Leitfaden zum Gebrauch bei Abnahmeversuchen und für den Unterricht an Maschinenlaboratorien. Zweite, erweiterte Auflage. Mit 327 Figuren im Text und auf 2 Tafeln. 1921. Gebunden GZ. 17

Technische Untersuchungsmethoden zur Betriebskontrolle, insbesondere zur Kontrolle des Dampfbetriebes. Zugleich ein Leitfaden für die Übungen in den Maschinenbaulaboratorien technischer Lehranstalten. Von Professor **Julius Brand**, Oberlehrer der Staatlichen vereinigten Maschinenbauschulen zu Elberfeld. Mit einigen Beiträgen von Dipl.-Ing. Oberlehrer Robert Heermann. Vierte, verbesserte Auflage. Mit 277 Textabbildungen, 1 lithographischen Tafel und zahlreichen Tabellen. 1921. Gebunden GZ. 9

Regelung der Kraftmaschinen. Berechnung und Konstruktion der Schwungräder, des Massenausgleichs und der Kraftmaschinenregler in elementarer Behandlung. Von Hofrat Prof. Dr.-Ing. **Max Tolle**, Karlsruhe. Dritte, verbesserte und vermehrte Auflage. Mit 532 Textfiguren und 24 Tafeln. 1921. Gebunden GZ. 33

Drehschwingungen in Kolbenmaschinenanlagen und das Gesetz ihres Ausgleichs. Von Dr.-Ing. **Hans Wydler**, Kiel. Mit einem Nachwort: Betrachtungen über die Eigenschwingungen reibungsfreier Systeme von Prof. Dr.-Ing. Guido Zerkowitz, München. Mit 46 Textfiguren. 1922. GZ. 5

Die Berechnung der Drehschwingungen und ihre Anwendung im Maschinenbau. Von **Heinrich Holzer**, Oberingenieur der Maschinenfabrik Augsburg-Nürnberg. Mit vielen praktischen Beispielen und 48 Textfiguren. 1921. GZ. 5,5; gebunden GZ. 7,5

Dynamik der Leistungsregelung von Kolbenkompressoren und -pumpen (einschl. Selbstregelung und Parallelbetrieb). Von Dr.-Ing. **Leo Walther** in Nürnberg. Mit 44 Textabbildungen, 23 Diagrammen und 85 Zahlenbeispielen. 1921. GZ. 4,6

Graphische Thermodynamik und Berechnen der Verbrennungs-Maschinen und Turbinen. Von **M. Seiliger**, Ingenieur-Technolog. Mit 71 Abbildungen, 2 Tafeln und 14 Tabellen im Text. 1922. GZ. 6,4; gebunden GZ. 8

Graphische Dynamik. Ein Lehrbuch für Studierende und Ingenieure. Mit zahlreichen Anwendungen und Aufgaben. Von **Ferdinand Wittenbauer** †, Professor an der Technischen Hochschule in Graz. Mit 745 Textfiguren. 1923. Gebunden GZ. 18

Christmann-Baer, Grundzüge der Kinematik. Zweite, umgearbeitete und vermehrte Auflage. Von Dr.-Ing. **H. Baer**, Professor an der Technischen Hochschule in Breslau. Mit 164 Textabbildungen. 1923. GZ. 4; gebunden GZ. 5,5

Die Grundzahlen (GZ.) entsprechen den ungefähren Vorkriegspreisen und ergeben mit dem jeweiligen Entwertungsfaktor (Umrechnungsschlüssel) vervielfacht den Verkaufspreis. Über den zur Zeit geltenden Umrechnungsschlüssel geben alle Buchhandlungen sowie der Verlag bereitwilligst Auskunft.

GPSR Compliance

The European Union's (EU) General Product Safety Regulation (GPSR) is a set of rules that requires consumer products to be safe and our obligations to ensure this.

If you have any concerns about our products, you can contact us on ProductSafety@springernature.com

In case Publisher is established outside the EU, the EU authorized representative is:

Springer Nature Customer Service Center GmbH
Europaplatz 3
69115 Heidelberg, Germany

Batch number: 10682411

Printed by Printforce, the Netherlands